"十二五"应用型本科系列规划教材

高 等 数 学

第 2 版

主　编　吴建成
副主编　郭跃华　李志林
参　编　石澄贤　许　波　朱金艳
　　　　王　强　沈永梅　涂庆伟

机 械 工 业 出 版 社

本书根据应用型本科院校（尤其新建本科院校、独立学院）对高等数学课程教学的要求编写. 内容符合最新的"工科类本科数学基础课程教学基本要求". 主要内容有一元微积分，微分方程，空间解析几何，多元微积分，无穷级数，数学软件介绍等，全书配有习题与解答. 除了各章的综合例题可供考研学生选学之外，其他内容相对较浅. 教材在引入数学概念时先用形象和直观的例子切入，然后再进行严谨定义. 教材中还介绍了许多应用性实例与习题，期望以此提高学生学习数学的兴趣，培养学生使用数学知识解决实际问题的意识与能力.

图书在版编目（CIP）数据

高等数学/吴建成主编 . —2 版 . —北京：机械工业出版社，2013.8
（2015.7 重印）

"十二五"应用型本科系列规划教材

ISBN 978-7-111-43659-1

Ⅰ . ①高⋯　Ⅱ . ①吴⋯　Ⅲ . ①高等数学 – 高等学校 – 教材
Ⅳ . ①O13

中国版本图书馆 CIP 数据核字（2013）第 186090 号

机械工业出版社（北京市百万庄大街 22 号　邮政编码 100037）
策划编辑：韩效杰　责任编辑：韩效杰　贺　纬
封面设计：路恩中　责任印制：乔　宇
北京机工印刷厂印刷（三河市南杨庄国丰装订厂装订）
2015 年 7 月第 2 版第 3 次印刷
184mm × 240mm · 36.25 印张 · 897 千字
标准书号：ISBN 978-7-111-43659-1
定价：68.00 元

第 2 版前言

本教材第 1 版是为了顺应高等教育大众化的发展趋势而编写的，在难度上相对较浅．为了培养学生使用数学知识解决实际问题的意识与能力，教材中安排了一些新颖独特的应用性实例和习题．经过多年的使用，教材的定位与特色已得到许多使用学校的认可．随着硕士研究生招生数量的不断扩大，考研的学生越来越多．为满足不同层次学生的需要，根据使用学校的建议，我们对原教材进行了修订．

高等学校非数学类专业数学基础课程教学指导委员会在历次修订"工科类本科数学基础课程教学基本要求"（以下简称"基本要求"）时均强调要突出数学思想方法的教学，加强数学应用能力的培养，这对应用型本科院校（尤其新建本科院校、独立学院）的数学课程教学尤为重要。因此，一本好的教材应处理好数学作为基础课程和作为工具应用之间的辩证关系。本书的第 1 版在此方面进行了一些初步尝试。这次修订，保持了原书的定位与特色，按照新的"基本要求"，对部分章节的内容进行了调整、完善与补充，在各章中增加了综合例题这一节供考研学生选学，各章的复习题也分为两个层次．为了保持教材体系的完整性，少部分超出"基本要求"的内容标有＊号，供师生选用．为了加强数学与工程应用的联系，让学生在学习数学知识的过程中不断受到应用数学知识解决实际问题的熏陶和训练，逐步形成应用数学知识解决问题的意识与能力，这次修订还增加了一些新颖的应用性例题与习题．

修订后的教材更贴近应用型本科院校对高等数学课程教学的要求，低限完全符合"基本要求"，高限可以满足一般工科类专业考研学生的需要．

尽管我们对全书进行了认真仔细的推敲、审阅，但难免还会存在一些错误．欢迎专家、同行和广大读者给予批评指正．

编者

目　　录

第一章　函数与极限

高等数学研究的对象是变量与函数并着重研究函数的共性.高等数学的基本理论和方法都是建立在极限理论的基础之上的,掌握极限理论是学好高等数学的前提.本章在复习函数有关概念之后,着重介绍极限的基本理论和主要运算方法,并讨论函数的连续性.

第一节　函　　数

本节将在中学数学的基础上,对一元函数的概念作简要的复习.

一、集合

一般地,所谓**集合**(或简称集)是指具有特定性质的一些事物的总体,或是一些确定对象的汇总,构成集合的事物或对象,称为集合的**元素**.例如:彩电、电冰箱、录像机构成一个集合,彩电是这个集合的元素.直线 $x+y-1=0$ 上所有的点构成一个集合,点 $(0,1)$ 是这个集合的元素.设 M 是一集合,事物 a 是集合 M 的元素,则记为 $a \in M$(读作“a 属于 M”).事物 a 不是集合 M 的元素,记为 $a \notin M$(读作“a 不属于 M”).

集合通常用如下的方式表示:当集合中的元素个数有限时,常用罗列的方式表示,如 $M=\{a,b,c\}$;当集合中的元素个数为无限时,则常以某种性质表示.设 M 是具有某种特征的元素 x 的全体所组成的集合,就记为 $M=\{x \mid x$ 所具有的特征$\}$.如 $M=\{(x,y) \mid x^2+y^2=R^2,x,y$ 为实数$\}$ 代表了 Oxy 平面上以原点为中心、半径等于 R 的圆周上点的全体所组成的集合.

如果集合 A 的每一个元素都是集合 B 的元素,即“如果 $a \in A$,则 $a \in B$”,则称 A 为 B 的子集.记为 $A \subset B$ 或 $B \supset A$,读作 A 包含于 B 或 B 包含 A.例如,设 $\mathbf{N}$ 表示全体自然数的集合,$\mathbf{Q}$ 表示全体有理数的集合,则有 $\mathbf{N} \subset \mathbf{Q}$.

如果两个集合 A 和 B 满足 $B \subset A$ 且 $A \subset B$,则称 A 与 B 相等,记作 $A=B$.

设有集合 A 和 B,由 A 和 B 的所有元素构成的集合称为 A 与 B 的并,记为 $A \cup B$,即 $A \cup B=\{x \mid x \in A$ 或 $x \in B\}$;由 A 和 B 的所有公共元素构成的集合称为 A 与 B 的交,记为 $A \cap B$,即 $A \cap B=\{x \mid x \in A$ 且 $x \in B\}$;属于 A 而不属于 B 的所有元素构成的集合称为 A 与 B 的差,记为 $A-B$,即 $A-B=\{x \mid x \in A$ 且 $x \notin B\}$.

全体自然数的集合记作 $\mathbf{N}$,全体整数的集合记作 $\mathbf{Z}$,全体有理数的集合记作

Q,全体实数的集合记作 **R**. 有如下关系:

$$N \subset Z \subset Q \subset R.$$

本书研究的对象是函数,因此,只涉及数的集合(简称数集),并主要限于实数集合 **R**.

设 u 为一个数轴,在其上标有原点、长度和方向. 于是任一实数对应于该轴上唯一的一点,该点以这个实数作为坐标. 反之,任给数轴上一点,该点的坐标就唯一地对应着一个实数. 因此,数轴上的点与实数集 **R** 中的数构成一一对应的关系. 今后数 x 也称为点 x,数集也称为**点集**.

在任意两个有理数之间可以找到无穷多个有理数,这就是有理数的稠密性. 数轴上任意两个有理点之间总可找到无穷多个有理点,即有理点在数轴上是处处稠密的.

虽然有理点在数轴上处处稠密,但是有理点尚未充满数轴. 数轴上除了有理点之外还有无穷多个"空隙",这些空隙处的点称为无理点,与无理点相对应的数称为无理数,如数 $\pi, \sqrt{2}$ 等是无理数.

有理数与无理数统称为实数. 实数充满数轴而且没有空隙,这就是实数的连续性.

区间是常见的数(点)集,设 a, b 是两个实数,$a < b$,则常见的区间有如下几种:

开区间 $(a, b) = \{x \mid a < x < b\}$;

闭区间 $[a, b] = \{x \mid a \leqslant x \leqslant b\}$;

左开右闭区间 $(a, b] = \{x \mid a < x \leqslant b\}$;

左闭右开区间 $[a, b) = \{x \mid a \leqslant x < b\}$.

a, b 也称为区间的端点. 这些区间都称为有限区间. 此外还有所谓无穷区间. 引进记号 $+\infty$(读作正无穷大)及 $-\infty$(读作负无穷大),则常见的无穷区间有

$$[a, +\infty) = \{x \mid x \geqslant a\}, (a, +\infty) = \{x \mid x > a\}, (-\infty, b) = \{x \mid x < b\},$$
$$(-\infty, b] = \{x \mid x \leqslant b\}, (-\infty, +\infty) = \{x \mid x \in R\}.$$

邻域是一个常用的概念. 设 a 与 δ 是两个实数,且 $\delta > 0$,数集 $\{x \mid |x-a| < \delta\}$ 称为点 a 的 δ **邻域**,记作 $U(a, \delta)$,即 $U(a, \delta) = \{x \mid |x-a| < \delta\} = (a-\delta, a+\delta)$,$a$ 叫做邻域 $U(a, \delta)$ 的中心,δ 叫做邻域 $U(a, \delta)$ 的半径. 类似的,数集 $\{x \mid 0 < x-a < \delta\}$ 称为点 a 的右 δ 邻域,记作 $U^+(a, \delta)$;数集 $\{x \mid 0 < a-x < \delta\}$ 称为点 a 的左 δ 邻域,记作 $U^-(a, \delta)$ 有时也用记号 $U(a)$ 表示点 a 的某一邻域. 虽然邻域和区间没有什么区别,但它们的侧重点不同. 区间通常表示变量变化的一个整体范围,而邻域则通常表示变量的变化限定在一个局部范围,有时这个局部范围难以确切描述或没有必要确切描述. 如函数 $f(x)$ 在 $U(x_0)$ 内有定义即函数 $f(x)$ 在点 x_0 的附近某邻域或某范围有定义.

有时需要把邻域中心去掉成为空心邻域,记为 $\hat{U}(a,\delta)$,即 $\hat{U}(a,\delta) = \{x \mid 0 < |x-a| < \delta\}$,这里 $0 < |x-a|$ 就表示 $x \neq a$.

二、一元函数的定义

在实际问题中,常常会遇到各种不同的量,其中有些量保持固定的数值,这些量称为常量,如圆周率 π,重力加速度 g 等等;还有一些量可以取一些不同的数值,这些量称为变量,如一天中温度的变化,温度是一个变量.

通常,一些客观事物所反映出来的变量往往不是孤立的,它们常相互依赖并按一定规律变化,这就是变量间的函数关系,例如:

例1 自由落体运动. 设物体下落的时间为 t,落下的路程为 h,它们均是变量. 假定开始下落的时刻 $t=0$,那么变量 h 与 t 之间的对应关系为

$$h = \frac{1}{2}gt^2,$$

其中,g 为重力加速度,是常量. 假定物体着地时刻为 $t=T$,那么当时间 t 在闭区间 $[0,T]$ 上任意取定一个数值时,按上式就有确定的数值 h 与之对应.

例2 一金属圆盘受温度影响而变化. 由平面几何知,圆的面积 S 与其半径 r 这两个变量之间有如下关系

$$S = \pi r^2.$$

当 r 受温度影响在范围 $[R_1, R_2]$(R_1,R_2 为常量)内变化时,面积 S 依上式随半径 r 的变化而变化.

上述两例反映了变量之间的相互依赖关系,这些关系确立了相应的法则,当其中一个变量在一定范围内取值时,另一变量相应地有确定的值与之对应. 两个变量之间的这种对应关系就是数学上的函数关系.

定义 设 x 和 y 是两个变量,D 是一个给定的数集. 如果对于每个数 $x \in D$,变量 y 按照一定法则总有确定的数值和它对应,则称 y 是 x 的函数,记作 $y = f(x)$. x 叫做自变量,y 叫做因变量,数集 D 叫做这个函数的定义域,对应的函数值组成的数集 $W = \{y \mid y = f(x), x \in D\}$ 称为函数的值域.

当 x 取数值 $x_0 \in D$ 时,与 x_0 对应的 y 的函数值称为函数 $y = f(x)$ 在点 x_0 处的函数值,记作 $f(x_0)$ 或 $f(x) \big|_{x=x_0}$. 在平面直角坐标系 Oxy 中以自变量 x 为横坐标,因变量 y 为纵坐标,则平面点集 $L = \{(x,y) \mid y = f(x), x \in D\}$ 称为函数 $y = f(x)$ 的图形(图 1-1). 函数 $y = f(x)$ 中表示对应关系的记号 f 也可改用其他字母,如 "F" "φ" 等.

在实际问题中,函数的定义域是根据问题的实际意义确定的. 如例1中定义域 $D = [0,T]$;例2中定义域 $D = [R_1, R_2]$.

很多情况下,常常不考虑函数的实际意义,而研究用数学式子表达的函数. 此

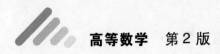
时约定:函数的定义域就是自变量所能取的使算式有意义的一切实数值. 例如,函数 $y = \sqrt{1 - x^2}$ 的定义域是闭区间 $[-1,1]$,函数 $y = \dfrac{1}{x}$ 的定义域是 $x \neq 0$ 的所有实数.

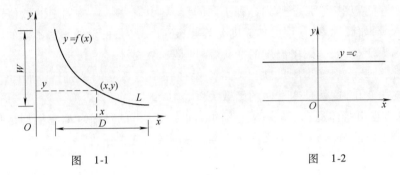

图　1-1　　　　　　　　　　　　图　1-2

下面看几个函数的例子.

例 3　设 c 为一常数,函数 $y = c$ 的定义域为所有实数,对任意实数 x,都只有一个 y 值 c 与之对应,因此函数的值域为一个元素所构成的集合. 它的图形为一条平行于 x 轴的直线,如图 1-2 所示.

例 4　函数 $y = |x| = \begin{cases} x, & x \geq 0, \\ -x, & x < 0 \end{cases}$ 的定义域为 $D = (-\infty, +\infty)$,值域 $W = [0, +\infty)$,它的图形如图 1-3 所示.

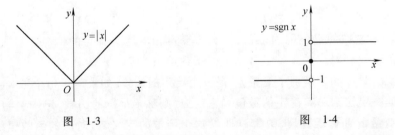

图　1-3　　　　　　　　　　　　图　1-4

例 5　函数 $y = \operatorname{sgn} x = \begin{cases} 1, & x > 0, \\ 0, & x = 0, \\ -1, & x < 0 \end{cases}$ 称为符号函数,其定义域为 $D = (-\infty, +\infty)$,值域 $W = \{-1, 0, 1\}$,对于任何实数 x,有 $x = |x| \operatorname{sgn} x$. 它的图形如图 1-4 所示,在 $x = 0$ 点处曲线是断开的.

例 6　设 x 为任一实数. 不超过 x 的最大整数简称为 x 的最大整数,记作 $[x]$. 如 $[0.7] = 0, [\pi] = 3, [-1] = -1, [-2.8] = -3$ 等. 因此,取整函数 $y = [x]$ 的定义域为 $\mathbf{R}$,值域 $W = \mathbf{Z}$. 它的图形如图 1-5 所示,在 x 为整数值处图形发生跳跃.

用几个式子来表示一个(注意不是几个)函数,也称为分段函数,是常见的一种函数表达方式,如例4、例5、例6. 这种表达方式在应用中更为常见.

例7 已知函数 $f(x) = \begin{cases} x+2, & 0 \leqslant x \leqslant 2 \\ x^2, & 2 < x \leqslant 4 \end{cases}$,求 $f(x-1)$.

解 $f(x-1) = \begin{cases} (x-1)+2, & 0 \leqslant x-1 \leqslant 2, \\ (x-1)^2, & 2 < x-1 \leqslant 4, \end{cases}$

即 $f(x-1) = \begin{cases} x+1, & 1 \leqslant x \leqslant 3, \\ (x-1)^2, & 3 < x \leqslant 5. \end{cases}$

如果自变量在定义域内任取一个数值时,对应的函数值只有一个,这种函数叫做单值函数,否则叫做多值函数. 前面几例都是单值函数的例子. 下面看一个多值函数的例子.

例8 在直角坐标系中,抛物线的方程是 $y^2 = x$,这方程在区间 $[0, +\infty)$ 上确定了以 x 为自变量、y 为因变量的函数. 当 $x=0$ 时,对应的函数值只有一个,但当 x 取开区间 $(0, +\infty)$ 内的任何一个值时,对应的函数值就有两个 $y = \pm\sqrt{x}$. 所以该函数是多值函数.

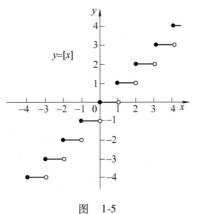

图 1-5

对于多值函数,通常分为若干个单值函数来讨论. 如上例中多值函数可分为两个单值函数: $y = \sqrt{x}$ 和 $y = -\sqrt{x}$. 以后如无特别说明,函数都是指单值函数.

函数的定义方式可以是多种多样的. 数列也是一种函数关系,它的定义域为自然数. 在应用中,有时函数与自变量的关系还可以借助于列表或图形来表示. 值得注意的是,并非所有的函数都可作出它的图形,例如,

$$y = f(x) = \begin{cases} x\sin\dfrac{1}{x}, & x \neq 0, \\ 0, & x = 0. \end{cases}$$

在 $x=0$ 的任何邻域中都无法画出它的完整图形.

三、函数的几种特性

1. 函数的奇偶性、对称性

对区间 I,如果 $x \in I$,则 $-x \in I$ 则称为关于原点对称的区间.

设函数 $f(x)$ 的定义域 D 是关于原点对称的区间.

(1) 如果对所有的 $x \in D$,有 $f(-x) = f(x)$,则 $f(x)$ 称为**偶函数**. 对于偶函数,如果点 $P(x, f(x))$ 在函数的图形上,则与它关于 y 轴对称的点 $P'(-x, f(x))$ 也在图形上,因此偶函数的图形关于 y 轴对称.

（2）如果对所有的 $x \in D$，有 $f(-x) = -f(x)$，则 $f(x)$ 称为**奇函数**。对于奇函数，如果点 $Q(x, f(x))$ 在函数的图形上，则与它对称于原点的点 $Q'(-x, -f(x))$ 也在图形上，因此奇函数的图形关于原点对称。

如 $y = x^2$（图 1-6），$y = \cos x$ 等函数为偶函数。$y = x^3$（图 1-7），$y = \sin x$ 等函数为奇函数。

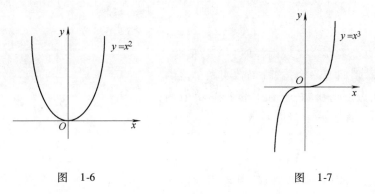

图 1-6   图 1-7

2. 函数的有界性

设函数 $f(x)$ 的定义域为 D，数集 $X \subset D$，如果存在正数 M，使得不等式

$$|f(x)| \leqslant M, \quad x \in X$$

成立，则称函数 $f(x)$ 在数集 X 上有界。如果这样的正数 M 不存在，就称函数 $f(x)$ 在数集 X 上无界。这就是说，如果对于任何正数 M，总有 $x_0 \in X$，使 $|f(x_0)| > M$，那么函数 $f(x)$ 在 X 上无界。

如 $y = \sin x$ 在定义域 $(-\infty, +\infty)$ 内是有界的，因为对所有的实数 $x \in (-\infty, +\infty)$，$|\sin x| \leqslant 1$；$y = \dfrac{x}{1 + x^2}$ 在定义域内是有界的，因为对所有的实数 $x \in \mathbf{R}$，$\left| \dfrac{x}{1 + x^2} \right| \leqslant \dfrac{1}{2}$。同样 $y = \dfrac{1}{x}$ 在 $(1, +\infty)$ 内有界但在 $(0, 1)$ 内无界。

3. 函数的单调性

设函数 $f(x)$ 在区间 I 内有定义，如果对于区间 I 内任意两点 x_1 及 x_2，当 $x_1 < x_2$ 时，$f(x_1) < f(x_2)$，$(f(x_1) > f(x_2))$，则称函数 $f(x)$ 在区间 I 内是单调增加的（减少的）。单调增加和单调减少的函数统称为单调函数。例如，$y = x^2$ 在区间 $[0, +\infty)$ 内单调增加，在区间 $(-\infty, 0]$ 内单调减少，在区间 $(-\infty, +\infty)$ 内不是单调的（如图 1-6 所示）。

4. 函数的周期性

设 a 为一正数，如果对于函数 $f(x)$ 定义域内任何值 x 有 $f(x \pm a) = f(x)$，则 $f(x)$ 叫做周期函数，a 叫做周期。通常我们说周期函数的周期是指最小正周期。例如函数 $\sin x$，$\cos x$ 的周期为 2π；$\tan x$，$\sin^2 x$ 的周期为 π；$x - [x]$ 的周期为 1。常数函数是周期函数,任何正实数都是它的周期但它没有最小的正周期. 对于周期函数,只要知道其在一个周期的图形,则在其他区间上函数的图形也就知道了.

四、反函数

设函数 $y=f(x)$ 的定义域为 D,值域为 W. 如果对于每一个 $y\in W$,有确定的且满足 $y=f(x)$ 的 $x\in D$ 与之对应,则依据这种对应规则定义了一个新的函数 $x=\varphi(y)$,它的定义域为 W. 这个函数就称为函数 $y=f(x)$ 的**反函数**,也记为 $x=f^{-1}(y)$,它的值域为 D. 相对于反函数来说,原来的函数也称为直接函数.

应当说明的是,虽然直接函数 $y=f(x)$ 是单值函数,但是其反函数 $x=f^{-1}(y)$ 未必是单值的. 如 $y=x^2$ 的定义域是 $(-\infty,+\infty)$,值域是 $[0,+\infty)$,对于任一 $y\neq 0$,适合 $y=x^2$ 的 x 数值有两个:$x_1=\sqrt{y}$,$x_2=-\sqrt{y}$,所以直接函数 $y=x^2$ 的反函数是多值函数 $x=\pm\sqrt{y}$.

但如果函数 $y=f(x)$ 是单值单调函数,就一定能保证反函数是单值的. 这是因为,若 $y=f(x)$ 是单调函数,则任取 D 上两个不同的数值 $x_1\neq x_2$ 时,必有 $f(x_1)\neq f(x_2)$. 所以在 W 上任取一个数值 y_0 时,D 上不可能有两个不同的数值 x_1 及 x_2 使 $f(x_1)=y_0$ 及 $f(x_2)=y_0$ 同时成立.

虽然函数 $y=x^2$ 的反函数不是单值的,但函数 $y=x^2$,$x\in[0,+\infty)$ 是单值单调的,所以它有反函数 $x=\sqrt{y}$. 同样,函数 $y=x^2$,$x\in(-\infty,0]$ 有反函数 $x=-\sqrt{y}$.

设 $x=f^{-1}(y)(y\in W)$ 是 $y=f(x)(x\in D)$ 的反函数,若把它们画在同一坐标系中,则它们的图形完全重合. 但是,习惯上常用字母 x 表示自变量,y 表示函数,所以我们通常把 $y=f(x)$ 的反函数 $x=f^{-1}(y)$ 写成 $y=f^{-1}(x)$,并把 $y=f^{-1}(x)$ 称为函数 $y=f(x)$ 的反函数.

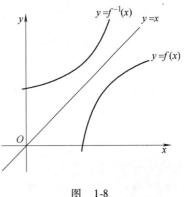

图　1-8

由于 $y=f(x)$ 与 $y=f^{-1}(x)$ 的关系是 x 与 y 的互换,所以它们的图形是关于直线 $y=x$ 对称的(如图 1-8 所示).

习题 1-1

1. 求下列函数的定义域:

(1) $y=\ln(x+1)$;　　　　(2) $y=\dfrac{1}{x}+\sqrt{1-x^2}$.

2. 下列各题中,函数 $f(x)$ 和 $g(x)$ 是否相同?

(1) $f(x) = \lg x^2$, $g(x) = 2\lg x$;

(2) $f(x) = x$, $g(x) = \sqrt{x^2}$;

(3) $y = \dfrac{x^2 - 1}{x - 1}$, $y = x + 1$;

(4) $f(x) = x\,\mathrm{sgn}\,x$, $g(x) = |x|$.

3. 下列函数中,哪些是偶函数,哪些是奇函数,哪些是非奇非偶函数?

(1) $y = (x^2 - 1)\sqrt{1 + 2x^4}$;　　　　(2) $y = (3x^2 - x^3)\sin 2x$;

(3) $y = \dfrac{1 - x^2}{1 + \cos x}$;　　　　(4) $y = x(x+1)(x-1)$;

(5) $y = \tan x - \cot x + 1$;　　　　(6) $y = \dfrac{a^x + a^{-x}}{2}$;

(7) $y = \ln \dfrac{1 - x}{1 + x}$;　　　　(8) $y = \dfrac{a^x - 1}{a^x + 1}$.

4. 设 $F(t) = 2t^2 + \dfrac{2}{t^2} + \dfrac{5}{t} + 5t$,证明:$F(t) = F\left(\dfrac{1}{t}\right)$.

5. 设 $f(x) = \begin{cases} 3x + 5, & x \leqslant 0, \\ x^2, & x > 0. \end{cases}$ 求 $f(-1)$, $f(1)$.

6. 设 $f(x)$ 为定义在 $(-l, l)$ 内的奇函数,证明:若 $f(x)$ 在 $(0, l)$ 内单调增加,则 $f(x)$ 在 $(-l, 0)$ 内也单调增加.

7. 求下列函数的反函数:

(1) $y = \sqrt[3]{x + 1}$;　　　　(2) $y = \dfrac{1 - x}{1 + x}$;

(3) $y = \begin{cases} x - 1, & x < 0, \\ x^3, & x \geqslant 0. \end{cases}$

第二节　初 等 函 数

一、基本初等函数

　　幂函数、指数函数、对数函数、三角函数和反三角函数这五种函数叫做**基本初等函数**.这些函数在中学的数学课程中已经学过,在此列表(见表1-1)概要介绍一下.

表 1-1 基本初等函数的主要特性及对应的图形

函 数	定义域/值域	图 形	函数主要特点
幂函数 $y = x^{\mu}$ （μ 为任意实数）	依 μ 的取值而定,但不论 μ 取何值,x^{μ} 在 $(0, +\infty)$ 内总有定义,在此范围内,值域 $(0, +\infty)$	经过点 $(1,1)$,在第一象限内,当 $\mu > 0$ 时 x^{μ} 为单调增加函数,$\mu < 0$ 时,x^{μ} 为单调减少函数,$\mu = 0$ 时为常数函数 $y = 1$
指数函数 $y = a^x$ （$a > 0, a \neq 1$）. 以 $e = 2.71828\cdots$ 为底的函数是工程中常用的函数	定义域 $(-\infty, +\infty)$ 值域 $(0, +\infty)$		当 $0 < a < 1$ 时函数为单调减少的;当 $a > 1$ 时函数为单调增加的. 由于 $y = \left(\frac{1}{a}\right)^x = a^{-x}$,所以 $y = \left(\frac{1}{a}\right)^x$ 与 $y = a^x$ 是关于 y 轴对称的
对数函数 $y = \log_a x$ （$a > 0, a \neq 1$）. 以 $e = 2.71828\cdots$ 为底的函数 $\ln x$ 是工程中常用的函数	定义域 $(0, +\infty)$ 值域 $(-\infty, +\infty)$		当 $0 < a < 1$ 时函数为单调减少的;当 $a > 1$ 时函数为单调增加的
正弦函数 $y = \sin x$	定义域 $(-\infty, +\infty)$ 值域 $[-1, 1]$		奇函数,曲线关于原点对称; 周期函数,周期为 2π

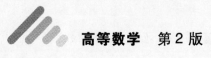

（续）

函　　数	定义域/值域	图　　形	函数主要特点
余弦函数 $y = \cos x$	定义域 $(-\infty, +\infty)$ 值域$[-1, 1]$	$y = \cos x$ 的图形	偶函数，曲线关于 y 轴对称； 周期函数，周期为 2π
正切函数 $y = \tan x$	定义域 $x \ne k\pi + \dfrac{\pi}{2}$， $k = 0, \pm 1, \cdots$ 值域$(-\infty, +\infty)$	$y = \tan x$ 的图形	奇函数，曲线关于原点对称； 周期函数，周期为 π，在$\left(-\dfrac{\pi}{2}, \dfrac{\pi}{2}\right)$内函数单调增加
余切函数 $y = \cot x$	定义域 $x \ne k\pi$， $k = 0, \pm 1$， $\cdots$，值域 $(-\infty, +\infty)$	$y = \cot x$ 的图形	奇函数，曲线关于原点对称； 周期函数，周期为 π，在$(0, \pi)$内函数单调减少
反正弦函数 $y = \arcsin x$	定义域 $[-1, 1]$， 值域 $\left[-\dfrac{\pi}{2}, \dfrac{\pi}{2}\right]$	$y = \arcsin x$ 的图形，$(1, \frac{1}{2}\pi)$，$(-1, -\frac{1}{2}\pi)$	奇函数，曲线关于原点对称； 函数单调增加
反余弦函数 $y = \arccos x$	定义域 $[-1, 1]$， 值域$[0, \pi]$	$y = \arccos x$ 的图形	函数单调减少

（续）

函　数	定义域/值域	图　形	函数主要特点
反正切函数 $y = \arctan x$	定 义 域 $(-\infty, +\infty)$ 值域 $\left(-\dfrac{\pi}{2}, \dfrac{\pi}{2}\right)$	（$y = \arctan x$ 的图形）	奇函数,曲线关于原点对称; 函数单调增加
反余切函数 $y = \text{arccot}\, x$	定 义 域 $(-\infty, +\infty)$ 值域 $(0, \pi)$	（$y = \text{arccot}\, x$ 的图形）	函数单调减少

三角函数有如下常见的公式

$$\sin(x \pm y) = \sin x\cos y \pm \cos x\sin y,$$

$$\cos(x \pm y) = \cos x\cos y \mp \sin x\sin y,$$

$$\sin x - \sin y = 2\cos \frac{x+y}{2}\sin \frac{x-y}{2},$$

$$\cos x - \cos y = -2\sin \frac{x+y}{2}\sin \frac{x-y}{2},$$

$$\sin 2x = 2\sin x\cos x,$$

$$\cos 2x = \cos^2 x - \sin^2 x,$$

$$\cos^2 x + \sin^2 x = 1,$$

$$\sin \frac{x}{2} = \sqrt{\frac{1-\cos x}{2}}, \quad 0 \leqslant x \leqslant 2\pi,$$

$$\cos \frac{x}{2} = \sqrt{\frac{1+\cos x}{2}}, \quad -\pi \leqslant x \leqslant \pi.$$

对数函数有常用的换底公式

$$\log_a x = \frac{\ln x}{\ln a}.$$

下面的公式也是经常用到的

$$A > 0 \text{ 时}, \quad A = e^{\ln A}.$$

二、复合函数

设 y 是 u 的函数 $y = f(u)$, u 是 x 的函数 $u = \varphi(x)$ 且 $\varphi(x)$ 的值域的全部或部分包含在 $f(u)$ 的定义域内,则通过变量 u, y 也是 x 的函数,称此函数是由 $y = f(u)$

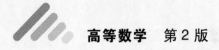

12

及 $u = \varphi(x)$ 复合而成的函数,简称**复合函数**.记作

$$y = f[\varphi(x)].$$

而 u 称为中间变量.

例如, $y = |x| = \sqrt{x^2}$ 可以看作为由 $y = \sqrt{u}$ 及 $u = x^2$ 复合而成的. $y = \ln(1 - \cos x)$ 可以看作为由 $y = \ln u$ 及 $u = 1 - \cos x$ 复合而成的.

由上面几例可以看出,函数 $y = f[\varphi(x)]$ 的定义域 D 与函数 $u = \varphi(x)$ 的定义域 D_2 通常有很大的差别. 一般 D 要比 D_2 小很多.

注 并非任何两个函数都可以复合. 如 $y = \ln u$ 的定义域 $D = (0, +\infty)$ 与 $u = \cos x - 2$ 的值域 $W = [-3, -1]$ 无公共元素,因此是不能复合的.

复合函数也可以由两个以上的函数经过复合构成. 如 $y = \ln(1 + \sin^2 x)$ 可以看成由 $y = \ln u, u = 1 + v, v = w^2, w = \sin x$ 等多次复合而成的函数.

三、初等函数

我们通常遇到的函数大都是由常数及基本初等函数经过一些运算构成的. 通常把由常数和基本初等函数经过有限次的四则运算及有限次的函数复合步骤所构成的,并可以用一个式子表示的函数称为**初等函数**.

例如, $y = \tan \dfrac{e^x + 2}{x^3 + 7}$, $y = \arcsin x^2 \cdot \ln(x + \sqrt{x^2 + 1})$ 等都是初等函数.

四、双曲函数

双曲函数是工程技术中常用的初等函数,其定义如下.

双曲正弦: $\sinh x = \dfrac{e^x - e^{-x}}{2}$,

双曲余弦: $\cosh x = \dfrac{e^x + e^{-x}}{2}$,

双曲正切: $\tanh x = \dfrac{\sinh x}{\cosh x} = \dfrac{e^x - e^{-x}}{e^x + e^{-x}}$,

双曲余切: $\coth x = \dfrac{\cosh x}{\sinh x} = \dfrac{e^x + e^{-x}}{e^x - e^{-x}}$,

函数图形如图 1-9 所示.

这些函数主要有如下一些公式:

$$\cosh^2 x - \sinh^2 x = 1,$$
$$\sinh 2x = 2\sinh x\cosh x,$$
$$\cosh 2x = \cosh^2 x + \sinh^2 x,$$
$$\cosh(x \pm y) = \cosh x\cosh y \pm \sinh x\sinh y,$$
$$\sinh(x \pm y) = \sinh x\cosh y \pm \cosh x\sinh y.$$

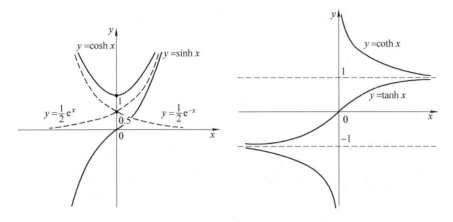

图 1-9

这些公式和三角函数的公式很相像,可以直接验证.

双曲函数的反函数叫做反双曲函数,例如由双曲正弦函数

$$y = \sinh x = \frac{e^x - e^{-x}}{2}, \quad x \in (-\infty, +\infty),$$

有

$$e^{2x} - 2ye^x - 1 = 0,$$

由此可解出

$$e^x = y \pm \sqrt{y^2 + 1}.$$

因为指数函数只取正值,所以

$$e^x = y + \sqrt{y^2 + 1},$$

即

$$x = \ln(y + \sqrt{y^2 + 1}).$$

这就是反双曲正弦函数的表达式. 记双曲正弦函数 $\sinh x$ 的反函数为 $\operatorname{arsinh} x$,则反双曲正弦函数为

$$y = \operatorname{arsinh} x = \ln(x + \sqrt{x^2 + 1}), \quad x \in (-\infty, +\infty).$$

对于双曲余弦函数 $y = \cosh x, x \in (-\infty, +\infty)$ 由于在定义域内不是单调函数,所以只能分别在它的两个单调区间 $(-\infty, 0]$ 及 $[0, +\infty)$ 上来讨论. 取 $x \geq 0$ 所对应的一支作为该函数的主值,读者可自行证明,反双曲余弦函数(记为 $\operatorname{arcosh} x$)的表达式为

$$y = \operatorname{arcosh} x = \ln(x + \sqrt{x^2 - 1}), \quad x \geq 1.$$

它在区间 $[1, +\infty)$ 上是单调增加的. 类似地,反双曲正切函数(记为 $\operatorname{artanh} x$)的表达式为

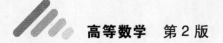
$$y = \text{artanh } x = \frac{1}{2}\ln\frac{1+x}{1-x}, \ x \in (-1,1).$$

习题 1-2

1. 求下列函数的定义域:

(1) $y = \arcsin\dfrac{x-1}{3}$;

(2) $y = \dfrac{\lg(3-x)}{\sqrt{|x|-1}}$;

(3) $y = \sqrt{\sin x} + \sqrt{16-x^2}$;

(4) $y = \sqrt{\lg\dfrac{5x-x^2}{4}}$;

(5) $y = \ln(1-2\cos x)$.

2. 设 $f(x)$ 的定义域是 $[0,1]$,求下列复合函数的定义域:

(1) $f(2-x)$;

(2) $f\left(\dfrac{1}{1+x}\right)$;

(3) $f(\sin x)$;

(4) $f(x+a) + f(x-a)\ (a>0)$.

3. 设 $\varphi(x+1) = \dfrac{x+1}{x+5}$,求 $\varphi(x), \varphi(x-1)$.

4. 设 $f(x) = \begin{cases} x^2, & 0 \leqslant x \leqslant 1, \\ 3x, & 1 < x \leqslant 2, \end{cases}$ $g(x) = e^x$,求 $f[g(x)]$.

5. 设 $f(x) = \begin{cases} 1, & |x| \leqslant 1, \\ 0, & |x| > 1. \end{cases}$ 求 $f[f(x)]$.

6. 证明下列公式:

(1) $\cosh^2 x - \sinh^2 x = 1$,

(2) $\sinh 2x = 2\sinh x\cosh x$,

(3) $\cosh 2x = \cosh^2 x + \sinh^2 x$,

(4) $\sinh(x \pm y) = \sinh x\cosh y \pm \cosh x\sinh y$.

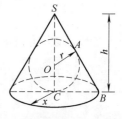

图 1-10

7. 证明反双曲余弦函数 $\text{arcosh } x$ 的表达式为

$$y = \text{arcosh } x = \ln(x + \sqrt{x^2-1}), x \geqslant 1.$$

8. 一球的半径为 r,作外切于球的圆锥(图 1-10),试将其体积表示为高的函数,并说明定义域.

第三节 数列的极限

本节先给出数列极限的直观定义,关于数列极限的严格定义将在第九节中阐明. 读者可根据自己的理解能力在学习过程中逐步接受,理解极限思想和极限的严格定义.

一、数列

若函数的定义域为正整数集 $\mathbf{N}^+$,则称函数 $f(n)$,$n \in \mathbf{N}^+$ 为**数列**. 因正整数可按大小顺序依次排列,所以数列也可排成一串数

$$x_1,\ x_2,\cdots,x_n,\cdots \tag{1}$$

其中数列中的每一个数叫做数列的**项**,第 n 项 x_n 也称为该数列的**通项**或**一般项**. 例如:

$$1,-1,1,-1,\cdots,(-1)^{n-1},\cdots \tag{2}$$

$$2,4,6,\cdots,2n,\cdots; \tag{3}$$

$$\frac{2}{1},\frac{3}{2},\cdots,\frac{n+1}{n},\cdots; \tag{4}$$

$$-\frac{1}{2},\frac{1}{4},-\frac{1}{8},\cdots,\left(-\frac{1}{2}\right)^n\cdots. \tag{5}$$

它们的一般项分别是 $(-1)^{n-1}$,$2n$,$\dfrac{n+1}{n}$,$\left(-\dfrac{1}{2}\right)^n$. 以后,数列(1)也简记为数列 $\{x_n\}$.

几何上,数列 $\{x_n\}$ 可看作数轴上的一个动点,它依次取数轴上的点 $x_1,x_2,\cdots$,$x_n,\cdots$参见图 1-11.

注 1　有时也将数列的定义域取为扩大的自然数集 $\mathbf{N}$.

作为特殊的函数,可讨论数列的一些特性:

1. 数列的单调性

如果数列 $\{x_n\}$ 满足条件

$$x_1 \leqslant x_2 \leqslant x_3 \leqslant \cdots \leqslant x_n \leqslant x_{n+1}\cdots,$$

就称数列 $\{x_n\}$ 是单调增加的;如果数列 $\{x_n\}$ 满足条件

$$x_1 \geqslant x_2 \geqslant x_3 \geqslant \cdots \geqslant x_n \geqslant x_{n+1}\cdots,$$

就称数列 $\{x_n\}$ 是单调减少的. 单调增加和单调减少的数列统称为单调数列.

如数列(3)是单调增加的,数列(4)是单调减少的.

注 2　这里讨论的单调性是广义的,允许有等号成立,这和函数的单调性有所不同.

例 1　设 $x_1 = \sqrt{2}$,$x_{n+1} = \sqrt{2+x_n}$,$n = 1,2,\cdots$,讨论数列 $\{x_n\}$ 的单调性.

解　容易看到 $x_n > 1 > 0$,由

$$x_{n+1} - x_n = \sqrt{2+x_n} - \sqrt{2+x_{n-1}} = \frac{x_n - x_{n-1}}{\sqrt{2+x_n} + \sqrt{2+x_{n-1}}},$$利用数学归纳法可以

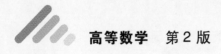

证明,对一切自然数 n,成立 $x_{n+1} - x_n > 0$. 因此,$\{x_n\}$ 是单调增加的.

2. 数列的有界性

对于数列 $\{x_n\}$,如果存在着正数 M,使得 $|x_n| \leqslant M$ 对一切正整数 $n = 1, 2, \cdots$ 成立,则称数列 $\{x_n\}$ 是有界的. 如果这样的正数 M 不存在就说 $\{x_n\}$ 是无界的.

显然,存在正数 M,使得 $|x_n| \leqslant M$ 和存在实数 M_1, M_2,使得 $M_1 \leqslant x_n \leqslant M_2$ 是等价的.

例如,数列(2)和数列(4)是有界的,数列(3)是无界的. 对于数列(2)可取 $M = 1$,对于(4)可取 $M = 2$,从而,对于一切正整数都成立 $|x_n| \leqslant M$.

例 2 讨论例 1 中的数列的有界性.

解 显然 $1 < x_1 = \sqrt{2} < 2$.

设对自然数 n,成立 $1 < x_n < 2$,则由

$$x_{n+1} = \sqrt{2 + x_n} > \sqrt{3} > 1, \quad x_{n+1} = \sqrt{2 + x_n} < \sqrt{2 + 2} = 2$$

知,对于 $n + 1$,也成立 $1 < x_{n+1} < 2$. 所以,数列 $\{x_n\}$ 是有界的.

下面我们介绍子数列的概念.

在数列 $\{x_n\}$ 中任意抽取无限多项并保持这些项在原数列 $\{x_n\}$ 中的先后次序,这样得到的一个数列称为原数列 $\{x_n\}$ 的**子数列**(或子列). 如数列(2)可抽取子数列 $1, 1, \cdots, 1, \cdots$ 和另一子数列 $-1, -1, \cdots, -1, \cdots$. 数列 $1, \dfrac{1}{2}, 1, \dfrac{1}{3}, \cdots, 1, \dfrac{1}{n}, \cdots$,可抽取子数列 $1, \dfrac{1}{2}, \dfrac{1}{3}, \cdots, \dfrac{1}{n}, \cdots$.

一般的,设在数列 $\{x_n\}$ 中,第一次抽取 x_{n_1},第二次在 x_{n_1} 后抽取 x_{n_2},第三次在 x_{n_2} 后抽取 $x_{n_3}, \cdots$,这样无休止地抽取下去,得到一个数列

$$x_{n_1}, x_{n_2}, \cdots, x_{n_k}, \cdots,$$

这个数列 $\{x_{n_k}\}$ 就是 $\{x_n\}$ 的一个子数列.

注 3 在子数列 $\{x_{n_k}\}$ 中,一般项 x_{n_k} 是第 k 项,而 x_{n_k} 在原数列 $\{x_n\}$ 中却是第 n_k 项,显然 $n_k \geqslant k$.

二、数列极限的定义

微积分诞生于 17 世纪下半叶,但其思想的萌芽可追溯到 2500 多年前的古希腊. 欧多克索斯(Eudoxus)和阿基米德(Archimedes)利用严格的穷竭法给出了棱锥、圆锥、球体体积. 我国古代数学家刘徽(公元 263 年)用正多边形逼近圆周,并直觉意识到边数越多,多边形的面积就越接近圆的面积,这些方法体现了一种朴素的、直观的极限思想.

我们再来观察数列(1)~(5). 当 n 无限增大时,可以看到数列 x_n 的变化趋势是不同的. 其中数列(4)当 n 无限增大时,无限地接近于 1;同样地,我们可以看

到,数列(5)当 n 无限增大时,x_n 无限地接近于 0,而数列(2)和数列(3)没有确定的趋向.

定义　对于数列 $\{x_n\}$,如果当 n 无限增大时(即 $n \to \infty$ 时),对应的 x_n 无限接近于某一个确定的数值 a,则 a 就称为数列 $\{x_n\}$ 的极限.或称数列 $\{x_n\}$ 当 $n \to \infty$ 时收敛于 a.记为 $\lim\limits_{n \to \infty} x_n = a$,或 $x_n \to a(n \to \infty)$.

如果数列 $\{x_n\}$ 没有极限,即当 n 无限增大时,对应的 x_n 不能无限接近于某一个数值 a,就说数列 $\{x_n\}$ 极限不存在,或数列 $\{x_n\}$ 是发散的.

根据这个直观定义可以看出数列(4)的极限是 1,数列(5)的极限是 0.而数列(2)和数列(3)不存在极限,即数列(2)和数列(3)是发散的.

从数列的定义可以看出

$$\lim_{n \to \infty} 1 = 1, \ \lim_{n \to \infty} a = a, \ \lim_{n \to \infty} \frac{1}{n} = 0, \ \lim_{n \to \infty} \frac{(-1)^n}{n^2} = 0, \ \lim_{n \to \infty} (0.9)^n = 0, \ \lim_{n \to \infty} \frac{(-1)^n}{2^n} = 0,$$

等等.

注 4　在上面定义中,什么叫无限增大,什么叫无限接近是模糊的.这样的定义无法讨论极限的更深入的性质,因此,极限的定义有必要加以严密论述,但这种描述比较抽象,我们将这种精确的描述放在第九节介绍.

三、数列收敛的充分条件与性质

定理 1(夹逼准则)　如果数列 $\{x_n\}$,$\{y_n\}$,$\{z_n\}$ 满足下列条件:

(1) $y_n \le x_n \le z_n (n = 1, 2, \cdots)$,

(2) $\lim\limits_{n \to \infty} y_n = a$, $\lim\limits_{n \to \infty} z_n = a$,

那么数列 $\{x_n\}$ 的极限存在,且 $\lim\limits_{n \to \infty} x_n = a$.

证明参见第九节.

例 3　证明 $\lim\limits_{n \to \infty} 2^{(-1)^n} \dfrac{1}{n} = 0$.

证　$x_n = 2^{(-1)^n} \dfrac{1}{n}$ 满足

$$\frac{1}{2n} \le x_n \le \frac{2}{n},$$

由极限的定义可以看出,$\lim\limits_{n \to \infty} \dfrac{1}{2n} = 0$,$\lim\limits_{n \to \infty} \dfrac{2}{n} = 0$,利用夹逼准则即得

$$\lim_{n \to \infty} 2^{(-1)^n} \frac{1}{n} = 0.$$

注 5　使用夹逼准则时要注意,若 $\lim\limits_{n \to \infty} y_n = a$, $\lim\limits_{n \to \infty} z_n = b \ne a$,则不能保证 $\lim\limits_{n \to \infty} x_n = a$.

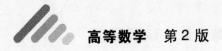

如数列（2），$-1 = y_n \leqslant x_n \leqslant z_n = 1$，$\lim\limits_{n \to \infty} y_n = -1$，$\lim\limits_{n \to \infty} z_n = 1$，$\lim\limits_{n \to \infty} x_n$ 不存在.

定理 2（数列极限存在的准则）

单调增加有上界的数列必有极限；单调减少有下界的数列必有极限. 简言之：单调有界数列必有极限.

该准则的几何意义比较明显，在数轴上，单调数列 $\{x_n\}$ 是向一个方向运动的，因此只有两种可能，或者点沿数轴趋向无穷远；或者点 x_n 无限接近某一点 a. 由于数列 $\{x_n\}$ 有界，因此前一种情形不会发生，而后者说明 $\{x_n\}$ 以 a 为极限. 但定理的证明要涉及到较多的基础理论，这里略去.

例如数列（4）是单调减少的且有下界 $x_n \geqslant 0$，所以 $\lim\limits_{n \to \infty} x_n = 0$. 在例 1 和例 2 中我们看到，由例 1 确定的数列是单调有界数列，因此，该数列的极限存在.

在计算复利问题（参见第七节），研究细菌（生命细胞）的繁殖，放射性元素的衰变过程等都会涉及非常重要的一个数列 $\{x_n\}$：$x_n = \left(1 + \dfrac{1}{n}\right)^n$ 的极限.

我们首先观察 $x_n = \left\{\left(1 + \dfrac{1}{n}\right)^n\right\}$ 的变化情况，从表 1-2 可以看出，该数列是随着 n 变化而单调增加的，并且 x_n 不会超过 3.

表 1-2 $\quad x_n = \left\{\left(1 + \dfrac{1}{n}\right)^n\right\}$ 随着 n 变化而变化的情况

n	1	2	3	10	100	1000	10000	$\cdots$
x_n	2.000 000	2.250 000	2.370 370	2.593 742	2.704 813	2.716 923	2.718 145	$\cdots$

事实上，由牛顿二项式公式得到

$$x_n = 1 + \frac{n}{1!} \cdot \frac{1}{n} + \frac{n(n-1)}{2!} \cdot \frac{1}{n^2} + \frac{n(n-1)(n-2)}{3!} \cdot \frac{1}{n^3} + \cdots +$$

$$\frac{n(n-1)\cdots(n-n+1)}{n!} \cdot \frac{1}{n^n}$$

$$= 1 + 1 + \frac{1}{2!}\left(1 - \frac{1}{n}\right) + \frac{1}{3!}\left(1 - \frac{1}{n}\right)\left(1 - \frac{2}{n}\right) + \cdots +$$

$$\frac{1}{n!}\left(1 - \frac{1}{n}\right)\left(1 - \frac{2}{n}\right)\cdots\left(1 - \frac{n-1}{n}\right),$$

类似地，

$$x_{n+1} = 1 + 1 + \frac{1}{2!}\left(1 - \frac{1}{n+1}\right) + \frac{1}{3!}\left(1 - \frac{1}{n+1}\right)\left(1 - \frac{2}{n+1}\right) + \cdots +$$

$$\frac{1}{n!}\left(1 - \frac{1}{n+1}\right)\left(1 - \frac{2}{n+1}\right)\cdots\left(1 - \frac{n-1}{n+1}\right) +$$

$$\frac{1}{(n+1)!}\left(1 - \frac{1}{n+1}\right)\left(1 - \frac{2}{n+1}\right)\cdots\left(1 - \frac{n}{n+1}\right),$$

比较 x_n 和 x_{n+1} 的展开式,可以看到除前两项外,x_n 的每一项都小于 x_{n+1} 的对应项,并且 x_{n+1} 还多了最后一项,这一项是正的,因此,$x_n < x_{n+1}$,即 $\{x_n\}$ 是单调增加的.

如果 x_n 的展开式中各项括号内的数用较大的数 1 代替,得

$$x_n < 1 + 1 + \frac{1}{2!} + \frac{1}{3!} + \cdots + \frac{1}{n!} < 1 + 1 + \frac{1}{2} + \frac{1}{2^2} + \cdots + \frac{1}{2^{n-1}} = 1 + \frac{1 - \frac{1}{2^n}}{1 - \frac{1}{2}} = 3 - \frac{1}{2^{n-1}} < 3.$$

因此,$\{x_n\}$ 是有上界的.

根据数列极限存在的准则,$\lim\limits_{n\to\infty} x_n$ 存在,我们用字母 e 表示其极限值,即

$$\lim_{n\to\infty}\left(1 + \frac{1}{n}\right)^n = \mathrm{e}.$$

可以证明,极限值 e 是一个无理数(证明略),它的值 $\mathrm{e} \approx 2.718\ 281\ 828\ 459\ 0$.

定理 3(收敛数列与其子数列间的关系)　如果数列 $\{x_n\}$ 收敛于 a,那么它的任一子数列也收敛,且极限也是 a.

证略.

由定理 3 可知,如果数列 $\{x_n\}$ 有两个子数列收敛于不同的极限,那么数列 $\{x_n\}$ 是发散的. 例如,数列(2)的子数列 $\{1\}$ 收敛于 1,而子数列 $\{-1\}$ 收敛于 -1,因此,数列(2)是发散的. 同时这个例子也说明,一个发散的数列也可能有收敛的子数列.

定理 4(收敛数列的有界性)　如果数列 $\{x_n\}$ 收敛,那么数列 $\{x_n\}$ 必定有界.

证明参见第九节.

由定理 4 可知,如果数列 $\{x_n\}$ 无界,那么数列 $\{x_n\}$ 一定发散. 如数列(3)是无界的,所以这个数列是发散的. 但是,如果数列 $\{x_n\}$ 有界,却不能断定数列 $\{x_n\}$ 一定收敛. 例如数列(2)有界,但这数列是发散的. 所以,数列有界是数列收敛的必要条件,但不是充分条件.

习题 1-3

1. 设 $x_1 = \sqrt{3}$,$x_{n+1} = \sqrt{3 + x_n}$,$n = 1, 2, \cdots$,证明数列 $\{x_n\}$ 是单调有界数列.

2. 观察下列数列的变化趋势,若极限存在,写出它们的极限:

(1) $x_n = \left(-\frac{3}{\pi}\right)^n$;　　(2) $x_n = \frac{n-1}{n}$;　　(3) $x_n = \frac{n-1}{n+1}$;

(4) $x_n = 2 + \frac{(-1)^n}{n^2}$;　　(5) $x_n = n(-1)^n$;　　(6) $x_n = q^n$,$|q| \leqslant 1$.

3. 设 $x_n = \dfrac{\cos\frac{n\pi}{2}}{n}$. 用夹逼准则证明 $\lim\limits_{n\to\infty} x_n = 0$.

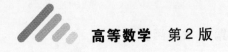
第四节 函数的极限

一、自变量趋向无穷大时函数的极限

自变量趋向无穷大时的极限过程有三种:

极限过程 $x \to +\infty$ 表示 x 由小变大,且无限变大的过程;

极限过程 $x \to -\infty$ 表示 $-x$ 由小变大,且无限变大的过程;

极限过程 $x \to \infty$ 表示 $|x|$ 由小变大,且无限变大的过程.

考察函数 $f(x) = \dfrac{1}{x}$,$f(x) = x^3$ 及 $f(x) = \sin x$. 这些函数的图形大家是熟悉的,参见表 1-1.

直观上我们知道,当一个正数越大时,其倒数越小. 因此,当 $|x|$ 由小变大,且无限变大时,函数 $f(x) = \dfrac{1}{x}$ 的值便由大变小,且无限变小,或无限趋近于 0;而函数 $f(x) = x^3$,当 $|x|$ 由小变大,且无限变大时,对应的函数 $f(x) = x^3$ 的绝对值无限增大;函数 $y = \sin x$,当 $|x|$ 由小变大,且无限变大时,对应的函数值没有确定的趋向.

综上可知,在极限过程 $x \to \infty$ 中,函数 $y = f(x)$ 的变化趋势一般有三种情况:

(1) 函数 $y = f(x)$ 无限接近于一个确定常数 A;

(2) 函数 $y = f(x)$ 的绝对值无限变大;

(3) 函数 $y = f(x)$ 无确定的变化趋势.

对于情形(1),称函数 $y = f(x)$ 当 $x \to \infty$,以 A 为极限,而情形(2)、(3),当 $x \to \infty$ 时函数 $y = f(x)$ 无极限.

同样,在极限过程 $x \to +\infty$ 和 $x \to -\infty$ 中,上述函数的变化趋势有类似的状况. 现在我们给出如下定义:

定义 1 如果函数 $f(x)$ 当 $|x|$ 充分大时有定义,在 $x \to \infty$ 的过程中,对应的函数值 $f(x)$ 无限接近于确定的数值 A,那么 A 叫做函数 $f(x)$ 当 $x \to \infty$ 时的极限. 记为

$$\lim_{x \to \infty} f(x) = A \quad \text{或} \quad f(x) \to A (x \to \infty).$$

如果函数 $f(x)$ 当 x 充分大时($-x$ 充分大时)有定义,在 $x \to +\infty$ ($x \to -\infty$)的过程中,对应的函数值 $f(x)$ 无限接近于确定的数值 A,那么 A 叫做函数 $f(x)$ 当 $x \to +\infty$ ($x \to -\infty$)时的极限. 记为

$$\lim_{x \to +\infty} f(x) = A (\lim_{x \to -\infty} f(x) = A)$$

或 $$f(x) \to A (x \to +\infty) (f(x) \to A(x \to -\infty)).$$

如果函数 $f(x)$ 当 x 在上述变化过程中没有极限,即对应的 $f(x)$ 不能无限接近于某一个数值 a,就说函数 $f(x)$ 在该变化过程中极限不存在.

根据上述定义我们有

$$\lim_{x \to \infty} \frac{1}{x} = 0, \quad \lim_{x \to +\infty} \frac{1}{x} = 0, \quad \lim_{x \to -\infty} \frac{1}{x} = 0.$$

由定义 1 可知, $\lim_{x \to \infty} f(x) = A$ 的充分必要条件是 $\lim_{x \to +\infty} f(x) = \lim_{x \to -\infty} f(x) = A$. 因此, 若两个极限 $\lim_{x \to +\infty} f(x)$, $\lim_{x \to -\infty} f(x)$ 有一个不存在, 或两个极限都存在但不相等, 则 $\lim_{x \to \infty} f(x)$ 不存在.

类似地可以看出:

$$\lim_{x \to +\infty} \frac{1}{\sqrt{x}} = 0, \quad \lim_{x \to -\infty} 2^x = 0, \quad \lim_{x \to +\infty} \arctan x = \frac{\pi}{2}, \quad \lim_{x \to -\infty} \arctan x = -\frac{\pi}{2},$$ 而极限 $\lim_{x \to \infty} \arctan x$ 不存在.

一般地, 如果 $\lim_{\substack{x \to \infty \\ (x \to +\infty) \\ (x \to -\infty)}} f(x) = A$, 则直线 $y = A$ 为函数 $y = f(x)$ 的图形的**水平渐近线**.

例如, 函数 $y = \arctan x$ 有两条水平渐近线 $y = \frac{\pi}{2}$ 和 $y = -\frac{\pi}{2}$, 参见表 1-1 中函数 $y = \arctan x$ 的图形.

二、自变量趋向有限值时函数的极限

对函数 $y = f(x)$, 除了研究 $x \to \infty$ 时的极限以外, 还要研究 x 趋于某个常数 x_0 时的变化趋势.

极限过程 $x \to x_0^+$ 表示 x 大于 x_0 而无限接近 x_0(或无限趋于 x_0)的过程;

极限过程 $x \to x_0^-$ 表示 x 小于 x_0 而无限接近 x_0(或无限趋于 x_0)的过程;

极限过程 $x \to x_0$ 表示 x 无限接近 x_0(或无限趋于 x_0)的过程.

表 1-3 列出了当 x 充分靠近 2 或 $x \to 2$ 时, 函数 $y = f(x) = \frac{1}{x}$ 的变化情况:

表 1-3　$x \to 2$ 时, 函数 $y = \dfrac{1}{x}$ 的变化情况

x	1.9000	1.9500	1.9950	1.9995	⋯	2.0000	⋯	2.0005	2.0050	2.0500	2.1000
y	0.5263	0.5128	0.5012	0.5001		0.5000		0.4999	0.4988	0.4878	0.4762

在表 1-3 中可直观看出, 当自变量 x 无限靠近 2 时, 函数 $y = \frac{1}{x}$ 无限靠近 0.5.

当 $x \to 2^+$ 或 $x \to 2^-$ 时, 函数 $y = f(x) = \frac{1}{x}$ 有类似的现象. 由此可以给出这种极限的直观定义:

定义 2 如果函数 $f(x)$ 在 x_0 的某去心邻域是有定义的, 且当 x 无限接近 x_0 时, 即 $x \to x_0$ 时, 对应的函数值 $f(x)$ 无限接近于某一个数值 A, 那么 A 就称为函数

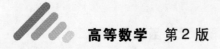

$f(x)$ 当 x 趋向于 x_0 时的极限. 记为

$$\lim_{x \to x_0} f(x) = A, \text{或} f(x) \to A (x \to x_0).$$

如果函数 $f(x)$ 在 x_0 的某去心右(左)邻域是有定义的,且当 x 大于(小于) x_0 而无限接近 x_0 时,即 $x \to x_0^+$ 时($x \to x_0^-$ 时),对应的函数值 $f(x)$ 无限接近于某一个数值 A,那么 A 就称为函数 $f(x)$ 当 x 趋于 x_0 时的右(左)极限. 记为

$$\lim_{x \to x_0^+} f(x) = A (\lim_{x \to x_0^-} f(x) = A), \text{或} f(x_0^+) = A (f(x_0^-) = A),$$

或

$$f(x) \to A, (x \to x_0^+) \ (f(x) \to A, (x \to x_0^-)).$$

如果函数 $f(x)$ 当 x 在上述变化过程中没有极限,即对应的 $f(x)$ 不能无限接近于某一个数值 A,就说函数 $f(x)$ 在这变化过程中极限不存在.

根据这个直观定义可以看出,对于函数 $y = \dfrac{1}{x}$ 来说,有

$$\lim_{x \to 2} \frac{1}{x} = \frac{1}{2}, \ \lim_{x \to 2^+} \frac{1}{x} = \frac{1}{2}, \ \lim_{x \to 2^-} \frac{1}{x} = \frac{1}{2}.$$

类似地可以看出,$\lim\limits_{x \to 0} x = 0$,$\lim\limits_{x \to 0} x^2 = 0$,$\lim\limits_{x \to 0} (x - 1) = -1$,$\lim\limits_{x \to 1} \sqrt{x} = 1$(参见第九节例5的证明),$\lim\limits_{x \to 0} \sqrt{4 + x} = 2$,等等.

由定义2可知,$\lim\limits_{x \to x_0} f(x) = A$ 的充分必要条件是 $\lim\limits_{x \to x_0^+} f(x) = \lim\limits_{x \to x_0^-} f(x) = A$. 因此,若 $f(x_0^-)$ 不存在或 $f(x_0^+)$ 不存在或 $f(x_0^-)$ 和 $f(x_0^+)$ 都存在,但它们不相等,则 $\lim\limits_{x \to x_0} f(x)$ 不存在.

例 1 求 $\lim\limits_{x \to 0} f(x)$,其中函数 $f(x) = \begin{cases} x - 1, & x \leqslant 0, \\ x + 1, & x > 0. \end{cases}$

解 当 $x \to 0$ 时,通过观察函数的变化趋势可以看出,

$$\lim_{x \to 0^+} f(x) = \lim_{x \to 0^+} (x + 1) = 1,$$

$$\lim_{x \to 0^-} f(x) = \lim_{x \to 0^-} (x - 1) = -1,$$

$f(0^+) \neq f(0^-)$,所以,$\lim\limits_{x \to 0} f(x)$ 不存在(参见图 1-12).

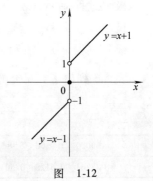

图 1-12

三、函数极限的性质

函数极限有和数列极限相类似的性质及证明方法,但函数极限的这些性质大多是函数的局部性质. 这一点和数列极限的性质有很大区别.

定理 1(局部有界性) 若 $\lim\limits_{\substack{x \to x_0 \\ (x \to \infty)}} f(x) = A$,则函数 $f(x)$ 在 x_0 的某一去心邻域($|x|$ 充分大时)有界. 即存在 $\delta > 0 (X > 0)$,使 $|f(x)| \leqslant M$ 对一切满足 $0 < |x - x_0|$

$<\delta(|x|>X)$ 的 x 都成立,这里 M 是一个确定的数.

证明参见第九节.

例如,函数 $y=\dfrac{1}{x}$ 当 $x\to x_0\neq0$ 或 $x\to\infty$ 时极限都存在,因此,函数 $y=\dfrac{1}{x}$ 在 $x=x_0\neq0$ 附近或 x 充分大时是有界的,但我们不能说函数 $y=\dfrac{1}{x}$ 在其定义域内有界或在区间 $(0,1)$ 上有界. 事实上,这个函数在 $x=0$ 的任何去心邻域内无界.

定理 2(局部保号性)　如果 $\lim\limits_{x\to x_0}f(x)=A>0$(或 $A<0$),那么存在点 x_0 的某一去心邻域,当 x 在该邻域内时,就有 $f(x)>0$(或 $f(x)<0$).

证明参见第九节.

定理 2 表明,在点 x_0 的某个去心邻域内,函数值 $f(x)$ 的符号与不为零的极限值的符号相同(同为正或同为负).

定理 3　如果在 x_0 的某一去心邻域内 $f(x)\geqslant0$(或 $f(x)\leqslant0$),而且 $\lim\limits_{x\to x_0}f(x)=A$,那么 $A\geqslant0$(或 $A\leqslant0$).

证明参见第九节.

对于 $x\to\infty$ 时也有类似的定理.

定理 $2'$(局部保号性)　如果 $\lim\limits_{x\to\infty}f(x)=A>0$(或 $A<0$),那么当 $|x|$ 充分大时就有 $f(x)>0$(或 $f(x)<0$).

定理 $3'$　如果当 $|x|$ 充分大时,$f(x)\geqslant0$(或 $f(x)\leqslant0$),而且 $\lim\limits_{x\to\infty}f(x)=A$,那么 $A\geqslant0$(或 $A\leqslant0$).

定理 4(海涅 Heine 定理)　$\lim\limits_{\substack{x\to x_0\\(x\to\infty)}}f(x)=A$ 的充分必要条件是:

对任意数列 $\{x_n\}$,当 $x_n\to x_0$ 且 $x_n\neq x_0$ 时(或 $x_n\to\infty$ 时),都有 $\lim\limits_{n\to\infty}f(x_n)=A$.

定理的证明略去.

这个定理揭示了函数极限与数列极限的关系. 根据这个定理,要证明函数极限不存在,只要找出两个不同的数列 $\{x_n\}$,$\{y_n\}$,当 $n\to\infty$ 时 $x_n\to x_0$,$y_n\to y_0$(或 $x_n\to\infty$,$y_n\to\infty$),相应的有

$$\lim_{n\to\infty}f(x_n)\neq\lim_{n\to\infty}f(y_n)$$

即可.

例 2　证明 $\lim\limits_{x\to0}\sin\dfrac{1}{x}$ 不存在.

证　(函数 $y=\sin\dfrac{1}{x}$ 如图 1-13 所示)取不同数列

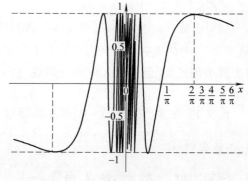

图　1-13

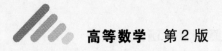

$$x_n = \frac{1}{2n\pi + \frac{\pi}{2}} \to 0, \ f(x_n) = \sin \frac{1}{x_n} = \sin\left(2n\pi + \frac{\pi}{2}\right) \to 1, \ (n \to \infty);$$

$$y_n = \frac{1}{2n\pi + \frac{3\pi}{2}} \to 0, \ f(y_n) = \sin \frac{1}{y_n} = \sin\left(2n\pi + \frac{3\pi}{2}\right) \to -1, \ (n \to \infty).$$

由海涅定理, $\lim\limits_{x \to 0} \sin \frac{1}{x}$ 不存在.

习题 1-4

1. 根据函数的图形观察下列函数的极限值, 并写出函数图形的水平渐近线的方程:

(1) $\lim\limits_{x \to -\infty} e^x$;　　　　(2) $\lim\limits_{x \to +\infty} \left(\frac{1}{2}\right)^x$;　　　　(3) $\lim\limits_{x \to \infty} \left(1 + \frac{1}{x}\right)$.

2. 观察下列函数的变化趋势, 写出它们的极限:

(1) $\lim\limits_{x \to 0} (2 + x^2)$;　　　(2) $\lim\limits_{x \to 0} \frac{1}{1-x}$;　　　(3) $\lim\limits_{x \to 2} (1 + 2x)$;

(4) $\lim\limits_{x \to +\infty} \sqrt{1 + \frac{1}{x}}$.

3. 设 $f(x) = \begin{cases} x^2 + 2, & x > 0 \\ x - 1, & x \leqslant 0 \end{cases}$, 作出函数图形. 根据函数变化趋势, 写出 $f(0^+)$, $f(0^-)$; 问 $\lim\limits_{x \to 0} f(x)$ 存在吗?

第五节　无穷小与无穷大

一、无穷小

如果函数 $f(x)$ 当 $x \to x_0$ (或 $x \to \infty$) 时的极限为零, 那么函数 $f(x)$ 叫做 $x \to x_0$ (或 $x \to \infty$) 时的无穷小. 因此, 只要在上一节函数极限的两个定义中令 $A = 0$, 就可得无穷小的定义. 但由于无穷小在理论上和应用上的重要性, 所以把它的定义写在下面.

定义 1　如果 $\lim\limits_{\substack{x \to x_0 \\ (x \to \infty)}} f(x) = 0$, 那么称函数 $f(x)$ 当 $x \to x_0$ (或 $x \to \infty$) 时, 为无穷小量, 简称无穷小.

例如, $\lim\limits_{x \to 1} (x - 1) = 0$, 所以, 函数 $x - 1$ 当 $x \to 1$ 时为无穷小; $\lim\limits_{x \to \infty} \frac{1}{x^2} = 0$, 所以, 函

数 $\dfrac{1}{x^2}$ 当 $x\to\infty$ 时为无穷小.

注意,不要把无穷小与很小的数(例如百万分之一,千万分之一)混为一谈. 第一,无穷小是一个函数;第二,该函数在 $x\to x_0$(或 $x\to\infty$)的过程中,其绝对值能小于任意给定的正数,而很小的数如百万分之一,是不能小于任意给定的正数的. 但零是可以作为无穷小的唯一的常数函数. 今后,在略去自变量变化趋势的情况下,无穷小常用 $\alpha(x),\beta(x)$ 或 α,β 来表示.

下面定理说明无穷小与函数极限的关系.

定理 1 $\lim\limits_{x\to x_0}f(x)=A$(或 $\lim\limits_{x\to\infty}f(x)=A$)的充分必要条件是:

$$f(x)=A+\alpha$$

其中 α 为 $x\to x_0$(或 $x\to\infty$)时的无穷小.

证明参见第九节.

二、无穷大

在极限不存在的情况下有一种情形较有规律,就是当 $x\to x_0$(或 $x\to\infty$)时,对应的函数值的绝对值 $|f(x)|$ 无限增大,例如 $y=f(x)=\dfrac{1}{x-1}$,当 $x\to1$ 时,函数值的绝对值 $|f(x)|$ 无限增大,参见图 1-14. 此时称 $f(x)$ 为无穷大.

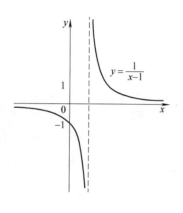

图　1-14

定义 2 **当 $x\to x_0$(或 $x\to\infty$)时的过程中,如果 $|f(x)|$ 无限增大,则称函数 $f(x)$ 当 $x\to x_0$(或 $x\to\infty$)时为无穷大. 记作**

$$\lim\limits_{x\to x_0}f(x)=\infty \qquad (\text{或}\lim\limits_{x\to\infty}f(x)=\infty).$$

注 1 千万不要把符号 $\lim\limits_{x\to x_0}f(x)=\infty$(或 $\lim\limits_{x\to\infty}f(x)=\infty$)当成极限存在情形,按函数极限定义来说,在这种情形下极限是不存在的.

注 2 无穷大不是数,不可与很大的数(如一千亿、一万亿等)混为一谈. 虽然近代分析的一些书中对无穷大定义了某些运算,但本书中(一般的高等数学教材中)未定义无穷大的有关运算,因此,对无穷大进行运算是不允许的.

如果在无穷大的定义中,把 $|f(x)|$ 无限增大换成 $f(x)$ 无限增大,就得到 $\lim\limits_{\substack{x\to x_0\\(x\to\infty)}}f(x)=+\infty$ 的定义,把 $|f(x)|$ 无限增大换成 $-f(x)$ 无限增大,就得到 $\lim\limits_{\substack{x\to x_0\\(x\to\infty)}}f(x)=-\infty$ 的定义.

一般地,如果 $\lim\limits_{\substack{x \to x_0 \\ (x \to x_0^+) \\ (x \to x_0^-)}} f(x) = \infty$,则直线 $x = x_0$ 为函数 $y = f(x)$ 的图形的**铅直渐近**

线.因此,直线 $x = 1$ 是函数 $y = \dfrac{1}{x-1}$ 的铅直渐近线,参见图 1-14.

无穷大与无穷小之间有一种简单的关系,即

定理 2 在自变量的同一变化过程中,如果 $f(x)$ 为无穷大,则 $\dfrac{1}{f(x)}$ 为无穷小;

反之,如果 $f(x)$ 为无穷小,且 $f(x) \neq 0$,则 $\dfrac{1}{f(x)}$ 为无穷大.

证明参见第九节.

习题 1-5

1. 两个无穷小的商是否一定是无穷小?两个无穷大的差是否一定是无穷小?
举例说明之.

2. 观察下列函数,在给定变化趋势下,哪些是无穷大量?哪些是无穷小量?

(1) $f(x) = 100x$,当 $x \to 0$ 时;   (2) $f(x) = \dfrac{x+2}{x-1}$,当 $x \to 1$ 时;

(3) $f(x) = \lg x$,当 $x \to +\infty$ 时;   (4) $f(x) = \lg x$,当 $x \to 1$ 时.

3. 观察函数的变化情况,写出下列极限及相应的渐近线的方程:

(1) $\lim\limits_{x \to 0^+} e^{\frac{1}{x}}$;   (2) $\lim\limits_{x \to 0^+} \ln x$;   (3) $\lim\limits_{x \to -\frac{\pi}{2}^-} \tan x$.

4. 根据函数的变化情况求下列函数极限:

(1) $\lim\limits_{x \to 0^-} 2^{\frac{1}{x}}$;   (2) $\lim\limits_{x \to 0^+} \arctan 2^{\frac{1}{x}}$.

5. 在区间 $(0,1]$ 上对于函数 $f(x) = \dfrac{1}{x}\sin\dfrac{1}{x}$ 找出两个数列 $\{x_n\}$,$\{y_n\}$,使其一
个数列 $f(x_n)$ 趋向于无穷大,另一个数列 $f(y_n)$ 为无穷小,从而说明该函数在区间
$(0,1]$ 上既不是无穷大,也不是无穷小.

6. 函数 $y = x\cos x$ 在 $(-\infty, +\infty)$ 内是否有界?又当 $x \to \infty$ 时,这个函数是否
为无穷大?为什么?

第六节 极限运算法则

从本节开始讨论求极限的运算法则,这些运算法则都可以在第九节得到证
明.利用这些法则,可以求出许多复杂函数的极限.在下面的讨论中,记号"lim"

下面没有标明自变量的变化过程,这说明下面的定理对 $x \to x_0$ 及 $x \to \infty$ 都是成立的.

定理 1 两个无穷小的和也是无穷小.

定理 1 可推广为:有限个无穷小的和也是无穷小.

定理 2 有界函数与无穷小的乘积是无穷小.

例 1 求极限 $\lim\limits_{x \to \infty} \dfrac{\cos x^2}{x}$.

解 因为 $x \to \infty$ 时,$\dfrac{1}{x}$ 是无穷小,而 $\cos x^2$ 是有界函数,利用定理 2 得到,$x \to \infty$ 时,$\dfrac{\cos x^2}{x}$ 是无穷小,所以 $\lim\limits_{x \to \infty} \dfrac{\cos x^2}{x} = 0$.

推论 1 常数与无穷小的乘积是无穷小.

推论 2 有限个无穷小的乘积也是无穷小.

定理 3 如果 $\lim f(x) = A, \lim g(x) = B$,则

(1) $\lim[f(x) \pm g(x)] = A \pm B = \lim f(x) \pm \lim g(x)$;

(2) $\lim[f(x)g(x)] = A \cdot B = \lim f(x) \cdot \lim g(x)$;

(3) 当 $B \neq 0$ 时有 $\lim \dfrac{f(x)}{g(x)} = \dfrac{A}{B} = \dfrac{\lim f(x)}{\lim g(x)}$.

推论 1 若 c 为常数,$\lim f(x)$ 存在,则
$$\lim cf(x) = c \lim f(x).$$

推论 2 若 n 为正整数,$\lim f(x)$ 存在,则
$$\lim[f(x)]^n = [\lim f(x)]^n.$$

关于数列,也有类似的极限四则运算法则.

定理 4 设有数列 $\{x_n\}, \{y_n\}$,如果 $\lim\limits_{n \to \infty} x_n = A, \lim\limits_{n \to \infty} y_n = B$,那么

(1) $\lim\limits_{n \to \infty}(x_n \pm y_n) = A \pm B$,

(2) $\lim\limits_{n \to \infty} x_n \cdot y_n = A \cdot B$,

(3) 当 $y_n \neq 0 (n = 1, 2, \cdots)$ 且 $B \neq 0$ 时,$\lim\limits_{n \to \infty} \dfrac{x_n}{y_n} = \dfrac{A}{B}$.

例 2 求 $\lim\limits_{x \to 2} f(x) = \lim\limits_{x \to 2}(2x^4 - 4x + 3)$.

解 $\lim\limits_{x \to 2}(2x^4 - 4x + 3) = 2(\lim\limits_{x \to 2} x)^4 - 4\lim\limits_{x \to 2} x + \lim\limits_{x \to 2} 3 = 2 \times 2^4 - 4 \times 2 + 3 = 27$.

由例 2 可看出,$f(2) = 27$,在此有 $\lim\limits_{x \to 2} f(x) = f(2)$.

该结论对一般的 n 次多项式函数都成立. 即设 $P_n(x)$ 为 n 次多项式函数,则有 $\lim\limits_{x \to x_0} P_n(x) = P_n(x_0)$. 更一般的,设 $Q_m(x)$ 是 m 次多项式函数,且 $Q_m(x_0) \neq 0$,

$F(x) = \dfrac{P_n(x)}{Q_m(x)}$ 是有理函数. 应用极限的四则运算法则,有

$$\lim_{x \to x_0} F(x) = \lim_{x \to x_0} \frac{P_n(x)}{Q_m(x)} = \frac{\lim_{x \to x_0} P_n(x)}{\lim_{x \to x_0} Q_m(x)}$$

$$= \frac{P_n(x_0)}{Q_m(x_0)} = F(x_0). \tag{1}$$

从上面例子可以看出,求多项式函数或有理函数当 $x \to x_0$ 的极限时,当分母的函数值不为零时,只要用 x_0 代替函数中的 x 就行了. 但是,若 $Q_m(x_0) = 0$ 则不能直接代入. 此时,可按如下两种情形处理:

(1) 分子的函数值不为零,则函数的倒数的极限为零,从而所求极限为无穷大.

例 3 求 $\lim\limits_{x \to 1} \dfrac{x^3 + 8x^2 - 1}{x^2 - 1}$.

解 因为 $\qquad \lim\limits_{x \to 2} \dfrac{x^2 - 1}{x^3 + 8x^2 - 1} = \dfrac{1^2 - 1}{2^3 + 8 \times 2^2 - 1} = 0.$

利用第五节定理 2 的结论得到

$$\lim_{x \to 1} \frac{x^3 + 8x^2 - 1}{x^2 - 1} = \infty.$$

(2) 分子、分母的函数值都为零,此时应将分子、分母中含有零的因子消去,再求其极限.

例 4 求 $\lim\limits_{x \to 2} \dfrac{x^3 - 8}{x - 2}$.

解 $x \to 2$ 时分子、分母的极限都是零,不能应用商的极限的定理. 但 $x \to 2$ 时 $x \neq 2$,因此可将分子、分母的零因子 $(x - 2)$ 消去.

$$\lim_{x \to 2} \frac{x^3 - 8}{x - 2} = \lim_{x \to 2} \frac{(x - 2)(x^2 + 2x + 4)}{(x - 2)} = \lim_{x \to 2}(x^2 + 2x + 4) = 12.$$

例 5 求 $\lim\limits_{x \to 4} \dfrac{\sqrt{x} - 2}{x - 4}$.

解
$$\lim_{x \to 4} \frac{\sqrt{x} - 2}{x - 4} = \lim_{x \to 4} \frac{(\sqrt{x} - 2)(\sqrt{x} + 2)}{(x - 4)(\sqrt{x} + 2)}$$

$$= \lim_{x \to 4} \frac{1}{\sqrt{x} + 2} = \frac{1}{4}.$$

例 6 求 $\lim\limits_{x \to -1} \left(\dfrac{1}{x + 1} - \dfrac{3}{x^3 + 1} \right)$.

解 $x \to -1$ 时,$\dfrac{1}{x + 1}$ 和 $\dfrac{3}{x^3 + 1}$ 都是无穷大,差的运算法则不适用,将其通分有

$$\frac{1}{x + 1} - \frac{3}{x^3 + 1} = \frac{(x + 1)(x - 2)}{(x + 1)(x^2 - x + 1)} = \frac{x - 2}{x^2 - x + 1}$$

于是，$\lim\limits_{x \to -1}\left(\dfrac{1}{x+1} - \dfrac{3}{x^3+1}\right) = \lim\limits_{x \to -1}\dfrac{x-2}{x^2-x+1} = -1.$

例7　求 $\lim\limits_{x \to \infty}\dfrac{4x^3+2x^2-1}{3x^4+1}.$

解　将分子、分母同除以 x^4，得

$$\lim_{x \to \infty}\frac{4x^3+2x^2-1}{3x^4+1} = \lim_{x \to \infty}\frac{\dfrac{4}{x}+\dfrac{2}{x^2}-\dfrac{1}{x^4}}{3+\dfrac{1}{x^4}} = \frac{0+0-0}{3+0} = 0.$$

例8　求 $\lim\limits_{x \to \infty}\dfrac{2x^3+2x^2-5}{x^3-2x+1}.$

解　$x \to \infty$ 时分子、分母的极限都是无穷大，不能应用商的极限运算法则. 我们先用 x^3 去除分子、分母，然后求极限：

$$\lim_{x \to \infty}\frac{2x^3+2x^2-5}{x^3-2x+1} = \lim_{x \to \infty}\frac{2+\dfrac{2}{x}-\dfrac{5}{x^3}}{1-\dfrac{2}{x^2}+\dfrac{1}{x^3}} = \frac{2+0-0}{1-0+0} = 2.$$

例9　求 $\lim\limits_{x \to \infty}\dfrac{3x^4+1}{4x^3+2x^2-1}.$

解　应用例7的结果并根据第五节定理2，即得

$$\lim_{x \to \infty}\frac{3x^4+1}{4x^3+2x^2-1} = \infty.$$

例7、8、9是下列一般情形的特例，即当 $a_0 \neq 0, b_0 \neq 0$ 时，m 和 n 为非负整数时有

$$\lim_{x \to \infty}\frac{a_0 x^m + a_1 x^{m-1} + \cdots + a_m}{b_0 x^n + b_1 x^{n-1} + \cdots + b_n} = \begin{cases} \dfrac{a_0}{b_0}, & n = m, \\[2mm] 0, & n > m, \\[2mm] \infty, & n < m. \end{cases} \tag{2}$$

例10　$f(x) = \begin{cases} x-1, & x < 0, \\[2mm] \dfrac{x^2-1}{x^3+1}, & x \geq 0. \end{cases}$　求 $\lim\limits_{x \to 0} f(x)$，$\lim\limits_{x \to +\infty} f(x)$，$\lim\limits_{x \to -\infty} f(x)$.

解　$x = 0$ 是函数 $f(x)$ 的分段点，需要分别求左、右极限来确定 $\lim\limits_{x \to 0} f(x)$.

$$f(0^-) = \lim_{x \to 0^-} f(x) = \lim_{x \to 0^-}(x-1) = -1,$$

$$f(0^+) = \lim_{x \to 0^+} f(x) = \lim_{x \to 0^+}\left(\frac{x^2-1}{x^3+1}\right) = -1,$$

故 $\lim\limits_{x \to 0} f(x) = -1.$

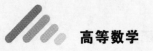

$$\lim_{x \to +\infty} f(x) = \lim_{x \to +\infty} \frac{x^2 - 1}{x^3 + 1} = 0;$$

$$\lim_{x \to -\infty} f(x) = \lim_{x \to -\infty} (x - 1) = -\infty.$$

定理 5(复合函数的极限运算法则) 设函数 $y = f[\varphi(x)]$ 是由函数 $y = f(u)$ 与函数 $u = \varphi(x)$ 复合而成,$f[\varphi(x)]$ 在点 x_0 的某去心邻域内有定义,且存在 $\delta_0 > 0$,当 $x \in \overset{\circ}{U}(x_0, \delta_0)$ 时,有 $\varphi(x) \neq u_0$,若 $\lim\limits_{x \to x_0} \varphi(x) = u_0$,$\lim\limits_{u \to u_0} f(u) = A$,则

$$\lim_{x \to x_0} f[\varphi(x)] = \lim_{u \to u_0} f(u) = A.$$

定理 5 表明,如果函数 $f(u)$ 和 $\varphi(x)$ 满足该定理的条件,那么作代换 $u = \varphi(x)$ 可以把 $\lim\limits_{x \to x_0} f[\varphi(x)]$ 化为求 $\lim\limits_{u \to u_0} f(u)$,其中 $u_0 = \lim\limits_{x \to x_0} \varphi(x)$.

注 对于 $x \to x_0^+$,$x \to x_0^-$,$x \to \infty$,$u \to \infty$,或 A 为 ∞ 的情形,也有类似的定理.

例 11 求 $\lim\limits_{x \to 0} \dfrac{\sqrt[n]{1 + x} - 1}{x}$.

解 令 $u = \sqrt[n]{1 + x}$,则 $x = u^n - 1$,当 $x \to 0$ 时,$u \to 1$. 由定理 5,有

$$\lim_{x \to 0} \frac{\sqrt[n]{1 + x} - 1}{x} = \lim_{u \to 1} \frac{u - 1}{u^n - 1} = \lim_{u \to 1} \frac{u - 1}{(u - 1)(u^{n-1} + u^{n-2} + \cdots + 1)}$$

$$= \lim_{u \to 1} \frac{1}{u^{n-1} + u^{n-2} + \cdots + 1} = \frac{1}{n}.$$

例 12 求 $\lim\limits_{x \to 0^-} e^{\frac{1}{x}}$.

解 令 $u = \dfrac{1}{x}$,则 $x \to 0^-$ 时 $u \to -\infty$. 由定理 5 的注,有

$$\lim_{x \to 0^-} e^{\frac{1}{x}} = \lim_{u \to -\infty} e^u = 0.$$

习题 1-6

1. 计算下列极限:

(1) $\lim\limits_{x \to 1} (2x^3 - x^2 + x - 3)$;

(2) $\lim\limits_{x \to -1} \dfrac{x^2 - 1}{\sqrt{x^2 + 2}}$;

(3) $\lim\limits_{x \to 1} \dfrac{x^2 - 3x + 2}{x^2 - 1}$;

(4) $\lim\limits_{x \to 1} \dfrac{x^2 - 2x + 1}{x^3 - 1}$;

(5) $\lim\limits_{x \to 3} \dfrac{2x^2 - 7x + 3}{x^2 + 4x - 21}$;

(6) $\lim\limits_{x \to 1} \dfrac{1 - x^n}{1 - x}$,$n$ 为正整数;

(7) $\lim\limits_{x \to 1} \dfrac{x + x^2 + \cdots x^n - n}{x - 1}$;

(8) $\lim\limits_{x \to 0} \dfrac{2x^3 - 3x^2 + x}{9x^2 + 2x}$;

(9) $\lim\limits_{h \to 0} \dfrac{(x+h)^3 - x^3}{h}$;

(10) $\lim\limits_{x \to 0} \dfrac{\sqrt{1+x} - \sqrt{1-x}}{x}$;

(11) $\lim\limits_{x \to 0} \dfrac{x}{1 - \sqrt{1+x}}$;

(12) $\lim\limits_{u \to \infty} \dfrac{\sqrt[4]{1+u^3}}{1+u}$;

(13) $\lim\limits_{x \to \infty} \dfrac{x^4 - 3x^2 + x}{(2x-1)(3x^3+4)}$;

(14) $\lim\limits_{x \to \infty} \dfrac{(2x+1)^{10}(x+3)^5}{16x^{15} + 2x^6 - 1}$;

(15) $\lim\limits_{x \to 1} \left(\dfrac{1}{1-x} - \dfrac{3}{1-x^3} \right)$;

(16) $\lim\limits_{n \to \infty} \left(\dfrac{1}{1 \cdot 2} + \dfrac{1}{2 \cdot 3} + \cdots + \dfrac{1}{(n-1)n} \right)$;

(17) $\lim\limits_{n \to \infty} \dfrac{1 + 2 + \cdots + n}{n(n+1)}$;

(18) $\lim\limits_{n \to \infty} \left(1 + \dfrac{1}{2} + \cdots + \dfrac{1}{2^n} \right)$.

2. 计算下列极限:

(1) $\lim\limits_{x \to \infty} (2x^4 - 4x + 1)$;

(2) $\lim\limits_{x \to \infty} \dfrac{2x^3}{5x^2 + 2x + 1}$.

3. 计算下列极限:

(1) $\lim\limits_{x \to \infty} \dfrac{\arctan(1 + x^2)}{x}$;

(2) $\lim\limits_{x \to \infty} \dfrac{x - \sin^2 x}{x + \cos^2 x}$.

4. 回答下列问题:(请举反例说明或证明)

(1) 若 $\lim f(x)$ 不存在, $\lim g(x)$ 不存在, 是否 $\lim[f(x) + g(x)]$ 一定不存在?

(2) 若 $\lim f(x)$ 存在, $\lim g(x)$ 不存在, 是否 $\lim[f(x) + g(x)]$ 一定不存在?

(3) 若 $\lim f(x)$ 不存在, $\lim g(x)$ 不存在, 是否 $\lim[f(x)g(x)]$ 一定不存在?

(4) 若 $\lim f(x)$ 存在, $\lim g(x)$ 不存在, 是否 $\lim[f(x)g(x)]$ 一定不存在?

5. 若 $\lim\limits_{x \to \infty} \left(\dfrac{x^2 + 1}{x+1} - ax - b \right) = 0$, 求 a、b 的值.

第七节 两个重要极限

前面给出了计算极限的四则运算法则,但还有一些极限不能运用极限的四则运算法则求得. 本节着重讨论两个重要的极限.

一、重要极限 $\lim\limits_{x \to 0} \dfrac{\sin x}{x} = 1$

首先,类似于数列极限存在的夹逼准则,我们给出函数极限存在的夹逼准则.

定理 如果在点 x_0 的某去心邻域内(或 $|x|$ 充分大)有

(1) $g(x) \leqslant f(x) \leqslant h(x)$,

（2） $\lim\limits_{\substack{x \to x_0 \\ (x \to \infty)}} g(x) = A$，$\lim\limits_{\substack{x \to x_0 \\ (x \to \infty)}} h(x) = A$，

那么 $\lim\limits_{\substack{x \to x_0 \\ (x \to \infty)}} f(x) = A.$

证明类似于数列极限夹逼准则的证明.（参见第九节）.

其次，我们给出一个重要的不等式

$$\sin x < x < \tan x, \quad 0 < x < \frac{\pi}{2}. \tag{1}$$

不等式（1）的证明如下.

在图 1-15 所示的单位圆中，设圆心角 $\angle AOB = x\left(0 < x < \dfrac{\pi}{2}\right)$，点 A 处的切线与线 OB 的延长线相交于 D，又 $BC \perp OA$，则 $\sin x = BC$，$x = AB$，$\tan x = AD$.

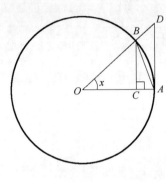

图 1-15

因为三角形 AOB 的面积 $<$ 圆扇形 AOB 的面积 $<$ 三角形 AOD 的面积，所以

$$0 < \frac{1}{2}\sin x < \frac{1}{2}x < \frac{1}{2}\tan x,$$

将 $\dfrac{1}{2}$ 消去即得不等式（1）.

不等式（1）各边除以 $\sin x$，得到

$$1 < \frac{x}{\sin x} < \frac{1}{\cos x},$$

或

$$\cos x < \frac{\sin x}{x} < 1. \tag{2}$$

因为当 x 用 $-x$ 代替时，$\dfrac{\sin x}{x}$ 与 $\cos x$ 都不变号，所以不等式（2）对于开区间 $\left(-\dfrac{\pi}{2}, 0\right)$ 内的一切 x 也是成立的.

为了对式（2）应用夹逼准则，下面先证明 $\lim\limits_{x \to 0} \cos x = 1$.

事实上，当 $0 < |x| < \dfrac{\pi}{2}$ 时，

$$0 < |\cos x - 1| = 2\sin^2 \frac{x}{2} < 2\left(\frac{x}{2}\right)^2 = \frac{x^2}{2}. \tag{3}$$

当 $x \to 0$ 时，式（3）两端都趋于零，应用夹逼准则即可得到 $\lim\limits_{x \to 0} \cos x = 1$.

由于 $\lim\limits_{x \to 0} \cos x = 1$，由不等式（2）及夹逼准则即得

$$\lim_{x \to 0} \frac{\sin x}{x} = 1.$$

例1 求 $\lim\limits_{x \to 0} \dfrac{\tan x}{x}$.

解
$$\lim_{x \to 0} \frac{\tan x}{x} = \lim_{x \to 0} \frac{\sin x}{x} \cdot \frac{1}{\cos x}$$
$$= \lim_{x \to 0} \frac{\sin x}{x} \cdot \lim_{x \to 0} \frac{1}{\cos x} = 1.$$

例2 求 $\lim\limits_{x \to 0} \dfrac{\sin ax^2}{\sin^2 bx}, b \neq 0$.

解 设 $a \neq 0$, 则 $\lim\limits_{x \to 0} \dfrac{\sin ax^2}{\sin^2 bx} = \lim\limits_{x \to 0} \dfrac{\sin ax^2}{ax^2} \left(\dfrac{bx}{\sin bx} \right)^2 \dfrac{a}{b^2} = \dfrac{a}{b^2}$.

显然, 当 $a = 0$ 时上式也成立.

例3 求 $\lim\limits_{x \to 0} \dfrac{1 - \cos x}{x^2}$.

解
$$\lim_{x \to 0} \frac{1 - \cos x}{x^2} = \lim_{x \to 0} \frac{2 \sin^2 \frac{x}{2}}{x^2} = \frac{1}{2} \lim_{x \to 0} \frac{\sin^2 \frac{x}{2}}{\left(\frac{x}{2} \right)^2}$$
$$= \frac{1}{2} \lim_{x \to 0} \left(\frac{\sin \frac{x}{2}}{\frac{x}{2}} \right)^2 = \frac{1}{2} \cdot 1^2 = \frac{1}{2}.$$

例4 求 $\lim\limits_{x \to 0} \dfrac{\sin x - \tan x}{x^3}$.

解
$$\lim_{x \to 0} \frac{\sin x - \tan x}{x^3} = \lim_{x \to 0} \left(-\frac{\sin x}{x} \frac{1}{\cos x} \frac{1 - \cos x}{x^2} \right) = -\frac{1}{2}.$$

二、重要极限 $\lim\limits_{x \to \infty} \left(1 + \dfrac{1}{x} \right)^x = \mathrm{e}$

在第三节中我们已经得到数列的极限 $\lim\limits_{n \to \infty} \left(1 + \dfrac{1}{n} \right)^n = \mathrm{e}$, 实际上, 将整变量 n 换成实变量 x, 同样有 $\lim\limits_{x \to +\infty} \left(1 + \dfrac{1}{x} \right)^x = \mathrm{e}$. 我们分两种情况讨论:

(1) 当变量 x 取实数 $x \to +\infty$ 时情形.

由于对任意正实数 x, 总有非负整数 n, 使 $n < x \leqslant n + 1$, 从而有

$$1 + \frac{1}{n+1} \leqslant 1 + \frac{1}{x} < 1 + \frac{1}{n},$$

$$\left(1 + \frac{1}{n+1} \right)^n \leqslant \left(1 + \frac{1}{x} \right)^x < \left(1 + \frac{1}{n} \right)^{n+1},$$

因此可由夹逼准则证明

$$\lim_{x \to +\infty} \left(1 + \frac{1}{x}\right)^x = e.$$

（2）当变量 x 取实数 $x \to -\infty$ 时情形.

作代换 $x = -y$，则当 $x \to -\infty$ 时 $y \to +\infty$. 此时，

$$\left(1 + \frac{1}{x}\right)^x = \left(1 - \frac{1}{y}\right)^{-y} = \left(1 + \frac{1}{y-1}\right)^y$$

$$= \left(1 + \frac{1}{y-1}\right)^{y-1} \cdot \left(1 + \frac{1}{y-1}\right) \to e, (y \to +\infty).$$

由上述几个步骤，我们得到重要极限

$$\lim_{x \to \infty} \left(1 + \frac{1}{x}\right)^x = e.$$

如令 $z = \frac{1}{x}$，则当 $x \to \infty$ 时 $z \to 0$. 于是上面极限又可写为

$$\lim_{z \to 0} (1 + z)^{\frac{1}{z}} = e. \tag{4}$$

例 5 求 $\lim\limits_{x \to \infty} \left(1 + \dfrac{k}{x}\right)^x$.

解 $k = 0$ 时，$\lim\limits_{x \to \infty} \left(1 + \dfrac{k}{x}\right)^x = \lim\limits_{x \to \infty} 1^x = 1$.

$k \neq 0$ 时，令 $t = \dfrac{1}{k}x$，则当 $x \to \infty$ 时 $t \to \infty$. 于是

$$\lim_{x \to \infty} \left(1 + \frac{k}{x}\right)^x = \lim_{t \to \infty} \left[\left(1 + \frac{1}{t}\right)^t\right]^k = e^k.$$

将这两种情况合而为一得到

$$\lim_{x \to \infty} \left(1 + \frac{k}{x}\right)^x = e^k.$$

例如 $\lim\limits_{x \to \infty} \left(1 - \dfrac{1}{x}\right)^x$ 中 $k = -1$，所以 $\lim\limits_{x \to \infty} \left(1 - \dfrac{1}{x}\right)^x = e^{-1}$.

许多应用问题可归结为求极限 $\lim\limits_{n \to \infty} p_0 \left(1 + \dfrac{r}{n}\right)^{nt}$. 例如，在计算复利问题中，设本金为 p_0，年利率为 r，一年中计算复利的期数为 n（例如，以每月计算复利，则 $n = 12$），则 t 年后的本利和为

$$p = p_0 \left(1 + \frac{r}{n}\right)^{nt}. \tag{5}$$

而在许多问题中复利的计算是时刻进行的，此外，其他许多问题如细菌（生命细胞）的繁殖，放射性元素的衰变过程都涉及 $n \to \infty$ 时式（5）的极限问题. 利用例 5 的结果得到

$$p = \lim_{n \to \infty} p_0 \left(1 + \frac{r}{n} \right)^{nt} = p_0 e^{rt}.$$

这就是工程应用中为什么指数(或对数)函数取 e 为底的缘故.

例 6 求 $\lim\limits_{x \to \infty} \left(\dfrac{2-x}{5-x} \right)^x$.

解 $\lim\limits_{x \to \infty} \left(\dfrac{2-x}{5-x} \right)^x = \lim\limits_{x \to \infty} \left(\dfrac{1 - \dfrac{2}{x}}{1 - \dfrac{5}{x}} \right)^x = \lim\limits_{x \to \infty} \dfrac{\left(1 - \dfrac{2}{x} \right)^x}{\left(1 - \dfrac{5}{x} \right)^x} = e^3.$

习题 1-7

1. 求下列各极限:

(1) $\lim\limits_{x \to 0} \dfrac{\tan \pi x}{x}$;

(2) $\lim\limits_{x \to 0} x \cot x$;

(3) $\lim\limits_{x \to 0} \dfrac{\tan 3x}{\sin 2x}$;

(4) $\lim\limits_{n \to 0} 2^n \sin \left(\sin \dfrac{x}{2^n} \right)$;

(5) $\lim\limits_{x \to -2} \dfrac{\tan \pi x}{x + 2}$;

(6) $\lim\limits_{x \to 1} \dfrac{\sin (x^2 - 1)}{x - 1}$;

(7) $\lim\limits_{x \to \infty} \left(\dfrac{x}{1 + x} \right)^x$;

(8) $\lim\limits_{x \to 0} \left(\dfrac{1 + 2x}{1 - 2x} \right)^{\frac{1}{x}}$;

(9) $\lim\limits_{n \to \infty} \left(1 - \dfrac{x}{n} \right)^n$;

(10) $\lim\limits_{x \to +\infty} \left(1 - \dfrac{1}{x} \right)^{\sqrt{x}}$;

(11) $\lim\limits_{x \to 1} x^{\frac{1}{1-x}}$;

(12) $\lim\limits_{x \to 0} (1 + \tan x)^{\cot x}$.

2. 设 $f(x) = \begin{cases} \dfrac{\sin 2x}{x}, & x > 0 \\ 3x^2 - x + k, & x \leqslant 0 \end{cases}$,问当 k 为何值时,$\lim\limits_{x \to 0} f(x)$ 存在?

第八节 无穷小的比较

有限个无穷小的和、差、积都是无穷小,那么两个无穷小之间相除有什么样的情形呢? 如当 $x \to 0$ 时,$x, \sin x, 2x, x^2$ 等都是无穷小,但是,它们趋于零的速度不同,x^2 比 x 趋于零的速度就要快得多. 我们可以用两个无穷小的比值比较它们趋于零的速度的快慢.

定义 设 α, β 都是在自变量的同一个变化过程中的无穷小,且 $\lim \dfrac{\beta}{\alpha} = A$.

如果 $A = 0$,就说 β 是比 α **高阶的无穷小**,记作 $\beta = o(\alpha)$;

如果 $A \neq 0$,就说 β 与 α 是**同阶无穷小**;

如果 $A = 1$,就说 β 与 α 是**等价无穷小**,记作 $\alpha \sim \beta$.

显然,等价无穷小是同阶无穷小的特殊情形,即 $A = 1$ 的情形.

下面举一些例子:

因为 $\lim\limits_{x \to 0} \dfrac{x^2}{x} = 0$,所以当 $x \to 0$ 时,x^2 是比 x 高阶的无穷小,即 $x^2 = o(x)$,$(x \to 0)$.

因为 $\lim\limits_{x \to 0} \dfrac{1 - \cos x}{x^2} = \dfrac{1}{2}$,所以当 $x \to 0$ 时,$1 - \cos x$ 与 x^2 是同阶无穷小.

因为 $\lim\limits_{x \to 0} \dfrac{\sin x}{x} = 1$,所以当 $x \to 0$ 时,$\sin x$ 与 x 是等价无穷小. 即 $x \to 0$ 时 $\sin x \sim x$.

容易证明,等价无穷小具有传递性,即若 $\alpha \sim \beta, \beta \sim \gamma$,则 $\alpha \sim \gamma$.

根据前面一些例子,$x \to 0$ 时常见的等价无穷小有

$$x \sim \sin x \sim \tan x, 1 - \cos x \sim \dfrac{1}{2}x^2.$$

定理 若 $\alpha \sim \alpha', \beta \sim \beta'$,且 $\lim \dfrac{\beta'}{\alpha'}$ 存在,则 $\lim \dfrac{\beta}{\alpha} = \lim \dfrac{\beta'}{\alpha'}$.

证 这是因为

$$\lim \frac{\beta}{\alpha} = \lim \frac{\beta}{\beta'} \cdot \frac{\beta'}{\alpha'} \cdot \frac{\alpha'}{\alpha}$$

$$= \lim \frac{\beta}{\beta'} \cdot \lim \frac{\beta'}{\alpha'} \cdot \lim \frac{\alpha'}{\alpha} = \lim \frac{\beta'}{\alpha'}.$$

这个性质表明,求两个无穷小之比的极限时,分子及分母都可用等价无穷小来代替. 因此,如果用来代替的无穷小选得适当的话,可以使计算简化.

例 1 求 $\lim\limits_{x \to 0} \dfrac{\sin mx}{\sin nx} (n \neq 0)$.

解 当 $x \to 0$ 时,$\sin mx \sim mx, \sin nx \sim nx$,所以

$$\lim_{x \to 0} \frac{\sin mx}{\sin nx} = \lim_{x \to 0} \frac{mx}{nx} = \lim_{x \to 0} \frac{m}{n} = \frac{m}{n}.$$

例 2 求 $\lim\limits_{x \to 0} \dfrac{1 - \cos x}{\sin^2 \pi x}$.

解 当 $x \to 0$ 时,$\sin^2 \pi x \sim (\pi x)^2, 1 - \cos x \sim \dfrac{1}{2}x^2$,所以

$$\lim_{x \to 0} \frac{1 - \cos x}{\sin^2 \pi x} = \lim_{x \to 0} \frac{\dfrac{1}{2}x^2}{\pi^2 x^2} = \frac{1}{2\pi^2}.$$

习题 1-8

1. 当 $x \to 0$ 时,$2x - \sin^2 x$ 与 $x^2 - x^3$ 相比,哪一个是高阶无穷小?

2. 当 $x \to 1$ 时,无穷小 $1 - x$ 与 $1 - x^3$,$\dfrac{1}{2}(1 - x^2)$ 是否同阶? 是否等价?

3. 证明:当 $x \to 0$ 时,下列各对无穷小是等价的:

(1) $\arctan x \sim x$;　　　(2) $\sqrt[5]{1 + x} - 1 \sim \dfrac{x}{5}$.

4. 利用等价无穷小的方法,求下列极限:

(1) $\lim\limits_{x \to 0} \dfrac{\tan x - \sin x}{\sin^2 x \ln(1 + x)}$;　　　(2) $\lim\limits_{n \to \infty} \left\{ n \left[\ln(n + 2) - \ln n \right] \right\}$;

(3) $\lim\limits_{x \to 0} \dfrac{x - \sin 2x}{x + \sin 3x}$.

5. 设 $x \to 0$,讨论下列无穷小关于 x 的阶

(1) $x \sin \sqrt{x(x + 1)}$;　　　(2) $\sin^2 x - \tan^2 x$.

第九节* 极限的精确定义

前面对极限的定义只作了直观的描述,这样的定义无法讨论极限的更深入的性质,本节的任务是给出各种极限定义的精确描述,并证明极限的有关定理,以加深对极限理论的理解.

一、数列极限的精确定义

我们知道,数列的一般项 x_n 与数 a 的接近程度可用两个数的距离 $|x_n - a|$ 来度量,所谓 n 无限增大时 x_n 与数 a 无限接近是指 n 无限增大时 $|x_n - a|$ 可任意小,或可以小于任意给定的正数 ε. 但这种可任意小的特性是和 n 可任意增大相联系的. 下面以数列 $\{x_n\}: x_n = \dfrac{n + 1}{n}$ 的极限是 1 为例进一步说明这一点.

$|x_n - 1| = \left| \dfrac{n + 1}{n} - 1 \right| = \dfrac{1}{n}$,当 n 无限增大时 x_n 无限接近于 1,相当于 $|x_n - 1|$

即当 n 无限增大时 $\dfrac{1}{n}$ 可任意小. 如要使

$$|x_n - 1| < 0.1$$

只要 $n > 10$;即从第 11 项开始的所有 x_n,上面不等式就成立. 要使

$$|x_n - 1| < 0.0001$$

只要从第 10001 项开始的所有 x_n,上面不等式就成立.

由此看到,不论给定的正数 ε 多么小,总存在一个正整数 N,使得对于 $n > N$ 时的一切 x_n,不等式

$$|x_n - 1| < \varepsilon$$

都成立,这就是数列 $\{x_n\}$ 当 $n \to \infty$ 时无限接近于 1 这件事的本质.

一般地,对于数列,有下列极限的严格定义:

定义 1 如果对于任意给定的正数 ε(不论多么小),总存在正整数 N,使得对于 $n > N$ 时的一切 x_n,不等式

$$|x_n - a| < \varepsilon$$

都成立,那么就称常数 a 是数列 $\{x_n\}$ 当 $n \to \infty$ 时的极限.或称数列 $\{x_n\}$ 当 $n \to \infty$ 时收敛于 a.

数列极限 $\lim\limits_{n \to \infty} x_n = a$ 的几何解释:

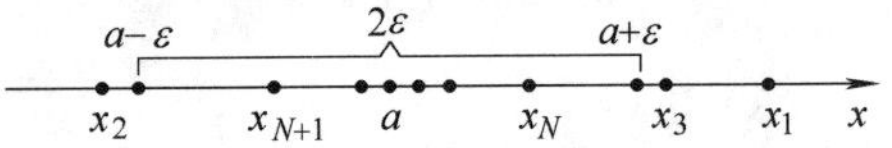

将常数 a 及数列 $x_1, x_2, \cdots, x_n, \cdots$,在数轴上用它们的对应点表示出来,再在数轴上作点 a 的 ε 邻域即开区间 $(a - \varepsilon, a + \varepsilon)$,如图 1-16 所示.

图 1-16

因不等式 $\qquad\qquad |x_n - a| < \varepsilon$

与不等式 $\qquad\qquad a - \varepsilon < x_n < a + \varepsilon$

等价,所以当 $n > N$ 时,所有的点 x_n 即无限多个点

$$x_{N+1}, x_{N+2}, x_{N+3}, \cdots$$

都落在开区间 $(a - \varepsilon, a + \varepsilon)$ 内,而只有有限个点(至多只有 N 个)在这区间以外.

注 1 上面定义中正数 ε 可以任意给定是很重要的,因为只有这样,不等式 $|x_n - a| < \varepsilon$ 才能表达出 x_n 与 a 无限接近的意思.

注 2 定义中的正整数 N 是与任意给定的正数 ε 有关的,它随着 ε 的给定而选定.容易看出,这样的正整数 N 如果存在,它就不是唯一的.按照极限概念,我们没有必要求出最小的 N.如果知道 $|x_n - a|$ 小于某个量(这个量与 n 有关系),那么当这个量小于 ε 时,$|x_n - a| < \varepsilon$ 当然也成立.用这种方法常常可以方便地定出正整数 N.

例 1 证明 $\lim\limits_{n \to \infty} \dfrac{n+1}{n} = 1$.

证 $\qquad\qquad |x_n - 1| = \left| \dfrac{n+1}{n} - 1 \right| = \dfrac{1}{n}$,

对于任意给定的正数 $\varepsilon > 0$,要使 $|x_n - 1| < \varepsilon$,只要 $n > \dfrac{1}{\varepsilon}$,所以取正整数 $N = \left[\dfrac{1}{\varepsilon} \right]$,则当 $n > N$ 时,就有

$$\left| \frac{n+1}{n} - 1 \right| < \varepsilon$$

成立. 即 $\lim\limits_{n \to \infty} \dfrac{n+1}{n} = 1$.

例2 证明 $\lim\limits_{n \to \infty} \left(-\dfrac{1}{\sqrt{2}} \right)^n = 0$.

证
$$|x_n - 0| = \frac{1}{(\sqrt{2})^n},$$

对于任意给定的正数 $\varepsilon > 0$（设 $\varepsilon < 1$），要使 $|x_n - 0| < \varepsilon$，只要 $\dfrac{1}{(\sqrt{2})^n} < \varepsilon$，取自

然对数，得 $n \ln \dfrac{1}{\sqrt{2}} < \ln \varepsilon$，这相当于 $n > -\dfrac{2\ln \varepsilon}{\ln 2}$，所以取正整数 $N = \left[-\dfrac{2\ln \varepsilon}{\ln 2} \right]$，则当

$n > N$ 时，就有

$$\left| \left(-\frac{1}{\sqrt{2}} \right)^n - 0 \right| < \varepsilon$$

成立. 即 $\lim\limits_{n \to \infty} \left(-\dfrac{1}{\sqrt{2}} \right)^n = 0$.

同样地可以证明当 $|q| < 1$ 时，$\lim\limits_{n \to \infty} q^n = 0$.

二、函数极限的精确定义

数列极限定义的思想方法可推广到函数的各种极限的定义，区别在于自变量的变化有下列不同的情况

1. $x \to \infty$, $x \to +\infty$, $x \to -\infty$ 时函数的极限定义.

定义2 如果对于任意给定的正数 ε（不论多么小），总存在着正数 X，使得对于适合不等式 $|x| > X$ 的一切 x，所对应的函数值 $f(x)$ 都满足不等式
$$|f(x) - A| < \varepsilon,$$
那么 A 叫做函数 $f(x)$ 当 $x \to \infty$ 时的极限.

如果 $x > 0$ 且无限增大，那么只要把上面的定义中的 $|x| > X$ 改为 $x > X$ 就可以得到 $\lim\limits_{x \to +\infty} f(x) = A$ 的定义. 同样，$x < 0$ 而 $|x|$ 无限增大，那么只要把上面的定义中的 $|x| > X$ 改为 $x < -X$ 就可以得到 $\lim\limits_{x \to -\infty} f(x) = A$ 的定义.

从几何上分析，$\lim\limits_{x \to \infty} \dfrac{1}{x} = 0$ 的意义是：作直线 $y = A - \varepsilon$ 和 $y = A + \varepsilon$，如图 1-17 所示，则总有一个正数 X 存在，使得当 $x < -X$ 或 $x > X$ 时，函数 $y = f(x)$ 的图形位于这两条直线之间.

例3 证明 $\lim\limits_{x \to \infty} \dfrac{1}{x} = 0$.

证　设 ε 是任意的正数,要证存在正数 X,当 $|x|>X$ 时,不等式

$$\left|\frac{1}{x}-0\right|<\varepsilon$$

成立.因这个不等式相当于

$$\frac{1}{|x|}<\varepsilon \quad \text{或} \quad |x|>\frac{1}{\varepsilon}.$$

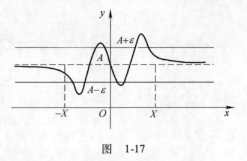

图 1-17

由此可知,如果取 $X=\dfrac{1}{\varepsilon}$,那么对于适合 $|x|>X=\dfrac{1}{\varepsilon}$ 的一切 x,不等式 $\left|\dfrac{1}{x}-0\right|<\varepsilon$ 成立,这就证明了

$$\lim_{x\to\infty}\frac{1}{x}=0.$$

2. $x\to x_0$, $x\to x_0^+$, $x\to x_0^-$ 时函数的极限

首先,如数列极限那样,$f(x)\to A$ 可以用 $|f(x)-A|<\varepsilon$ 来表达,其中 ε 为任意给定的正数. 因为函数值 $f(x)$ 与数 A 无限接近是在 $x\to x_0$ 的过程中实现的,所以对于任意给定的正数 ε,只要求充分接近 x_0 的 x 所对应的函数值 $f(x)$ 满足不等式 $|f(x)-A|<\varepsilon$;而充分接近 x_0 的 x 可以表达为 $|x-x_0|<\delta$,其中 δ 是某个正数,其作用相当于数列极限中的 N. 由于 $x\to x_0$ 时 x 并不等于 x_0,且讨论 $x\to x_0$ 时函数 $f(x)$ 的变化趋势和 $x=x_0$ 时函数的取值无关,所以讨论 $x\to x_0$ 时函数 $f(x)$ 的极限可规定 $x\neq x_0$,或即 $|x-x_0|>0$.

通过以上分析,我们可以给出 $x\to x_0$ 时函数极限的严格定义.

定义 3　如果对于任意给定的正数 ε(不论多么小),总存在正数 δ,使得对于适合不等式 $0<|x-x_0|<\delta$ 的一切 x,对应的函数值 $f(x)$ 都满足不等式

$$|f(x)-A|<\varepsilon,$$

那么常数 A 就叫做函数 $f(x)$ 当 $x\to x_0$ 时的**极限**.

对于 $x\to x_0^-$ 的情形,x 在 x_0 的左侧,$x<x_0$. 在上面的定义中,把 $0<|x-x_0|<\delta$ 改为 $x_0-\delta<x<x_0$,就可得到当 $x\to x_0^-$ 时左极限的定义;同样对于 $x\to x_0^+$ 的情形,x 在 x_0 的右侧,即 $x>x_0$. 在上面的定义中把 $0<|x-x_0|<\delta$ 改为 $x_0<x<x_0+\delta$,就可得到当 $x\to x_0^+$ 时右极限的定义.

例 4　证明 $\lim\limits_{x\to 2}(3x-2)=4$.

证　设 $f(x)=3x-2$. 对于任意给定的 $\varepsilon>0$,要使

$$|f(x)-4|=|(3x-2)-4|=|3x-6|=3|x-2|<\varepsilon,$$

只要取 $|x-2|<\dfrac{1}{3}\varepsilon$ 就可以了. 因此,取 $\delta=\dfrac{1}{3}\varepsilon$,则当 $0<|x-2|<\delta$ 时,

$|f(x)-4|<\varepsilon$ 恒成立，所以 $\lim\limits_{x\to 2}(3x-2)=4$.

例 5 证明 $\lim\limits_{x\to x_0}x=x_0$.

证 设 $f(x)=x$. 对于任意给定的 $\varepsilon>0$，要使

$$|f(x)-x_0|=|x-x_0|<\varepsilon,$$

只要取 $\delta=\varepsilon$ 就可以了. 因此，对于任意给定的 $\varepsilon>0$，取 $\delta=\varepsilon$，当 $0<|x-x_0|<\delta$ 时，

$$|f(x)-x_0|<\varepsilon$$

恒成立，所以 $\lim\limits_{x\to x_0}x=x_0$.

例 6 证明 $\lim\limits_{x\to 1}\sqrt{x}=1$.

证 在讨论中为了使函数有定义不妨将 x 限制在范围 $|x-1|<1$ 内，即范围 $0<x<2$ 内(因为 x 充分靠近 1，这是合理的).

由于 $|f(x)-1|=|\sqrt{x}-1|=\left|\dfrac{x-1}{\sqrt{x}+1}\right|<|x-1|$，

为了使 $\qquad\qquad |f(x)-1|<\varepsilon$，

只要 $\qquad\qquad\qquad |x-1|<\varepsilon$，

所以，对于任意给定的正数 ε，可取 $\delta=\min\{1,\varepsilon\}$(该式子表示 δ 是两个数 1 和 ε 中较小的那个数)，当 x 适合不等式 $0<|x-1|<\delta$ 时，能使得不等式

$$|f(x)-1|<\varepsilon$$

成立，从而 $\lim\limits_{x\to 1}\sqrt{x}=1$.

类似地可以证明 $\lim\limits_{x\to x_0}\sqrt{x}=\sqrt{x_0}$，$x_0>0$.

三、无穷小与无穷大的精确定义

定义 4 如果对于任意给定的正数 ε(不论它多么小)，总存在正数 δ(或正数 X)，使得对于适合不等式 $0<|x-x_0|<\delta$(或 $|x|>X$)的一切 x，对应的函数值 $f(x)$ 都满足不等式

$$|f(x)|<\varepsilon,$$

那么称函数 $f(x)$ 当 $x\to x_0$(或 $x\to\infty$)时为无穷小.

定义 5 如果对于任意给定的正数 M(不论它多么大)，总存在正数 δ(或正数 X)，使得对于适合不等式 $0<|x-x_0|<\delta$(或 $|x|>X$)的一切 x，对应的函数值 $f(x)$ 都满足不等式

$$|f(x)|>M$$

则称函数 $f(x)$ 当 $x\to x_0$(或 $x\to\infty$)时为无穷大. 记作 $\lim\limits_{x\to x_0}f(x)=\infty$，(或 $\lim\limits_{x\to\infty}f(x)=\infty$).

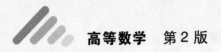

如果在无穷大的定义中,把 $|f(x)| > M$ 换成 $f(x) > M$(或 $f(x) < -M$)就得到正无穷大 $\lim\limits_{\substack{x \to x_0 \\ (x \to \infty)}} f(x) = +\infty$(或负无穷大 $\lim\limits_{\substack{x \to x_0 \\ (x \to \infty)}} f(x) = -\infty$)的定义.

类似地可以给出数列是无穷小和无穷大的定义.(定义略)

例 7　证明 $\lim\limits_{x \to 1} \dfrac{1}{x-1} = \infty$.

证　任意给定正数 M,要使

$$\left| \frac{1}{x-1} \right| > M,\text{只要 } |x-1| < \frac{1}{M}.$$

所以取 $\delta = \dfrac{1}{M}$,则对于适合不等式 $0 < |x-1| < \delta = \dfrac{1}{M}$ 的一切 x,都有

$$\left| \frac{1}{x-1} \right| > M.$$

这就证明了 $\lim\limits_{x \to 1} \dfrac{1}{x-1} = \infty$.

四、极限的一些基本定理的证明

夹逼准则

第三节定理 1　如果数列 $\{x_n\}$,$\{y_n\}$,$\{z_n\}$ 满足下列条件:

(1) $y_n \leqslant x_n \leqslant z_n$ $(n = 1, 2, \cdots)$,

(2) $\lim\limits_{n \to \infty} y_n = a$,$\lim\limits_{n \to \infty} z_n = a$,

那么数列 $\{x_n\}$ 的极限存在,且 $\lim\limits_{n \to \infty} x_n = a$.

证　因 $n \to \infty$ 时 $y_n \to a$,$z_n \to a$,所以根据数列极限的定义,对于任意给定的正数 ε,存在正整数 N_1,当 $n > N_1$ 时,有 $|y_n - a| < \varepsilon$;又存在正整数 N_2,当 $n > N_2$ 时,有 $|z_n - a| < \varepsilon$,现取 $N = \max\{N_1, N_2\}$,则当 $n > N$ 时,

$$|y_n - a| < \varepsilon,\ |z_n - a| < \varepsilon.$$

同时成立,即

$$a - \varepsilon < y_n < a + \varepsilon,\ a - \varepsilon < z_n < a + \varepsilon$$

同时成立.又因 x_n 介于 y_n 和 z_n 之间,所以,当 $n > N$ 时,有

$$a - \varepsilon < y_n \leqslant x_n \leqslant z_n < a + \varepsilon,$$

即

$$|x_n - a| < \varepsilon$$

成立.这就是说,$\lim\limits_{n \to \infty} x_n = a$.

函数极限的夹逼准则的证明类似.

收敛数列的有界性定理

第三节定理 4　如果数列 $\{x_n\}$ 收敛,那么数列 $\{x_n\}$ 必定有界.

证　因为数列 $\{x_n\}$ 收敛,设 $\lim\limits_{n \to \infty} x_n = a$.根据数列极限的定义,对于 $\varepsilon = 1$,存在

着正整数 N，使得对于 $n > N$ 时的一切 x_n 不等式

$$|x_n - a| < 1$$

都成立. 于是，当 $n > N$ 时，

$$|x_n| = |x_n - a + a| \leqslant |x_n - a| + |a| < 1 + |a|.$$

取 $M = \max\{|x_1|, |x_2|, \cdots, |x_N|, 1 + |a|\}$，那么数列 x_n 中的一切 x_n 都满足不等式

$$|x_n| \leqslant M.$$

这就证明了数列 x_n 是有界的.

函数极限存在的局部有界性定理的证明类似.

局部保号性定理

第四节定理 2　如果 $\lim\limits_{x \to x_0} f(x) = A > 0$（或 $A < 0$），那么存在点 x_0 的某一去心邻域，当 x 在该邻域内时，就有 $f(x) > 0$（或 $f(x) < 0$）.

证　设 $A > 0$，任取正数 $\varepsilon < A$，根据 $\lim\limits_{x \to x_0} f(x) = A$ 的定义，对于这个取定的正数 ε，必存在正数 δ，当 $0 < |x - x_0| < \delta$ 时，不等式

$$|f(x) - A| < \varepsilon$$

或

$$A - \varepsilon < f(x) < A + \varepsilon$$

成立. 因 $A - \varepsilon > 0$，故在 x_0 的去心邻域 $\mathring{U}(a, \delta)$ 中 $f(x) > 0$.

类似地可以证明 $A < 0$ 的情形.

第四节定理 3　如果在 x_0 的某一去心邻域内 $f(x) \geqslant 0$（或 $f(x) \leqslant 0$），而且 $\lim\limits_{x \to x_0} f(x) = A$，那么 $A \geqslant 0$（或 $A \leqslant 0$）.

证　设 $f(x) \geqslant 0$. 假设上述论断不成立，即设 $A < 0$，那么由局部保号性定理，就有 x_0 的某一去心邻域，当 x 在该邻域内时，$f(x) < 0$. 这与 $f(x) \geqslant 0$ 的假定矛盾. 所以 $A \geqslant 0$.

类似地可证明 $f(x) \leqslant 0$ 的情形.

$x \to \infty$ 时这两个定理的证明类似.

无穷小与函数极限的关系

第五节定理 1　$\lim\limits_{x \to x_0} f(x) = A$（或 $\lim\limits_{x \to \infty} f(x) = A$）的充分必要条件是：

$$f(x) = A + \alpha,$$

其中 α 为 $x \to x_0$（或 $x \to \infty$）时的无穷小.

证　设 $\lim\limits_{x \to x_0} f(x) = A$，则对于任意给定的正数 ε，存在着正数 δ，当 $0 < |x - x_0| < \delta$ 时，有

$$|f(x) - A| < \varepsilon.$$

令 $\alpha = f(x) - A$，则 α 是 $x \to x_0$ 时的无穷小，且 $f(x) = A + \alpha$.

反之，设 $f(x) = A + \alpha$，其中 A 是常数，α 是 $x \to x_0$ 时的无穷小，于是

$$|f(x) - A| = |\alpha|,$$

因 α 是 $x \to x_0$ 时的无穷小,所以对于任意给定的正数 ε,存在着正数 δ,当 $0 < |x - x_0| < \delta$ 时,有 $|\alpha| < \varepsilon$ 即

$$|f(x) - A| < \varepsilon$$

所以 $\lim\limits_{x \to x_0} f(x) = A$.

类似地可证明 $x \to \infty$ 时的情形.

无穷大与无穷小关系的定理

第五节定理 2 在自变量的同一变化过程中,如果 $f(x)$ 为无穷大,则 $\dfrac{1}{f(x)}$ 为无穷小;反之,如果 $f(x)$ 为无穷小,且 $f(x) \neq 0$,则 $\dfrac{1}{f(x)}$ 为无穷大.

证 $$\text{设} \lim\limits_{x \to x_0} f(x) = \infty$$

任意给定的正数 ε,根据无穷大的定义,对于 $M = \dfrac{1}{\varepsilon}$,存在正数 δ,当 $0 < |x - x_0| < \delta$ 时,有

$$|f(x)| > M = \frac{1}{\varepsilon},$$

即 $$\left| \frac{1}{f(x)} \right| < \varepsilon,$$

所以,$\dfrac{1}{f(x)}$ 当 $x \to x_0$ 时为无穷小.

反之,设 $\lim\limits_{x \to x_0} f(x) = 0$,根据无穷小的定义,任意给定 $M > 0$,对于 $\varepsilon = \dfrac{1}{M}$,存在正数 δ,当 $0 < |x - x_0| < \delta$ 时,有

$$|f(x)| < \varepsilon = \frac{1}{M},$$

由于 $f(x) \neq 0$,从而 $\left| \dfrac{1}{f(x)} \right| > M$,所以,$\dfrac{1}{f(x)}$ 当 $x \to x_0$ 时为无穷大.

类似地可证明 $x \to \infty$ 时的情形.

极限四则运算法则

第六节定理 1 两个无穷小的和也是无穷小.

证 设 α 及 β 是当 $x \to x_0$ 时的两个无穷小,而 $\gamma = \alpha + \beta$.

任意给定 $\varepsilon > 0$. 因为 α 是当 $x \to x_0$ 时的无穷小,对于 $\dfrac{\varepsilon}{2} > 0$,存在着 $\delta_1 > 0$,当 $0 < |x - x_0| < \delta_1$ 时,不等式

$$|\alpha| < \frac{\varepsilon}{2}$$

成立. 又因为 β 是当 $x \to x_0$ 时的无穷小, 对于 $\dfrac{\varepsilon}{2} > 0$, 存在着 $\delta_2 > 0$, 当 $0 < |x - x_0| < \delta_2$ 时, 不等式

$$|\beta| < \frac{\varepsilon}{2}$$

成立. 取 $\delta = \min\{\delta_1, \delta_2\}$, 则当 $0 < |x - x_0| < \delta$ 时,

$$|\alpha| < \frac{\varepsilon}{2} \text{ 及 } |\beta| < \frac{\varepsilon}{2}$$

同时成立, 从而

$$|\gamma| = |\alpha + \beta| \leqslant |\alpha| + |\beta| < \frac{\varepsilon}{2} + \frac{\varepsilon}{2} = \varepsilon.$$

这就证明了 γ 也是当 $x \to x_0$ 时的无穷小.

第六节定理 2 有界函数与无穷小的乘积是无穷小.

证 设函数 $u = u(x)$ 在 x_0 的某一邻域 $\overset{\circ}{U}(x_0, \delta_1)$ 内是有界的, 即存在正数 M, 使 $|u| \leqslant M$ 对一切 $x \in \overset{\circ}{U}(x_0, \delta_1)$ 成立. 又设 α 是当 $x \to x_0$ 时的无穷小, 即对于任意给定的正数 ε, 存在着 $\delta_2 > 0$, 当 $0 < |x - x_0| < \delta_2$ 时, 有不等式

$$|\alpha| < \frac{\varepsilon}{M}.$$

取 $\delta = \min\{\delta_1, \delta_2\}$, 则当 $0 < |x - x_0| < \delta$ 时, $|\alpha| < \dfrac{\varepsilon}{M}$ 及 $|u| \leqslant M$ 同时成立. 从而

$$|u\alpha| = |u| \, |\alpha| < M \frac{\varepsilon}{M} = \varepsilon.$$

这就证明了 $u\alpha$ 是当 $x \to x_0$ 时的无穷小.

第六节定理 3 如果 $\lim f(x) = A, \lim g(x) = B$, 则

(1) $\lim[f(x) \pm g(x)] = A \pm B = \lim f(x) \pm \lim g(x)$;

(2) $\lim[f(x)g(x)] = A \cdot B = \lim f(x) \cdot \lim g(x)$;

(3) 当 $B \neq 0$ 时有 $\lim \dfrac{f(x)}{g(x)} = \dfrac{A}{B} = \dfrac{\lim f(x)}{\lim g(x)}.$

证 这里仅证 (2)、(3), 而把 (1) 的证明留给读者.

因 $\lim f(x) = A, \lim g(x) = B$ 由第五节定理 1 有

$$f(x) = A + \alpha, g(x) = B + \beta,$$

其中 α 及 β 是无穷小. 于是

$$f(x)g(x) = (A + \alpha)(B + \beta) = AB + B\alpha + A\beta + \alpha\beta,$$

由本节定理 1 及定理 2 的两个推论, $B\alpha + A\beta + \alpha\beta$ 是无穷小, 所以

$$\lim[f(x)g(x)] = AB.$$

(3) 的证明只需证 $\gamma = \dfrac{f(x)}{g(x)} - \dfrac{A}{B}$ 是无穷小就可以了. 为此,

$$\gamma = \frac{A + \alpha}{B + \beta} - \frac{A}{B} = \frac{1}{B(B + \beta)}(B\alpha - A\beta).$$

显然 $(B\alpha - A\beta)$ 是无穷小, 下证 $\dfrac{1}{B(B + \beta)}$ 在点 x_0 的某邻域内有界.

由于 β 是无穷小, 又 $B \neq 0$, 因此对于正数 $\dfrac{B}{2}$, 存在着 $\delta > 0$, 当 $0 < |x - x_0| < \delta$ 时, 有不等式

$$|\beta| < \frac{|B|}{2}.$$

于是

$$|B + \beta| > |B| - |\beta| > \frac{|B|}{2},$$

从而

$$|B(B + \beta)| = |B||B + \beta| > \frac{B^2}{2},$$

所以 $\left| \dfrac{1}{B(B + \beta)} \right| < \dfrac{2}{B^2}$. 这就证明了 $\dfrac{1}{B(B + \beta)}$ 是有界的, 因此, γ 是无穷小.

习题 1-9 *

1. 根据数列极限定义证明:

(1) $\lim\limits_{n \to \infty} \dfrac{1 + (-1)^n}{n^2} = 0$;

(2) $\lim\limits_{n \to \infty} \dfrac{3n + 1}{n + 1} = 3$.

2. 若 $\lim\limits_{n \to \infty} u_n = a$, 证明 $\lim\limits_{n \to \infty} |u_n| = |a|$. 并举例说明反过来未必成立.

3. 根据函数极限的定义证明:

(1) $\lim\limits_{x \to 2} (2x + 1) = 5$;

(2) $\lim\limits_{x \to -2} \dfrac{x^2 - 4}{x + 2} = -4$;

(3) $\lim\limits_{x \to \infty} \dfrac{2 + x^2}{3x^2} = \dfrac{1}{3}$;

(4) $\lim\limits_{x \to 0} |x| = 0$.

(5) $\lim\limits_{x \to 0} (8x^2 - 3) = -3$;

(6) $\lim\limits_{x \to +\infty} \dfrac{\sin x}{\sqrt{x}} = 0$.

4. 根据定义证明:

(1) $y = x \sin \dfrac{1}{x}$ 当 $x \to 0$ 时为无穷小;

(2) $y = \dfrac{x}{x - 3}$ 当 $x \to 3$ 时为无穷大.

5. 当 $x \to 2$ 时有 $x^2 \to 4$. 问 δ 等于多少, 使当 $|x - 2| < \delta$ 时, $|x^2 - 4| < 0.001$.

第十节　函数的连续性

自然界中许多现象的变化是"渐变"的. 例如气温、水位随时间的变化而连续

变化,生物随时间的变化而连续生长,等等. 这种变化过程反映在数量关系上就是所谓的连续性. 本节借助于极限方法讨论函数的连续性这一重要特性.

一、函数连续的定义

定义 1 设变量 x 从 x_0 变化到 x_1,称 $x_1 - x_0$ 为变量 x 的增量,用符号 Δx 表示,即增量 $\Delta x = x_1 - x_0$.

注 1 增量可正可负,当 $x_1 > x_0$ 时,增量 Δx 为正的,$x_1 < x_0$ 时增量为负的.

当函数的自变量在 x_0 点从 x_0 变化到 x_1 或变量从 x_0 变化到 $x_0 + \Delta x$ 时,相应的函数从 $y_0 = f(x_0)$ 变化到 $y_1 = f(x_1) = f(x_0 + \Delta x)$,按增量的定义,函数的增量 Δy 为

$$\Delta y = f(x_0 + \Delta x) - f(x_0). \tag{1}$$

现在假定 $f(x)$ 在点 x_0 的某邻域有定义,并保持 x_0 不变而让 Δx 变动,一般说来,函数 y 的增量也将随之变化. 图 1-18 描述了一条连续变化的曲线在 x_0 附近增量 Δy 与 Δx 的变化关系. 从图形中可以看出,如果 $\Delta x \to 0$,则相应地,$\Delta y \to 0$. 这就是连续函数本质的特性. 由此我们给出如下定义

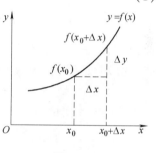

图 1-18

定义 2 设 $f(x)$ 在点 x_0 的某邻域有定义,若

$$\lim_{\Delta x \to 0} \Delta y = \lim_{\Delta x \to 0} [f(x_0 + \Delta x) - f(x_0)] = 0. \tag{2}$$

则称函数在点 x_0 连续,点 x_0 称为 $f(x)$ 的连续点.

为了应用方便,下面用不同的方式对定义 2 进行描述.

设 $x = x_0 + \Delta x$,则 $\Delta x \to 0$ 就是 $x \to x_0$,又

$$\Delta y = f(x_0 + \Delta x) - f(x_0) = f(x) - f(x_0),$$

因此,式(2)相当于 $\lim\limits_{x \to x_0} f(x) = f(x_0)$. 为此,函数连续的另一定义如下

定义 3 设函数 $f(x)$ 在点 x_0 的某一邻域内有定义,且有

$$\lim_{x \to x_0} f(x) = f(x_0) \tag{3}$$

则称函数 $f(x)$ 在点 x_0 处连续.

函数 $f(x)$ 在点 x_0 连续还可以用"$\varepsilon - \delta$"语言表达:

定义 4 设 $f(x)$ 在点 x_0 的某一邻域内有定义,若对任意 $\varepsilon > 0$,存在 $\delta > 0$,当 $|x - x_0| < \delta$ 时,恒有

$$|f(x) - f(x_0)| < \varepsilon,$$

则称函数 $f(x)$ 在点 x_0 处连续.

例 1 证明函数 $f(x) = 3x - 1$ 在 $x = 1$ 点处连续.

证 $|f(x) - f(1)| = |3x - 1 - 2| = 3|x - 1|.$

对任意给定的 $\varepsilon > 0$,取 $\delta = \dfrac{\varepsilon}{3}$,则当 $|x-1| < \delta$ 时

$$|f(x) - f(1)| < \varepsilon$$

一定成立,所以,函数 $f(x) = 3x - 1$ 在 $x = 1$ 点处连续.

若函数 $f(x)$ 在开区间 (a,b) 内每一点都连续,则称函数 $f(x)$ 在开区间 (a,b) 内连续.

在某一区间上连续函数的图形是一条不间断的曲线.

由第六节极限的运算法则可知,对于多项式函数

$$f(x) = P_n(x) = a_0 + a_1 x + \cdots + a_n x^n$$

在任一点 $x_0 \in (-\infty, +\infty)$ 有 $\lim\limits_{x \to x_0} f(x) = f(x_0)$. 因此,多项式函数在区间 $(-\infty, +\infty)$ 上是连续的.

对于有理分式函数 $f(x) = \dfrac{P_n(x)}{Q_n(x)}$,若 $Q(x_0) \neq 0$,则有 $\lim\limits_{x \to x_0} \dfrac{P_n(x)}{Q_n(x)} = \dfrac{P_n(x_0)}{Q_n(x_0)}$. 因此,有理分式函数在分母不为零的点是连续的,或者说在定义域上是连续的.

例 2 证明 $y = \sin x$ 在 $(-\infty, +\infty)$ 内连续.

证 设 x_0 是 $(-\infty, +\infty)$ 内任意一点. 当 x 从 x_0 处取得改变量 Δx 时,函数 y 取得相应的改变量

$$\Delta y = \sin(x_0 + \Delta x) - \sin x_0$$
$$= 2 \sin \frac{\Delta x}{2} \cdot \cos \left(x_0 + \frac{\Delta x}{2} \right).$$

由 $\left| \cos \left(x_0 + \dfrac{\Delta x}{2} \right) \right| \leqslant 1$,$\left| \sin \dfrac{\Delta x}{2} \right| \leqslant \dfrac{|\Delta x|}{2}$,得

$$|\Delta y| \leqslant 2 \cdot \frac{|\Delta x|}{2} \cdot 1 = |\Delta x|.$$

因此,$\lim\limits_{\Delta x \to 0} \Delta y = 0$,即 $y = \sin x$ 在点 x_0 处连续.

由 x_0 的任意性,所以 $y = \sin x$ 在 $(-\infty, +\infty)$ 内连续.

同理可证 $y = \cos x$ 在 $(-\infty, +\infty)$ 内连续.

若函数 $f(x)$ 在点 x_0 的右邻域 $[x_0, x_0 + \delta)$ 满足 $\lim\limits_{x \to x_0^+} f(x) = f(x_0)$,则称函数 $f(x)$ 在点 x_0 右连续,类似可定义 $f(x)$ 在点 x_0 左连续.

根据极限存在的充分必要条件可得函数 $f(x)$ 在点 x_0 连续的充分必要条件是 $f(x)$ 在点 x_0 既是右连续的又是左连续的.

若函数 $f(x)$ 在开区间 (a,b) 内连续,且在左端点 $x = a$ 处右连续,右端点 $x = b$ 处左连续,则称函数 $y = f(x)$ 在闭区间 $[a,b]$ 上连续.

二、函数的间断点

与函数连续对应的概念是间断. 对于函数 $y = f(x)$,若在点 x_0 处式(3)不成

立,则称点 x_0 为函数 $y = f(x)$ 的不连续点,也称为函数 $y = f(x)$ 的**间断点**.

分析一下式(3)可知,要使式(3)成立必须具备下列三个条件:

1. $\lim\limits_{x \to x_0} f(x) = A$;

2. $f(x_0)$ 有定义,即 $f(x_0)$ 存在;

3. $A = f(x_0)$.

因此,三条中有一条不满足的点 x_0 即为 $y = f(x)$ 的间断点. 对于 $f(x)$ 的间断点 x_0 可按下列情形进行分类:

1. 可去间断点

若 $\lim\limits_{x \to x_0} f(x) = A$,但 $A \neq f(x_0)$ 或 $f(x_0)$ 无定义,则这类间断点称为可去间断点.

例3 $f(x) = \dfrac{x^2 - 9}{x - 3}$ 在 $x = 3$ 处无定义,所以, $x = 3$ 为间断点. 这里

$$\lim_{x \to 3} \frac{x^2 - 9}{x - 3} = \lim_{x \to 3}(x + 3) = 6.$$

函数 $f(x)$ 在 $x = 3$ 间断,只是因为 $f(x)$ 在 $x = 3$ 处没有定义. 如果补充函数在 $x = 3$ 处的定义:令 $x = 3$ 时, $f(3) = 6$,则函数 $f(x)$ 在点 $x = 3$ 处就成为连续的. 因此,点 $x = 3$ 为函数 $f(x)$ 的可去间断点.

2. 跳跃间断点

若 $\lim\limits_{x \to x_0^-} f(x)$ 与 $\lim\limits_{x \to x_0^+} f(x)$ 都存在但不相等,这样的间断点就称为**跳跃间断点**.

可去间断点和跳跃间断点也称为**第一类间断点**.

例4 函数 $f(x) = \begin{cases} 2 - x, & x \leq 1, \\ 1 - x, & x > 1 \end{cases}$ 在 $x = 1$ 点有 $\lim\limits_{x \to 1^+} f(x) = 0$, $\lim\limits_{x \to 1^-} f(x) = 1$,故 $x = 1$ 为函数 $f(x)$ 的跳跃间断点(图 1-19).

3. 第二类间断点

不属于第一类间断点的间断点统称为第二类间断点. 第二类间断点也可描述为:若 $\lim\limits_{x \to x_0^-} f(x)$ 与 $\lim\limits_{x \to x_0^+} f(x)$ 至少有一不存在,则 x_0 点为**第二类间断点**.

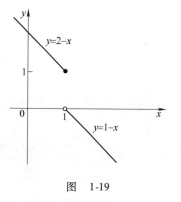

图 1-19

例如函数 $y = \dfrac{1}{x}$ 在 $x = 0$ 处为第二类间断点.

例5 函数 $y = \sin\dfrac{1}{x}$ 在点 $x = 0$ 没有定义;当 $x \to 0$ 时,函数值在 -1 与 1 之间振荡无限多次(见第四节图1-13),左右极限不存在,所以,点 $x = 0$ 为函数 $y = \sin\dfrac{1}{x}$ 的第二类间断点,也称为振荡间断点.

习题 1-10

1. 研究下列函数的连续性,并画出函数的图形:

(1) $f(x) = \begin{cases} x^2, & 0 \leq x \leq 1, \\ 2-x, & 1 < x \leq 2; \end{cases}$

(2) $f(x) = \begin{cases} x, & |x| \leq 1, \\ 1, & |x| > 1. \end{cases}$

2. 指出下列函数的间断点,并说明类型,如果是可去间断点,则补充或改变函数的定义使得函数在该点连续:

(1) $y = \dfrac{1}{(x-1)^2}$;

(2) $y = \dfrac{x^2-1}{x^2-x-2}$;

(3) $y = \dfrac{x}{\tan x}$;

(4) $f(x) = \arctan \dfrac{1}{x}$;

(5) $y = \dfrac{x+4}{|x+4|}$;

(6) $y = \dfrac{2^{\frac{1}{x}}-1}{2^{\frac{1}{x}}+1}$.

3. 设函数 $f(x) = \begin{cases} a+x, & x \leq 1 \\ \ln x, & x > 1 \end{cases}$,应怎样选择 a,可使函数为连续函数?

4. 讨论下列函数在点 x_0 的连续性:

(1) $f(x) = \begin{cases} 3x+1, & x \leq 1, \\ 2, & x > 1, \end{cases}$ $x_0 = 1$;

(2) $f(x) = \begin{cases} \dfrac{\sin x}{x}, & x < 0, \\ 1, & x = 0, \\ x\sin\dfrac{1}{x}, & x > 0, \end{cases}$ $x_0 = 0$.

5. 讨论函数 $f(x) = \lim\limits_{n \to \infty} \dfrac{1-x^{2n}}{1+x^{2n}}x$ 的连续性,若有间断点,判别其类型.

第十一节　连续函数的运算与初等函数的连续性

一、连续函数的和、积及商的连续性

由函数在某点连续的定义与极限的四则运算法则,立即可得出下列定理.

定理 1　有限个在某点连续的函数的和是一个在该点连续的函数.

证　考虑两个在点 x_0 连续的函数 $f(x)$、$g(x)$ 的和

$$F(x) = f(x) + g(x).$$

由第六节定理 3 及函数在点 x_0 连续的定义,有

$$\lim_{x \to x_0} F(x) = \lim_{x \to x_0}[f(x) + g(x)] = \lim_{x \to x_0} f(x) + \lim_{x \to x_0} g(x)$$
$$= f(x_0) + g(x_0) = F(x_0),$$

这就证明了两个函数之和在点 x_0 连续.

类似地可证明两个函数的积与商的情形.

定理 2　有限个在某点连续的函数的乘积是一个在该点连续的函数.

定理 3　两个在某点连续的函数的商是一个在该点连续的函数, 只要分母在该点不为零.

例 1　因 $\tan x = \dfrac{\sin x}{\cos x}, \cot x = \dfrac{\cos x}{\sin x}$, 而 $\sin x$ 和 $\cos x$ 都在区间 $(-\infty, +\infty)$ 内连续, 故由定理 3 知 $\tan x$ 和 $\cot x$ 在它们的定义域内是连续的. 同样, $\sec x, \csc x$ 在它们的定义域内也是连续的.

二、反函数与复合函数的连续性

定理 4(反函数的连续性)　若函数 $y = f(x)$ 在区间 I 上单调增加(减少)且连续, 则其反函数 $y = f^{-1}(x)$ 在对应的区间 $I_1 = \{y \mid y = f(x), x \in I\}$ 上单调增加(减少)且连续.

证明略.

例如 $y = \sin x$ 在 $\left[-\dfrac{\pi}{2}, \dfrac{\pi}{2}\right]$ 上单调增加且连续, 因此, 其反函数 $y = \arcsin x$ 在 $[-1, 1]$ 上也单调增加且连续.

定理 5　设 $y = f(u)$ 在点 b 连续, $\lim\limits_{x \to x_0} \varphi(x) = b$, $\left(\lim\limits_{x \to \pm\infty} \varphi(x) = b\right)$, 则

$$\lim_{x \to x_0} f[\varphi(x)] = f(b) = f\left[\lim_{x \to x_0} \varphi(x)\right].$$
$$\left(\lim_{x \to \pm\infty} f[\varphi(x)] = f(b) = f\left[\lim_{x \to \pm\infty} \varphi(x)\right]\right) \tag{1}$$

证　仅就 $x \to x_0$ 的情形证明. $x \to \infty$ 时的证明是类似的.

对任意给定 $\varepsilon > 0$, 存在正数 δ, 当 $|u - b| < \delta$ 时, $|f(u) - f(b)| < \varepsilon$. 又由 $\lim\limits_{x \to x_0} \varphi(x) = b$, 故对上述的 δ, 存在正数 η, 当 $0 < |x - x_0| < \eta$ 时, $|\varphi(x) - b| < \delta$. 记 $u = \varphi(x)$, 即 $|u - b| < \delta$, 从而有

$$|f(\varphi(x)) - f(b)| = |f(u) - f(b)| < \varepsilon.$$

式(1)得证.

定理 5 说明, 在所设条件下, 极限运算可以移到函数符号内部, 它的一个重要特例是: 若 $u = \varphi(x)$ 在 $x = x_0$ 连续, 则复合函数 $f[\varphi(x)]$ 在点 x_0 也是连续的, 即有

定理 6　设函数 $u = \varphi(x)$ 在点 x_0 连续, 且 $u_0 = \varphi(x_0)$, 而函数 $y = f(u)$ 在点 u_0 连续, 那么复合函数 $y = f[\varphi(x)]$ 在点 x_0 也是连续的.

例 2　求极限

$(1)\ \lim\limits_{x\to0}\dfrac{\ln(1+x)}{x};$ $\qquad\qquad(2)\ \lim\limits_{x\to0}\dfrac{a^x-1}{x},(a>0,a\neq1).$

解 $(1)\ \lim\limits_{x\to0}\dfrac{\ln(1+x)}{x}=\lim\limits_{x\to0}\ln(1+x)^{\frac{1}{x}},$

利用定理 5,

$$\lim\limits_{x\to0}\dfrac{\ln(1+x)}{x}=\ln\lim\limits_{x\to0}(1+x)^{\frac{1}{x}}=\ln\mathrm{e}=1.$$

$$\left(\text{也可直接写为}\lim\limits_{x\to0}\dfrac{\ln(1+x)}{x}=\lim\limits_{x\to0}\ln(1+x)^{\frac{1}{x}}=\ln\mathrm{e}=1\right)$$

(2) 令 $y=a^x-1\to0(x\to0),$

$$x=\log_a(1+y)=\dfrac{1}{\ln a}\ln(1+y),$$

而

$$\lim\limits_{x\to0}\dfrac{a^x-1}{x}=\lim\limits_{y\to0}\dfrac{y\ln a}{\ln(1+y)}=\lim\limits_{y\to0}\dfrac{\ln a}{\ln(1+y)^{\frac{1}{y}}}$$

$$=\dfrac{\ln a}{\ln\lim\limits_{y\to0}(1+y)^{\frac{1}{y}}}=\ln a.$$

由例 2 可得到两个常用的等价无穷小

$$\ln(1+x)\sim x,\mathrm{e}^x-1\sim x.$$

三、初等函数的连续性

可以证明指数函数 $y=a^x(a\neq1,a>0)$ 在 $(-\infty,+\infty)$ 内连续且单调(证明略去).根据定理 4 还可得到其反函数——对数函数 $y=\log_ax$ 在定义域内单调并且连续.

由于幂函数 $y=x^\alpha=\mathrm{e}^{\alpha\ln x}$,因此,由指数函数、对数函数及复合函数的连续性可得幂函数在 $(0,+\infty)$ 上为连续的.

根据定理 6 及相关讨论结合初等函数的定义可以得到:

定理 7 基本初等函数在定义域内是连续的.

定理 8 一切初等函数在其定义区间内是连续的.所谓定义区间,就是包含在定义域内的区间.

由式 (1) 及定理 8 的结论知,求初等函数在定义区间内某点的极限时,只要求该点的函数值即可.

例 3 求 $\lim\limits_{x\to1}\ln\dfrac{1+\sin\pi x}{\sqrt{x^3+2}}.$

解 设 $f(x)=\ln\dfrac{1+\sin\pi x}{\sqrt{x^3+2}},$ 则 $\lim\limits_{x\to1}\ln\dfrac{1+\sin\pi x}{\sqrt{x^3+2}}=f(1)=-\dfrac{1}{2}\ln3.$

习题 1-11

1. 求下列极限：

（1）$\lim\limits_{x\to 1}\dfrac{\ln(2+x^2)}{(3-x)^2+\cos\pi x}$；

（2）$\lim\limits_{x\to+\infty}\left(\sqrt{x+1}-\sqrt{x}\right)$；

（3）$\lim\limits_{x\to 0}\ln\dfrac{(\arcsin 2x)^2}{1-\cos x}$；

（4）$\lim\limits_{x\to+\infty}\arccos\dfrac{1-x}{1+x}$；

（5）$\lim\limits_{x\to 0}\dfrac{\ln(1+ax)}{x}$，其中 a 为大于零的常数；

（6）$\lim\limits_{x\to 0}\left(\dfrac{1-\cos x}{x^2}\right)^{\sqrt{2}}$.

2. 证明 $x\to 0$ 时，$e^x-1\sim x$.

3. 求下列极限：

（1）$\lim\limits_{x\to 0}\dfrac{\sin\tan 2x}{\tan\sin 3x}$；

（2）$\lim\limits_{x\to 0}\dfrac{e^{x^3}-1}{x^2\sin x}$；

（3）$\lim\limits_{x\to 0}\dfrac{\arctan^2\left(\sqrt{1+x^2}-1\right)}{\sin x\ln(1+x^3)}$.

第十二节　闭区间上连续函数的性质

本段简单介绍闭区间上连续函数的几个定理，这些定理的证明均超出本书的范围. 但借助于几何图形可以帮助理解.

一、最大值和最小值定理

设函数 $f(x)$ 在区间 I 上有定义，如果有 $x_0\in I$，使得对于任一 $x\in I$ 都有
$$f(x_0)\leqslant f(x)\quad(f(x_0)\geqslant f(x))，$$
则称 $f(x_0)$ 是函数 $f(x)$ 在区间 I 上的最小值（最大值）.

定理 1（最大值和最小值定理） 在闭区间上连续的函数一定有最大值和最小值.

这就是说，如果函数 $f(x)$ 在闭区间 $[a,b]$ 上连续，那么至少有一点 $\xi_1\in[a,b]$ 使 $f(\xi_1)$ 是 $f(x)$ 在 $[a,b]$ 上的最大值；又至少有一点 $\xi_2\in[a,b]$，使 $f(\xi_2)$ 是 $f(x)$ 在 $[a,b]$ 上的最小值（图 1-20）.

定理中函数在闭区间上连续这一条件是很重要的，若将此条件改为在开区间连续，或

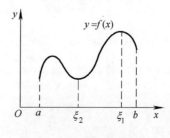

图　1-20

函数在闭区间上有间断点,那么定理结论就不一定成立. 例如,函数 $f(x) = x$ 在闭区间 $[0,1]$ 上有最大值 $f(1) = 1$ 和最小值 $f(0) = 0$ 但在开区间 $(0,1)$ 内既无最大值又无最小值. 又如函数 $f(x) = x - [x]$ 在闭区间 $[0,1]$ 上没有最大值. 因为它在点 $x = 1$ 不连续.

由定理 1 可得下面的定理.

定理 2(有界性定理) 在闭区间上连续的函数一定在该区间上有界.

这是因为由定理 1,存在 $f(x)$ 在闭区间 $[a,b]$ 上的最大值 M 及最小值 m,使对 $[a,b]$ 上任一 x,满足 $m \leqslant f(x) \leqslant M$. 取 $K = \max\{|M|, |m|\}$,则任一 $x \in [a,b]$ 都满足

$$|f(x)| \leqslant K.$$

因此,函数 $f(x)$ 在 $[a,b]$ 上有界.

二、介值定理

定理 3(介值定理) 设函数 $f(x)$ 在闭区间 $[a,b]$ 上连续,且在这区间的端点取不同的函数值 $f(a) = A$ 及 $f(b) = B$,那么,对于 A 与 B 之间的任意一个数 C,在开区间 (a,b) 内至少有一点 ξ(图 1-21),使得

$$f(\xi) = C, (a < \xi < b).$$

如果 x_0 使 $f(x_0) = 0$,则称 x_0 为函数 $f(x)$ 的零点. 作为介值定理的一个特殊情况($C = 0$),可以得到一个非常有用的零点定理.

定理 4(零点定理) 设函数 $f(x)$ 在闭区间 $[a,b]$ 上连续,且 $f(a)$ 与 $f(b)$ 异号(即 $f(a) \cdot f(b) < 0$),那么在开区间 (a,b) 内至少有函数 $f(x)$ 的一个零点,即至少有一点 $\xi (a < \xi < b)$ 使

$$f(\xi) = 0.$$

从几何上看,定理 4 表示:如果连续曲线弧 $y = f(x)$ 的两个端点位于 x 轴的不同侧,那么这段曲线弧与 x 轴至少有一个交点(图 1-22).

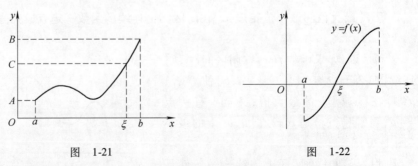

图 1-21　　　　　　　　　　　图 1-22

例 证明方程 $x^5 - 2x - 1 = 0$ 在开区间 $(0,2)$ 内至少有一个实根.

证 函数 $f(x) = x^5 - 2x - 1$ 在闭区间 $[0,2]$ 上连续,又

$$f(0) = -1 < 0, f(2) = 27 > 0,$$

根据零点定理,在开区间$(0,2)$内至少有一点ξ,使得

$$f(\xi) = 0 \quad 即 \quad \xi^5 - 2\xi - 1 = 0 (0 < \xi < 2).$$

这等式说明方程$x^5 - 2x - 1 = 0$在开区间$(0,2)$内至少有一个实根ξ.

习题 1-12

1. 证明方程$x^5 - 3x = 1$在 1 与 2 之间至少有一个实根.

2. 设$f(x) = e^x - 2$,证明:至少有一点$\xi \in (0,2)$,使得$e^\xi - 2 = \xi$.

3. 证明方程$x = a\sin x + b$至少有一个正根,且不超过$a + b$,其中$a > 0, b > 0$.

4. 设$f(x)$在区间$[a,b]$上连续,且$f(a) < a, f(b) > b$,证明在(a,b)内至少有一点ξ,使得$f(\xi) = \xi$.

第十三节* 综合例题

例1 设$f(x) = \begin{cases} e^x, & x < 1, \\ x, & x \geq 1, \end{cases} \varphi(x) = \begin{cases} x + 2, & x < 0, \\ x^2 - 1, & x \geq 0, \end{cases}$求$f[\varphi(x)]$.

解 $f[\varphi(x)] = \begin{cases} e^{\varphi(x)}, & \varphi(x) < 1, \\ \varphi(x), & \varphi(x) \geq 1. \end{cases}$

下面我们分别讨论$\varphi(x) < 1$和$\varphi(x) \geq 1$时的x值的范围.

(1)当$\varphi(x) < 1$时:如果$x < 0$,则$\varphi(x) = x + 2 < 1$推得$x < -1$,

如果$x \geq 0$,则$\varphi(x) = x^2 - 1 < 1$推得$0 \leq x < \sqrt{2}$;

(2)当$\varphi(x) \geq 1$时:如果$x < 0$,则$\varphi(x) = x + 2 \geq 1$推得$-1 \leq x < 0$,

如果$x \geq 0$,则$\varphi(x) = x^2 - 1 \geq 1$推得$x \geq \sqrt{2}$.

所以$f[\varphi(x)] = \begin{cases} e^{x+2}, & x < -1, \\ x + 2, & -1 \leq x < 0, \\ e^{x^2-1}, & 0 \leq x < \sqrt{2}, \\ x^2 - 1, & x \geq \sqrt{2}. \end{cases}$

例2 计算$\lim\limits_{x \to 0} \dfrac{\ln\cos x^2}{(e^{x^2} - 1)\sin^2 x}$.

解 $x \to 0$时,$\cos x^2 \to 1$,$\cos x^2 - 1 \to 0$,所以

$$\ln(\cos x^2) = \ln(1 + \cos x^2 - 1) \sim \cos x^2 - 1 \sim -\frac{1}{2}x^4.$$

而 $$(e^{x^2} - 1)\sin^2 x \sim x^2 \cdot x^2 \sim x^4,$$

故
$$\lim_{x\to 0}\frac{\ln\cos x^2}{(e^{x^2}-1)\sin^2 x}=-\frac{1}{2}.$$

例 3 （购房按揭贷款分期偿还问题）设按揭贷款总额为 x_0，月利率为 l，每月偿还额为 B（常数），x_n 表示第 n 个月的欠款额.

(1) 给出第 n 个月的欠款额 x_n 的递推公式；

(2) 求极限 $\lim_{n\to\infty} x_n$；

(3) 求出每月偿付额 B，使在 m 个月后正好偿还清全部按揭贷款本息.

解 (1) 依题意，第一个月的欠款额为 $x_1=(1+l)x_0-B$，第二个月的欠款额为 $x_2=(1+l)x_1-B$，一般的，第 n 个月的欠款额为
$$x_n=(1+l)x_{n-1}-B,n=1,2,\cdots.$$

(2) 由欠款额的公式知，
$$x_2=(1+l)x_1-B=(1+l)[(1+l)x_0-B]-B$$
$$=(1+l)^2\left(x_0-\frac{B}{l}\right)+\frac{B}{l},$$

由此可递推地导出
$$x_n=(1+l)^n\left(x_0-\frac{B}{l}\right)+\frac{B}{l},n=1,2,\cdots.$$

注意到 $l>0$，有
$$\lim_{n\to\infty}x_n=\begin{cases}+\infty, & B<lx_0,\\ -\infty, & B>lx_0,\\ \dfrac{B}{l}, & B=lx_0.\end{cases}$$

(3) 根据(2)的结果，若每月偿还额 $B<lx_0$，则欠款额将越来越大，在此情形下贷款永远还不清. 若 $B=lx_0$，则欠款额恒为常数 x_0，仍然是还不清的. 只有当 $B>lx_0$ 时，由于 $\lim_{n\to\infty}x_n=-\infty$，必存在 $k\in\mathbf{N}_+$，使 $x_k\leq 0$，即在 k 个月后可还清贷款本息.

令 $x_k=0$，从
$$(1+l)^k\left(x_0-\frac{B}{l}\right)+\frac{B}{l}=0$$

可解得
$$B=\frac{lx_0(1+l)^k}{(1+l)^k-1}.$$

上式即为目前银行购房按揭贷款的分期还款公式.

例 4 已知 $f(x)$ 是多项式，且 $\lim_{x\to\infty}\frac{f(x)-2x^3}{x^2}=2,\lim_{x\to 0}\frac{f(x)}{x}=3$，求 $f(x)$.

解 利用前一极限式可令 $f(x)=2x^3+2x^2+ax+b$. 再利用后一极限式，得

$$3 = \lim_{x \to 0} \frac{f(x)}{x} = \lim_{x \to 0} \left(a + \frac{b}{x} \right).$$

于是有 $a = 3, b = 0$. 故

$$f(x) = 2x^3 + 2x^2 + 3x.$$

例 5 设 $f(x) = \begin{cases} \dfrac{Ax + B}{\sqrt{3x+1} - \sqrt{x+3}}, & x \neq 1, \\ 4, & x = 1 \end{cases}$, 在 $x = 1$ 处连续, 试确定参数 A,
B 的值.

解 因为 $f(x)$ 在 $x = 1$ 处连续, 所以 $\lim\limits_{x \to 1} f(x) = 4$. 而 $x \to 1$ 时 $f(x)$ 的分母趋于
零, 所以

$$\lim_{x \to 1}(Ax + B) = 0,$$

即 $A + B = 0$. 所以

$$\begin{aligned}
\lim_{x \to 1} f(x) &= \lim_{x \to 1} \frac{Ax + B}{\sqrt{3x+1} - \sqrt{x+3}} \\
&= \lim_{x \to 1} \frac{Ax - A}{\sqrt{3x+1} - \sqrt{x+3}} \cdot \frac{\sqrt{3x+1} + \sqrt{x+3}}{\sqrt{3x+1} + \sqrt{x+3}} = 2A.
\end{aligned}$$

故 $2A = 4$, 于是得到

$$A = 2, \quad B = -2.$$

例 6 求 $\lim\limits_{n \to \infty} \sqrt[n]{1^n + 4^n + 6^n + 9^n}$.

解 由 $$9^n < 1^n + 4^n + 6^n + 9^n < 4 \cdot 9^n$$

得

$$9 < \sqrt[n]{1^n + 4^n + 6^n + 9^n} < 4^{\frac{1}{n}} \cdot 9.$$

当 $n \to \infty$ 时上式两端都趋向于 9, 由夹逼准则得,

$$\lim_{n \to \infty} \sqrt[n]{1^n + 4^n + 6^n + 9^n} = 9.$$

例 7 求 $\lim\limits_{n \to \infty} \left(\dfrac{1}{n^2 + n - 1} + \dfrac{2}{n^2 + n - 2} + \cdots + \dfrac{n}{n^2 + n - n} \right)$.

解 $\dfrac{1 + 2 + \cdots + n}{n^2 + n - 1} < \dfrac{1}{n^2 + n - 1} + \dfrac{2}{n^2 + n - 2} + \cdots + \dfrac{n}{n^2 + n - n} < \dfrac{1 + 2 + \cdots + n}{n^2 + n - n}$,

由于

$$1 + 2 + \cdots + n = \frac{n(n+1)}{2},$$

当 $n \to \infty$ 时不等式两端都趋向于 $\dfrac{1}{2}$, 由夹逼准则得,

$$\lim_{n \to \infty} \left(\frac{1}{n^2 + n - 1} + \frac{2}{n^2 + n - 2} + \cdots + \frac{n}{n^2 + n - n} \right) = \frac{1}{2}.$$

58

例 8 设 $x_1 = \sqrt{2}$, $x_2 = \sqrt{2 + x_1} = \sqrt{2 + \sqrt{2}}$, $\cdots$, $x_{n+1} = \sqrt{2 + x_n} = \underbrace{\sqrt{2 + \sqrt{2 + \cdots + \sqrt{2}}}}_{n+1 \text{个}}$.

证明极限 $\lim\limits_{n \to \infty} x_n$ 存在,并求之.

解 由第三节的例1和例2,对一切自然数 n,数列 $\{x_n\}$ 是单调增加且有界的. 所以数列 $\{x_n\}$ 收敛.

设 $\lim\limits_{n \to \infty} x_n = a$,在数列 $\{x_n\}$ 的递推公式两边取极限,得方程

$$a = \sqrt{2 + a},$$

解得 $a = 2$,故 $\lim\limits_{n \to \infty} x_n = 2$.

例 9 设 $a > 0$, $a_1 > 0$, $a_{n+1} = \dfrac{1}{2}\left(a_n + \dfrac{a}{a_n}\right)$, $n = 1, 2, 3, \cdots$,求 $\lim\limits_{n \to \infty} a_n$.

解 我们先证明数列 $\{a_n\}$ 收敛,然后再求出极限.

(1) 证明 $\{a_n\}$ 有下界:

$$a_{n+1} = \frac{1}{2}\left(a_n + \frac{a}{a_n}\right) \geqslant \sqrt{a_n \cdot \frac{a}{a_n}} = \sqrt{a} > 0, \quad \text{即} \{a_n\} \text{有下界}.$$

(2) 证明 $\{a_n\}$ 单调减少:

$$a_{n+1} - a_n = \frac{a - a_n^2}{2a_n},$$

由(1)知 $a_n^2 \geqslant a$,所以 $\{a_n\}$ 单调减少.

由(1)和(2)知,$\lim\limits_{n \to \infty} a_n$ 存在. 设 $\lim\limits_{n \to \infty} a_n = A$,则

$$\lim\limits_{n \to \infty} a_{n+1} = \lim\limits_{n \to \infty} \frac{1}{2}\left(a_n + \frac{a}{a_n}\right),$$

即 $A = \dfrac{1}{2}\left(A + \dfrac{a}{A}\right)$. 所以 $A = \sqrt{a}$,即 $\lim\limits_{n \to \infty} a_n = \sqrt{a}$.

例 10 设 $f(x) = \dfrac{1}{x-1} + \dfrac{2}{x-2} + \dfrac{6}{x-3}$,证明方程 $f(x) = 0$ 在区间 $(1,2)$ 和 $(2,3)$ 中至少有一实根.

证 由 $\lim\limits_{x \to 1^+} f(x) = +\infty$ 知,存在 $1 < x_1 < \dfrac{3}{2}$,使得 $f(x_1) > 0$,具体的,我们有 $f(1.1) > 0$.

由 $\lim\limits_{x \to 2^-} f(x) = -\infty$ 知,存在 $\dfrac{3}{2} < x_2 < 2$,使得 $f(x_2) < 0$,具体的,我们有 $f(1.9) < 0$.

因为 $f(x)$ 是初等函数,它在定义区域内连续,所以 $f(x)$ 在区间 $[1.1, 1.9] \subset (1,2)$ 上连续. 由零点定理,方程 $f(x) = 0$ 在区间 $[1.1, 1.9] \subset (1,2)$ 中至少有一

实根. 类似地可证明方程 $f(x)=0$ 在区间 $(2,3)$ 中至少有一实根.

注 对于 $f(x)=\dfrac{1}{x-\lambda_1}+\dfrac{2}{x-\lambda_2}+\dfrac{5}{x-\lambda_3}$, 其中 $\lambda_1<\lambda_2<\lambda_3$, 可同样证明方程 $f(x)=0$ 在区间 (λ_1,λ_2) 和 (λ_2,λ_3) 中至少有一实根.

例 11 设 $f(x)$ 在 $[0,1]$ 上连续, $f(0)=f(1)$, 证明存在 $c\in\left[0,\dfrac{1}{2}\right]$, 使得 $f(c)=f\left(c+\dfrac{1}{2}\right)$.

证 令 $F(x)=f(x)-f\left(x+\dfrac{1}{2}\right)$, 则 $F(x)$ 在 $\left[0,\dfrac{1}{2}\right]$ 上连续, 且

$$F(0)=f(0)-f\left(\dfrac{1}{2}\right), F\left(\dfrac{1}{2}\right)=f\left(\dfrac{1}{2}\right)-f(1).$$

由 $f(0)=f(1)$ 知, 若 $f(0)=f\left(\dfrac{1}{2}\right)$, 则取 $c=0$ 或 $c=\dfrac{1}{2}$, 命题得证; 若 $f(0)\neq f\left(\dfrac{1}{2}\right)$, 则 $F(0)F\left(\dfrac{1}{2}\right)<0$, 由零点定理, 存在 $c\in\left(0,\dfrac{1}{2}\right)$, 使得 $F(c)=0$, 即 $f(c)=f\left(c+\dfrac{1}{2}\right)$. 故命题得证.

复习题一

一、选择题

1. 若 $\varphi(x)=\begin{cases}1 & |x|\leqslant 1\\0 & |x|>1\end{cases}$, 那么 $\varphi[\varphi(x)]=(\qquad)$.

(A) $\varphi(x), x\in(-\infty,+\infty)$;　　　(B) $1, x\in(-\infty,+\infty)$;

(C) $0, x\in(-\infty,+\infty)$;　　　(D) 不存在.

2. 函数 $y=\sqrt{3-x}+\lg(x+1)$ 的定义域是 $(\qquad)$.

(A) $(-1,3)$;　　　(B) $[-1,3)$;

(C) $(-1,3]$;　　　(D) $(3,+\infty)$.

3. 设函数 $f(x)$ 是奇函数, 且 $F(x)=f(x)\left(\dfrac{1}{2^x+1}-\dfrac{1}{2}\right)$, 则函数 $F(x)$ 是 $(\qquad)$

(A) 偶函数;　　　(B) 奇函数;

(C) 非奇非偶函数;　　　(D) 不能确定.

4. 设 $f(x)$ 是周期为 1 的周期函数, 那么 $F(x)=f(2x+1)$ 也是周期函数, 它的周期是 $(\qquad)$

(A) 1;　　　(B) 2;

(C)$\dfrac{1}{2}$; (D) -1.

5. 下列数列极限不存在的有( ).

(A) $10,10,10,\cdots,10,\cdots$; (B) $\dfrac{3}{2},\dfrac{2}{3},\dfrac{5}{4},\dfrac{4}{5},\cdots$;

(C) $f(n)=\begin{cases}\dfrac{n}{1+n}, & n\text{ 为奇数},\\[2mm] \dfrac{n}{1-n}, & n\text{ 为偶数};\end{cases}$ (D) $f(n)=\begin{cases}1+\dfrac{1}{n}, & n\text{ 为奇数},\\[2mm] (-1)^{n}, & n\text{ 为偶数}.\end{cases}$

6. 下列极限存在的有( ).

(A) $\lim\limits_{x\to\infty}\dfrac{x(x+1)}{x^{2}}$; (B) $\lim\limits_{x\to0}\dfrac{1}{2^{x}-1}$;

(C) $\lim\limits_{x\to0}e^{\frac{1}{x}}$; (D) $\lim\limits_{x\to+\infty}\sqrt{\dfrac{x^{2}+1}{x}}$.

7. 若 $\lim\limits_{x\to a}f(x)=\infty$，$\lim\limits_{x\to a}g(x)=\infty$，则必有( ).

(A) $\lim\limits_{x\to a}[f(x)+g(x)]=0$; (B) $\lim\limits_{x\to a}[f(x)-g(x)]=0$;

(C) $\lim\limits_{x\to a}\dfrac{1}{f(x)+g(x)}=0$; (D) $\lim\limits_{x\to a}kf(x)=\infty$（$k$ 为非零常数）.

8. 下列变量在给定变化过程中是无穷小量的有( ).

(A) $2^{-\frac{1}{x}}$ $(x\to0)$; (B) $\dfrac{\sin x}{x}$ $(x\to0)$;

(C) $\dfrac{x^{2}}{\sqrt{x^{3}-2x+1}}$ $(x\to+\infty)$; (D) $\dfrac{x^{2}}{x+1}\left(3-\sin\dfrac{1}{x}\right)$ $(x\to0)$.

9. 当 $x\to0$ 时，与 x 是等价无穷小量的有( ).

(A) $\dfrac{\sin x}{\sqrt{x}}$; (B) $\ln(1+x)$;

(C) $\sqrt{1+x}-1$; (D) $x^{2}(x+1)$.

10. 当 $x\to\infty$ 时，若 $\dfrac{1}{ax^{2}+bx+c}\sim\dfrac{1}{x+1}$，则 a,b,c 之值一定为( ).

(A) $a=0,b=1,c=1$; (B) $a=0,b=1,c$ 为任意常数;

(C) $a=0,b,c$ 为任意常数; (D) a、b、c 均为任意常数.

11. 当 $x\to\infty$ 时，若 $\dfrac{1}{ax^{2}+bx+c}=o\left(\dfrac{1}{x+1}\right)$，则 a,b,c 之值一定为( ).

(A) $a=0,b=1,c=1$; (B) $a\neq0,b=1,c$ 为任意常数;

(C) $a \neq 0$，b、c 为任意常数；　　　　　(D) a、b、c 均为任意常数.

12. 若 $x \to 0$ 时，$f(x)$ 为无穷小，且 $f(x)$ 是比 x^2 高阶的无穷小，则 $\lim\limits_{x \to 0} \dfrac{f(x)}{\sin^2 x}$ 为（　　）.

(A) 0；　　　　　　　　　　(B) 1；

(C) ∞；　　　　　　　　　　(D) $\dfrac{1}{2}$.

13. 如果函数 $f(x) = \begin{cases} \dfrac{1}{x}\sin x, & x < 0, \\ a, & x = 0, \\ x\sin\dfrac{1}{x} + b, & x > 0 \end{cases}$ 在 $x = 0$ 处连续，则 a、b 的值为（　　）.

(A) $a = 0, b = 0$；　　　　　　(B) $a = 1, b = 1$；

(C) $a = 1, b = 0$；　　　　　　(D) $a = 0, b = 1$.

14. 设 $f(x) = \dfrac{1 - 2\mathrm{e}^{\frac{1}{x}}}{1 + \mathrm{e}^{\frac{1}{x}}} \operatorname{arccot} \dfrac{1}{x}$，则 $x = 0$ 是 $f(x)$ 的（　　）.

(A) 可去间断点；　　　　　　(B) 跳跃间断点；

(C) 无穷间断点；　　　　　　(D) 振荡间断点.

15. 设 $f(x)$ 在 $[a, b]$ 上连续，且 $f(a) > 0$，$f(b) > 0$，而 $f(x)$ 在 $[a, b]$ 上的最小值为负，则方程 $f(x) = 0$ 在 (a, b) 上至少有（　　）.

(A) 一个实根；　　　　　　　(B) 两个实根；

(C) 三个实根；　　　　　　　(D) 四个实根.

二、综合练习 A

1. 设 $f(x) = 2x^2 + 6x - 3$，求 $\varphi(x) = \dfrac{1}{2}[f(x) + f(-x)]$，$\psi(x) = \dfrac{1}{2}[f(x) - f(-x)]$，并指出 $\varphi(x)$ 及 $\psi(x)$ 中哪个是奇函数，哪个是偶函数？

2. 证明：定义在对称区间 $(-l, l)$ 上的任意函数可表示为一个奇函数与一个偶函数的和.

3. 求下列极限：

(1) $\lim\limits_{n \to \infty}(\sqrt{n+1} - \sqrt{n})$；　　　　(2) $\lim\limits_{x \to \infty} x(\sqrt{x^2 + 1} - x)$；

(3) $\lim\limits_{n \to \infty} \dfrac{2^n + 3^{n+1}}{2^{n+1} + 3^n}$；　　　　(4) $\lim\limits_{x \to 0} \dfrac{\sqrt{1 + \tan x} - \sqrt{1 + \sin x}}{x\sqrt{1 + \sin^2 x} - x}$.

4. 证明：$\sqrt{x} + \sin x \sim \sqrt{x}\ (x \to 0^+)$.

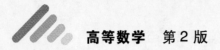

5. 设 $f(x) = \sqrt{x}$，求 $\lim\limits_{h \to 0} \dfrac{f(x+h) - f(x)}{h}$.

6. 若 $\lim\limits_{x \to 3} \dfrac{x^2 - 2x + k}{x - 3} = 4$，求 k 的值.

7. 设 $f(x)$ 在 $x = 2$ 处连续，且 $f(2) = 3$，求 $\lim\limits_{x \to 2} f(x) \left(\dfrac{1}{x-2} - \dfrac{4}{x^2 - 4} \right)$.

三、综合练习 B

1. 设 $f(x)$ 满足方程：$af(x) + bf\left(-\dfrac{1}{x}\right) = \sin x$，$(|a| \neq |b|)$，求 $f(x)$ 的表达式.

2. 设 $f(x) = \begin{cases} 0, & x \leq 0 \\ x, & x > 0 \end{cases}$，$g(x) = \begin{cases} 0, & x \leq 0 \\ -x^2, & x > 0 \end{cases}$，求 $f[f(x)]$，$f[g(x)]$，$g[f(x)]$，$g[g(x)]$.

3. 已知 $f(x) = \dfrac{px^2 - 2}{x^2 + 1} + 3qx + 5$，当 $x \to \infty$ 时，p, q 取何值时 $f(x)$ 为无穷小量？p, q 取何值时 $f(x)$ 为无穷大量？

4. 讨论函数 $f(x) = \lim\limits_{n \to \infty} \dfrac{\ln(e^n + x^n)}{n}$ $(x > 0)$ 在定义域内是否连续.

5. 确定 a, b 的值，使 $f(x) = \dfrac{e^x - b}{(x-a)(x-1)}$ 有无穷间断点 $x = 0$ 及可去间断点 $x = 1$.

6. 设 $f(x)$ 在 $[0, 2a]$ 上连续，且 $f(0) = f(2a)$，证明：在 $[0, a]$ 上至少存在一个 ξ，使得 $f(\xi) = f(\xi + a)$.

7. 证明 $\lim\limits_{n \to \infty} \left(\dfrac{1}{\sqrt{n^2 + 1}} + \dfrac{1}{\sqrt{n^2 + 2}} + \cdots + \dfrac{1}{\sqrt{n^2 + n}} \right)$ 存在并求极限值

8. 设 $x_n = \sqrt{6 + \sqrt{6 + \cdots + \sqrt{6}}}$（$n$ 个根号），证明数列 $\{x_n\}$ 收敛并求 $\lim\limits_{n \to \infty} x_n$.

9. 设 $0 < x_0 < \pi$，$x_{n+1} = \sin x_n$，$n = 0, 1, \cdots$，证明数列 $\{x_n\}$ 收敛并求 $\lim\limits_{n \to \infty} x_n$.

10. 计算下列极限：

(1) $\lim\limits_{x \to 0} \dfrac{\sin x(\sin \sin x - \tan \sin x)}{x^4}$；

(2) $\lim\limits_{n \to \infty} (\sin \sqrt{n+1} - \sin \sqrt{n})$；　　(3) $\lim\limits_{n \to \infty} \sin(2\sqrt{n^2 + 1}\,\pi)$.

第二章 导数与微分

高等数学中研究导数、微分及其应用的部分称为微分学,研究不定积分、定积分及其应用的部分称为积分学,微分学与积分学统称为微积分学.

微积分学是高等数学最基本、最重要的内容. 微积分学在近代科学技术与工程应用中发挥了巨大的作用,正如恩格斯指出的"在一切理论成就中,未必再有什么像 17 世纪下半叶微积分的发现那样被看作人类精神的最高胜利了."本章就来介绍导数与微分这两个微积分学中的基本概念.

第一节 导 数 概 念

一、引例

导数的思想最初是法国数学家费马(Fermat)为解决极大、极小问题而引入的,但导数的概念却是英国数学家、物理学家牛顿(Newton)和德国数学家莱布尼兹(Leibniz)建立的. 牛顿从运动学中的速度问题出发,莱布尼兹从几何学中的切线问题出发分别给出了导数的概念.

1. 速度问题

设质点作直线运动,其所走路程 s 与时间 t 的函数关系为 $s = f(t)$,求质点运动的速度 v.

当质点作匀速运动时问题很简单,速度为质点经过的路程 s 除以所花的时间 t,即

$$v = \frac{s}{t}. \tag{1}$$

但对于一般的非匀速运动,式(1)只能表示平均速度. 要反映质点在某一时刻的速度这种表示是很模糊的,因为取不同的时间间隔得到的平均速度是不同的. 那么,质点在某一时刻的速度 $v(t_0)$(也称为瞬时速度)如何表示呢?

考虑质点在 t_0 到 $t_0 + \Delta t$ 这段时间内所走路程为

$$\Delta s = f(t_0 + \Delta t) - f(t_0),$$

若时间间隔 $|\Delta t|$ 很小,则质点在时刻 t_0 附近的速度可近似表达为

$$\frac{\Delta s}{\Delta t} = \frac{f(t_0 + \Delta t) - f(t_0)}{\Delta t}. \tag{2}$$

而时间间隔 $|\Delta t|$ 越小,则式(2)表示质点在时刻 t_0 附近的速度越合理. 于是,当 $|\Delta t|$ 无限变小,即 $\Delta t \to 0$ 时式(2)的极限就是质点在时刻 t_0 的速度 $v(t_0)$,也就是

$$v(t_0) = \lim_{\Delta t \to 0} \frac{\Delta s}{\Delta t} = \lim_{\Delta t \to 0} \frac{f(t_0 + \Delta t) - f(t_0)}{\Delta t}. \tag{3}$$

于是,若已知路程与时间的关系为 $s = f(t)$,则在任一时刻 t_0 的速度问题归结为式(3)中的极限问题.

2. 切线问题

在几何图形上,一般把曲线的切线看成为割线的极限位置,如图 2-1 所示. 那么,如何求切线的斜率呢?

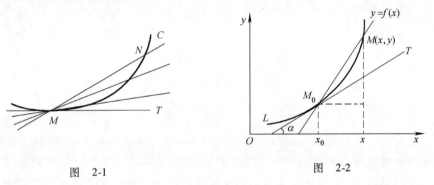

图 2-1　　　　　　　　　　图 2-2

设函数 $y = f(x)$ 的图形为曲线 L,如图 2-2 所示,$M_0(x_0, y_0)$ 为曲线 L 上一点. 在点 M_0 附近另取曲线上一点 $M(x, y) \neq M_0$,作割线 $\overline{MM_0}$,则割线的斜率为

$$\frac{y - y_0}{x - x_0} = \frac{f(x) - f(x_0)}{x - x_0},$$

当点 M 沿曲线 L 趋向点 M_0 时,$x \to x_0$. 因此,如果极限

$$\lim_{x \to x_0} \frac{f(x) - f(x_0)}{x - x_0}$$

存在,则这些割线有一极限位置,这一极限位置即过点 M_0 的直线 $\overline{M_0 T}$,我们称之为曲线 L 在点 M_0 的切线,它的斜率 k 为

$$k = \tan \alpha = \lim_{x \to x_0} \frac{f(x) - f(x_0)}{x - x_0}. \tag{4}$$

若沿用增量符号 $\Delta x = x - x_0$,则式(4)可表示为

$$k = \tan \alpha = \lim_{\Delta x \to 0} \frac{f(x_0 + \Delta x) - f(x_0)}{\Delta x}. \tag{5}$$

由直线的点斜式方程知,只要求出了切线的斜率,就可以写出切线方程. 因此,曲线在点 M_0 的切线问题就归结为求式(5)中的极限问题.

二、导数的定义

实际上,大量的社会的和自然现象中的数量关系的变化速度,如比热、密度、国民经济增长速度等大量的问题都可归结为求函数 $y = f(x)$ 在点 x_0,形如式(5)的极限问题. 这些问题在数学形式上是一致的,由此我们可抽象出它们的共性,给出函数的导数的概念.

定义 1 设函数 $y = f(x)$ 在点 x_0 的某邻域内有定义. 在此邻域内,当自变量 x 在点 x_0 处有增量 Δx 时,相应地函数有增量 $\Delta y = f(x_0 + \Delta x) - f(x_0)$,如果极限

$$\lim_{\Delta x \to 0} \frac{\Delta y}{\Delta x} = \lim_{\Delta x \to 0} \frac{f(x_0 + \Delta x) - f(x_0)}{\Delta x} \tag{6}$$

存在,就称函数 $y = f(x)$ 在点 x_0 可导,式(6)的极限值称为函数 $y = f(x)$ 在点 x_0 的导数,记为 $f'(x_0)$,也可记为 $y'(x_0)$,$\dfrac{\mathrm{d}y}{\mathrm{d}x}\Big|_{x = x_0}$ 或 $y'|_{x = x_0}$.

函数 $y = f(x)$ 在点 x_0 可导有时也说函数 $y = f(x)$ 在点 x_0 具有导数或导数存在. 函数 $y = f(x)$ 在点 x_0 的导数还称为函数 $y = f(x)$ 在点 x_0 的**变化率或微商**. 若极限式(6)不存在,就称函数 $y = f(x)$ 在点 x_0 **不可导**或导数不存在. 有时极限式(6)为无穷大,虽然这时导数不存在,但为了方便起见,也称导数为无穷大,也可写为 $f'(x_0) = \infty$. 它对应于曲线在点 (x_0, y_0) 的切线是铅直的情形.

导数的定义式(6)也可以取不同的形式,若记 $x = x_0 + \Delta x$,则式(6)又可写为

$$f'(x_0) = \lim_{x \to x_0} \frac{f(x) - f(x_0)}{x - x_0}. \tag{7}$$

按照导数的定义,质点作直线运动在时刻 t_0 的速度就是路程函数 $s(t)$ 在 t_0 处的导数 $s'(t_0)$,曲线 $y = f(x)$ 在点 $P_0(x_0, y_0)$ 处的切线斜率 $k = \tan \alpha$ 也是函数 $y = f(x)$ 在点 x_0 的导数 $f'(x_0)$.

当函数 $y = f(x)$ 在区间 (a, b) 内每一点都可导时,就称函数 $y = f(x)$ 在区间 (a, b) 内可导. 这时,对于区间 (a, b) 内的每一个值 x,都对应着函数 $y = f(x)$ 的一个确定的导数值. 这样就构成了一个新的函数,这个函数叫做原来函数的**导函数**,记做

$$f'(x), \quad y', \quad \frac{\mathrm{d}y}{\mathrm{d}x} \text{ 或 } \frac{\mathrm{d}f(x)}{\mathrm{d}x}.$$

在式(6)中把 x_0 换成 x 即得导函数的定义

$$f'(x) = \frac{\mathrm{d}y}{\mathrm{d}x} = y' = \lim_{\Delta x \to 0} \frac{f(x + \Delta x) - f(x)}{\Delta x}.$$

显然,函数 $y = f(x)$ 在点 x_0 的导数 $f'(x_0)$ 就是导函数 $f'(x)$ 在 $x = x_0$ 的取值,即

$$f'(x_0) = f'(x)|_{x = x_0}.$$

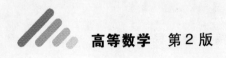

导函数 $f'(x)$ 简称导数,而 $f'(x_0)$ 是 $f(x)$ 在点 x_0 处的导数或导数 $f'(x)$ 在点 x_0 的值.

三、求导数举例

根据导数的定义,可以得到求函数的导数的步骤:先求增量,再作比值,然后求极限. 而关键的是求极限.

例1 求常数函数的导数.

解 设 $y = c$ 为常数,先求增量

$$\Delta y = c - c = 0,$$

由此

$$\lim_{\Delta x \to 0} \frac{\Delta y}{\Delta x} = 0.$$

所以,常数函数的导数等于零,即有 $(c)' = 0$.

例2 求函数 $y = x^3$ 的导数.

解
$$\Delta y = (x + \Delta x)^3 - x^3$$
$$= 3x^2 \Delta x + 3x \Delta x^2 + \Delta x^3,$$

比值
$$\frac{\Delta y}{\Delta x} = 3x^2 + 3x\Delta x + \Delta x^2,$$

因此
$$y' = (x^3)' = \lim_{\Delta x \to 0} \frac{\Delta y}{\Delta x} = 3x^2.$$

应用二项展开式公式,同样可以推导得 $(x^n)' = nx^{n-1}$. (n 为正整数)

更一般地,当 α 为任意实数时,下一节可以证明

$$(x^\alpha)' = \alpha x^{\alpha - 1}.$$

如
$$(\sqrt{x})' = (x^{\frac{1}{2}})' = \frac{1}{2}x^{-\frac{1}{2}} = \frac{1}{2}\frac{1}{\sqrt{x}},$$

$$\left(\frac{1}{x}\right)' = (x^{-1})' = -1 \cdot x^{-2} = -\frac{1}{x^2}.$$

例3 求函数 $y = f(x) = \sin x$ 的导数 $f'(x)$.

解
$$\Delta y = \sin(x + \Delta x) - \sin x$$
$$= 2\cos\left(x + \frac{\Delta x}{2}\right)\sin\frac{\Delta x}{2}.$$

因此

$$f'(x) = \lim_{\Delta x \to 0} \frac{\Delta y}{\Delta x} = \lim_{\Delta x \to 0}\cos\left(x + \frac{\Delta x}{2}\right)\frac{\sin\frac{\Delta x}{2}}{\frac{\Delta x}{2}}$$

$$= \lim_{\Delta x \to 0} \cos\left(x + \frac{\Delta x}{2}\right) \lim_{\Delta x \to 0} \frac{\sin\dfrac{\Delta x}{2}}{\dfrac{\Delta x}{2}} = \cos x \cdot 1 = \cos x.$$

即
$$(\sin x)' = \cos x.$$

类似地
$$(\cos x)' = -\sin x.$$

例4　求指数函数 $y = a^x (a > 0, a \neq 1)$ 的导数.

解
$$\Delta y = a^{x + \Delta x} - a^x = a^x(a^{\Delta x} - 1),$$

由第一章第十一节例2,得

$$y' = \lim_{\Delta x \to 0} \frac{\Delta y}{\Delta x} = \lim_{\Delta x \to 0} \frac{a^x(a^{\Delta x} - 1)}{\Delta x} = a^x \ln a,$$

即
$$(a^x)' = a^x \ln a.$$

特殊地,当 $a = e$ 时,因为 $\ln e = 1$,故有
$$(e^x)' = e^x.$$

例5　求对数函数 $y = \log_a x (a > 0, a \neq 1)$ 的导数.

解
$$\Delta y = \log_a(x + \Delta x) - \log_a x = \log_a\left(1 + \frac{\Delta x}{x}\right).$$

由第一章第十一节例2,得

$$\begin{aligned}
y' &= \lim_{\Delta x \to 0} \frac{\Delta y}{\Delta x} = \lim_{\Delta x \to 0} \frac{1}{\Delta x} \log_a\left(1 + \frac{\Delta x}{x}\right) \\
&= \lim_{\Delta x \to 0} \frac{1}{x} \log_a\left(1 + \frac{\Delta x}{x}\right)^{\frac{x}{\Delta x}} \\
&= \frac{1}{x \ln a}.
\end{aligned}$$

即
$$(\log_a x)' = \frac{1}{x \ln a}.$$

特殊地,当 $a = e$ 时,
$$(\ln x)' = \frac{1}{x}.$$

对于在闭区间 $[a, b]$ 上定义的函数在区间端点处的导数或分段函数在分段点上的导数需要讨论式(6)或式(7)的单侧极限,与此对应的有左侧导数和右侧导数的概念.

定义2　设函数 $y = f(x)$ 在点 x_0 的右邻域 $[x_0, x_0 + \Delta x]$ $(\Delta x > 0)$ 有定义,如果极限

$$\lim_{\Delta x \to 0^+} \frac{f(x_0 + \Delta x) - f(x_0)}{\Delta x}$$

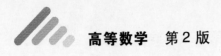

存在,就称此极限值为函数 $f(x)$ 在点 x_0 处的右侧导数,记为 $f'_+(x_0)$. 仿此可定义函数 $y = f(x)$ 在点 x_0 处的左侧导数

$$f'_-(x_0) = \lim_{\Delta x \to 0^-} \frac{f(x_0 + \Delta x) - f(x_0)}{\Delta x}.$$

由极限存在的充分必要条件,即得

定理 1 函数 $y = f(x)$ 在点 x_0 可导的充分必要条件是函数 $y = f(x)$ 在点 x_0 左侧导数和右侧导数都存在且相等.

例 6 讨论函数 $f(x) = \begin{cases} 2x, & 0 < x \leqslant 1, \\ x^2 + 1, & 1 < x \leqslant 2 \end{cases}$ 在 $x = 1$ 处的导数.

解 因为

$$f'_-(1) = \lim_{\Delta x \to 0^-} \frac{f(1 + \Delta x) - f(1)}{\Delta x} = \lim_{\Delta x \to 0^-} \frac{2(1 + \Delta x) - 2}{\Delta x}$$

$$= \lim_{\Delta x \to 0^-} \frac{2\Delta x}{\Delta x} = 2,$$

$$f'_+(1) = \lim_{\Delta x \to 0^+} \frac{f(1 + \Delta x) - f(1)}{\Delta x} = \lim_{\Delta x \to 0^+} \frac{[(1 + \Delta x)^2 + 1] - 2}{\Delta x}$$

$$= \lim_{\Delta x \to 0^+} \frac{2\Delta x + (\Delta x)^2}{\Delta x} = 2,$$

$f'_-(1) = f'_+(1)$,由定理 1,在点 $x = 1$ 处 $f(x)$ 可导,且 $f'(1) = 2$.

四、函数的可导性与连续性之间的关系

定理 2 如果函数 $y = f(x)$ 在点 x_0 处可导,则它在点 x_0 处一定连续.

证 因为函数 $y = f(x)$ 在点 x_0 处可导,所以有

$$\lim_{\Delta x \to 0} \frac{\Delta y}{\Delta x} = f'(x_0),$$

由
$$\Delta y = \frac{\Delta y}{\Delta x} \cdot \Delta x$$

可得
$$\lim_{\Delta x \to 0} \Delta y = \lim_{\Delta x \to 0} \frac{\Delta y}{\Delta x} \cdot \Delta x = \lim_{\Delta x \to 0} \frac{\Delta y}{\Delta x} \cdot \lim_{\Delta x \to 0} \Delta x = f'(x_0) \cdot 0 = 0.$$

这就是说,函数 $y = f(x)$ 在点 x_0 处连续.

注 这个定理的逆定理不成立,即函数 $y = f(x)$ 在点 x_0 处连续,但在点 x_0 处不一定可导.

例 7 讨论函数 $y = f(x) = |x| = \begin{cases} x, & x \geqslant 0, \\ -x, & x < 0 \end{cases}$ 在 $x = 0$ 处的连续性与可导性.

解 因为 $\lim_{x \to 0^+} |x| = \lim_{x \to 0^+} x = 0, \lim_{x \to 0^-} |x| = \lim_{x \to 0^-} (-x) = 0,$

所以
$$\lim_{x\to 0}|x| = f(0) = 0,$$
从而函数 $y = |x|$ 在 $x = 0$ 处连续.

而
$$f'_+(0) = \lim_{\Delta x\to 0^+}\frac{\Delta y}{\Delta x} = \lim_{\Delta x\to 0^+}\frac{|\Delta x|}{\Delta x} = \lim_{\Delta x\to 0^+}\frac{\Delta x}{\Delta x} = 1,$$

$$f'_-(0) = \lim_{\Delta x\to 0^-}\frac{\Delta y}{\Delta x} = \lim_{\Delta x\to 0^-}\frac{|\Delta x|}{\Delta x} = \lim_{\Delta x\to 0^-}\frac{-\Delta x}{\Delta x} = -1,$$

$$f'_+(0) \neq f'_-(0),$$

所以函数 $y = |x|$（图 1-3）在 $x = 0$ 处不可导. 同样
函数 $y = \sqrt[3]{x}$（图 2-3）在 $x = 0$ 处连续,但导数也不存
在（为无穷大）.

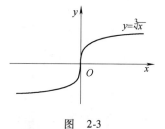

图　2-3

五、导数的几何意义

由前面关于曲线的切线斜率的讨论及导数的
定义知,函数 $y = f(x)$ 在点 x_0 处的导数 $f'(x_0)$ 是曲
线 $y = f(x)$ 在点 $P_0(x_0, y_0)$ 处切线的斜率,即
$$f'(x_0) = \tan \alpha,$$
其中 α 为切线的倾角.

根据平面解析几何中直线的点斜式方程,可知曲线 $y = f(x)$ 在点 $P_0(x_0, y_0)$ 处
的切线方程为
$$y - y_0 = f'(x_0)(x - x_0).$$

过曲线 $y = f(x)$ 上一点 P_0 而与切线垂直的直线称为曲线在点 $P_0(x_0, y_0)$ 处的
法线,如果 $f'(x_0) \neq 0$,则其法线方程为
$$y - y_0 = -\frac{1}{f'(x_0)}(x - x_0).$$

如果 $f'(x_0) = 0$,则曲线 $y = f(x)$ 上点 $P_0(x_0, y_0)$ 处的切线方程为 $y = y_0$,法线方程
为 $x = x_0$.

当函数 $f(x)$ 在点 x_0 处连续,而 $f'(x_0) = \infty$ 时,曲线 $y = f(x)$ 在点 $P_0(x_0, y_0)$ 处
的切线方程为 $x = x_0$,法线方程为 $y = y_0$.

例 8　求曲线 $y = \dfrac{1}{x}$ 在点 $(1, 1)$ 处的切线方程与法线方程.

解　$f'(x) = -\dfrac{1}{x^2}$,　$f'(1) = -1$,

所求切线方程为　　　　$y - 1 = -(x - 1)$,即 $x + y - 2 = 0$.
法线方程为　　　　　　$y - 1 = (x - 1)$,即 $y = x$.

习题 2-1

1. 根据定义求各函数的导函数：

（1）$y = x^3$；

（2）$y = \sin(x - 1)$.

2. 给定函数 $f(x) = ax^2 + bx + c$，其中 a，b，c 为常数，求：$f'(x)$，$f'(0)$，$f'\left(\dfrac{1}{2}\right)$.

3. 一物体的运动方程为 $s = t^3 + 10$，求该物体在 $t = 3$ 时的瞬时速度.

4. 求曲线 $y = f(x) = \sqrt[3]{x}$ 在点 $M(1,1)$ 处的切线和法线方程.

5. 在曲线 $y = x^2 + 2x + 1$ 上哪一点的切线与直线 $y = 4x - 1$ 平行，并求出曲线在该点处的切线和法线方程.

6. 求下列函数的导数：

（1）$y = \dfrac{1}{x^6}$；　（2）$y = \sqrt[4]{x^3}$；　（3）$y = x^3 \sqrt[5]{x}$.

7. 研究下列函数在 $x = 0$ 处的连续性、可导性.

（1）$y = |\sin x|$；

（2）$f(x) = \begin{cases} x\sin \dfrac{1}{x}, & x \neq 0, \\ 0, & x = 0. \end{cases}$

8. 如果 $f(x)$ 为偶函数，且 $f'(0)$ 存在，证明：$f'(0) = 0$.

9. 如果 $f(x)$ 是以 T 为周期的可导函数，证明：$f'(x)$ 也是以 T 为周期的函数.

10. 当物体的温度高于周围介质的温度时，物体就不断冷却. 若物体的温度 T 与时间 t 的函数关系为 $T = T(t)$，怎样确定该物体在时刻 t 的冷却速度？

第二节　函数的求导法则

上一节我们由定义出发，求出了一些简单的导数，对于一般函数的导数，如果按定义来求导，将是很困难的. 本节引入一些求导法则，利用这些法则，可以处理一些复杂函数的导数.

一、函数的和、差、积、商的求导法则

为叙述简便，下设函数 $u(x)$ 及 $v(x)$ 都在点 x_0 可导.

定理 1 函数 $f(x) = u \pm v$ 在点 x_0 可导,且

$$f'(x_0) = u'(x_0) \pm v'(x_0). \tag{1}$$

证 由于

$$\frac{f(x_0 + \Delta x) - f(x_0)}{\Delta x}$$

$$= \frac{[u(x_0 + \Delta x) \pm v(x_0 + \Delta x)] - [u(x_0) \pm v(x_0)]}{\Delta x}$$

$$= \frac{u(x_0 + \Delta x) - u(x_0)}{\Delta x} \pm \frac{v(x_0 + \Delta x) - v(x_0)}{\Delta x}.$$

应用和、差极限定理及 u, v 在点 x_0 可导的条件,上式在 $\Delta x \to 0$ 时的极限存在,且有

$$f'(x_0) = \lim_{\Delta x \to 0} \frac{f(x_0 + \Delta x) - f(x_0)}{\Delta x}$$

$$= \lim_{\Delta x \to 0} \frac{u(x_0 + \Delta x) - u(x_0)}{\Delta x} \pm \lim_{\Delta x \to 0} \frac{v(x_0 + \Delta x) - v(x_0)}{\Delta x}$$

$$= u'(x_0) \pm v'(x_0).$$

由于 x_0 为任意的一点,式(1)也可写为

$$[u(x) \pm v(x)]' = u'(x) \pm v'(x) \text{ 或 } (u \pm v)' = u' \pm v'.$$

例 1 设 $f(x) = x^5 + 3x^3 - 8x^2 + 1$,求 $f'(x)$.

解
$$f'(x) = (x^5)' + 3(x^3)' - 8(x^2)' + (1)'$$
$$= 5x^4 + 9x^2 - 16x.$$

一般地说,n 次多项式函数 $f(x) = P_n(x) = a_0 x^n + a_1 x^{n-1} + \cdots + a_n$ 的导数

$$f'(x) = a_0 n x^{n-1} + a_1(n-1)x^{n-2} + \cdots + a_{n-1} \text{ 是 } n-1 \text{ 次多项式.}$$

定理 2 函数 $f(x) = uv$ 在点 x_0 可导,且

$$f'(x_0) = u'(x_0)v(x_0) + u(x_0)v'(x_0). \tag{2}$$

证 由于

$$\frac{f(x_0 + \Delta x) - f(x_0)}{\Delta x}$$

$$= \frac{[u(x_0 + \Delta x)v(x_0 + \Delta x)] - [u(x_0)v(x_0)]}{\Delta x}$$

$$= \frac{u(x_0 + \Delta x)[v(x_0 + \Delta x) - v(x_0)] + v(x_0)[u(x_0 + \Delta x) - u(x_0)]}{\Delta x}$$

$$= u(x_0 + \Delta x)\frac{v(x_0 + \Delta x) - v(x_0)}{\Delta x} + v(x_0)\frac{u(x_0 + \Delta x) - u(x_0)}{\Delta x}.$$

应用积的极限定理及 u, v 在点 x_0 的连续性与可导性,上式在 $\Delta x \to 0$ 时的极限存在,且

$$f'(x_0) = \lim_{\Delta x \to 0} \frac{f(x_0 + \Delta x) - f(x_0)}{\Delta x}$$

$$= \lim_{\Delta x \to 0} u(x_0 + \Delta x) \lim_{\Delta x \to 0} \frac{v(x_0 + \Delta x) - v(x_0)}{\Delta x} +$$

$$v(x_0) \lim_{\Delta x \to 0} \frac{u(x_0 + \Delta x) - u(x_0)}{\Delta x}$$

$$= u'(x_0)v(x_0) + u(x_0)v'(x_0).$$

式(2)也可写成 $(uv)' = u'v + uv'$.

式(2)也可以推广到有限个函数乘积的情形. 如 $(uvw)' = u'vw + uv'w + uvw'$.

推论 若 c 为常数,则 $(cv)' = cv'$. 即常数因子可以从求导符号内提出来.

例2 求函数 $y = 2\sqrt{x}\sin x + \cos x \cdot \ln x$ 的导数.

解 $y' = (2\sqrt{x}\sin x)' + (\cos x \cdot \ln x)'$

$$= 2(\sqrt{x})'\sin x + 2\sqrt{x}(\sin x)' + (\cos x)' \cdot \ln x + \cos x(\ln x)'$$

$$= 2 \cdot \frac{1}{2\sqrt{x}} \cdot \sin x + 2\sqrt{x}\cos x - \sin x \cdot \ln x + \frac{1}{x}\cos x$$

$$= \left(\frac{1}{\sqrt{x}} - \ln x\right)\sin x + \left(2\sqrt{x} + \frac{1}{x}\right)\cos x.$$

例3 求 $y = \sqrt{x}(x-1)(x-2)$ 的导数.

解 $y' = (\sqrt{x})'(x-1)(x-2) + \sqrt{x}(x-1)'(x-2) + \sqrt{x}(x-1)(x-2)'$

$$= \frac{1}{2\sqrt{x}}(x-1)(x-2) + \sqrt{x}(x-2) + \sqrt{x}(x-1)$$

$$= \frac{1}{2\sqrt{x}}(x-1)(x-2) + \sqrt{x}(2x-3).$$

定理3 如果 $v(x_0) \neq 0$,则函数 $f(x) = \dfrac{u(x)}{v(x)}$ 在点 x_0 处可导,且其导数为

$$f'(x_0) = \frac{u'(x_0)v(x_0) - u(x_0)v'(x_0)}{[v(x_0)]^2}. \tag{3}$$

式(3)也简写成

$$\left(\frac{u}{v}\right)' = \frac{u'v - uv'}{v^2}. \tag{4}$$

证 $\dfrac{f(x_0 + \Delta x) - f(x_0)}{\Delta x}$

$$= \frac{\dfrac{u(x_0 + \Delta x)}{v(x_0 + \Delta x)} - \dfrac{u(x_0)}{v(x_0)}}{\Delta x}$$

$$= \frac{u(x_0 + \Delta x)v(x_0) - u(x_0)v(x_0) + u(x_0)v(x_0) - u(x_0)v(x_0 + \Delta x)}{\Delta x \cdot v(x_0) \cdot v(x_0 + \Delta x)}$$

$$= \frac{\dfrac{u(x_0 + \Delta x) - u(x_0)}{\Delta x}v(x_0) - u(x_0)\dfrac{v(x_0 + \Delta x) - v(x_0)}{\Delta x}}{v(x_0) \cdot v(x_0 + \Delta x)}.$$

当 $\Delta x \to 0$ 时,

$$\frac{u(x_0 + \Delta x) - u(x_0)}{\Delta x} \to u'(x_0), \frac{v(x_0 + \Delta x) - v(x_0)}{\Delta x} \to v'(x_0),$$

$$v(x_0 + \Delta x) \to v(x_0),$$

因此,上式右端的极限存在,且等于

$$\frac{u'(x_0)v(x_0) - u(x_0)v'(x_0)}{[v(x_0)]^2}.$$

从而 $f'(x_0)$ 存在,且式(3)成立.

例 4　设 $y = \dfrac{x^2 - 1}{x^2 + 1}$ 求 y'.

解　$y' = \dfrac{(x^2 - 1)'(x^2 + 1) - (x^2 - 1)(x^2 + 1)'}{(x^2 + 1)^2}$

$$= \frac{2x(x^2 + 1) - (x^2 - 1)2x}{(x^2 + 1)^2} = \frac{4x}{(x^2 + 1)^2}.$$

例 5　求 $y = \tan x$ 的导数.

解　$y' = (\tan x)' = \left(\dfrac{\sin x}{\cos x}\right)' = \dfrac{(\sin x)'\cos x - (\cos x)'\sin x}{\cos^2 x}$

$$= \frac{\cos^2 x + \sin^2 x}{\cos^2 x} = \frac{1}{\cos^2 x} = \sec^2 x.$$

即 $\qquad\qquad\qquad (\tan x)' = \sec^2 x.$

同样可得 $\qquad\qquad\qquad (\cot x)' = -\csc^2 x.$

推论　如果函数 $v(x)$ 在点 x_0 处可导,且 $v(x_0) \neq 0$,则有

$$\left[\frac{1}{v(x_0)}\right]' = -\frac{v'(x_0)}{v^2(x_0)}. \tag{5}$$

例 6　求 $y = \sec x$ 的导数.

解　由式(5),

$$y' = (\sec x)' = \left(\frac{1}{\cos x}\right)' = -\frac{(\cos x)'}{\cos^2 x}$$

$$= \frac{\sin x}{\cos^2 x} = \sec x\tan x.$$

即 $\qquad\qquad\qquad (\sec x)' = \sec x\tan x.$

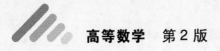

同样可得 $\qquad (\csc x)' = -\csc x \cot x.$

二、反函数的求导法则

定理 4 如果函数 $x = \varphi(y)$ 在点 y_0 的某邻域内单调可导,并且 $\varphi'(y_0) \neq 0$,则其反函数 $y = f(x)$ 在对应的点 $x_0 (x_0 = \varphi(y_0))$ 也可导,且有

$$f'(x_0) = \frac{1}{\varphi'(y_0)}. \qquad (6)$$

证明 设 $\Delta x = \varphi(y_0 + \Delta y) - \varphi(y_0)$,$\Delta y = f(x_0 + \Delta x) - f(x_0)$,

由于函数 $x = \varphi(y)$ 是单调的、可导的(从而连续的),由第一章第十一节定理 4,其反函数 $y = f(x)$ 在对应的点 x_0 也是单调和连续的,因此,当 $\Delta x \to 0$ 时必有 $\Delta y \to 0$,且当 $\Delta y \neq 0$ 时,必有 $\Delta x \neq 0$,从而有

$$\frac{\Delta y}{\Delta x} = \frac{1}{\dfrac{\Delta x}{\Delta y}},$$

又因为 $\varphi'(y_0) \neq 0$,所以

$$f'(x_0) = \lim_{\Delta x \to 0} \frac{\Delta y}{\Delta x} = \frac{1}{\lim\limits_{\Delta y \to 0} \dfrac{\Delta x}{\Delta y}} = \frac{1}{\varphi'(y_0)}.$$

例 7 求 $y = \arcsin x$ 的导数.

解 由于 $y = \arcsin x, x \in (-1, 1)$ 是单调增加函数 $x = \sin y, y \in \left(-\dfrac{\pi}{2}, \dfrac{\pi}{2}\right)$ 的反函数,并有 $(\sin y)' = \cos y > 0, y \in \left(-\dfrac{\pi}{2}, \dfrac{\pi}{2}\right)$,从而有

$$(\arcsin x)' = \frac{1}{(\sin y)'} = \frac{1}{\cos y} = \frac{1}{\sqrt{1 - \sin^2 y}} = \frac{1}{\sqrt{1 - x^2}}.$$

因此,反正弦函数的导数为

$$(\arcsin x)' = \frac{1}{\sqrt{1 - x^2}}.$$

用同样的方法可求出反余弦函数的导数

$$(\arccos x)' = -\frac{1}{\sqrt{1 - x^2}}.$$

例 8 求 $y = \arctan x$ 的导数.

解 由于 $y = \arctan x, x \in (-\infty, +\infty)$ 是单调增加函数 $x = \tan y, y \in \left(-\dfrac{\pi}{2}, \dfrac{\pi}{2}\right)$ 的反函数,并有 $(\tan y)' = \sec^2 y > 0, y \in \left(-\dfrac{\pi}{2}, \dfrac{\pi}{2}\right)$,从而有

$$(\arctan x)' = \frac{1}{(\tan y)'} = \frac{1}{\sec^2 y} = \frac{1}{1 + \tan^2 y} = \frac{1}{1 + x^2},$$

因此,反正切函数的导数为

$$(\arctan x)' = \frac{1}{1 + x^2}.$$

用同样的方法可求出反余切函数的导数

$$(\text{arccot } x)' = -\frac{1}{1 + x^2}.$$

三、复合函数的导数

对于形如 $\sin \pi x, \mathrm{e}^{-x^2}, \sqrt{1 - x^2}$ 等函数的求导,需要借助于复合函数的求导法则.

定理 5(复合函数求导法则) 如果 $u = \varphi(x)$ 在点 x_0 可导,$y = f(u)$ 在点 $u_0 = \varphi(x_0)$ 可导,则复合函数 $y = f[\varphi(x)]$ 在点 x_0 可导,且其导数为

$$\frac{\mathrm{d}y}{\mathrm{d}x}\bigg|_{x = x_0} = f'(u_0) \cdot \varphi'(x_0). \tag{7}$$

证 由于 $y = f(u)$ 在点 u_0 可导,因此极限

$$\lim_{\Delta u \to 0} \frac{\Delta y}{\Delta u} = f'(u_0)$$

存在,于是,根据极限与无穷小的关系(第一章第五节定理 1),有

$$\frac{\Delta y}{\Delta u} = f'(u_0) + \alpha(\Delta u), \tag{8}$$

其中 $\alpha(\Delta u)$ 是当 $\Delta u \to 0$ 时的无穷小,若 $\Delta u \neq 0$,用 Δu 乘式(8)两边,得

$$\Delta y = f'(u_0)\Delta u + \Delta u \alpha(\Delta u). \tag{9}$$

若 $\Delta u = 0$ 时,规定 $\alpha(\Delta u) = 0$,这时因 $\Delta y = f(u_0 + \Delta u) - f(u_0) = 0$,而式(9)右端亦为零,故式(9)对 $\Delta u = 0$ 也成立. 用 $\Delta x \neq 0$ 除式(9)两端得

$$\frac{\Delta y}{\Delta x} = f'(u_0)\frac{\Delta u}{\Delta x} + \alpha(\Delta u)\frac{\Delta u}{\Delta x},$$

于是

$$\lim_{\Delta x \to 0} \frac{\Delta y}{\Delta x} = \lim_{\Delta x \to 0}\left[f'(u_0)\frac{\Delta u}{\Delta x} + \alpha(\Delta u)\frac{\Delta u}{\Delta x}\right].$$

根据函数在某点可导必在该点连续的性质知道,当 $\Delta x \to 0$ 时,$\Delta u \to 0$,从而

$$\lim_{\Delta x \to 0}\alpha(\Delta u) = \lim_{\Delta u \to 0}\alpha(\Delta u) = 0.$$

又因 $u = \varphi(x)$ 在点 x_0 可导,有

$$\lim_{\Delta x \to 0} \frac{\Delta u}{\Delta x} = \varphi'(x_0),$$

故

$$\lim_{\Delta x \to 0} \frac{\Delta y}{\Delta x} = f'(u_0) \cdot \lim_{\Delta x \to 0} \frac{\Delta u}{\Delta x},$$

即

$$\frac{\mathrm{d}y}{\mathrm{d}x}\bigg|_{x = x_0} = f'(u_0) \cdot \varphi'(x_0).$$

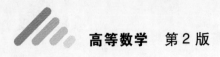

这就是式(7).

根据上述法则,如果 $u=\varphi(x)$ 在开区间 I 内可导,$y=f(u)$ 在开区间 I_1 内可导,且当 $x\in I$ 时,$u\in I_1$,那么复合函数 $y=f[\varphi(x)]$ 在开区间 I 内可导,且下式成立:

$$\frac{dy}{dx}=\frac{dy}{du}\cdot\frac{du}{dx}.$$

当中间变量较多时,为了方便有时也在求导符号下加一下标表示对某一变量求导.如 $[f(u)]'_u$ 表示对变量 u 求导,$[f(u)]'_x$ 表示对变量 x 求导,而 u 是中间变量.因此,式(7)也可写为

$$[f(u)]'_x=[f(u)]'_u\cdot\frac{du}{dx}. \tag{10}$$

或

$$[f(u)]'_x=[f(u)]'_u[\varphi(x)]'_x.$$

例9 设 $y=\sin\pi x$,求 $\frac{dy}{dx}$.

解 $y=\sin\pi x$ 可看作由 $y=\sin u,u=\pi x$ 复合而成,由复合函数求导公式,得

$$\frac{dy}{dx}=\frac{dy}{du}\cdot\frac{du}{dx}=\cos u\cdot\pi=\pi\cos\pi x.$$

例10 设 $y=e^{-x^2}$,求 $\frac{dy}{dx}$.

解 $y=e^{-x^2}$ 可看作由 $y=e^u,y=-x^2$ 复合而成,因此,

$$\frac{dy}{dx}=\frac{dy}{du}\cdot\frac{du}{dx}=e^u\cdot(-2x)=-2xe^{-x^2}.$$

对复合函数分解比较熟练后就不必写出中间变量,如例9可写为

$$\frac{dy}{dx}=(\sin\pi x)'=\cos\pi x(\pi x)'=\pi\cos(\pi x);$$

例10可写为

$$\frac{dy}{dx}=(e^{-x^2})'=e^{-x^2}(-x^2)'=e^{-x^2}(-2x)=-2xe^{-x^2}.$$

例11 求函数 $y=\arcsin(3x^2)$ 的导数.

解 $y'=\frac{1}{\sqrt{1-(3x^2)^2}}\cdot(3x^2)'=\frac{6x}{\sqrt{1-9x^4}}.$

对多次复合的复合函数都可用这种方法求导.

例12 求函数 $y=\ln(x+\sqrt{x^2+a^2})$ 的导数.

解 $y'=\frac{1}{x+\sqrt{x^2+a^2}}\cdot(x+\sqrt{x^2+a^2})'$

$$=\frac{1}{x+\sqrt{x^2+a^2}}\cdot\left[1+\frac{1}{2\sqrt{x^2+a^2}}(x^2+a^2)'\right]$$

$$= \frac{1}{x + \sqrt{x^2 + a^2}} \cdot \left(1 + \frac{2x}{2\sqrt{x^2 + a^2}}\right) = \frac{1}{\sqrt{x^2 + a^2}}.$$

例 13 实验定律表明,放射性物质的衰变(质量减少)速度和该物质现存量成正比. 镭(Ra – 226)是一种放射性物质. 设镭的质量 $M = M(t)$ 是时间 t 的函数,根据实验定律,有

$$\frac{\mathrm{d}M(t)}{\mathrm{d}t} = -kM(t), \tag{11}$$

式中,k 是比例常数;负号表示质量的变化是不断减少的. 这样的关系式(11)也称为微分方程,我们将在第六章对它进行全面的讨论. 试考虑如下问题:

(1)证明函数 $M(t) = c\mathrm{e}^{-kt}$ 满足微分方程(11),其中 c, k 是常数. 因此,镭的质量 $M = M(t)$ 是指数函数;

(2)已知镭的初始质量是 M_0(即 $M(0) = M_0$),其半衰期(经过不断地放射衰变,物质减少到当初一半所需要的时间)是 1590 年. 根据这些条件确定常数 c, k;

(3)设 $M_0 = 100$ mg,问经过多长时间,镭的质量减少为 30 mg.

解 (1)利用复合函数求导法则对函数 $M(t) = c\mathrm{e}^{-kt}$ 求导得

$$\frac{\mathrm{d}M(t)}{\mathrm{d}t} = c\mathrm{e}^{-kt} \cdot (-kt)' = -kc\mathrm{e}^{-kt} = -kM(t).$$

因此,函数 $M = M(t)$ 满足微分方程(11).

(2)将 $M(0) = M_0$ 代入函数 $M(t) = c\mathrm{e}^{-kt}$ 中,得到 $c = M_0$,从而可得

$$M(t) = M_0 \mathrm{e}^{-kt}.$$

再将 $M(1590) = \frac{1}{2}M_0$ 代入上式,得到

$$\frac{1}{2}M_0 = M_0 \mathrm{e}^{-k \cdot 1590},$$

由此解得

$$k = \frac{\ln 2}{1590}.$$

(3)当 $M_0 = 100$ mg 时,利用(2)中求得的 c, k 得

$$M(t) = 100\mathrm{e}^{-\frac{\ln 2}{1590}t}.$$

当 $M = 30$ mg 时,有 $30 = 100\mathrm{e}^{-\frac{\ln 2}{1590}t}$,由此解得

$$t = -1590 \cdot \frac{\ln 0.3}{\ln 2} \approx 2762 (年).$$

因此,经过 2762 年,镭的质量减少为 30 mg.

利用复合函数求导法则可证明幂函数的求导公式

$$(x^{\alpha})' = [(\mathrm{e}^{\ln x})^{\alpha}]' = (\mathrm{e}^{\alpha \ln x})' = \mathrm{e}^{\alpha \ln x}(\alpha \ln x)' = \frac{\alpha}{x}\mathrm{e}^{\alpha \ln x}$$

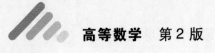

$$= \frac{\alpha}{x}x^{\alpha} = \alpha x^{\alpha-1}, (x > 0).$$

习题 2-2

1. 求下列各函数的导函数：

(1) $y = 4x^3 + 2x + x^{\frac{1}{3}} + 7$；

(2) $y = (2x+3)(5x^2-1)$；

(3) $y = (x+1)(x-1)\tan x$；

(4) $y = (x^2+2x+1)(x+1)(x^2+1)$；

(5) $y = \dfrac{x^2}{2} + \dfrac{2}{x^2}$；

(6) $y = (\sqrt{x}+1)\left(\dfrac{1}{\sqrt{x}}-1\right)$；

(7) $y = \dfrac{v^5}{v^3-2}$；

(8) $y = \dfrac{2}{x^3-1}$；

(9) $y = (1+ax^b)(1+bx^a)$；

(10) $y = x\sec x$；

(11) $y = e^x\csc x$；

(12) $y = \dfrac{\sin x}{x} + \dfrac{x}{\sin x}$；

(13) $y = \dfrac{1-\ln x}{1+\ln x}$；

(14) $y = \dfrac{5x}{1+x^2}$；

(15) $r = \sqrt{2\theta} - \dfrac{1}{\sqrt{2\theta}}$；

(16) $y = \dfrac{\tan x}{\sqrt[3]{x^2}}$；

(17) $S = \dfrac{\cot t}{t^2+1}$；

(18) $y = (x^2-2x+1)^6$；

(19) $y = (2+3x^2)\sqrt{1+5x^2}$；

(20) $\ln \dfrac{1-x}{1+x}$；

(21) $y = \dfrac{1}{\sqrt{a^2-x^2}}$；

(22) $y = \dfrac{x}{\sqrt{1-x^2}}$；

(23) $y = \sin 3x + \cos 2x$；

(24) $y = \tan\sqrt{x^2+1}$；

(25) $y = \sec\left(\dfrac{x+1}{3}\right)$；

(26) $y = \ln\dfrac{1+\sqrt{x}}{1-\sqrt{x}}$；

(27) $y = \sin^3 x \cdot \cos 3x$；

(28) $y = \dfrac{\sin x - x\cos x}{\cos x + x\sin x}$；

(29) $y = \dfrac{1}{3}\tan^3\theta - \tan\theta + \theta$；

(30) $y = \ln\tan\dfrac{x}{2}$；

(31) $y = \ln\ln x$.

2. 求下列各函数的导函数：

(1) $y = \arcsin\dfrac{x}{2}$；

(2) $y = \text{arccot}\dfrac{1}{x}$；

（3）$y = \arctan x^2$；

（4）$y = \arctan \sqrt{\dfrac{1-x}{1+x}}$；

（5）$y = \dfrac{\arccos x}{\sqrt{1-x^2}}$；

（6）$y = \left(\arcsin \dfrac{x}{2} \right)^2$；

（7）$y = x\arctan x - \dfrac{1}{2}\ln(1+x^2) - \dfrac{1}{2}(\arctan x)^2$；

（8）$y = e^{\arctan \sqrt{x}}$.

3. 求下列函数在给定点处的导数值：

（1）$y = x\sin x + \dfrac{1}{2}\cos x$，求 $y'\Big|_{x=\frac{\pi}{4}}$；

（2）$y = \dfrac{1-\sqrt{t}}{1+\sqrt{t}}$，求 $y'\Big|_{t=4}$.

4. 求曲线 $y = (x+1)\sqrt[3]{3-x}$ 在 $A(-1, 0)$、$B(2, 3)$ 两点处的切线方程.

5. 设 $f(x)$ 可导，求下列函数的导数 y'：

（1）$y = f(x^2)$；

（2）$y = f(\sin^2 x) + f(\cos^2 x)$.

6. 某公司产品的总产量 $P(x)$ 是公司员工人数 x 的函数，而单位员工的平均产量用 $A(x) = \dfrac{P(x)}{x}$ 表示.

（1）求 $A'(x)$. 说明为什么当 $A'(x) > 0$ 时公司愿意招收更多的人员；

（2）说明如果 $P'(x)$ 大于单位员工的平均产量，则 $A'(x) > 0$.

7. 一个细菌培养基最初包含 100 个细菌，细菌的增长速度和它的个数成正比. 已知，一小时后细菌的个数已增至 420 个. 求经过 t 小时后，细菌个数的表达式.

8. 放射性物质铯（Cs-137）的半衰期为 30 年.

（1）设铯的初始质量为 100 mg，求铯的质量与时间的函数关系表达式；

（2）100 年后，铯剩余的质量是多少？

（3）多长时间后，铯的剩余量为 1 mg？

9. 当 X 射线穿透均匀介质时强度会随着介质厚度的增加而衰减. 试验表明，X 射线穿透介质时强度的衰减速度和 X 射线的强度成正比，比例常数也称为衰减（或吸收）系数. 以 x 表示穿透介质的厚度，$I = I(x)$ 表示 X 射线的强度.

（1）试根据实验定律，求出 X 射线的强度 $I = I(x)$ 的表达式；

（2）不同的物质其 X 射线衰减系数也不相同，一般固体物质的 X 射线衰减系数大于空气的 X 射线衰减系数. 现有一物体由均匀介质组成，但中间可能有空穴. 在物体四周有一圆周形装有 X 射线发射与接收的装置. 假设圆周上任意两点间穿透物体的 X 射线衰减的强度都是可测量的，试利用这些测量的数据给出了解空穴的大致形状和位置的简单方法.

第三节　高 阶 导 数

由物理学知道,变速直线运动的速度 $v(t)$ 是位置函数 $s(t)$ 对时间 t 的导数,即

$$v = \frac{\mathrm{d}s}{\mathrm{d}t} \quad \text{或} \quad v = s',$$

而加速度 a 又是速度 v 对时间 t 的变化率,即速度 v 对时间 t 的导数,

$$a = \frac{\mathrm{d}v}{\mathrm{d}t},$$

因此,

$$a = \frac{\mathrm{d}v}{\mathrm{d}t} = \frac{\mathrm{d}}{\mathrm{d}t}\left(\frac{\mathrm{d}s}{\mathrm{d}t}\right) \quad \text{或} \quad a = (s')'.$$

这种导数的导数 $\frac{\mathrm{d}}{\mathrm{d}t}\left(\frac{\mathrm{d}s}{\mathrm{d}t}\right)$ 或 $(s')'$ 叫做 s 对 t 的**二阶导数**,记作

$$\frac{\mathrm{d}^2 s}{\mathrm{d}t^2} \quad \text{或} \quad s''(t).$$

所以,直线运动的加速度就是位置函数 s 对时间 t 的二阶导数.

一般地,函数 $y = f(x)$ 的导数 $y' = f'(x)$ 仍然是 x 的函数. 我们把 $y' = f'(x)$ 的导数叫做函数 $y = f(x)$ 的二阶导数,记作 y'' 或 $\frac{\mathrm{d}^2 y}{\mathrm{d}x^2}$,即 $y'' = (y')'$ 或 $\frac{\mathrm{d}^2 y}{\mathrm{d}x^2} = \frac{\mathrm{d}}{\mathrm{d}x}\left(\frac{\mathrm{d}y}{\mathrm{d}x}\right).$

相应地,把 $y = f(x)$ 的导数 $y' = f'(x)$ 叫做函数 $y = f(x)$ 的一阶导数. 类似地,二阶导数 $y'' = f''(x)$ 的导数叫做函数 $y = f(x)$ 的三阶导数,记作 y''',$f'''(x)$,或 $\frac{\mathrm{d}^3 y}{\mathrm{d}x^3}$,即 $y''' = (y'')'$,$f'''(x) = [f''(x)]'$,或 $\frac{\mathrm{d}^3 y}{\mathrm{d}x^3} = \frac{\mathrm{d}}{\mathrm{d}x}\left(\frac{\mathrm{d}^2 y}{\mathrm{d}x^2}\right).$

一般地,函数 $y = f(x)$ 的 $(n-1)$ 阶导数的导数叫做函数 $y = f(x)$ 的 n **阶导数**,记作

$$y^{(n)}, f^{(n)}(x), \text{或} \frac{\mathrm{d}^n y}{\mathrm{d}x^n}.$$

函数 $y = f(x)$ 具有 n 阶导数,也常说成函数为 n 阶可导,如果函数 $f(x)$ 在点 x 处具有 n 阶导数,那么 $f(x)$ 在点 x 的某一邻域内必定具有一切低于 n 阶的导数. 二阶及二阶以上的导数统称高阶导数.

由此可见,求高阶导数就是多次连续地求导数.

例 1　求 $y = x^4$ 的各阶导数.

解　$y' = 4x^3$,$y'' = 12x^2$,$y''' = 24x$,$y^{(4)} = 24$,$y^{(5)} = y^{(6)} = \cdots = 0.$

例 2　$y = \tan 2x$,求 y''.

解
$$y' = 2\sec^2 2x,$$

$$y'' = 4\sec 2x(\sec 2x)' = 8\sec 2x \cdot \sec 2x \cdot \tan 2x = 8\sec^2 2x\tan 2x.$$

例 3 求指数函数 $y = e^x$ 的 n 阶导数.

解
$$y' = e^x, y'' = e^x, y''' = e^x,$$

一般地,可得
$$y^{(n)} = e^x.$$

即
$$(e^x)^{(n)} = e^x.$$

例 4 求正弦函数与余弦函数的 n 阶导数.

解
$$y = \sin x,$$

$$y' = \cos x = \sin\left(x + \frac{\pi}{2}\right),$$

$$y'' = \cos\left(x + \frac{\pi}{2}\right) = \sin\left(x + \frac{\pi}{2} + \frac{\pi}{2}\right) = \sin\left(x + 2 \cdot \frac{\pi}{2}\right),$$

$$y''' = \cos\left(x + 2 \cdot \frac{\pi}{2}\right) = \sin\left(x + 3 \cdot \frac{\pi}{2}\right),$$

一般地,可得

$$(\sin x)^{(n)} = \sin\left(x + n \cdot \frac{\pi}{2}\right).$$

用类似方法,可得

$$(\cos x)^{(n)} = \cos\left(x + n \cdot \frac{\pi}{2}\right).$$

例 5 求函数 $y = \ln(3x + 1)$ 的 n 阶导数.

解
$$y' = \frac{3}{3x + 1},$$

$$y'' = (-1)\frac{3^2}{(3x + 1)^2},$$

$$y''' = (-1)(-2)\frac{3^3}{(3x + 1)^3},$$

一般地,可得

$$y^{(n)} = (-1)(-2)\cdots(-n + 1)\frac{3^n}{(3x + 1)^n}$$

$$= (-1)^{n-1}(n - 1)!\frac{3^n}{(3x + 1)^n}.$$

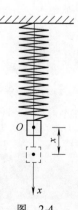

例 6 设有一上端固定的弹簧,下端挂一个质量为 m 的物体. 设物体处于静止状态的位置(平衡位置)为坐标原点,取 x 轴铅直向下(见图 2-4),如果有一外力使物体离开坐标原点,并随即撤去外力,物体便在坐标原点附近作上下振动. 设在时刻 t 物体所在的位置为 x,则物体运动的规律就是求出函数 $x = x(t)$.

由力学知道,弹簧弹性恢复力 f(使物体回到平衡位置的恢

图 2-4

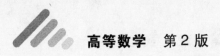

复力)和物体离开平衡位置的位移 x 成正比,即 $f = -kx$,其中 k 为弹簧的弹性系数,负号表示弹性恢复力的方向和物体位移的方向相反. 再由牛顿第二定律: $f = ma, a = \dfrac{\mathrm{d}^2 x}{\mathrm{d} t^2}$ 是物体的加速度,便得到微分方程 $m \dfrac{\mathrm{d}^2 x}{\mathrm{d} t^2} = -kx$.

(1) 证明函数 $x = A \sin\left(\sqrt{\dfrac{k}{m}} t + \varphi_0 \right)$ 满足这个微分方程,其中 A, φ_0 为任意常数. 因此,物体运动的规律是正弦函数.

(2) 如果物体的初始位置为 $A_0 > 0$,并由静止开始运动,求物体的运动规律.

解 (1) 对函数 $x = A \sin\left(\sqrt{\dfrac{k}{m}} t + \varphi_0 \right)$ 关于 t 求导得到

$$x' = A \cos\left(\sqrt{\dfrac{k}{m}} t + \varphi_0 \right) \sqrt{\dfrac{k}{m}},$$

$$x'' = -A \sin\left(\sqrt{\dfrac{k}{m}} t + \varphi_0 \right) \dfrac{k}{m} = -\dfrac{k}{m} x,$$

所以函数 $x = A \sin\left(\sqrt{\dfrac{k}{m}} t + \varphi_0 \right)$ 满足微分方程 $m \dfrac{\mathrm{d}^2 x}{\mathrm{d} t^2} = -kx$.

(2) 根据题意,有 $x(0) = A_0, x'(0) = 0$. 将其代入 $x(t)$ 和 $x'(t)$ 中得 $\varphi_0 = \dfrac{\pi}{2}, A = A_0$,因此物体的运动规律为 $x = A_0 \sin\left(\sqrt{\dfrac{k}{m}} t + \dfrac{\pi}{2} \right)$.

在不考虑其它作用力(包括各种阻力)的情形下,利用(1)我们看到物体将以正弦函数的形式振动,在第七章我们还将讨论更一般的情况.

如果函数 $u = u(x)$ 及 $v = v(x)$ 都在点 x 处具有 n 阶导数,那么 $u(x) - v(x)$ 及 $u(x) + v(x)$ 也在点 x 处具有 n 阶导数,且

$$(u \pm v)^{(n)} = u^{(n)} \pm v^{(n)}.$$

但乘积 $u(x) \cdot v(x)$ 的 n 阶导数并不如此简单. 由

$$(uv)' = u'v + uv',$$

首先得出

$$(uv)'' = u''v + 2u'v' + uv'',$$
$$(uv)''' = u'''v + 3u''v' + 3u'v'' + uv''',$$

由此可以看出

$$(uv)^{(n)} = u^{(n)}v + n u^{(n-1)} v' + \dfrac{n(n-1)}{2!} u^{(n-2)} v'' + \cdots +$$

$$\dfrac{n(n-1)\cdots(n-k+1)}{k!} u^{(n-k)} v^{(k)} + \cdots + uv^{(n)}.$$

上式称为莱布尼茨(Leibniz)公式,该公式可以这样记忆:把 $(u+v)^n$ 按二项式定理

展开写成

$$(u + v)^n = u^n v^0 + nu^{n-1}v^1 + \frac{n(n-1)}{2!}u^{n-2}v^2 + \cdots + u^0 v^n,$$

即

$$(u + v)^n = \sum_{k=0}^{n} C_n^k u^{n-k} v^k,$$

然后把 k 次幂换成 k 阶导数(零阶导数理解为函数本身),再把左端的 $u + v$ 换成 uv,这样就得到莱布尼茨公式

$$(uv)^{(n)} = \sum_{k=0}^{n} C_n^k u^{(n-k)} v^{(k)}.$$

例 7* 求函数 $f(x) = x^2 \ln(1 + x)$ 在 $x = 0$ 处的 n 阶导数 $f^{(n)}(0)$ $(n \geq 3)$.

解 由莱布尼茨公式及 $\left[\ln(1+x)\right]^{(k)} = (-1)^{k-1}\dfrac{(k-1)!}{(1+x)^k}$,得

$$f^{(n)}(x) = x^2 \cdot \frac{(-1)^{n-1} \cdot (n-1)!}{(1+x)^n} + 2nx \cdot \frac{(-1)^{n-2} \cdot (n-2)!}{(1+x)^{n-1}} +$$

$$n(n-1) \cdot \frac{(-1)^{n-3} \cdot (n-3)!}{(1+x)^{n-2}},$$

所以,$f^{(n)}(0) = (-1)^{n-3} n(n-1) \cdot (n-3)! = \dfrac{(-1)^n \cdot n!}{n-2}.$

习题 2-3

1. 求下列函数的二阶导数:

(1) $y = \sqrt{a^2 - x^2}$;   (2) $y = \cos^2 x \ln x$;

(3) $y = x e^{x^2}$;   (4) $y = \ln(x + \sqrt{1 + x^2})$.

2. (1) 证明:函数 $x = c_1 \cos \sqrt{\dfrac{k}{m}} t + c_2 \sin \sqrt{\dfrac{k}{m}} t$ 满足本节例 6 中的微分方程 $m \dfrac{d^2 x}{dt^2} = -kx$,这里 c_1, c_2 是任意常数;

(2) 如何将这个函数表示成形式 $x = A \sin\left(\sqrt{\dfrac{k}{m}} t + \varphi_0\right)$,求出 A, φ_0;

(3) 在弹性系数 k 已知情形下,如何利用简单的方法求出物体的质量?

3. 问 λ 为何值时,函数 $y = e^{\lambda x}$ 满足微分方程 $y'' + py' + qy = 0$,其中 p, q 为常数.

4. 设 y 的 $n - 2$ 阶导数 $y^{(n-2)} = \dfrac{x}{\ln x}$,求 y 的 n 阶导数 $y^{(n)}$..

5*. 求下列函数的 n 阶导数:

(1) $y = a_0 x^n + a_1 x^{n-1} + \cdots + a_n$ $(a_0, a_1, \cdots, a_n$ 为常数$)$;

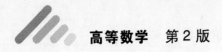

（2）$y = \cos^2 x$；

（3）$y = \dfrac{x}{\mathrm{e}^x}$；

（4）$y = \mathrm{e}^x \sin 2x$；

（5）$y = \dfrac{1}{x^2 - 3x + 2}$.

6*. 求下列函数指定阶的导数：

（1）$y = x \sinh x = \dfrac{1}{2}x(\mathrm{e}^x - \mathrm{e}^{-x})$，求 $y^{(100)}$；

（2）$y = x^2 \sin 2x$，求 $y^{(50)}$.

第四节　隐函数的导数　由参数方程 所确定的函数的导数

一、隐函数的导数

前面我们遇到的函数表达方式是,给出自变量 x 的值时直接由一个公式求得因变量 y 的值. 这种方式表达的函数叫做显函数. 但有时会遇到因变量与自变量的对应规则是用一个方程 $F(x, y) = 0$ 表示的函数,这种函数称为隐函数. 例如,方程 $x^2 + y^2 - 1 = 0$ 表示一个函数,因为当变量 x 在 $[-1, 1]$ 内取值时,变量 y 有确定的值与之对应,如限定 $y > 0$,则当 $x = 0$ 时,$y = 1$；当 $x = -1$ 时,$y = 0$,等等.

一般地,如果变量 x 和 y 满足方程 $F(x, y) = 0$,在一定条件下,当 x 在某区间内任取一值时,相应地总有满足该方程的唯一的 y 值存在,那么就说方程 $F(x, y) = 0$ 在该区间内确定了一个**隐函数**.

从方程中把因变量解出化成显函数,叫做隐函数的显化. 例如,在上半平面内从方程 $x^2 + y^2 - 1 = 0$ 解出 $y = \sqrt{1 - x^2}$ 就把隐函数化成了显函数(下半平面从方程 $x^2 + y^2 - 1 = 0$ 也可解出 $y = -\sqrt{1 - x^2}$). 由此可进一步地看到,所谓方程 $F(x, y) = 0$ 确定一个函数 $y = f(x)$ 就是将此函数代入方程,则方程 $F(x, y) = F(x, f(x)) = 0$ 成为恒等式. 例如,把函数 $y = \sqrt{1 - x^2}$ 代入方程 $x^2 + y^2 - 1 = 0$,就得到 x 的恒等式

$$(\sqrt{1 - x^2})^2 + x^2 - 1 \equiv 0.$$

也就是说,当方程中的 y 被看作隐函数时,方程就成为 x 的恒等式.

现在可以利用复合函数求导公式求出隐函数 y 对 x 的导数. 如将方程

$$x^2 + y^2 - 1 = 0$$

中的 y 看成 x 的隐函数,然后在方程的两边同时对 x 求导,

$$(x^2)'_x + (y^2)'_x - (1)'_x = 0,$$

得到
$$2x + 2yy' = 0.$$

解出 y' 就得到

$$y' = -\frac{x}{y}.$$

这和函数 $y = \sqrt{1-x^2}$ 求导结果一致，当然，表达式中的 y 要看成 x 的函数.

上述求导数的方法就是隐函数的求导方法. 这种方法有一个好处，就是不管从方程中能否解出因变量 y，都能直接从方程中求出导数.

例 1 求由方程 $y = x\ln y$ 所确定的隐函数 $y = f(x)$ 的导数.

解 将方程两边同时对 x 求导，得

$$y' = \ln y + x \cdot \frac{1}{y} \cdot y',$$

解出 y'，即得 $y' = \dfrac{y\ln y}{y - x}$.

例 2 由方程 $x^2 + xy + y^2 = 4$ 确定 y 是 x 的函数，求其曲线上点 $(2, -2)$ 处的切线方程.

解 将方程两边同时对 x 求导，得

$$2x + y + xy' + 2yy' = 0,$$

解出 y' 即得

$$y' = -\frac{2x + y}{x + 2y}.$$

所求切线的斜率为

$$k = y'|_{x=2, y=-2} = 1,$$

于是所求切线为

$$y - (-2) = 1 \cdot (x - 2)，\text{即 } y = x - 4.$$

例 3 求由方程 $x - y + \dfrac{1}{2}\sin y = 0$ 所确定的隐函数的二阶导数 y''.

解 将方程两边对 x 求导数，得

$$1 - y' + \frac{1}{2}y'\cos y = 0,$$

解得
$$y' = \frac{2}{2 - \cos y}.$$

于是
$$y'' = (y')'_x = \left(\frac{2}{2 - \cos y}\right)'_x = \frac{-2y'\sin y}{(2 - \cos y)^2}$$

$$= \frac{-2\sin y}{(2 - \cos y)^2}\frac{2}{2 - \cos y} = -\frac{4\sin y}{(2 - \cos y)^3}.$$

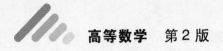

二、对数求导法

在某些情形,利用所谓对数求导法求导比用通常的方法简便些. 用这种方法时,先在 $y = f(x)$ 两边取对数,然后用隐函数求导法求出 $\dfrac{\mathrm{d}y}{\mathrm{d}x}$.

例 4 求 $y = (1 + \cos x)^x$ 的导数.

解 这函数既不是幂函数也不是指数函数,通常称为幂指函数. 我们在两边取对数得

$$\ln y = x\ln(1 + \cos x).$$

上式两边对 x 求导,得

$$\frac{1}{y} \cdot y' = (x)'\ln(1 + \cos x) + x(\ln(1 + \cos x))'$$

$$= \ln(1 + \cos x) + \frac{x}{1 + \cos x}(-\sin x).$$

所以
$$y' = \left[\ln(1 + \cos x) - \frac{x\sin x}{1 + \cos x}\right] \cdot y$$

$$= (1 + \cos x)^x\left[\ln(1 + \cos x) - \frac{x\sin x}{1 + \cos x}\right].$$

例 5 求 $y = x\sqrt{\dfrac{(x-1)^3}{(x-3)(x-4)}}$ 的导数.

解 在等式两边取对数(这里暂不考虑各因式的正负,最后结果都是一样的),得

$$\ln y = \ln x + \frac{1}{2}\left[3\ln(x-1) - \ln(x-3) - \ln(x-4)\right],$$

上式两边对 x 求导,得

$$\frac{1}{y}y' = \frac{1}{x} + \frac{1}{2}\left(\frac{3}{x-1} - \frac{1}{x-3} - \frac{1}{x-4}\right),$$

于是
$$y' = y\left[\frac{1}{x} + \frac{1}{2}\left(\frac{3}{x-1} - \frac{1}{x-3} - \frac{1}{x-4}\right)\right]$$

$$= x\sqrt{\frac{(x-1)}{(x-3)(x-4)}}\left[\frac{1}{x} + \frac{1}{2}\left(\frac{3}{x-1} - \frac{1}{x-3} - \frac{1}{x-4}\right)\right].$$

三、由参数方程所确定的函数的导数

在解析几何中有些曲线用参数方程表示比较方便,如椭圆的参数方程可以表示为

$$\begin{cases} x = a\cos t, \\ y = b\sin t, \end{cases} \quad 0 \leqslant t \leqslant 2\pi.$$

一般地,参数方程

$$\begin{cases} x = \varphi(t), \\ y = \psi(t) \end{cases} \tag{1}$$

中 x,y 都是参变量 t 的函数,对于 t 在某一范围内所能取得的每一个数值,在一定的条件下,从方程中都能确定出相应的且是唯一的变量 x 和 y 的值,于是通过参数 t 建立了变量 y 与 x 间的函数关系,用这种方式确定的函数,称为由参数方程确定的函数.

设 $x = \varphi(t)$,$y = \psi(t)$ 在区间 (α,β) 上可导,且 $\varphi'(t) \neq 0$,$t = \varphi^{-1}(x)$ 为 $x = \varphi(t)$ 的反函数,将参数方程(1)确定的函数看成由 $y = \psi(t)$,$t = \varphi^{-1}(x)$ 复合而成的复合函数,则由复合函数的求导公式,有

$$\frac{dy}{dx} = \frac{dy}{dt} \cdot \frac{dt}{dx},$$

再由反函数求导法

$$\frac{dt}{dx} = \frac{1}{\dfrac{dx}{dt}},$$

故

$$\frac{dy}{dx} = \frac{dy}{dt} \cdot \frac{1}{\dfrac{dx}{dt}} = \frac{\psi'(t)}{\varphi'(t)} \quad (\varphi'(t) \neq 0). \tag{2}$$

上式也可写为

$$\frac{dy}{dx} = \frac{\dfrac{dy}{dt}}{\dfrac{dx}{dt}}.$$

例 6 已知椭圆的参数方程为

$$\begin{cases} x = a\cos t, \\ y = b\sin t. \end{cases}$$

求椭圆在 $t = \dfrac{\pi}{4}$ 处的切线方程.

解　如图 2-5 所示,$t = \dfrac{\pi}{4}$ 时椭圆上相应点 M_0 的坐标是:

$$x_0 = a\cos\frac{\pi}{4} = \frac{a\sqrt{2}}{2},$$

$$y_0 = a\sin\frac{\pi}{4} = \frac{b\sqrt{2}}{2}.$$

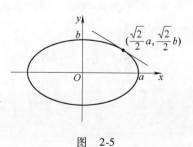

图　2-5

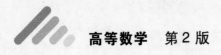
椭圆在点 M_0 处的切线斜率为

$$\frac{\mathrm{d}y}{\mathrm{d}x}\bigg|_{t=\frac{\pi}{4}} = \frac{(b\sin t)'}{(a\cos t)'}\bigg|_{t=\frac{\pi}{4}} = \frac{b\cos t}{-a\sin t}\bigg|_{t=\frac{\pi}{4}} = -\frac{b}{a},$$

于是椭圆在点 M_0 处的切线方程为

$$y - \frac{b\sqrt{2}}{2} = -\frac{b}{a}\left(x - \frac{a\sqrt{2}}{2}\right).$$

化简后得

$$bx + ay - \sqrt{2}ab = 0.$$

如果 $x = \varphi(t)$，$y = \psi(t)$ 还具有二阶导数，那么从式（2）可得函数的二阶导数公式：

$$
\begin{aligned}
\frac{\mathrm{d}^2 y}{\mathrm{d}x^2} &= \frac{\mathrm{d}}{\mathrm{d}x}\left(\frac{\mathrm{d}y}{\mathrm{d}x}\right) = \frac{\mathrm{d}}{\mathrm{d}t}\left(\frac{\psi'(t)}{\varphi'(t)}\right) \cdot \frac{\mathrm{d}t}{\mathrm{d}x} \\
&= \frac{\psi''(t)\varphi'(t) - \psi'(t)\varphi''(t)}{\varphi'^2(t)} \cdot \frac{1}{\varphi'(t)} \\
&= \frac{\psi''(t)\varphi'(t) - \psi'(t)\varphi''(t)}{\varphi'^3(t)}.
\end{aligned}
$$

但在实际计算二阶导数时并不利用这一公式，而是直接利用复合函数求导公式求参数方程的二阶导数或更高阶的导数.

例 7 计算由摆线（图 2-6）的参数方程

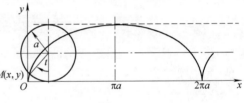

图 2-6

$$
\begin{cases}
x = a(t - \sin t), \\
y = a(1 - \cos t)
\end{cases}
$$

所确定的函数的二阶导数.

解

$$\frac{\mathrm{d}y}{\mathrm{d}x} = \frac{\dfrac{\mathrm{d}y}{\mathrm{d}t}}{\dfrac{\mathrm{d}x}{\mathrm{d}t}} = \frac{a\sin t}{a(1 - \cos t)} = \frac{\sin t}{1 - \cos t},\ (t \neq 2n\pi, n\ \text{为整数}).$$

$$\frac{\mathrm{d}^2 y}{\mathrm{d}x^2} = \frac{\mathrm{d}}{\mathrm{d}t}\left(\frac{\sin t}{1 - \cos t}\right) \cdot \frac{1}{\dfrac{\mathrm{d}x}{\mathrm{d}t}}$$

$$= \frac{\cos t(1 - \cos t) - \sin^2 t}{(1 - \cos t)^2} \cdot \frac{1}{a(1 - \cos t)}$$

$$= -\frac{1}{a(1 - \cos t)^2}.\ (t \neq 2n\pi, n\ \text{为整数}).$$

四、相关变化率

设 $x = x(t)$ 及 $y = y(t)$ 都是可导函数,而变量 x 与 y 间存在某种关系,从而变化率 $\dfrac{\mathrm{d}x}{\mathrm{d}t}$ 与 $\dfrac{\mathrm{d}y}{\mathrm{d}t}$ 间也存在一定关系. 这两个相互依赖的变化率称为相关变化率. 相关变化率问题就是研究这两个变化率之间的关系,以便从其中一个变化率求出另一个变化率.

例 8　一气球从离开观察员 500m 处地面铅直上升,其速度为 140m/min. 当气球高度为 500m 时,观察员视线的仰角增加率是多少?

解　设气球上升 ts 后,其高度为 h,观察员视线的仰角为 α,则

$$\tan \alpha = \frac{h}{500},$$

其中 α 及 h 都是时间 t 的函数. 上式两边对 t 求导,得

$$\sec^2 \alpha \cdot \frac{\mathrm{d}\alpha}{\mathrm{d}t} = \frac{1}{500} \cdot \frac{\mathrm{d}h}{\mathrm{d}t}.$$

已知 $\dfrac{\mathrm{d}h}{\mathrm{d}t} = 140\text{m/min}$. 又当 $h = 500\text{m}$ 时,$\tan \alpha = 1$,$\sec^2 \alpha = 2$. 代入上式得

$$2 \frac{\mathrm{d}\alpha}{\mathrm{d}t} = \frac{1}{500} \cdot 140,$$

所以

$$\frac{\mathrm{d}\alpha}{\mathrm{d}t} = \frac{70}{500} = 0.14(\text{rad/min}).$$

即观察员视线的仰角增加率是 0.14rad/min.

习题 2-4

1. 求下列方程确定的隐函数的导函数:

(1) $(x - a)^2 + (y - b)^2 = c^2$ 　$(a, b, c$ 为常数$)$;

(2) $\sqrt{x} + \sqrt{y} - a = 0$;

(3) $y = x + \ln y$;

(4) $y = x\mathrm{e}^y$;

(5) $x^3 + y^3 - 3axy = 0$.

2. 求曲线 $x^2 + 3xy + y^2 + 1 = 0$ 在 $M(2, -1)$ 点的切线和法线方程.

3. 求椭圆 $\dfrac{x^2}{a^2} + \dfrac{y^2}{b^2} = 1$ 在点 $A(x_1, y_1)$ 的切线方程.

4. 求下列各函数的导函数:

(1) $y = \dfrac{x^2}{1 - x} \cdot \sqrt[3]{\dfrac{3 - x}{(3 + x)^2}}$　　(2) $y = x^{\sin x}$;

(3) $y = (x + \sqrt{1 + x^2})^n$;   (4) $y = (x - 1) \sqrt[3]{(3x + 1)^2 (2 - x)}$;

(5) $y = e^x + e^{e^x}$.

5. 计算下列参数方程所确定的函数的导数 $\dfrac{dy}{dx}$:

(1) $\begin{cases} x = 2t - t^2, \\ y = 3t - t^3; \end{cases}$ (2) $\begin{cases} x = \ln \tan \dfrac{t}{2} + \cos t, \\ y = \sin t; \end{cases}$

(3) $\begin{cases} x = t^2, \\ y = 2t; \end{cases}$ (4) $\begin{cases} x = \dfrac{2}{1 + t^2}, \\ y = \dfrac{2t^2}{1 + t^2}. \end{cases}$

6. 求下列方程确定的隐函数的二阶导函数:

(1) $y = x + \arctan y$;   (2) $y = 1 + xe^y$.

7. 设 $\begin{cases} x = 3e^{-t}, \\ y = 2e^t. \end{cases}$ 计算 $\dfrac{d^2 y}{dx^2}$.

8. 设 $\begin{cases} x = \ln(1 + t), \\ y = \arctan t. \end{cases}$ 计算 $\dfrac{d^2 y}{dx^2} \Big|_{x = 0}$.

9. 有一个长度为 5m 的梯子贴靠在铅直的墙上,假设其下端沿地板以 3m/s 的速率离开墙脚而滑动,则

(1) 当其下端离开墙脚 1.4m 时,梯子的上端下滑的速度为多少?

(2) 何时梯子的上下端能以相同的速率移动?

(3) 何时其上端下滑之速率为 4m/s?

10. 注水入深 8m、上顶直径 8m 的正圆锥形容器中,其速率为每分钟 4m³. 当水深为 5m 时,其表面上升的速率为多少?

11. 一长方形两边长分别以 x 与 y 表示,若 x 边以 0.01m/s 的速度减少,y 边以 0.02m/s 的速度增加,求在 $x = 20$m, $y = 15$m 时长方形面积的变化速度及对角线的变化速度.

12. 两船同时从一码头出发,甲船以 30km/h 的速度向北行驶,乙船以 40km/h的速度向东行驶,求两船间的距离增加的速度.

第五节　函数的微分

一、微分的概念

一般说来,函数的增量 Δy 是自变量 Δx 的很复杂的函数. 例如, 函数 $y = x^3$ 在

x_0 的增量公式为

$$\Delta y = (x_0 + \Delta x)^3 - x_0^3 = 3x_0^2 \Delta x + 3x_0 \Delta x^2 + (\Delta x)^3. \tag{1}$$

如果函数 $y = x^n$ 的次数很大,直接计算是很复杂的. 因此,我们希望在 $|\Delta x|$ 很小的条件下能找到近似计算 Δy 的简单表达式. 进一步分析式(1)可以看出,当 $|\Delta x|$ 很小且 $x \neq 0$ 时,式(1)的后两项 $3x_0 \Delta x^2 + (\Delta x)^3$ 较之第一项 $3x_0^2 \Delta x$ 要小得多,或者说当 $\Delta x \to 0$ 时后两项是关于 Δx 的高阶无穷小,可以忽略不计. 于是可得到 $\Delta y \approx 3x_0^2 \Delta x$. 它是关于 Δx 的线性函数.

一般地,如果函数 $y = f(x)$ 满足一定条件,则因变量的增量 Δy 可表示为

$$\Delta y = A\Delta x + o(\Delta x),$$

其中 A 是不依赖于 Δx 的常数,所以,当 $A \neq 0$,且 $|\Delta x|$ 很小时,我们就可以近似地用 $A\Delta x$ 代替 Δy.

定义 设函数 $y = f(x)$ 在某区间内有定义,x_0 及 $x_0 + \Delta x$ 在该区间内,如果函数的增量

$$\Delta y = f(x_0 + \Delta x) - f(x_0)$$

可表示为

$$\Delta y = A\Delta x + o(\Delta x), \tag{2}$$

其中 A 是不依赖于 Δx 的常数,而 $o(\Delta x)$ 是比 Δx 高阶的无穷小,那么称函数 $y = f(x)$ 在点 x_0 是可微的,而 $A\Delta x$ 叫做函数 $y = f(x)$ 在点 x_0 相应于自变量增量 Δx 的微分,记作 $\mathrm{d}y$,即

$$\mathrm{d}y = A\Delta x.$$

由定义可知,当 $A \neq 0$ 时,函数的微分 $\mathrm{d}y$ 是 Δx 的线性函数,且它与函数的增量 Δy 相差一个比 Δx 高阶的无穷小,因此,也称函数的微分 $\mathrm{d}y$ 是函数增量 Δy 的线性主部. 这样,当 $|\Delta x|$ 很小时,有

$$\Delta y \approx \mathrm{d}y. \tag{3}$$

可微与可导有如下关系:

定理 函数 $y = f(x)$ 在点 x_0 可微的充分必要条件是函数 $y = f(x)$ 在点 x_0 可导,且式(2)中的 $A = f'(x_0)$.

证 必要性

若 $y = f(x)$ 在点 x_0 可微,在式(1)两边除以 Δx,得

$$\frac{\Delta y}{\Delta x} = A + \frac{o(\Delta x)}{\Delta x}.$$

于是,当 $\Delta x \to 0$ 时,由上式就得到

$$A = \lim_{\Delta x \to 0} \frac{\Delta y}{\Delta x} = f'(x_0).$$

这就证明了 $f(x)$ 在点 x_0 也一定可导(即 $f'(x_0)$ 存在),且 $A = f'(x_0)$.

充分性

若 $y = f(x)$ 在点 x_0 可导,即

$$\lim_{\Delta x \to 0} \frac{\Delta y}{\Delta x} = f'(x_0)$$

存在,根据极限与无穷小的关系(第一章第五节定理1),上式可写成

$$\frac{\Delta y}{\Delta x} = f'(x_0) + \alpha.$$

其中 $\alpha \to 0$(当 $\Delta x \to 0$). 由此又有

$$\Delta y = f'(x_0)\Delta x + \alpha \Delta x,$$

因 $\alpha \Delta x = o(\Delta x)$,且 $f'(x_0)$ 不依赖于 Δx,故上式相当于式(1). 所以,$f(x)$ 在点 x_0 也是可微的,且有

$$dy = f'(x_0)\Delta x.$$

函数 $f(x)$ 在任意点 x 的微分称为函数的微分,记作 dy 或 $df(x)$,即

$$dy = f'(x)\Delta x.$$

为区别起见,在一点 x_0 的微分也记为 $dy|_{x=x_0} = f'(x_0)\Delta x$.

通常把自变量 x 的增量 Δx 称为自变量的微分,记作 dx,即 $dx = \Delta x$. 于是函数 $f(x)$ 的微分又可记作

$$dy = f'(x)dx. \tag{4}$$

例如,函数 $y = \cos x$ 的微分为 $dy = (\cos x)'\Delta x = -\sin x\Delta x = -\sin x dx$.

由此微分公式和导数公式 $\dfrac{dy}{dx} = f'(x)$ 完全一致. 因此,导数也称为两个微分的商或"微商".

例1 求函数 $y = x^3$ 当 $x = 2, \Delta x = 0.02$ 时的微分.

解 先求函数的微分

$$dy = (x^3)'dx = 3x^2 dx,$$

当 $x = 2, dx = 0.02$ 时

$$dy \Big|_{\substack{x=2 \\ \Delta x = 0.02}} = 3x^2 \Delta x \Big|_{\substack{x=2 \\ \Delta x = 0.02}} = 0.24.$$

微分的几何解释如图 2-7 所示:当自变量由 x_0 增加到 $x_0 + \Delta x$ 时, 函数的增量 $\Delta y = f(x_0 + \Delta x) - f(x_0) = QN$,而曲线 $y = f(x)$ 在点 $M(x_0, y_0)$ 处的切线所对应的增量则是 $dy|_{x=x_0} = f'(x_0)\Delta x = QP$. 于是 dy 与 Δy 之差 NP 随着 $\Delta x \to 0$ 而趋于零,且为较 Δx 高阶的无穷小量. 因而在 x_0 的充分小邻域内,可用 x_0 处的切线段来近似代替 x_0 处的曲线段.

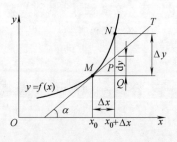

图 2-7

二、微分的运算公式

从函数的微分表达式 $dy = f'(x)dx$ 可以看出,要计算出函数的微分,只要求出函数的导数,再乘以自变量的微分即可.

1. 基本初等函数的微分公式

由基本初等函数的导数公式,可以得到微分的公式,这些公式如下

$d(x^\mu) = \mu x^{\mu-1}dx,$

$d(\sin x) = \cos xdx,$

$d(\cos x) = -\sin xdx,$

$d(\tan x) = \sec^2 xdx,$

$d(\cot x) = -\csc^2 xdx,$

$d(\sec x) = \sec x \tan xdx,$

$d(\csc x) = -\csc x \cot xdx,$

$d(a^x) = a^x\ln adx,$

$d(e^x) = e^xdx,$

$d(\log_a x) = \dfrac{1}{x\ln a}dx,$

$d(\ln x) = \dfrac{1}{x}dx,$

$d(\arcsin x) = \dfrac{1}{\sqrt{1-x^2}}dx,$

$d(\arccos x) = -\dfrac{1}{\sqrt{1-x^2}}dx,$

$d(\arctan x) = \dfrac{1}{1+x^2}dx,$

$d(\text{arccot } x) = -\dfrac{1}{1+x^2}dx.$

2. 函数和、差、积、商的微分法则

$d(u \pm v) = du \pm dv,$

$d(Cu) = Cdu,$

$d(uv) = vdu + udv,$

$d\left(\dfrac{u}{v}\right) = \dfrac{vdu - udv}{v^2}(v \neq 0).$

我们仅证明乘积的微分法则,其他法则都可用类似方法证明.

根据函数微分的表达式,有

$$d(uv) = (uv)'dx = (u'v + uv')dx = u'vdx + uv'dx.$$

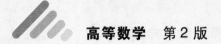

由于
$$u'\mathrm{d}x = \mathrm{d}u, \quad v'\mathrm{d}x = \mathrm{d}v,$$
所以
$$\mathrm{d}(uv) = v\mathrm{d}u + u\mathrm{d}v.$$

3. 复合函数的微分法则

设 $y = f(u)$ 及 $u = \varphi(x)$ 都可导, 则复合函数 $y = f[\varphi(x)]$ 的微分为
$$\mathrm{d}y = f'(u)\mathrm{d}u. \tag{5}$$

可推导如下:
$$\mathrm{d}y = y'_x\,\mathrm{d}x = f'(u)\varphi'(x)\mathrm{d}x.$$
由于 $\varphi'(x)\mathrm{d}x = \mathrm{d}u$, 所以, $\mathrm{d}y = f'(u)\mathrm{d}u$.

由式(4)和式(5)可知, 无论 u 是中间变量还是自变量, 函数 $y = f(u)$ 的微分都具有式(5)的形式, 这一性质称为**一阶微分形式的不变性**.

例 2 设 $y = \mathrm{e}^{ax+bx^2}$, 求 $\mathrm{d}y$.

解法一 利用 $\mathrm{d}y = y'\mathrm{d}x$, 得
$$\mathrm{d}y = (\mathrm{e}^{ax+bx^2})'\mathrm{d}x = \mathrm{e}^{ax+bx^2}(ax+bx^2)'\mathrm{d}x = (a+2bx)\mathrm{e}^{ax+bx^2}\mathrm{d}x.$$

解法二 把 $ax + bx^2$ 看成中间变量 u, 由微分形式的不变性, 得
$$\mathrm{d}y = \mathrm{d}\mathrm{e}^u = \mathrm{e}^u\mathrm{d}u = \mathrm{e}^{ax+bx^2}\mathrm{d}(ax+bx^2) = \mathrm{e}^{ax+bx^2}(a\mathrm{d}x + 2bx\mathrm{d}x)$$
$$= (a+2bx)\mathrm{e}^{ax+bx^2}\mathrm{d}x.$$

例 3 $y = \ln(1 + \mathrm{e}^{x^2})$, 求 $\mathrm{d}y$.

解 $\mathrm{d}y = \mathrm{d}\ln(1 + \mathrm{e}^{x^2}) = \dfrac{1}{1+\mathrm{e}^{x^2}}\mathrm{d}(1+\mathrm{e}^{x^2})$

$$= \dfrac{1}{1+\mathrm{e}^{x^2}}\mathrm{e}^{x^2}\mathrm{d}(x^2) = \dfrac{\mathrm{e}^{x^2}}{1+\mathrm{e}^{x^2}} \cdot 2x\mathrm{d}x$$

$$= \dfrac{2x\mathrm{e}^{x^2}}{1+\mathrm{e}^{x^2}}\mathrm{d}x.$$

三、微分在近似计算中的应用

当 $|\Delta x|$ 很小时, 由微分的近似式(3), 有
$$\Delta y = f(x_0 + \Delta x) - f(x_0) \approx \mathrm{d}y = f'(x_0)\Delta x,$$
即
$$f(x_0 + \Delta x) \approx f(x_0) + \mathrm{d}y = f(x_0) + f'(x_0)\Delta x.$$
若记 $x = x_0 + \Delta x$, 则有
$$f(x) \approx f(x_0) + f'(x_0)(x - x_0). \tag{6}$$
如果 $f(x_0)$ 和 $f'(x_0)$ 都容易计算, 则当 $|\Delta x|$ 很小时, 就可以用式(6)计算 $f(x)$.

例 4 求 $\sin 30°30'$ 的近似值.

解 先将 $30°30'$ 化为弧度, 得
$$30°30' = \frac{\pi}{6} + \frac{\pi}{360}.$$

设 $f(x) = \sin x$，令 $x_0 = \dfrac{\pi}{6}$，$\Delta x = \dfrac{\pi}{360}$，则

$$f(x_0) = \sin\frac{\pi}{6} = \frac{1}{2}, \quad f'(x_0) = \cos\frac{\pi}{6} = \frac{\sqrt{3}}{2}.$$

由式（6）可得

$$\sin 30°30' = \sin\left(\frac{\pi}{6} + \frac{\pi}{360}\right) \approx \sin\frac{\pi}{6} + \cos\frac{\pi}{6} \cdot \frac{\pi}{360} = \frac{1}{2} + \frac{\sqrt{3}}{2}\frac{\pi}{360} \approx 0.5076$$

习题 2-5

1. 计算下列函数的微分：

（1）$y = \dfrac{x}{1 - x^2}$；　　　　（2）$y = \cos x^2$；

（3）$y = \left[\ln(1 - x)\right]^2$；　（4）$y = \arcsin\sqrt{x}$；

（5）$y = \ln\tan x$；　　　　（6）$y = \ln(x + \sqrt{x^2 + a^2})$；

（7）$\dfrac{x^2}{a^2} + \dfrac{y^2}{b^2} = 1$.

2. 设 $y = x^3 - x$，计算在 $x = 2$ 处当 Δx 分别等于 $1, 0.1, 0.01$ 时的 Δy 及 $\mathrm{d}y$.

3. 设函数 $y = f(x)$ 的图形如图 2-8 所示，试在图 2-8a、b、c、d 中分别标出在点

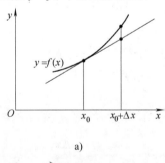

a)

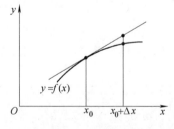

b)

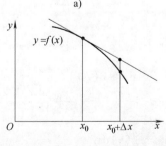

c)

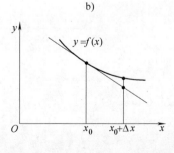

d)

图　2-8

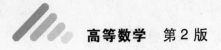

x_0 的 $\mathrm{d}y$、Δy 及 $\Delta y - \mathrm{d}y$,并说明正负.

4. 推导下列近似等式(其中 x 的绝对值很小):

(1) $\sin x \approx x$；   (2) $\ln(1 + x) \approx x$.

5. 正立方体的棱长 $x = 10\,\mathrm{m}$,如果棱长增加 $0.1\,\mathrm{m}$,求此正立方体体积增加的精确值与近似值.

6. 摆的振动周期 T 由公式 $T = 2\pi\sqrt{\dfrac{l}{g}}$ 计算,其中 l 是摆长,g 是重力加速度,现在测得摆长为 $20\,\mathrm{cm}$,测量时误差不超过 $0.01\,\mathrm{cm}$,问计算周期时相对误差不超过多少?

7. 求下列各式的近似值:

(1) $\sqrt[5]{0.95}$ ；   (2) $\sqrt[3]{8.02}$；   (3) $\ln 1.01$.

第六节　微　　元

在工程应用中人们常常会暂时忽略数学的严密性,而抓住问题的一些本质特征去研究问题. 微积分的诞生与发展就是应用了这种直觉思维的方式才使得微积分取得了辉煌的成就. 这当中微元方法起着重要作用,本节将介绍这种**直观**的方法.

设函数 $y = f(x)$ 在区间 I 上具有连续导数,我们把自变量 x 的一个无穷小变化单元 $\mathrm{d}x$,$\mathrm{d}x \to 0$ 称为自变量 x 的**微元**, 区间 $[x, x + \mathrm{d}x]$ 称为**微元区间**.

从直观上理解,微元区间与实轴上区间概念不同. 由于 $\mathrm{d}x \to 0$,因此,微元区间 $[x, x + \mathrm{d}x]$ 上只有一个实数点 x. 由于微元区间 $[x, x + \mathrm{d}x]$ 在实数 x 轴上退化为一个点 x,故又将 $\mathrm{d}x$ 称为从点 x 取出的微元. 为便于形象思维,常把微元 $\mathrm{d}x$ 分离画出.

在 $f(x)$ 可导的条件下,根据极限与无穷小的关系(参见第一章第五节定理 1),有

$$\frac{f(x + \Delta x) - f(x)}{\Delta x} = f'(x) + \alpha,$$

且当 $\Delta x \to 0$ 时,$\alpha \to 0$. 于是

$$f(x + \Delta x) - f(x) = f'(x)\mathrm{d}x + o(\Delta x). \tag{1}$$

略去高阶无穷小 $o(\Delta x)$, 则 $f(x + \Delta x) - f(x) \approx f'(x)\Delta x$. Δx 越小这种近似越精确,将 Δx 改为 $\mathrm{d}x$,可记

$$f(x + \mathrm{d}x) - f(x) = f'(x)\mathrm{d}x. \tag{2}$$

在微元区间 $[x, x + \mathrm{d}x]$ 上成立的式(2)表明:函数 $y = f(x)$ 在 $[x, x + \mathrm{d}x]$ 上是均匀变化的或称为线性变化的.

从几何上来看,如图 2-9 所示,在 $[x,$ $x+\mathrm{d}x]$ 上对应的曲线 $y=f(x)$ 与曲线在点 x 的切线密不可分.

我们把 $f'(x)\mathrm{d}x$ 称为因变量 y 的微元 (y 的无穷小变化单位),用记号 $\mathrm{d}y$ 表示. 即:

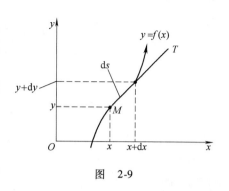

图　2-9

$$\mathrm{d}y = f'(x)\mathrm{d}x \qquad (3)$$

式(3)表示:当函数的自变量 x 变化一个微元 $\mathrm{d}x$ 时,因变量 y 也变化一个微元 $\mathrm{d}y$,这称为函数的微元变化模式. 其变化率为:

$$f'(x) = \frac{\mathrm{d}y(因变量的微元)}{\mathrm{d}x(自变量的微元)}. \qquad (4)$$

显然,式(4)与中学数学、物理的均匀变化率相同. 例如,如果知道质点在时间微元 $\mathrm{d}t$ 内发生位移微元 $\mathrm{d}s$ 时,其速率 $v(t)=\dfrac{位移微元\ \mathrm{d}s}{时间微元\ \mathrm{d}t}$,即质点的变速运动,在时间微元区间 $[t,t+\mathrm{d}t]$ 内向匀速运动转化,其速率即为 t 时刻的速率 $v(t)$.

在工程学中存在的大量非均匀(非线性)变化问题,由于在微元区间上均还原为均匀(线性)变化,因此,有了微元概念之后,我们便可直观地利用微元去发现新的知识.

下面举例说明如何写出函数的微元.

例1 已知函数 $y=f(x)>0$ 的曲线(图 2-10). 在区间 $[a,x]$ 上,曲线 $y=f(x)$ 和 x 轴间的平面图形称为曲边梯形,初等数学解决了梯形面积的计算. 而对曲边梯形的面积却束手无策. 但该曲边梯形的面积显然是 x 的函数,记为 $A(x)$,我们要求函数 $A(x)$ 的微元.

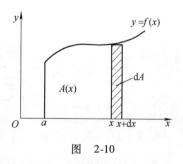

图　2-10

解 当 x 变化一个微元 $\mathrm{d}x$ 时,$A(x)$ 也变化一个微元 $\mathrm{d}A$. $\mathrm{d}A$ 又称为在 $\mathrm{d}x$ 上增加的面积微元. $A(x)$ 对 x 的变化是非均匀的(即 x 的变化与 $A(x)$ 的变化不成比例),$\mathrm{d}A$ 对 $\mathrm{d}x$ 的变化是均匀的,即 $\mathrm{d}A$ 是 $\mathrm{d}x$ 的线性函数. 如图 2-10 所示:$\mathrm{d}A$ 是无穷小矩形的面积,矩形的高为 $f(x)$,宽为 $\mathrm{d}x$,因此,$\mathrm{d}A = 长 \times 宽 = f(x)\mathrm{d}x$.

注1 微元 $\mathrm{d}A$ 也可用无穷小梯形面积表示,此时

$$\mathrm{d}A = \frac{1}{2}[f(x) + f(x + \mathrm{d}x)]\mathrm{d}x.$$

当 $f(x)$ 连续时,根据极限与无穷小的关系,有

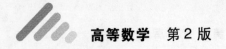

$$f(x + \mathrm{d}x) = f(x) + \alpha,$$

其中 α 满足当 $\mathrm{d}x \to 0$ 时，$\alpha \to 0$，因此

$$\mathrm{d}A = \frac{1}{2}[f(x) + f(x) + \alpha]\mathrm{d}x$$

$$= f(x)\mathrm{d}x + \frac{1}{2}\alpha\mathrm{d}x.$$

可见，在忽略高阶无穷小后，有 $\mathrm{d}A = f(x)\mathrm{d}x$.

例2 质点在变力的作用下沿直线（x 轴）做功. 设在 x 轴上对质点的作用力是位移 x 的函数 $F(x)$，则力 F 将物体从点 $x = a$ 沿 x 轴移动到点 $x = x$ 所做的功是 x 的函数 $W(x)$，求函数 $W(x)$ 的微元.

解 当 x 变化一个微元 $\mathrm{d}x$ 时，W 也变化一个微元 $\mathrm{d}W$. $W(x)$ 对 x 的变化是非均匀的，即 $W \neq F(x)(x - a)$.

$\mathrm{d}W$ 对 $\mathrm{d}x$ 的变化是均匀的，利用物理公式得到功的微元

$$\mathrm{d}W = 力 \times 位移 = F(x)\mathrm{d}x.$$

注2 微分和微元的表达式相同，但两者意义又不相同. 第一，微分只要求 $f'(x)$ 存在，即导数存在必可微，但在工程实际问题中的函数微元 $\mathrm{d}y$ 要求 $f'(x)$ 存在且连续；第二，微分在数学上可以是一个非零常量，但微元一定是数学上的无穷小.

需要指出的是，在应用问题中，微元代表一个有实际意义的微小单元. 在用微元法分析问题时，为便于直观理解，常将有关对象的微元分离画出. 再根据有关的知识，写出相应函数的微元关系式. 在数学上，通常还需要验证函数的微元在表达上舍去的是高阶无穷小，但在应用上，人们往往通过直观的方式得到微元表达式即可，虽然过程不够严密，但应用简便，且常常能用这种方法发现自然界中许多新的规律和关系. 因此，工程技术人员应掌握这种方法的思想与原理. 我们在第六章，还要进一步使用这种方法.

第七节* 综合例题

例1 设函数 $f(x)$ 在 $x = 0$ 处连续，则下列结论错误的是（   ）

(A) 若 $\lim\limits_{x \to 0} \dfrac{f(x)}{x}$ 存在，则 $f(0) = 0$；

(B) 若 $\lim\limits_{x \to 0} \dfrac{f(x) + f(-x)}{x}$ 存在，则 $f(0) = 0$；

(C) 若 $\lim\limits_{x \to 0} \dfrac{f(x)}{x}$ 存在，则 $f'(0)$ 存在；

(D) 若 $\lim\limits_{x \to 0} \dfrac{f(x) - f(-x)}{x}$ 存在，则 $f'(0)$ 存在.

解 由函数 $f(x)$ 在 $x=0$ 处连续和 $\lim\limits_{x\to 0}\dfrac{f(x)}{x}$ 存在得

$$f(0)=\lim_{x\to 0}f(x)=\lim_{x\to 0}\frac{f(x)}{x}x=\lim_{x\to 0}\frac{f(x)}{x}\cdot\lim_{x\to 0}x=0.$$

所以 (A) 是对的. 同样, $f'(0)=\lim\limits_{x\to 0}\dfrac{f(x)-f(0)}{x}=\lim\limits_{x\to 0}\dfrac{f(x)}{x}$ 存在, 所以 (C) 是对的.

此外, 由 $\lim\limits_{x\to 0}\dfrac{f(x)+f(-x)}{x}$ 存在知 $\lim\limits_{x\to 0}[f(x)+f(-x)]=0$, 由函数 $f(x)$ 在 $x=0$ 处连续得 $\lim\limits_{x\to 0}2f(x)=0$, 所以 (B) 是对的.

(D) 不成立. 如 $f(x)=|x|$, $\lim\limits_{x\to 0}\dfrac{f(x)-f(-x)}{x}=0$, 但 $f'(0)$ 不存在.

例 2 设 $f(x)=(\mathrm{e}^x-1)(\mathrm{e}^{2x}-2)\cdots(\mathrm{e}^{nx}-n)$, 其中 n 为正整数, 求 $f'(0)$.

解法一 利用导数的定义得

$$f'(0)=\lim_{x\to 0}\frac{f(x)-f(0)}{x}=\lim_{x\to 0}\frac{(\mathrm{e}^x-1)(\mathrm{e}^{2x}-2)\cdots(\mathrm{e}^{nx}-n)}{x}=(-1)^{n-1}n!.$$

解法二 设 $g(x)=(\mathrm{e}^{2x}-2)\cdots(\mathrm{e}^{nx}-n)$, 则 $f(x)=(\mathrm{e}^x-1)g(x)$,

$$f'(0)=[\mathrm{e}^x g(x)+(\mathrm{e}^x-1)g'(x)]\big|_{x=0}=g(0)=(-1)^{n-1}n!.$$

例 3 设 $f(x)=\max[x,x^2]$, $0<x<2$, 求 $f'(x)$.

解 由题设条件可知

$$f(x)=\begin{cases}x, & 0<x\leqslant 1,\\ x^2, & 1<x<2,\end{cases}$$

$x\neq 1$ 时, 有

$$f'(x)=\begin{cases}1, & 0<x<1,\\ 2x, & 1<x<2,\end{cases}$$

$x=1$ 是分段函数 $f(x)$ 的分段点, 在分段点的导数要用导数的定义讨论.

$$f'_+(1)=\lim_{\Delta x\to 0^+}\frac{(1+\Delta x)^2-1}{\Delta x}=\lim_{\Delta x\to 0^+}(2+\Delta x)=2;$$

$$f'_-(1)=\lim_{\Delta x\to 0^-}\frac{(1+\Delta x)-1}{\Delta x}=1.$$

$f'_+(1)\neq f'_-(1)$, 故 $f'(1)$ 不存在.

例 4 设 $f(x)=\begin{cases}x^2\sin\dfrac{1}{x}, & x>0,\\[2mm] 0, & x\leqslant 0,\end{cases}$ 求 $f'_+(0), f'_-(0)$, 及 $f'(0^+), f'(0^-)$, 问函数 $f(x)$ 在 $x=0$ 处是否可导? 在 $x=0$ 处导函数是否连续?

解 利用定义容易求得 $f'_-(0)=0$, 而 $x<0$ 时, $f'(x)=0$, 所以

$$f'(0^-) = \lim_{x \to 0^-} f'(x) = 0.$$

$$f'_+(0) = \lim_{\Delta x \to 0^+} \frac{f(\Delta x) - f(0)}{\Delta x} = \lim_{\Delta x \to 0^+} \frac{(\Delta x)^2 \sin \frac{1}{\Delta x} - 0}{\Delta x} = \lim_{\Delta x \to 0^+} \Delta x \sin \frac{1}{\Delta x} = 0,$$

$x > 0$ 时,

$$f'(x) = 2x \sin \frac{1}{x} - \cos \frac{1}{x},$$

由于 $\lim\limits_{x \to 0^+} x \sin \frac{1}{x} = 0$,而 $\lim\limits_{x \to 0^+} \cos \frac{1}{x}$ 不存在,故 $f'(0^+)$ 不存在. 所以,在 $x = 0$ 处 $f(x)$ 的导函数不连续.

例 5 设函数 $f(x)$ 在 $x = 1$ 处连续,且 $\lim\limits_{x \to 1} \dfrac{f(x)}{2(x-1)} = 3$,求 $f'(1)$.

解 $\lim\limits_{x \to 1} f(x) = \lim\limits_{x \to 1} \left[\dfrac{f(x)}{2(x-1)} \cdot 2(x-1) \right] = \lim\limits_{x \to 1} \dfrac{f(x)}{2(x-1)} \cdot \lim\limits_{x \to 1} 2(x-1) = 0.$

由于 $f(x)$ 在 $x = 1$ 处连续,因此 $f(1) = \lim\limits_{x \to 1} f(x) = 0$,从而

$$f'(1) = \lim_{x \to 1} \frac{f(x) - f(1)}{x - 1} = \lim_{x \to 1} \frac{f(x)}{x - 1} = 6.$$

例 6 设 $y = f(x)$ 是可导的偶函数,证明 $f'(0) = 0$.

证法一 任意 $x \in \mathbf{R}$,$f(-x) = f(x)$. 两边求导,有

$$f'(x) = [f(-x)]' = -f'(-x),$$

令 $x = 0$, 得 $f'(0) = -f'(0)$,从而 $f'(0) = 0$.

证法二 用定义证.

$$f'(0) = \lim_{x \to 0} \frac{f(x) - f(0)}{x} = \lim_{x \to 0} \frac{f(-x) - f(0)}{x} = -\lim_{x \to 0} \frac{f(-x) - f(0)}{-x}$$

$$= -f'(0),$$

从而 $\qquad\qquad\qquad\qquad\qquad f'(0) = 0.$

如果给出的条件是 $y = f(x)$ 仅在 $x = 0$ 处可导,则仅能用第二种方法.

例 7 飞机降落的轨道如图 2-11 所示,当飞机离机场跑道(坐标原点)水平距离为 l 时其高度为 h,试根据这些条件,

(1) 求出一个三次多项式函数 $P(x)$,具有图中所示曲线形状;

(2) 设在降落过程中,飞机在空中水平速度 v 的变化忽略不计(即水平速度为恒定的). 如果要求飞机铅直加速度的绝对值不得超过某常数 k(远小于重力加速度). 证明:当 $\dfrac{6hv^2}{l^2} \leq k$ 时,飞机按照求出的轨道

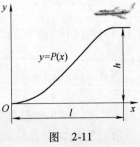

图 2-11

降落满足这一要求;

(3) 设 $h = 12000\ \mathrm{m}, v = 500\ \mathrm{km/h}, k = 3600\ \mathrm{km/h^2}$,估计飞机开始降落的水平距离 l.

解 (1)根据题意,所求多项式函数应满足如下条件

$$P(0) = 0, P'(0) = 0, P(l) = h, P'(l) = 0,$$

由此可设

$$P(x) = ax^3 + bx^2.$$

将这些条件代入解得 $y = P(x) = -\dfrac{2h}{l^3}x^3 + \dfrac{3h}{l^2}x^2$.

(2)对函数表达式 $y = -\dfrac{2h}{l^3}x^3 + \dfrac{3h}{l^2}x^2$ 两边关于时间 t 求导得

$$\frac{\mathrm{d}y}{\mathrm{d}t} = -\frac{6h}{l^3}x^2\frac{\mathrm{d}x}{\mathrm{d}t} + \frac{6h}{l^2}x\frac{\mathrm{d}x}{\mathrm{d}t};$$

$$\frac{\mathrm{d}^2y}{\mathrm{d}t^2} = -\frac{12h}{l^3}x\left(\frac{\mathrm{d}x}{\mathrm{d}t}\right)^2 - \frac{6h}{l^3}x^2\frac{\mathrm{d}^2x}{\mathrm{d}t^2} + \frac{6h}{l^2}\left(\frac{\mathrm{d}x}{\mathrm{d}t}\right)^2 + \frac{6h}{l^2}x\frac{\mathrm{d}^2x}{\mathrm{d}t^2}.$$

注意到 $\dfrac{\mathrm{d}x}{\mathrm{d}t} = v, \dfrac{\mathrm{d}^2x}{\mathrm{d}t^2} = 0$,因此有

$$\frac{\mathrm{d}^2y}{\mathrm{d}t^2} = -\frac{12h}{l^3}xv^2 + \frac{6h}{l^2}v^2 = \frac{6h}{l^2}v^2\left(1 - \frac{2x}{l}\right).$$

当 $\dfrac{6hv^2}{l^2} \leqslant k$ 时,有 $\left|\dfrac{\mathrm{d}^2y}{\mathrm{d}t^2}\right| = \dfrac{6h}{l^2}v^2\left|1 - \dfrac{2x}{l}\right| \leqslant \dfrac{6hv^2}{l^2} \leqslant k.$

(3)利用关系 $\dfrac{6hv^2}{l^2} \leqslant k$ 得到

$$l \geqslant v\sqrt{\frac{6h}{k}} = 500\sqrt{\frac{6 \times 12}{3600}} \approx 70.7\ (\mathrm{km}).$$

因此,离机场跑道还有 70.7km 时就要开始降落.

复习题二

一、选择题

1. 设 $f(x)$ 可导且下列各极限均存在,则不成立的式子有(　　)

(A) $\lim\limits_{x \to 0} \dfrac{f(x) - f(0)}{x} = f'(0)$;　　　　(B) $\lim\limits_{h \to 0} \dfrac{f(a + 2h) - f(a)}{h} = f'(a)$;

(C) $\lim\limits_{\Delta x \to 0} \dfrac{f(x_0) - f(x_0 - \Delta x)}{\Delta x} = f'(x_0)$;　　(D) $\lim\limits_{\Delta x \to 0} \dfrac{f(x_0 + \Delta x) - f(x_0 - \Delta x)}{2\Delta x} = f'(x_0)$.

2. 若 $f'(a) = -3$,则 $\lim\limits_{h \to 0} \dfrac{f(a + h) - f(a - 3h)}{h}$ 为(　　)

(A) -3;　　　　　　　　　　(B) -6;

(C) -9;　　　　　　　　　　(D) -12.

3. 设对于任意的 x, 都有 $f(-x) = -f(x), f'(-x_0) = -k \neq 0$, 则 $f'(x_0) =$
(　　)

(A) k;　　　　　　　　　　(B) $-k$;

(C) $\dfrac{1}{k}$;　　　　　　　　　(D) $-\dfrac{1}{k}$.

4. 若 $f(x)$ 为可微函数, 当 $\Delta x \to 0$ 时, 则在点 x 处, $\Delta y - \mathrm{d}y$ 是关于 Δx 的
(　　)

(A) 高阶无穷小;　　　　　　(B) 等价无穷小;

(C) 低阶无穷小;　　　　　　(D) 同阶不等价无穷小.

5. 若 $f(u)$ 可导, 且 $y = f(\mathrm{e}^x)$, 则有(　　)

(A) $\mathrm{d}y = f'(\mathrm{e}^x)\mathrm{d}x$;　　　　　(B) $\mathrm{d}y = f'(\mathrm{e}^x)\mathrm{d}\mathrm{e}^x$;

(C) $\mathrm{d}y = [f(\mathrm{e}^x)]'\mathrm{d}\mathrm{e}^x$;　　　　(D) $\mathrm{d}y = f'(\mathrm{e}^x)\mathrm{e}^x\mathrm{d}\mathrm{e}^x$.

6. 若抛物线 $y = ax^2$ 与曲线 $y = \ln x$ 相切, 则 a 为(　　)

(A) 1;　　　　　　　　　　(B) $\dfrac{1}{2}$;

(C) $\dfrac{1}{2\mathrm{e}}$;　　　　　　　　(D) $2\mathrm{e}$.

7. $y = \arctan \mathrm{e}^x$, 若 $\mathrm{d}y = f(x)\mathrm{d}x$, 则 $f(x)$ 为(　　)

(A) $\dfrac{1}{1 + \mathrm{e}^{2x}}$;　　　　　　(B) $\dfrac{\mathrm{e}^x}{1 + \mathrm{e}^{2x}}$;

(C) $\dfrac{1}{\sqrt{1 + \mathrm{e}^{2x}}}$;　　　　　(D) $\dfrac{\mathrm{e}^x}{\sqrt{1 + \mathrm{e}^{2x}}}$.

8. 若函数 $y = f(x)$, 有 $f'(x_0) = \dfrac{1}{2}$, 则当 $\Delta x \to 0$ 时, 该函数在 $x = x_0$ 处的微分
$\mathrm{d}y$ 是(　　)

(A) 与 Δx 等价的无穷小;　　(B) 与 Δx 同阶的无穷小;

(C) 比 Δx 低阶的无穷小;　　(D) 比 Δx 高阶的无穷小.

9. $y = |x - 1|$ 在 $x = 1$ 处(　　)

(A) 可导;　　　　　　　　　(B) 连续;

(C) 不连续;　　　　　　　　(D) 连续且可导.

10. $f(x) = x|x|$, 则 $f'(0)$ 为(　　)

(A) 0;　　　　　　　　　　(B) 1;

(C) -1;　　　　　　　　　(D) 不存在.

11. 已知 $y = \mathrm{e}^{f(x)}$ 则 $y'' = ($　　$)$

（A）$e^{f(x)}$； （B）$e^{f(x)}f''(x)$；

（C）$e^{f(x)}[f'(x)+f''(x)]$； （D）$e^{f(x)}\{[f'(x)]^2+f''(x)\}$.

12. 已知 $y=x\ln x$，则 $y^{(10)}=($　　$)$

（A）$-\dfrac{1}{x^9}$； （B）$\dfrac{1}{x^9}$；

（C）$\dfrac{8!}{x^9}$； （D）$-\dfrac{8!}{x^9}$.

13. 已知 $y=\sin x$，则 $y^{(10)}=($　　$)$

（A）$\sin x$； （B）$\cos x$；

（C）$-\sin x$； （D）$-\cos x$.

二、综合练习 A

1. $f(x)=x^2|x|$，求 $f'(x)$.

2. $y=\arcsin\dfrac{1-x^2}{1+x^2}$，求 $\mathrm{d}y$.

3. $y=2^{\cos^2\frac{1}{x}}$，求 y'.

4. $y=\ln[\sin(u^2+v)]$，其中 u,v 为 x 的函数，求 $\mathrm{d}y$.

5. $f(x)=x\sqrt{\dfrac{1-x}{1+x}}$，求 $f'(0)$.

6. $f(x)=\ln(1+x),y=f[f(x)]$，求 y'.

7. $y=(1+x^2)^{\sin x}$，求 y'.

8. $y=\dfrac{2x}{1+2x}$，求 $y^{(n)}$.

9. $e^{xy}+\tan(xy)=y$，求 $y'(0)$.

10. $\begin{cases}x=a(\cos t+t\sin t),\\ y=a(\sin t-t\cos t),\end{cases}$ 求 $\dfrac{\mathrm{d}x}{\mathrm{d}y}\bigg|_{t=\frac{3}{4}\pi}$，$\dfrac{\mathrm{d}^2x}{\mathrm{d}y^2}\bigg|_{t=\frac{3}{4}\pi}$.

11. 若 $f''(x)$ 存在，求下列函数的二阶导数 $\dfrac{\mathrm{d}^2y}{\mathrm{d}x^2}$：

（1）$y=[f(x)]^2$； （2）$y=f(x^2+b^2)$； （3）$y=\ln f(x)$.

12. 由恒等式 $1+x+x^2+\cdots+x^n=\dfrac{1-x^{n+1}}{1-x}(x\neq1)$，求出 $1+2x+3x^2+\cdots+nx^{n-1}$ 的和.

13. 试证曲线 $x^{\frac{1}{2}}+y^{\frac{1}{2}}=a^{\frac{1}{2}}$ 上任一点的切线所截两坐标轴的截距之和等于 a.

三、综合练习 B

1. 设 $g(x)$ 在 $x=a$ 点连续，不可导，$f(x)=(x-a)g(x)$，求 $f'(a)$.

2. 设 $f(a)=0,f'(a)=1$，求极限 $\lim\limits_{n\to\infty}nf\left(a-\dfrac{1}{n}\right)$.

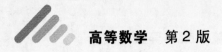

3. 设函数 $f(x)$ 在 $x=1$ 处连续且 $\lim\limits_{x\to 1}\dfrac{f(x)}{(x^2-1)}=3$，求 $f'(1)$.

4. 设函数 $g(x)=\begin{cases} x^2(x-1), & x\geqslant 1 \\ x-1, & x<1 \end{cases}$，求导函数 $g'(x)$.

5. 求 a,b 的值，使 $f(x)=\begin{cases} \sin a(x-1), & x\leqslant 1 \\ \ln x+b, & x>1 \end{cases}$ 在 $x=1$ 处可导，并求 $f'(1)$.

6. 设函数 $f(x)=\begin{cases} x^2, & x\leqslant 1 \\ ax+b, & x>1, \end{cases}$ 为使函数 $f(x)$ 在 $x=1$ 处连续且可导，a,b

应取什么值？

7. (1) 设函数 $\varphi(t)=f(x_0+at)$，$f'(x_0)=a$，求 $\varphi'(0)$.

(2) 设 $f'(a)$ 存在，且 $f(a)\neq 0$，求 $\lim\limits_{n\to\infty}\left[\dfrac{f\left(a+\dfrac{1}{n}\right)}{f(a)}\right]^n$.

8. 设 $f(x)=\begin{cases} x^c\sin\dfrac{1}{x}, & x>0, \\ 0, & x\leqslant 0. \end{cases}$

(1) c 为何值时 $f(x)$ 在 $x=0$ 处连续？

(2) c 为何值时 $f(x)$ 在 $x=0$ 处可导？

(3) c 为何值时 $f(x)$ 在 $x=0$ 处的导函数是连续的？

9. 试从 $\dfrac{\mathrm{d}x}{\mathrm{d}y}=\dfrac{1}{y'}$ 导出 $\dfrac{\mathrm{d}^3x}{\mathrm{d}y^3}=\dfrac{3\,(y'')^2-y'y'''}{(y')^5}$.

第三章　中值定理与导数的应用

第二章介绍了导数与微分的概念和计算方法. 本章中我们将阐述导数的几个重要定理并应用这些定理来研究函数的特征和曲线的某些性态. 可以看到, 导数在解决许多数学问题如复杂的极限运算、不等式的证明、方程求根及许多应用问题中起到了重要作用.

第一节　中　值　定　理

一、费马引理

在讨论中值定理前, 先定义函数的极值概念和证明一个定理——费马(Fermat)引理.

定义　设函数 $f(x)$ 在点 x_0 的某邻域内有定义, 如果对该邻域内的任意点 x ($x \neq x_0$), 均有

$$f(x) < f(x_0) (或 f(x) > f(x_0)), \tag{1}$$

则称 $f(x_0)$ 是 $f(x)$ 的极大值(或极小值), 称 x_0 是 $f(x)$ 的极大值点(或极小值点).

函数的极大值与极小值统称为函数的极值, 极大值点与极小值点统称为极值点. 曲线上对应的取极大值的点也称为曲线的峰, 取极小值的点也称为曲线的谷. 如果我们仔细地观察曲线的峰或谷, 就可以发现, 曲线在光滑的峰或谷的点处, 其切线必定是水平的, 参见图 3-1, 曲线上 A 点和 B 点的切线是水平的. 这一现象具有普遍规律, 我们给出下面定理及推论.

定理1(费马引理)　设函数 $f(x)$ 在点 x_0 的某邻域 $U(x_0)$ 有定义, 且在 x_0 可导, 如果对任意的 $x \in U(x_0)$ 有 $f(x) \leqslant f(x_0)$ (或 $f(x) \geqslant f(x_0)$), 则必有 $f'(x_0) = 0$.

证　不妨设 $x \in U(x_0)$ 时, $f(x) \leqslant f(x_0)$ (如果 $f(x) \geqslant f(x_0)$ 可类似证明). 设 $x_0 + \Delta x \in U(x_0)$, 则 $f(x_0 + \Delta x) - f(x_0) \leqslant 0$. 于是

$$\frac{\Delta y}{\Delta x} = \frac{f(x_0 + \Delta x) - f(x_0)}{\Delta x} \leqslant 0, \Delta x > 0;$$

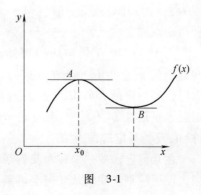

图　3-1

$$\frac{\Delta y}{\Delta x} = \frac{f(x_0 + \Delta x) - f(x_0)}{\Delta x} \geqslant 0, \Delta x < 0.$$

因此

$$f_+'(x_0) = \lim_{\Delta x \to 0^+} \frac{\Delta y}{\Delta x} \leqslant 0, f_-'(x_0) = \lim_{\Delta x \to 0^-} \frac{\Delta y}{\Delta x} \geqslant 0.$$

而由 $f(x)$ 在点 x_0 可导，因而，$f'(x_0) = 0$. 证毕.

推论　若函数 $f(x)$ 在点 x_0 取极大值或极小值，且在点 x_0 可导，则必有

$$f'(x_0) = 0.$$

称满足 $f'(x_0) = 0$ 的点 x_0 为函数 $f(x)$ 的驻点. 根据这个推论，对于可导的函数，函数的极值点必定在驻点处取得.

下面将利用费马引理给出一个基本的定理——罗尔(Rolle)定理.

二、罗尔定理

我们可以先做一个简单的实验：在相同高度的两点，试着用光滑的曲线(不是直线)连接. 你可以观察到，不论怎样连接，总会产生峰或谷的点，或即总会产生使得曲线的切线是水平的点(参见图 3-2). 这一现象首先由数学家罗尔在理论上给出证明：

定理 2(**罗尔定理**)　设函数 $f(x)$ 满足如下条件：

(i) 在闭区间 $[a, b]$ 上连续；

(ii) 在开区间 (a, b) 内可导；

(iii) 在两端点的函数值相等，即 $f(a) = f(b)$.

则在开区间 (a, b) 内至少存在一点 ξ，使得

$$f'(\xi) = 0. \tag{2}$$

证＊　由于函数 $f(x)$ 在闭区间 $[a, b]$ 上连续，故由连续函数性质可知，$f(x)$ 在 $[a, b]$ 上取得最大值 M 和最小值 m. 若 $M = m$，则在开区间 (a, b) 内，恒有 $f(x) = M = m$，于是 $f'(x) = 0$，$x \in (a, b)$，这表明 (a, b) 内的每一点都可取为 ξ，使式(2)成立，故当 $M = m$ 时，定理的结论成立. 下面证 $M > m$ 时，定理结论也成立.

由 $M > m$ 和 $f(a) = f(b)$ 可知，最大值 M 和最小值 m 至少有一个在开区间 (a, b) 内部取得，不妨设最大值 M 在点 $\xi \in (a, b)$ 取得，因此，对任意 $x \in [a, b]$ 有 $f(x) \leqslant f(\xi)$，由条件(ii)及费马定理即得结论.

在几何上，罗尔定理和我们观察的现象相同，但更深刻. 我们从几何上再阐述如下：如

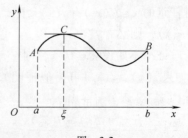

图　3-2

果连续曲线弧 AB 上每一点都有不垂直于 x 轴的切线，并且两端点处纵坐标相等，则在弧 AB 上至少有一条切线与 x 轴平行. 如图 3-2 中有两条切线与 x 轴平行.

罗尔定理的条件不能随意变动，读者可根据罗尔定理的几何意义举例说明，如将定理中任何一个条件去掉，或将闭区间连续改为开区间连续，则结论可能不成立(参见习题 2).

注　罗尔定理中使得 $f'(\xi)=0$ 的点 ξ 一定是位于开区间 (a,b) 内，这一点很重要. 虽然罗尔定理并未告诉我们 ξ 位于 (a,b) 内的具体位置，但这并不影响罗尔定理的应用.

例1　试证明方程 $x^7+3x-1=0$ 至多有一个实根.

证　用反证法. 假设方程有两个不同的实根 α 和 β，且 $\alpha<\beta$. 则函数 $f(x)=x^7+3x-1$ 在闭区间 $[\alpha,\beta]$ 上满足罗尔定理的全部条件. 于是，在 (α,β) 内至少存在一点 ξ，使得 $f'(\xi)=7\xi^6+3=0$，这显然是不可能的. 由此可见，方程 $x^7+3x-1=0$ 至多有一个实根.

利用罗尔定理可以得到重要的拉格朗日(Lagrange)中值定理.

三、拉格朗日中值定理

定理3(拉格朗日中值定理)　设函数 $f(x)$ 在闭区间 $[a,b]$ 上连续，在开区间 (a,b) 内可导. 则在开区间 (a,b) 内至少存在一点 ξ，使得

$$f'(\xi)=\frac{f(b)-f(a)}{b-a},\xi\in(a,b). \tag{3}$$

拉格朗日中值定理的几何意义：如果连续曲线弧 AB 上每一点都有不垂直于 x 轴的切线，则至少有一条切线平行于弦 AB，如图 3-3 所示.

我们从图 3-3 还可以看出，如果把弦 AB 旋转到平行于 x 轴的位置，则拉格朗日中值定理的结论和罗尔定理完全一致，这就是证明拉格朗日中值定理的思路.

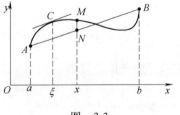

图　3-3

证*　引入辅助函数

$$F(x)=f(x)-\frac{f(b)-f(a)}{b-a}x,$$

则 $F(x)$ 在 $[a,b]$ 上连续，在 (a,b) 内可导，且有

$$F(a)=F(b)=\frac{f(a)b-f(b)a}{b-a}.$$

于是，由罗尔定理可知，至少存在一点 $\xi\in(a,b)$，使得

$$F'(\xi)=f'(\xi)-\frac{f(b)-f(a)}{b-a}=0,$$

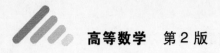

即

$$f'(\xi) = \frac{f(b) - f(a)}{b - a}, \xi \in (a, b).$$

式(3) 常写成如下的等价形式：

$$f(b) - f(a) = (b - a)f'(\xi), \xi \text{ 在 } a, b \text{ 之间.} \tag{4}$$

若取 $x_0 = a$, $x = b$, 则有

$$f(x) = f(x_0) + (x - x_0)f'(\xi), \xi \text{ 在 } x_0, x \text{ 之间.} \tag{5}$$

若取 $x_0 + \Delta x = x$, $\xi = x_0 + \theta \Delta x$, $0 < \theta < 1$ 则有

$$f(x + \Delta x) = f(x) + \Delta x f'(x_0 + \theta \Delta x), 0 < \theta < 1. \tag{6}$$

公式(6)也称为有限增量公式.

拉格朗日中值定理是微分学中一个非常重要的定理，作为拉格朗日中值定理的应用，下面给出一个推论：

推论 如果函数 $f(x)$ 在开区间 (a, b) 内 $f'(x) \equiv 0$, 则 $f(x)$ 在 (a, b) 内恒为常数.

证 在 (a, b) 内任意取定两点 x_1, $x_2 (x_1 < x_2)$, 则 $f(x)$ 在 $[x_1, x_2]$ 内满足拉格朗日中值定理的条件，故由式(4)，存在 $\xi \in (x_1, x_2)$ 使得

$$f(x_2) - f(x_1) = (x_2 - x_1)f'(\xi) = 0,$$

即

$$f(x_2) = f(x_1).$$

由 x_1, x_2 的任意性可知, $f(x)$ 在 (a, b) 内恒为常数.

例 2 试证明对任何实数 x_1 和 x_2, 有

$$|\arctan x_1 - \arctan x_2| \leqslant |x_1 - x_2|.$$

证 显然，在任何有限区间上，函数 $f(x) = \arctan x$ 满足拉格朗日中值定理的条件. 于是

$$\arctan x_1 - \arctan x_2 = \frac{1}{1 + \xi^2}(x_1 - x_2), \xi \text{ 在 } x_1 \text{ 与 } x_2 \text{ 之间},$$

两边取绝对值，得到

$$|\arctan x_1 - \arctan x_2| \leqslant |x_1 - x_2|.$$

例 3 证明当 $x > 0$ 时,

$$\frac{x}{1 + x} < \ln(1 + x) < x.$$

证 设 $f(x) = \ln(1 + x)$, 显然, $f(x)$ 在区间 $[0, x]$ 上满足拉格朗日中值定理的条件，于是，

$$f(x) - f(0) = f'(\xi)(x - 0), 0 < \xi < x.$$

由于 $f(0) = 0$, $f'(x) = \frac{1}{1 + x}$, 因此，上式为

$$\ln(1+x) = \frac{x}{1+\xi},$$

又由 $0 < \xi < x$，有

$$\frac{x}{1+x} < \frac{x}{1+\xi} < x,$$

即

$$\frac{x}{1+x} < \ln(1+x) < x.$$

还可将拉格朗日中值定理推广到更一般的形式——柯西(Cauchy)中值定理.

四、柯西中值定理

定理 4 （柯西中值定理） 设函数 $f(x)$ 与 $g(x)$ 在闭区间 $[a, b]$ 上连续，在开区间 (a, b) 内可导，且 $g'(x) \neq 0$，$x \in (a, b)$，则在开区间 (a, b) 内至少存在一点 ξ，使得

$$\frac{f'(\xi)}{g'(\xi)} = \frac{f(b) - f(a)}{g(b) - g(a)}. \tag{7}$$

证* 作辅助函数

$$F(x) = f(x) - \frac{f(b) - f(a)}{g(b) - g(a)} g(x).$$

容易验证 $F(x)$ 在 $[a, b]$ 上满足罗尔定理的全部条件，于是至少存在一点 $\xi \in (a, b)$，使得

$$F'(\xi) = f'(\xi) - \frac{f(b) - f(a)}{g(b) - g(a)} g'(\xi) = 0,$$

由此得

$$\frac{f(b) - f(a)}{g(b) - g(a)} = \frac{f'(\xi)}{g'(\xi)}.$$

习题 3-1

1. 验证罗尔定理对函数 $y = \ln \sin x$ 在 $\left[\frac{\pi}{6}, \frac{5\pi}{6}\right]$ 上的正确性.

2. 验证拉格朗日中值定理对函数 $y = 4x^3 - 5x^2 + x - 2$ 在区间 $[0, 1]$ 上的正确性.

3. 试举例说明：

（1）若将罗尔定理中函数连续的条件去掉则结论不成立；

（2）若将罗尔定理中函数的可导性条件去掉则结论不成立；

（3）若将罗尔定理中函数在闭区间连续改为在开区间连续、可导，则结论不成立.

4. 不用求出函数 $f(x) = 1 + (x-2)(x-3)(x-4)$ 的导数, 说明方程 $f'(x) = 0$ 有几个实根, 指出它们所在的区间, 进一步地, 方程 $f''(x) = 0$ 有几个实根?

5. 证明恒等式: $\arcsin x + \arccos x = \dfrac{\pi}{2}$ $(-1 \le x \le 1)$.

6. 证明下列不等式:

(1) $|\sin x_1 - \sin x_2| \le |x_1 - x_2|$;

(2) 当 $b > a > 0$, $n > 1$ 时 $na^{n-1}(b-a) < b^n - a^n < nb^{n-1}(b-a)$;

(3) 设 $a > b > 0$, 证明 $\dfrac{a-b}{a} < \ln \dfrac{a}{b} < \dfrac{a-b}{b}$.

7. 证明方程 $x^{2n+1} + x - 1 = 0$ 只有一个实根, n 为自然数.

第二节　洛必达法则

如果当 $x \to a$(或 $x \to \infty$)时, 两个函数 $f(x)$ 与 $g(x)$ 都趋于零或都趋于无穷大, 那么极限 $\lim\limits_{\substack{x \to a \\ (x \to \infty)}} \dfrac{f(x)}{g(x)}$ 可能存在、也可能不存在. 通常把这种极限叫做未定式, 并分别简记为 $\dfrac{0}{0}$ 或 $\dfrac{\infty}{\infty}$ 未定式. 如极限 $\lim\limits_{x \to 1} \dfrac{1-x^n}{1-x}$ 是 $\dfrac{0}{0}$ 未定式, $\lim\limits_{x \to \infty} \dfrac{\ln x}{x}$ 是 $\dfrac{\infty}{\infty}$ 未定式等等. 这类极限不能用"商的极限等于极限的商"这一法则, 本节利用微分中值定理给出求这类极限的一种简便且重要的方法——洛必达(L'Hospital)法则.

定理 1(洛必达法则)　若 $f(x)$, $g(x)$ 满足

(1) 当 $x \to a$ 时, 函数 $f(x)$ 及 $g(x)$ 都趋于零;

(2) 在点 a 的某去心邻域内, $f'(x)$ 及 $g'(x)$ 都存在且 $g'(x) \ne 0$;

(3) $\lim\limits_{x \to a} \dfrac{f'(x)}{g'(x)} = A$ 存在(或 ∞).

那么
$$\lim\limits_{x \to a} \dfrac{f(x)}{g(x)} = \lim\limits_{x \to a} \dfrac{f'(x)}{g'(x)} = A \text{ 或 } \infty.$$

这就是说, 当 $\lim\limits_{x \to a} \dfrac{f'(x)}{g'(x)}$ 存在时, $\lim\limits_{x \to a} \dfrac{f(x)}{g(x)}$ 也存在且等于 $\lim\limits_{x \to a} \dfrac{f'(x)}{g'(x)}$; 当 $\lim\limits_{x \to a} \dfrac{f'(x)}{g'(x)}$ 为无穷大时, $\lim\limits_{x \to a} \dfrac{f(x)}{g(x)}$ 也是无穷大. 这种在一定条件下通过分子分母分别求导再求极限来确定未定式极限的方法称为洛必达法则.

证*　因为求 $\dfrac{f(x)}{g(x)}$ 当 $x \to a$ 时的极限与 $f(a)$ 及 $g(a)$ 无关, 我们可以假定 $f(a) = g(a) = 0$(否则可补充定义 $f(a) = g(a) = 0$, 这对求极限没有影响). 于是由条件(1)、(2)知道, $f(x)$ 及 $g(x)$ 在点 a 的某一邻域内是连续的. 设 x 是这邻域内的一点, 那么在以 x 及 a 为端点的区间上, 应用柯西中值定理得到

$$\frac{f(x)}{g(x)} = \frac{f(x) - f(a)}{g(x) - g(a)} = \frac{f'(\xi)}{g'(\xi)} \quad (\xi \text{ 在 } x \text{ 与 } a \text{ 之间}).$$

令 $x \to a$，注意到 $x \to a$ 时，$\xi \to a$，再根据条件（3），便得要证明的结论.

如果 $\dfrac{f'(x)}{g'(x)}$ 当 $x \to a$ 时，仍属 $\dfrac{0}{0}$ 型，且 $f'(x)$，$g'(x)$ 仍满足定理 1 中的条件，那么可以继续用洛必达法则得到

$$\lim_{x \to a} \frac{f(x)}{g(x)} = \lim_{x \to a} \frac{f'(x)}{g'(x)} = \lim_{x \to a} \frac{f''(x)}{g''(x)},$$

且可以依次类推.

例 1　求 $\lim\limits_{x \to 0} \dfrac{a^x - b^x}{x}$，$(a > 0,\ b > 0)$.

解　这是 $\dfrac{0}{0}$ 型未定式，由洛必达法则

$$\lim_{x \to 0} \frac{a^x - b^x}{x} = \lim_{x \to 0} \frac{a^x \ln a - b^x \ln b}{1} = \ln \frac{a}{b}.$$

例 2　求 $\lim\limits_{x \to 2} \dfrac{x^3 - 4x^2 + 4x}{x^3 - 3x^2 + 4}$.

解　本题为 $x \to 2$ 时的 $\dfrac{0}{0}$ 型未定式，由洛必达法则

$$\lim_{x \to 2} \frac{x^3 - 4x^2 + 4x}{x^3 - 3x^2 + 4} = \lim_{x \to 2} \frac{3x^2 - 8x + 4}{3x^2 - 6x} = \lim_{x \to 2} \frac{6x - 8}{6x - 6} = \frac{2}{3}.$$

注意，上式中的 $\lim\limits_{x \to 2} \dfrac{6x - 8}{6x - 6}$ 已不是未定式，不能对它应用洛必达法则，否则要导致错误结果. 以后使用洛必达法则时应当注意这一点，如果不是未定式，就不能应用洛必达法则.

例 3　求 $\lim\limits_{x \to 0} \dfrac{x - \sin x}{\tan x - x}$.

解　$\lim\limits_{x \to 0} \dfrac{x - \sin x}{\tan x - x} = \lim\limits_{x \to 0} \dfrac{1 - \cos x}{\sec^2 x - 1} = \lim\limits_{x \to 0} \dfrac{\cos^2 x}{1 + \cos x} = \dfrac{1}{2}.$

对于 $x \to \infty$ 时的 $\dfrac{0}{0}$ 型未定式，以及 $x \to \infty$ 或 $x \to a$ 时的 $\dfrac{\infty}{\infty}$ 型未定式也有相应的洛必达法则. 如对于 $x \to a$ 时的 $\dfrac{\infty}{\infty}$ 型未定式，我们有

定理 2（洛必达法则）　若 $f(x)$，$g(x)$ 满足

（1）当 $x \to a$ 时，函数 $f(x)$ 及 $g(x)$ 都趋于无穷大；

（2）在点 a 的某去心邻域内，$f'(x)$ 及 $g'(x)$ 都存在且 $g'(x) \neq 0$；

（3）$\lim\limits_{x \to a} \dfrac{f'(x)}{g'(x)} = A$ 存在（或 ∞）.

111

那么
$$\lim_{x \to a} \frac{f(x)}{g(x)} = \lim_{x \to a} \frac{f'(x)}{g'(x)} = A \ \text{或} \ \infty.$$

证略.

例 4 求 $\lim\limits_{x \to +\infty} \dfrac{\dfrac{\pi}{2} - \arctan x}{\dfrac{1}{x}}$.

解 这是 $x \to +\infty$ 时的 $\dfrac{0}{0}$ 型未定式,由洛必达法则

$$\lim_{x \to +\infty} \frac{\dfrac{\pi}{2} - \arctan x}{\dfrac{1}{x}} = \lim_{n \to +\infty} \frac{-\dfrac{1}{1 + x^2}}{-\dfrac{1}{x^2}} = \lim_{x \to +\infty} \frac{x^2}{1 + x^2} = 1.$$

例 5 求 $\lim\limits_{x \to 0^+} \dfrac{\ln \cot x}{\ln x}$.

解 这是 $x \to 0^+$ 时的 $\dfrac{\infty}{\infty}$ 型未定式,由洛必达法则

$$\lim_{x \to 0^+} \frac{\ln \cot x}{\ln x} = \lim_{x \to 0^+} \frac{-\tan x \csc^2 x}{\dfrac{1}{x}} = \lim_{x \to 0^+} \frac{1}{\cos x} \frac{-x}{\sin x} = -1.$$

例 6 求 $\lim\limits_{x \to +\infty} \dfrac{\ln x}{x^n}$ $(n > 0)$.

解 这是 $x \to +\infty$ 时的 $\dfrac{\infty}{\infty}$ 型未定式,由洛必达法则

$$\lim_{x \to +\infty} \frac{\ln x}{x^n} = \lim_{x \to +\infty} \frac{\dfrac{1}{x}}{nx^{n-1}} = \lim_{x \to +\infty} \frac{1}{nx^n} = 0.$$

例 7 求 $\lim\limits_{x \to +\infty} \dfrac{x^n}{e^{\lambda x}}$, $(n$ 为正整数, $\lambda > 0)$.

解 相继应用洛必达法则 n 次,得

$$\lim_{x \to +\infty} \frac{x^n}{e^{\lambda x}} = \lim_{x \to +\infty} \frac{nx^{n-1}}{\lambda e^{\lambda x}} = \lim_{x \to +\infty} \frac{n(n-1)x^{n-2}}{\lambda^2 e^{\lambda x}} = \cdots$$

$$= \lim_{x \to +\infty} \frac{n!}{\lambda^n e^{\lambda x}} = 0.$$

注 如果例 6 中的 n 不是正整数而是任何正数,那么用夹逼定理仍可求得极限为零.

其他尚有一些 $0 \cdot \infty$、$\infty - \infty$、0^0、1^∞、∞^0 型的未定式,可将其化成 $\dfrac{0}{0}$ 或

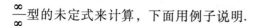

$\frac{\infty}{\infty}$ 型的未定式来计算，下面用例子说明.

例 8　求 $\lim\limits_{x\to 0^{+}}x^{n}\ln x$　$(n>0)$.

解　这是 $0\cdot\infty$ 型未定式. 因为

$$x^{n}\ln x = \frac{\ln x}{\dfrac{1}{x^{n}}},$$

当 $x\to 0^{+}$ 时，上式右端是 $\frac{\infty}{\infty}$ 型未定式，应用洛必达法则，得

$$\lim_{x\to 0^{+}}x^{n}\ln x = \lim_{x\to 0^{+}}\frac{\ln x}{x^{-n}} = \lim_{x\to 0^{+}}\frac{\dfrac{1}{x}}{-nx^{-n-1}} = \lim_{x\to 0^{+}}\left(\frac{-x^{n}}{n}\right) = 0.$$

例 9　求 $\lim\limits_{x\to 1}\left(\dfrac{x}{x-1}-\dfrac{1}{\ln x}\right)$.

解　这是 $\infty-\infty$ 型未定式. 因为

$$\frac{x}{x-1}-\frac{1}{\ln x} = \frac{x\ln x - x + 1}{(x-1)\ln x},$$

当 $x\to 0$ 时，上式右端是 $\frac{0}{0}$ 型未定式，应用洛必达法则，得

$$\lim_{x\to 1}\left(\frac{x}{x-1}-\frac{1}{\ln x}\right) = \lim_{x\to 1}\frac{x\ln x - x + 1}{(x-1)\ln x} = \lim_{x\to 1}\frac{\ln x}{\ln x + 1 - \dfrac{1}{x}}$$

$$= \lim_{x\to 1}\frac{\dfrac{1}{x}}{\dfrac{1}{x}+\dfrac{1}{x^{2}}} = \frac{1}{2}.$$

例 10　求 $\lim\limits_{x\to 0^{+}}x^{x}$.

解　这是 0^{0} 型未定式. 设 $y=x^{x}$，取对数得

$$\ln y = x\ln x,$$

当 $x\to 0^{+}$ 时，上式右端是 $0\cdot\infty$ 型未定式. 应用例 8 的结果，得

$$\lim_{x\to 0^{+}}\ln y = \lim_{x\to 0^{+}}(x\ln x) = 0.$$

因为 $y=e^{\ln y}$，而 $\lim y=\lim e^{\ln y}=e^{\lim \ln y}$，所以

$$\lim_{x\to 0^{+}}x^{x} = \lim_{x\to 0^{+}}y = e^{0} = 1.$$

洛必达法则是求未定式的一种有效方法，但不是万能的.

例 11　求 $\lim\limits_{x\to +\infty}\dfrac{e^{x}-e^{-x}}{e^{x}+e^{-x}}$.

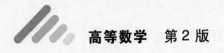

解 这是 $x \to \infty$ 时的 $\dfrac{\infty}{\infty}$ 型未定式，由洛必达法则

$$\lim_{x \to +\infty} \frac{e^x - e^{-x}}{e^x + e^{-x}} = \lim_{x \to +\infty} \frac{e^x + e^{-x}}{e^x - e^{-x}} = \lim_{x \to +\infty} \frac{e^x - e^{-x}}{e^x + e^{-x}}.$$

在这里，使用洛必达法则不能求出极限. 若采用代数方法分子分母消去 e^x 再求极限得

$$\lim_{x \to +\infty} \frac{e^x - e^{-x}}{e^x + e^{-x}} = \lim_{x \to +\infty} \frac{1 - e^{-2x}}{1 + e^{-2x}} = 1.$$

另外，洛必达法则最好能与其他求极限的方法结合使用. 例如能化简时应尽可能先化简，可以应用等价无穷小替代时应尽可能替代，这样可以使运算简捷.

例 12 求 $\lim\limits_{x \to 0} \dfrac{1 + x - e^x}{x(1 + \sin^2 x)\ln(1 + x)}$.

解 如果直接用洛必达法则，那么分子、分母的导数运算较烦. 如果作简单变形，并进行等价无穷小代换，那么运算就方便得多. 其运算如下：

$$\lim_{x \to 0} \frac{1 + x - e^x}{x(1 + \sin^2 x)\ln(1 + x)} = \lim_{x \to 0} \frac{1 + x - e^x}{x^2} = \lim_{x \to 0} \frac{1 - e^x}{2x} = \lim_{x \to 0} \frac{-e^x}{2} = -\frac{1}{2}.$$

最后，我们指出，本节定理给出的是求未定式的一种方法. 当定理条件满足时，所求的极限当然存在（或为 ∞），但当定理条件不满足，所求极限却不一定不存在，这就是说，当 $\lim \dfrac{f'(x)}{g'(x)}$ 不存在也不为 ∞ 时，洛必达法则失效. 这时 $\lim \dfrac{f(x)}{g(x)}$ 仍可能存在，见下例.

例 13 求 $\lim\limits_{x \to \infty} \dfrac{x}{2x + \cos x}$.

解 此题是 $\dfrac{\infty}{\infty}$ 型未定式，由于极限

$$\lim_{x \to \infty} \frac{(x)'}{(2x + \cos x)'} = \lim_{x \to \infty} \frac{1}{2 - \sin x}$$

不存在，也不为 ∞，故不能用洛必达法则.

注意到 $x \to \infty$ 时，$\dfrac{1}{x}$ 为无穷小量，$\cos x$ 是有界变量. 于是有

$$\lim_{x \to \infty} \frac{x}{2x + \cos x} = \lim_{x \to \infty} \frac{1}{2 + \dfrac{1}{x}\cos x} = \frac{1}{2}.$$

习题 3-2

1. 用洛必达法则求下列极限：

（1）$\lim\limits_{x\to 4}\dfrac{\sqrt{x}-2}{\sqrt{5-x}-1}$；

（2）$\lim\limits_{x\to 1}\dfrac{x^2-1}{\ln x}$；

（3）$\lim\limits_{x\to a}\dfrac{\arctan x-\arctan a}{x-a}$；

（4）$\lim\limits_{x\to \pi}\dfrac{\sin 3x}{\tan 5x}$；

（5）$\lim\limits_{x\to 0}\dfrac{x-\sin x}{x^3}$；

（6）$\lim\limits_{x\to a}\dfrac{x^m-a^m}{x^n-a^n}$；

（7）$\lim\limits_{x\to 0^+}\dfrac{\ln \tan 7x}{\ln \tan 2x}$；

（8）$\lim\limits_{x\to \frac{\pi}{2}}\dfrac{\tan x}{\tan 3x}$；

（9）$\lim\limits_{x\to 1}\dfrac{x^3-1+\ln x}{e^x-e}$；

（10）$\lim\limits_{x\to 0}\dfrac{\sqrt[n]{1+x}-1}{\sqrt[m]{1+x}-1}$，$n$，$m$ 为正整数；

（11）$\lim\limits_{x\to 0}x\cot 2x$；

（12）$\lim\limits_{x\to 0}\left(\dfrac{1}{x}-\dfrac{1}{e^x-1}\right)$；

（13）$\lim\limits_{x\to 0^+}(\tan x)^{\sin x}$；

（14）$\lim\limits_{x\to 0}\left(\dfrac{2^x+3^x}{2}\right)^{\frac{1}{x}}$.

2. $\lim\limits_{x\to 0}\dfrac{\sin^2 x\sin\frac{1}{x}}{x}$ 存在吗？能用洛必达法则计算吗？

第三节　泰勒中值定理

第一节我们得到拉格朗日中值定理的一种形式

$$f(x)=f(x_0)+(x-x_0)f'(\xi).$$

本节将这种形式进一步推广.

泰勒（Taylor）中值定理　如果函数 $f(x)$ 在含有 x_0 的某个区间 I 内具有直到 $(n+1)$ 阶的导数，则当 $x\in I$ 时，$f(x)$ 可以表示为：

$$f(x)=f(x_0)+f'(x_0)(x-x_0)+\frac{f''(x_0)}{2!}(x-x_0)^2+\cdots$$

$$+\frac{f^{(n)}(x_0)}{n!}(x-x_0)^n+R_n(x),\tag{1}$$

其中

$$R_n(x)=\frac{f^{(n+1)}(\xi)}{(n+1)!}(x-x_0)^{n+1}\quad \xi \text{ 位于点 } x_0 \text{ 与 } x \text{ 之间.}\tag{2}$$

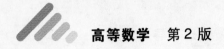

证* 记

$$p_n(x) = f(x_0) + f'(x_0)(x - x_0) + \frac{f''(x_0)}{2!}(x - x_0)^2 + \cdots + \frac{f^{(n)}(x_0)}{n!}(x - x_0)^n,$$

$$(3)$$

则 $R_n(x) = f(x) - p_n(x)$，下面证明

$$R_n(x) = \frac{f^{(n+1)}(\xi)}{(n+1)!}(x - x_0)^{n+1} \quad (\xi \text{ 位于点 } x_0 \text{ 与 } x \text{ 之间}).$$

由假设可知，$R_n(x)$ 在 (a, b) 内具有直到 $(n+1)$ 阶导数，且

$$R_n(x_0) = R_n'(x_0) = R_n''(x_0) = \cdots = R_n^{(n)}(x_0) = 0.$$

对函数 $R_n(x)$ 及 $(x - x_0)^{n+1}$ 在以 x_0 及 x 为端点的区间上应用柯西中值定理，得

$$\frac{R_n(x)}{(x - x_0)^{n+1}} = \frac{R_n(x) - R_n(x_0)}{(x - x_0)^{n+1} - 0} = \frac{R_n'(\xi_1)}{(n+1)(\xi_1 - x_0)^n}(\xi_1 \text{ 在 } x_0 \text{ 与 } x \text{ 之间}),$$

再对函数 $R_n'(x)$ 与 $(n+1)(x - x_0)^n$ 在以 x_0 和 ξ_1 为端点的区间上应用柯西中值定理，得

$$\frac{R_n'(\xi_1)}{(n+1)(\xi_1 - x_0)^n} = \frac{R_n'(\xi_1) - R_n'(x_0)}{(n+1)(\xi_1 - x_0)^n - 0} = \frac{R_n''(\xi_2)}{n(n+1)(\xi_2 - x_0)^{n-1}}$$

$$(\xi_2 \text{ 在 } x_0 \text{ 与 } \xi_1 \text{ 之间}).$$

重复这过程，经过 $(n+1)$ 次后，得

$$\frac{R_n(x)}{(x - x_0)^{n+1}} = \frac{R_n^{(n+1)}(\xi)}{(n+1)!} \quad (\xi \text{ 在 } x_0 \text{ 与 } \xi_n \text{ 之间，因而也在 } x_0 \text{ 与 } x \text{ 之间}).$$

注意到 $R_n^{(n+1)}(x) = f^{(n+1)}(x)$（因 $p_n^{(n+1)}(x) = 0$），则由上式得

$$R_n(x) = \frac{f^{(n+1)}(\xi)}{(n+1)!}(x - x_0)^{n+1} \quad (\xi \text{ 位于点 } x_0 \text{ 与 } x \text{ 之间}).$$

此即为所要证明的等式.

多项式 (3) 称为函数 $f(x)$ 按 $(x - x_0)$ 的幂展开的 n 次近似多项式或称为 $f(x)$ 在点 x_0 的 n 阶泰勒多项式，公式 (1) 称为 $f(x)$ 按 $(x - x_0)$ 的幂（或在点 x_0）展开到 n 阶的泰勒公式，而 $R_n(x)$ 的表达式 (2) 称为拉格朗日型余项.

当 $n = 0$ 时，泰勒公式变成拉格朗日中值公式：

$$f(x) = f(x_0) + f'(\xi)(x - x_0) \quad (\xi \text{ 位于点 } x_0 \text{ 与 } x \text{ 之间}).$$

因此，拉格朗日中值定理是泰勒中值定理的特例，对应于泰勒公式中的 $n = 0$ 情形.

由泰勒中值定理可知，以多项式 $p_n(x)$ 近似表达函数 $f(x)$ 时，其误差为 $|R_n(x)|$. 如果对于某个固定的 n，当 x 在开区间 (a, b) 内变动时，$|f^{(n+1)}(x)|$ 总不超过一个常数 M，则有估计式：

$$|R_n(x)| = \left| \frac{f^{(n+1)}(\xi)}{(n+1)!}(x-x_0)^{n+1} \right| \leqslant \frac{M}{(n+1)!}|x-x_0|^{n+1} \qquad (4)$$

及

$$\lim_{x \to x_0} \frac{R_n(x)}{(x-x_0)^n} = 0.$$

由此可见，误差 $R_n(x)$ 是当 $x \to x_0$ 时比 $(x-x_0)^n$ 高阶的无穷小.

在泰勒公式(1)中，若取 $x_0 = 0$，则有

$$f(x) = f(0) + f'(0)x + \frac{f''(0)}{2!}x^2 + \cdots + \frac{f^{(n)}(0)}{n!}x^n + \frac{f^{(n+1)}(\xi)}{(n+1)!}x^{n+1}$$

$$(\xi \text{ 位于点 } 0 \text{ 与 } x \text{ 之间}). \qquad (5)$$

式(5)也称为函数 $f(x)$ 的 n 阶麦克劳林(Maclaurin)公式.

应用上为了方便起见，我们也把泰勒公式写成

$$f(x) = f(x_0) + f'(x_0)(x-x_0) + \frac{f''(x_0)}{2!}(x-x_0)^2 + \cdots +$$

$$\frac{f^{(n)}(x_0)}{n!}(x-x_0)^n + o((x-x_0)^n) \qquad (6)$$

式(6)称为函数 $f(x)$ 在 x_0 处带佩亚诺(Peano)型余项的 n 阶泰勒公式.

例 1　求函数 $f(x) = e^x$ 展开到 n 阶的麦克劳林公式.

解　对于函数 $f(x) = e^x$ 来说，有 $f^{(n)}(x) = e^x$，所以

$$f^{(k)}(0) = 1, k = 0, 1, \cdots, n.$$

把这些值代入公式(5)，并注意到 $f^{(n+1)}(\xi) = e^\xi$ 便得

$$e^x = 1 + x + \frac{x^2}{2!} + \cdots + \frac{x^n}{n!} + \frac{e^\xi}{(n+1)!}x^{n+1} \qquad (\xi \text{ 位于点 } 0 \text{ 与 } x \text{ 之间}). \qquad (7)$$

在例 1 中若略去最后一项得

$$e^x \approx 1 + x + \frac{x^2}{2!} + \cdots + \frac{x^n}{n!},$$

这时所产生的误差为

$$|R_n(x)| = \left| \frac{e^\xi}{(n+1)!}x^{n+1} \right| < \frac{e^{|x|}}{(n+1)!}|x|^{n+1}.$$

特别地，取 $x = 1$，则近似式为

$$e \approx 1 + 1 + \frac{1}{2!} + \cdots + \frac{1}{n!}.$$

其误差 $|R_n| < \dfrac{e}{(n+1)!} < \dfrac{3}{(n+1)!}$.

例 2　求 $f(x) = \sin x$ 展开到 n 阶的麦克劳林公式.

解　因为

$$f^{(n)}(x) = \sin\left(x + \frac{n\pi}{2}\right),$$

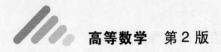

所以 $f(0)=0$, $f'(0)=1$, $f''(0)=0$, $f'''(0)=-1$, $f^{(4)}(0)=0$ 等等，它们顺序循环地取四个数 0, 1, 0, -1, 于是，按公式(5)得(令 $n=2m$)

$$\sin x = x - \frac{x^3}{3!} + \frac{x^5}{5!} - \cdots + (-1)^{m-1} \frac{x^{2m-1}}{(2m-1)!} + R_{2m}, \tag{8}$$

其中

$$R_{2m}(x) = \frac{\sin\left[\xi + (2m+1)\frac{\pi}{2}\right]}{(2m+1)!} x^{2m+1} \quad (\xi \text{ 位于点 } 0 \text{ 与 } x \text{ 之间}).$$

类似地，有

$$\cos x = 1 - \frac{x^2}{2!} + \frac{x^4}{4!} - \cdots + (-1)^m \frac{x^{2m}}{(2m)!} + \frac{\cos\left[\xi + (m+1)\pi\right]}{(2m+2)!} x^{2m+2}$$

$$(\xi \text{ 位于点 } 0 \text{ 与 } x \text{ 之间}).$$

$$\ln(1+x) = x - \frac{x^2}{2} + \frac{x^3}{3} - \cdots + (-1)^{n-1} \frac{x^n}{n} + \frac{(-1)^n}{(n+1)(1+\xi)^{n+1}} x^{n+1}$$

$$(\xi \text{ 位于点 } 0 \text{ 与 } x \text{ 之间}).$$

泰勒公式有很多应用，尤其是在近似计算与非线性函数的线性化过程中起着重要作用.

例3 近似计算 $\sin 10°$，要求误差小于 10^{-4}.

解 $10° = \frac{\pi}{18} < 0.2$，利用公式(8)，其误差项

$$|R_{2m}(x)| = \left| \frac{\sin\left[\xi + (2m+1)\frac{\pi}{2}\right]}{(2m+1)!} x^{2m+1} \right| < \frac{1}{(2m+1)!} |0.2|^{2m+1}$$

要使得误差小于 10^{-4}，只要取 $m=2$ 即可. 此时

$$\sin 10° \approx \frac{\pi}{18} - \frac{\pi^3}{6 \times 18^3} \approx 0.174\,53 - 0.000\,88 = 0.173\,65$$

习题 3-3

1. 按 $(x-4)$ 的乘幂展开多项式 $x^4 - 5x^3 + x^2 - 3x + 4$.

2. 求函数 $f(x) = \tan x$ 的二阶麦克劳林公式.

3. 求函数 $f(x) = a^x$ 的 n 阶麦克劳林公式.

4. 求函数 $y = xe^x$ 带佩亚诺型余项的 n 阶麦克劳林公式.

5. 当 $x_0 = -1$ 时，求函数 $f(x) = \frac{1}{x}$ 的 n 阶泰勒公式.

6. 求函数 $f(x) = (x+1)\ln(1+x)$ 的 n 阶麦克劳林公式.

7. 验证当 $0 < x \le \dfrac{1}{2}$ 时，按公式 $e^x \approx 1 + x + \dfrac{x^2}{2} + \dfrac{x^3}{6}$ 计算 e^x 的近似值时，所产生的误差小于 0.01，并求 $\sqrt{e}$ 的近似值，使误差小于 0.01.

第四节　函数单调性判别法

用导数作为工具，可以比较容易判别函数的单调性. 这可从下面的图形看出函数 $y = f(x)$ 的单调增减性和函数的导数的关系，如图 3-4、图 3-5 所示.

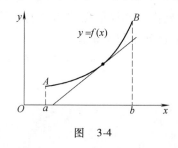

图　3-4

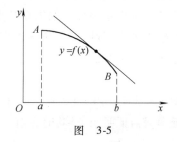

图　3-5

在图 3-4 中，函数 $y = f(x)$ 的图形为上升曲线，曲线上各点处切线的斜率为正；在图 3-5 中，函数 $y = f(x)$ 的图形为下降曲线，曲线上各点处切线斜率为负. 由此可见，函数的单调性与其导数的符号有着密切的联系. 这就是下面的定理.

定理 1（函数单调性判别定理） 设函数 $y = f(x)$ 在 $[a, b]$ 上连续，在 (a, b) 内可导.

（1）如果在 (a, b) 内恒有 $f'(x) > 0$，则 $f(x)$ 在 $[a, b]$ 上单调增加；

（2）如果在 (a, b) 内恒有 $f'(x) < 0$，则 $f(x)$ 在 $[a, b]$ 上单调减少.

证 在 $[a, b]$ 上任取两点 x_1 和 x_2，且 $x_1 < x_2$. 显然，函数 $f(x)$ 在 $[x_1, x_2]$ 上满足拉格朗日中值定理的条件. 于是，至少存在一点 $\xi \in (x_1, x_2)$，使得
$$f(x_2) - f(x_1) = f'(\xi)(x_2 - x_1), x_1 < \xi < x_2,$$
由于 $x_2 - x_1 > 0$，由定理条件（1）可知，$f'(\xi) > 0$，因此，$f(x_2) > f(x_1)$. 再由 x_1 和 x_2 的任意性可知，$f(x)$ 在 $[a, b]$ 上单调增加.

同理可证（2）.

如果将定理中的闭区间换成其他各种区间（包括无穷区间），定理结论仍成立. 一般地，函数在其定义域内并非是单调增加（或减少）的，此时，可将定义域分成若干区间，使得函数在这些区间上是单调增加（或减少）的，这些区间称为函数的单调区间.

例 1 确定函数 $f(x) = 2x^3 + 3x^2 - 12x$ 的单调区间.

解 函数 $f(x)$ 在 $(-\infty, +\infty)$ 上连续，

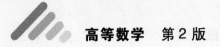

$$f'(x) = 6x^2 + 6x - 12 = 6(x-1)(x+2),$$

令 $f'(x) = 0$，得 $x_1 = -2$ 和 $x_2 = 1$，以 x_1，x_2 为分点，将函数的定义域 $(-\infty, +\infty)$ 分为三个子区间：$(-\infty, -2]$，$[-2, 1]$，$[1, +\infty)$.

在 $(-\infty, -2)$ 内，$f'(x) > 0$，因此，$f(x)$ 在 $(-\infty, -2]$ 内单调增加；在区间 $(-2, 1)$ 内 $f'(x) < 0$，因此，$f(x)$ 在 $[-2, 1]$ 上单调减少；在区间 $(1, +\infty)$ 内 $f'(x) > 0$，因此，函数 $f(x)$ 在 $[1, +\infty)$ 内单调增加.

例2　讨论函数 $y = x - \sin x$ 在 $[0, \pi]$ 上的单调性.

解　函数 $y = x - \sin x$ 在 $[0, \pi]$ 上连续，在区间 $(0, \pi)$ 上 $y' = 1 - \cos x > 0$，所以函数在 $[0, \pi]$ 上单调增加.

注　对于连续函数，如果在某点的去心邻域内，其导数保持确定的符号（在该点导数为零或不可导），则函数在该点附近的区间上仍为单调的.

由此，通过讨论可知，函数 $y = x - \sin x$ 在 $(-\infty, +\infty)$ 上都是单调增加的.

例3　试证：当 $x > 0$ 时，$\ln(1+x) < x$.

证　只需证明当 $x > 0$ 时，有

$$f(x) = x - \ln(1+x) > 0.$$

由

$$f'(x) = 1 - \frac{1}{1+x} = \frac{x}{1+x} > 0, x > 0$$

可知，$x > 0$ 时，$f(x)$ 单调增加，又因 $f(0) = 0$，故 $x > 0$ 时，$f(x) > 0$，即

当 $x > 0$ 时，$\ln(1+x) < x$.

习题 3-4

1. 判定函数 $f(x) = \arctan x - x$ 的单调性.

2. 确定下列函数的单调区间：

(1) $y = x^3 - 3x^2 - 9x + 5$；

(2) $y = x + \dfrac{4}{x}$；

(3) $y = \ln(x + \sqrt{1+x^2})$；

(4) $y = (x-1)(x+1)^3$；

(5) $y = \dfrac{x}{(x+1)^2}$；

(6) $y = x^2 e^{-x}$；

(7) $y = 2x^2 - \ln x$；

(8) $f(x) = \dfrac{3}{5}x^{\frac{5}{3}} - \dfrac{3}{2}x^{\frac{2}{3}} + 1$.

3. 证明下列不等式：

(1) $e^x > 1 + x$；

(2) $0 < x < \dfrac{\pi}{2}$ 时 $\sin x + \tan x > 2x$；

（3）$1+\dfrac{1}{2}x>\sqrt{1+x}\,(x>0)$；　　　　（4）$x-\dfrac{1}{6}x^3<\sin x<x\,(x>0)$.

4. 证明方程 $\sin x=x$ 有且仅有一个实根.

第五节　函数的极值与最值

一、函数的极值及其求法

费马引理及推论给出了对于可导函数，其极值点只可能在驻点处取得. 因此费马引理也称为可导函数取极值的必要条件. 但是对于函数不可导的点，函数也可能在这些点上取极值. 参见图 3-6.

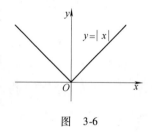

图　3-6

此外，驻点和导数不存在的点不一定都是极值点. 如 $y=x^3$ 在 $x=0$ 为驻点，但 $x=0$ 不是极值点. 因此，如何判定一个函数的驻点和导数不存在的点是否为极值点，还需要给出充分条件.

定理1（第一充分条件）　设函数 $f(x)$ 在点 x_0 的某一去心邻域内可导，且在点 x_0 连续.

（1）如果在点 x_0 的左邻域内有 $f'(x)>0$，在点 x_0 的右邻域内有 $f'(x)<0$，则 x_0 是 $f(x)$ 的极大值点；

（2）如果在点 x_0 的左邻域内有 $f'(x)<0$，在点 x_0 的右邻域内有 $f'(x)>0$，则 x_0 是 $f(x)$ 的极小值点；

（3）如果在点 x_0 的空心邻域内 $f'(x)$ 恒为正或恒为负，则 x_0 不是 $f(x)$ 的极值点.

证　根据函数单调性判别法，由（1）中的条件可知，函数 $f(x)$ 在点 x_0 的左邻域内单调增加，在点 x_0 的右邻域内单调减少，而 $f(x)$ 在点 x_0 处又是连续的，故由极大值的定义可知，$f(x_0)$ 是 $f(x)$ 的极大值. 即 x_0 是 $f(x)$ 的极大值点.

同理可证定理 1 中的（2）与（3）.

定理 1 也可扼要地叙述为：设 x_0 是 $f(x)$ 的连续点，若当 x 从 x_0 的左侧变到右侧时，$f'(x)$ 变号，则 x_0 为 $f(x)$ 的极值点；若 $f'(x)$ 符号保持不变，则 x_0 不是 $f(x)$ 的极值点.

例1　求函数 $f(x)=2x^3+3x^2-12x$ 的极值.

解　　　　　　$f'(x)=6x^2+6x-12=6(x-1)(x+2)$，

令 $f'(x)=0$，得驻点为 $x_1=-2$ 和 $x_2=1$. 在 $x_1=-2$ 的左邻域，$f'(x)>0$，在 $x_1=-2$ 的右邻域，$f'(x)<0$，由定理 1，$x_2=1$ 为函数极大值点，极大值 $f(-2)=20$；在 $x_2=1$ 的左邻域，$f'(x)<0$，在 $x_2=1$ 的右邻域，$f'(x)>0$，由定理 1，

$x_2 = 1$ 为函数极小值点，极小值 $f(1) = -7$.

例2 求函数 $f(x) = 1 - (x-2)^{\frac{2}{3}}$ 的极值.

解 函数 $f(x)$ 在 $(-\infty, +\infty)$ 上连续. 当 $x \ne 2$ 时，$f'(x) = -\dfrac{2}{3\sqrt[3]{x-2}}$；当 $x = 2$ 时，$f'(x)$ 不存在.

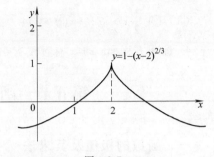

图 3-7

由于在 $x = 2$ 的左邻域，$f'(x) > 0$；$x = 2$ 的右邻域，$f'(x) < 0$. 根据定理 1，$f(2) = 1$ 是函数 $f(x)$ 的极大值. 如图 3-7 所示.

定理 2（第二充分条件） 设 x_0 是函数 $f(x)$ 的驻点，且有二阶导数 $f''(x_0) \ne 0$，则

(1) 当 $f''(x_0) > 0$ 时，x_0 是 $f(x)$ 的极小值点；

(2) 当 $f''(x_0) < 0$ 时，x_0 是 $f(x)$ 的极大值点.

证 由 $f'(x_0) = 0$ 和二阶导数的定义可知

$$f''(x_0) = \lim_{x \to x_0} \frac{f'(x) - f'(x_0)}{x - x_0} = \lim_{x \to x_0} \frac{f'(x)}{x - x_0},$$

在 (1) 的条件下，$f''(x_0) > 0$. 由极限性质可知，在 x_0 的某空心邻域内有 $\dfrac{f'(x)}{x - x_0} > 0$，于是，在该空心邻域，$f'(x)$ 与 $x - x_0$ 的符号相同. 即在 x_0 的左邻域内，由于 $x - x_0 < 0$，从而有 $f'(x) < 0$；在 x_0 的右邻域内，由于 $x - x_0 > 0$，从而有 $f'(x) > 0$. 由定理 1 可知，x_0 是 $f(x)$ 的极小值点. 从而定理 2 中的 (1) 得证.

同理可证定理 2 中的 (2).

例3 求函数 $f(x) = x^3 - 3x$ 的极值.

解 $f'(x) = 3x^2 - 3 = 3(x+1)(x-1)$，

令 $f'(x) = 0$，求得驻点 $x_1 = -1$，$x_2 = 1$.

又 $f''(x) = 6x$.

因为 $f''(-1) = -6 < 0$，故 $f(-1) = 2$ 为 $f(x)$ 的极大值；因为 $f''(1) = 6 > 0$，故 $f(1) = -2$ 为 $f(x)$ 的极小值.

注1 如果 $f''(x_0) = 0$，定理 2 就不能应用. 事实上，当 $f'(x_0) = 0$，$f''(x_0) = 0$ 时，$f(x)$ 在 x_0 处可能有极值，也可能没有极值. 例如，$y = x^4$，$y = x^3$ 这两个函数在 $x = 0$ 处就分别属于这两种情况. 因此，如果函数在驻点处的二阶导数为零，那么还得直接用一阶导数在驻点左右邻近的符号来判别极值.

二、函数的最值及其求法

在许多理论和应用问题中，需要求函数在某区间上的最大值和最小值（统称

为最值). 一般地说，函数的最值与极值是两个不同的概念，最值是对整个区间而言的，是全局性的；极值是对极值点的某个邻域而言的，是局部性的. 一般地，函数的极大值未必是最大值. 它甚至比某点的极小值还小，如图 3-8 所示. 另外，最值可以在区间的端点取得，而极值则只能在区间内部的点取得.

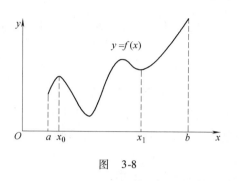

图　3-8

虽然如此，最值和极值还是有一些必然联系. 事实上，设 $f(x)$ 在 $[a, b]$ 上连续，若最大值 M 不在区间端点取得，则必在开区间 (a, b) 内某点取得，从而该点必为极大值点；同样，若最小值不在区间端点取得，则必在 (a, b) 内某极小值点取得. 因此，函数的最值必在区间端点或极值点上取得. 这样，求连续函数 $f(x)$ 在闭区间 $[a, b]$ 上的最值不需新的方法. 只需分别计算 $f(x)$ 在其驻点、导数不存在点、以及端点 a 和 b 处的函数值，然后再加以比较，其中最大者为 $f(x)$ 在 $[a, b]$ 上的最大值，最小者为 $f(x)$ 在 $[a, b]$ 上的最小值.

例 4　求函数 $f(x) = x^3 - 3x + 3$ 在 $[-3, 2]$ 上的最大值与最小值.

解
$$f'(x) = 3x^2 - 3,$$
令 $f'(x) = 0$，得到驻点 $x_1 = -1$，$x_2 = 1$. 由于
$$f(-1) = 5, f(1) = 1, f(-3) = -15, f(2) = 5,$$
比较可得，$f(x)$ 在 $x = -3$ 处取得它在 $[-3, 2]$ 上的最小值 $f(-3) = -15$，在 $x = -1$ 或 $x = 2$ 处取得它在 $[-3, 2]$ 上的最大值 $f(2) = 5$.

例 5　某矿拟从 A 处掘进一巷道至 C 处，设 AB 为水平方向，长为 600m，BC 为铅直向下方向，深为 200m（如图 3-9 所示），沿水平 AB 方向掘进费用为每米 500 元，水平以下为坚硬岩石，掘进费用为每米 1300 元，问怎样掘进使费用最省，最省要用多少元？

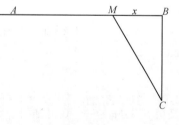

图　3-9

解　如图 3-9 所示，设掘进线路为折线 AMC，M 点距 B 点为 x，掘进总费用为 P，则
$$P = 500(600 - x) + 1300\sqrt{200^2 + x^2},$$
于是，问题归结为：求 $x \in [0, 600]$，使函数 P 的值最小.

先求 P 对 x 的导数
$$P' = -500 + \frac{1300x}{\sqrt{200^2 + x^2}},$$

令 $P'=0$ 得驻点 $x=\dfrac{250}{3}$ m，比较函数 $P(x)$ 在 $x=0$，$x=600$ 及 $x=\dfrac{250}{3}$ 三点的值知 $x=\dfrac{250}{3}$ 为函数 $P(x)$ 在区间 $[0,600]$ 上的最小值，即 $MB=\dfrac{250}{3}$ m 时总费用最小，最小值为 540 000 元.

注 2　如函数 $f(x)$ 在闭区间 $[a,b]$ 上连续，在开区间 (a,b) 内可导，且 x_0 为 $f(x)$ 在开区间 (a,b) 内的唯一驻点时，若 x_0 为 $f(x)$ 的极大值点（或极小值点），则 x_0 也就是 $f(x)$ 在 $[a,b]$ 上的最大值点（或最小值点）. 将闭区间改为其他形式的区间结论仍成立.

注 3　有时根据实际问题本身的意义可以断定，函数在定义区间内部确有最大值或最小值. 这时，如果方程 $f'(x)=0$ 在定义区间内只有一个根 x_0，就可断定 $f(x_0)$ 是最大值或最小值. 如例 5 就可根据实际问题本身的意义断定 $x=\dfrac{250}{3}$ m 时费用为最小值.

例 6　要制造一个容积为 V（单位：m^3）的圆柱形密闭容器. 问容器的高和底圆半径各为多少，用料最省？

解　依题意，用料最省就是要求表面积最小. 设该容器的高为 h，底圆半径为 r，则表面积为

$$S = 2\pi r^2 + 2\pi rh,$$

由于容积 $V=\pi r^2 h$，于是 $h=\dfrac{V}{\pi r^2}$，代入上式得

$$S = S(r) = 2\pi r^2 + 2\pi r\,\frac{V}{\pi r^2} = 2\pi r^2 + \frac{2V}{r},$$

由 $S'=4\pi r-\dfrac{2V}{r^2}=0$ 得唯一的驻点：

$$r_0 = \left(\frac{V}{2\pi}\right)^{\frac{1}{3}}.$$

又由 $S''=4\pi+\dfrac{4V}{r^3}>0$ 可知，r_0 为 $S(r)$ 的极小值点，于是，r_0 也是 $S(r)$ 取最小值的点. 此时，容器的高为：

$$h_0 = \frac{V}{\pi r_0^2} = 2r_0 \quad \left(\text{因为 } \pi r_0^3 = \frac{V}{2}\right).$$

这说明，当圆柱形容器的高与底圆直径相等时，用料最省.

例 7　磁盘的最大存储量. 微型计算机把数据存储在磁盘上，磁盘是带有磁性介质的圆盘，并由操作系统将其格式化成磁道和扇区. 磁道是指不同半径所构成的同心圆轨道，扇区是指被圆心角分隔成的扇形区域，磁道上的定长弧段

可作为基本存储单元，根据其磁化与否分别记录数据 0 或 1，这个基本单元通常被称为比特（bit）. 磁盘的构造如图 3-10 所示. 为了保障磁盘的分辨率，磁道宽度必须大于 p_t，每比特所占用的磁道长度不得小于 p_b. 为了数据检索的便利，磁盘格式化时要求所有磁道要具有相同的比特数.

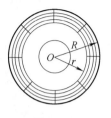

图　3-10

现有一张半径为 R 的磁盘，它的存储区是半径介于 r 与 R 之间的环形区域，试确定 r，使磁盘具有最大储存量.

解　存储量 = 磁道数 × 每磁道的比特数.

设存储区的半径介于 r 与 R 之间，故磁道数量最多可达 $\dfrac{R-r}{p_t}$ 道，由于每条磁道上的比特数相同，为获得最大存储量，最内一条磁道必须装满，即每条磁道上的比特数可达到 $\dfrac{2\pi r}{p_b}$. 所以，磁盘总存储量

$$B(r) = \frac{R-r}{p_t} \cdot \frac{2\pi r}{p_b} = \frac{2\pi}{p_t p_b} r(R-r).$$

为求 $B(r)$ 的极值，计算

$$B'(r) = \frac{2\pi}{p_t p_b}(R - 2r),$$

$$B''(r) = \frac{2\pi}{p_t p_b}(-2),$$

令 $B'(r) = 0$，解出驻点 $r = \dfrac{R}{2}$.

由于 $B''(r) < 0$，在 $r = \dfrac{R}{2}$ 处，$B(r)$ 取得最大值，故当 $r = \dfrac{R}{2}$ 时，磁盘具有最大存储量. 此时最大存储量是 $B_{\max} = \dfrac{\pi}{p_t p_b} \dfrac{R^2}{2}$.

习题 3-5

1. 求下列函数的极值：

（1）$y = x^3 - 3x^2 - 9x + 1$；　　　　（2）$y = x - \ln(1+x)$；

（3）$y = 2x - \ln(4x)^2$；　　　　　　（4）$y = 2e^x + e^{-x}$；

（5）$y = \dfrac{\ln^2 x}{x}$.

2. a 为何值时，函数 $f(x) = a\sin x + \dfrac{1}{3}\sin 3x$ 在 $x = \dfrac{\pi}{3}$ 处有极值？是怎样的极值？并求此极值.

3. 求下列函数在所给区间上的最值:

(1) $y = 2x^3 + 3x^2 - 12x + 14$,$x \in [-3, 4]$;

(2) $y = \sqrt{x} \ln x$,$x \in \left[\dfrac{1}{2}, 1\right]$;

(3) $y = x^2 - \dfrac{54}{x}$,$x \in (-\infty, 0)$;

(4) $y = \dfrac{x}{x^2 + 1}$,$x \in [0, +\infty)$.

4. 求函数 $y = \left(1 + x + \dfrac{x^2}{2!} + \cdots + \dfrac{x^n}{n!}\right) e^{-x}$ 的最值(n 为自然数).

5. 正方形的纸板边长为 $2a$,将其四角各剪去一个边长相等的小正方形,做成一个无盖的纸盒.问剪去的小正方形边长等于多少时,纸盒的容积最大?

6. 半径为 R 的圆形铁皮,剪去一圆心角为 α 的扇形,如图 3-11 所示,做成一个漏斗形容器,问 α 为何值时,容器的容积最大?

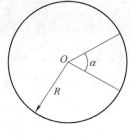

图 3-11

第六节 曲线的凹凸性与拐点

前面我们研究了函数 $f(x)$ 的单调性,可知曲线 $y = f(x)$ 的升降情况. 但是,仅此还不够. 如果不知道曲线的弯曲方向,仍不能全面地了解曲线变化的特点,如图 3-12 中的曲线,AB 和 BC 两段曲线弧都是上升的,但它们的图形却有明显的差别,AB 段是向上凹的弧(也称为凹弧),而 BC 段是向上凸的弧(也称为凸弧),它们的凹凸性不同. 因此,有必要研究曲线的凹凸性及其判别法.

由图 3-12 可以看到,如果任取两点,有的曲线弧连接这两点间的弦总位于这两点间的弧段的上方(图 3-13a),而有的曲线弧,则正好相反(图 3-13b). 曲线的这种性质就是曲线的凹凸性. 因此,曲线的凹凸性可以用联接曲线弧上任意两点的弦的中点与曲线弧上的相应点(即具有相同横坐标的点)的位置关系来描述. 下面给出曲线凹凸性的定义.

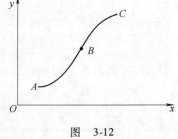

图 3-12

定义 设 $f(x)$ 在区间 I 上连续,如果对 I 上任意两点 x_1,x_2,恒有

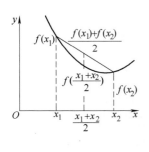

a)

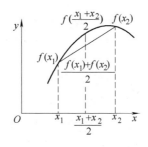

b)

图 3-13

$$f\left(\frac{x_1 + x_2}{2}\right) < \frac{f(x_1) + f(x_2)}{2},$$

那么称 $f(x)$ 在区间 I 上的图形是(向上)凹的. 如果恒有

$$f\left(\frac{x_1 + x_2}{2}\right) > \frac{f(x_1) + f(x_2)}{2},$$

那么称 $f(x)$ 在区间 I 上的图形是(向上)凸的.

如果函数 $f(x)$ 在 (a, b) 内具有二阶导数,那么我们可以利用二阶导数的符号来判定曲线的凹凸性,这就是下面的曲线凹凸性的判定定理.

定理 1 设 $f(x)$ 在 $[a, b]$ 上连续,在 (a, b) 内具有二阶导数,那么

(1)若在 (a, b) 内,$f''(x) > 0$,则 $f(x)$ 在 $[a, b]$ 上的图形是凹的;

(2)若在 (a, b) 内,$f''(x) < 0$,则 $f(x)$ 在 $[a, b]$ 上的图形是凸的.

证 * 设 x_1 和 x_2 为 (a, b) 内任意两点,且 $x_1 < x_2$,记 $x_0 = \dfrac{x_1 + x_2}{2}$,并记

$\dfrac{x_2 - x_1}{2} = h$ 则 $x_1 - x_0 = -h$,$x_2 - x_0 = h$,由泰勒中值定理得:

$$f(x_1) = f(x_0) - f'(x_0)h + \frac{f''(\xi_1)}{2}h^2, \quad \text{其中 } x_1 < \xi_1 < x_0,$$

$$f(x_2) = f(x_0) + f'(x_0)h + \frac{f''(\xi_2)}{2}h^2, \quad \text{其中 } x_0 < \xi_2 < x_2.$$

故有 $\qquad f(x_1) + f(x_2) = 2f(x_0) + \dfrac{f''(\xi_1) + f''(\xi_2)}{2}h^2.$

在情形(1),有 $f''(\xi_1)$,$f''(\xi_2)$ 为正,所以,

$$f(x_1) + f(x_2) > 2f(x_0),$$

即 $\qquad \dfrac{f(x_1) + f(x_2)}{2} > f\left(\dfrac{x_1 + x_2}{2}\right),$

从而,$f(x)$ 在 $[a, b]$ 上的图形是凹的.

127

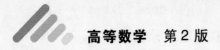

类似地可证明情形(2).

例 1　判断曲线 $y = x - \ln(1+x)$ 的凹凸性.

解　因为 $y' = 1 - \dfrac{1}{1+x}$，$y'' = \dfrac{1}{(1+x)^2} > 0$，所以在函数的定义域 $(-1, +\infty)$ 内，由定理 1 可知，曲线 $y = x - \ln(1+x)$ 是凹的.

例 2　求曲线 $y = 2x^3 + 3x^2 + 12x + 14$ 的凹凸区间.

解　函数 $y = 2x^3 + 3x^2 + 12x + 14$ 在区间 $(-\infty, +\infty)$ 上连续.

$$y' = 6x^2 + 6x + 12, \quad y'' = 12x + 6 = 6(2x+1),$$

令 $y'' = 0$，得 $x_0 = -\dfrac{1}{2}$. 以 x_0 为分点，将函数的定义域 $(-\infty, +\infty)$ 分为 $\left(-\infty, -\dfrac{1}{2}\right)$ 和 $\left(-\dfrac{1}{2}, +\infty\right)$ 两个子区间，在 $\left(-\infty, -\dfrac{1}{2}\right)$ 内，$y'' < 0$，所以曲线在 $\left[-\infty, -\dfrac{1}{2}\right]$ 是凸的. 在 $\left(-\dfrac{1}{2}, +\infty\right)$ 内，$y'' > 0$，所以曲线在区间 $\left[-\dfrac{1}{2}, +\infty\right)$ 是凹的. 即曲线的凸区间为 $\left(-\infty, -\dfrac{1}{2}\right)$，凹区间为 $\left(-\dfrac{1}{2}, +\infty\right)$.

一般地，连续曲线上凸弧与凹弧的分界点，称为该曲线的拐点.

如例 2 中的曲线，其拐点为 $\left(-\dfrac{1}{2}, 8\dfrac{1}{2}\right)$.

习题 3-6

1. 判定曲线 $y = 2\ln x$ 的凹凸性.

2. 求下列函数图形的拐点及凹或凸的区间：

(1) $y = 3x^2 - x^3$；　　　　　　　(2) $y = \sqrt{1+x^2}$；

(3) $y = \sqrt[3]{x}$；　　　　　　　　(4) $y = f(x) = \dfrac{3}{5}x^{\frac{5}{3}} - \dfrac{3}{2}x^{\frac{2}{3}} + 1$；

(5) $y = \ln(1+x^2)$；　　　　　　(6) $y = \dfrac{x^3}{x^2 + 12}$；

(7) $y = (1+x^2)e^x$；　　　　　　(8) $y = xe^{-x}$.

3. 问 a 及 b 为何值时，点 $(1, 3)$ 为曲线 $y = ax^3 + bx^2$ 的拐点？这时曲线的凹凸区间是什么？

4. 试决定 $y = k(x^2 - 3)^2$ 中 k 的值，使曲线的拐点处的法线通过原点.

第七节 函 数 作 图

随着计算机的普及，在计算机上作出函数的图形是极其容易的．但是，如果不了解函数的特性，绘图时窗口及参数的选择不当，也会使计算机绘出的图形丢失很多的信息，造成图形的失真．如在区间 $[0,0.2]$ 上作出函数 $y = \sin x$ 的图形，反映出来的图形是一个单调增加的函数，而对称性与周期性是不能反映出来的．本节讨论的函数作图，实际上是用分析的方法了解函数的一些重要特性，这些特性主要有：

（1）确定函数的定义域；

（2）确定曲线关于坐标轴的对称性以及周期性；

（3）确定曲线与坐标轴的交点（如果不易确定，不必强求）；

（4）确定函数的增减性，极大值与极小值；

（5）确定曲线的凹凸性和拐点；

（6）确定曲线的渐近线．

例1 描绘 $y = \dfrac{x^3}{3} - x^2 + 2$ 的曲线．

解 （1）此函数的定义域为 $(-\infty, +\infty)$；

（2）$y' = f'(x) = x^2 - 2x$，$y''(x) = 2x - 2$；

（3）令 $f'(x) = 0$，即 $x^2 - 2x = 0$，得 $x_1 = 0$，$x_2 = 2$．因 $f''(0) = -2 < 0$，故 $f(0) = 2$ 是极大值．又因 $f''(2) = 2 > 0$，故 $f(2) = \dfrac{2}{3}$ 是极小值．由 $y''(1) = 0$ 知点 $(1, \dfrac{4}{3})$ 为曲线拐点.

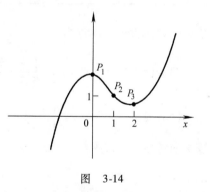

图 3-14

把上面的结果列于表 3-1．根据表 3-1 描出所需曲线，如图 3-14 所示．

表 3-1

x	$(-\infty, 0)$	0	$(0, 1)$	1	$(1, 2)$	2	$(2, +\infty)$
$f'(x)$	正	零	负		负	零	正
$f''(x)$	负	负	负	零	正	正	正
$f(x)$	增加	2	减少	$\dfrac{4}{3}$	减少	$\dfrac{2}{3}$	增加
$y = f(x)$	凸	极大	凸	拐点	凹	极小	凹

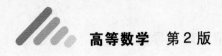

例 2 作函数 $f(x) = \dfrac{1}{\sqrt{2\pi}}e^{-\frac{x^2}{2}}$ 的图形.

解 (1) 函数的定义域为 $(-\infty, +\infty)$,且该函数为偶函数,其图形关于 y 轴对称. 因此,可先研究 $x > 0$ 时的函数图形;

(2) $f'(x) = -\dfrac{x}{\sqrt{2\pi}}e^{-\frac{x^2}{2}} < 0, \ (x > 0), \ f''(x) = \dfrac{x^2 - 1}{\sqrt{2\pi}}e^{-\frac{x^2}{2}}$;

(3) 令 $f''(x) = 0$,得 $x_0 = 1(x > 0)$. 以 $x_0 = 1$ 为分点,将 $(0, +\infty)$ 划分为 $(0, 1)$ 和 $(1, +\infty)$ 两个子区间,并讨论 $f'(x)$ 和 $f''(x)$ 在这两个子区间的符号. 讨论结果列于表 3-2.

表 3-2

x	0	(0, 1)	1	(1, ∞)
$f'(x)$	零	负	负	负
$f''(x)$	负	负	零	正
$y = f(x)$	$\dfrac{1}{\sqrt{2\pi}}$	减少,凸	拐点	减少,凹

从表中知,曲线的拐点为 $\left(1, \dfrac{1}{\sqrt{2\pi e}}\right)$,$x = 0$ 为函数的极大值点;

(4) 由于 $\lim\limits_{x \to \infty} f(x) = \lim\limits_{x \to \infty} \dfrac{1}{\sqrt{2\pi}}e^{-\frac{x^2}{2}} = 0$,所以 $y = 0$ 为曲线的水平渐近线;

(5) 描出点 $\left(0, \dfrac{1}{\sqrt{2\pi}}\right)$,$\left(1, \dfrac{1}{\sqrt{2\pi e}}\right)$,并画出曲线在 y 轴右侧的图形,然后按 y 轴对称,画出 y 轴左侧的图形,如图 3-15 所示.

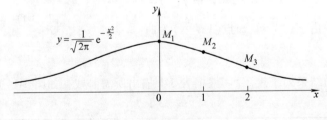

图 3-15

例 3 作函数 $f(x) = \dfrac{4(x+1)}{x^2} - 2$ 的图形.

解 (1) 函数的定义域为 $(-\infty, 0) \cup (0, +\infty)$,是非奇非偶函数;

(2) $f'(x) = -\dfrac{4(x+2)}{x^3}, f''(x) = \dfrac{8(x+3)}{x^4}$;

(3) 由 $f'(x) = 0$,解得驻点 $x = -2$;由 $f''(x) = 0$,解得 $x = -3$;导数不存

在的点为 $x = 0$，用这三点把定义域划分成下列四个部分区间：

$$(-\infty, -3), (-3, -2), (-2, 0), (0, +\infty).$$

列表 3-3 确定函数单调区间，凹凸区间和极值点、拐点.

从表 3-3 中知 $x = -2$ 为函数的极小值点，极小值为 -3；曲线的拐点为

$\left(-3, -\dfrac{26}{9}\right)$；

（4）因为

$$\lim_{x \to \infty} f(x) = \lim_{x \to \infty} \left[\frac{4(x+1)}{x^2} - 2\right] = -2,$$

所以直线 $y = -2$ 为水平渐近线；而

$$\lim_{x \to 0} f(x) = \lim_{x \to 0} \left[\frac{4(x+1)}{x^2} - 2\right] = +\infty,$$

所以直线 $x = 0$ 为铅直渐近线；

表　3-3

x	$(-\infty, -3)$	-3	$(-3, -2)$	-2	$(-2, 0)$	0	$(0, +\infty)$
$f'(x)$	负		负	零	正	不存在	负
$f''(x)$	负	零	正		正		正
$f(x)$	减少，凸	拐点	减少，凹	极小值点	增加，凹	间断点	减少，凹

（5）再补充两个点 $A(-1, -2)$，$B(1, 6)$，根据（3），（4）中得到的结果，用平滑曲线联结这些点，就可描绘出题设函数的图形（图 3-16）.

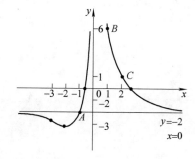

图　3-16

习题 3-7

1. 求下列函数的渐近线：

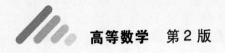

(1) $y = e^{-\frac{1}{x}}$;

(2) $y = \dfrac{e^x}{1+x}$;

(3) $y = e^{-x^2}$;

(4) $\dfrac{x}{x^2-1}$.

2. 画出下列函数的图形:

(1) $y = x^3 - x^2 - x + 1$;

(2) $y = e^{-(x-1)^2}$;

(3) $y = 1 + \dfrac{36x}{(x+3)^2}$;

(4) $y = x^2 + \dfrac{2}{x}$.

第八节　曲线的曲率

一、曲率概念

在实际问题中,有时要考虑曲线的弯曲程度问题. 例如设计铁路、公路的弯道以及在机械、土建工程中各种桥梁的弯曲变形等. 为了研究曲线的弯曲程度,我们引入曲率概念.

在图 3-17 中可看到,弧段 $\overset{\frown}{M_1M_2}$ 比较平直,当动点沿这段弧从 M_1 移动到 M_2 时,切线转过的角度(简称转角)$\Delta\alpha_1$ 不大,而弧段 $\overset{\frown}{M_2M_3}$ 弯曲得比较厉害,转角 $\Delta\alpha_2$ 就比较大.

但是,转角的大小还不能完全反映曲线弯曲的程度. 例如,在图 3-18 中我们看到,两段曲线弧 $\overset{\frown}{M_1M_2}$ 及 $\overset{\frown}{N_1N_2}$ 尽管它们的转角 $\Delta\alpha$ 相同,然而弯曲程度并不相同,短弧段比长弧段弯曲得厉害些. 由此可见,曲线弧的弯曲程度还与弧段的长度有关.

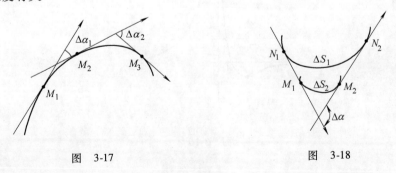

图　3-17　　　　　　　　　　　图　3-18

设曲线 $y = f(x)$ 上一段弧 $\overset{\frown}{MN}$,如图 3-19 所示. 通常用比值 $\dfrac{|\Delta\alpha|}{|\Delta s|}$,即单位弧段上切线转角的大小来表示弧段 $\overset{\frown}{MN}$ 的平均弯曲程度,称此比值为弧 $\overset{\frown}{MN}$ 的平均

曲率，记作 $\bar{k} = \dfrac{|\Delta\alpha|}{|\Delta s|}$.

一般地，曲线在各点处的弯曲情况常常不一样，因此，就需要讨论每一点处的曲率，类似于从平均速度引进瞬时速度的方法，当 $\Delta s \to 0$ 时（即 $N \to M$ 时，见图 3-19），上述平均曲率的极限叫做曲线 $y = f(x)$ 在 M 点处的曲率，记作 K，即

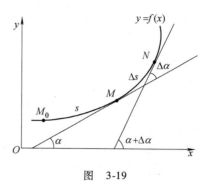

图　3-19

$$K = \lim_{\Delta s \to 0}\left|\frac{\Delta\alpha}{\Delta s}\right| = \left|\frac{\mathrm{d}\alpha}{\mathrm{d}s}\right|.$$

所以曲线的曲率是切线倾角对弧长的变化率.

可以证明，若曲线的直角坐标方程是 $y = f(x)$，且 $f(x)$ 具有二阶导数（这时 $f'(x)$ 连续，从而曲线是光滑的）. 则曲线上点 $(x, f(x))$ 处的曲率为

$$K = \frac{|y''|}{(1 + y'^2)^{\frac{3}{2}}}. \tag{1}$$

利用式（1）可以得到，若 $f(x)$ 为线性函数 $y = ax + b$，a，b 为常数，则 $y'' = 0$. 因此，直线的曲率为零. 若曲线是由方程 $(x - x_0)^2 + (y - y_0)^2 = R^2$ 确定的圆，则可以得到，此时的曲率为常数 $K = \dfrac{1}{R}$. 这说明圆的曲率处处相同，而且等于圆的半径的倒数. 这个结论是符合实际的. 同一个圆的弯曲程度处处一样；不同的圆，半径大的曲率小，半径小的曲率大.

例1　计算双曲线 $xy = 1$ 在点 $(1, 1)$ 处的曲率.

解　由 $y = \dfrac{1}{x}$，得

$$y' = -\frac{1}{x^2}, \quad y'' = \frac{2}{x^3}.$$

因此，　　　　　　　　 $y'|_{x=1} = -1$，$y''|_{x=1} = 2$，

把它们代入公式（1），便得曲线 $xy = 1$ 在点 $(1, 1)$ 处的曲率为

$$K = \frac{2}{[1 + (-1)^2]^{\frac{3}{2}}} = \frac{1}{\sqrt{2}} = \frac{\sqrt{2}}{2}.$$

二、曲率圆与曲率半径

在上文中，我们看到圆上任意一点的曲率正好等于圆的半径的倒数. 对于一般曲线，我们把 $y = f(x)$ 上一点处的曲率 K 的倒数也叫做曲线在该点处的曲率半径，并记作 ρ，即

$$\rho = \frac{1}{K} = \left| \frac{(1 + y'^2)^{\frac{3}{2}}}{y''} \right|.$$

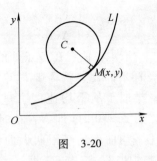

过曲线 L 上一点 $M(x, y)$ 作曲线的法线（图3-20），在法线指向曲线凹向的一侧上取一点 C，使得 MC 的长等于曲线在点 M 处的曲率半径 ρ，即 $|MC| = \rho$. 以 C 为中心，ρ 为半径的圆称为曲线在点 M 处的曲率圆，C 称为曲线在点 M 处的曲率中心.

图 3-20

例2 设工件内表面的截线为抛物线 $y = 0.4x^2$. 现要用砂轮磨削其内表面，问用直径多大的砂轮比较合适？

解 利用曲率计算公式(1)，可求得抛物线 $y = 0.4x^2$ 上任一点处的曲率为

$$K = \frac{0.8}{(1 + 0.64x^2)^{\frac{3}{2}}},$$

于是，当 $x = 0$ 时曲率最大，或即 $x = 0$ 时曲率半径最小，曲率半径最小值为 1.25. 因此，选用砂轮的直径应小于 2.50 个长度单位.

例3 一飞机沿抛物线路径 $y = \dfrac{x^2}{4000}$（单位为 m）作俯冲飞行，在原点 O 处的速度为 $v = 400\text{m/s}$，飞行员体重 70kg，求俯冲到原点时飞行员对座椅的压力（如图3-21所示）.

解 在 O 点，飞行员受到两个力作用，即重力 P 和座椅对飞行员的反力 Q，它们的合力 $Q - P$ 为飞行员随飞机俯冲到 O 点时所需的向心力 F. 于是 $Q - P = F$，即 $Q = P + F$. 物体作匀速圆周运动时，向心力为 $\dfrac{mv^2}{R}$（R 为圆半径）. O 点可以看成是曲线在这点的曲率圆上的点，所以在这点的向心力为

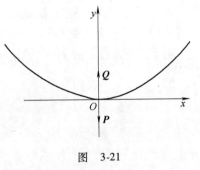

图 3-21

$$F = \frac{mv^2}{\rho}$$（ρ 为 O 点的曲率半径）.

因为 $y' = \dfrac{x}{2000}\Big|_{x=0} = 0$，$y'' = \dfrac{1}{2000}$，

故曲线在 O 点的曲率 $K = \dfrac{1}{2000}$，而 $\rho = 2000\text{m}$，所以

$$F = \frac{70 \times 400^2}{2000} = 5600(\text{N}),$$

从而 $Q = 70 \times 9.8 + 5600 = 6286(\text{N})$.

因为飞行员对座椅的压力和座椅对飞行员的反力相等（方向相反），故飞行员对座椅的压力为6286N.

习题 3-8

1. 求下列曲线在指定点的曲率及曲率半径：

（1）$y = x^2 + x$ 在原点处；

（2）$\dfrac{x^2}{4} + y^2 = 1$ 在点（0，1）处．

2. 抛物线 $y = ax^2 + bx + c$ 上哪一点处的曲率最大？

3. 证明 $y = a\cosh\dfrac{x}{a}$ 在任何一点处的曲率半径为 $\dfrac{y^2}{a}$．

4. 求曲线 $y = \tan x$ 在点 $\left(\dfrac{\pi}{4}, 1\right)$ 处的曲率圆方程．

5. 汽车连同载货质量共5t，在抛物线拱桥上行驶速度为 21.6km/h，桥的跨度为 10m，拱的矢高为 0.25m（图 3-22）．求汽车越过桥顶时对桥的压力．

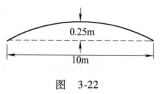

图 3-22

第九节* 方程的近似解

在科学技术和工程应用中，经常会遇到求解高次代数方程或其他类型的方程的问题．精确求解常常是不可能的，因此，就需要寻求方程的近似解即求方程的实根的近似值．最简单且容易编程计算的是二分法．

一、二分法

设函数 $f(x)$ 在区间 $[a, b]$ 上连续，$f(a)f(b) < 0$，利用连续函数的零点定理，函数 $f(x)$ 在区间 (a, b) 内必有零点，即方程 $f(x) = 0$ 在 (a, b) 内存在一个实根 x^*，为了求出这个根，我们取其中点 $x_0 = \dfrac{1}{2}(a + b)$ 将区间 $[a, b]$ 分为两半，然后检查 $f(x_0)$ 与 $f(b)$ 是否为异号．如果确系为异号，说明所求的根 x^* 位于区间 $[x_0, b]$ 内，这时，令 $a_1 = x_0$，$b_1 = b$．否则，根 x^* 位于区间 $[a, x_0]$ 内，此时取 $a_1 = a$，$b_1 = x_0$．这样得到新的包含根的区间 (a_1, b_1)，其长度仅为 (a, b) 的一半．

对压缩了的区间 (a_1, b_1) 又可施行同样的步骤，即用中点 $x_1 = \dfrac{1}{2}(a_1 + b_1)$ 将区间 (a_1, b_1) 再分为两半，然后通过检查 $f(x_1)$ 与 $f(b_1)$ 的符号，又确定一个新

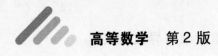

的包含根的区间 (a_2,b_2)，其长度是 (a_1,b_1) 的一半.

如此反复二分下去，便可得到一系列包含根的区间

$$[a,b],[a_1,b_1],[a_2,b_2],\cdots,[a_k,b_k],\cdots,$$

其中每个区间长度都是前一个区间长度的一半，因此，区间 $[a_k,b_k]$ 的长度

$$b_k - a_k = \frac{1}{2^k}(b-a).$$

显然，如果二分过程无限地继续下去，这些区间最终必收缩于一点 x^*，该点 x^* 就是所求的实根，且 $|x^* - x_k| \leqslant \frac{1}{2}(b_k - a_k)$. 当然，如果该过程进行到某一步，出现 $f(x_k) = 0$，则 x_k 就是方程的根. 一般情况下，只要 $\frac{1}{2}(b_k - a_k)$ 小于给定的误差限，则 x_k 就是方程 $f(x) = 0$ 的一个根的近似值.

例1 用二分法求方程

$$f(x) = x^3 - x - 1 = 0$$

在区间 $(1,1.5)$ 内的实根. 使误差不超过 10^{-2}.

解 这里 $a=1$，$b=1.5$，且 $f(1.5)>0$，取区间 (a,b) 的中点 $x_0 = 1.25$ 将区间二等分，由于 $f(x_0)<0$，即 $f(x_0)$ 与 $f(b)$ 异号，故所求的根必位于区间 $[1.25,1.5]$ 内，这时令 $a_1 = x_0 = 1.25$，$b_1 = b = 1.5$，而得到新的区间 (a_1,b_1)（见表3-4）.

对区间 (a_1,b_1) 再用中点 $x_1 = 1.375$ 二分，求出 $f(1.375)>0$ 与 $f(1.5)$ 同号，因此，根必位于区间 $[1.25,1.375]$ 内. 如此反复二分下去，计算结果见表3-4.

当 $k=5$ 时，$\frac{1}{2}(b_k - a_k) < 0.01$，因此所求的近似根 $x^* \approx 1.32$.

二分法的优点是方法简单，计算可靠，缺点是收敛较慢. 牛顿法（也称切线法）能够大大提高收敛速度.

表 3-4

k	a_k	b_k	x_k	$f(x_k)$ 的符号
0	1	1.5	1.25	-
1	1.25	1.5	1.375	+
2	1.25	1.375	1.313	-
3	1.313	1.375	1.344	+
4	1.313	1.344	1.328	+
5	1.313	1.328	1.320	-

二、牛顿法

牛顿法也称切线法，是求解方程 $f(x) = 0$ 的一种重要的迭代法. 这种方法的

基本思想是设法将非线性方程 $f(x) = 0$ 逐步转化为某种线性方程来求解.

设已知方程 $f(x) = 0$ 的一个近似根 x_0，则函数 $f(x)$ 在点 x_0 附近可用一阶泰勒多项式

$$p_1(x) = f(x_0) + f'(x_0)(x - x_0)$$

来近似，因此，方程 $f(x) = 0$ 在点 x_0 附近可近似地表示为

$$f(x_0) + f'(x_0)(x - x_0) = 0.$$

这个近似方程是线性方程，设 $f'(x_0) \neq 0$，解得

$$x_1 = x_0 - \frac{f(x_0)}{f'(x_0)}.$$

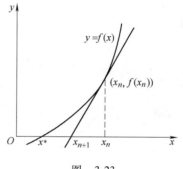

我们取 x_1 作为原方程的新的近似根. 其过程可继续下去，由此形成迭代方法. 这种迭代方法称为牛顿法，牛顿法的迭代公式是

图　3-23

$$x_{n+1} = x_n - \frac{f(x_n)}{f'(x_n)}. \tag{1}$$

牛顿法有很明显的几何解释. 方程 $f(x) = 0$ 的根 x^* 在几何上表示曲线 $y = f(x)$ 与 x 轴的交点. 设 x_n 是交点 x^* 的某个近似位置，过曲线 $y = f(x)$ 上的对应点 $(x_n, f(x_n))$ 引切线，并将该切线与 x 轴的交点 x_{n+1} 作为根 x^* 新的近似位置（图3-23）. 注意到该切线的方程为

$$y = f(x_n) + f'(x_n)(x - x_n).$$

这样得到的交点 x_{n+1} 必满足公式(1). 正是由于这个缘故，牛顿法亦称切线法.

例2　用牛顿法求方程 $x^3 + 1.1x^2 + 0.9x - 1.4$ 的实根近似值，初值 x_0 取 1，使误差不超过 10^{-3}.

解　连续应用公式(1)得

$$x_1 = 1 - \frac{f(1)}{f'(1)} \approx 0.738;$$

$$x_2 = 0.738 - \frac{f(0.738)}{f'(0.738)} \approx 0.674;$$

$$x_3 = 0.674 - \frac{f(0.674)}{f'(0.674)} \approx 0.671;$$

$$x_4 = 0.671 - \frac{f(0.671)}{f'(0.671)} \approx 0.671.$$

至此，计算不能再继续，经比较知 $f(0.671) > 0$，$f(0.670) < 0$，于是，方程的根 $x^* \in (0.670, 0.671)$，以 0.670 或 0.671 作为根的近似值，其误差都小

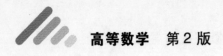

于 10^{-3}.

习题 3-9[*]

1. 试证方程 $x^5 + 5x + 1 = 0$ 在 $(-1, 0)$ 内有唯一实根, 并用牛顿法求其近似值, 使误差不超过 0.01.

第十节[*]　综合例题

例 1　求极限 $\lim\limits_{x \to 0} \dfrac{\sin x(\sin x - \sin \sin x)}{x^4}$.

解　$\lim\limits_{x \to 0} \dfrac{\sin x(\sin x - \sin \sin x)}{x^4} = \lim\limits_{x \to 0} \dfrac{\sin x - \sin \sin x}{\sin^3 x}$.

令 $t = \sin x$, 则

$$\lim\limits_{x \to 0} \frac{\sin x(\sin x - \sin \sin x)}{x^4} = \lim\limits_{t \to 0} \frac{t - \sin t}{t^3} = \lim\limits_{t \to 0} \frac{1 - \cos t}{3t^2} = \frac{1}{6}.$$

例 2　求 $\lim\limits_{x \to \infty} \left(\dfrac{a^{\frac{1}{x}} + b^{\frac{1}{x}} + c^{\frac{1}{x}}}{3} \right)^{3x}$, $(a > 0,\ b > 0,\ c > 0)$.

解　这是未定式 1^∞ 型. 令

$$t = \frac{1}{x}, \quad y = \left(\frac{a^{\frac{1}{x}} + b^{\frac{1}{x}} + c^{\frac{1}{x}}}{3} \right)^{3x}$$

则

$$\begin{aligned}
\lim\limits_{x \to \infty} \ln y &= 3 \lim\limits_{t \to 0} \frac{\ln(a^t + b^t + c^t) - \ln 3}{t} \\
&= 3 \lim\limits_{t \to 0} \frac{a^t \ln a + b^t \ln b + c^t \ln c}{a^t + b^t + c^t} \\
&= \ln(abc).
\end{aligned}$$

故

$$\lim\limits_{x \to \infty} \left(\frac{a^{\frac{1}{x}} + b^{\frac{1}{x}} + c^{\frac{1}{x}}}{3} \right)^{3x} = abc.$$

例 3　讨论函数

$$f(x) = \begin{cases} \left[\dfrac{(1+x)^{\frac{1}{x}}}{\mathrm{e}} \right]^{\frac{1}{x}}, & x > 0, \\[3mm] \mathrm{e}^{-\frac{1}{2}}, & x \leqslant 0 \end{cases}$$

在 $x = 0$ 处的连续性.

解　因 $\lim\limits_{x \to 0^-} f(x) = \lim\limits_{x \to 0^-} \mathrm{e}^{-\frac{1}{2}} = \mathrm{e}^{-\frac{1}{2}} = f(0)$, 所以 $f(x)$ 在 $x = 0$ 处左连续.

当 $x > 0$ 时，

$$\ln f(x) = \frac{1}{x}\left[\frac{1}{x}\ln(1+x) - \ln e\right] = \frac{\ln(1+x) - x}{x^2},$$

$$\lim_{x\to 0^+}\ln f(x) = \lim_{x\to 0^+}\frac{\ln(1+x) - x}{x^2} = \lim_{x\to 0^+}\frac{\frac{1}{1+x} - 1}{2x} = \frac{1}{2}\lim_{x\to 0^+}\frac{-x}{x(1+x)}$$

$$= -\frac{1}{2}\lim_{x\to 0^+}\frac{1}{1+x} = -\frac{1}{2}.$$

故
$$\lim_{x\to 0^+}f(x) = e^{-\frac{1}{2}} = f(0).$$

即 $f(x)$ 在 $x = 0$ 处右连续．

所以函数 $f(x)$ 在 $x = 0$ 处是连续的．

例 4　求极限 $\lim\limits_{x\to 0}\dfrac{\cos x - e^{-\frac{x^2}{2}}}{x^2[x + \ln(1-x)]}$．

解　利用带佩亚诺型余项的泰勒公式，有

$$\cos x = 1 - \frac{x^2}{2!} + \frac{x^4}{4!} + o(x^4),$$

$$e^{-\frac{x^2}{2}} = 1 - \frac{1}{2}x^2 + \frac{1}{2!}\left(-\frac{x^2}{2}\right)^2 + o(x^4) = 1 - \frac{1}{2}x^2 + \frac{x^4}{8} + o(x^4),$$

$$\cos x - e^{-\frac{x^2}{2}} = -\frac{x^4}{12} + o(x^4),$$

$$x^2[x + \ln(1-x)] = x^2\left[x + (-x) + \frac{1}{2}(-x)^2 + o(x^2)\right] = \frac{1}{2}x^4 + x^2 o(x^2),$$

在上面的运算过程中，把两个比 x^4 高阶的无穷小的代数和仍记作 $o(x^4)$，因此

$$\lim_{x\to 0}\frac{\cos x - e^{-\frac{x^2}{2}}}{x^2[x + \ln(1-x)]} = \lim_{x\to 0}\frac{-\frac{1}{12}x^4 + o(x^4)}{-\frac{1}{2}x^4 + o(x^4)} = \lim_{x\to 0}\frac{-\frac{1}{12} + \frac{o(x^4)}{x^4}}{-\frac{1}{2} + \frac{o(x^4)}{x^4}} = \frac{1}{6}.$$

例 5　设 $f(0) = 0$，$f'(0) = 1$，$f''(0) = 2$，求 $\lim\limits_{x\to 0}\dfrac{f(x) - x}{x^2}$．

分析　极限式中含有抽象函数 $f(x)$，$f(x)$ 在 $x = 0$ 处有二阶导数，从而在 $x = 0$ 的某邻域内可导，因此可用洛必达法则或者用带有佩亚诺型余项的二阶麦克劳林公式求解．

解法一　$\lim\limits_{x\to 0}\dfrac{f(x) - x}{x^2} = \lim\limits_{x\to 0}\dfrac{f'(x) - 1}{2x}$

$$= \frac{1}{2}\lim_{x\to 0}\frac{f'(x) - f'(0)}{x} = \frac{1}{2}f''(0) = 1.$$

解法二　由 $f(0) = 0$，$f'(0) = 1$，$f''(0) = 2$，有

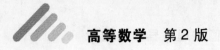

$$f(x) = f(0) + f'(0)x + \frac{f''(0)}{2!}x^2 + o(x^2) = x + x^2 + o(x^2).$$

因此

$$\lim_{x \to 0} \frac{f(x) - x}{x^2} = \lim_{x \to 0} \frac{x^2 + o(x^2)}{x^2} = 1.$$

例 6　设函数 $f(x)$ 在闭区间 $[0, 1]$ 上连续，在开区间 $(0, 1)$ 内可导，且 $f(1) = 0.$ 试证在开区间 $(0, 1)$ 内至少存在一点 ξ，使得

$$f'(\xi) = -\frac{1}{\xi}f(\xi).$$

证　将待证结果改写成

$$\xi f'(\xi) + f(\xi) = [xf(x)]' \big|_{x=\xi} = 0,$$

可见，若令 $F(x) = xf(x)$，则 $F(x)$ 在 $[0, 1]$ 上满足罗尔定理的全部条件. 于是，至少存在一点 $\xi \in (0, 1)$，使得

$$F'(\xi) = \xi f'(\xi) + f(\xi) = 0, \xi \in (0,1),$$

即

$$f'(\xi) = -\frac{1}{\xi}f(\xi), \xi \in (0,1).$$

例 7　设函数 $f(x)$ 在闭区间 $[a, b]$ 上连续，在开区间 (a, b) 内可导，证明：在 (a, b) 内至少存在一点 ξ，使

$$\frac{bf(b) - af(a)}{b - a} = f(\xi) + \xi f'(\xi).$$

分析　由等式的左端可以看出，令 $F(x) = xf(x)$，可用拉格朗日中值定理证明.

证　令 $F(x) = xf(x)$，则函数 $F(x)$ 在区间 $[a, b]$ 上满足拉格朗日中值定理的条件，因此有 $\xi \in (a, b)$，使得

$$\frac{F(b) - F(a)}{b - a} = F'(\xi),$$

又 $F'(x) = f(x) + xf'(x)$，从而

$$\frac{bf(b) - af(a)}{b - a} = f(\xi) + \xi f'(\xi).$$

例 8　证明 $\pi^e > e^\pi$.

证　这是实数与实数的大小比较问题. 在此，我们将常数 π 改为变量 x. 显然，如果对任意的变量 $x > e$，函数的不等式 $x^e > e^x$ 成立，则 x 取特殊的值 π，不等式也同样成立.

由于对数函数是单调函数，因此，所证函数不等式相当于

$$x < e\ln x, x > e.$$

作 $F(x) = x - e\ln x$，则

$$F(e) = 0, \quad F'(x) = 1 - \frac{e}{x}.$$

当 $x > e$ 时，$F'(x) > 1 - \frac{e}{e} = 0$，故 $F(x)$ 是单调增加的，从而，$x > e$ 时，$F(x) > F(e) = 0$，此为欲证不等式.

此例也可将欲证的函数不等式改写为 $x > e$ 时，$\frac{\ln e}{e} > \frac{\ln x}{x}$. 再设 $F(x) = \frac{\ln x}{x}$，然后证明 $F(x)$ 在 $[e, +\infty)$ 上单调减少即可.

例9　设函数 $y = f(x)$ 由方程 $x^3 - 3xy^2 + 2y^3 = 32$ 确定，试求出 $f(x)$ 的极值.

解　方程两边对 x 求导，得
$$3x^2 - 3y^2 - 6xy \cdot y' + 6y^2 y' = 0,$$
即
$$(x - y)(x + y - 2yy') = 0.$$

若 $x - y = 0$ 即 $x = y$，将它代入原方程中，可知它不满足方程，因此 $x - y \neq 0$，于是
$$x + y - 2yy' = 0.$$
解得
$$y' = \frac{x + y}{2y}.$$

令 $y' = 0$ 解得 $y = -x$. 将 $y = -x$ 代入原方程中，解得 $x = -2$，$y = 2$，故 $x = -2$ 为函数 $y = f(x)$ 的一个驻点，又
$$y'' = \frac{y - x \cdot y'}{2y^2},$$

故 $y''|_{(-2,2)} = \frac{1}{4} > 0$，所以 $f(x)$ 有极小值 $f(-2) = 2$，无极大值.

例10　问 a 为何值时，方程 $e^x - 2x - a = 0$ 有实根？

分析　本题可以利用函数的极值与最值来讨论方程的根.

解　设 $f(x) = e^x - 2x - a$，$x \in (-\infty, +\infty)$，则
$$f'(x) = e^x - 2, \quad f''(x) = e^x,$$
令 $f'(x) = 0$，解得 $x = \ln 2$，由 $f''(\ln 2) = e^{\ln 2} = 2 > 0$，可知 $f(\ln 2)$ 为 $f(x)$ 的极小值. 又
$$\lim_{x \to -\infty} f(x) = +\infty, \quad \lim_{x \to +\infty} f(x) = +\infty,$$
所以 $f(x)$ 在区间 $[-\infty, +\infty]$ 上的最小值为 $f(\ln 2) = 2 - a - 2\ln 2$.

要使 $f(x)$ 有零点，必须 $f(\ln 2) \leqslant 0$，即 $2 - a - 2\ln 2 \leqslant 0$，解得
$$a \geqslant 2 - 2\ln 2,$$
所以，当 $a > 2 - 2\ln 2$ 时，$f(\ln 2) < 0$，这时原方程有两个不同的实根；当 $a = 2$

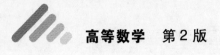

$-2\ln 2$ 时，$f(\ln 2)=0$，这时原方程有唯一的实根.

复 习 题 三

一、选择题

1. $\lim\limits_{x\to 0}\dfrac{\ln(1+x^{2})\cos\dfrac{1}{x^{2}}}{\sin x}$ 的值是（　　　）

(A) 1；　　　　　　　　　　　　(B) ∞；

(C) 0；　　　　　　　　　　　　(D) 不存在.

2. 在下列函数中，在闭区间 $[-1,1]$ 上满足罗尔定理条件的是（　　　）

(A) e^{x}；　　　　　　　　　　(B) $\ln |x|$；

(C) $1-x^{2}$；　　　　　　　　　(D) $\dfrac{1}{1-x^{2}}$.

3. 下面函数中在 $[1,e]$ 上满足拉格朗日中值定理条件的是（　　　）

(A) $\ln(\ln x)$；　　　　　　　　(B) $\ln x$；

(C) $\dfrac{1}{\ln x}$；　　　　　　　　(D) $\ln(2-x)$.

4. 如果 x_{1}，x_{2} 是方程 $f(x)=0$ 的两个根，又 $f(x)$ 在闭区间 $[x_{1},x_{2}]$ 上连续，在开区间 (x_{1},x_{2}) 内可导，那么方程 $f'(x)=0$ 在 (x_{1},x_{2}) 内（　　　）

(A) 只有一个根；　　　　　　　(B) 至少有一个根；

(C) 没有根；　　　　　　　　　(D) 以上结论都不对.

5. 设 $f(x)$ 在 $[-1,1]$ 上连续可导，且 $|f'(x)|\le M$，$f(0)=0$ 则必有（　　　）

(A) $|f(x)|\le M$；　　　　　　(B) $|f(x)|\ge M$；

(C) $|f(x)|<M$；　　　　　　　(D) $|f(x)|>M$.

6. $y=f(x)$ 是 (a,b) 内的可导函数，x，$x+\Delta x$ 是 (a,b) 内任意两点，则（　　　）

(A) $\Delta y=f'(x)\Delta x$；

(B) 在 x，$x+\Delta x$ 之间恰有一点 ξ，使 $\Delta y=f'(\xi)\Delta x$；

(C) 在 x，$x+\Delta x$ 之间至少存在一点 ξ，使 $\Delta y=f'(\xi)\Delta x$；

(D) 对于 x，$x+\Delta x$ 之间所有的点 ξ，均有 $\Delta y=f'(\xi)\Delta x$.

7. 函数 $y=x^{3}+12x+1$ 在定义域内（　　　）

(A) 单调增加；　　　　　　　　(B) 单调减少；

(C) 图形上凹；　　　　　　　　(D) 图形下凹.

8. 设函数 $f(x)$ 在区间 (a,b) 上恒有 $f'(x)>0$，$f''(x)<0$ 则曲线 $y=f(x)$ 在

(a, b) 上（　　）

（A）单调上升，上凹；　　　　（B）单调上升，上凸；

（C）单调下降，上凹；　　　　（D）单调下降，上凸.

9. 函数 $y = \arctan x - x$ 在 $(-\infty, +\infty)$ 内是（　　）

（A）单调上升；　　　　　　　（B）单调下降；

（C）时而上升，时而下降；　　（D）以上结论都不对.

10. 函数 $y = x - \ln(1 + x^2)$ 的极值是（　　）.

（A）$1 - \ln 2$；　　　　　　（B）$-1 - \ln 2$；

（C）没有极值；　　　　　　　（D）0.

11. $y = f(x)$ 在点 $x = x_0$ 处到得极大值，则必有（　　）

（A）$f'(x_0) = 0$；　　　　　（B）$f''(x_0) < 0$；

（C）$f'(x_0) = 0$ 且 $f''(x_0) < 0$；　（D）$f'(x_0) = 0$ 或 $f'(x_0) = 0$ 不存在.

12. 曲线 $y = (x - 1)^3$ 的拐点是（　　）

（A）$(-1, -8)$；　　　　　　（B）$(1, 0)$；

（C）$(0, -1)$；　　　　　　　（D）$(0, 1)$.

13. 函数 $f(x)$ 在点 $x = x_0$ 的某邻域内有定义. 已知 $f'(x_0) = 0$ 且 $f''(x_0) = 0$. 则在点 $x = x_0$ 处 $f(x)$（　　）

（A）必有极值；　　　　　　　（B）必有拐点；

（C）可能有极值也可能没有极值；（D）可能有拐点但肯定没有极值.

14. 曲线 $y = \dfrac{1 + e^{-x^2}}{1 - e^{-x^2}}$（　　）

（A）没有渐近线；　　　　　　（B）仅有水平渐近线；

（C）仅有铅直渐近线；　　　　（D）既有水平渐近线，也有铅直渐近线.

二、综合练习 A

1. 证明：当 $x > 1$ 时，$e^x > ex$.

2. 用函数的最值证明不等式
$$x^{\alpha} \leqslant 1 - \alpha + \alpha x, x \in (0, +\infty), 0 < \alpha < 1.$$

3. 求下列极限

（1）$\lim\limits_{x \to +\infty} \dfrac{\ln(1 + x^2)}{\ln(1 + x^3)}$；　　　（2）$\lim\limits_{x \to \frac{\pi}{2}^+} \dfrac{\ln\left(x - \dfrac{\pi}{2}\right)}{\tan x}$；

（3）$\lim\limits_{x \to 0}\left(\dfrac{2}{\sin^2 x} - \dfrac{1}{1 - \cos x}\right)$；　　（4）$\lim\limits_{x \to 0}(1 + x^2)^{\frac{1}{x}}$.

4. 求函数 $y = x + \cos x$ 的单调区间.

5. 设函数 $f(x)$ 在闭区间 $[0, A]$ 上连续，且 $f(0) = 0$. 如果在 $[0, A]$ 上

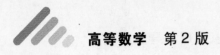

$f'(x)$ 存在且为增函数. 试证在 $(0,A)$ 内 $F(x)=\dfrac{1}{x}f(x)$ 也是增函数.

6. 函数的导函数为单调函数，问此函数是否也是单调函数？单调函数的导函数是否必为单调函数？试举例说明之.

7. 求函数 $y=x^{\frac{1}{x}}$ 在区间 $(0,+\infty)$ 上的最值.

三、综合练习 B

1. 求下列极限

(1) $\lim\limits_{x\to\infty}\left[x-x^2\ln\left(1+\dfrac{1}{x}\right)\right]$；

(2) $\lim\limits_{x\to1}\dfrac{x-x^x}{1-x+\ln x}$；

(3) $\lim\limits_{x\to0}\left(\dfrac{1}{x^2}-\cot^2 x\right)$；

(4) $\lim\limits_{x\to1^-}\ln x\ln(1-x)$；

(5) $\lim\limits_{x\to0}\dfrac{\mathrm{e}^x-\mathrm{e}^{\sin x}}{x\sin^2 x}$；

(6) $\lim\limits_{x\to0}\left(\dfrac{a_1^x+a_2^x+\cdots+a_n^x}{n}\right)^{\frac{1}{x}}$，其中 $a_1,a_2,\cdots,a_n$ 均为正常数.

2. 证明下列不等式

(1) $x-\dfrac{1}{6}x^3<\sin x<x\,(x>0)$；

(2) $x-\dfrac{1}{3}x^3<\arctan x<x\,(x>0)$；

(3) $\ln\left(1+\dfrac{1}{n}\right)>\dfrac{1}{n+1}$（$n$ 为自然数）；

(4) 当 $x\geqslant0$ 时，$\ln(1+x)>\dfrac{\arctan x}{1+x}$；

(5) 当 $0<x_1<x_2<\dfrac{\pi}{2}$ 时，$\dfrac{\tan x_2}{\tan x_1}>\dfrac{x_2}{x_1}$；

(6) $\dfrac{2}{\pi}x<\sin x<x\left(0<x<\dfrac{\pi}{2}\right)$.

3. 若方程 $a_0x^n+a_1x^{n-1}+\cdots+a_{n-1}x=0$ 有一个正根 $x=x_0$，证明方程 $a_0nx^{n-1}+a_1(n-1)x^{n-2}+\cdots+a_{n-1}=0$ 必有一个小于 x_0 的正根.

4. 设函数 $f(x)$ 在 $[0,1]$ 上连续，在开区间 $(0,1)$ 可导，$f(0)=0$，证明：在 $(0,1)$ 内至少有一点 ξ，使得 $f(\xi)+\xi f'(\xi)=f'(\xi)$.

5. 若函数 $f(x)$ 在 $[0,1]$ 上连续，在 $(0,1)$ 内具有二阶导数，$f(0)=0$，$F(x)=(1-x)^2f(x)$，证明：在 $(0,1)$ 内至少有一点 ξ，使得 $F''(\xi)=0$.

6. 设函数 $f(x)$ 在 $[0,+\infty)$ 上连续可导，$f'(x)\geqslant k>0$，k 为正常数，$f(0)<0$，证明：在 $(0,+\infty)$ 内 $f(x)$ 有且仅有一个零点.

7.（1）设 $0 < a < b$，证明 $\dfrac{2a}{a^2 + b^2} < \dfrac{\ln b - \ln a}{b - a} < \dfrac{1}{\sqrt{ab}}$；

（2）设 $e < a < b < e^2$，证明 $\ln^2 b - \ln^2 a > \dfrac{4}{e^2}(b - a)$.

8. 设函数 $f(x)$ 在 $[0, +\infty)$ 上有界可导，证明当极限 $\lim\limits_{x \to +\infty} f'(x)$ 存在时必有 $\lim\limits_{x \to +\infty} f'(x) = 0$. 举例说明若将条件 $\lim\limits_{x \to +\infty} f'(x)$ 存在去掉，则结论不成立.

9. 设函数 $f(x)$ 具有二阶导数，试证：$\lim\limits_{h \to 0} \dfrac{f(x + 2h) - 2f(x + h) + f(x)}{h^2} = f''(x)$.

10. 试确定常数 a 和 b，使 $f(x) = x - (a + b\cos x)\sin x$ 为当 $x \to 0$ 时关于 x 的 5 阶无穷小.

11. 设 $y = f(x)$ 在 $x = x_0$ 的某邻域内具有三阶连续导数，如果 $f'(x_0) = 0$，而 $f''(x_0) = 0$，而 $f'''(x_0) \neq 0$，试问 $x = x_0$ 是否为极值点？为什么？又 $(x_0, f(x_0))$ 是否为拐点？为什么？

第四章 不定积分

微分学的基本问题是已知一个函数, 求它的导函数. 现在我们要讨论相反的问题: 已知一个函数的导数 $f(x)$, 求原来的函数. 这是微分的逆运算问题, 也就是不定积分的主要内容.

本章研究不定积分的概念、性质和基本积分方法.

第一节 不定积分的概念和性质

一、原函数与不定积分的概念

定义 1 设 $f(x)$ 是定义在某区间 I 上的已知函数, 如果存在一个函数 $F(x)$, 对于该区间上每一点都满足

$$F'(x) = f(x) \text{ 或 } \mathrm{d}F(x) = f(x)\mathrm{d}x,$$

则称函数 $F(x)$ 是函数 $f(x)$ 在该区间上的一个原函数.

例如, 在区间 $(-\infty, +\infty)$ 内, 因为 $(\sin x)' = \cos x$, 所以 $\sin x$ 是 $\cos x$ 的一个原函数. 在 $[0, T]$ 上, 因为 $\left(\dfrac{1}{2}gt^2\right)' = gt$, 所以函数 $s = \dfrac{1}{2}gt^2$ 是函数 $v = gt$ 的一个原函数.

今后提到的原函数都是指某一个区间上的原函数, 对此不再一一说明.

求原函数是求导数的逆运算, 要判断一个函数 $F(x)$ 是不是 $f(x)$ 的原函数, 只要看它的导数 $F'(x)$ 是不是 $f(x)$ 就可以了.

给出函数 $F(x)$ 的导数 $f(x)$, 它必定是唯一的, 而函数 $f(x)$ 的原函数, 如果存在的话, 就不止一个. 如 x^2 是 $2x$ 的一个原函数, 对任意的常数 C, 均有 $(x^2 + C)' = 2x$, 这说明 $x^2 + C$ 均是 $2x$ 的原函数. 因此, 我们关心如下问题:

(1) 什么条件下能保证一个函数的原函数存在?

(2) 如果原函数存在的话, 这些原函数之间有什么样的关系?

首先, 我们给出原函数存在的条件, 证明将在下一章给出.

定理 (原函数存在定理) 如果函数 $f(x)$ 在区间 I 上连续, 那么 $f(x)$ 在该区间上的原函数一定存在.

我们知道, 一切初等函数在其定义区间上都是连续的, 所以初等函数在其定义区间上的原函数一定存在.

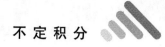

其次, 设 $F(x)$ 和 $G(x)$ 都是 $f(x)$ 的原函数, 则有

$$(G(x) - F(x))' = G'(x) - F'(x) = f(x) - f(x) = 0,$$

由于导数为零的函数必为常数, 因此,

$$G(x) - F(x) = C,$$

C 为任意常数, 或即 $G(x) = F(x) + C$. 这就是说, 函数 $f(x)$ 的任意两个原函数之间, 只能相差一个常数.

下面我们引进不定积分的定义.

定义 2 函数 $f(x)$ 的原函数的一般表达形式 $F(x) + C$ 称为 $f(x)$ 的不定积分, 记为 $\int f(x)\mathrm{d}x$, 其中记号 $\int$ 叫做积分号, $f(x)$ 叫做被积函数, x 叫做积分变量.

如果 $F(x)$ 是 $f(x)$ 的一个原函数, 那么当 C 为任意常数时, 形如 $F(x) + C$ 的一族函数就是 $f(x)$ 的全体原函数, 由定义知

$$\int f(x)\mathrm{d}x = F(x) + C,$$

这里任意常数 C 又叫做积分常数. 由此可见, 求不定积分实际上只需求出一个原函数, 再加上积分常数 C 就可以了.

例1 求 $\int \cos x\mathrm{d}x$.

解 因为 $(\sin x)' = \cos x$, 所以 $\int \cos x\mathrm{d}x = \sin x + C$.

例2 求 $\int gt\mathrm{d}t$ (其中 g 是常数).

解 因为 $\left(\dfrac{1}{2}gt^2\right)' = gt$, 所以 $\int gt\mathrm{d}t = \dfrac{1}{2}gt^2 + C$.

例3 求函数 $f(x) = \dfrac{1}{x}$ 的不定积分.

解 当 $x > 0$ 时, $(\ln x)' = \dfrac{1}{x}$, 所以有

$$\int \frac{1}{x}\mathrm{d}x = \ln x + C, (x > 0),$$

当 $x < 0$ 时, $-x > 0$, $(\ln(-x))' = \dfrac{1}{-x}(-1) = \dfrac{1}{x}$, 所以有

$$\int \frac{1}{x}\mathrm{d}x = \ln(-x) + C, (x < 0),$$

合并上面两式, 得到

$$\int \frac{1}{x}\mathrm{d}x = \ln|x| + C, (x \neq 0).$$

注 为书写方便, 我们常记 $\int \dfrac{1}{x}\mathrm{d}x = \ln x + C$, 此时默认为 $x > 0$. 在需要的情

况下记 $\displaystyle\int \frac{1}{x}\mathrm{d}x = \ln|x| + C$.

例 4 求经过点 $(1,3)$,且其切线的斜率为 $2x$ 的曲线方程.

解 设所求曲线的方程为 $y = f(x)$,按题设,曲线上任一点 (x,y) 处的切线斜率为

$$y' = 2x,$$

即 $f(x)$ 是 $2x$ 的一个原函数. 因为

$$\int 2x\,\mathrm{d}x = x^2 + C,$$

所以

$$y = f(x) = x^2 + C,$$

因所求曲线通过点 $(1,3)$,故 $3 = 1 + C$,即 $C = 2$.
于是所求曲线方程为

$$y = x^2 + 2.$$

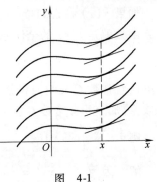

一般地,把 $f(x)$ 的一个原函数 $F(x)$ 的图形叫做 $f(x)$ 的一条**积分曲线**,它的方程是 $y = F(x)$,这样,不定积分 $\int f(x)\,\mathrm{d}x$ 在几何上就表示**积分曲线族**,它的方程是 $y = F(x) + C$,其中 C 是任意常数. 显然,这些积分曲线可以由其中一条积分曲线沿着 y 轴方向平移而得到(图 4-1).

图　4-1

二、不定积分的性质

根据不定积分的定义,可以推得不定积分具有如下性质. 我们仅对性质 3 给予证明,其他证明由读者自证.

性质 1

(1) $\left(\int f(x)\,\mathrm{d}x\right)' = f(x)$ 或 $\mathrm{d}\left(\int f(x)\,\mathrm{d}x\right) = f(x)\,\mathrm{d}x$;

(2) $\int f'(x)\,\mathrm{d}x = f(x) + C$ 或 $\int \mathrm{d}f(x) = f(x) + C$.

性质 1 清楚地表明了不定积分运算与微分运算之间的互逆关系. 注意:对函数 $f(x)$ 先求不定积分,再求导数,其结果等于 $f(x)$,而对函数 $f(x)$ 先求导数,再求不定积分,其结果不再是 $f(x)$,而是 $f(x) + C$.

性质 2 如果常数 $k \neq 0$,那么不定积分中常数因子 k 可以提到积分号外面来,即

$$\int kf(x)\,\mathrm{d}x = k\int f(x)\,\mathrm{d}x.$$

性质 3 $\displaystyle\int(f_1(x) \pm f_2(x))\mathrm{d}x = \int f_1(x)\mathrm{d}x \pm \int f_2(x)\mathrm{d}x$.

证 将上式右端求导，得到

$$\left[\int f_1(x)\mathrm{d}x \pm \int f_2(x)\mathrm{d}x\right]' = \left(\int f_1(x)\mathrm{d}x\right)' \pm \left(\int f_2(x)\mathrm{d}x\right)' = f_1(x) \pm f_2(x),$$

这说明 $\displaystyle\int f_1(x)\mathrm{d}x \pm \int f_2(x)\mathrm{d}x$ 是 $f_1(x) \pm f_2(x)$ 的原函数，由于它涉及两个积分记号，形式上含有两个积分常数，但由于两个任意常数之和仍然是任意常数，所以这两个积分常数可合并为一个，因此，$\displaystyle\int f_1(x)\mathrm{d}x \pm \int f_2(x)\mathrm{d}x$ 是 $f_1(x) \pm f_2(x)$ 的不定积分.

三、不定积分的基本公式

由于求不定积分与求导数是互逆运算，因此，由导数的基本公式就可以得到相应的不定积分的基本积分公式.

（1）$\displaystyle\int k\mathrm{d}x = kx + C$ （k 是常数）；

（2）$\displaystyle\int x^{\alpha}\mathrm{d}x = \frac{x^{\alpha+1}}{\alpha+1} + C$ （$\alpha \in \mathbf{R}, \alpha \neq -1$）；

（3）$\displaystyle\int \frac{1}{x}\mathrm{d}x = \ln|x| + C$ （$x \neq 0$）；

（4）$\displaystyle\int a^x\mathrm{d}x = \frac{a^x}{\ln a} + C$ （$a > 0, a \neq 1$）；

（5）$\displaystyle\int \mathrm{e}^x\mathrm{d}x = \mathrm{e}^x + C$；

（6）$\displaystyle\int \sin x\mathrm{d}x = -\cos x + C$；

（7）$\displaystyle\int \cos x\mathrm{d}x = \sin x + C$；

（8）$\displaystyle\int \sec^2 x\mathrm{d}x = \tan x + C$；

（9）$\displaystyle\int \csc^2 x\mathrm{d}x = -\cot x + C$；

（10）$\displaystyle\int \sec x\tan x\mathrm{d}x = \sec x + C$；

（11）$\displaystyle\int \csc x \cot x\mathrm{d}x = -\csc x + C$；

（12）$\displaystyle\int \frac{1}{1+x^2}\mathrm{d}x = \arctan x + C$；

（13）$\int \dfrac{1}{\sqrt{1-x^2}}\mathrm{d}x = \arcsin x + C$；

（14）$\int \sinh x\,\mathrm{d}x = \cosh x + C$；

（15）$\int \cosh x\,\mathrm{d}x = \sinh x + C$.

以上积分公式是求不定积分的基础，必须熟记. 在应用这些公式时，有时需要对被积函数作适当的变形.

例 5　求 $\int (2 - \sqrt{x})x\,\mathrm{d}x$.

解
$$\int (2-\sqrt{x})x\,\mathrm{d}x = \int (2x - x^{\frac{3}{2}})\,\mathrm{d}x$$
$$= \int 2x\,\mathrm{d}x - \int x^{\frac{3}{2}}\,\mathrm{d}x$$
$$= x^2 - \frac{1}{\frac{3}{2}+1}x^{\frac{3}{2}+1} + C = x^2 - \frac{2}{5}x^{\frac{5}{2}} + C.$$

例 6　求 $\int \dfrac{(x+2)(x^2-1)}{x^3}\mathrm{d}x$

解
$$\int \frac{(x+2)(x^2-1)}{x^3}\mathrm{d}x = \int\left(1 + \frac{2}{x} - \frac{1}{x^2} - \frac{2}{x^3}\right)\mathrm{d}x$$
$$= \int\mathrm{d}x + \int\frac{2}{x}\mathrm{d}x - \int\frac{1}{x^2}\mathrm{d}x - \int\frac{2}{x^3}\mathrm{d}x$$
$$= x + 2\ln|x| + \frac{1}{x} + \frac{1}{x^2} + C.$$

例 7　求 $\int \sin^2\dfrac{x}{2}\mathrm{d}x$.

解
$$\int \sin^2\frac{x}{2}\mathrm{d}x = \int\frac{1}{2}(1-\cos x)\,\mathrm{d}x$$
$$= \frac{1}{2}\left(\int\mathrm{d}x - \int\cos x\,\mathrm{d}x\right)$$
$$= \frac{1}{2}(x - \sin x) + C.$$

例 8　求 $\int (a^{\frac{2}{3}} - x^{\frac{2}{3}})^3\mathrm{d}x$.

解
$$\int (a^{\frac{2}{3}} - x^{\frac{2}{3}})^3\mathrm{d}x = \int(a^2 - 3a^{\frac{4}{3}}x^{\frac{2}{3}} + 3a^{\frac{2}{3}}x^{\frac{4}{3}} - x^2)\,\mathrm{d}x$$
$$= a^2\int\mathrm{d}x - 3a^{\frac{4}{3}}\int x^{\frac{2}{3}}\mathrm{d}x + 3a^{\frac{2}{3}}\int x^{\frac{4}{3}}\mathrm{d}x - \int x^2\mathrm{d}x$$

$$= a^2 x - \frac{9}{5} a^{\frac{4}{3}} x^{\frac{5}{3}} + \frac{9}{7} a^{\frac{2}{3}} x^{\frac{7}{3}} - \frac{1}{3} x^3 + C.$$

习题 4-1

1. 求下列不定积分：

(1) $\int \dfrac{\mathrm{d}x}{x^3}$;

(2) $\int x^3 \sqrt{x} \mathrm{d}x$;

(3) $\int \left(3\sin x + \dfrac{1}{5\sqrt{x}} \right) \mathrm{d}x$;

(4) $\int (x^2 + 1)^2 \mathrm{d}x$;

(5) $\int (\sqrt{x} + 1)(\sqrt{x^3} - 1) \mathrm{d}x$;

(6) $\int \dfrac{(x+1)(x-2)}{x^2} \mathrm{d}x$;

(7) $\int \dfrac{x^2}{1+x^2} \mathrm{d}x$;

(8) $\int \dfrac{\mathrm{d}x}{(1+x^2)x^2}$;

(9) $\int \dfrac{x^4}{1+x^2} \mathrm{d}x$;

(10) $\int \left(\dfrac{3}{1+x^2} - \dfrac{2}{\sqrt{1-x^2}} \right) \mathrm{d}x$;

(11) $\int 3^x \mathrm{e}^x \mathrm{d}x$;

(12) $\int \dfrac{\mathrm{e}^{2t} - 1}{\mathrm{e}^t - 1} \mathrm{d}t$;

(13) $\int \cot^2 x \mathrm{d}x$;

(14) $\int \sec x (\sec x - \tan x) \mathrm{d}x$;

(15) $\int \sin^2 \dfrac{x}{2} \mathrm{d}x$;

(16) $\int \dfrac{\mathrm{d}x}{1 + \cos 2x}$;

(17) $\int \dfrac{\cos 2x}{\cos^2 x \sin^2 x} \mathrm{d}x$;

(18) $\int \dfrac{1 - \cos^2 x}{1 + \cos 2x} \mathrm{d}x$.

2. 一曲线通过点 $(\mathrm{e}^2, 3)$，且在任一点处的切线斜率等于该点横坐标的倒数，求该曲线的方程.

3. 一物体由静止开始作直线运动，经 $t\mathrm{s}$ 后的速度为 $3t^2 (\mathrm{m/s})$，问:

(1) 经 3s 后物体离开出发点的距离是多少？

(2) 物体与出发点的距离为 360m 时经过了多少时间？

第二节 换元积分法

利用不定积分的基本积分公式和性质所能计算的不定积分极其有限，有必要进一步考虑计算不定积分的方法. 借助于变量代换，就可得到复合函数的积分法，我们称为换元积分法.

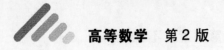

一、第一类换元法

我们现在讨论如何把复合函数求导法则反过来用于求不定积分.

定理 1 设 $F(u)$ 是 $f(u)$ 的一个原函数，及 $u = \varphi(x)$ 有连续的一阶导数，则有换元公式

$$\int f[\varphi(x)]\varphi'(x)\mathrm{d}x = F(u)\big|_{u=\varphi(x)} + C = \int f(u)\mathrm{d}u\big|_{u=\varphi(x)}. \tag{1}$$

证 因为 $F'(u) = f(u)$，所以 $\int f(u)\mathrm{d}u = F(u) + C$，由于

$$\{F[\varphi(x)]\}' = F'(u)\varphi'(x) = f(u)\varphi'(x) = f(\varphi(x))\varphi'(x),$$

故

$$\int f[\varphi(x)]\varphi'(x)\mathrm{d}x = F[\varphi(x)] + C = F(u)\big|_{u=\varphi(x)} + C,$$

于是式(1)得证.

式(1)又可写成

$$\int f[\varphi(x)]\varphi'(x)\mathrm{d}x = \int f[\varphi(x)]\mathrm{d}\varphi(x) = \int f(u)\mathrm{d}u\big|_{u=\varphi(x)}.$$

对于不定积分 $\int g(x)\mathrm{d}x$，如果函数 $g(x)$ 可以化为 $g(x) = f[\varphi(x)]\varphi'(x)$ 的形式，那么

$$\int g(x)\mathrm{d}x = \int f[\varphi(x)]\varphi'(x)\mathrm{d}x = \int f(u)\mathrm{d}u\big|_{u=\varphi(x)}.$$

例 1 求 $\int \sin \pi x\,\mathrm{d}x$.

解 被积函数中，$\sin \pi x$ 是一个复合函数. 我们作变换 $u = \pi x$，便有

$$\int \sin \pi x\,\mathrm{d}x = \frac{1}{\pi}\int \sin \pi x \cdot (\pi x)'\mathrm{d}x = \frac{1}{\pi}\int \sin u\,\mathrm{d}u = -\frac{1}{\pi}\cos u + C,$$

再以 $u = \pi x$ 代入，即得

$$\int \sin \pi x\,\mathrm{d}x = -\frac{1}{\pi}\cos \pi x + C.$$

例 2 求 $\int \dfrac{\mathrm{d}x}{2x+1}$.

解
$$\int \frac{\mathrm{d}x}{2x+1} = \frac{1}{2}\int \frac{1}{2x+1}(2x+1)'\mathrm{d}x = \frac{1}{2}\int \frac{1}{2x+1}\mathrm{d}(2x+1)$$

$$= \frac{1}{2}\int \frac{1}{u}\mathrm{d}u\big|_{u=2x+1} = \frac{1}{2}\ln|u| + C$$

$$= \frac{1}{2}\ln|2x+1| + C.$$

一般地,对于积分 $\int f(ax+b)\mathrm{d}x$,总可作变换 $u = ax + b$,把它化为

$$\int f(ax+b)\mathrm{d}x = \int \frac{1}{a}f(ax+b)\mathrm{d}(ax+b) = \frac{1}{a}\int f(u)\mathrm{d}u \Big|_{u=ax+b}.$$

由上几例可以看出,通常一个积分需要凑上一些因子才具备 $\int f[\varphi(x)]\varphi'(x)\mathrm{d}x$ 的形式. 因此,这种换元法又可称为凑微分法.

例 3 求 $\int x\sqrt{x^2-3}\mathrm{d}x$.

解
$$\int x\sqrt{x^2-3}\mathrm{d}x = \frac{1}{2}\int \sqrt{x^2-3}(x^2-3)'\mathrm{d}x$$
$$= \frac{1}{2}\int \sqrt{x^2-3}\mathrm{d}(x^2-3)$$
$$= \frac{1}{2}\int u^{\frac{1}{2}}\mathrm{d}u = \frac{1}{2}\cdot\frac{2}{3}u^{\frac{3}{2}} + C = \frac{1}{3}(x^2-3)^{\frac{3}{2}} + C$$
$$= \frac{1}{3}(x^2-3)\sqrt{x^2-3} + C.$$

在运算比较熟练之后可不用写出中间变量的形式. 下面再举几个例子.

例 4 求 $\int \tan x\mathrm{d}x$.

解
$$\int \tan x\mathrm{d}x = \int \frac{\sin x}{\cos x}\mathrm{d}x = \int -\frac{(\cos x)'}{\cos x}\mathrm{d}x = -\int \frac{\mathrm{d}\cos x}{\cos x}$$
$$= -\ln|\cos x| + C.$$

例 5 求 $\int \frac{\mathrm{d}x}{a^2+x^2}(a\neq 0)$.

解
$$\int \frac{\mathrm{d}x}{a^2+x^2} = \frac{1}{a^2}\int \frac{\mathrm{d}x}{1+\left(\frac{x}{a}\right)^2}$$
$$= \frac{1}{a}\int \frac{\mathrm{d}\left(\frac{x}{a}\right)}{1+\left(\frac{x}{a}\right)^2} = \frac{1}{a}\arctan\frac{x}{a} + C.$$

例 6 求 $\int \sin x\cos^2 x\mathrm{d}x$.

解 $\int \sin x\cos^2 x\mathrm{d}x = \int -\cos^2 x\mathrm{d}\cos x = -\frac{1}{3}\cos^3 x + C.$

例 7 求 $\int \cos^2 x\mathrm{d}x$.

解 $\int \cos^2 x\mathrm{d}x = \frac{1}{2}\int(1 + \cos 2x)\mathrm{d}x$

$$= \frac{1}{2}\int \mathrm{d}x + \frac{1}{4}\int \cos 2x \mathrm{d}(2x) = \frac{1}{2}x + \frac{1}{4}\sin 2x + C.$$

例 8 求 $\displaystyle\int \frac{1}{x^2 - a^2}\mathrm{d}x (a \neq 0)$.

解
$$\frac{1}{x^2 - a^2} = \frac{1}{2a}\left(\frac{1}{x - a} - \frac{1}{x + a}\right),$$

所以, $\displaystyle\int \frac{1}{x^2 - a^2}\mathrm{d}x = \frac{1}{2a}\int\left(\frac{1}{x - a} - \frac{1}{x + a}\right)\mathrm{d}x$

$$= \frac{1}{2a}\left[\int \frac{1}{x - a}\mathrm{d}(x - a) - \int \frac{1}{x + a}\mathrm{d}(x + a)\right]$$

$$= \frac{1}{2a}(\ln|x - a| - \ln|x + a|) + C$$

$$= \frac{1}{2a}\ln\left|\frac{x - a}{x + a}\right| + C.$$

例 9 求 $\displaystyle\int \sec x \mathrm{d}x$.

解 $\displaystyle\int \sec x \mathrm{d}x = \int \frac{1}{\cos x}\mathrm{d}x = \int \frac{\cos x}{\cos^2 x}\mathrm{d}x$

$$= \int \frac{\mathrm{d}\sin x}{1 - \sin^2 x} = \int \frac{\mathrm{d}u}{1 - u^2},$$

由上例, $\displaystyle\int \frac{\mathrm{d}u}{1 - u^2} = \frac{1}{2}\ln\left|\frac{1 + u}{1 - u}\right| + C,$

于是, $\displaystyle\int \sec x \mathrm{d}x = \frac{1}{2}\ln\left|\frac{1 + u}{1 - u}\right| + C = \frac{1}{2}\ln\left|\frac{1 + \sin x}{1 - \sin x}\right| + C$

$$= \frac{1}{2}\ln\frac{(1 + \sin x)^2}{\cos^2 x} + C$$

$$= \ln\left|\frac{1 + \sin x}{\cos x}\right| + C$$

$$= \ln|\sec x + \tan x| + C.$$

例 10 求 $\displaystyle\int \frac{1 + \ln x}{(x\ln x)^5}\mathrm{d}x$.

解 $\displaystyle\int \frac{1 + \ln x}{(x\ln x)^5}\mathrm{d}x = \int \frac{\mathrm{d}(x\ln x)}{(x\ln x)^5} = -\frac{1}{4}(x\ln x)^{-4} + C.$

要熟练运用换元法进行积分, 需要熟记一些函数的微分公式, 例如

$$x\mathrm{d}x = \frac{1}{2}\mathrm{d}(x^2), \qquad \frac{1}{x}\mathrm{d}x = \mathrm{d}\ln x, \qquad \frac{1}{x^2}\mathrm{d}x = -\mathrm{d}\left(\frac{1}{x}\right),$$

$$\frac{1}{\sqrt{x}}\mathrm{d}x = 2\mathrm{d}\sqrt{x}, \qquad \mathrm{e}^x\mathrm{d}x = \mathrm{d}\mathrm{e}^x, \qquad \sin x\mathrm{d}x = -\mathrm{d}\cos x,$$

等，并善于根据这些微分公式，从被积表达式中拼凑出合适的微分因子．

二、第二类换元法

第一类换元法是通过变量代换 $u = \varphi(x)$，将积分

$$\int f[\varphi(x)]\varphi'(x)\,dx \text{ 化为 } \int f(u)\,du.$$

可是，有的不定积分要用相反的代换 $x = \psi(t)$ 将积分 $\int f(x)\,dx$ 化为 $\int f[\psi(t)]\psi'(t)\,dt$．在求出不定积分后，再以 $x = \psi(t)$ 的反函数 $t = \bar{\psi}(x)$ 代回去．为保证上式成立，除被积函数应存在原函数外，还应有反函数 $t = \bar{\psi}(x)$ 存在的条件．

定理 2 设 $f(x)$ 连续，$x = \psi(t)$ 是单调的，有连续的导数 $\psi'(t)$，且 $\psi'(t) \neq 0$，则有换元公式

$$\int f(x)\,dx = \int f[\psi(t)]\psi'(t)\,dt \,\big|_{t = \bar{\psi}(x)}. \tag{2}$$

证 因函数 $x = \psi(t)$ 单调，从而它的反函数 $t = \bar{\psi}(x)$ 存在且单值，并有

$$\frac{dt}{dx} = \frac{1}{\psi'(t)}.$$

因 $f(x)$，$\psi(t)$，$\psi'(t)$ 均连续，所以 $f[\psi(t)]\psi'(t)$ 连续，因而它的原函数存在，设为 $\Phi(t)$．令 $F(x) = \Phi(\bar{\psi}(x))$，则

$$\begin{aligned} F'(x) &= \frac{d}{dx}\Phi[\bar{\psi}(x)] = \Phi'(t)\frac{dt}{dx} = f[\psi(t)]\psi'(t) \cdot \frac{1}{\psi'(t)} \\ &= f[\psi(t)] = f(x), \end{aligned}$$

即 $F(x)$ 是 $f(x)$ 的原函数，所以有

$$\int f(x)\,dx = F(x) + C = \Phi[\bar{\psi}(x)] + C = \int f[\psi(t)]\psi'(t)\,dt \,\big|_{t = \bar{\psi}(x)}.$$

故公式（2）成立．

下面举例说明公式（2）的应用．

例 11 求 $\int \dfrac{x\,dx}{\sqrt{x-3}}$．

解 不定积分中含有根号，先作代换消去根号．

设 $t = \sqrt{x-3}$，则 $x = t^2 + 3\,(t > 0)$，$dx = 2t\,dt$，于是

$$\int \frac{x\,dx}{\sqrt{x-3}} = \int \frac{(t^2+3)}{t}2t\,dt = 2\int(t^2+3)\,dt$$

$$= 2\left(\frac{t^3}{3} + 3t\right) + C = \frac{2}{3}(x+6)\sqrt{x-3} + C.$$

例 12 求 $\int \sqrt{a^2 - x^2}\,\mathrm{d}x, (a > 0)$.

解 求这个积分的困难在于有根式 $\sqrt{a^2 - x^2}$，我们利用三角公式

$$\sin^2 t + \cos^2 t = 1$$

来消去根式.

设 $x = a\sin t$，并限定 $-\dfrac{\pi}{2} < t < \dfrac{\pi}{2}$，于是有单值的反函数 $t = \arcsin\dfrac{x}{a}$，而

$$\sqrt{a^2 - x^2} = \sqrt{a^2 - a^2\sin^2 t} = |a\cos t| = a\cos t, \mathrm{d}x = a\cos t\,\mathrm{d}t,$$

这样，被积表达式中就不含根式. 所求积分为

$$\int \sqrt{a^2 - x^2}\,\mathrm{d}x = \int a\cos t \cdot a\cos t\,\mathrm{d}t = a^2\int \cos^2 t\,\mathrm{d}t = \frac{a^2}{2}\int (1 + \cos 2t)\,\mathrm{d}t$$

$$= \frac{a^2}{2}\left(t + \frac{1}{2}\sin 2t\right) + C$$

$$= \frac{a^2}{2}(t + \sin t\cos t) + C,$$

用 $t = \arcsin\dfrac{x}{a}$ 代入，并由 $\sin t = \dfrac{x}{a}$，$\cos t = \dfrac{1}{a}\sqrt{a^2 - x^2}$，有

$$\int \sqrt{a^2 - x^2}\,\mathrm{d}x = \frac{a^2}{2}\arcsin\frac{x}{a} + \frac{x}{2}\sqrt{a^2 - x^2} + C.$$

例 13 求 $\int \dfrac{\mathrm{d}x}{\sqrt{a^2 + x^2}}, (a > 0)$.

解 和上例类似，我们可以用三角公式

$$1 + \tan^2 t = \sec^2 t$$

来消去根式.

设 $x = a\tan t\left(-\dfrac{\pi}{2} < t < \dfrac{\pi}{2}\right)$，则 $t = \arctan\dfrac{x}{a}$，而

$$\sqrt{a^2 + x^2} = \sqrt{a^2 + a^2\tan^2 t} = a\sec t, \mathrm{d}x = a\sec^2 t\,\mathrm{d}t,$$

于是
$$\int \frac{\mathrm{d}x}{\sqrt{a^2 + x^2}} = \int \frac{a\sec^2 t\,\mathrm{d}t}{a\sec t} = \int \sec t\,\mathrm{d}t.$$

利用例 9 的结果，得

$$\int \frac{\mathrm{d}x}{\sqrt{a^2 + x^2}} = \ln|\sec t + \tan t| + C.$$

为了把 $\sec t$ 换成 x 的函数，我们可以根据 $\tan t = \dfrac{x}{a}$ 作辅助三角形(图 4-2)，即得

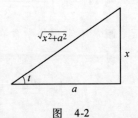

图 4-2

$$\sec t = \frac{\sqrt{a^2 + x^2}}{a}.$$

且有 $\sec t + \tan t > 0$，因此，

$$\int \frac{\mathrm{d}x}{\sqrt{a^2 + x^2}} = \ln\left(\frac{\sqrt{a^2 + x^2}}{a} + \frac{x}{a}\right) + C = \ln(x + \sqrt{x^2 + a^2}) + C_1,$$

其中 $C_1 = C - \ln a$.

例 14 求 $\int \frac{\mathrm{d}x}{\sqrt{x^2 - a^2}}$，$(a > 0)$.

解 被积函数的定义域为 $(-\infty, -a)$ 及 $(a, +\infty)$，我们首先在区间 $(a, +\infty)$ 内求不定积分.

和上面两例类似，我们可以利用三角公式

$$\sec^2 t - 1 = \tan^2 t$$

来消去根式.

设 $x = a\sec t\left(0 < t < \frac{\pi}{2}\right)$，则 $t = \operatorname{arcsec}\frac{x}{a}$，而

$$\sqrt{x^2 - a^2} = \sqrt{a^2\sec^2 t - a^2} = a\tan t, \mathrm{d}x = a\sec t\tan t\mathrm{d}t,$$

于是

$$\int \frac{\mathrm{d}x}{\sqrt{x^2 - a^2}} = \int \frac{a\sec t\tan t}{a\tan t}\mathrm{d}t$$

$$= \int \sec t\mathrm{d}t = \ln(\sec t + \tan t) + C.$$

为了把 $\tan t$ 换成 x 的函数，我们根据 $\sec t = \frac{x}{a}$ 作辅助三角形（图 4-3），即有 $\tan t = \frac{\sqrt{x^2 - a^2}}{a}$，从而

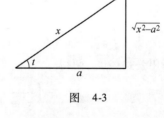

图 4-3

$$\int \frac{\mathrm{d}x}{\sqrt{x^2 - a^2}} = \ln\left(\frac{x}{a} + \frac{\sqrt{x^2 - a^2}}{a}\right) + C$$

$$= \ln(x + \sqrt{x^2 - a^2}) + C_1,$$

其中 $C_1 = C - \ln a$.

在区间 $(-\infty, -a)$ 上，令 $x = -u$，则 $u > a$. 利用上面结果有

$$\int \frac{\mathrm{d}x}{\sqrt{x^2 - a^2}} = -\int \frac{\mathrm{d}u}{\sqrt{u^2 - a^2}} = -\ln(-x + \sqrt{x^2 - a^2}) + C$$

$$= \ln(-x - \sqrt{x^2 - a^2}) + C_1,$$

其中 $C_1 = C - 2\ln a$.

把上面两种情况合起来，有

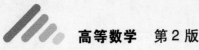

$$\int \frac{dx}{\sqrt{x^2 - a^2}} = \ln \left| x + \sqrt{x^2 - a^2} \right| + C.$$

在本节中，部分例题对第一节的基本积分公式进行了推广，现将这些积分公式列出，在不定积分的计算中可以直接应用它们.

$(16) \int \tan x dx = - \ln |\cos x| + C;$

$(17) \int \cot x dx = \ln |\sin x| + C;$

$(18) \int \sec x dx = \ln |\sec x + \tan x| + C;$

$(19) \int \csc x dx = \ln |\csc x - \cot x| + C;$

$(20) \int \dfrac{dx}{a^2 + x^2} = \dfrac{1}{a} \arctan \dfrac{x}{a} + C;$

$(21) \int \dfrac{dx}{x^2 - a^2} = \dfrac{1}{2a} \ln \left| \dfrac{x - a}{x + a} \right| + C;$

$(22) \int \dfrac{dx}{\sqrt{a^2 - x^2}} = \arcsin \dfrac{x}{a} + C (a > 0);$

$(23) \int \dfrac{dx}{\sqrt{x^2 + a^2}} = \ln (x + \sqrt{x^2 + a^2}) + C;$

$(24) \int \dfrac{dx}{\sqrt{x^2 - a^2}} = \ln \left| x + \sqrt{x^2 - a^2} \right| + C.$

例 15　求 $\int \dfrac{dx}{x^2 + 4x + 6}$

解　$\int \dfrac{dx}{x^2 + 4x + 6} = \int \dfrac{d(x + 2)}{(x + 2)^2 + (\sqrt{2})^2},$

利用公式(20)，便得

$$\int \frac{dx}{x^2 + 4x + 6} = \frac{1}{\sqrt{2}} \arctan \frac{x + 2}{\sqrt{2}} + C.$$

习题 4-2

求下列不定积分：

$(1) \int (5 - 4x)^3 dx;$ 　　　　　　$(2) \int \dfrac{dx}{1 - 5x};$

$(3) \int \dfrac{dx}{\sqrt[3]{2 - 3x}};$ 　　　　　　$(4) \int \left(\sin ax - e^{\frac{x}{b}} \right) dx;$

(5) $\int \sqrt{\dfrac{a+x}{a-x}}\mathrm{d}x,(a>0)$;

(6) $\int \dfrac{\sin\sqrt{x}}{\sqrt{x}}\mathrm{d}x$;

(7) $\int \tan^{10}x\sec^2 x\mathrm{d}x$;

(8) $\int \dfrac{\mathrm{d}x}{x\cdot\ln x\cdot\ln\ln x}$;

(9) $\int \dfrac{\mathrm{d}x}{\mathrm{e}^x+\mathrm{e}^{-x}}$;

(10) $\int x\mathrm{e}^{-x^2}\mathrm{d}x$;

(11) $\int \dfrac{x\mathrm{d}x}{\sqrt{2-3x^2}}$;

(12) $\int \dfrac{(x-1)\mathrm{d}x}{x^2-2x+11}$;

(13) $\int \dfrac{3x^3}{1-x^4}\mathrm{d}x$;

(14) $\int \sin^3 x\cos^2 x\mathrm{d}x$;

(15) $\int \cos^3 x\mathrm{d}x$;

(16) $\int \cos^4 x\mathrm{d}x$;

(17) $\int \sec^4 x\mathrm{d}x$;

(18) $\int \dfrac{1-x}{\sqrt{9-4x^2}}\mathrm{d}x$;

(19) $\int \dfrac{\mathrm{d}x}{4x^2+4x+2}$;

(20) $\int \dfrac{x^3}{1+x^2}\mathrm{d}x$;

(21) $\int \dfrac{\mathrm{d}x}{(x+1)(x-2)}$;

(22) $\int \dfrac{\sin x+\cos x}{\sqrt[3]{\sin x-\cos x}}\mathrm{d}x$

(23) $\int \tan^3 x\sec x\mathrm{d}x$;

(24) $\int \dfrac{\mathrm{d}x}{2x^2-1}$;

(25) $\int \dfrac{\mathrm{d}x}{\mathrm{e}^x+\mathrm{e}^{-x}}$;

(26) $\int 10^{2\arccos x}\cdot\dfrac{\mathrm{d}x}{\sqrt{1-x^2}}$;

(27) $\int \dfrac{\arctan\sqrt{x}}{\sqrt{x}(1+x)}\mathrm{d}x$;

(28) $\int \dfrac{\mathrm{d}x}{1+\sqrt{x}}$;

(29) $\int \dfrac{x^2\mathrm{d}x}{\sqrt{a^2-x^2}}(a>0)$;

(30) $\int \dfrac{\mathrm{d}x}{\sqrt{(x^2+a^2)^3}}(a>0)$;

(31) $\int \dfrac{\mathrm{d}x}{\sqrt{(x^2-a^2)^3}}(a>0)$.

第三节 分部积分法

分部积分法与换元积分法一样，是不定积分的基本积分方法，它是和函数乘积的微分法相对应的一种积分方法.

定理1 设函数 $u=u(x)$ 及 $v=v(x)$ 具有连续导数，则有

$$\int u\mathrm{d}v = uv-\int v\mathrm{d}u \ \text{或} \int uv'\mathrm{d}x = uv-\int vu'\mathrm{d}x. \tag{1}$$

证 根据两个函数乘积的导数公式

$$(uv)' = u'v + uv'$$

移项，得

$$uv' = (uv)' - u'v.$$

上式两边求不定积分，即得公式（1）.

公式（1）称为分部积分公式. 如果求 $\int uv'\mathrm{d}x$ 有困难，而求 $\int u'v\mathrm{d}x$ 比较容易时，

就可利用分部积分公式求出 $\int uv'\mathrm{d}x$.

例 1 求 $\int xe^x\mathrm{d}x$.

解 这个积分用换元积分不易得到结果，现在我们试用分部积分法来求它. 由于被积函数 xe^x 是两个函数的乘积，选其中一个为 u，那么另一个即为 v'.

选取 $u = x$，$v' = e^x$，则 $u' = 1$，$v = e^x$，代入分部积分公式（1），得

$$\int xe^x\mathrm{d}x = \int x\mathrm{d}e^x = xe^x - \int e^x\mathrm{d}x = xe^x - e^x + C$$

上述求解过程也可简化如下

$$\int xe^x\mathrm{d}x = \int x(e^x)'\mathrm{d}x = xe^x - \int (x)'e^x\mathrm{d}x = xe^x - \int e^x\mathrm{d}x = xe^x - e^x + C.$$

例 2 求 $\int x\cos \alpha x\mathrm{d}x, (\alpha \neq 0)$.

解
$$\int x\cos \alpha x\mathrm{d}x = \frac{1}{\alpha}\int x(\sin \alpha x)'\mathrm{d}x$$

$$= \frac{1}{\alpha}\left(x\sin \alpha x - \int (x)'\sin \alpha x\mathrm{d}x\right) = \frac{1}{\alpha}\left(x\sin \alpha x - \int \sin \alpha x\mathrm{d}x\right)$$

$$= \frac{1}{\alpha}x\sin \alpha x + \frac{1}{\alpha^2}\cos \alpha x + C.$$

例 3 求 $\int \dfrac{x^2}{e^x}\mathrm{d}x$.

解
$$\int \frac{x^2}{e^x}\mathrm{d}x = \int x^2 e^{-x}\mathrm{d}x = -\int x^2(e^{-x})'\mathrm{d}x$$

$$= -x^2 e^{-x} + \int (x^2)'e^{-x}\mathrm{d}x = -x^2 e^{-x} + \int 2xe^{-x}\mathrm{d}x$$

$$= -x^2 e^{-x} - 2\int x(e^{-x})'\mathrm{d}x = -x^2 e^{-x} - 2\left(xe^{-x} - \int e^{-x}\mathrm{d}x\right)$$

$$= -x^2 e^{-x} - 2xe^{-x} - 2e^{-x} + C.$$

例 4 求 $\int \ln x\mathrm{d}x$.

解
$$\int \ln x \mathrm{d}x = x\ln x - \int x(\ln x)' \mathrm{d}x$$
$$= x\ln x - \int \mathrm{d}x$$
$$= x\ln x - x + C.$$

例 5　求 $\int \arctan x \mathrm{d}x$.

解
$$\int \arctan x \mathrm{d}x = \int (x)' \arctan x \mathrm{d}x$$
$$= x\arctan x - \int x(\arctan x)' \mathrm{d}x$$
$$= x\arctan x - \int \frac{x}{1+x^2} \mathrm{d}x$$
$$= x\arctan x - \frac{1}{2}\ln(1+x^2) + C.$$

下面两个例子中使用的方法也是较典型的.

例 6　求 $\int e^x \sin x \mathrm{d}x$.

解
$$\int e^x \sin x \mathrm{d}x = \int \sin x (e^x)' \mathrm{d}x = e^x \sin x - \int e^x \cos x \mathrm{d}x,$$

上式最后一个积分与原积分是同一个类型的,对它再用一次分部积分法,有
$$\int e^x \sin x \mathrm{d}x = e^x \sin x - \int \cos x e^x \mathrm{d}x$$
$$= e^x \sin x - \left(e^x \cos x + \int e^x \sin x \mathrm{d}x \right)$$
$$= e^x (\sin x - \cos x) - \int e^x \sin x \mathrm{d}x,$$

右端的积分与原积分相同,把它移到左端与原积分合并,再两端同除以 2,便得
$$\int e^x \sin x \mathrm{d}x = \frac{1}{2} e^x (\sin x - \cos x) + C.$$

因上式右端已不包含积分项,所以必须加上任意常数 C.

例 7　求 $\int \sec^3 x \mathrm{d}x$.

解
$$\int \sec^3 x \mathrm{d}x = \int \sec x \cdot \sec^2 x \mathrm{d}x = \int \sec x \mathrm{d}\tan x$$
$$= \sec x \tan x - \int \tan x \cdot \sec x \tan x \mathrm{d}x$$
$$= \sec x \tan x - \int \sec x (\sec x^2 - 1) \mathrm{d}x$$
$$= \sec x \tan x - \int \sec^3 x \mathrm{d}x + \int \sec x \mathrm{d}x$$

$$= \sec x\tan x + \ln |\sec x + \tan x| - \int \sec^3 x \mathrm{d}x,$$

移项,再两端同除以 2,便得

$$\int \sec^3 x \mathrm{d}x = \frac{1}{2}\sec x\tan x + \frac{1}{2}\ln |\sec x + \tan x| + C.$$

在积分过程中,往往要兼用换元法与分部积分法,下面举一个两种方法都用到的例子.

例 8　求 $\int e^{\sqrt{x}}\mathrm{d}x$.

解　先去根号,为此,令 $\sqrt{x} = t, x = t^2$,有 $\int e^{\sqrt{x}}\mathrm{d}x = \int e^t \cdot 2t\mathrm{d}t = 2\int te^t\mathrm{d}t$,

再利用例 1 的结果,并用 $t = \sqrt{x}$ 代回,便得

$$\int e^{\sqrt{x}}\mathrm{d}x = 2\int te^t\mathrm{d}t = 2(t-1)e^t + C = 2(\sqrt{x}-1)e^{\sqrt{x}} + C.$$

习题 4-3

1. 求下列不定积分:

(1) $\int x\ln x\mathrm{d}x$;

(2) $\int xe^{-x}\mathrm{d}x$;

(3) $\int x\arctan x\mathrm{d}x$;

(4) $\int \dfrac{\ln x}{x^n}\mathrm{d}x (n \neq 1)$;

(5) $\int x^2\ln x\mathrm{d}x$;

(6) $\int x\ln(x-1)\mathrm{d}x$;

(7) $\int \ln \dfrac{x}{2}\mathrm{d}x$;

(8) $\int x\cos \dfrac{x}{2}\mathrm{d}x$;

(9) $\int (\ln x)^2\mathrm{d}x$;

(10) $\int (x^2-1)\sin 2x\mathrm{d}x$;

(11) $\int x\sin x\cos x\mathrm{d}x$;

(12) $\int x\sec^2 x\mathrm{d}x$;

(13) $\int \arcsin x\mathrm{d}x$;

(14) $\int \arctan \sqrt{x}\mathrm{d}x$;

(15) $\int e^{\sqrt[3]{x}}\mathrm{d}x$;

(16) $\int e^{-2x}\sin \dfrac{x}{2}\mathrm{d}x$.

2. 设 $f'(e^x) = 1 + x$,求 $f(x)$.

第四节 几种特殊类型函数的积分

一、有理函数的积分

有理函数又称为有理分式,是指由两个多项式的商所表示的函数,即具有下列形式的函数:

$$\frac{P(x)}{Q(x)} = \frac{a_0 x^n + a_1 x^{n-1} + \cdots + a_{n-1} x + a_n}{b_0 x^m + b_1 x^{m-1} + \cdots + b_{m-1} x + b_m} \tag{1}$$

其中 m 和 n 都是非负整数; a_0, a_1, $\cdots$, a_n 及 b_0, b_1, $\cdots$, b_m 都是实数,且 $a_0 b_0 \neq 0$.

利用多项式的除法,我们总可以将一个假分式化成一个多项式与一个真分式之和的形式,例如

$$\frac{x^3 + 2x + 1}{x^2 + 1} = x + \frac{x+1}{x^2+1}.$$

因此,下面总是假定分子的次数低于分母的次数.

设多项式 $Q(x)$ 在实数范围内分解成一次因式和二次质因式的乘积为

$$Q(x) = b_0 (x-a)^\alpha \cdots (x-b)^\beta (x^2 + px + q)^\lambda \cdots (x^2 + rx + s)^\mu,$$

(其中 $p^2 - 4q < 0$, $\cdots$, $r^2 - 4s < 0$),那么真分式 $\dfrac{P(x)}{Q(x)}$ 可以分解成如下形式的部分分式之和:

$$
\begin{aligned}
\frac{P(x)}{Q(x)} = {} & \frac{A_1}{x-a} + \frac{A_2}{(x-a)^2} + \cdots + \frac{A_\alpha}{(x-a)^\alpha} + \cdots + \\
& \frac{B_1}{x-b} + \frac{B_2}{(x-b)^2} + \cdots + \frac{B_\beta}{(x-b)^\beta} + \\
& \frac{M_1 x + N_1}{x^2 + px + q} + \frac{M_2 x + N_2}{(x^2 + px + q)^2} + \cdots + \frac{M_\lambda x + N_\lambda}{(x^2 + px + q)^\lambda} + \cdots + \\
& \frac{R_1 x + S_1}{x^2 + rx + s} + \frac{R_2 x + S_2}{(x^2 + rx + s)^2} + \cdots + \frac{R_\mu x + S_\mu}{(x^2 + rx + s)^\mu},
\end{aligned}
\tag{2}
$$

其中 A_i, $\cdots$, B_i, M_i, N_i, $\cdots$, R_i 及 S_i 是待定常数. 下面我们用例子来说明如何定出这些常数.

例 1 把 $\dfrac{2x+3}{x^3 + x^2 - 2x}$ 分解为部分分式之和.

解 设 $\dfrac{2x+3}{x^3 + x^2 - 2x} = \dfrac{2x+3}{x(x-1)(x+2)} = \dfrac{A}{x} + \dfrac{B}{x-1} + \dfrac{C}{x+2}$,

其中 A,B,C 为待定系数,可以用如下的方法求出待定系数.

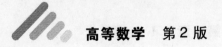

两端去分母后，得

$$2x + 3 = A(x-1)(x+2) + Bx(x+2) + Cx(x-1),$$

由于这是恒等式，因此，两端的多项式中同次幂的系数相等，于是有

$$\begin{cases} A + B + C = 0, \\ A + 2B - C = 2, \\ -2A = 3, \end{cases}$$

从而解得 $A = -\dfrac{3}{2}$，$B = \dfrac{5}{3}$，$C = -\dfrac{1}{6}$.

于是得到

$$\frac{2x+3}{x^3+x^2-2x} = -\frac{3}{2x} + \frac{5}{3}\frac{1}{x-1} - \frac{1}{6}\frac{1}{x+2}.$$

又如真分式 $\dfrac{1}{x(x-1)^2}$ 可先分解成

$$\frac{1}{x(x-1)^2} = \frac{A}{x} + \frac{B}{x-1} + \frac{C}{(x-1)^2},$$

再用上面的方法求出 $A = 1$，$B = -1$，$C = 1$.

例 2 将 $\dfrac{1}{(1+2x)(1+x^2)}$ 分解为部分分式之和.

解 设 $\dfrac{1}{(1+2x)(1+x^2)} = \dfrac{A}{1+2x} + \dfrac{Bx+C}{1+x^2}$,

两端去分母，合并同类项，有

$$1 = A(1+x^2) + (Bx+C)(1+2x) = (A+2B)x^2 + (B+2C)x + (A+C).$$

比较两端同次幂的系数，有

$$\begin{cases} A + 2B = 0, \\ B + 2C = 0, \\ A + C = 1. \end{cases}$$

解得

$$A = \frac{4}{5}, B = -\frac{2}{5}, C = \frac{1}{5}.$$

于是

$$\frac{1}{(1+2x)(1+x^2)} = \frac{1}{5}\left(\frac{4}{1+2x} + \frac{1-2x}{1+x^2}\right).$$

以上介绍的方法称为把真分式分解为部分分式的待定系数法. 当我们把一个有理函数分解为一个多项式及一些部分分式之和以后，就可以简化不定积分的计算.

例 3 求 $\displaystyle\int \frac{5x-3}{x^2-6x-7}dx$.

解 设 $\dfrac{5x-3}{x^2-6x-7} = \dfrac{5x-3}{(x-7)(x+1)} = \dfrac{A}{x-7} + \dfrac{B}{x+1}$,

用待定系数法解得 $A = 4$，$B = 1$.

因此，
$$\int \frac{5x - 3}{x^2 - 6x - 7} dx = \int \left(\frac{4}{x - 7} + \frac{1}{x + 1} \right) dx$$
$$= \ln \left[(x - 7)^4 \mid x + 1 \mid \right] + C.$$

例 4 求 $\int \frac{2x}{x^3 - x^2 + x - 1} dx$.

解 设 $\dfrac{2x}{x^3 - x^2 + x - 1} = \dfrac{A}{x - 1} + \dfrac{Bx + C}{x^2 + 1}$,

用待定系数法解得 $A = 1$，$B = -1$，$C = 1$.

因此，
$$\int \frac{2x}{x^3 - x^2 + x - 1} dx = \int \frac{dx}{x - 1} + \int \frac{-x + 1}{x^2 + 1} dx$$
$$= \ln \mid x - 1 \mid - \frac{1}{2} \ln(x^2 + 1) + \arctan x + C.$$

二、三角函数有理式的积分

三角函数有理式是指由三角函数及常数经有限次四则运算所构成的函数，下面举例说明含三角函数有理式的不定积分的计算.

例 5 求 $\int \dfrac{dx}{1 + \sin x + \cos x}$.

解 由三角学知道，$\sin x$ 与 $\cos x$ 都可以用 $\tan \dfrac{x}{2}$ 的有理式表示，即

$$\sin x = 2\sin \frac{x}{2} \cos \frac{x}{2} = \frac{2\tan \dfrac{x}{2}}{\sec^2 \dfrac{x}{2}} = \frac{2\tan \dfrac{x}{2}}{1 + \tan^2 \dfrac{x}{2}},$$

$$\cos x = \cos^2 \frac{x}{2} - \sin^2 \frac{x}{2} = \frac{1 - \tan^2 \dfrac{x}{2}}{\sec^2 \dfrac{x}{2}} = \frac{1 - \tan^2 \dfrac{x}{2}}{1 + \tan^2 \dfrac{x}{2}},$$

所以，如果作变换 $u = \tan \dfrac{x}{2}$，那么

$$\sin x = \frac{2u}{1 + u^2}, \cos x = \frac{1 - u^2}{1 + u^2},$$

而 $x = 2\arctan u$，从而

$$dx = \frac{2}{1 + u^2} du,$$

于是

$$\int \frac{\mathrm{d}x}{1 + \sin x + \cos x} = \int \frac{\dfrac{2\,\mathrm{d}u}{1 + u^2}}{1 + \dfrac{2u}{1 + u^2} + \dfrac{1 - u^2}{1 + u^2}} = \int \frac{\mathrm{d}u}{1 + u}$$

$$= \ln|1 + u| + C = \ln\left|1 + \tan\frac{x}{2}\right| + C.$$

例 6　求 $\int \dfrac{\mathrm{d}x}{5 + 4\cos 2x}$.

解　令 $u = \tan x$，则 $\cos 2x = \dfrac{1 - u^2}{1 + u^2}$，$\mathrm{d}x = \dfrac{1}{1 + u^2}\mathrm{d}u$. 于是

$$\int \frac{\mathrm{d}x}{5 + 4\cos 2x} = \int \frac{1}{5 + 4\dfrac{1 - u^2}{1 + u^2}} \frac{\mathrm{d}u}{1 + u^2}$$

$$= \int \frac{1}{u^2 + 9}\mathrm{d}u = \frac{1}{3}\arctan\frac{u}{3} + C = \frac{1}{3}\arctan\left(\frac{1}{3}\tan x\right) + C.$$

三、简单无理函数的积分举例

这里，我们只举几个被积函数中含有根式 $\sqrt[n]{ax + b}$ 或 $\sqrt[n]{\dfrac{ax + b}{cx + d}}$ 的积分的例子.

例 7　求 $\int \dfrac{\mathrm{d}x}{\sqrt{x + 1} - \sqrt[3]{x + 1}}$.

解　令 $t = \sqrt[6]{x + 1}$，则 $x = t^6 - 1$，$\mathrm{d}x = 6t^5\,\mathrm{d}t$.

$$\int \frac{\mathrm{d}x}{\sqrt{x + 1} - \sqrt[3]{x + 1}} = \int \frac{6t^5}{t^3 - t^2}\mathrm{d}t = 6\int \frac{t^3}{t - 1}\mathrm{d}t$$

$$= 6\int\left(t^2 + t + 1 + \frac{1}{t - 1}\right)\mathrm{d}t$$

$$= 6\left(\frac{1}{3}t^3 + \frac{1}{2}t^2 + t + \ln|t - 1|\right) + C.$$

把 $t = \sqrt[6]{x+1}$ 代入即得

$$\int \frac{\mathrm{d}x}{\sqrt{x + 1} - \sqrt[3]{x + 1}}$$

$$= 6\left(\frac{1}{3}\sqrt{x + 1} + \frac{1}{2}\sqrt[3]{x + 1} + \sqrt[6]{x + 1} + \ln|\sqrt[6]{x + 1} - 1|\right) + C.$$

例 8　求 $\int \dfrac{1}{x}\sqrt{\dfrac{x + 1}{x}}\mathrm{d}x$.

解　令 $t = \sqrt{\dfrac{x + 1}{x}}$，则 $x = \dfrac{1}{t^2 - 1}$，$\mathrm{d}x = -\dfrac{2t}{(t^2 - 1)^2}\mathrm{d}t$. 于是

$$\int \frac{1}{x}\sqrt{\frac{x+1}{x}}dx = \int (t^2-1)t\left[-\frac{2t}{(t^2-1)^2}\right]dt$$

$$= -2\int \frac{t^2}{t^2-1}dt = -2\int \left(1+\frac{1}{t^2-1}\right)dt$$

$$= -2t - \ln\left|\frac{t-1}{t+1}\right| + C$$

$$= -2\sqrt{\frac{x+1}{x}} - \ln\left|x\left(\sqrt{\frac{x+1}{x}}-1\right)^2\right| + C.$$

习题 4-4

求下列不定积分：

(1) $\displaystyle\int \frac{1}{(x-1)(x-2)(x-3)}dx$；

(2) $\displaystyle\int \frac{dx}{x(x-1)^2}$；

(3) $\displaystyle\int \frac{3}{x^3+1}dx$；

(4) $\displaystyle\int \frac{x+4}{(x-1)(x^2+x+3)}dx$；

(5) $\displaystyle\int \frac{1}{2+\sin x}dx$；

(6) $\displaystyle\int \frac{\sqrt{x+1}-1}{\sqrt{x+1}+1}dx$.

第五节* 综 合 例 题

例 1 求 (1) $I_1 = \displaystyle\int \frac{\sin x}{\sin x+\cos x}dx$；(2) $I_2 = \displaystyle\int \frac{\cos x}{\sin x+\cos x}dx$.

解 将两个积分相加得

$$I_1 + I_2 = \int dx = x + C_1.$$

再将两个积分相减得

$$I_1 - I_2 = \int \frac{\sin x - \cos x}{\sin x + \cos x}dx = -\int \frac{d(\sin x + \cos x)}{\sin x + \cos x}$$

$$= -\ln|\sin x + \cos x| + C_2.$$

由此即可解得

$$I_1 = \frac{1}{2}(x - \ln|\sin x + \cos x|) + C,$$

$$I_2 = \frac{1}{2}(x + \ln|\sin x + \cos x|) + C.$$

例 2 求 $\displaystyle\int \frac{1}{x^4\sqrt{x^2+1}}dx$.

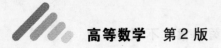

解 令 $x = \dfrac{1}{t}$，则 $\mathrm{d}x = -\dfrac{1}{t^2}\mathrm{d}t$，

$$\int \frac{1}{x^4 \sqrt{x^2+1}}\mathrm{d}x = \int \frac{1}{\left(\dfrac{1}{t}\right)^4 \sqrt{\left(\dfrac{1}{t}\right)^2+1}}\left(-\frac{1}{t^2}\right)\mathrm{d}x$$

$$= -\int \frac{t^3}{\sqrt{1+t^2}}\mathrm{d}t = -\frac{1}{2}\int \frac{t^2}{\sqrt{1+t^2}}\mathrm{d}t^2,$$

再令 $u = t^2$，则

$$\int \frac{1}{x^4 \sqrt{x^2+1}}\mathrm{d}x = -\frac{1}{2}\int \frac{u}{\sqrt{1+u}}\mathrm{d}u$$

$$= \frac{1}{2}\int \left(\frac{1}{\sqrt{1+u}} - \sqrt{1+u}\right)\mathrm{d}(1+u)$$

$$= -\frac{1}{3}\left(\sqrt{1+u}\right)^3 + \sqrt{1+u} + C$$

$$= -\frac{1}{3}\left(\frac{\sqrt{1+x^2}}{x}\right)^3 + \frac{\sqrt{1+x^2}}{x} + C.$$

例 3 计算 $\displaystyle\int \frac{\mathrm{d}x}{a^2\sin^2 x + b^2\cos^2 x}$.

解 必须对常数 a，b 进行讨论. 当 $a \neq 0$，$b \neq 0$ 时

$$\int \frac{\mathrm{d}x}{a^2\sin^2 x + b^2\cos^2 x} = \int \frac{\mathrm{d}\tan x}{a^2\tan^2 x + b^2} = \frac{1}{ab}\arctan\left(\frac{a}{b}\tan x\right) + C;$$

当 $a = 0$，$b \neq 0$ 时

$$\int \frac{\mathrm{d}x}{b^2\cos^2 x} = \frac{1}{b^2}\tan x + C;$$

当 $a \neq 0$，$b = 0$ 时

$$\int \frac{\mathrm{d}x}{a^2\sin^2 x} = -\frac{1}{a^2}\cot x + C.$$

例 4 计算 $\displaystyle\int \frac{6x+5}{\sqrt{4x^2-12x+10}}\mathrm{d}x$.

解 $$\int \frac{6x+5}{\sqrt{4x^2-12x+10}}\mathrm{d}x = \int\left[\frac{\dfrac{3}{4}\cdot 4(2x-3)}{\sqrt{4x^2-12x+10}} + \frac{14}{\sqrt{4x^2-12x+10}}\right]\mathrm{d}x$$

$$= \frac{3}{4}\int \frac{\mathrm{d}(4x^2-12x+10)}{\sqrt{4x^2-12x+10}}$$

$$+ \int \frac{7}{\sqrt{1+(2x-3)^2}}\mathrm{d}(2x-3)$$

$$= \frac{3}{2} \sqrt{4x^2 - 12x + 10}$$

$$+ 7\ln(2x - 3 + \sqrt{4x^2 - 12x + 10}) + C.$$

例5　计算 $\int x(\arctan x)\ln(1 + x^2)\,\mathrm{d}x.$

解　由

$$\int x\ln(1 + x^2)\,\mathrm{d}x = \frac{1}{2}x^2\ln(1 + x^2) - \int \frac{x^3}{1 + x^2}\mathrm{d}x$$

$$= \frac{1}{2}x^2\ln(1 + x^2) - \frac{x^2}{2} + \frac{1}{2}\ln(1 + x^2) + C$$

得到

$$\int x(\arctan x)\ln(1 + x^2)\,\mathrm{d}x = \int \arctan x\,\mathrm{d}\Big[\frac{1}{2}(1 + x^2)\ln(1 + x^2) - \frac{1}{2}x^2\Big]$$

$$= \arctan x\Big[\frac{1}{2}(1 + x^2)\ln(1 + x^2) - \frac{1}{2}x^2\Big]$$

$$- \frac{1}{2}\int\Big[\ln(1 + x^2) - \frac{x^2}{1 + x^2}\Big]\mathrm{d}x.$$

而

$$\int \ln(1 + x^2)\,\mathrm{d}x = x\ln(1 + x^2) - 2\int \frac{x^2}{1 + x^2}\mathrm{d}x,$$

$$\int \frac{x^2}{1 + x^2}\mathrm{d}x = x - \arctan x + C,$$

于是

$$\int x(\arctan x)\ln(1 + x^2)\,\mathrm{d}x$$

$$= \arctan x\Big[\frac{1}{2}(1 + x^2)\ln(1 + x^2) - \frac{1}{2}x^2 - \frac{3}{2}\Big]$$

$$- \frac{x}{2}\ln(1 + x^2) + \frac{3}{2}x + C.$$

有时积分中含有无法积分的项，但通过分部积分，可将这种项分离抵消，从而将积分求出.

例6　计算 $\int \frac{1 + \sin x}{1 + \cos x}e^x\mathrm{d}x.$

解　$\int \frac{1 + \sin x}{1 + \cos x}e^x\mathrm{d}x = \int \frac{1 + \sin x}{2\cos^2\dfrac{x}{2}}e^x\mathrm{d}x$

$$= \frac{1}{2}\int \frac{1}{\cos^2\dfrac{x}{2}}e^x\mathrm{d}x + \int \tan\frac{x}{2}\cdot e^x\mathrm{d}x$$

$$= \tan \frac{x}{2} e^x - \int \tan \frac{x}{2} e^x dx + \int \tan \frac{x}{2} e^x dx$$

$$= \tan \frac{x}{2} e^x + C.$$

例 7　设 $J_n = \int \frac{dx}{(x^2 + a^2)^n}$，其中 n 为正整数．证明 J_n 满足递推公式

$$J_n = \frac{1}{2a^2(n-1)} \Big[\frac{x}{(x^2 + a^2)^{n-1}} + (2n-3)J_{n-1} \Big].$$

并由 $J_1 = \int \frac{dx}{x^2 + a^2} = \frac{1}{a} \arctan \frac{x}{a} + C$ 计算 $J_2 = \int \frac{dx}{(x^2 + a^2)^2}$.

解　$n > 1$ 时有

$$J_{n-1} = \int \frac{dx}{(x^2 + a^2)^{n-1}} = \frac{x}{(x^2 + a^2)^{n-1}} + 2(n-1) \int \frac{x^2}{(x^2 + a^2)^n} dx$$

$$= \frac{x}{(x^2 + a^2)^{n-1}} + 2(n-1) \int \Big[\frac{1}{(x^2 + a^2)^{n-1}} - \frac{a^2}{(x^2 + a^2)^n} \Big] dx$$

$$= \frac{x}{(x^2 + a^2)^{n-1}} + 2(n-1)(J_{n-1} - a^2 J_n).$$

将 J_{n-1} 合并，解得

$$J_n = \frac{1}{2a^2(n-1)} \Big[\frac{x}{(x^2 + a^2)^{n-1}} + (2n-3)J_{n-1} \Big].$$

所以这个递推公式成立．根据这个递推公式立即得到

$$J_2 = \int \frac{dx}{(x^2 + a^2)^2} = \frac{1}{2a^2} \Big(\frac{x}{x^2 + a^2} + J_1 \Big) = \frac{1}{2a^2} \frac{x}{x^2 + a^2} + \frac{1}{2a^3} \arctan \frac{x}{a} + C.$$

例 8　求 $\int |x - 1| dx$.

解　$x < 1$ 时，$\int |x - 1| dx = \int (1 - x) dx = x - \frac{1}{2}x^2 + C_1$；

$x \geqslant 1$ 时，$\int |x - 1| dx = \int (x - 1) dx = \frac{1}{2}x^2 - x + C_2$.

利用原函数在 $x = 1$ 点处的连续性，应有

$$1 - \frac{1}{2} + C_1 = \frac{1}{2} - 1 + C_2.$$

于是 $C_2 = 1 + C_1$. 所以

$$\int |x - 1| dx = \begin{cases} x - \frac{1}{2}x^2 + C_1, & x < 1, \\ \frac{1}{2}x^2 - x + 1 + C_1, & x \geqslant 1. \end{cases}$$

复习题四

一、选择题

1. 在区间 (a, b) 内，如果 $f'(x) = \varphi'(x)$，则一定有(　　).

(A) $f(x) = \varphi(x)$;

(B) $f(x) = \varphi(x) + C$;

(C) $\left[\int f(x)\mathrm{d}x\right]' = \left[\int \varphi(x)\mathrm{d}x\right]'$;

(D) $\int \mathrm{d}f(x) = \varphi(x)$.

2. 函数 $2(\mathrm{e}^{2x} - \mathrm{e}^{-2x})$ 的原函数有(　　)

(A) $2(\mathrm{e}^x - \mathrm{e}^{-x})$;

(B) $(\mathrm{e}^x - \mathrm{e}^{-x})^2$;

(C) $\mathrm{e}^x + \mathrm{e}^{-x}$;

(D) $4(\mathrm{e}^{2x} + \mathrm{e}^{-2x})$.

3. 设 $f(x)$ 为可导函数，则(　　)

(A) $\int f(x)\mathrm{d}x = f(x)$;

(B) $\int f'(x)\mathrm{d}x = f(x)$;

(C) $\left(\int f(x)\mathrm{d}x\right)' = f(x)$;

(D) $\left(\int f(x)\mathrm{d}x\right)' = f(x) + C$.

4. 设 $f(x)$ 有连续的导函数，且 $a \neq 0,1$，则下列命题正确的是(　　)

(A) $\int f'(ax)\mathrm{d}x = \dfrac{1}{a}f(ax) + C$;

(B) $\int f'(ax)\mathrm{d}x = f(ax) + C$;

(C) $\left(\int f'(ax)\mathrm{d}x\right)' = af(ax)$;

(D) $\int f'(ax)\mathrm{d}x = f(x) + C$.

5. $\int \dfrac{\mathrm{e}^{\sqrt{x}}}{\sqrt{x}}\mathrm{d}x = $ (　　)

(A) $\mathrm{e}^{\sqrt{x}} + C$;

(B) $\dfrac{1}{2}\mathrm{e}^{\sqrt{x}} + C$;

(C) $2\mathrm{e}^{\sqrt{x}} + C$;

(D) $2\mathrm{e}^x + C$.

6. 若 $\int f(x)\mathrm{d}x = x^2\mathrm{e}^{2x} + C$，则 $f(x) = $ (　　)

(A) $2x\mathrm{e}^{2x}$;

(B) $2x^2\mathrm{e}^{2x}$;

(C) $x\mathrm{e}^{2x}$;

(D) $2x\mathrm{e}^{2x}(1 + x)$.

7. 若 $\int f(x)\mathrm{d}x = x^2 + C$，则 $\int xf(1 - x^2)\mathrm{d}x = $ (　　)

(A) $2(1 - x^2)^2 + C$;

(B) $-2(1 - x^2)^2 + C$;

(C) $\dfrac{1}{2}(1 - x^2)^2 + C$;

(D) $-\dfrac{1}{2}(1 - x^2)^2 + C$.

8. $\int f'(ax + b)\mathrm{d}x = $ (　　)

(A) $f(x) + C$;

(B) $f(ax + b) + C$;

(C) $f(ax + b) + C$; (D) $\dfrac{1}{a} f(ax + b) + C$.

9. 设 e^x 是 $f(x)$ 的一个原函数,则 $\int x f(x) dx = ($ $)$

(A) $e^x(1 - x) + C$; (B) $e^x(1 + x) + C$;

(C) $e^x(x - 1) + C$; (D) $-e^x(1 + x) + C$.

10. 设 $f(x) = e^{-x}$,则 $\int \dfrac{f'(\ln x)}{x} dx = ($ $)$

(A) $-\dfrac{1}{x} + C$; (B) $-\ln x + C$;

(C) $\dfrac{1}{x} + C$; (D) $\ln x + C$.

11. 已知 $f'(\ln x) = x$,其中 $1 < x < +\infty$ 及 $f(0) = 0$,则 $f(x)$ 为$($ $)$

(A) e^x; (B) $e^x - 1, 1 < x < +\infty$;

(C) $e^x - 1, 0 < x < +\infty$; (D) $e^x, 1 < x < +\infty$.

12. 设 $I = \int \dfrac{1}{\sqrt{2ax}} dx$,则 I 为$($ $)$

(A) $\sqrt{\dfrac{2x}{a}} + C$; (B) $\dfrac{1}{\sqrt{2a}} \sqrt{x} + C$;

(C) $\dfrac{1}{\sqrt{2a}} x^{-\frac{1}{2}} + C$; (D) $\dfrac{1}{2a} \sqrt{2ax} + C$.

二、综合练习 A

1. 已知动点在时刻 t 的速度 $v = 3t - 2$,且 $t = 0$ 时,$s = 5$,求此动点的运动方程.

2. 计算下列不定积分

(1) $\displaystyle\int \dfrac{dx}{x\sqrt{x^2 - 1}}$; (2) $\displaystyle\int \dfrac{2x - 1}{\sqrt{1 - x^2}} dx$;

(3) $\displaystyle\int \cos\sqrt{x}\, dx$; (4) $\displaystyle\int \dfrac{1 + \ln x}{1 + (x\ln x)^2} dx$;

(5) $\displaystyle\int x(2x + 1)^{50} dx$; (6) $\displaystyle\int \dfrac{\sqrt{x^2 - 9}}{x} dx$;

(7) $\displaystyle\int \dfrac{dx}{\sqrt{(a^2 - x^2)^3}} (a > 0)$; (8) $\displaystyle\int \dfrac{x\arctan x}{\sqrt{1 + x^2}} dx$.

3. 设 $I_n = \displaystyle\int \sin^n x\, dx$,证明:$I_n = -\dfrac{1}{n}\sin^{n-1} x\cos x + \dfrac{n-1}{n} I_{n-2}$.

4. 已知 $\dfrac{\sin x}{x}$ 是 $f(x)$ 的一个原函数,求 $\displaystyle\int x f'(x) dx$.

5. 设 $f'(e^x) = 1 + e^{2x}$，且 $f(0) = 1$，求 $f(x)$.

三、综合练习 B

1. 计算下列不定积分

(1) $\displaystyle\int \frac{\mathrm{d}x}{1 + \sqrt{1 + x^2}}$；

(2) $\displaystyle\int \frac{\mathrm{d}x}{x + \sqrt{1 - x^2}}$；

(3) $\displaystyle\int \cos(\ln x)\,\mathrm{d}x$；

(4) $\displaystyle\int \ln^2(x + \sqrt{1 + x^2})\,\mathrm{d}x$；

(5) $\displaystyle\int e^{ax}\cos bx\,\mathrm{d}x$；

(6) $\displaystyle\int \frac{x\cos x - \sin x}{(x - \sin x)^2}\,\mathrm{d}x$；

(7) $\displaystyle\int e^{\sin x}\frac{x\cos^3 x - \sin x}{\cos^2 x}\,\mathrm{d}x$.

2. 设 $f'(x) + xf'(-x) = x$，求 $f(x)$.

3. 设 $f(x)$ 的原函数 $F(x) > 0$，且 $F(0) = \sqrt{\dfrac{\pi}{2}}$，$f(x)F(x) = \dfrac{1}{e^x + e^{-x}}$，求 $f(x)$.

4. 设 $f(x) = \begin{cases} \sin\dfrac{x}{2}, & x \leqslant 0, \\ \arctan 2x, & x > 0, \end{cases}$ 求 $\displaystyle\int f(x)\,\mathrm{d}x$.

第五章 定 积 分

　　定积分是微积分学中的一个重要概念. 定积分起源与计算图形的面积和体积等几何问题. 古希腊数学家阿基米德等人用"穷竭法"，我国的刘徽用"割圆术"都曾计算过一些几何图形的面积和体积，但是，古代关于计算面积的朴素思想远未达到形成定积分概念的境界. 直到 17 世纪，牛顿和莱布尼茨先后提出了定积分的概念，并各自得到了定积分与不定积分的联系这一微积分最为辉煌的成就，才使得定积分成为解决实际问题的有力工具，并使得各自独立的微分学和积分学联系在一起，形成了完整的微积分学.

　　现在，微积分学已运用在大量的自然科学与生产实践中. 本章将从实例引出定积分的概念，然后讨论定积分的性质及定积分与不定积分的内在联系.

第一节　定积分概念

一、引例

1. 曲边梯形的面积

　　所谓**曲边梯形**是这样的平面图形，它有三条边是直线段，其中两条边垂直于另外一条边，第四边是一条曲线弧，如图 5-1a. 我们并不排除这样的情形，即两条平行的边中有一条边甚至两条边缩成一点的情形，如图 5-1b、c.

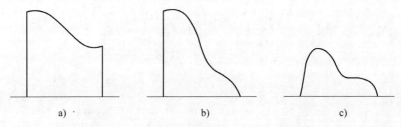

　　　a)　　　　　　　　　　b)　　　　　　　　　c)

图　5-1

　　设函数 $y = f(x) \geq 0$ 在区间 $[a, b]$ 上连续，则由曲线 $y = f(x)$，x 轴与直线 $x = a$，$x = b$ 所围成的图形即为曲边梯形（如图 5-2 所示），函数 $y = f(x)$ 对应于区间 $[a, b]$ 上的曲线为曲线弧，或称为曲边梯形的曲边.

　　我们的基本问题是，这个曲边梯形的面积如何计算，或更确切地说，这个曲边梯形的面积如何表示.

如果这个曲边梯形的曲边是水平的，$f(x) = y_0$ 为常数，则其图形为矩形，面积非常简单，它的面积

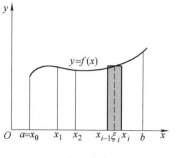

图 5-2

$$S = y_0(b - a).$$

现在 $y = f(x)$ 的值随着 x 的变化而变化，问题便复杂多了．在函数连续的条件下，可以想象，如果这个曲边梯形的宽度很小，则 $f(x)$ 的变化也很小．因此，在小区间 $[x, x + \Delta x]$ 上，当 Δx 很小时，该曲边梯形的面积可近似地用窄矩形的面积来代替，于是人们产生了如下思路，把这个曲边梯形用平行于 y 轴的直线分割成很多窄的小曲边梯形，这种小曲边梯形的面积近似地用矩形的面积代替，再将这些矩形的面积加起来就是曲边梯形面积的近似值．

显然，每个小区间的长度愈小，近似程度就愈好，把区间 $[a, b]$ 无限细分，使每一个小区间缩向一点，即其长度无限趋于 0，则近似值就可变为曲边梯形面积的精确值了．因此，可以按下面的步骤来计算上述曲边梯形的面积：

在区间 $[a, b]$ 中任意插入 $n-1$ 个分点

$$a = x_0 < x_1 < x_2 < \cdots < x_{i-1} < x_i < \cdots < x_{n-1} < x_n = b.$$

这些分点把 $[a, b]$ 分成 n 个小区间，它们的长度依次为

$$\Delta x_1 = x_1 - x_0, \cdots, \Delta x_i = x_i - x_{i-1}, \cdots, \Delta x_n = x_n - x_{n-1}.$$

经过每一个分点作平行于 y 轴的直线段，把曲边梯形分成 n 个窄的小曲边梯形，设它们的面积依次为 $\Delta S_i (i = 1, 2, \cdots, n)$，用相应的小矩形面积来近似代替第 i 个窄的小曲边梯形的面积 ΔS_i，则

$$\Delta S_i \approx f(\xi_i) \Delta x_i (x_{i-1} \leqslant \xi_i \leqslant x_i, \ i = 1, 2, \cdots, n),$$

其中 ξ_i 为小区间 $[x_{i-1}, x_i]$ 上任一点，$f(\xi_i)$ 为这个区间上小矩形的高．

于是所求曲边梯形的面积 S 近似等于 n 个小矩形的面积之和：

$$S \approx f(\xi_1) \Delta x_1 + f(\xi_2) \Delta x_2 + \cdots + f(\xi_n) \Delta x_n = \sum_{i=1}^{n} f(\xi_i) \Delta x_i,$$

由于分点越多，误差越小．记 $\lambda = \max\{\Delta x_1, \Delta x_2, \cdots, \Delta x_n\}$，让 $\lambda \to 0$（这时分段数无限增多，即 $n \to \infty$），如果上式右端极限存在，我们就把这极限值作为曲边梯形面积 S 的精确值：

$$S = \lim_{\lambda \to 0} \sum_{i=1}^{n} f(\xi_i) \Delta x_i. \tag{1}$$

回忆一下在第二章第六节介绍的微元方法，若将区间 $[a, b]$ 分成许多微小的微元区间 $[x, x + \mathrm{d}x]$，相应的微小部分面积微元为 $\mathrm{d}S = f(x)\mathrm{d}x$（参见第二章第六节例 1），则根据量 S 具有的可加性，直观上有

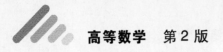

$$S = \sum \mathrm{d}S = \sum f(x)\,\mathrm{d}x . \tag{2}$$

在这里，式(1)和式(2)具有类似的结构.

2. 变速直线运动的路程

设物体作直线运动，已知速度 $v = v(t)$ 是时间 t 的连续函数，$t \in [T_1, T_2]$，且 $v(t) \geqslant 0$，要求计算在这段时间内物体所经过的路程 S.

如果速度 $v = v(t) = v_0$ 不变，则路程 $S = v_0(T_1 - T_2)$. 但现在速度是随时间而变化的变量，因此，所求路程 S 不能按此公式来计算. 然而，物体运动的速度函数 $v(t)$ 是连续变化的，在很短一段时间里，速度的变化很小，近似于匀速运动. 因此，在时间间隔很短的条件下，可以将速度看成常数，从而可得变速直线运动路程的近似值. 将这些近似值相加就得到整个时间区间 $[T_1, T_2]$ 上的路程的近似值，再让时间间隔趋于零，就可得到作变速直线运动的物体所经过的路程 S. 具体计算步骤如下：在时间间隔内 $[T_1, T_2]$ 任意插入 $n-1$ 个分点

$$T_1 = t_0 < t_1 < t_2 < \cdots < t_{n-1} < t_n = T_2,$$

这些分点把 $[T_1, T_2]$ 分成 n 个小区间，每个小区间的长依次为

$$\Delta t_1 = t_1 - t_0, \cdots, \Delta t_i = t_i - t_{i-1}, \cdots, \Delta t_n = t_n - t_{n-1},$$

相应地，在各小段内物体经过的路程依次为

$$\Delta S_1, \ \Delta S_2, \ \cdots, \ \Delta S_n.$$

在时间间隔 $[t_{i-1}, t_i]$ 上任取一个时刻 $\tau_i (t_{i-1} \leqslant \tau_i \leqslant t_i)$，以 τ_i 时的速度 $v(\tau_i)$ 来代替 $[t_{i-1}, t_i]$ 上各个时刻的速度，得到部分路程 ΔS_i 的近似值，即

$$\Delta S_i \approx v(\tau_i) \Delta t_i (i = 1, 2, \cdots, n).$$

于是物体运动的路程 S 就近似于 n 段部分路程的近似值之和，即

$$S \approx v(\tau_1) \Delta t_1 + v(\tau_2) \Delta t_2 + \cdots + v(\tau_n) \Delta t_n$$

$$= \sum_{i=1}^{n} v(\tau_i) \Delta t_i.$$

记 $\lambda = \max\{\Delta t_1, \Delta t_2, \cdots, \Delta t_n\}$，让 $\lambda \to 0$，如果上式右端极限存在，我们就把这个极限值作为物体运动路程 S 的精确值，即

$$S = \lim_{\lambda \to 0} \sum_{i=1}^{n} v(\tau_i) \Delta t_i.$$

类似的，由第二章第六节例2，运动路程 S 同样可以直观地表示为

$$S = \sum \mathrm{d}S = \sum v(t)\,\mathrm{d}t.$$

二、定积分定义

在上面两个例子中，要计算的量的实际意义虽然不同，但其数学形式是完全一样的，它们都由一个函数及其自变量的变化区间 $[a, b]$ 所确定，并归结为计算下列和的极限：

$$\lim_{\lambda \to 0} \sum_{i=1}^{n} f(\xi_i) \Delta x_i,$$

或直观上的表达式

$$\Sigma f(x) \,\mathrm{d}x.$$

在自然科学与工程技术中，还有许多具体问题归结为这种和式的极限．抛开这些问题的具体内容，抓住它们在数量关系上共同的本质加以概括，我们就可以给出下述定积分的定义．

定义 设函数 $f(x)$ 在区间 $[a, b]$ 上有界，在 $[a, b]$ 中任意插入 $n-1$ 个分点

$$a = x_0 < x_1 < x_2 < \cdots < x_{i-1} < x_i < \cdots < x_{n-1} < x_n = b,$$

把区间 $[a, b]$ 分成 n 个小区间，各个小区间的长度依次为 $\Delta x_i = x_i - x_{i-1}$，$i = 1$，$2$，$\cdots$，$n$．在每一个小区间 $[x_{i-1}, x_i]$ 上任意取一点 $\xi_i (x_{i-1} \leqslant \xi_i \leqslant x_i)$，作函数值 $f(\xi_i)$ 与小区间长度的乘积 $f(\xi_i) \Delta x_i (i = 1, 2, \cdots, n)$ 并作和式

$$S = \sum_{i=1}^{n} f(\xi_i) \Delta x_i$$

记 $\lambda = \max \{\Delta x_1, \Delta x_2, \cdots, \Delta x_n\}$，如果不论对 $[a, b]$ 怎样分法，也不论在小区间 $[x_{i-1}, x_i]$ 上点 ξ_i 怎样取法，当 $\lambda \to 0$ 时，和 S 总趋于确定的极限，则称这个极限为函数 $f(x)$ 在区间 $[a, b]$ 上的定积分（简称积分），记作 $\int_a^b f(x) \,\mathrm{d}x$，即

$$\int_a^b f(x) \,\mathrm{d}x = \lim_{\lambda \to 0} \sum_{i=1}^{n} f(\xi_i) \Delta x_i,$$

其中 $f(x)$ 叫做被积函数，$f(x) \,\mathrm{d}x$ 叫做被积表达式，x 叫做积分变量，a 叫做积分下限，b 叫做积分上限，$[a, b]$ 叫做积分区间．

根据定积分的定义，前面所讨论的两个实际问题可以分别表述如下：

由曲线 $y = f(x) (f(x) \geqslant 0)$，$x$ 轴与直线 $x = a$，$x = b$ 所围成的曲边梯形的面积

$$S = \int_a^b f(x) \,\mathrm{d}x.$$

物体以变速 $v = v(t) (v(t) \geqslant 0)$ 作直线运动，从时刻 $t = T_1$ 到时刻 $t = T_2$，该物体所经过的路程

$$S = \int_{T_1}^{T_2} v(t) \,\mathrm{d}t.$$

根据定积分的定义，直观上就有

$$\Sigma f(x) \,\mathrm{d}x = \int_a^b f(x) \,\mathrm{d}x,$$

即或

$$S = \sum dS = \sum f(x)\,dx$$

$$= \int_a^b dS = \int_a^b f(x)\,dx. \tag{3}$$

下一章, 我们将用公式(3)来解决许多应用中的问题.

如果 $f(x)$ 在 $[a, b]$ 上的定积分存在, 我们就说 $f(x)$ 在 $[a, b]$ 上可积.

对于定积分, 有这样一个重要问题: 函数 $f(x)$ 在 $[a, b]$ 上满足怎样的条件时, $f(x)$ 在 $[a, b]$ 上一定可积? 对于这个问题我们在此不作严格论证, 只给出以下两个充分条件:

定理 1　设 $f(x)$ 在区间 $[a, b]$ 上连续, 则 $f(x)$ 在 $[a, b]$ 上可积.

定理 2　设 $f(x)$ 在区间 $[a, b]$ 上有界, 且只有有限个间断点, 则 $f(x)$ 在 $[a, b]$ 上可积.

定积分的几何意义: 在 $[a, b]$ 上, 当 $f(x) \geqslant 0$ 时, 由前面的讨论我们知道, 定积分 $\int_a^b f(x)\,dx$ 在几何上表示由曲线 $y = f(x)$ $(f(x) \geqslant 0)$, x 轴与直线 $x = a$, $x = b$ 所围成的曲边梯形的面积.

如果 $f(x) < 0$, 则曲边梯形位于 x 轴的下方, 这时, $f(\xi_i) < 0$, 而 $\Delta x_i = x_i - x_{i-1} > 0$, 所以 $f(\xi_i)\Delta x_i < 0$, 从而和的极限 $\lim\limits_{\lambda \to 0} \sum\limits_{i=1}^n f(\xi_i)\Delta x_i$ 为负, 也就是说 $\int_a^b f(x)\,dx$ 的值为负, 这时, $\int_a^b f(x)\,dx$ 表示由曲线 $y = f(x)$ $(f(x) < 0)$, x 轴与直线 $x = a$, $x = b$ 所围成的曲边梯形的面积的负值. 如果 $f(x)$ 的值有正有负, 则函数图形的某些部分在 x 轴的上方, 而其他部分在 x 轴的下方(图 5-3), 于是, 定积分的几何意义为:

定积分 $\int_a^b f(x)\,dx$ 是介于 x 轴, 函数 $f(x)$ 及直线 $x = a$, $x = b$ 之间的各部分的图形面积的代数和, 即在 x 轴上方的图形面积与在 x 轴下方的图形面积之差.

由定积分的定义及几何意义可以看出: 一个函数 $f(x)$ 在区间 $[a, b]$ 上的

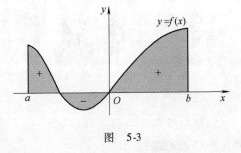

图　5-3

定积分只和区间及区间上函数的几何图形有关, 而和积分变量用什么字母无关. 即

$$\int_a^b f(x)\,dx = \int_a^b f(u)\,du = \int_a^b f(t)\,dt = \cdots.$$

最后, 我们举一个根据定义计算定积分值的例子.

例 1[*]　应用定积分的定义计算定积分 $\int_0^1 x^2 \mathrm{d}x$.

解　因为被积函数 $f(x)$ 在积分区间 $[0,1]$ 上连续，而连续函数是可积的，所以定积分的值与区间 $[0,1]$ 的分法及点 ξ_i 的取法无关，因此，为了便于计算，不妨把区间 $[0,1]$ 分成 n 等份，这样，每个小区间 $[x_{i-1}, x_i]$ 的长度为 $\Delta x_i = \dfrac{1}{n}$，分点为 $x_i = \dfrac{i}{n}$. 此外，不妨把 ξ_i 取在小区间 $[x_{i-1}, x_i]$ 的右端点，即 $\xi_i = x_i = \dfrac{i}{n}$，此时 $\lambda \to 0$ 和 $n \to \infty$ 等价，于是

$$\int_0^1 f(x)\,\mathrm{d}x = \lim_{n\to\infty} \frac{1}{n} \sum_{i=1}^{n} f\left(\frac{i}{n}\right).$$

将 $f(x) = x^2$ 代入得

$$\int_0^1 x^2 \mathrm{d}x = \lim_{n\to\infty} \frac{1}{n} \sum_{i=1}^{n} \left[\frac{i}{n}\right]^2 = \lim_{n\to\infty} \frac{1}{n^3} \sum_{i=1}^{n} i^2,$$

利用求和公式

$$1^2 + 2^2 + \cdots + n^2 = \frac{n(n+1)(2n+1)}{6}$$

可得

$$\int_0^1 x^2 \mathrm{d}x = \lim_{n\to\infty} \frac{1}{n^3} \cdot \frac{n(n+1)(2n+1)}{6} = \lim_{n\to\infty} \frac{\left(1+\dfrac{1}{n}\right)\left(2+\dfrac{1}{n}\right)}{6} = \frac{1}{3}.$$

习题 5-1

1[*]. 用定积分定义计算下列积分：

(1) $\int_a^b k\mathrm{d}x$（k 是常数）；　　　　　　　(2) $\int_a^b x\mathrm{d}x$；

(3) $\int_0^1 \mathrm{e}^x \mathrm{d}x$.

2. 利用定积分的几何意义，说明下列等式：

(1) $\int_0^R \sqrt{R^2 - x^2}\,\mathrm{d}x = \dfrac{\pi R^2}{4}$；　　　　　　(2) $\int_{-\frac{\pi}{2}}^{\frac{\pi}{2}} \cos x\mathrm{d}x = 2\int_0^{\frac{\pi}{2}} \cos x\mathrm{d}x$.

第二节　定积分的性质

我们先对定积分作如下补充规定：当 $a = b$ 时，$\int_a^b f(x)\,\mathrm{d}x = \int_b^a f(x)\,\mathrm{d}x = 0$；当

$a > b$ 时，$\int_a^b f(x)\,\mathrm{d}x = -\int_b^a f(x)\,\mathrm{d}x$．

由定积分的定义以及极限的运算法则与性质，可以得到定积分的若干性质．

在下面的讨论中，积分上下限的大小，如不特别指明，均不加限制，并假定各性质中所列出的定积分都是存在的．

性质 1 函数的和（差）的定积分等于它们的定积分的和（差），即

$$\int_a^b [f(x) \pm g(x)]\,\mathrm{d}x = \int_a^b f(x)\,\mathrm{d}x \pm \int_a^b g(x)\,\mathrm{d}x.$$

证
$$\int_a^b [f(x) \pm g(x)]\,\mathrm{d}x = \lim_{\lambda \to 0} \sum_{i=1}^n [f(\xi_i) \pm g(\xi_i)]\Delta x_i$$
$$= \lim_{\lambda \to 0} \sum_{i=1}^n f(\xi_i)\Delta x_i \pm \lim_{\lambda \to 0} \sum_{i=1}^n g(\xi_i)\Delta x_i$$
$$= \int_a^b f(x)\,\mathrm{d}x \pm \int_a^b g(x)\,\mathrm{d}x.$$

性质 1 对于任意有限个函数都是成立的．

性质 2 被积函数的常数因子可以提到积分号外面，即

$$\int_a^b kf(x)\,\mathrm{d}x = k\int_a^b f(x)\,\mathrm{d}x \ (k\text{ 为常数}).$$

证明方法同性质 1．

性质 3 如果将积分区间分成两部分，则在整个区间上的定积分等于这两部分区间上定积分之和，即设 $a < c < b$，则

$$\int_a^b f(x)\,\mathrm{d}x = \int_a^c f(x)\,\mathrm{d}x + \int_c^b f(x)\,\mathrm{d}x.$$

证 因为函数 $f(x)$ 在区间 $[a, b]$ 上可积，所以不论把 $[a, b]$ 怎么分，积分和的极限总是不变的，因此，我们在分区间时，可以使 c 永远是个分点，那么，$[a, b]$ 上的积分和等于 $[a, c]$ 上的积分和加 $[c, b]$ 上的积分和，记为

$$\sum_{[a,b]} f(\xi_i)\Delta x_i = \sum_{[a,c]} f(\xi_i)\Delta x_i + \sum_{[c,b]} f(\xi_i)\Delta x_i.$$

令 $\lambda \to 0$，上式两端同时取极限，即得

$$\int_a^b f(x)\,\mathrm{d}x = \int_a^c f(x)\,\mathrm{d}x + \int_c^b f(x)\,\mathrm{d}x.$$

这个性质表明定积分对于积分区间是具有可加性的．

按定积分的补充规定，不论 a，b，c 的相对位置如何，总有等式

$$\int_a^b f(x)\,\mathrm{d}x = \int_a^c f(x)\,\mathrm{d}x + \int_c^b f(x)\,\mathrm{d}x$$

成立，例如当 $a < b < c$ 时，由于

$$\int_a^c f(x)\,\mathrm{d}x = \int_a^b f(x)\,\mathrm{d}x + \int_b^c f(x)\,\mathrm{d}x,$$

于是得

$$\int_a^b f(x)\,\mathrm{d}x = \int_a^c f(x)\,\mathrm{d}x - \int_b^c f(x)\,\mathrm{d}x$$

$$= \int_a^c f(x)\,\mathrm{d}x + \int_c^b f(x)\,\mathrm{d}x.$$

性质 4 如果在区间 $[a,\,b]$ 上 $f(x)=1$，则 $\int_a^b 1\cdot\mathrm{d}x = \int_a^b \mathrm{d}x = b-a$.

性质 5 如果在区间 $[a,\,b]$ 上 $f(x)\geqslant 0$，则

$$\int_a^b f(x)\,\mathrm{d}x \geqslant 0 \quad (a<b).$$

证 因为 $f(x)\geqslant 0$，所以 $f(\xi_i)\geqslant 0$，又由于 $\Delta x_i > 0$，因此，

$$f(\xi_i)\Delta x_i \geqslant 0 (i=1,\,2,\,\cdots,\,n),$$

从而

$$\sum_{i=1}^n f(\xi_i)\Delta x_i \geqslant 0,$$

令 $\lambda\to 0$，上式取极限，根据极限的性质，即得 $\int_a^b f(x)\,\mathrm{d}x\geqslant 0$.

推论 如果在区间 $[a,\,b]$ 上 $f(x)\leqslant g(x)$，则

$$\int_a^b f(x)\,\mathrm{d}x \leqslant \int_a^b g(x)\,\mathrm{d}x \quad (a<b).$$

证 作辅助函数 $F(x)=g(x)-f(x)\geqslant 0$，利用性质 1 和性质 5 即可证得.

性质 6 设 M 与 m 分别是函数 $f(x)$ 在区间 $[a,\,b]$ 上的最大值与最小值，则

$$m(b-a) \leqslant \int_a^b f(x)\,\mathrm{d}x \leqslant M(b-a).$$

证 因为 $m\leqslant f(x)\leqslant M$，所以由性质 5 的推论，

$$\int_a^b m\,\mathrm{d}x \leqslant \int_a^b f(x)\,\mathrm{d}x \leqslant \int_a^b M\,\mathrm{d}x. \tag{1}$$

再由性质 2 和性质 4，即得所要证的不等式.

性质 7(积分中值定理) 如果函数 $f(x)$ 在闭区间 $[a,\,b]$ 上连续，则在积分区间 $[a,\,b]$ 上至少存在一个点 ξ，使下式成立：

$$\int_a^b f(x)\,\mathrm{d}x = f(\xi)(b-a) \quad (a\leqslant\xi\leqslant b). \tag{2}$$

这个公式叫做积分中值公式.

证 由于函数在闭区间 $[a,\,b]$ 上连续，则必存在最大值和最小值. 沿用性质 6 中的记号，不等式(1)各除以 $b-a$，得

$$m \leqslant \frac{1}{b-a}\int_a^b f(x)\,\mathrm{d}x \leqslant M,$$

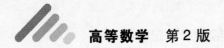
这表明，数值 $\dfrac{1}{b-a}\displaystyle\int_a^b f(x)\,\mathrm{d}x$ 介于函数 $f(x)$ 的最小值 m 及最大值 M 之间，根据闭区间上连续函数的介值定理，在 $[a,b]$ 上至少存在着一点 ξ，使得函数 $f(x)$ 在点 ξ 处的值与这个确定的数值相等，即

$$\frac{1}{b-a}\int_a^b f(x)\,\mathrm{d}x = f(\xi) \quad (a\leqslant\xi\leqslant b),$$

两端各乘以 $b-a$，即得式(2).

积分中值定理的几何意义是：在区间 $[a,b]$ 上至少存在一点 ξ，使得以区间 $[a,b]$ 为底边，以曲线 $y=f(x)$ 为曲边的曲边梯形的面积等于同一底边而高为 $f(\xi)$ 的一个矩形的面积(图 5-4).

我们把函数 $y=f(x)$ 在区间 $[a,b]$

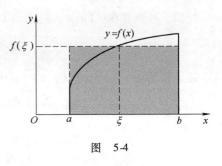

图　5-4

上的**平均值**定义为 $\dfrac{1}{b-a}\displaystyle\int_a^b f(x)\,\mathrm{d}x$. 因此，

积分中值定理又可叙述为：在区间 $[a,b]$ 上至少存在一点 ξ，使得 $f(\xi)$ 等于函数 $y=f(x)$ 在区间 $[a,b]$ 上的**平均值**，所以积分中值定理也叫**积分平均值定理**.

习题 5-2

1. 根据定积分的性质，说明下列积分哪一个值较大

(1) $\displaystyle\int_0^1 x\,\mathrm{d}x$ 与 $\displaystyle\int_0^1 x^3\,\mathrm{d}x$；　　(2) $\displaystyle\int_1^2 x\,\mathrm{d}x$ 与 $\displaystyle\int_1^2 x^3\,\mathrm{d}x$；

(3) $\displaystyle\int_1^{1.5}\ln(1+x)\,\mathrm{d}x$ 与 $\displaystyle\int_1^{1.5}\ln^2(1+x)\,\mathrm{d}x$；　　(4) $\displaystyle\int_0^1\ln(1+x)\,\mathrm{d}x$ 与 $\displaystyle\int_0^1 x\,\mathrm{d}x$；

(5) $\displaystyle\int_0^1 x(\mathrm{e}^x-1)\,\mathrm{d}x$ 与 $\displaystyle\int_0^1 x^2\,\mathrm{d}x$.

2. 估计下列积分的值

(1) $\displaystyle\int_1^4 (x^2+1)\,\mathrm{d}x$；　　(2) $\displaystyle\int_0^2 \mathrm{e}^{x^2-x}\,\mathrm{d}x$.

3. 求函数 $y=\sin\omega x$ 在区间 $[0,4]$ 上的平均值的积分表达式.

4. 设 $f(x)$ 和 $|f(x)|$ 均可积，$a\leqslant b$，证明 $\left|\displaystyle\int_a^b f(x)\,\mathrm{d}x\right|\leqslant\displaystyle\int_a^b |f(x)|\,\mathrm{d}x$.

第三节　微积分基本公式

前面，我们通过一个例子看到直接按定义来计算定积分不是件很容易的事.

如果被积函数是其他复杂些的函数，其困难就更大了，因此，我们必须寻求计算定积分的新方法．

还是考虑速度与路程的关系．设物体在一直线上运动，在时刻 t 时物体所在位置为 $S(t)$，速度为 $v(t)$．

从第一节中我们知道，物体在时间间隔 $[T_1, T_2]$ 内经过的路程可以表示为速度函数 $v(t)$ 在 $[T_1, T_2]$ 上的定积分 $\int_{T_1}^{T_2} v(t)\mathrm{d}t$．

另一方面，物体在 $[T_1, T_2]$ 上所经过的路程又可以表示为 $S(t)$ 在这段时间间隔上的增量

$$S(T_2) - S(T_1),$$

由此可知：位置函数 $S(t)$ 与速度函数 $v(t)$ 之间有关系式

$$\int_{T_1}^{T_2} v(t)\mathrm{d}t = S(T_2) - S(T_1). \tag{1}$$

由导数概念知 $S(t)$ 是 $v(t)$ 的原函数，所以关系式（1）表示，速度函数 $v(t)$ 在区间 $[T_1, T_2]$ 上的定积分等于它的原函数 $S(t)$ 在区间 $[T_1, T_2]$ 上的增量．

公式（1）是否普遍成立？即如果函数 $f(x)$ 在区间 $[a, b]$ 上连续，那么，$f(x)$ 在区间 $[a, b]$ 上的定积分就等于 $f(x)$ 的原函数 $F(x)$ 在区间 $[a, b]$ 上的增量，也就是

$$\int_a^b f(t)\mathrm{d}t = F(b) - F(a). \tag{2}$$

如果这一公式是正确的话，则计算定积分就很简单了．

例1 计算 $\int_0^1 x\mathrm{d}x$．

解 x 的一个原函数为 $F(x) = \dfrac{1}{2}x^2$，

因此，

$$\int_0^1 x\mathrm{d}x = F(1) - F(0) = \frac{1}{2} - 0 = \frac{1}{2}.$$

这一结果和第一节例 1 结果相同，然而，这里的计算简单多了．

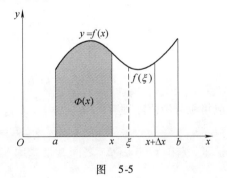

图 5-5

公式（2）即为著名的**牛顿（Newton）-莱布尼茨（Leibniz）公式**，也叫做**微积分基本公式**．这个公式揭示了定积分与被积函数的原函数之间的联系，为定积分的计算提供了一个有效而简便的方法．下面将证明这一重要结果．

我们先讨论积分上限的函数和它的导数之间的关系．

设函数 $f(x)$ 在区间 $[a, b]$ 上连续，x 为 $[a, b]$ 上的一点，作 $f(x)$ 在 $[a,$

x]上的定积分$\int_a^x f(x)\,dx$. 由于$f(x)$在$[a,x]$上是连续的，因此，这个定积分存在，这时变量x既表示定积分的上限，又表示积分变量. 因为定积分与积分变量的记号无关，所以，为了明确起见，可以把积分变量改记成其他符号，例如可以写成$\int_a^x f(t)\,dt$. 如果上限x在区间$[a,b]$上任意变动，则对于每一个取定的x，定积分有一个对应值，所以它在$[a,b]$上定义了一个函数，这个函数记作$\Phi(x)$，如图5-5所示.

$$\Phi(x)=\int_a^x f(t)\,dt\,(a\leqslant x\leqslant b).$$

定理1 如果函数$f(x)$在区间$[a,b]$上连续，则积分上限的函数

$$\Phi(x)=\int_a^x f(t)\,dt$$

在$[a,b]$上可导，并且它的导数是

$$\Phi'(x)=\frac{d}{dx}\int_a^x f(t)\,dt=f(x)\,(a\leqslant x\leqslant b). \tag{3}$$

证 当上限由x变到$x+\Delta x$时，$\Phi(x)$在$x+\Delta x$处的函数值为

$$\Phi(x+\Delta x)=\int_a^{x+\Delta x} f(t)\,dt.$$

由此得函数的增量

$$\begin{aligned}\Delta\Phi &=\Phi(x+\Delta x)-\Phi(x)=\int_a^{x+\Delta x}f(t)\,dt-\int_a^x f(t)\,dt\\&=\int_a^x f(t)\,dt+\int_x^{x+\Delta x}f(t)\,dt-\int_a^x f(t)\,dt\\&=\int_x^{x+\Delta x}f(t)\,dt.\end{aligned}$$

应用积分中值定理有

$$\Delta\Phi=f(\xi)\Delta x,$$

这里，ξ在x与$x+\Delta x$之间，上式两端除以Δx，得

$$\frac{\Delta\Phi}{\Delta x}=f(\xi).$$

由于假设函数$f(x)$在区间$[a,b]$上连续，而$\Delta x\to 0$时，$\xi\to x$，因此，

$$\lim_{\Delta x\to 0}\frac{\Delta\Phi}{\Delta x}=\lim_{\Delta x\to 0}f(\xi)=f(x),$$

即$\Phi'(x)=f(x)$. 于是定理得证.

例2 计算$\left(\int_0^x e^{2t}\,dt\right)'$，$\left(\int_0^{x^2} e^{2t}\,dt\right)'$.

解 利用公式 (3)，$\left(\int_0^x e^{2t}dt\right)' = e^{2x}$.

令 $u = x^2$，则

$$\left(\int_0^{x^2} e^{2t}dt\right)' = \left(\int_0^u e^{2t}dt\right)'_u \frac{du}{dx} = e^{2u} \cdot 2x = 2xe^{2x^2}.$$

例 3 计算 $\dfrac{d}{dx}\displaystyle\int_{x^2}^{x^3} \ln(1+t^3)dt$.

解
$$\int_{x^2}^{x^3} \ln(1+t^3)dt = \int_{x^2}^0 \ln(1+t^3)dt + \int_0^{x^3} \ln(1+t^3)dt$$
$$= -\int_0^{x^2} \ln(1+t^3)dt + \int_0^{x^3} \ln(1+t^3)dt$$

于是

$$\left[\int_{x^2}^{x^3} \ln(1+t^3)dt\right]' = -\ln(1+x^6)\cdot(x^2)' + \ln(1+x^9)(x^3)'$$
$$= -2x\ln(1+x^6) + 3x^2\ln(1+x^9).$$

一般地，若函数 $f(x)$ 在区间 I 上连续，且 $u(x)$，$v(x)$ 均可微，则

$$\frac{d}{dx}\int_{u(x)}^{v(x)} f(t)dt = \frac{d}{dx}\left[\int_a^{v(x)} f(t)dt - \int_a^{u(x)} f(t)dt\right]$$
$$= \left(\frac{d}{dv}\int_a^v f(t)dt\right)\frac{dv(x)}{dx} - \left(\frac{d}{du}\int_a^u f(t)dt\right)\frac{du(x)}{dx}$$
$$= v'(x)f(v(x)) - u'(x)f(u(x)).$$

例 4 求 $\lim\limits_{x\to 0} \dfrac{\displaystyle\int_0^x t\sqrt{1+t^3}dt}{x^2}$.

解 易知这是一个 $\dfrac{0}{0}$ 型的未定式，可利用洛必达法则来计算，因此，

$$\lim_{x\to 0} \frac{\displaystyle\int_0^x t\sqrt{1+t^3}dt}{x^2} = \lim_{x\to 0} \frac{x\sqrt{1+x^3}}{2x} = \frac{1}{2}.$$

定理 1 指出了一个重要结论：连续函数 $f(x)$ 取变上限的定积分然后求导，其结果就是 $f(x)$ 本身．也就是说，$\Phi(x)$ 是连续函数 $f(x)$ 的一个原函数．因此，我们同时得到了如下的原函数存在定理．

定理 2 如果函数 $f(x)$ 在区间 $[a, b]$ 上连续，则

$$\Phi(x) = \int_a^x f(t)dt$$

是 $f(x)$ 在区间 $[a, b]$ 上的一个原函数．

利用定理 2 可以证明牛顿-莱布尼茨公式．

定理 3 如果函数 $F(x)$ 是连续函数 $f(x)$ 在区间 $[a, b]$ 上的任意一个原函

数，则牛顿-莱布尼茨公式(公式(2))成立.

证 根据定理 2 知道，函数 $\Phi(x) = \int_a^x f(t)\mathrm{d}t$ 也是 $f(x)$ 的一个原函数，而两个原函数的差是一个常数 C，即

$$F(x) - \Phi(x) = C \quad (a \leqslant x \leqslant b),\tag{4}$$

当 $x = a$ 时，上式也应该成立，即

$$F(a) - \Phi(a) = C,$$

而 $\Phi(a) = 0$，所以 $C = F(a)$，代入式(4)，得

$$\Phi(x) = F(x) - F(a),$$

即

$$\int_a^x f(t)\mathrm{d}t = F(x) - F(a).$$

令 $x = b$，再把积分变量 t 改写成 x，就得到所要证明的牛顿-莱布尼茨公式.

为方便起见，以后把 $F(b) - F(a)$ 记成 $F(x)\big|_a^b$，于是公式(2)可写成

$$\int_a^b f(x)\mathrm{d}x = F(x)\big|_a^b.$$

下面我们看几个例子.

例 5 求 $\int_2^4 \dfrac{\mathrm{d}x}{x}$.

解 因为 $\ln x$ 是函数 $\dfrac{1}{x}$ $(x > 0)$ 的原函数，所以

$$\int_2^4 \frac{\mathrm{d}x}{x} = \ln x\big|_2^4 = \ln 4 - \ln 2 = \ln 2.$$

例 6 计算 $\int_0^1 \dfrac{x^2}{1+x^2}\mathrm{d}x$.

解
$$\int_0^1 \frac{x^2}{1+x^2}\mathrm{d}x = \int_0^1 \mathrm{d}x - \int_0^1 \frac{\mathrm{d}x}{1+x^2}$$
$$= 1 - \arctan x\big|_0^1$$
$$= 1 - \frac{\pi}{4}.$$

例 7 计算 $\int_{-1}^3 |x-2|\mathrm{d}x$.

解
$$\int_{-1}^3 |x-2|\mathrm{d}x = \int_{-1}^2 |x-2|\mathrm{d}x + \int_2^3 |x-2|\mathrm{d}x,$$

在区间 $[-1, 2]$ 上，$|x-2| = 2-x$，故 $\int_{-1}^2 |x-2|\mathrm{d}x = \int_{-1}^2 (2-x)\mathrm{d}x$.

同理，$\int_2^3 |x-2|\mathrm{d}x = \int_2^3 (x-2)\mathrm{d}x$.

故 $\int_{-1}^{3} \left| x - 2 \right| dx = \left(2x - \frac{1}{2}x^2 \right) \Big|_{-1}^{2} + \left(\frac{1}{2}x^2 - 2x \right) \Big|_{2}^{3} = 5.$

例 8 计算正弦曲线 $y = \sin x$ 在 $[0, \pi]$ 上与 x 轴所围成的平面图形的面积.

解 由于在 $[0, \pi]$ 上 $\sin x \geq 0$,故所求面积为

$$A = \int_{0}^{\pi} \sin x \, dx = -\cos x \Big|_{0}^{\pi} = -\cos \pi - (-\cos 0)$$

$$= -(-1) - (-1) = 2.$$

注 在使用牛顿-莱布尼茨公式时要注意被积函数必须在积分区间上连续,否则将会出现错误的结果. 如形式上利用牛顿-莱布尼茨公式有

$$\int_{-1}^{1} \frac{1}{x^2} dx = -\frac{1}{x} \Big|_{-1}^{1} = -2.$$

而这个结果是错误的. 事实上,被积函数为正,如果积分存在,利用第二节性质 5,应有 $\int_{-1}^{1} \frac{1}{x^2} dx \geq 0$ 而矛盾. 此处问题出在被积函数 $\frac{1}{x^2}$ 在区间 $[-1, 1]$ 上不连续,$x = 0$ 是无穷间断点.

习题 5-3

1. 求下列函数的导数 $\dfrac{dy}{dx}$:

(1) $\int_{x}^{2x} \ln(1 + t^2) dt$; (2) $\int_{\frac{1}{x}}^{x} e^{t^2} dt$;

(3) $y = \int_{0}^{\sqrt{x}} \cos t^2 dt$; (4) $y = \int_{a}^{\cos x} \dfrac{\sin t}{1 + t^2} dt \, (a > 0)$.

2. 求函数 $F(x) = \int_{0}^{x} t(t - 4) dt$ 在 $[-1, 5]$ 上的最大值与最小值.

3. 求下列极限

(1) $\lim\limits_{x \to 0} \dfrac{\int_{0}^{x} \sin^2 t \, dt}{x^3}$; (2) $\lim\limits_{x \to 0} \dfrac{\int_{0}^{\sin x} \sqrt{1 + t^2} \, dt}{\sin x}$;

(3) $\lim\limits_{x \to 0} \dfrac{\int_{\cos x}^{1} \cos t^2 \, dt}{x^2}$; (4) $\lim\limits_{x \to 0} \dfrac{\int_{0}^{\sin x} \sqrt{\tan t} \, dt}{\int_{0}^{\tan x} \sqrt{\sin t} \, dt}$.

4. 求下列定积分:

(1) $\int_{1}^{2} \left(x^2 + \dfrac{1}{x^4} \right) dx$; (2) $\int_{4}^{9} \sqrt{x}(1 + \sqrt{x}) dx$;

$(3) \int_{-1}^{0} \dfrac{3x^4 + 3x^2 + 1}{x^2 + 1} dx$;　　　　$(4) \int_{0}^{\frac{\pi}{4}} \tan^2 \theta d\theta$;

$(5) \int_{1}^{e} \dfrac{dx}{x(1 + x)}$;　　　　$(6) \int_{0}^{1} \dfrac{dx}{\sqrt{4 + x^2}}$;

$(7) \int_{0}^{\pi} \cos^2 \left(\dfrac{x}{2} \right) dx$;　　　　$(8) \int_{-1}^{2} \left| 2x \right| dx$;

$(9) \int_{-1}^{1} \left| x^2 - x \right| dx$;

$(10) \int_{0}^{2} f(x) dx$，其中 $f(x) = \begin{cases} x + 1, & 0 \leqslant x \leqslant 1, \\ \dfrac{1}{2} x^2, & 1 < x < 2. \end{cases}$

5. 证明 $\dfrac{1}{2} < \int_{0}^{\frac{1}{2}} \dfrac{1}{\sqrt{1 - x^n}} dx < \dfrac{\pi}{6}$，$n \geqslant 2$.

第四节　定积分的换元法与分部积分法

一、定积分的换元法

牛顿-莱布尼茨公式建立了定积分与不定积分之间的联系，从而可以利用不定积分计算定积分．但用不定积分的换元法求原函数需把新变元换成原来的积分变量，这样做比较麻烦，为此我们给出定积分的换元方法，其要点在于对不定积分作换元的同时，积分限也作相应的变化．先看一个例子．

例1　计算 $\int_{0}^{8} \dfrac{dx}{1 + \sqrt[3]{x}}$．

解　令 $\sqrt[3]{x} = t$，则 $x = t^3$，$dx = 3t^2 dt$（计算不定积分时换元），且当 $x = 0$ 时 $t = 0$；$x = 8$ 时 $t = 2$（定积分的积分限作相应变化），于是

$$\int_{0}^{8} \dfrac{dx}{1 + \sqrt[3]{x}} = \int_{0}^{2} \dfrac{3t^2}{1 + t} dt = 3 \int_{0}^{2} \left(t - 1 + \dfrac{1}{1 + t} \right) dt = 3 \left[\dfrac{1}{2} t^2 - t + \ln |1 + t| \right]_{0}^{2} = 3 \ln 3.$$

这样做的理论根据是下面的定理．

定理　设

(1) 函数 $f(x)$ 在区间 $[a, b]$ 上连续；

(2) 函数 $x = \phi(t)$ 在区间 $[\alpha, \beta]$ 上是单值的，且具有连续导数；

(3) 当 t 在 $[\alpha, \beta]$ 上变化时，$x = \phi(t)$ 的值在 $[a, b]$ 上变化，且 $\phi(\alpha) = a$，$\phi(\beta) = b$. 在这些条件下，则有定积分的换元公式

$$\int_a^b f(x)\,\mathrm{d}x = \int_\alpha^\beta f[\phi(t)]\phi'(t)\,\mathrm{d}t.$$

证 因 $f(x)$ 在 $[a, b]$ 上连续，所以 $f(x)$ 的原函数 $F(x)$ 存在. 由牛顿-莱布尼茨公式得

$$\int_a^b f(x)\,\mathrm{d}x = F(b) - F(a).$$

又由定理条件

$$\frac{\mathrm{d}}{\mathrm{d}t}F[\phi(t)] = F'(x)\phi'(t) = f(x)\phi'(t) = f[\phi(t)]\phi'(t),$$

所以 $F[\phi(t)]$ 是 $F[\phi(t)]\phi'(t)$ 的原函数，故由牛顿-莱布尼茨公式得

$$\int_\alpha^\beta f[\phi(t)]\phi'(t)\,\mathrm{d}t = F[\phi(t)]\,\Big|_\alpha^\beta = F[\phi(\beta)] - F[\phi(\alpha)] = F(b) - F(a),$$

即 $\displaystyle\int_a^b f(x)\,\mathrm{d}x = \int_\alpha^\beta f[\phi(t)]\phi'(t)\,\mathrm{d}t.$

这个定理告诉我们，用换元法 $x = \phi(t)$ 把原来的积分变量 x 变换成新变量 t 时，在求出原函数后可不必把它变回成原变量 x 的函数，只要相应改变积分上、下限即可. 另外，在定积分中，我们不再区分第一换元积分法和第二换元积分法，只要换元代换是单值代换即可.

例 2 求定积分 $\displaystyle\int_0^a \sqrt{a^2 - x^2}\,\mathrm{d}x.$

解 设 $x = a\sin t$，则 $\mathrm{d}x = a\cos t\,\mathrm{d}t.$

我们将 x 的上、下限按代换 $x = a\sin t$ 相应地换成 t 的上、下限，即

当 $x = 0$ 时，$t = 0$；当 $x = a$ 时，$t = \dfrac{\pi}{2}$，

则

$$\int_0^a \sqrt{a^2 - x^2}\,\mathrm{d}x = a^2 \int_0^{\frac{\pi}{2}} \cos^2 t\,\mathrm{d}t = \frac{a^2}{2}\left(t + \frac{\sin 2t}{2}\right)\Big|_0^{\frac{\pi}{2}} = \frac{\pi a^2}{4}.$$

换元公式也可以反过来使用，为使用方便起见，把换元公式左右两边对调位置，同时把 t 改为 x，而 x 改为 t，得

$$\int_\alpha^\beta f[\phi(x)]\phi'(x)\,\mathrm{d}x = \int_a^b f(t)\,\mathrm{d}t.$$

这样，我们可用 $t = \phi(x)$ 来引入新变量 t.

例 3 计算 $\displaystyle\int_0^{\frac{\pi}{2}} \cos^5 x\sin x\,\mathrm{d}x.$

解 设 $t = \cos x$，则 $\mathrm{d}t = -\sin x\,\mathrm{d}x$，且当 $x = 0$ 时，$t = 1$；当 $x = \dfrac{\pi}{2}$ 时，$t = 0$，

于是

$$\int_0^{\frac{\pi}{2}} \cos^5 x \sin x \, dx = -\int_1^0 t^5 \, dt = \int_0^1 t^5 \, dt = \frac{1}{6} t^6 \bigg|_0^1 = \frac{1}{6}.$$

在例 3 中,如果我们不明显地写出新变量 t,那么,定积分的上、下限就不要改变. 请大家注意区别. 如

$$\int_0^{\frac{\pi}{2}} \cos^3 x \sin x \, dx = -\int_0^{\frac{\pi}{2}} \cos^3 x \, d(\cos x)$$

$$= -\frac{\cos^4 x}{4} \bigg|_0^{\frac{\pi}{2}} = -\left(0 - \frac{1}{4}\right) = \frac{1}{4}.$$

例 4 试证:

(1)若 $f(x)$ 在 $[-a, a]$ 上连续且为偶函数,则 $\int_{-a}^a f(x) \, dx = 2\int_0^a f(x) \, dx$;

(2)若 $f(x)$ 在 $[-a, a]$ 上连续且为奇函数,则 $\int_{-a}^a f(x) \, dx = 0$.

证 因为

$$\int_{-a}^a f(x) \, dx = \int_{-a}^0 f(x) \, dx + \int_0^a f(x) \, dx,$$

对积分 $\int_{-a}^0 f(x) \, dx$ 作代换 $x = -t$,则得

$$\int_{-a}^0 f(x) \, dx = -\int_a^0 f(-t) \, dt = \int_0^a f(-t) \, dt = \int_0^a f(-x) \, dx,$$

于是

$$\int_{-a}^a f(x) \, dx = \int_0^a f(-x) \, dx + \int_0^a f(x) \, dx = \int_0^a [f(-x) + f(x)] \, dx.$$

(1)若函数 $f(x)$ 为偶函数,即 $f(-x) = f(x)$,则

$$f(x) + f(-x) = 2f(x),$$

从而 $\int_{-a}^a f(x) \, dx = 2\int_0^a f(x) \, dx$;

(2)若函数 $f(x)$ 为奇函数,即 $f(-x) = -f(x)$,则

$$f(x) + f(-x) = 0$$

从而 $\int_{-a}^a f(x) \, dx = 0$.

利用这个结果有些积分计算可以简化,甚至不经计算即得出结果,如 $\int_{-\frac{\pi}{2}}^{\frac{\pi}{2}} \frac{x^3}{1 + x^6} \cos x \, dx$,被积函数为奇函数,故积分为零. 若本题用牛顿-莱布尼茨公式是不可能求解的.

例 5 试证: (1) $\int_0^{\frac{\pi}{2}} \cos^n x \, dx = \int_0^{\frac{\pi}{2}} \sin^n x \, dx$;

（2）$\int_0^{\pi} \sin^n x \mathrm{d}x = 2\int_0^{\frac{\pi}{2}} \sin^n x \mathrm{d}x$；

（3）$\int_0^{\pi} \cos^n x \mathrm{d}x = \begin{cases} 2\int_0^{\frac{\pi}{2}} \cos^n x \mathrm{d}x, & n\text{ 为偶数,} \\ 0, & n\text{ 为奇数.} \end{cases}$

证 （1）设 $x = \dfrac{\pi}{2} - t$，则 $\mathrm{d}x = -\mathrm{d}t$，且当 $x = 0$ 时，$t = \dfrac{\pi}{2}$；当 $x = \dfrac{\pi}{2}$ 时，$t = 0$.
于是

$$\begin{aligned} \int_0^{\frac{\pi}{2}} \cos^n x \mathrm{d}x &= \int_{\frac{\pi}{2}}^0 \cos^n\left(\frac{\pi}{2} - t\right)\mathrm{d}\left(\frac{\pi}{2} - t\right) \\ &= -\int_{\frac{\pi}{2}}^0 \sin^n t \mathrm{d}t \\ &= \int_0^{\frac{\pi}{2}} \sin^n t \mathrm{d}t. \end{aligned}$$

（2）$\int_0^{\pi} \sin^n x \mathrm{d}x = \int_0^{\frac{\pi}{2}} \sin^n x \mathrm{d}x + \int_{\frac{\pi}{2}}^{\pi} \sin^n x \mathrm{d}x$；

令 $x = \pi - t$，则

$$\int_{\frac{\pi}{2}}^{\pi} \sin^n x \mathrm{d}x = -\int_{\frac{\pi}{2}}^0 \sin^n(\pi - t)\mathrm{d}t = \int_0^{\frac{\pi}{2}} \sin^n x \mathrm{d}x,$$

从而得证.

（3）证明类似于（2），请读者自证.

二、定积分的分部积分法

在计算不定积分时有分部积分法，相应地，计算定积分也有分部积分法.

设函数 $u(x)$，$v(x)$ 在区间 $[a, b]$ 上具有连续导数 $u'(x)$，$v'(x)$，则有
$$(uv)' = u'v + uv'.$$
分别求等式两端在 $[a, b]$ 上的定积分，
$$\int_a^b (uv)' \mathrm{d}x = \int_a^b vu' \mathrm{d}x + \int_a^b uv' \mathrm{d}x,$$
即
$$uv \Big|_a^b = \int_a^b vu' \mathrm{d}x + \int_a^b uv' \mathrm{d}x,$$
于是
$$\int_a^b uv' \mathrm{d}x = uv \Big|_a^b - \int_a^b vu' \mathrm{d}x,$$
也可写成

$$\int_a^b u\mathrm{d}v = uv\Big|_a^b - \int_a^b v\mathrm{d}u.$$

这就是定积分的分部积分公式.

例 6 计算 $\int_1^5 \ln x\mathrm{d}x$.

解 $\int_1^5 \ln x\mathrm{d}x = \int_1^5 (x)' \ln x\mathrm{d}x = x\ln x\Big|_1^5 - \int_1^5 x\cdot\dfrac{1}{x}\mathrm{d}x$

$$= 5\ln 5 - x\Big|_1^5 = 5\ln 5 - 4.$$

例 7 计算 $\int_0^{\frac{1}{2}} \arccos x\mathrm{d}x$.

解 $\int_0^{\frac{1}{2}} \arccos x\mathrm{d}x = \int_0^{\frac{1}{2}} x'\arccos x\mathrm{d}x = x\arccos x\Big|_0^{\frac{1}{2}} - \int_0^{\frac{1}{2}} x(\arccos x)'\mathrm{d}x$

$$= \frac{\pi}{6} - 0 + \int_0^{\frac{1}{2}} \frac{x}{\sqrt{1-x^2}}\mathrm{d}x = \frac{\pi}{6} - \sqrt{1-x^2}\Big|_0^{\frac{1}{2}} = \frac{\pi}{6} + 1 - \frac{\sqrt{3}}{2}.$$

例 8 设 $I_n = \int_0^{\frac{\pi}{2}} \sin^n x\mathrm{d}x = \int_0^{\frac{\pi}{2}} \cos^n x\mathrm{d}x$ ，证明成立递推公式

$$I_n = \frac{n-1}{n}I_{n-2}.$$

证 因为 $I_n = \int_0^{\frac{\pi}{2}} \sin^n x\mathrm{d}x = \int_0^{\frac{\pi}{2}} \sin^{n-1}x\mathrm{d}(-\cos x)$ ，于是，由分部积分公式，
得

$$I_n = -\cos x\sin^{n-1}x\Big|_0^{\frac{\pi}{2}} + (n-1)\int_0^{\frac{\pi}{2}} \sin^{n-2}x\cos^2 x\mathrm{d}x$$

$$= 0 + (n-1)\int_0^{\frac{\pi}{2}} \sin^{n-2}x(1-\sin^2 x)\mathrm{d}x$$

$$= (n-1)\int_0^{\frac{\pi}{2}} \sin^{n-2}x\mathrm{d}x - (n-1)\int_0^{\frac{\pi}{2}} \sin^n x\mathrm{d}x$$

$$= (n-1)I_{n-2} - (n-1)I_n,$$

由此得 $I_n = \dfrac{n-1}{n}I_{n-2}$.

利用此递推公式可以方便地计算一类三角函数的积分. 如 $I_5 = \int_0^{\frac{\pi}{2}} \sin^5 x\mathrm{d}x$,
利用递推公式有

$$I_5 = \frac{4}{5}I_3 = \frac{4}{5}\cdot\frac{2}{3}I_1,$$

而 $I_1 = \int_0^{\frac{\pi}{2}} \sin x \mathrm{d}x = 1$, 所以 $I_5 = \int_0^{\frac{\pi}{2}} \sin^5 x \mathrm{d}x = \dfrac{8}{15}$.

又如 $I_6 = \int_0^{\frac{\pi}{2}} \cos^6 x \mathrm{d}x$, 利用递推公式有

$$I_6 = \frac{5}{6} I_4 = \frac{5}{6} \cdot \frac{3}{4} I_2 = \frac{5}{6} \cdot \frac{3}{4} \cdot \frac{1}{2} I_0,$$

而 $I_0 = \int_0^{\frac{\pi}{2}} \mathrm{d}x = \dfrac{\pi}{2}$, 所以 $I_6 = \int_0^{\frac{\pi}{2}} \cos^6 x \mathrm{d}x = \dfrac{5\pi}{32}$.

例 9 设 $f(x) = \int_1^x \mathrm{e}^{t^2} \mathrm{d}t$, 求 $\int_0^1 f(x) \mathrm{d}x$.

解 $\int_0^1 f(x) \mathrm{d}x = x f(x) \Big|_0^1 - \int_0^1 x f'(x) \mathrm{d}x$,

注意到 $f(1) = \int_1^1 \mathrm{e}^{t^2} \mathrm{d}t = 0$, $f'(x) = \mathrm{e}^{x^2}$, 于是有

$$\int_0^1 f(x) \mathrm{d}x = 0 - \int_0^1 x \mathrm{e}^{x^2} \mathrm{d}x = -\frac{1}{2} \mathrm{e}^{x^2} \Big|_0^1 = -\frac{1}{2}(\mathrm{e} - 1).$$

习题 5-4

1. 计算下列定积分:

(1) $\displaystyle\int_1^5 \frac{\sqrt{x-1}}{x} \mathrm{d}x$;

(2) $\displaystyle\int_0^4 \frac{\mathrm{d}u}{1+\sqrt{u}}$;

(3) $\displaystyle\int_0^1 \frac{x}{(1+x^2)^3} \mathrm{d}x$;

(4) $\displaystyle\int_0^2 \frac{\mathrm{d}x}{\sqrt{x+1}+\sqrt{(x+1)^3}}$;

(5) $\displaystyle\int_1^2 \frac{1}{x(1+x^4)} \mathrm{d}x$;

(6) $\displaystyle\int_0^a x^2 \sqrt{a^2 - x^2} \mathrm{d}x$;

(7) $\displaystyle\int_1^2 \frac{\mathrm{e}^{1/x}}{x^2} \mathrm{d}x$;

(8) $\displaystyle\int_1^{\mathrm{e}^2} \frac{\mathrm{d}x}{x\sqrt{1+\ln x}}$;

(9) $\displaystyle\int_0^{\ln 2} \mathrm{e}^x (1+\mathrm{e}^x)^3 \mathrm{d}x$;

(10) $\displaystyle\int_0^1 \frac{\mathrm{d}x}{\mathrm{e}^x + \mathrm{e}^{-x}}$;

(11) $\displaystyle\int_{\frac{1}{\sqrt{2}}}^1 \frac{\sqrt{1-x^2}}{x^2} \mathrm{d}x$;

(12) $\displaystyle\int_{\frac{3}{4}}^1 \frac{\mathrm{d}x}{\sqrt{1-x}-1}$;

(13) $\displaystyle\int_{-2}^0 \frac{x+2}{x^2+2x+2} \mathrm{d}x$;

(14) $\displaystyle\int_0^{\pi} \sqrt{\sin^3 x - \sin^5 x} \mathrm{d}x$.

2. 利用函数的奇偶性计算下列积分:

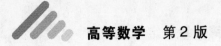

$(1) \int_{-\pi}^{\pi} x^4 \sin x \, \mathrm{d}x ;$ $(2) \int_{-\frac{1}{2}}^{\frac{1}{2}} \dfrac{(\arcsin x)^2}{\sqrt{1-x^2}} \mathrm{d}x$

$(3) \int_{-\frac{\pi}{2}}^{\frac{\pi}{2}} 4\cos^4 x \, \mathrm{d}x ;$ $(4) \int_{-\pi}^{\pi} \dfrac{\sin x \cos^3 x}{1+\cos^2 x} \mathrm{d}x .$

3. 计算下列定积分:

$(1) \int_{2}^{3} x e^{-x} \mathrm{d}x ;$ $(2) \int_{0}^{\frac{\pi}{2}} x^2 \sin x \, \mathrm{d}x ;$

$(3) \int_{0}^{\sqrt{3}} x \arctan x \, \mathrm{d}x ;$ $(4) \int_{0}^{\sqrt{\ln 2}} x^3 e^{x^2} \mathrm{d}x ;$

$(5) \int_{\frac{\pi}{4}}^{\frac{\pi}{3}} \dfrac{x}{\cos^2 x} \mathrm{d}x ;$ $(6) \int_{1}^{4} \dfrac{\ln x}{\sqrt{x}} \mathrm{d}x ;$

$(7) \int_{0}^{e-1} \ln(1+x) \, \mathrm{d}x ;$ $(8) \int_{\frac{1}{e}}^{e} |\ln x| \, \mathrm{d}x .$

4. 证明:若 $f(t)$ 是连续函数且为奇(偶)函数,则 $\int_{0}^{x} f(t) \, \mathrm{d}t$ 是偶(奇)函数.

第五节　广义积分初步

前面在讨论定积分的概念时,总是假定积分区间是有限的,被积函数必须是连续的或有界的(间断点的个数是有限的). 在实际问题中,会遇到积分区间是无穷区间及被积函数为无界函数的积分,这就需要对定积分的概念加以推广,这种推广后的积分叫做**广义积分**,而前面讲过的定积分就称为**常义积分**.

一、积分区间为无穷的广义积分

定义 1　设 $f(x)$ 在区间 $[a, +\infty)$ 上连续,对任意的 $b > a$,若极限 $\lim\limits_{b \to +\infty} \int_{a}^{b} f(x) \, \mathrm{d}x$ 存在,则称此极限为函数 $f(x)$ 在无穷区间 $[a, +\infty)$ 上的广义积分,记为 $\int_{a}^{+\infty} f(x) \, \mathrm{d}x$,即

$$\int_{a}^{+\infty} f(x) \, \mathrm{d}x = \lim_{b \to +\infty} \int_{a}^{b} f(x) \, \mathrm{d}x . \tag{1}$$

当上式极限存在时,称广义积分 $\int_{a}^{+\infty} f(x) \, \mathrm{d}x$ 存在或**收敛**,若上式极限不存在,则称广义积分 $\int_{a}^{+\infty} f(x) \, \mathrm{d}x$ 不存在或**发散**.

类似地,还可以定义广义积分 $\int_{-\infty}^{b} f(x) \, \mathrm{d}x$ 为

$$\int_{-\infty}^{b} f(x)\,\mathrm{d}x = \lim_{a \to -\infty} \int_{a}^{b} f(x)\,\mathrm{d}x, \quad (b > a).$$

若函数 $f(x)$ 在区间 $(-\infty, +\infty)$ 上连续，则若 $\int_{-\infty}^{0} f(x)\,\mathrm{d}x$ 与 $\int_{0}^{+\infty} f(x)\,\mathrm{d}x$ 都存在时定义广义积分

$$\int_{-\infty}^{+\infty} f(x)\,\mathrm{d}x = \int_{-\infty}^{0} f(x)\,\mathrm{d}x + \int_{0}^{+\infty} f(x)\,\mathrm{d}x$$

$$= \lim_{a \to -\infty} \int_{a}^{0} f(x)\,\mathrm{d}x + \lim_{b \to +\infty} \int_{0}^{b} f(x)\,\mathrm{d}x.$$

应当指出，广义积分 $\int_{-\infty}^{+\infty} f(x)\,\mathrm{d}x$ 存在或收敛，是要求广义积分 $\int_{-\infty}^{0} f(x)\,\mathrm{d}x$ 与 $\int_{0}^{+\infty} f(x)\,\mathrm{d}x$ 同时收敛. 如果这两个广义积分发散，或者其中有一个广义积分发散，则 $\int_{-\infty}^{+\infty} f(x)\,\mathrm{d}x$ 必定发散.

例 1 求 $\int_{0}^{+\infty} \dfrac{1}{1+x^2}\,\mathrm{d}x.$

解 $\int_{0}^{+\infty} \dfrac{1}{1+x^2}\,\mathrm{d}x = \lim_{b \to +\infty} \int_{0}^{b} \dfrac{1}{1+x^2}\,\mathrm{d}x = \lim_{b \to +\infty} (\arctan x) \Big|_{0}^{b} = \dfrac{\pi}{2}.$

设 $F(x)$ 是连续函数 $f(x)$ 的一个原函数，按照牛顿-莱布尼茨公式，有

$$\int_{a}^{b} f(x)\,\mathrm{d}x = F(b) - F(a).$$

若 $\lim\limits_{b \to +\infty} F(b)$ 存在，并记此极限为 $F(+\infty)$，则有

$$\int_{0}^{+\infty} f(x)\,\mathrm{d}x = F(+\infty) - F(0).$$

同理，若 $\lim\limits_{a \to -\infty} F(a)$ 存在，并记此极限为 $F(-\infty)$，则有

$$\int_{-\infty}^{b} f(x)\,\mathrm{d}x = F(b) - F(-\infty)$$

类似地，有

$$\int_{-\infty}^{+\infty} f(x)\,\mathrm{d}x = F(+\infty) - F(-\infty).$$

例 2 求 $\int_{0}^{+\infty} \mathrm{e}^{-x} \sin 2x\,\mathrm{d}x, \quad (k > 0).$

解 $\int_{0}^{+\infty} \mathrm{e}^{-x} \sin 2x\,\mathrm{d}x = \dfrac{(-\sin 2t - 2\cos 2x)\mathrm{e}^{-x}}{5} \Big|_{0}^{+\infty} = \dfrac{2}{5}.$

例 3 证明广义积分 $\int_{1}^{+\infty} \dfrac{1}{x^p}\,\mathrm{d}x$，当 $p > 1$ 时收敛；当 $p \leqslant 1$ 时发散.

195

证 当 $p=1$ 时，

$$\int_1^{+\infty} \frac{1}{x^p} dx = \int_1^{+\infty} \frac{1}{x} dx = \ln x \Big|_1^{+\infty} = +\infty.$$

当 $p \neq 1$ 时，$\int_1^{+\infty} \frac{1}{x^p} dx = \left(\frac{x^{1-p}}{1-p}\right)\Big|_1^{+\infty} = \begin{cases} +\infty, & \text{当 } p < 1 \text{ 时,} \\ \dfrac{1}{p-1}, & \text{当 } p > 1 \text{ 时.} \end{cases}$

因此，

$$\int_1^{+\infty} \frac{1}{x^p} dx = \begin{cases} \dfrac{1}{p-1}, & \text{当 } p > 1 \text{ 时,} \\ \text{发散}, & \text{当 } p \leq 1 \text{ 时.} \end{cases}$$

例 4 判定 $\int_{-\infty}^{+\infty} \dfrac{x}{1+x^2} dx$ 的敛散性.

解 $\displaystyle\int_{-\infty}^{+\infty} \frac{x}{1+x^2} dx = \int_{-\infty}^{0} \frac{x}{1+x^2} dx + \int_{0}^{+\infty} \frac{x}{1+x^2} dx,$

由于

$$\int_0^{+\infty} \frac{x}{1+x^2} dx = \frac{1}{2}\ln(1+x^2) \Big|_0^{+\infty} = +\infty.$$

故 $\int_{-\infty}^{+\infty} \dfrac{x}{1+x^2} dx$ 发散.

注意 $\displaystyle\int_{-\infty}^{+\infty} \frac{x}{1+x^2} dx \neq \lim_{b\to +\infty} \int_{-b}^{b} \frac{x}{1+x^2} dx$，因为后者的极限是存在的(其值为零).

二、无界函数的广义积分

定义 2 设函数 $f(x)$ 在区间 $(a, b]$ 上连续，而在点 a 的右邻域内无界，则对任意的 $\varepsilon > 0$，$f(x)$ 在 $[a+\varepsilon, b]$ 上可积，如果极限

$$\lim_{\varepsilon \to 0^+} \int_{a+\varepsilon}^{b} f(x) dx \tag{2}$$

存在，则称此极限为函数 $f(x)$ 在 $(a, b]$ 上的广义积分，记为 $\int_a^b f(x) dx$，即

$$\int_a^b f(x) dx = \lim_{\varepsilon \to 0^+} \int_{a+\varepsilon}^{b} f(x) dx.$$

这时，称广义积分 $\int_a^b f(x) dx$ 存在或收敛，若式(2)中的极限不存在，则称广义积分 $\int_a^b f(x) dx$ 发散.

同样地，如果函数 $f(x)$ 在区间 $[a, b)$ 上连续，且在点 b 的左邻域内无界，

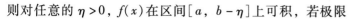

则对任意的 $\eta > 0$，$f(x)$ 在区间 $[a, b - \eta]$ 上可积，若极限

$$\lim_{\eta \to 0^+} \int_a^{b-\eta} f(x)\,\mathrm{d}x \qquad\qquad (3)$$

存在，则称广义积分 $\int_a^b f(x)\,\mathrm{d}x$ 收敛，且有

$$\int_a^b f(x)\,\mathrm{d}x = \lim_{\eta \to 0^+} \int_a^{b-\eta} f(x)\,\mathrm{d}x.$$

若式(3)不存在，则称广义积分 $\int_a^b f(x)\,\mathrm{d}x$ 发散.

设 $f(x)$ 在 $[a, b]$ 上除点 $c\,(a < c < b)$ 外连续，在点 c 的邻域内无界(允许 $f(x)$ 在点 c 处无定义). 如果广义积分

$$\int_a^c f(x)\,\mathrm{d}x 、 \int_c^b f(x)\,\mathrm{d}x$$

都收敛，则称广义积分 $\int_a^b f(x)\,\mathrm{d}x$ 收敛，且有

$$\begin{aligned}
\int_a^b f(x)\,\mathrm{d}x &= \int_a^c f(x)\,\mathrm{d}x + \int_c^b f(x)\,\mathrm{d}x \\
&= \lim_{\eta \to 0^+} \int_a^{c-\eta} f(x)\,\mathrm{d}x + \lim_{\varepsilon \to 0^+} \int_{c+\varepsilon}^b f(x)\,\mathrm{d}x.
\end{aligned}$$

例 5　求 $\displaystyle\int_0^a \frac{1}{\sqrt{a^2 - x^2}}\,\mathrm{d}x,\ (a > 0)$.

解　$\displaystyle\int_0^a \frac{1}{\sqrt{a^2 - x^2}}\,\mathrm{d}x = \lim_{\eta \to 0^+} \int_0^{a-\eta} \frac{1}{\sqrt{a^2 - x^2}}\,\mathrm{d}x$

$$= \lim_{\eta \to 0^+} \left(\arcsin \frac{x}{a} \right) \Big|_0^{a-\eta}$$

$$= \frac{\pi}{2}.$$

无界函数的广义积分，有的书上又称为"瑕积分". 在计算定积分时应当先审查一下被积函数 $f(x)$，而不能单纯将瑕积分按常义积分去计算.

例如，$\displaystyle\int_{-1}^1 \frac{1}{x^2}\,\mathrm{d}x$ 是一个瑕积分，由于 $\displaystyle\int_{-1}^0 \frac{\mathrm{d}x}{x^2}$ 与 $\displaystyle\int_0^1 \frac{\mathrm{d}x}{x^2}$ 都发散，故知 $\displaystyle\int_{-1}^1 \frac{1}{x^2}\,\mathrm{d}x$ 发散.

例 6　计算 $\displaystyle\int_{-\frac{\pi}{2}}^{\frac{\pi}{2}} \frac{\mathrm{d}x}{\sin^2 x}$.

解　先审查被积函数，

$x \to 0$ 时，$\dfrac{1}{\sin^2 x} \to +\infty$，故 $x = 0$ 为无穷间断点，因此，积分是广义积分.

197

$$\lim_{\eta \to 0^+} \int_{-\frac{\pi}{2}}^{0-\eta} \frac{dx}{\sin^2 x} = -\lim_{\eta \to 0^+} \frac{\cos x}{\sin x} \Big|_{-\frac{\pi}{2}}^{-\eta} = +\infty ,$$

所以原积分发散.

习题 5-5

判断下列广义积分是否收敛,如收敛,计算广义积分的值.

(1) $\int_0^{+\infty} x e^{-x} dx$;

(2) $\int_2^{+\infty} \frac{1}{x(\ln x)^k} dx \, (k > 1)$;

(3) $\int_0^{+\infty} e^{-\sqrt{x}} dx$;

(4) $\int_2^{+\infty} \frac{1}{x^2 + x - 2} dx$;

(5) $\int_1^{+\infty} \frac{dx}{\sqrt[3]{x}}$;

(6) $\int_0^{+\infty} e^{-ax} dx, \ a > 0$;

(7) $\int_0^1 \frac{x}{\sqrt{1-x^2}} dx$;

(8) $\int_1^4 \frac{dx}{(2-x)^2}$;

(9) $\int_0^1 \frac{1}{\sqrt{1-x}} dx$;

(10) $\int_0^1 \frac{\arcsin x}{\sqrt{1-x^2}} dx$.

第六节 定积分的近似计算

虽然用牛顿-莱布尼茨公式可以简单地计算出定积分,但求原函数有时非常困难,还有些函数尽管原函数一定存在,但却不能用初等函数表示出来.另一方面,在大量的应用问题中,只要能得到相应积分的具有一定精确度的近似值也就够了.下面介绍两种近似计算定积分的方法.

一、梯形方法

由定积分的几何意义,当 $f(x) \geqslant 0$ 时, $\int_a^b f(x) dx$ 代表相应的曲边梯形的面积,它又可用 x 等于常数的许多直线划分为许多窄长的小曲边梯形,这些小曲边用直边来近似代替,这就是梯形方法的基本思路,过程如下:

将区间 $[a, b]$ n 等分,形成 n 个窄曲

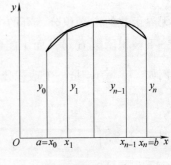

图 5-6

边梯形，这些窄曲边梯形的宽度均为 $\Delta x = \dfrac{b-a}{n}$，把曲边的两端用直线段连接，如图 5-6 所示，用窄梯形来代替窄曲边梯形，累加起来就得到求 $\displaystyle\int_a^b f(x)\,\mathrm{d}x$ 的近似公式

$$\int_a^b f(x)\,\mathrm{d}x \approx \frac{1}{2}(y_0+y_1)\Delta x + \frac{1}{2}(y_1+y_2)\Delta x + \cdots + \frac{1}{2}(y_{n-1}+y_n)\Delta x$$

$$= \frac{b-a}{n}\left[\frac{1}{2}(y_0+y_n)+y_1+y_2+\cdots+y_{n-1}\right]$$

$$= \frac{b-a}{n}\left\{\frac{1}{2}\left[f(x_0)+f(x_n)\right]+f(x_1)+f(x_2)+\cdots+f(x_{n-1})\right\}. \qquad (1)$$

此即为**梯形积分公式**.

例 1 用梯形公式求 $\displaystyle\int_0^1 \mathrm{e}^{-x^2}\,\mathrm{d}x$ 的近似值.

解 将区间 $[0,1]$ 十等分，分点为 $0,0.1,0.2,\cdots,1$. 利用梯形公式 (1) 计算得

$$\int_0^1 \mathrm{e}^{-x^2}\,\mathrm{d}x \approx 0.1\times\left[\frac{1}{2}(\mathrm{e}^0+\mathrm{e}^{-1})+\mathrm{e}^{-0.1^2}+\cdots+\mathrm{e}^{-0.9^2}\right]$$

$$\approx 0.1\times\left[\frac{1}{2}\times(1+0.367\,88)+0.990\,05+0.960\,79+\right.$$

$$0.913\,93+0.852\,14+0.778\,80+0.697\,68+0.612\,63+$$

$$\left.0.527\,29+0.444\,86\right]=0.746\,21.$$

二、抛物线方法

以上是把小曲边用直线段来代替，得出计算定积分的近似公式. 如果用适当的抛物线的一小段弧来代替曲边，这种方法就称为抛物线方法，可以想象这样的近似比前述方法有更高的精确度. 事实上，抛物线方法在实际近似计算定积分时被普遍采用.

将 $[a,b]$ 作偶数 n 等分. 为计算简洁，把 x_0 取在 $-h$，$x_1=0$，$x_2=h$，相应的被积函数的函数值为 $y_0=f(x_0)$，$y_1=f(x_1)$，$y_2=f(x_2)$，设过三点 (x_0,y_0)，(x_1,y_1)，(x_2,y_2) 的抛物线为 $y=px^2+qx+r$，则有

$$y_0=ph^2-qh+r,$$

$$y_1=r,$$

$$y_2=ph^2+qh+r.$$

由此三式消去 q，r，得到

$$2ph^2=y_0-2y_1+y_2.$$

199

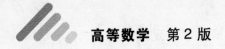

要求的以抛物线为曲边的曲边梯形的面积为

$$A_1 = \int_{-h}^{h} (px^2 + qx + r)\,\mathrm{d}x = \left[\frac{p}{3}x^3 + \frac{q}{2}x^2 + rx \right]_{-h}^{h} = \frac{2}{3}ph^3 + 2rh$$

$$= \frac{h}{3}(2ph^2 + 6r) = \frac{h}{3}(y_0 - 2y_1 + y_2 + 6y_1) = \frac{h}{3}(y_0 + 4y_1 + y_2).$$

这就是在区间 $[-h, h]$ 上, 定积分 $\int_{-h}^{h} f(x)\,\mathrm{d}x$ 的近似计算公式. 把图形向左或向右平移后上式仍然不变, 因此, 得到区间 $[x_2, x_4]$, $[x_4, x_6]$, $\cdots$, $[x_{n-2}, x_n]$ 上的相应的曲边为抛物线的曲边梯形面积为

$$A_2 = \frac{h}{3}(y_2 + 4y_3 + y_4),$$

$$A_3 = \frac{h}{3}(y_4 + 4y_5 + y_6),$$

$$\vdots$$

$$A_n = \frac{h}{3}(y_{n-2} + 4y_{n-1} + y_n).$$

把这些结果相加, 即得到整个曲边梯形面积 $\int_a^b f(x)\,\mathrm{d}x$ 的近似值

$$\int_a^b f(x)\,\mathrm{d}x \approx \frac{h}{3}\left[(y_0 + 4y_1 + y_2) + (y_2 + 4y_3 + y_4) + \cdots + (y_{n-2} + 4y_{n-1} + y_n) \right]$$

$$= \frac{b-a}{3n}\left[(y_0 + y_n) + 2(y_2 + y_4 + \cdots + y_{n-2}) + 4(y_1 + y_3 + \cdots + y_{n-1}) \right]$$

$$= \frac{b-a}{3n}\Big\{ \left[f(x_0) + f(x_n) \right] + 2\left[f(x_2) + f(x_4) + \cdots + f(x_{n-2}) \right] + 4\left[f(x_1) + f(x_3) + \cdots + f(x_{n-1}) \right] \Big\}. \tag{2}$$

公式 (2) 就是计算定积分的**抛物线公式**, 也称为**辛普生 (Simpson) 公式**.

例 2 取 $n = 10$, 用辛普生公式 (2) 来计算例 1 中的积分 $\int_0^1 \mathrm{e}^{-x^2}\,\mathrm{d}x$.

解 将分点 $0, 0.1, 0.2, \cdots, 1$ 对应的函数值代入辛普生公式 (2) 得

$$\int_0^1 \mathrm{e}^{-x^2}\,\mathrm{d}x \approx \frac{1}{3 \times 10}\left[(y_0 + y_{10}) + 2(y_2 + y_4 + y_6 + y_8) + 4(y_1 + y_3 + y_5 + y_7 + y_9) \right]$$

$$= \frac{0.1}{3} \times (1.36788 + 2 \times 3.03790 + 4 \times 3.74027).$$

$$\approx 0.74683.$$

第七节* 综 合 例 题

例1 求 $I = \lim\limits_{n \to \infty} \sum\limits_{i=1}^{n} \dfrac{n}{(n+i)^2}$.

解 这是无穷和式的极限,可利用定积分的定义进行计算. 因为 $\sum\limits_{i=1}^{n} \dfrac{n}{(n+i)^2}$

$= \sum\limits_{i=1}^{n} \dfrac{1}{\left(1 + \dfrac{i}{n}\right)^2} \cdot \dfrac{1}{n}$,根据积分和的形式,该和式的极限可以看成函数 $f(x) =$

$\dfrac{1}{(1+x)^2}$ 在区间 $[0,1]$ 上的积分和. 又 $f(x)$ 在区间 $[0,1]$ 上连续,从而可积,于是

$$I = \int_0^1 \dfrac{1}{(1+x)^2} dx = \left[-\dfrac{1}{1+x}\right]_0^1 = \dfrac{1}{2}.$$

例2 设函数 $f(x)$ 在闭区间 $[a,b]$ 上连续,在开区间 (a,b) 上可导,且 $f'(x) < 0, F(x) = \begin{cases} \dfrac{1}{x-a}\displaystyle\int_a^x f(t) dt, & a < x \le b, \\ f(a), & x = a. \end{cases}$ 证明:在闭区间 $[a,b]$ 上, $F(x)$ 单调减少.

证 应用洛必达法则求极限

$$\lim_{x \to a^+} \dfrac{1}{x-a} \int_a^x f(x) dx$$

知, $\lim\limits_{x \to a^+} F(x) = f(a) = F(a)$,所以, $F(x)$ 在左端点 $x = a$ 处右连续. 显然. $F(x)$ 在其他点处是连续并且可导的. 当 $x > a$ 时,

$$F'(x) = \dfrac{f(x)(x-a) - \displaystyle\int_a^x f(t) dt}{(x-a)^2}.$$

再将上式的分子记为 $g(x) = f(x)(x-a) - \displaystyle\int_a^x f(t) dt$, 则 $g(a) = 0$, 当 $x > a$ 时,

$$g'(x) = f'(x)(x-a) < 0.$$

所以, $x > a$ 时, $F'(x) < 0$. 利用单调性判别定理,在闭区间 $[a,b]$ 上 $F(x)$ 单调减少.

例3 设 $f(x)$ 为连续函数, $I = t\displaystyle\int_0^{\frac{s}{t}} f(tx) dx$,其中 $t > 0, s > 0$,则 I 的值 ( )

(A) 依赖于 s, t;　　　　　　(B) 仅依赖于 s, t, x;

201

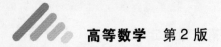

（C）依赖于 t，x，不依赖于 s； （D）依赖于 s，不依赖于 t.

解 由于积分和积分变量无关，因此 B、C 是错误的，表面上看，积分与 s，t 有关，但若令 $u = tx$，通过积分变换，$I = \int_0^s f(u)\,\mathrm{d}u$，所以 D 是正确的.

例 4 设 $f(x)$ 在 $(-\infty, +\infty)$ 内连续，且 $F(x) = \int_0^x (x - 2t)f(t)\,\mathrm{d}t$. 证明：

（1）若 $f(x)$ 为奇（偶）函数，则 $F(x)$ 也为奇（偶）函数；

（2）若 $f(x)$ 为单调增加（减少）函数，则 $F(x)$ 为单调减少（增加）函数.

证 （1）设 $f(x)$ 为奇函数，即 $f(-x) = -f(x)$，则

$$F(-x) = \int_0^{-x} (-x - 2t)f(t)\,\mathrm{d}t.$$

令 $t = -u$，于是

$$F(-x) = \int_0^x (-x + 2u)f(-u)(-\mathrm{d}u) = -\int_0^x (x - 2u)f(u)\,\mathrm{d}u$$

$$= -\int_0^x (x - 2t)f(t)\,\mathrm{d}t = -F(x).$$

所以 $F(x)$ 为奇函数.

若 $f(x)$ 为偶函数，类似可证 $F(x)$ 也为偶函数.

（2）设 $f(x)$ 为单调增加函数，则

$$F'(x) = \left[\int_0^x (x - 2t)f(t)\,\mathrm{d}t\right]' = \left[\int_0^x xf(t)\,\mathrm{d}t\right]' - \left[\int_0^x 2tf(t)\,\mathrm{d}t\right]'$$

$$= \left[x\int_0^x f(t)\,\mathrm{d}t\right]' - 2\left[\int_0^x tf(t)\,\mathrm{d}t\right]'$$

$$= \int_0^x f(t)\,\mathrm{d}t + xf(x) - 2xf(x)$$

$$= \int_0^x f(t)\,\mathrm{d}t - xf(x) = x[f(\xi) - f(x)].$$

上式最后一个等式利用了积分中值定理，由于 $f(x)$ 为单调增加函数，可以证明（读者自证），$\xi \neq x$. 于是，当 $x > 0$ 时，由于 $\xi < x$，$f(x)$ 单调增加，故 $F'(x) < 0$；当 $x < 0$ 时，由于 $x < \xi$，故 $f(\xi) > f(x)$，此时亦有 $F'(x) < 0$. 所以 $F(x)$ 在 $(-\infty, +\infty)$ 上单调减少.

$f(x)$ 为单调减少时的证明是类似的.

例 5 设 $f(x) = \begin{cases} 0, & x < 0, \\ \sin x, & 0 \leqslant x \leqslant \dfrac{\pi}{2}, \\ \dfrac{1}{2}, & x > \dfrac{\pi}{2}. \end{cases}$ 计算 $\int_0^x f(x)\,\mathrm{d}x$.

解 由于未给出 x 的范围，所以要对 x 进行讨论.

当 $x < 0$ 时，$\int_0^x f(x)\,\mathrm{d}x = \int_0^x 0\,\mathrm{d}x = 0$；

当 $0 \leqslant x \leqslant \dfrac{\pi}{2}$ 时，$\int_0^x f(x)\,\mathrm{d}x = \int_0^x \sin x\,\mathrm{d}x = 1 - \cos x$；

当 $x > \dfrac{\pi}{2}$ 时，

$$\int_0^x f(x)\,\mathrm{d}x = \int_0^{\frac{\pi}{2}} f(x)\,\mathrm{d}x + \int_{\frac{\pi}{2}}^x f(x)\,\mathrm{d}x = \int_0^{\frac{\pi}{2}} \sin x\,\mathrm{d}x + \int_{\frac{\pi}{2}}^x \frac{1}{2}\,\mathrm{d}x = 1 + \frac{1}{2}\left(x - \frac{\pi}{2}\right).$$

例 6 设函数 $f(x)$ 在 $[0,1]$ 上连续，证明：$\int_0^{\frac{\pi}{2}} f(\sin x)\,\mathrm{d}x = \int_0^{\frac{\pi}{2}} f(\cos x)\,\mathrm{d}x$ 并计

算 $I = \int_0^{\frac{\pi}{2}} \dfrac{\sin^{\alpha} x\,\mathrm{d}x}{\sin^{\alpha} x + \cos^{\alpha} x}$.

证 令 $x = \dfrac{\pi}{2} - t$，则 $\mathrm{d}x = -\mathrm{d}t$，于是

$$\int_0^{\frac{\pi}{2}} f(\sin x)\,\mathrm{d}x = \int_{\frac{\pi}{2}}^0 f\left[\sin\left(\frac{\pi}{2} - t\right)\right](-\mathrm{d}t)$$

$$= \int_0^{\frac{\pi}{2}} f(\cos t)\,\mathrm{d}t = \int_0^{\frac{\pi}{2}} f(\cos x)\,\mathrm{d}x.$$

由此可见 $\qquad I = \int_0^{\frac{\pi}{2}} \dfrac{\sin^{\alpha} x\,\mathrm{d}x}{\sin^{\alpha} x + \cos^{\alpha} x} = \int_0^{\frac{\pi}{2}} \dfrac{\cos^{\alpha} x\,\mathrm{d}x}{\sin^{\alpha} x + \cos^{\alpha} x}$，

所以有 $\qquad 2I = \int_0^{\frac{\pi}{2}} \dfrac{\sin^{\alpha} x\,\mathrm{d}x}{\sin^{\alpha} x + \cos^{\alpha} x} + \int_0^{\frac{\pi}{2}} \dfrac{\cos^{\alpha} x\,\mathrm{d}x}{\sin^{\alpha} x + \cos^{\alpha} x} = \int_0^{\frac{\pi}{2}} \mathrm{d}x = \dfrac{\pi}{2}$，

从而 $\qquad\qquad\qquad\qquad I = \dfrac{\pi}{4}$.

例 7 已知函数 $f(x)$ 在 $[0,1]$ 连续，且满足 $f(x) = \mathrm{e}^x + x\int_0^1 f(\sqrt{x})\,\mathrm{d}x$，求 $f(x)$.

解 注意到 $\int_0^1 f(\sqrt{x})\,\mathrm{d}x$ 是常数，因此可设 $\int_0^1 f(\sqrt{x})\,\mathrm{d}x = c$，其中 c 待定. 这样，$f(x)$ 的形式为 $f(x) = \mathrm{e}^x + cx$，将其代入到 $f(x)$ 所满足的关系式中得到

$$\mathrm{e}^x + cx = \mathrm{e}^x + x\int_0^1 \left(\mathrm{e}^{\sqrt{x}} + c\sqrt{x}\right)\mathrm{d}x.$$

计算得 $\int_0^1 \mathrm{e}^{\sqrt{x}}\,\mathrm{d}x = 2$，$\int_0^1 \sqrt{x}\,\mathrm{d}x = \dfrac{2}{3}$，代入上式得 $c = 6$，所以 $f(x) = \mathrm{e}^x + 6x$.

例 8 已知 $f(x)$ 的一个原函数是 $(\sin x)\ln x$，求 $\int_1^{\pi} xf'(x)\,\mathrm{d}x$.

解 因为已知 $f(x)$ 的一个原函数，所以

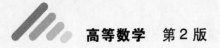

$$f(x) = \left[(\sin x)\ln x\right]' = \cos x\ln x + \frac{\sin x}{x}.$$

于是

$$\int_1^\pi xf'(x)\,\mathrm{d}x = \int_1^\pi x\mathrm{d}f(x) = \left[xf(x)\right]_1^\pi - \int_1^\pi f(x)\,\mathrm{d}x$$

$$= \pi f(\pi) - f(1) - \left[(\sin x)\ln x\right]_1^\pi = -\pi\ln\pi - \sin 1.$$

例 9 已知 $f'(x) = \sin(x-1)^2$，且 $f(0) = 0$，求 $\int_0^1 f(x)\,\mathrm{d}x$.

解 由分部积分法,得

$$\int_0^1 f(x)\,\mathrm{d}x = \int_0^1 f(x)\mathrm{d}(x-1) = \left[(x-1)f(x)\right]_0^1 - \int_0^1 (x-1)f'(x)\,\mathrm{d}x$$

$$= -\int_0^1 (x-1)\sin(x-1)^2\,\mathrm{d}x$$

$$= -\frac{1}{2}\int_0^1 \sin(x-1)^2\mathrm{d}(x-1)^2$$

$$= \frac{1}{2}\left[\cos(x-1)^2\right]_0^1 = \frac{1}{2}(1-\cos 1).$$

例 10 设 $f'(x)$ 在区间 $[0,1]$ 上连续,且 $f(0) = f(1) = 0$. 证明 $\left|\int_0^1 f(x)\,\mathrm{d}x\right| \le \frac{M}{4}$，其中 M 是 $|f'(x)|$ 在区间 $[0,1]$ 上最大值.

证 利用分部积分公式得到

$$\int_0^1 f(x)\,\mathrm{d}x = \left[\left(x-\frac{1}{2}\right)f(x)\right]_0^1 - \int_0^1\left(x-\frac{1}{2}\right)f'(x)\,\mathrm{d}x = -\int_0^1\left(x-\frac{1}{2}\right)f'(x)\,\mathrm{d}x.$$

因此

$$\left|\int_0^1 f(x)\,\mathrm{d}x\right| \le \left|\int_0^1\left(x-\frac{1}{2}\right)f'(x)\,\mathrm{d}x\right| \le \int_0^1\left|x-\frac{1}{2}\right||f'(x)|\,\mathrm{d}x$$

$$\le M\int_0^1\left|x-\frac{1}{2}\right|\mathrm{d}x = \frac{M}{4}.$$

注 我们常用的分部积分公式是 $\int f(x)\,\mathrm{d}x = xf(x) - \int xf'(x)\,\mathrm{d}x$. 但对于在 $[a,b]$ 区间上的定积分,利用分部积分公式 $\int_a^b f(x)\,\mathrm{d}x = \left[(x-c)f(x)\right]_a^b - \int_a^b (x-c)f'(x)\,\mathrm{d}x$ 是常见的方法,其中 c 常取为左端点或右端点(如例 9)或中间某一点(如例 10),而选择合适的 c 则带有一定的技巧.

复 习 题 五

一、选择题

1. 初等函数 $y = f(x)$ 在其定义域 (a, b) 上一定（   ）.

(A)连续；   (B)可导；

(C)可微；   (D)可积.

2. 下列积分可直接使用牛顿-莱布尼茨公式的有（   ）.

(A) $\int_0^5 \dfrac{x^3}{x^2 + 1} \mathrm{d}x$；   (B) $\int_{-1}^1 \dfrac{x}{\sqrt{1 - x^2}} \mathrm{d}x$；

(C) $\int_0^4 \dfrac{x}{\left(x^{\frac{3}{2}} - 5\right)^2} \mathrm{d}x$；   (D) $\int_{\frac{1}{e}}^e \dfrac{1}{x \ln x} \mathrm{d}x$.

3. 下列等式正确的是（   ）

(A) $\dfrac{\mathrm{d}}{\mathrm{d}x} \int_a^b f(x) \mathrm{d}x = f(x)$；   (B) $\dfrac{\mathrm{d}}{\mathrm{d}x} \int f(x) \mathrm{d}x = f(x) + C$；

(C) $\dfrac{\mathrm{d}}{\mathrm{d}x} \int_a^x f(x) \mathrm{d}x = f(x)$；   (D) $\int f'(x) \mathrm{d}x = f(x)$.

4. 下列定积分中定积分的值小于零的有（   ）

(A) $\int_0^{\frac{\pi}{2}} \sin x \mathrm{d}x$；   (B) $\int_{-\frac{\pi}{2}}^0 \cos x \mathrm{d}x$；

(C) $\int_{-3}^{-2} x^3 \mathrm{d}x$；   (D) $\int_{-5}^{-2} x^2 \mathrm{d}x$.

5. 函数 $f(x)$ 在区间 $[a, b]$ 上连续，则 $\left(\int_x^b f(t) \mathrm{d}t \right)' = ($ $)$

(A) $f(x)$；   (B) $-f(x)$；

(C) $f(b) - f(x)$；   (D) $f(b) + f(x)$.

6. 设 $y = \int_0^{x^2} (t - 1)(t - 2) \mathrm{e}^t \mathrm{d}t$，则满足 $y'(x) = 0$ 的零点有（   ）

(A) 1 个；   (B) 3 个；

(C) 4 个；   (D) 5 个.

7. 设函数 $y = \int_0^x (t - 1) \mathrm{d}t$，则 y 有（   ）

(A)极小值 $\dfrac{1}{2}$；   (B)极小值 $-\dfrac{1}{2}$；

(C)极大值 $\dfrac{1}{2}$；   (D)极大值 $-\dfrac{1}{2}$.

8. 设 $f(x)$ 在区间 $[a, b]$ 上连续，则下列各式中不成立的是（   ）

(A) $\int_a^b f(x) \mathrm{d}x = \int_a^b f(t) \mathrm{d}t$；   (B) $\int_a^b f(x) \mathrm{d}x = -\int_b^a f(x) \mathrm{d}x$；

(C) $\int_a^a f(x) \mathrm{d}x = 0$；   (D) 若 $\int_a^b f(x) \mathrm{d}x = 0$，则 $f(x) = 0$.

9. 若 $\int_0^k (2x - 3x^2)\,dx = 0$，则 $k = ($　　$)$

(A) 0；　　　　　　　　　　(B) -1；

(C) $\dfrac{1}{2}$；　　　　　　　　(D) $\dfrac{3}{2}$.

10. $\int_0^1 f'(2x)\,dx = ($　　$)$.

(A) $2[f(2) - f(0)]$；　　　　(B) $2[f(1) - f(0)]$；

(C) $\dfrac{1}{2}[f(2) - f(0)]$；　　(D) $\dfrac{1}{2}[f(1) - f(0)]$.

11. 下列等式中对任意的连续函数 $f(x)$ 成立的有（　　）

(A) $\int_{-a}^a f(x)\,dx = \int_{-a}^a f(-x)\,dx$；　　(B) $\int_{-a}^a f(x)\,dx = 2\int_0^a f(x)\,dx$

(C) $\int_{-a}^a f(x)\,dx = -\int_{-a}^a f(-x)\,dx$；(D) $\int_{-a}^a f(x)\,dx = 0$.

12. 积分中值定理 $\int_a^b f(x)\,dx = f(\xi)(b - a)$，其中（　　）

(A) ξ 是 $[a, b]$ 上任一点；

(B) ξ 是 $[a, b]$ 上必定存在的某一点；

(C) ξ 是 $[a, b]$ 上唯一的某一点；

(D) ξ 是 $[a, b]$ 的中点.

13. 设 $I = \int_0^2 \sqrt{x^3 - 2x^2 + x}\,dx$，则有 $I = ($　　$)$

(A) $\int_0^2 \sqrt{x}(1 - x)\,dx$；

(B) $\int_0^1 \sqrt{x}(1 - x)\,dx + \int_1^2 \sqrt{x}(x - 1)\,dx$；

(C) $\int_0^1 \sqrt{x}(x - 1)\,dx + \int_1^2 \sqrt{x}(x - 1)\,dx$；

(D) $\int_0^2 \sqrt{x}(x - 1)\,dx$.

14. 设 $\int_a^b f(x)\,dx = 0$，且 $f(x)$ 在 $[a, b]$ 上连续，则在 $[a, b]$ 上（　　）

(A) $f(x) \equiv 0$；　　　　　　(B) 必存在点 ξ，使 $f(\xi) = 0$；

(C) 必有唯一一点 ξ，使 $f(\xi) = 0$；　(D) 不一定存在点 ξ，使 $f(\xi) = 0$.

15. 设 $M = \int_{-\frac{\pi}{2}}^{\frac{\pi}{2}} \dfrac{\sin x}{1 + x^2}\cos^4 x\,dx$，$N = \int_{-\frac{\pi}{2}}^{\frac{\pi}{2}} (\sin^3 x + \cos^4 x)\,dx$，$P = \int_{-\frac{\pi}{2}}^{\frac{\pi}{2}} (x^2 \sin^3 x - \cos^4 x)\,dx$，则有（　　）

(A) $N < P < M$；　　　　　　(B) $M < P < N$；

(C)$N < M < P$;   (D)$P < M < N$.

16. 设 $I = \int_0^a x^3 f(x^2)\,\mathrm{d}x$，$a > 0$ 则 $I = ($　　$)$

(A)$\int_0^{a^2} xf(x)\,\mathrm{d}x$;   (B)$\int_0^a xf(x)\,\mathrm{d}x$;

(C)$\dfrac{1}{2}\int_0^{a^2} xf(x)\,\mathrm{d}x$;   (D)$\dfrac{1}{2}\int_0^a xf(x)\,\mathrm{d}x$.

17. 设 $f(x)$ 是 $(-\infty, +\infty)$ 上的连续函数，则(　　)

(A)$\int_{-\infty}^{+\infty} f(x)\,\mathrm{d}x$ 必收敛 ;

(B)若 $\lim\limits_{x \to +\infty} f(x) = 0$，则 $\int_{-\infty}^{+\infty} f(x)\,\mathrm{d}x$ 收敛 ;

(C)若 $\lim\limits_{a \to +\infty} \int_{-a}^{a} f(x)\,\mathrm{d}x$ 存在，则 $\int_{-\infty}^{+\infty} f(x)\,\mathrm{d}x$ 收敛 ;

(D)当且仅当 $\int_{-\infty}^{0} f(x)\,\mathrm{d}x$ 与 $\int_{0}^{+\infty} f(x)\,\mathrm{d}x$ 都收敛时，$\int_{-\infty}^{+\infty} f(x)\,\mathrm{d}x$ 才收敛 .

18. 下列广义积分收敛的是(　　)

(A)$\int_0^{+\infty} \mathrm{e}^x\,\mathrm{d}x$;   (B)$\int_e^{+\infty} \dfrac{1}{x\ln x}\,\mathrm{d}x$;

(C)$\int_1^{+\infty} \dfrac{1}{\sqrt{x}}\,\mathrm{d}x$;   (D)$\int_1^{+\infty} x^{-\frac{3}{2}}\,\mathrm{d}x$.

二、综合练习 A

1. 利用定积分的定义计算积分 $\int_0^1 x^2\,\mathrm{d}x$.

2. 求由 $\int_0^y \mathrm{e}^t\,\mathrm{d}t + \int_0^x \cos t\,\mathrm{d}t = 0$ 所决定的隐函数 y 对 x 的导数 $\dfrac{\mathrm{d}y}{\mathrm{d}x}$.

3. 求极限 $\lim\limits_{x \to 0} \dfrac{\left(\int_0^x \mathrm{e}^{t^2}\,\mathrm{d}t\right)^2}{\int_0^x t\mathrm{e}^{2t^2}\,\mathrm{d}t}$.

4. 计算下列积分

(1)$\int_{\sqrt{e}}^{e} \dfrac{\mathrm{d}x}{x\,\sqrt{\ln x(1 - \ln x)}}$;   (2)$\int_1^e \sin(\ln x)\,\mathrm{d}x$;

(3)$\int_0^1 \dfrac{\ln(1 + x)}{(2 - x)^2}\,\mathrm{d}x$;   (4)$\int_{-5}^{5} \dfrac{x^3\sin^2 x\,\mathrm{d}x}{x^4 + 2x^2 + 1}$;

(5)$\int_{-2}^{2} \dfrac{x + |x|}{2 + x^2}\,\mathrm{d}x$.

5. 求 $f(x)$ 使得 $2\int_0^1 f(x)\,\mathrm{d}x + f(x) - x = 0$.

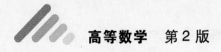

6. 求函数 $y = \int_0^x (x-t)f(t)\mathrm{d}t$ 关于 x 的一阶导数和二阶导数.

7. 证明下列各式(其中 $f(x)$ 是连续函数):

(1) $\displaystyle\int_{-\frac{\pi}{2}}^{\frac{\pi}{2}} f(\cos x)\mathrm{d}x = 2\int_0^{\frac{\pi}{2}} f(\cos x)\mathrm{d}x$;

(2) $\displaystyle\int_0^1 x^m(1-x)^n\mathrm{d}x = \int_0^1 x^n(1-x)^m\mathrm{d}x$;

(3) $\displaystyle\int_x^1 \frac{\mathrm{d}x}{1+x^2} = \int_1^{\frac{1}{x}} \frac{\mathrm{d}x}{1+x^2}$, $x > 0$.

8. 设 $f''(x)$ 在区间 $[0, \pi]$ 上连续,且 $f(0) = 2$,$f(\pi) = 1$,求 $\displaystyle\int_0^\pi [f(x) + f''(x)] \sin x\mathrm{d}x$.

9. 证明:设 $f(x)$ 是以 l 为周期的连续函数,则 $\displaystyle\int_a^{a+l} f(x)\mathrm{d}x = \int_0^l f(x)\mathrm{d}x$,即 $\displaystyle\int_a^{a+l} f(x)\mathrm{d}x$ 的值与 a 无关.

10. 设 $f(x)$ 是以 L 为周期的连续函数,n 为自然数,证明:$\displaystyle\int_0^{nL} f(x)\mathrm{d}x = n\int_0^L f(x)\mathrm{d}x$.

三、综合练习 B

1. 计算下列极限

(1) $\displaystyle\lim_{n\to\infty} \int_0^1 \frac{x^n}{1+x^2}\mathrm{d}x$;   (2) $\displaystyle\lim_{n\to\infty} \frac{1^p + 2^p + \cdots + n^p}{n^{p+1}}$,$p > 1$;

(3) $\displaystyle\lim_{n\to\infty} \sqrt[n]{\left(1 + \frac{1}{n}\right)^2 \left(1 + \frac{2}{n}\right)^2 \cdots \left(1 + \frac{n}{n}\right)^2}$.

2. 设函数 $f(x)$ 连续,且 $f(0) \neq 0$,利用 $\displaystyle\int_0^x f(x-t)\mathrm{d}t = \int_0^x f(u)\mathrm{d}u$,求极限

$$\lim_{x\to 0} \frac{\displaystyle\int_0^x (x-t)f(t)\mathrm{d}t}{x\displaystyle\int_0^x f(x-t)\mathrm{d}t}.$$

3. 设函数 $f(x)$ 连续,且 $\displaystyle\int_0^x tf(2x-t)\mathrm{d}t = \frac{1}{2}\arctan x^2$. 已知 $f(1) = 1$,求 $\displaystyle\int_1^2 f(x)\mathrm{d}x$.

4. 已知 $f(x) = \begin{cases} x-1, & -1 \leqslant x < 0, \\ x+1, & 0 \leqslant x \leqslant 1, \end{cases}$ 求 $F(x) = \displaystyle\int_{-1}^x f(t)\mathrm{d}t$ 在 $[-1, 1]$ 上的表达式.

5. 设 $f(x)$ 是周期为 2 的周期函数，在 $[-1,1]$ 上，$f(x) = \begin{cases} x, & -1 \leq x \leq 0, \\ \sin\sqrt{x}, & 0 < x \leq 1. \end{cases}$ 求 $\int_0^5 f(x)\,\mathrm{d}x$.

6. 设 $f(x) = \int_\pi^x \dfrac{\sin t}{t}\mathrm{d}t$，求 $\int_0^\pi f(x)\,\mathrm{d}x$.

7. 已知 $\int_0^{+\infty} \mathrm{e}^{-x^2}\mathrm{d}x = \dfrac{\sqrt{\pi}}{2}$，求 $\int_{-\infty}^{+\infty} x^2 \mathrm{e}^{-x^2}\mathrm{d}x$.

8. 若 $f(x)$ 为连续正值函数，证明当 $x>0$ 时，函数 $F(x) = \dfrac{\displaystyle\int_0^x tf(t)\,\mathrm{d}t}{\displaystyle\int_0^x f(t)\,\mathrm{d}t}$ 单调增加.

9. 设 $f(x)$ 为连续函数. 利用分部积分法证明：

$$\int_0^x f(u)(x-u)\,\mathrm{d}u = \int_0^x \left[\int_0^u f(x)\,\mathrm{d}x\right]\mathrm{d}u.$$

10. 求证：方程 $\int_0^x \sqrt{1+t^4}\,\mathrm{d}t + \int_{\cos x}^0 \mathrm{e}^{-t^2}\mathrm{d}t = 0$ 有且只有一个实根.

第六章 定积分的应用

定积分是求某种总量等于部分量之和的一种方法. 它在几何学、物理学、经济学乃至社会学中都有着广泛应用, 由此显示了它的巨大魅力. 在学习中, 我们不仅要掌握计算某些实际问题的公式, 更重要的是要深刻领会解决这些问题的思想方法——微元方法.

第一节 平面图形的面积

根据第五章第二节, 曲边梯形的面积可以表示为 $\int_a^b f(x)\mathrm{d}x$, 直观上, 它也可以用微元方法表示为 (参见第五章第二节式 (2)) $A = \int_a^b \mathrm{d}A = \int_a^b f(x)\mathrm{d}x$. 换言之, 如果一个量 A 关于区间 $[a,b]$ 具有可加性, 且有微元表示 $\mathrm{d}A = f(x)\mathrm{d}x$, 则 $A = \int_a^b f(x)\mathrm{d}x$. 下面我们将应用这种方法来讨论平面图形的面积问题.

一、直角坐标情形

如果函数 $y = f(x)$, $y = g(x)$ 在 $[a, b]$ 上连续, 且当 $x \in [a, b]$ 时 $f(x) \geqslant g(x)$, 在区间 $[a, b]$ 内任取一点 x, 作出微元区间 $[x, x + \Delta x]$, 则该微元区间上介于两条曲线 $y = f(x)$, $y = g(x)$ 之间的图形的面积微元 (图 6-1 中的阴影部分) 为

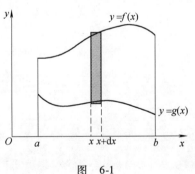

图 6-1

$$\mathrm{d}A = [f(x) - g(x)]\mathrm{d}x,$$

因而此图形 (图 6-1) 的面积为

$$A = \int_a^b \mathrm{d}A = \int_a^b [f(x) - g(x)]\mathrm{d}x.$$

类似地, 如果曲线 $x = \psi(y)$ 位于曲线 $x = \varphi(y)$ 的右边 (图 6-2), 那么由这两条曲线以及直线 $y = c$, $y = d$ 所围成的平面图形的面积为

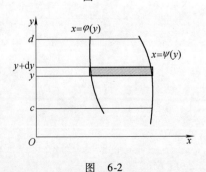

图 6-2

$$A = \int_c^d [\psi(y) - \varphi(y)] \, \mathrm{d}y.$$

下面通过几个具体例子来讲解计算平面图形面积的方法.

例1 计算由抛物线 $y = x^2 - 1$ 与直线 $y = x + 1$ 所围成的图形(如图 6-3 所示)的面积.

解 先求出这两条线的交点. 为此, 解方程组

$$\begin{cases} y = x + 1, \\ y = x^2 - 1, \end{cases}$$

得到两条线的交点为 $(-1, 0)$ 及 $(2, 3)$. 从而知道该图形在直线 $x = -1$ 及 $x = 2$ 之间. 取横坐标 x 为积分变量, 它的变化区间为 $[-1, 2]$. 任取其上一微元区间 $[x, x + \mathrm{d}x]$, 则相应的窄曲边梯形的面积微元

$$\mathrm{d}A = [x + 1 - (x^2 - 1)] \mathrm{d}x = (x - x^2 + 2) \mathrm{d}x.$$

于是所要求的面积为

$$A = \int_{-1}^{2} \mathrm{d}A = \int_{-1}^{2} (x - x^2 + 2) \mathrm{d}x = \frac{9}{2}.$$

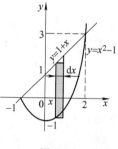

图 6-3

例2 求由抛物线 $\sqrt{y} = x$, 直线 $y = -x$ 及 $y = 1$ 围成的平面图形的面积.

解 这个图形如图 6-4 所示. 先求出图形边界曲线的交点, 可得 $(0, 0)$, $(-1, 1)$ 及 $(1, 1)$. 选取 y 为积分变量, 它的变化区间为 $[0, 1]$, 取微元区间 $[y, y + \mathrm{d}y]$, 可得面积微元

$$\mathrm{d}A = (\sqrt{y} + y) \mathrm{d}y,$$

于是, 所求图形的面积为

$$A = \int_0^1 \mathrm{d}A = \int_0^1 (\sqrt{y} + y) \mathrm{d}y = \frac{7}{6}.$$

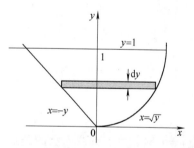

图 6-4

如果选取 x 为积分变量, 从图 6-5 可知, 当 x 在区间 $[-1, 0]$ 上变化时, 其面积微元为

$$\mathrm{d}A_1 = (1 + x) \mathrm{d}x,$$

当 x 在区间 $[0, 1]$ 上变化时, 其面积微元为

$$\mathrm{d}A_2 = (1 - x^2) \mathrm{d}x.$$

于是所求图形的面积为

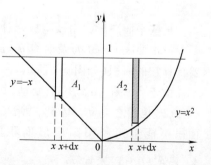

图 6-5

$$A = A_1 + A_2 = \int_{-1}^{0} (1 + x)\,\mathrm{d}x + \int_{0}^{1} (1 - x^2)\,\mathrm{d}x$$

$$= 1 + \frac{x^2}{2}\bigg|_{-1}^{0} + 1 - \frac{x^3}{3}\bigg|_{0}^{1} = \frac{7}{6}.$$

从这个例子看到, 积分变量选取适当, 可以使计算简单.

例3 求椭圆 $\dfrac{x^2}{a^2} + \dfrac{y^2}{b^2} = 1$ 所围图形的面积 (简称椭圆的面积).

解 该椭圆关于两坐标轴都对称 (图 6-6), 所以椭圆的面积为

$$A = 4A_1,$$

其中 A_1 为该椭圆在第一象限部分的面积.

在区间 $[0, a]$ 上取微元区间 $[x, x + \mathrm{d}x]$, 则
面积微元 $\mathrm{d}A = y\mathrm{d}x$, 于是

$$A = 4A_1 = 4\int_{0}^{a} y\mathrm{d}x.$$

利用椭圆的参数方程

$$\begin{cases} x = a\cos t, \\ y = b\sin t, \end{cases}$$

应用定积分换元法, 令 $x = a\cos t$, 则

$$\mathrm{d}x = -a\sin t\mathrm{d}t,$$

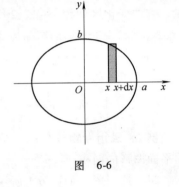

图 6-6

当 $x = 0$ 时, $t = \dfrac{\pi}{2}$; 当 $x = a$ 时, $t = 0$. 所以

$$A = 4A_1 = 4\int_{0}^{a} y\mathrm{d}x = 4\int_{\frac{\pi}{2}}^{0} b\sin t(-a\sin t)\,\mathrm{d}t$$

$$= 4ab\int_{0}^{\frac{\pi}{2}} \sin^2 t\mathrm{d}t = 4ab \cdot \frac{1}{2} \cdot \frac{\pi}{2} = \pi ab.$$

当 $a = b$ 时, 就得到圆面积的公式 $A = \pi a^2$.

二、极坐标情形

某些平面图形, 用极坐标来计算它们的面积比较方便.

设由曲线 $r = \varphi(\theta)$ 及射线 $\theta = \alpha$, $\theta = \beta$ 围成一图形 (简称为曲边扇形), 现在要计算它的面积 (如图 6-7 所示). 这里假定 $\theta \in [\alpha, \beta]$ 时, $\varphi(\theta) \geqslant 0$.

由于当 θ 在 $[\alpha, \beta]$ 上变动时, 极径 $r = \varphi(\theta)$ 也随之变动, 因此, 所求图形的面积不能直接利用圆扇形面积的公式

$$A = \frac{1}{2} R^2 (\beta - \alpha)$$ 来计算.

取极角 θ 为积分变量, 它的变化区

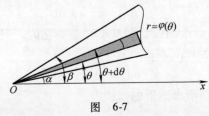

图 6-7

212

间为 $[\alpha,\beta]$. 在区间 $[\alpha,\beta]$ 上取微元区间 $[\theta,\theta+\mathrm{d}\theta]$，所对应的窄曲边扇形，我们可以用半径为 $r=\varphi(\theta)$、中心角为 $\mathrm{d}\theta$ 的圆扇形来表示，从而得到该窄曲边扇形的面积微元

$$\mathrm{d}A=\frac{1}{2}\big[\varphi(\theta)\big]^2\mathrm{d}\theta.$$

于是所求曲边扇形的面积为

$$A=\int_\alpha^\beta\frac{1}{2}\big[\varphi(\theta)\big]^2\mathrm{d}\theta. \tag{1}$$

例4 计算心形线

$$r=a(1+\cos\theta)\quad(a>0)$$

所围成的图形(如图 6-8 所示)的面积.

解 这个心形线的图形对称于极轴,因此所求图形的面积 A 是极轴以上部分图形 A_1 的两倍. 对于极轴以上部分图形,θ 的变化区间为 $[0,\pi]$,在 $[0,\pi]$ 上取微元区间 $[\theta,\theta+\mathrm{d}\theta]$,以半径 $a(1+\cos\theta)$、中心角为 $\mathrm{d}\theta$ 的圆扇形面积微元

$$\mathrm{d}A=\frac{1}{2}a^2(1+\cos\theta)^2\mathrm{d}\theta,$$

从而得到所要求的面积

$$\begin{aligned}
A&=2A_1=2\int_0^\pi\frac{1}{2}a^2(1+\cos\theta)^2\mathrm{d}\theta\\
&=a^2\int_0^\pi(1+2\cos\theta+\cos^2\theta)\mathrm{d}\theta\\
&=a^2\int_0^\pi\left(\frac{3}{2}+2\cos\theta+\frac{1}{2}\cos2\theta\right)\mathrm{d}\theta\\
&=a^2\left(\frac{3}{2}\theta+2\sin\theta+\frac{1}{4}\sin2\theta\right)\bigg|_0^\pi\\
&=\frac{3}{2}\pi a^2.
\end{aligned}$$

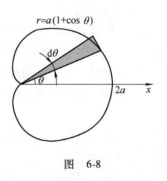

图 6-8

本题也可直接应用公式(1)求得.

习题 6-1

1. 求由下列各曲线所围成的图形的面积:

(1) $y=\dfrac{1}{x}$ 与直线 $y=x$ 及 $x=2$;

(2) $y=x^3$ 与直线 $y=2x$;

(3) $y=x^2$ 与直线 $y=x$ 及 $y=2x$;

(4) $y = |\lg x|$ 与直线 $x = 0.1$，$x = 10$ 和 $y = 0$；

(5) $y^2 = 4(x-1)$ 与 $y^2 = 4(2-x)$．

2．求抛物线 $y = -x^2 + 4x - 3$ 及其在点 $(0, -3)$ 和 $(3, 0)$ 处的切线所围成的图形的面积．

3．求由下列各曲线所围成的图形的面积：

(1) $r = 2\cos \theta$；

(2) $r = (2 + \cos \theta)$；

(3) $x = a\cos^3 t, y = a\sin^3 t$．

4．求 $c(c > 0)$ 使两曲线 $y = x^2, y = cx^2$ 围成的平面图形的面积为 $\dfrac{2}{3}$．

5．求心形线 $r = 1 + \cos \theta$ 与圆 $r = 3\cos \theta$ 所围成的公共部分图形的面积．

第二节 体 积

一、旋转体的体积

平面图形绕平面上一条直线旋转一周而成的立体叫旋转体．

在 Oxy 平面上，取旋转轴为 x 轴，那么旋转体可以看成由曲线 $y = f(x)$、直线 $x = a$、$x = b$ 及 x 轴所围成的曲边梯形绕 x 轴旋转一周而成的立体．取横坐标 x 为积分变量，它的变化区间为 $[a, b]$．在区间 $[a, b]$ 上作微元区间 $[x, x + \mathrm{d}x]$，对应的窄曲边梯形绕 x 轴旋转而成的薄片的体积微元等于以 $f(x)$ 为底半径、$\mathrm{d}x$ 为高的扁圆柱体的体积（图 6-9），即体积微元

$$\mathrm{d}V = \pi [f(x)]^2 \mathrm{d}x.$$

从而得所求的旋转体的体积

$$V = \int_a^b \pi [f(x)]^2 \mathrm{d}x. \tag{1}$$

类似地，可以推出：由曲线 $x = \varphi(y)$，直线 $y = c$，直线 $y = d(c < d)$ 与 y 轴所围成的曲边梯形，绕 y 轴旋转一周而成的旋转体（如图 6-10 所示）的体积为

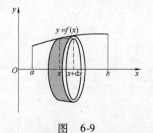

图 6-9

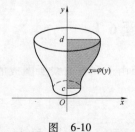

图 6-10

$$V = \pi \int_c^d [\varphi(y)]^2 \mathrm{d}y. \tag{2}$$

例 1 计算由椭圆

$$\frac{x^2}{a^2} + \frac{y^2}{b^2} = 1$$

所围成的图形绕 x 轴旋转而成的旋转体(叫作旋转椭球体)的体积.

解 这个旋转椭球体也可以看成由半个椭圆

$$y = \frac{b}{a}\sqrt{a^2 - x^2}$$

及 x 轴围成的图形绕 x 轴旋转而成的立体.

取 x 为积分变量,它的变化区间为 $[-a, a]$. 如图 6-11 所示,旋转椭球体中相应于 $[-a, a]$ 上任一小区间 $[x, x+\mathrm{d}x]$ 的薄片的体积微元 $\mathrm{d}V$ 为底半径为 $\frac{b}{a}\sqrt{a^2 - x^2}$、高为 $\mathrm{d}x$ 的扁圆柱体的体积,即

$$\mathrm{d}V = \frac{\pi b^2}{a^2}(a^2 - x^2)\mathrm{d}x,$$

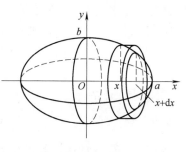

图 6-11

从而得旋转椭球体的体积

$$\begin{aligned} V &= \int_{-a}^a \pi \frac{b^2}{a^2}(a^2 - x^2)\mathrm{d}x, \\ &= \pi \frac{b^2}{a^2}\left(a^2 x - \frac{x^3}{3}\right)\Bigg|_{-a}^a = \frac{4\pi a b^2}{3}. \end{aligned}$$

当 $a = b$ 时,旋转椭球体就成为半径为 a 的球体,它的体积为 $\frac{4}{3}\pi a^3$.

例 2 求由曲线 $xy = 4$,$y = 1$,$y = 2$,y 轴围成的平面图形绕 y 轴旋转而成的旋转体的体积.

解 取 y 为积分变量,它的变化区间为 $[1, 2]$. 如图 6-12 所示,在区间 $[1, 2]$ 上任取一微元区间 $[y, y+\mathrm{d}y]$,该区间上对应的薄片绕 y 轴旋转而成的旋转体的体积微元

$$\mathrm{d}V = \pi x^2 \mathrm{d}y = \pi \frac{16}{y^2}\mathrm{d}y,$$

图 6-12

故所求体积为

$$V = \int_1^2 16\pi \frac{\mathrm{d}y}{y^2} = 8\pi.$$

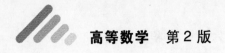

二、平行截面面积为已知的立体的体积

从计算旋转体体积的过程中可以看出:如果一个立体不是旋转体,但却知道该立体垂直于一定轴的各个截面的面积,那么,这个立体的体积也可以用定积分来计算.

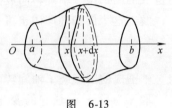

图 6-13

如图 6-13 所示,取定轴为 x 轴,并设该立体在过点 $x = a$,$x = b$ 且垂直于 x 轴的两平面之间. 以 $A(x)$ 表示过点 x 且垂直于 x 轴的截面面积. 假定 $A(x)$ 为 x 的已知的连续函数. 这时,取 x 为积分变量,它的变化区间为 $[a,b]$;立体中相应于 $[a,b]$ 上任一小区间 $[x,x+dx]$ 的薄片的体积,近似于底面积为 $A(x)$、高为 dx 的扁柱体的体积,即体积微元

$$dV = A(x)dx,$$

从而得所求立体的体积

$$V = \int_a^b A(x)dx. \tag{3}$$

例 3 一立体的底面是半径为 5 的圆,而垂直于底面上一条固定直径的所有截面都是等边三角形,求此立体(图 6-14)的体积.

解 取底面一条固定直径为 x 轴,底面为 Oxy 平面(如图 6-14 所示),则底圆的方程为 $x^2 + y^2 = 25^2$. 设 $x \in [-5,5]$ 为 x 轴上任意一点,由题意,过 x 点的立体的截面是等边三角形,其边长是 $2y = 2\sqrt{25 - x^2}$,高为 $\sqrt{3}\sqrt{25 - x^2}$,于是该截面的面积为

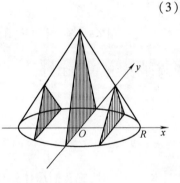

图 6-14

$$A(x) = \frac{1}{2}(2\sqrt{25 - x^2})(\sqrt{3}\sqrt{25 - x^2}) = \sqrt{3}(25 - x^2).$$

利用公式(3),所求立体的体积为

$$V = \int_{-5}^{5} \sqrt{3}(25 - x^2)dx = \sqrt{3}\left(25x - \frac{1}{3}x^3\right)\bigg|_{-5}^{5} = \frac{500}{3}\sqrt{3}.$$

习题 6-2

1. 求下列已知曲线所围成的图形按指定的轴旋转所产生的旋转体的体积:

(1) $y = x^2$ 和 x 轴,$x = 1$ 所围成图形,绕 x 轴及 y 轴;

（2）$y=\sqrt{x}$ 和直线 $x=1,x=4$ 及 x 轴所围成的图形绕 x 轴及 y 轴；

（3）$y=x^{3}$ 与直线 $x=2,y=0$ 所围成图形，绕 x 轴及 y 轴；

（4）$x^{2}+y^{2}=1$ 与 $y^{2}=\dfrac{3}{2}x$ 所围成的两个图形中较小的一块，绕 x 轴及 y 轴.

（5）星形线 $\begin{cases}x=a\cos^{3}t,\\ y=a\sin^{3}t,\end{cases}(0\leqslant t\leqslant 2\pi)$ 围成图形，绕 x 轴.

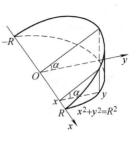

图 6-15

2. 一平面经过半径为 R 的圆柱体的底圆中心，并与底圆交成角 α（图 6-15）. 计算该平面截圆柱体所得立体的体积.

第三节 平面曲线的弧长

一、直角坐标情形

现在我们讨论曲线 $y=f(x)$ 上相应于 x 从 a 到 b 的一段弧（图 6-16）的长度的计算公式.

取横坐标 x 为积分变量，它的变化区间为 $[a,b]$. 如果函数 $y=f(x)$ 具有一阶连续导数，则 $y=f(x)$ 上相应于 $[a,b]$ 上微元区间 $[x,x+\mathrm{d}x]$ 的一段弧的长度，可以用该曲线在点 $(x,f(x))$ 处的切线上相应的一小段的长度来代替. 而切线上该相应小段的长度为

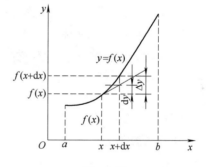

图 6-16

$$\sqrt{(\mathrm{d}x)^{2}+(\mathrm{d}y)^{2}}=\sqrt{1+y'^{2}}\mathrm{d}x,$$

从而得弧长微元

$$\mathrm{d}s=\sqrt{1+y'^{2}}\mathrm{d}x.$$

将弧长元素在闭区间 $[a,b]$ 上作定积分，便得所要求的弧长

$$s=\int_{a}^{b}\sqrt{1+y'^{2}}\mathrm{d}x.$$

例1 两根电线杆之间的电线，由于其本身的重量，下垂成曲线形，这样的曲线称为悬链线，如图 6-17 所示. 悬链线方程为 $y=a\cdot$

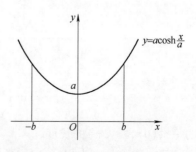

图 6-17

$\cosh\dfrac{x}{a}$,其中 a 为常数,为了计算电线杆的受力情况,需要计算悬链线上介于 $x = -b$ 与 $x = b$ 之间的一段弧的长度.

解 由对称性,要计算的弧长等于相应于区间 $[0,b]$ 上的一段弧长的两倍.因为 $y' = \sinh\dfrac{x}{a}$,所以弧长微元

$$\mathrm{d}s = \sqrt{1 + \sinh^2\frac{x}{a}}\,\mathrm{d}x = \cosh\frac{x}{a}\,\mathrm{d}x,$$

因此所求弧长为

$$s = 2\int_0^b \cosh\frac{x}{a}\,\mathrm{d}x = 2a\left(\sinh\frac{x}{a}\right)\Big|_0^b = 2a\sinh\frac{b}{a}.$$

二、参数方程情形

对于有些用参数方程表示的曲线,也可以推得其弧长计算公式.

设曲线弧的参数方程为

$$\begin{cases} x = \varphi(t), \\ y = \psi(t), \end{cases} \quad (\alpha \leqslant t \leqslant \beta),$$

其中 $\varphi(t)$、$\psi(t)$ 在定义域内可导.

取参数 t 为积分变量,它的变化区间为 $[\alpha,\beta]$. 相应于 $[\alpha,\beta]$ 上微元区间 $[t,t+\mathrm{d}t]$ 的小段弧的长度微元为

$$\mathrm{d}s = \sqrt{(\mathrm{d}x)^2 + (\mathrm{d}y)^2} = \sqrt{\varphi'^2(t)(\mathrm{d}t)^2 + \psi'^2(t)(\mathrm{d}t)^2} = \sqrt{\varphi'^2(t) + \psi'^2(t)}\,\mathrm{d}t.$$

从而得所求弧长为

$$s = \int_\alpha^\beta \sqrt{\varphi'^2(t) + \psi'^2(t)}\,\mathrm{d}t.$$

例2 计算摆线(图 6-18)

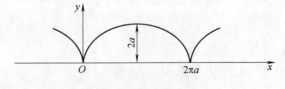

图 6-18

$$\begin{cases} x = a(\theta - \sin\theta), \\ y = a(1 - \cos\theta) \end{cases}$$

的一拱 $(0 \leqslant \theta \leqslant 2\pi)$ 的长度.

解 取参数 θ 为积分变量,弧长微元为

$$ds = \sqrt{a^2(1-\cos\theta)^2 + a^2(\sin\theta)^2}d\theta = a\sqrt{2(1-\cos\theta)}d\theta = 2a\sin\frac{\theta}{2}d\theta.$$

从而得所求弧长

$$s = \int_0^{2\pi} 2a\sin\frac{\theta}{2}d\theta = 2a\left(-2\cos\frac{\theta}{2}\right)\Big|_0^{2\pi} = 8a.$$

例 3 求星形线(图 6-19)

$$\begin{cases} x = a\cos^3 t, \\ y = a\sin^3 t, \end{cases} \quad (0 \leqslant t \leqslant 2\pi)$$

的弧长.

解 由于星形线关于两个坐标轴都对称,因此首先计算曲线在第一象限内的弧长 s_1. 取 t 为积分变量,由于

$$\frac{dx}{dt} = -3a\cos^2 t\sin t,$$

$$\frac{dy}{dt} = 3a\sin^2 t\cos t,$$

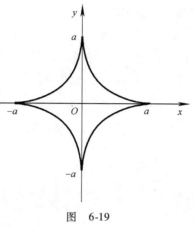

图 6-19

$$ds = \sqrt{(-3a\cos^2 t\sin t)^2 + (3a\sin^2 t\cos t)^2}dt$$

$$= 3a\sin t\cos t\,dt \quad \left(0 \leqslant t \leqslant \frac{\pi}{2}\right),$$

故

$$s_1 = \int_0^{\frac{\pi}{2}} 3a\sin t\cos t\,dt = 3a\left(\frac{\sin^2 t}{2}\right)\Big|_0^{\frac{\pi}{2}} = \frac{3}{2}a.$$

所以

$$s = 4s_1 = 6a.$$

三、极坐标方程情形

设曲线弧由极坐标方程

$$r = r(\theta) \qquad (\alpha \leqslant \theta \leqslant \beta)$$

给出,将此式代入直角坐标和极坐标之间的关系式

$$\begin{cases} x = r\cos\theta, \\ y = r\sin\theta, \end{cases}$$

就得到曲线弧的以极角 θ 为参数的参数方程:

$$\begin{cases} x = r(\theta)\cos\theta, \\ y = r(\theta)\sin\theta, \end{cases} \quad (\alpha \leqslant \theta \leqslant \beta).$$

由于

$$dx = (r'\cos\theta - r\sin\theta)d\theta, \quad dy = (r'\sin\theta + r\cos\theta)d\theta,$$

$$ds = \sqrt{(dx)^2 + (dy)^2}$$

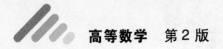

$$= \sqrt{(r'\cos\theta - r\sin\theta)^2 + (r'\sin\theta + r\cos\theta)^2}\,\mathrm{d}\theta = \sqrt{r^2 + r'^2}\,\mathrm{d}\theta.$$

于是

$$s = \int_\alpha^\beta \sqrt{r^2 + r'^2}\,\mathrm{d}\theta.$$

例4 求心形线 $r = a(1 + \cos\theta)\,(a > 0)$
(图 6-20)的弧长.

解 由于心形线对称于 x 轴,因此只要计算曲线在 x 轴上方部分的长再乘以 2 即可. 取 θ 为积分变量,它的变化区间为 $[0, \pi]$. 弧长微元为

$$\mathrm{d}s = \sqrt{r^2 + r'^2}\,\mathrm{d}\theta = \sqrt{a^2(1 + \cos\theta)^2 + a^2(\sin\theta)^2}\,\mathrm{d}\theta$$

$$= a\sqrt{2(1 + \cos\theta)}\,\mathrm{d}\theta = 2a\cos\frac{\theta}{2}\,\mathrm{d}\theta.$$

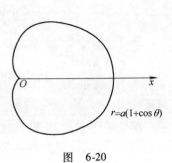

图 6-20

于是所求的弧长

$$s = 2\int_0^\pi 2a\cos\frac{\theta}{2}\,\mathrm{d}\theta = 4a\left(2\sin\frac{\theta}{2}\right)\Bigg|_0^\pi = 8a.$$

习题 6-3

1. 求下列曲线相应于指定两点间的弧段的弧长:

(1) $\begin{cases} x = a(\cos t + t\sin t), \\ y = a(\sin t - t\cos t) \end{cases}$ 自 $t = 0$ 到 $t = \pi$;

(2) $y = \ln x$ 上自 $x = \sqrt{3}$ 到 $x = \sqrt{8}$;

(3) $y = \dfrac{1}{6}x^3 + \dfrac{1}{2x}$ 上自 $x = 1$ 到 $x = 3$;

(4) $r\theta = 1$,自 $\theta = \dfrac{3}{4}$ 到 $\theta = \dfrac{4}{3}$.

2. 计算半立方抛物线 $y^2 = \dfrac{2}{3}(x-1)^3$ 被抛物线 $y^2 = \dfrac{x}{3}$ 截得的一段弧长.

第四节 定积分的其他应用

一、物理中的应用

1. 功

如果物体在直线运动的过程中有一个不变的力 F 作用在该物体上,且力的方向与物体运动方向一致,那么,在物体移动了距离 s 时,力 F 对物体所做的功为

$W = F \cdot s$. 如果物体在运动过程中所受到的力是变化的, 这就是变力对物体做功的问题. 由于物体做功具有可加性, 因此可利用第一节的微元方法将变力做功的问题归结为定积分. 下面通过具体例子说明如何计算变力所做的功.

例 1　已知弹簧拉长 0.02m, 需要 9.8N 的力. 求把弹簧拉长 0.10m 所做的功.

解　弹簧在弹性限度内, 拉长 (或压缩) 所需的力的大小 F 与伸长 (或压缩) 的长度成正比, 即当弹簧拉长 x m 时需要的力的大小为

$$F = F(x) = kx (\text{N}),$$

其中 k 为弹性系数. 将 $x = 0.02 (\text{m})$, $F = 9.8 (\text{N})$ 代入, 得弹性系数 $k = 4.9 \times 10^2$ (N/m). 因此, 变力 $F(x) = 4.9 \times 10^2 x (\text{N})$.

取 x 为积分变量, 它的变化区间为 $[0, 0.1]$. 设 $[x, x + \mathrm{d}x]$ 为该区间上任取的微元区间, 弹簧在该区间上的伸长量为 $\mathrm{d}x$, 利用第二章第六节例 2 的结果, 弹簧拉长 $\mathrm{d}x$ 所做的功的微元为 $\mathrm{d}w = F(x)\mathrm{d}x$. 利用微元方法得到

$$W = \int_0^{0.1} F(x)\,\mathrm{d}x = \int_0^{0.1} 4.9 \times 10^2 x \,\mathrm{d}x = 2.45 (\text{J}).$$

即把弹簧拉长 0.10m 所做的功为 2.45 (J).

2. 引力

例 2　设有一长为 l, 质量为 m 的均匀细杆, 在其中垂线上距杆 a 单位处有一质量为 m_1 的质点 M, 试计算细杆对质点 M 的引力.

解　根据万有引力定律, 两个质量分别为 m_1 和 m_2, 相距为 r 的质点间的引力为

$$F = k\frac{m_1 m_2}{r^2} \qquad (k \text{ 为引力常数}).$$

如果要计算一细长杆对一质点的引力, 由于细杆上各点与质点的距离是变化的, 所以就不能直接用上面的公式计算. 但由于力的分布具有可加性, 因此可利用定积分来讨论它的计算方法.

如图 6-21 所示, 建立坐标系, 使杆位于 y 轴上, 质点 M 位于 x 轴上, 取 y 为积分变量, 它的变化区间为 $\left[-\dfrac{l}{2}, \dfrac{l}{2}\right]$, 在杆上任取一小微元区间 $[y, y + \mathrm{d}y]$, 此微元杆长 $\mathrm{d}y$, 质量为 $\dfrac{m}{l}\mathrm{d}y$. 它与质点 M 间的距离为 $r = \sqrt{a^2 + y^2}$, 根据万有引力定律, 这一微元细杆对质点 M 的引力微元为

$$\mathrm{d}F = k\frac{m}{l}\frac{m_1 \mathrm{d}y}{a^2 + y^2}.$$

从而可求出 $\mathrm{d}F$ 在水平方向的分力为

$$\mathrm{d}F_x = -k\frac{m}{l}\frac{a m_1 \mathrm{d}y}{(a^2 + y^2)^{\frac{3}{2}}}.$$

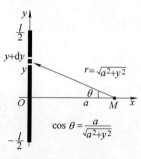

图　6-21

221

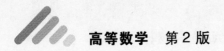

利用微元方法,可得到细杆对质点的引力在水平方向的分力为

$$F_x = -\int_{-\frac{l}{2}}^{\frac{l}{2}} k \frac{m}{l} \frac{am_1 \mathrm{d}y}{(a^2 + y^2)^{\frac{3}{2}}} = \frac{-2kmm_1}{a\sqrt{4a^2 + l^2}}.$$

另外,由对称性可知,引力在铅直方向的分力为 $F_y = 0$.

对于两个带电的物体(点)产生的电场力也有类似的公式(参见习题 6-4 第 2 题).

二、工程中的应用

1. 交流电的平均功率

我们知道,电流在单位时间内所做的功称为电流的功率 P,即

$$P = \frac{W}{t}.$$

直流电通过电阻 R,消耗在电阻 R 上的功率(即单位时间内消耗在电阻 R 上的功)是

$$P = I^2 R,$$

其中 I 是直流电流(大小方向不变,是常数),功率 P 也是常数,则经过时间 t 消耗在电阻 R 上的功为

$$W = Pt = I^2 Rt.$$

对于交流电来说,$i = i(t)$ 不是常数(是时间 t 的函数),因而通过电阻 R 所消耗的功率 $P = i^2(t)R$ 也随时间 t 而变化,在实用上,我们常采用平均功率.

由定积分中值定理计算函数平均值公式可得在一个周期 T 内的交流电的平均功率为

$$\overline{P} = \frac{1}{T}\int_0^T Ri^2(t)\,\mathrm{d}t = \frac{1}{T}\int_0^T u(t)i(t)\,\mathrm{d}t,$$

其中 $u(t)$ 是交流电的电压函数.

例 3 设交流电 $i(t) = I_m \sin \omega t$,其中 I_m 是电流最大值(也称峰值),ω 为角频率,周期 $T = \dfrac{2\pi}{\omega}$,电流通过纯电阻电路,电阻 R 为常数. 求平均功率 $\overline{P}$.

解 由上述公式

$$\overline{P} = \frac{1}{T}\int_0^T Ri^2(t)\,\mathrm{d}t = \frac{1}{\frac{2\pi}{\omega}}\int_0^{\frac{2\pi}{\omega}} RI_m^2 \sin^2 \omega t\,\mathrm{d}t$$

$$= \frac{\omega RI_m^2}{2\pi}\int_0^{\frac{2\pi}{\omega}} \sin^2 \omega t\,\mathrm{d}t$$

$$= \frac{\omega RI_m^2}{2\pi}\int_0^{\frac{2\pi}{\omega}} \frac{1 - \cos 2\omega t}{2}\,\mathrm{d}t$$

$$= \frac{\omega R I_m^2}{4\pi}\left(t - \frac{1}{2\omega}\sin 2\omega t\right)\Big|_0^{\frac{2\pi}{\omega}}$$

$$= \frac{R I_m^2}{2} = \frac{I_m U_m}{2} \qquad (U_m = I_m R \text{ 为电压的峰值}).$$

该纯电阻电路中正弦交流电的平均功率等于电流、电压的峰值之乘积的一半. 通常交流电器上标明的功率就是平均功率.

2. 液体压力

在液体深 h 处的压强为 $p = \gamma h$,其中 γ 是液体的重度. 如果有一面积为 A 的平板,水平地放置在液体深为 h 的地方,那么,平板一侧所受的水压力为 $P = p \cdot A$. 如果平板铅直放置在液体中,那么,由于不同深处的压强 p 不相等,平板一侧所受的液体压力就不能直接用上述方法计算,而要用定积分进行计算.

例 4 一等腰梯形的闸门,两底长分别为 10m 与 6m,高为 20m,且上底位于水面,计算闸门一侧所受到的水压力.

解 选择坐标系,如图 6-22 所示,梯形两腰方程为

$$y = \frac{1}{10}x, \qquad y = 10 - \frac{1}{10}x,$$

在区间 $[0,20]$ 上,相应于微元区间 $[x,x+\mathrm{d}x]$ 上等腰梯形面积的微元

$$\mathrm{d}A = \left(10 - \frac{x}{10} - \frac{x}{10}\right)\mathrm{d}x = \left(10 - \frac{x}{5}\right)\mathrm{d}x,$$

该微小等腰梯形上压强看作为 $9800x$(水的重度为 $9800\mathrm{N/m}^3$),因此压力微元为

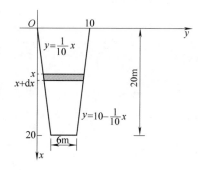

图 6-22

$$\mathrm{d}P = 9800x\left(10 - \frac{x}{5}\right)\mathrm{d}x,$$

于是闸门一侧受到的压力为

$$P = \int_0^{20} 9800x\left(10 - \frac{x}{5}\right)\mathrm{d}x = 1.44 \times 10^7 (\mathrm{N}).$$

3. 液体的粘度

例 5 为测量液体的粘度,可将液体放入一圆锥形漏斗中,让其从底部小孔流出,通过测量液体流完的时间确定粘度. 设圆锥形容器的高为 h,半径为 R,底部小孔的截面积为 s,如图 6-23 所示. 根据水力学定律,当液体的高度为 h 时,其流速 $v = \mu\sqrt{2gh}$,其中 μ 为液体粘度,g 为重力加速度. 若开始时液体高度为 h,试根据液体流完的时间 t_0 确定粘度 μ.

解 选取坐标系如图 6-23 所示.

由于液体流出的时间具有可加性,因此可用微元方法找出微小时间间隔 dt 和液面高度微小变化 dx 的关系.

设在时间区间 $[t, t+dt]$ 内液面高度由 x 变化到 $x+dx(dx<0)$,则体积的微小变化为 $dV = -\pi r^2 dx$,其中 $r = \frac{R}{h}x$,负号是因为 $dx<0$,因此

$$dV = -\pi \frac{R^2}{h^2} x^2 dx.$$

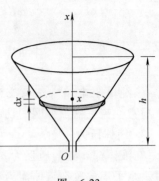

图 6-23

另一方面减少的体积为从底部管口流出的流量. 依水力学定律在 dt 这段时间内液体流出的流量为

$$svdt = \mu s \sqrt{2gx}dt,$$

因此有

$$-\pi \frac{R^2}{h^2} x^2 dx = \mu s \sqrt{2gx}dt,$$

整理得

$$dt = -\frac{\pi R^2}{\mu s h^2 \sqrt{2g}} x^{\frac{3}{2}} dx,$$

因此

$$t_0 = \int_h^0 \left(-\frac{\pi R^2}{\mu s h^2 \sqrt{2g}} x^{\frac{3}{2}} \right) dx = \frac{\pi R^2}{5\mu s} \sqrt{\frac{2h}{g}},$$

由此解得

$$\mu = \frac{\pi R^2}{5t_0 s} \sqrt{\frac{2h}{g}}.$$

三、经济管理中的应用

1. 运输问题

例 6 在工程建设中,许多运输问题中运输材料的距离是不断变化的. 如修建公路,需要把修路的材料从某地均匀地运往公路沿线. 设运输材料总量为 W,公路长 L,为简单起见,设材料堆放点位于修建公路的起点. 现要计算运输工作量 F.

解 如果运输距离不变,则运输的工作量 F 用运输总量乘以运输的距离表示. 现运输总量为 W 的材料要均匀分布在长为 L 的公路沿线,因此,运输的距离在不断变化. 我们用 ρ 表示公路上单位长度所分布的材料,也称为密度,则密度 $\rho = \frac{W}{L}$. 在区间 $[0, L]$ 上取微元区间 $[x, x+dx]$,则长为 dx 的公路所要运输的量为

ρdx,运输的路程为 x,因此,运输工作量为

$$dF = x\rho dx = \frac{W}{L}x dx,$$

所以总的运输工作量为

$$F = \int_0^L dF = \int_0^L x\rho dx = \int_0^L \frac{W}{L}x dx = \frac{W}{2L}L^2 = \frac{1}{2}LW.$$

这就是说,运输总量相当于将这些材料全部运送到公路的正中间.

2. 人口分布问题

例 7 某城市居民人口分布密度为

$$p(r) = \frac{1}{r^2 + 2r + 2},$$

其中 r(单位为 km)是离开市中心的距离,$p(r)$ 的单位是 10 万人/km^2. 求该城市离市中心 10km 范围内的人口数.

解 取 r 为积分变量,其变化区间为 $[0,10]$,任取一微元区间 $[r, r+dr]$,则在离市中心 r 到 $r + dr$ 范围内圆环的面积微元为

$$dA = 2\pi r dr,$$

该范围内的人口数为

$$dp = p(r)dA = 2\pi r p(r)dr.$$

于是,

$$p = \int_0^{10} dp = 2\pi \int_0^{10} \frac{r}{r^2 + 2r + 2}dr$$

$$= \pi\left[\int_0^{10} \frac{d(r^2 + 2r + 2)}{r^2 + 2r + 2} - 2\int_0^{10} \frac{d(r+1)}{(r+1)^2 + 1}\right]$$

$$= \pi\left[\ln(r^2 + 2r + 2)\Big|_0^{10} - 2\arctan(r+1)\Big|_0^{10}\right]$$

$$= \pi(\ln 61 - 2\arctan 11 + 2\arctan 1) \approx 8.55$$

即离市中心 10km 范围内的人口数为 85.5 万人.

该例是一个简化的人口分布模型. 实际上,一个城市的人口分布不只是一个中心,且可能不是以点为中心,则人口分布密度函数就比较复杂. 这时,首先要假定合理的人口分布密度函数的形式,一般地是二元函数(参见第九章),然后要进行大量的采样,通过对采样数据进行处理得到人口分布密度函数. 在应用中更为重要的是需要获得某指定区域内的人口数或人口分布(如政府规划部门布局公共服务设施,超市开发商设置商业网点等). 这就是平面某区域的二重积分(参见第十章)问题.

习题 6-4

1. 已知弹簧在拉伸过程中,弹性力 F 与伸长量 s 成正比,又设 9.8N 的力能使弹簧伸长 1cm,求把该弹簧拉长 10cm 所做的功.

2. 把一个带 $+q_0$ 电荷量的点电荷放在 r 轴上坐标原点 O 处,它产生一个电场.这个电场对周围的电荷有作用力.由电学知道,如果另一个点电荷 $+q$ 放在这个电场中距离原点 O 为 r 的地方,那么电场对它的作用力的大小为 $F = k\dfrac{q_0 q}{r^2}$(k 是常数).如图 6-24 所示,当这个点电荷 $+q$ 在电场中从 $r = a$ 处沿 r 轴移动到 $r = b(a < b)$ 处时,计算电场力 F 对它所做的功.

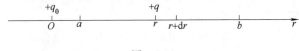

图 6-24

3. 一盛满水的圆锥形水池,深 15m,口径 20m,现欲将池中的水吸尽,试需做多少功?

4. 有一闸门,它的形状和尺寸如图 6-25 所示,水面超过门顶 2m.求闸门上所受的水压力.

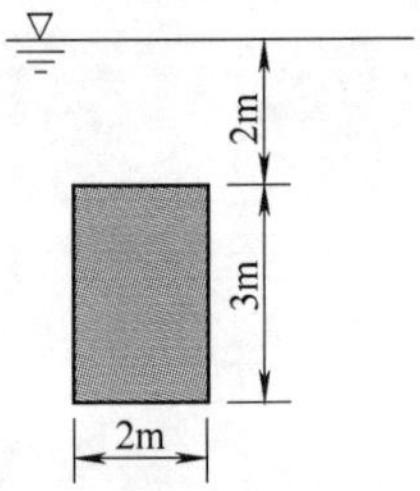

5. 一底为 8cm、高为 6cm 的等腰三角形片,铅直地沉没在水中,顶在上,底在下且与水面平行,而顶离水面 3cm,试求它每面所受的压力.

6. 交流电的电压和电流分别为 $u(t) = U_m \sin\dfrac{2\pi}{T} t$ 和 $i(t) = I_m \sin(\dfrac{2\pi}{T} t - \varphi_0)$,其中 U_m 为电压的峰值,I_m 为电流的峰值,计算从 0 到 T 时间内的平均功率,并证明当 $\varphi_0 = 0$ 时 P 最大.

图 6-25

第五节* 综 合 例 题

例1 曲线 $f(x) = 2\sqrt{x}$ 与 $g(x) = ax^2 + bx + c(c > 0)$ 相切于点 $(1,2)$,它们与 y 轴所围图形的面积为 $\dfrac{5}{6}$.试求 a, b, c 的值.

解 由于 $f(x) = 2\sqrt{x}$ 与 $g(x) = ax^2 + bx + c(c > 0)$ 相切于点 $(1,2)$,所以

$$g(1) = f(1) = 2, g'(1) = f'(1) = \frac{1}{\sqrt{x}}\Big|_{x=1} = 1.$$

而 $g'(x) = 2ax + b$,所以

$$\begin{cases} a + b + c = 2, \\ 2a + b = 1. \end{cases} \tag{1}$$

又由题设得面积

$$A = \int_0^1 (ax^2 + bx + c - 2\sqrt{x})\,dx = \frac{5}{6},$$

所以

$$\frac{a}{3} + \frac{b}{2} + c = \frac{13}{6}. \tag{2}$$

解由式(1)和式(2)组成的方程组得 $a = 2, b = -3, c = 3$.

例 2 设 $y = x^2$ 定义在 $[0, 1]$ 上,t 为 $(0, 1)$ 内的一点,问当 t 为何值时图 6-26 中两阴影部分的面积 A_1 与 A_2 之和具有最小值.

解 记图 6-26 中两阴影部分的面积 A_1 与 A_2 之和为 $A = A_1 + A_2$,则

$$\begin{aligned} A = A_1 + A_2 &= \int_0^t (t^2 - x^2)\,dx + \int_t^1 (x^2 - t^2)\,dx \\ &= \left[t^2 x - \frac{1}{3}x^3 \right]_0^t + \left[\frac{1}{3}x^3 - t^2 x \right]_t^1 \\ &= \frac{4}{3}t^3 - t^2 + \frac{1}{3}, (0 \le t \le 1), \end{aligned}$$

$$A'(t) = 4t^2 - 2t, \quad A''(t) = 8t - 2.$$

令 $A'(t) = 0$,得 $t = \frac{1}{2}$,因为 $A''\left(\frac{1}{2}\right) = 2 > 0$,故在 $(0,1)$ 内 $A(t)$ 只有一个极值点 $t = \frac{1}{2}$,且是极小值点,从而 $t = \frac{1}{2}$ 时,A_1 与 A_2 之和最小.

例 3 计算摆线(图 6-27)

$$\begin{cases} x = a(\theta - \sin\theta), \\ y = a(1 - \cos\theta) \end{cases}$$

的一拱($0 \le \theta \le 2\pi$)与 x 轴围成的图形分别绕 x 轴和 y 轴旋转所成的旋转体的体积.

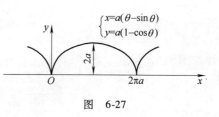
图 6-27

解 利用旋转体的体积公式

$$V_x = \int_0^{2\pi a} \pi y^2(x)\,dx = \int_0^{2\pi} \pi a^2 (1 - \cos\theta)^2 a(1 - \cos\theta)\,d\theta$$

$$= \pi a^3 \int_0^{2\pi} (1 - \cos\theta)^3\,d\theta = 8\pi a^3 \int_0^{2\pi} \sin^6 \frac{\theta}{2}\,d\theta$$

227

$$= 16\pi a^3 \int_0^\pi \sin^6 u\,du = 32\pi a^3 \int_0^{\frac{\pi}{2}} \sin^6 u\,du$$

$$= 32\pi a^3 I_6 = 5\pi^2 a^3.$$

上式用到了 $I_6 = \int_0^{\frac{\pi}{2}} \sin^6 u\,du$ 的递推公式(见第五章第四节例 8).

对于形如图 6-27 的平面图形绕 y 轴旋转所成旋转体的体积,利用微元法可以得到(参见综合练习 A 第 1 题)体积公式为

$$V_y = 2\pi \int_0^{2\pi a} x y(x)\,dx.$$

因此

$$V_y = 2\pi a^3 \int_0^{2\pi} (\theta - \sin\theta)(1 - \cos\theta)^2\,d\theta$$

$$= 2\pi a^3 \left[\int_0^{2\pi} \theta(1 - \cos\theta)^2\,d\theta - \int_0^{2\pi} \sin\theta(1 - \cos\theta)^2\,d\theta \right].$$

利用分部积分法

$$\int_0^{2\pi} \theta(1 - \cos\theta)^2\,d\theta = \int_0^{2\pi} \theta\left(1 - 2\cos\theta + \frac{1 + \cos 2\theta}{2}\right)d\theta = 3\pi^2,$$

而

$$\int_0^{2\pi} \sin\theta(1 - \cos\theta)^2\,d\theta = \frac{1}{3}(1 - \cos\theta)^3 \Big|_0^{2\pi} = 0.$$

所以 $V_y = 6\pi^3 a^3$.

例 4 求曲线 $y = \int_{-\frac{\pi}{2}}^x \sqrt{\cos t}\,dt$ 的弧长.

解 先确定曲线弧段 $y = \int_{-\frac{\pi}{2}}^x \sqrt{\cos t}\,dt$ 的 x 的变化范围.

根据表达式 $y = \int_{-\frac{\pi}{2}}^x \sqrt{\cos t}\,dt$ 必须有意义得 $\cos t \geqslant 0$,所以,曲线弧的 x 的变化范围为 $-\dfrac{\pi}{2} \leqslant x \leqslant \dfrac{\pi}{2}$ 利用弧长计算公式得

$$s = \int_{-\frac{\pi}{2}}^{\frac{\pi}{2}} \sqrt{1 + y'^2}\,dx = 2\int_0^{\frac{\pi}{2}} \sqrt{1 + (\sqrt{\cos x})^2}\,dx$$

$$= 2\sqrt{2} \int_0^{\frac{\pi}{2}} \cos\frac{x}{2}\,dx = 2.$$

说明 本题很容易误解为结果应该是 x 的函数.一般求曲线的弧长都是给定自变量的范围,再用弧长计算公式.本题是 x 的变化范围没有给出,但求的是曲线(弧段)的长度.

例 5 半径为 $R(\text{m})$ 的球沉入水中,球的上部与水面相切,球的密度与水的密

度相同,现将球从水中取出,需做多少功?

解 如图 6-28 所示建立坐标系. 由于球的密度与水的密度相同,因此球只有离开水面时才需做功. 设水的密度为 ρ（kg/m³）. 在 $[0,2R]$ 上任取小区间 $[y, y+\mathrm{d}y]$,把相应的厚度为 $\mathrm{d}y$ 的薄层球台从水面移到图示位置,需要做的功近似地为

$$\mathrm{d}W = y \cdot \rho g \mathrm{d}V = \rho g \pi y (2Ry - y^2)\mathrm{d}y,$$

其中 g 为重力加速度,这就是功微元. 所以,所求功为

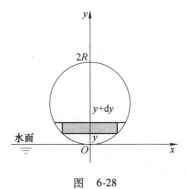

图 6-28

$$W = \int_0^{2R} \rho g \pi (2Ry^2 - y^3)\mathrm{d}y$$

$$= \rho g \pi \left[\frac{2Ry^3}{3} - \frac{y^4}{4} \right]_0^{2R} = \frac{4}{3} \times 10^3 \pi g R^4 (\text{J}).$$

例6 某建筑工地打地基时,需要用汽锤将桩打进土层. 汽锤每次击打都将克服土层对桩的阻力而做功. 设土层对桩的阻力的大小与桩被打进土层的深度成正比（比例系数为 $k > 0$）,汽锤第一次击打将桩打进土层 am. 根据设计方案,要求汽锤每次击打桩时所做的功与前一次击打桩时所做的功之比为常数 $r(0 < r < 1)$. 问:

（1）汽锤 3 次击打桩后,可将桩打进地下多深?

（2）若击打次数不限,汽锤至多可将桩打进地下多深?

解 根据题意,桩位于地下 x 处所受的阻力为 kx.

设 x_n 是第 n 次击打将桩打进地下的深度,w_n 是第 n 次击打所做的功.

（1）$x_1 = a$, $w_1 = \int_0^a kx\mathrm{d}x = \frac{1}{2}ka^2$.

由于 $w_2 = rw_1$,即 $w_2 = \int_{x_1}^{x_2} kx\mathrm{d}x = r \cdot \frac{1}{2}ka^2$,所以 $x_2 = \sqrt{1+r} \cdot a$.

由于 $w_3 = rw_2 = r^2 w_1$,即 $w_3 = \int_{x_2}^{x_3} kx\mathrm{d}x = r^2 \cdot \frac{1}{2}ka^2$,所以 $x_3 = \sqrt{1+r+r^2} \cdot a$.

（2）类似计算可得

$$x_n = \sqrt{1 + r + r^2 + \cdots r^{n-1}} \cdot a,$$

所以 $\lim_{n \to \infty} x_n = \lim_{n \to \infty} \sqrt{1 + r + r^2 + \cdots r^{n-1}} \cdot a = \lim_{n \to \infty} \sqrt{\frac{1-r^n}{1-r}} \cdot a = \frac{a}{\sqrt{1-r}}$.

即击打次数不限时,汽锤至多可将桩打进地下 $\dfrac{a}{\sqrt{1-r}}$.

复习题六

一、选择题

1. 图 6-29 中阴影部分的面积的总和可表示为(　　　).

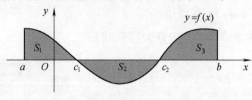

图 6-29

(A) $\int_a^b f(x)\,\mathrm{d}x$;

(B) $\left|\int_a^b f(x)\,\mathrm{d}x\right|$;

(C) $\int_a^{c_1} f(x)\,\mathrm{d}x + \int_{c_1}^{c_2} f(x)\,\mathrm{d}x + \int_{c_2}^b f(x)\,\mathrm{d}x$;

(D) $\int_a^{c_1} f(x)\,\mathrm{d}x - \int_{c_1}^{c_2} f(x)\,\mathrm{d}x + \int_{c_2}^b f(x)\,\mathrm{d}x$.

2. 由曲线 $y = \cos x$ 和直线 $x = 0, x = \pi, y = 0$ 所围成的图形面积为(　　　).

(A) $\int_0^\pi \cos x\,\mathrm{d}x$; 　　　　(B) $\int_0^\pi (0 - \cos x)\,\mathrm{d}x$;

(C) $\int_0^\pi |\cos x|\,\mathrm{d}x$; 　　　　(D) $\int_0^{\frac{\pi}{2}} \cos x\,\mathrm{d}x + \int_{\frac{\pi}{2}}^\pi \cos x\,\mathrm{d}x$.

3. 曲线 $y = e^x$ 与该曲线过原点的切线及 y 轴所围成的面积值为(　　　).

(A) $\int_0^1 (e^x - ex)\,\mathrm{d}x$; 　　　　(B) $\int_1^e (\ln y - y\ln y)\,\mathrm{d}y$;

(C) $\int_1^e (e^x - xe^x)\,\mathrm{d}x$; 　　　　(D) $\int_0^1 (\ln y - y\ln y)\,\mathrm{d}y$.

4. 曲线 $r = 2a\cos\theta\,(a > 0)$ 所围成图形的面积 A 为(　　　).

(A) $\int_0^{\frac{\pi}{2}} \frac{1}{2}(2a\cos\theta)^2\,\mathrm{d}\theta$; 　　　　(B) $\int_{-\pi}^{\pi} \frac{1}{2}(2a\cos\theta)^2\,\mathrm{d}\theta$;

(C) $\int_0^{2\pi} \frac{1}{2}(2a\cos\theta)^2\,\mathrm{d}\theta$; 　　　　(D) $2\int_0^{\frac{\pi}{2}} \frac{1}{2}(2a\cos\theta)^2\,\mathrm{d}\theta$.

5. 曲线 $y = \ln(1 - x^2)$ 在 $0 \leqslant x \leqslant \dfrac{1}{2}$ 上的一段弧长为(　　　).

(A) $\int_0^{\frac{1}{2}} \sqrt{1 + \left(\dfrac{1}{1 - x^2}\right)^2}\,\mathrm{d}x$; 　　　　(B) $\int_0^{\frac{1}{2}} \dfrac{1 + x^2}{1 - x^2}\,\mathrm{d}x$;

(C) $\int_0^{\frac{1}{2}} \sqrt{1 + \dfrac{-2x}{1-x^2}}\,\mathrm{d}x$; 　　　　(D) $\int_0^{\frac{1}{2}} \sqrt{1 + \left[\ln(1-x^2)\right]^2}\,\mathrm{d}x$.

6. 矩形闸门宽 am,高 hm,将其垂直放入水中,上沿与水面平齐,则闸门所受压力 F 为(　　).

(A) $g\displaystyle\int_0^h ax\,\mathrm{d}x$; 　　　　(B) $g\displaystyle\int_0^a ax\,\mathrm{d}x$;

(C) $g\displaystyle\int_0^h \dfrac{1}{2}ax\,\mathrm{d}x$; 　　　　(D) $g\displaystyle\int_0^h 2ax\,\mathrm{d}x$.

二、综合练习 A

1. 证明:由平面图形 $0 \leqslant a \leqslant x \leqslant b$, $0 \leqslant y \leqslant f(x)$ 绕 y 轴旋转所形成的旋转体体积为

$$V = 2\pi \int_a^b x f(x)\,\mathrm{d}x.$$

2. 计算以半径 R 的圆为底,以平行于底且长度等于该圆直径的线段为顶、高为 h 的正劈锥体(图 6-30)的体积.

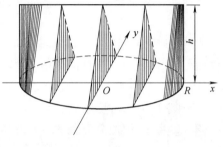

图　6-30

三、综合练习 B

1. 在曲线 $y = x^2$ ($x \geqslant 0$)上某一点 A 处作切线,使它与曲线及 x 轴所围图形的面积为 $\dfrac{1}{12}$. 试求:

(1)切点 A 的坐标;

(2)上述所围图形绕 x 轴旋转一周所成旋转体的体积.

2. 设直线 $y = ax$ 与抛物线 $y = x^2$ 所围图形的面积为 S_1 ,它们与直线 $x = 1$ 所围图形的面积为 S_2 ,并且 $a < 1$.

(1)试确定 a 的值,使得 S_1 与 S_2 之和最小,并求出该最小值;

(2)求出该最小值所对应的平面图形绕 x 轴旋转一周所成旋转体的体积.

3. 求曲线 $y = \displaystyle\int_0^x \sqrt{\sin x}\,\mathrm{d}x$ 的弧长.

4. 计算圆 $x^2 + (y-b)^2 = R^2$ ($b > R > 0$)绕 Ox 轴旋转所生成的圆环体的体积.

5. 设有一长为 l ,质量为 M 的均匀细杆,另有一质量为 m 的质点与杆在一条直线上,它到杆的近端距离为 a ,计算细杆对质点的引力.

第七章　常微分方程

在自然科学和工程技术应用过程中,建立变量之间的函数关系是十分重要的,但在许多实际问题中,往往不能直接求出所需要的函数关系,而比较容易根据问题的某种性质或者它遵循的科学规律,建立起这些变量与其变化率之间的联系,这种联系就是微分方程.通过求解这种方程,就可以找到变量之间的函数关系.

现实世界中的许多实际问题都可以通过建立微分方程而得以解决.如物体的温度,人口的增长,信息的传播,疾病的传染与控制等都可以归结为微分方程问题.因此,微分方程是数学联系实际,并应用于实际的重要途径和桥梁,是各个学科进行科学研究的有力工具.

本章主要介绍微分方程的一些基本概念和几种较简单的微分方程的解法,并通过对一些实际问题的求解,使读者了解微分方程在应用中所起的重要作用.

第一节　微分方程的基本概念

我们先通过具体实例来说明微分方程的基本概念.

例 1　一曲线通过点 $(0,1)$,且在该曲线上任意点 $M(x,y)$ 处的切线斜率为 $2x$,求此曲线的方程.

解　设所求曲线方程为 $y=y(x)$,则根据导数的几何意义有

$$\frac{\mathrm{d}y}{\mathrm{d}x}=2x, \tag{1}$$

此外, $y(x)$ 还应满足下列条件

$$x=0 \text{ 时}, y=1. \tag{2}$$

由式(1)得

$$y=x^2+C. \tag{3}$$

把条件(2)代入式(3),得

$$1=0+C, \quad C=1.$$

把 $C=1$ 代入式(3),即得所求的曲线方程为

$$y=x^2+1. \tag{4}$$

从几何上看,式(3)表示一族曲线,式(4)表示其中过 $(0,1)$ 的一条曲线.

例 2　一个质量为 m 的质点,以初速 v_0 竖直上抛,求质点的运动规律.

解 建立如图 7-1 所示的坐标系. 设运动开始时($t = 0$),质点位于 x_0,在时刻 t,质点位于 x. 要求出变量 x 与 t 之间的函数关系 $x = x(t)$.

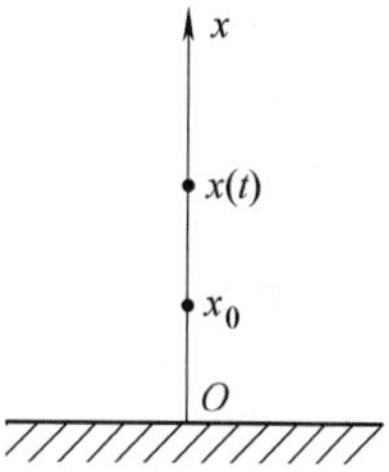

根据牛顿第二定律,未知函数 $x(t)$ 应满足关系式

$$m \frac{\mathrm{d}^2 x}{\mathrm{d}t^2} = - mg, \quad 即 \frac{\mathrm{d}^2 x}{\mathrm{d}t^2} = - g, \tag{5}$$

此外,$x(t)$ 还应满足下列条件:

$$x \big|_{t=0} = x_0, \quad \frac{\mathrm{d}x}{\mathrm{d}t} \big|_{t=0} = v_0. \tag{6}$$

图 7-1

式(5)两端对 t 积分得

$$\frac{\mathrm{d}x}{\mathrm{d}t} = - gt + C_1, \tag{7}$$

再积分一次,得

$$x = - \frac{1}{2} g t^2 + C_1 t + C_2, \tag{8}$$

把条件(6)代入式(7)和式(8),得 $C_1 = v_0, C_2 = x_0$,于是有

$$x(t) = - \frac{1}{2} g t^2 + v_0 t + x_0. \tag{9}$$

这两个例子中,关系式(1)和式(5)都含有未知函数的导数,它们都称为微分方程. 一般地,把含有未知函数及未知函数的导数或微分的方程,称为**微分方程**,微分方程中所出现的未知函数的最高阶导数的阶数,称为**微分方程的阶**. 例如,方程(1)是一阶微分方程;方程(5)是二阶微分方程. 注意,在微分方程中自变量及未知函数可以不出现,但未知函数的导数或微分必须出现. 未知函数为一元函数的微分方程称为常微分方程,如方程(1)和方程(5)分别是一阶和二阶常微分方程. 未知函数为多元函数的微分方程称为偏微分方程. 本章我们只讨论常微分方程.

一阶常微分方程的一般形式为

$$y' = f(x, y) \quad 或 \quad F(x, y, y') = 0.$$

二阶常微分方程的一般形式为

$$y'' = f(x, y, y') \quad 或 \quad F(x, y, y', y'') = 0.$$

n 阶常微分方程的一般形式为

$$y^{(n)} = f(x, y, y', \cdots, y^{(n-1)}) \quad 或 \quad F(x, y, y', \cdots, y^{(n)}) = 0.$$

在研究某些实际问题时,首先要建立微分方程,然后求出满足微分方程的函数,即所求的函数代入微分方程中使方程两边为恒等式,这样的函数称为该**微分方程的解**. 例如,函数(3)和函数(4)都是微分方程(1)的解;函数(8)和函数(9)都是微分方程(5)的解.

从上述例子可见,微分方程的解可能含有也可能不含有任意常数. 一般地,微分方程的不含有任意常数的解称为微分方程的**特解**,含有相互独立的任意常数,且任意常数的个数与微分方程的阶数相等的解称为微分方程的**通解(一般解)**.(这里所说的相互独立的任意常数,是指它们不能通过合并而使得通解中的任意常数的个数减少). 如,函数(3)是方程(1)的通解. 函数(8)是方程(5)的通解.

由于通解中含有任意常数,所以它还不能够完全确定地反映某一客观事物的规律. 要完全确定地反映事物的规律,必须确定这些常数的值. 为此要根据问题的实际情况,提出确定这些常数的条件. 例如,例1中的条件(2)、例2中的条件(6)便是这样的条件.

设微分方程中未知函数为 $y = y(x)$,如果微分方程是一阶的,那么,通常用来确定任意常数的条件是:当 $x = x_0$ 时,$y = y_0$,或写成

$$y \big|_{x=x_0} = y_0,$$

其中 x_0, y_0 都是给定的值;如果微分方程是二阶的,那么通常用来确定任意常数的条件是:当 $x = x_0$ 时,$y = y_0$,$y' = y'_0$ 或写成

$$y \big|_{x=x_0} = y_0, \quad y' \big|_{x=x_0} = y'_0,$$

其中 x_0, y_0, y'_0 都是给定的值. 上述这种条件称为**初始条件**.

确定了通解中的任意常数以后,就得到特解. 例如,式(4)是微分方程(1)满足初始条件(2)的特解,式(9)是微分方程(5)满足初始条件(6)的特解.

求一阶微分方程 $F(x, y, y') = 0$ 满足初始条件 $y \big|_{x=x_0} = y_0$ 的特解这样一个问题,称为一阶微分方程的**初值问题**,记作

$$\begin{cases} F(x, y, y') = 0, \\ y \big|_{x=x_0} = y_0. \end{cases} \tag{10}$$

微分方程的特解的图形是一条曲线,称为微分方程的**积分曲线**. 初值问题(10)的几何意义,就是求微分方程的通过点 (x_0, y_0) 的积分曲线.

例3 验证函数 $x = C_1 \sin 5t + C_2 \cos 5t$ 是微分方程 $\dfrac{d^2 x}{dt^2} + 25x = 0$ 的通解(C_1, C_2 为任意常数).

解 求出所给函数的一阶及二阶导数:

$$\frac{dx}{dt} = 5(C_1 \cos 5t - C_2 \sin 5t),$$

$$\frac{d^2 x}{dt^2} = -25(C_1 \sin 5t + C_2 \cos 5t),$$

代入微分方程得

$$-25(C_1 \sin 5t + C_2 \cos 5t) + 25(C_1 \sin 5t + C_2 \cos 5t) \equiv 0.$$

因此函数 $x = C_1 \sin 5t + C_2 \cos 5t$ 是所给微分方程的解. 又因为函数中含有两个相互独立的任意常数,而微分方程为二阶微分方程,所以该函数是所给微分方程的通解.

习题 7-1

1. 指出下列各题中的函数是否为所给微分方程的解:

（1）$xy' = x^2 + y^2 + y$, $y = x\tan\left(x + \dfrac{\pi}{6}\right)$;

（2）$y'' + 2y' - 3y = 0$, $y = x^2 + x$;

（3）$y'' - 5y' + 6y = 0$, $y = C_1 \mathrm{e}^{2x} + C_2 \mathrm{e}^{3x}$;

（4）$y'' + y\sin x = x$, $y = \mathrm{e}^{\cos x} \displaystyle\int_0^x t\mathrm{e}^{-\cos t}\mathrm{d}t$.

2. 验证函数 $y = (C_1 + C_2 x)\mathrm{e}^{-x}$（$C_1, C_2$ 是常数）是微分方程 $y'' + 2y' + y = 0$ 的通解,并求出满足初始条件 $y\big|_{x=0} = 4$, $y'\big|_{x=0} = -2$ 的特解.

3. 求下列微分方程或其初值问题的解:

（1）$\dfrac{\mathrm{d}s}{\mathrm{d}t} = t\mathrm{e}^t$;

（2）$\begin{cases} y'' = 2\sin \omega x \\ y(0) = 0, y'(0) = \dfrac{1}{\omega}. \end{cases}$

4. 写出由下列条件确定的曲线所满足的微分方程:

（1）曲线在点 (x, y) 处的切线斜率等于该点的横坐标的平方;

（2）曲线上点 $P(x, y)$ 处的法线与 x 轴的交点为 Q,而线段 PQ 被 y 轴平分.

第二节 可分离变量的微分方程

微分方程的类型是多种多样的,它们的解法也各不相同. 从本节开始我们将根据微分方程类型的不同,给出相应的解法. 首先介绍可分离变量的微分方程.

如果一阶微分方程 $y' = f(x, y)$ 等号右边的函数 $f(x, y)$ 可以表示成一个 x 的函数和一个 y 的函数的乘积,则称该方程是**可分离变量的微分方程**. 其形式为

$$\frac{\mathrm{d}y}{\mathrm{d}x} = g(x)h(y). \tag{1}$$

如果 $h(y) \neq 0$,可以通过两端除以 $h(y)$,得到

$$\frac{1}{h(y)} \frac{\mathrm{d}y}{\mathrm{d}x} = g(x), \tag{2}$$

两端对 x 积分得
$$\int \frac{1}{h(y)} \frac{\mathrm{d}y}{\mathrm{d}x} \mathrm{d}x = \int g(x)\mathrm{d}x,$$

即
$$\int \frac{1}{h(y)} \mathrm{d}y = \int g(x)\mathrm{d}x. \tag{3}$$

上面方程中 x 和 y 已经分离,只需要简单地在两端分别作积分就得到要求的解.

例 1 求微分方程 $\dfrac{\mathrm{d}y}{\mathrm{d}x} = (1+y^2)\mathrm{e}^x$ 的通解.

解 因为 $1+y^2 \neq 0$,可用分离变量法解这个方程.

分离变量
$$\frac{\mathrm{d}y}{1+y^2} = \mathrm{e}^x\mathrm{d}x,$$

两端积分
$$\int \frac{\mathrm{d}y}{1+y^2} = \int \mathrm{e}^x\mathrm{d}x,$$

得
$$\arctan y = \mathrm{e}^x + C.$$

上式作为 x 的隐函数给出了 y. 当 $-\pi/2 < \mathrm{e}^x + C < \pi/2$ 时,通过取正切可以把 y 表示成 x 的显函数 $y = \tan(\mathrm{e}^x + C)$,其中 C 为任意常数.

例 2 求微分方程 $\mathrm{d}x + xy\mathrm{d}y = y^2\mathrm{d}x + y\mathrm{d}y$ 的通解.

解 先合并 $\mathrm{d}x$ 及 $\mathrm{d}y$ 的各项,得
$$y(x-1)\mathrm{d}y = (y^2-1)\mathrm{d}x,$$

当 $y^2 - 1 \neq 0, x - 1 \neq 0$ 时,分离变量得
$$\frac{y}{y^2-1}\mathrm{d}y = \frac{1}{x-1}\mathrm{d}x,$$

两端积分
$$\int \frac{y}{y^2-1}\mathrm{d}y = \int \frac{1}{x-1}\mathrm{d}x,$$

得
$$\frac{1}{2}\ln|y^2-1| = \ln|x-1| + \ln|C_1|,$$

于是
$$y^2 - 1 = \pm C_1^2 (x-1)^2.$$

记 $C = \pm C_1^2$,则得方程的解 $y^2 - 1 = C(x-1)^2$.

注 在求解可分离变量的微分方程(1)的过程中,是在假定 $h(y) \neq 0$ 的前提下,将微分方程(1)化为(2)的形式,这样得到的通解,不包含使 $h(y) = 0$ 的特解. 但是,如果我们扩大任意常数 C 的取值范围,则其失去的解仍包含在通解中. 如例 2 中,我们得到的通解中应该满足 $C \neq 0$,但这样方程就失去了特解 $y = \pm 1$,而如果允许 $C = 0$,则 $y = \pm 1$ 仍包含在通解 $y^2 - 1 = C(x-1)^2$ 中.

例 3 物体温度冷却(加热)问题. 牛顿冷却定律(也适用于加热)描述为:物体的温度随时间变化的速度与物体跟周围环境的温差成正比.

（1）设物体的初始温度为 T_0，物体周围环境的温度为 T_m，试求物体冷却过程中的温度函数.

（2）温度未知的物体放置在温度恒定为 30℉ 的房间中. 若 10 分钟后，物体的温度是 0℉；20 分钟后，是 15℉. 求未知的初始温度.

解（1）设 $T = T(t)$ 表示物体冷却过程中的温度，它是时间 t 的函数，则物体温度随时间的变化速度为 $\dfrac{\mathrm{d}T}{\mathrm{d}t}$. 根据牛顿冷却定律，可得如下方程

$$\frac{\mathrm{d}T}{\mathrm{d}t} = -k(T - T_m),$$

其中 k 是正的比例系数，负号表示当 $T > T_m$ 时，温度是减少的；当 $T < T_m$ 时，温度是增加的. 上面的方程是可分离变量的微分方程，分离变量得

$$\frac{\mathrm{d}T}{T - T_m} = -k\,\mathrm{d}t,$$

方程两边积分，类似于微分方程(1)的讨论，该微分方程的通解为

$$T = T_m + Ce^{-kt},（C \text{ 为任意常数}）$$

将初始条件 $T(0) = T_0$ 代入，求出常数 $C = T_0 - T_m$，即得物体冷却过程中的温度函数为

$$T = T_m + (T_0 - T_m)e^{-kt}.$$

（2）利用(1)中求解的温度函数，再根据已知条件，可得下列关系

$$0 = 30 + (T_0 - 30)e^{-10k},$$
$$15 = 30 + (T_0 - 30)e^{-20k},$$

解这两个方程，得到

$$k = \frac{1}{10}\ln 2 = 0.069,\ T_0 = -30℉.$$

所以初始温度为 -30℉.

从此例可以看出，在应用中，我们常常能够通过自然界的某种客观规律（定性关系），建立相应的微分方程，从而得到诸多变量的定量关系. 如在物理学中，常常根据牛顿定律建立微分方程（参见例 2）. 而在其他领域，也有丰富的应用实例（参见第十一节）. 由此可见，微分方程在应用中起着非常重要的作用.

习题 7-2

1. 求下列微分方程的通解：

（1）$\dfrac{\mathrm{d}y}{\mathrm{d}x} = 10^{x+y}$；

（2）$\sec^2 x \tan y\,\mathrm{d}x + \sec^2 y \tan x\,\mathrm{d}y = 0$；

（3）$xy\,\mathrm{d}x + \sqrt{1-x^2}\,\mathrm{d}y = 0$；

（4）$(1+y)\,\mathrm{d}x - (1-x)\,\mathrm{d}y = 0$；

(5) $xy' = y\ln y$;　　　　　　(6) $(y+1)^2 y' + x^3 = 0$;

(7) $\dfrac{dy}{dx} = y^2 \cos x$;　　　　(8) $(xy^2 + x)dx + (y - x^2 y)dy = 0$.

2. 求下列微分方程满足所给初始条件的特解:

(1) $\dfrac{x}{1+y}dx - \dfrac{y}{1+x}dy = 0, y\big|_{x=0} = 1$;

(2) $(x^2 - 4)y' = 2xy, y\big|_{x=0} = 1$;

(3) $y'\sin x - y\cos x = 0, y\big|_{x=\frac{\pi}{2}} = 1$.

3. 一条曲线通过点$(2,3)$, 它在两坐标轴间的任意切线段被切点平分, 求该曲线方程.

第三节　齐次方程

可化为

$$y' = \varphi\left(\dfrac{y}{x}\right) \tag{1}$$

形式的一阶微分方程称为**齐次微分方程**, 简称**齐次方程**.

对于齐次方程(1), 作变量代换 $u = \dfrac{y}{x}$, 就可把方程(1)化为可分离变量的方程. 事实上, 由于 $y = xu$, 所以

$$\dfrac{dy}{dx} = u + x\dfrac{du}{dx},$$

代入方程(1), 便得

$$u + x\dfrac{du}{dx} = \varphi(u),$$

这是变量可分离的方程, 分离变量后有

$$\dfrac{du}{\varphi(u) - u} = \dfrac{dx}{x},$$

两端积分, 得

$$\int \dfrac{du}{\varphi(u) - u} = \int \dfrac{dx}{x}.$$

求出积分后, 再用 $\dfrac{y}{x}$ 代替 u, 便得所给齐次方程的通解.

例1　求微分方程 $y^2 + x^2\dfrac{dy}{dx} = xy\dfrac{dy}{dx}$ 的通解.

解　原方程可以写成

$$\frac{\mathrm{d}y}{\mathrm{d}x} = \frac{y^2}{xy - x^2} = \frac{\left(\dfrac{y}{x}\right)^2}{\dfrac{y}{x} - 1},$$

该方程是齐次方程,令 $u = \dfrac{y}{x}$,则

$$y = xu, \quad \frac{\mathrm{d}y}{\mathrm{d}x} = u + x\frac{\mathrm{d}u}{\mathrm{d}x},$$

代入上列方程,得

$$u + x\frac{\mathrm{d}u}{\mathrm{d}x} = \frac{u^2}{u - 1},$$

即

$$x\frac{\mathrm{d}u}{\mathrm{d}x} = \frac{u}{u - 1},$$

分离变量,得

$$\left(1 - \frac{1}{u}\right)\mathrm{d}u = \frac{1}{x}\mathrm{d}x,$$

两端积分,得

$$u - \ln|u| + C = \ln|x|,$$

或写成

$$\ln|xu| = u + C.$$

以 $u = \dfrac{y}{x}$ 代入上式,得到原方程通解为

$$\ln|y| = \frac{y}{x} + C.$$

有些方程本身虽然不是齐次的,但通过适当变换,可以化为齐次方程. 如对于形如

$$\frac{\mathrm{d}y}{\mathrm{d}x} = f\left(\frac{a_1 x + b_1 y + c_1}{a_2 x + b_2 y + c_2}\right)$$

的方程,先求出两直线 $a_1 x + b_1 y + c_1 = 0$ 与 $a_2 x + b_2 y + c_2 = 0$ 的交点 (x_0, y_0),然后作平移变换

$$\begin{cases} X = x - x_0 \\ Y = y - y_0 \end{cases}, \quad \text{即} \quad \begin{cases} x = X + x_0 \\ y = Y + y_0 \end{cases}.$$

这时,$\dfrac{\mathrm{d}y}{\mathrm{d}x} = \dfrac{\mathrm{d}Y}{\mathrm{d}X}$,于是,原方程就化为齐次方程

$$\frac{\mathrm{d}Y}{\mathrm{d}X} = f\left(\frac{a_1 X + b_1 Y}{a_2 X + b_2 Y}\right).$$

例 2 求方程 $y' = \dfrac{x + y + 5}{x - y + 1}$ 的通解.

解　为了把方程化为齐次方程,先求出 $\begin{cases} x+y+5=0 \\ x-y+1=0 \end{cases}$ 的解为 $x_0=-3,y_0=-2.$

作变换

$$\begin{cases} x=X-3 \\ y=Y-2 \end{cases},$$

则方程变为

$$\frac{\mathrm{d}Y}{\mathrm{d}X}=\frac{X+Y}{X-Y},$$

这是齐次方程,再作变换 $u=\dfrac{Y}{X}$ 代入方程,可解得

$$\mathrm{e}^{\arctan u}=C\sqrt{X^2+Y^2},$$

代回到原变量得

$$\mathrm{e}^{\arctan\frac{y+2}{x+3}}=C\sqrt{(x+3)^2+(y+2)^2}.$$

习题 7-3

1. 求下列齐次方程的通解:

(1) $xy^2\mathrm{d}y=(x^3+y^3)\mathrm{d}x$;　　　　　(2) $xy'=x\sin\dfrac{y}{x}+y$;

(3) $\left(1+2\mathrm{e}^{\frac{x}{y}}\right)\mathrm{d}x+2\mathrm{e}^{\frac{x}{y}}\left(1-\dfrac{x}{y}\right)\mathrm{d}y=0.$

2. 下列齐次方程满足所给初始条件的特解:

(1) $(y^2-3x^2)\mathrm{d}y+2xy\mathrm{d}x=0,y\mid_{x=0}=1$;

(2) $(x^2+y^2)\mathrm{d}x-xy\mathrm{d}y=0,y\mid_{x=1}=0.$

3. 已知上凸曲线过点 $A(0,1)$ 及点 $B(1,0)$,且对曲线上任一点 $P(x,y)$ 与弦 $\overline{AP}$ 所围面积为 x^3,求曲线的方程.

第四节　一阶线性方程

一、一阶线性微分方程

形如

$$\frac{\mathrm{d}y}{\mathrm{d}x}+P(x)y=Q(x) \tag{1}$$

的方程称为**一阶线性微分方程**. 所谓线性是指未知函数及其导数都是一次的. 当

$Q(x) \equiv 0$ 时,方程(1)成为

$$\frac{\mathrm{d}y}{\mathrm{d}x} + P(x)y = 0, \qquad (2)$$

这个方程称为**一阶齐次线性微分方程**. 相应地,方程(1)称为**一阶非齐次线性微分方程**.

方程(2)是可分离变量的微分方程,分离变量后,得

$$\frac{\mathrm{d}y}{y} = -P(x)\mathrm{d}x,$$

积分得
$$\ln y = -\int P(x)\mathrm{d}x + \ln C,$$

即
$$y = C\mathrm{e}^{-\int P(x)\mathrm{d}x},$$

这就是齐次线性方程(2)的通解.

下面讨论方程(1)的求解问题.

如果方程(1)的左边恰好是形如 $u(x)y$ 的导数,则方程两边同时积分即可求得方程(1)的解. 但一般来说,(1)的左边不一定恰好是 $u(x)y$ 的导数. 为此,我们可在方程(1)的两边同乘一个正值函数 $u(x)$,使得(1)的左边为 $u(x)y$ 的导数. 那么,如何确定 $u(x)$ 呢?

由函数 $u(x)$ 所起的作用,应有
$$u(x)y' + u(x)P(x)y = [u(x)y]',$$

或即
$$u(x)y' + u(x)P(x)y = u(x)y' + yu'(x),$$

上式化简得

$$u' = uP(x).$$

这是一个可分离变量的微分方程,分离变量后解得

$$u(x) = \mathrm{e}^{\int P(x)\mathrm{d}x + C}. \qquad (3)$$

上式中不定积分本身含任意常数,后面加了任意常数是为了更加清楚地了解微分方程的解的结构. 取 $C = 0$,得到 $u(x) = \mathrm{e}^{\int P(x)\mathrm{d}x}$(已不再含任意常数).

一旦得到 $u(x)$,就可在方程两边同时积分求解. 过程如下:

在方程(1)两边同乘函数 $u(x)$ 得
$$u(x)y' + u(x)P(x)y = u(x)Q(x),$$

即
$$[u(x)y]' = u(x)Q(x),$$

积分得

$$u(x)y = \int u(x)Q(x)\mathrm{d}x + C,$$

这里积分后面的任意常数意义同前. 由上式解出

$$y = \frac{1}{u(x)}\Big[\int u(x)Q(x)\mathrm{d}x + C\Big]. \qquad (4)$$

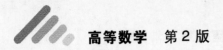

将式(3)代入式(4)即得方程(1)的通解公式为

$$y = e^{-\int P(x)dx} \left[\int Q(x) e^{\int P(x)dx} dx + C \right]. \tag{5}$$

在应用这个公式时,计算不定积分得到的函数不再需要添加任意常数.

公式(5)可写成

$$y = C e^{-\int P(x)dx} + e^{-\int P(x)dx} \cdot \int Q(x) e^{\int P(x)dx} dx.$$

上式右端第一项是对应的齐次线性方程(2)的通解,第二项是非齐次线性方程(1)的特解(在(1)的通解(5)中取 $C = 0$ 即得),由此可见,一阶非齐次线性方程的通解是对应的齐次线性方程的通解与其本身的一个特解之和. 以后还可以看到,这个结论对高阶非齐次线性方程也成立.

如果令 $C(x) = \int Q(x) e^{\int P(x)dx} dx + C$,则式(5)可写成 $y = C(x) e^{-\int P(x)dx}$,即把方程(2)的通解中的任意常数 C 换成 x 的函数 $C(x)$,由此我们得到求非齐次线性方程(1)的通解的另一种方法 —— **常数变易法**.

这方法是把方程(2)的通解中的任意常数 C 换成 x 的未知函数 $C(x)$,也就是作变换

$$y = C(x) e^{-\int P(x)dx},$$

则

$$y' = C'(x) e^{-\int P(x)dx} - C(x) P(x) e^{-\int P(x)dx},$$

代入式(1) 得

$$C'(x) e^{-\int P(x)dx} - C(x) P(x) e^{-\int P(x)dx} + P(x) C(x) e^{-\int P(x)dx} = Q(x).$$

即

$$C'(x) = Q(x) e^{\int P(x)dx}.$$

积分得

$$C(x) = \int Q(x) e^{\int P(x)dx} dx + C,$$

从而有

$$y = e^{-\int P(x)dx} \left[\int Q(x) e^{\int P(x)dx} dx + C \right].$$

与式(5)相同.

例1 求微分方程 $(x^2 - 1) y' + 2xy = \cos x$ 的通解.

解一 用积分因子(或公式)法求解,分四步解这个方程.

步骤1:把方程写成标准形式以确定 P 和 Q.

$$y' + \frac{2x}{x^2 - 1} y = \frac{\cos x}{x^2 - 1}, \quad P(x) = \frac{2x}{x^2 - 1}, \quad Q(x) = \frac{\cos x}{x^2 - 1}.$$

步骤2:求 $P(x)$ 的一个原函数.

$$\int P(x)\,\mathrm{d}x = \int \frac{2x}{x^2 - 1}\mathrm{d}x = \ln(x^2 - 1).$$

步骤 3:求积分因子 $u(x)$.

$$u(x) = \mathrm{e}^{\int P(x)\,\mathrm{d}x} = \mathrm{e}^{\ln(x^2-1)} = x^2 - 1.$$

步骤 4:求解.

$$y = \frac{1}{u(x)}\int u(x)Q(x)\,\mathrm{d}x = \frac{1}{x^2 - 1}\int (x^2 - 1)\,\frac{\cos x}{x^2 - 1}\mathrm{d}x$$

$$= \frac{1}{x^2 - 1}\int \cos x\,\mathrm{d}x = \frac{1}{x^2 - 1}(\sin x + C).$$

解二　利用常数变易法求解.对应的齐次方程为

$$(x^2 - 1)y' + 2xy = 0,$$

分离变量得

$$\frac{\mathrm{d}y}{y} = -\frac{2x}{x^2 - 1}\mathrm{d}x,$$

两边积分得

$$\ln y = -\ln(x^2 - 1) + \ln C,$$

所以齐次方程的通解为

$$y = \frac{C}{x^2 - 1},$$

设所给方程的解为

$$y = \frac{C(x)}{x^2 - 1},$$

于是　　　　$$(x^2 - 1)\left(\frac{C'(x)}{x^2 - 1} - \frac{2x}{(x^2 - 1)^2}C(x)\right) + 2x\,\frac{C(x)}{x^2 - 1} = \cos x,$$

即

$$C'(x) = \cos x,$$

从而

$$C(x) = \sin x + C,$$

于是原方程的通解为

$$y = \frac{1}{x^2 - 1}(\sin x + C).$$

例 2　一容器内盛盐水 100L,含盐 50g,现以质量浓度为 $c_1 = 2\mathrm{g/L}$ 的盐水注入容器内,其流量为 $\phi_1 = 3\mathrm{L/min}$. 设注入之盐水与原有盐水被搅拌而迅速成为均匀的混合液,同时,此混合液又以流量为 $\phi_2 = 2\mathrm{L/min}$ 流出.试求容器内含盐量 x 与时间 t 的函数关系.

解　设在 t min 时容器内含盐量为 x g.

在时刻 t，容器内盐水体积为
$$100 + (3-2)t = 100 + t\,(\mathrm{L})\,,$$
故流出的混合液在时刻 t 的质量浓度为
$$c_2 = \frac{x}{100 + t}(\mathrm{g/L}).$$

下面用微元方法来建立微分方程．在 t 到 $t + \mathrm{d}t$ 这段微元时间内，
$$\text{流入盐量为}\quad c_1\phi_1\mathrm{d}t,$$
$$\text{流出盐量为}\quad c_2\phi_2\mathrm{d}t,$$
而容器内盐的增量 $\mathrm{d}x = x(t + \mathrm{d}t) - x(t)$ 应等于流入量减去流出量，即有
$$\mathrm{d}x = (c_1\phi_1 - c_2\phi_2)\mathrm{d}t,$$
以 $c_1 = 2, \phi_1 = 3, c_2 = \dfrac{x}{100 + t}, \phi_2 = 2$ 代入上式得

$$\frac{\mathrm{d}x}{\mathrm{d}t} = 6 - \frac{2x}{100 + t},$$

或
$$\frac{\mathrm{d}x}{\mathrm{d}t} + \frac{2x}{100 + t} = 6,$$

初始条件为 $x\big|_{t=0} = 50$.

上述方程是一阶非齐次线性方程，其中
$$P(t) = \frac{2}{100 + t}, \quad Q(t) = 6,$$
$$\mathrm{e}^{\int P(t)\mathrm{d}t} = (100 + t)^2,$$

利用公式（5）解得
$$x = (100 + t)^{-2}\left[\int 6(100 + t)^2\mathrm{d}t + C\right]$$
$$= (100 + t)^{-2}\left(2(100 + t)^3 + C\right)$$
$$= 2(100 + t) + C(100 + t)^{-2},$$

代入初始条件得
$$C = -1.5 \times 10^6,$$

于是所求函数关系为
$$x = 2(100 + t) - \frac{1.5 \times 10^6}{(100 + t)^2}.$$

例 3　求方程 $x\mathrm{d}y - y\mathrm{d}x = y^2\mathrm{e}^y\mathrm{d}y$ 的通解．

解　如果把 y 看成函数，则原方程可表示为
$$(x - y^2\mathrm{e}^y)\frac{\mathrm{d}y}{\mathrm{d}x} - y = 0.$$

它不是以 x 为自变量的线性方程. 如把 x 看成 y 的函数,则原方程可表示为

$$-y\frac{\mathrm{d}x}{\mathrm{d}y} + x = y^2 \mathrm{e}^y,$$

它是线性微分方程. 这里 $P(y) = -\frac{1}{y}, Q(y) = -y\mathrm{e}^y.$

代入求解公式求得方程的通解为

$$x = -y\mathrm{e}^y + Cy.$$

二*、贝努利方程

形如
$$\frac{\mathrm{d}y}{\mathrm{d}x} + P(x)y = Q(x)y^n, (n \neq 0, 1)$$

的方程称为**贝努利(Bernoulli)方程**. 贝努利方程虽然不是线性微分方程,但通过变量代换

$$z = y^{1-n}$$

可以把贝努利方程化成以 x 为自变量,z 为函数的线性微分方程

$$\frac{\mathrm{d}z}{\mathrm{d}x} + (1-n)P(x)z = (1-n)Q(x),$$

最终求得通解.

例4 求贝努利方程

$$\frac{\mathrm{d}y}{\mathrm{d}x} + \frac{y}{x} = y^2 \ln x$$

的通解.

解 在原方程两边同除以 y^2,得

$$y^{-2}\frac{\mathrm{d}y}{\mathrm{d}x} + \frac{y^{-1}}{x} = \ln x.$$

令 $z = y^{-1}$,则 $\frac{\mathrm{d}z}{\mathrm{d}x} = -y^{-2}\frac{\mathrm{d}y}{\mathrm{d}x}$,代入上面方程可得

$$\frac{\mathrm{d}z}{\mathrm{d}x} - \frac{z}{x} = -\ln x,$$

这是线性微分方程. 它的通解为

$$z = x\left(C - \frac{1}{2}\ln^2 x\right).$$

把 $z = \frac{1}{y}$ 代入上式,得到原方程通解为

$$yx\left(C - \frac{1}{2}\ln^2 x\right) = 1.$$

习题 7-4

1. 求下列一阶线性微分方程的通解：

(1) $\dfrac{\mathrm{d}y}{\mathrm{d}x} - \dfrac{ny}{x} = \mathrm{e}^x x^n$；

(2) $y' + y\cos x = \mathrm{e}^{-\sin x}$；

(3) $(x^2 + 1)\dfrac{\mathrm{d}y}{\mathrm{d}x} + 2xy = 4x^2$；

(4) $\dfrac{\mathrm{d}y}{\mathrm{d}x} - 2xy = x\mathrm{e}^{-x^2}$；

(5) $y' - y\tan x = \sec x$；

(6) $y' - y\cot x = 2x\sin x$；

(7) $\cos^2 x y' + y = \tan x$；

(8) $(x - 2)y' - y = 2(x - 2)$；

(9) $y' = \dfrac{y}{x + y^3}$；

(10) $2y\mathrm{d}x + (y^2 - 6x)\mathrm{d}y = 0$.

2. 求下列一阶线性微分方程满足所给初始条件的特解：

(1) $x\dfrac{\mathrm{d}y}{\mathrm{d}x} - 2y = x^3 \mathrm{e}^x, y\big|_{x=1} = 0$；

(2) $y' + \dfrac{2 - 3x^2}{x^3}y = 1 \quad y\big|_{x=1} = 0$；

(3) $xy' + y = 3, y\big|_{x=1} = 0$；

(4) $y' + \dfrac{y}{x} = \dfrac{\sin x}{x}, y\big|_{x=\pi} = 1$.

3. 求一曲线，该曲线通过原点，并且它在点 (x, y) 处的切线斜率等于 $2x + y$.

4*. 求下列贝努利方程的通解：

(1) $y' - 3xy = xy^2$；

(2) $y' - \dfrac{y}{1 + x} + y^2 = 0$；

(3) $y' + \dfrac{y}{x} = x^2 y^6$；

(4) $\dfrac{\mathrm{d}y}{\mathrm{d}x} + y = y^2(\cos x - \sin x)$.

第五节　可降阶的高阶微分方程

前面我们介绍了一些特殊的一阶微分方程的求解方法，有些二阶或高阶微分方程，可以降为一阶微分方程求解．下面介绍三种可降阶的微分方程的求解方法．

一、$y^{(n)} = f(x)$ 型的微分方程

这类方程的特点是不含未知函数 y，且除最高阶导数 $y^{(n)}$ 外不含其余各阶导数 $y', y'', \cdots, y^{(n-1)}$，这类方程的求解只要在方程

$$y^{(n)} = f(x)$$

两边连续积分 n 次：

$$y^{(n-1)} = \int f(x)\mathrm{d}x = \varphi_1(x, C_1),$$

$$y^{(n-2)} = \int \varphi_1(x, C_1)\, \mathrm{d}x = \varphi_2(x, C_1, C_2),$$

$$\vdots$$

$$y = \int \varphi_{n-1}(x, C_1, C_2, \cdots, C_{n-1})\, \mathrm{d}x = \varphi_n(x, C_1, C_2, \cdots, C_n),$$

从而 $y = \varphi_n(x, C_1, C_2, \cdots, C_n)$ 就是方程 $y^{(n)} = f(x)$ 的通解.

例 1 求解方程 $y'' = x + \sin x$.

解 将方程积分一次,得 $\quad y' = \dfrac{1}{2}x^2 - \cos x + C_1,$

再积分一次得通解 $\qquad y = \dfrac{1}{6}x^3 - \sin x + C_1 x + C_2.$

二、$y'' = f(x, y')$ 型的微分方程

这类二阶微分方程的特点是不显含未知函数 y,只要作变换 $y' = p(x)$,则 $y'' = \dfrac{\mathrm{d}p}{\mathrm{d}x}$,原方程就可以降阶成关于变量 x, p 的一阶微分方程

$$\frac{\mathrm{d}p}{\mathrm{d}x} = f(x, p),$$

设其通解为

$$p = \varphi(x, C_1) \ \text{或} \ \frac{\mathrm{d}y}{\mathrm{d}x} = \varphi(x, C_1),$$

于是所给方程的通解为

$$y = \int \varphi(x, C_1)\, \mathrm{d}x + C_2.$$

例 2 求解方程 $(1 + x^2)y'' = 2xy', y(0) = 1, y'(0) = 3$.

解 设 $y' = p(x)$,则 $y'' = \dfrac{\mathrm{d}p}{\mathrm{d}x}$,故原方程成为

$$(1 + x^2)\frac{\mathrm{d}p}{\mathrm{d}x} = 2xp,$$

分离变量得

$$\frac{\mathrm{d}p}{p} = \frac{2x}{1 + x^2}\mathrm{d}x,$$

积分得 $\qquad\qquad \ln p = \ln(1 + x^2) + \ln C_1,$

即 $\qquad\qquad\qquad p = y' = C_1(1 + x^2).$

由条件 $y'(0) = 3$,得 $C_1 = 3$,于是

$$y' = 3(1 + x^2).$$

两边积分,得

$$y = x^3 + 3x + C_2,$$

又由条件 $y(0) = 1$，得 $C_2 = 1$，故所求方程的特解为

$$y = x^3 + 3x + 1.$$

三、$y'' = f(y, y')$ 型的微分方程

这类二阶微分方程的特点是不显含自变量 x，只要作变换 $y' = p(y)$，则有

$$y'' = \frac{\mathrm{d}p(y)}{\mathrm{d}x} = \frac{\mathrm{d}p(y)}{\mathrm{d}y} \cdot \frac{\mathrm{d}y}{\mathrm{d}x} = p'(y)p(y),$$

即 $y'' = pp'(y)$，故方程 $y'' = f(y, y')$ 就可以降阶成关于变量 y 与 p 的一阶微分方程

$$p\frac{\mathrm{d}p}{\mathrm{d}y} = f(y, p).$$

设其通解为

$$p = \varphi(y, C_1) \text{ 或 } \frac{\mathrm{d}y}{\mathrm{d}x} = \varphi(y, C_1),$$

这是可分离变量的方程，分离变量得

$$\mathrm{d}x = \frac{\mathrm{d}y}{\varphi(y, C_1)},$$

两边积分可得所求方程的通解

$$x = \int \frac{\mathrm{d}y}{\varphi(y, C_1)} + C_2,$$

其中 $\int \dfrac{\mathrm{d}y}{\varphi(y, C_1)}$ 是函数 $\dfrac{1}{\varphi(y, C_1)}$ 的一个原函数．

例 3　求微分方程 $y'^2 - yy'' = 0$ 的通解．

解　令 $y' = p(y)$，则 $y'' = p\dfrac{\mathrm{d}p}{\mathrm{d}y}$，故原方程变成

$$p^2 - yp\frac{\mathrm{d}p}{\mathrm{d}y} = 0.$$

如果 $p \neq 0$，则上式可化为

$$p - y\frac{\mathrm{d}p}{\mathrm{d}y} = 0,$$

分离变量，得

$$\frac{\mathrm{d}p}{p} = \frac{\mathrm{d}y}{y},$$

两边积分并化简得

$$p = C_1 y, \text{ 或即} \frac{\mathrm{d}y}{\mathrm{d}x} = C_1 y,$$

再分离变量并积分得

$$\ln y = C_1 x + \ln C_2, \text{或 } y = C_2 e^{C_1 x};$$

如果 $p = 0$，即 $y' = 0$，则 $y = C$，显然它也满足原方程，但 $y = C$ 已包含在解 $y = C_2 e^{C_1 x}$ 中（$C_1 = 0$），所以原方程的通解为

$$y = C_2 e^{C_1 x}.$$

例 4　求微分方程 $y'' = y^{-3}$ 满足 $y|_{x=0} = 1, y'|_{x=0} = 1$ 的特解．

解　令 $y' = p(y)$，则 $y'' = p \dfrac{\mathrm{d}p}{\mathrm{d}y}$，代入方程得

$$p \frac{\mathrm{d}p}{\mathrm{d}y} = y^{-3},$$

分离变量并积分得

$$p^2 = C_1 - y^{-2},$$

即

$$\frac{\mathrm{d}y}{\mathrm{d}x} = \pm \frac{1}{y} \sqrt{C_1 y^2 - 1}.$$

为了后面讨论简便，可先将正负号及任意常数 C_1 定出．由 $y'|_{x=0} = 1 > 0$ 可知，根式前面应取正号，将初始条件代入上式得 $C_1 = 2$，于是

$$\frac{\mathrm{d}y}{\mathrm{d}x} = \frac{1}{y} \sqrt{2y^2 - 1},$$

再积分得 $\sqrt{2y^2 - 1} = 2x + C_2$，由初始条件得 $C_2 = 1$，最后解得所求特解为

$$2y^2 - 1 = (2x + 1)^2.$$

习题 7-5

1. 求下列微分方程的通解：

(1) $y''' = x e^x$；　　　　　　　　　　(2) $y^3 y'' - 1 = 0$；

(3) $1 + (y')^2 = 2yy''$；　　　　　　　(4) $y'' = 1 + (y')^2$；

(5) $(1 + x^2) y'' + (y')^2 + 1 = 0$；　　(6) $y'' = (y')^3 + y'$.

2. 求下列微分方程满足所给初始条件的特解：

(1) $y^3 y'' + 1 = 0, y|_{x=1} = 1, y'|_{x=1} = 0$；

(2) $y'' - a(y')^2 = 0, y|_{x=0} = 0, y'|_{x=0} = -1$；

(3) $(y''')^2 + (y'')^2 = 1, y|_{x=0} = 0, y'|_{x=0} = 1, y''|_{x=0} = 0$.

第六节　高阶线性微分方程及其解的结构

在物理学和工程技术等实际问题中，常遇到高阶线性微分方程，对于它的研究已经有了相当完整的理论．本节讨论时以二阶线性微分方程为主，对于二阶以

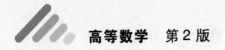

上的线性微分方程有类似的结果.

一般地,形如

$$y'' + P(x)y' + Q(x)y = f(x) \tag{1}$$

的方程称为**二阶线性微分方程**,其中 $P(x)$,$Q(x)$ 称为方程(1)的系数,而函数 $f(x)$ 称为自由项. 自由项恒为零的线性微分方程

$$y'' + P(x)y' + Q(x)y = 0 \tag{2}$$

称为**二阶齐次线性微分方程**,否则称为**二阶非齐次线性微分方程**.

对于二阶齐次线性微分方程,有下述两个定理.

定理 1   如果函数 $y_1(x)$,$y_2(x)$ 是齐次方程(2)的两个解,则它们的线性组合

$$y = C_1 y_1 + C_2 y_2$$

也是方程(2)的解,其中 C_1,C_2 是任意常数.

证   因为 y_1,y_2 是方程(2)的解,所以

$$y_1'' + P(x)y_1' + Q(x)y_1 = 0,$$
$$y_2'' + P(x)y_2' + Q(x)y_2 = 0.$$

由于

$$(C_1 y_1 + C_2 y_2)'' + P(x)(C_1 y_1 + C_2 y_2)' + Q(x)(C_1 y_1 + C_2 y_2)$$
$$= C_1[y_1'' + P(x)y_1' + Q(x)y_1] + C_2[y_2'' + P(x)y_2' + Q(x)y_2]$$
$$= 0,$$

所以,$y = C_1 y_1 + C_2 y_2$ 是齐次方程(2)的解.

由于讨论的是二阶线性微分方程,它的通解中应该有两个相互独立的任意常数,那么解 $y = C_1 y_1 + C_2 y_2$(其中 C_1,C_2 是常数)是否为方程(2)的通解呢? 如果取 $y_2 = k y_1$(k 为常数),且 y_1 是方程(2)的解,则显然 $y_2 = k y_1$ 也是方程(2)的解,但由于

$$y = C_1 y_1 + C_2 y_2 = (C_1 + C_2 k)y_1 = C y_1 (其中 C = C_1 + C_2 k)$$

只含一个任意常数 C,所以它不是方程(2)的通解. 那么特解 y_1,y_2 应满足什么条件,函数 $y = C_1 y_1 + C_2 y_2$ 才是方程(2)的通解呢? 为此需引入函数线性无关的概念.

设 $y_1(x)$,$y_2(x)$,$\cdots$,$y_n(x)$ 为定义在区间 I 上的 n 个函数,如果存在 n 个不全为零的常数 k_1,k_2,$\cdots$,k_n 使得当 $x \in I$ 时有恒等式

$$k_1 y_1 + k_2 y_2 + \cdots + k_n y_n \equiv 0$$

成立,那么称这 n 个函数在区间 I 上**线性相关**;否则称**线性无关**.

例如,函数 1,$\cos^2 x$,$\sin^2 x$ 在整个数轴上是线性相关的,因为取 $k_1 = 1$,$k_2 = k_3 = -1$,就有恒等式

$$1 - \cos^2 x - \sin^2 x \equiv 0.$$

又如,函数 1,x,x^2,x^3 在任何区间 (a,b) 内是线性无关的,因为如果 k_1,k_2,k_3,k_4 不

全为零,那么在该区间内至多只有三个 x 值能使三次多项式
$$k_1 + k_2 x + k_3 x^2 + k_4 x^3$$
为零;要使它恒等于零,必须 k_1, k_2, k_3, k_4 全为零.

应用上述概念可知,对于两个函数的情形,它们线性相关与否,只要看它们的比是否为常数:如果比为常数,那么它们就线性相关;否则就线性无关.

例如,由于 $\dfrac{\sin x}{\cos x} = \tan x \not\equiv$ 常数,所以 $\sin x$ 与 $\cos x$ 线性无关;又如 $\dfrac{2x}{x} \equiv 2$(常数),所以 $2x$ 与 x 线性相关.

定理 2　如果 $y_1(x), y_2(x)$ 是齐次方程(2)的两个线性无关的特解,则
$$y = C_1 y_1 + C_2 y_2$$
是该方程的通解,其中 C_1, C_2 是任意常数.

以上定理给出了二阶齐次线性微分方程通解的结构.如求齐次方程(2)的通解,应该先求它的两个线性无关的特解.

在一阶线性微分方程的讨论中,我们已经看到,一阶非齐次线性微分方程的通解可以表示为对应的齐次方程的通解与一个非齐次方程的特解之和.实际上,不仅一阶非齐次线性微分方程的通解具有这样的结构,而且二阶甚至更高阶的非齐次线性微分方程的通解也具有同样的结构.

定理 3　如果 y^* 是非齐次方程(1)的一个特解,Y 是与方程(1)对应的齐次方程(2)的通解,则
$$y = Y + y^*$$
是非齐次方程(1)的通解.

证　由条件可知
$$Y'' + P(x)Y' + Q(x)Y = 0,$$
$$y^{*''} + P(x)y^{*'} + Q(x)y^* = f(x),$$
故
$$(Y + y^*)'' + P(x)(Y + y^*)' + Q(x)(Y + y^*)$$
$$= [Y'' + P(x)Y' + Q(x)Y] + [y^{*''} + P(x)y^{*'} + Q(x)y^*]$$
$$= 0 + f(x) = f(x).$$
所以,$y = Y + y^*$ 是非齐次方程(1)的解.由于齐次方程的通解 $Y = C_1 y_1 + C_2 y_2$ 中含有两个相互独立的任意常数,因此 $y = Y + y^*$ 也含有两个相互独立的任意常数,故它是非齐次方程(1)的通解.

非齐次线性微分方程的特解有时候可以用下列定理来帮助求出.

定理 4　设有下列非齐次微分方程
$$y'' + P(x)y' + Q(x)y = f_1(x) + f_2(x),$$
而 y_1^*, y_2^* 分别是下列方程
$$y'' + P(x)y' + Q(x)y = f_1(x),$$

$$y'' + P(x)y' + Q(x)y = f_2(x)$$

的特解,则 $y^* = y_1^* + y_2^*$ 是原方程的特解.

证 由于

$$(y_1^* + y_2^*)'' + P(x)(y_1^* + y_2^*)' + Q(x)(y_1^* + y_2^*) = f_1(x) + f_2(x),$$

所以 $y^* = y_1^* + y_2^*$ 是原方程的特解.

这一定理通常称为非齐次线性微分方程的**叠加原理**.

二阶线性微分方程的解的这些性质可以推广到 n 阶线性微分方程

$$y^{(n)} + a_1(x)y^{(n-1)} + \cdots + a_{n-1}(x)y' + a_n(x)y = f(x).$$

习题 7-6

1. 下列函数组哪些是线性无关的:

(1) $1, x, x^2, \cdots, x^n$;　　　　　　　(2) e^{-x}, e^x;

(3) $\sin 2x, \sin x \cos x$;　　　　　　　(4) $\ln x, \ln x^2 (x > 0)$.

2. 验证 $y_1 = \cos \omega x$ 及 $y_2 = \sin \omega x$ 是方程 $y'' + \omega^2 y = 0$ 的两个解,并写出该方程的通解.

3. 证明函数 $y = C_1 x^2 + C_2 x^2 \ln x (C_1, C_2$ 是任意常数$)$ 是方程 $x^2 y'' - 3xy' + 4y = 0$ 的通解.

4. 设 y_1^*, y_2^*, y_3^* 是二阶非齐次线性微分方程的三个解,且它们是线性无关的,证明方程的通解为 $y = C_1 y_1^* + C_2 y_2^* + (1 - C_1 - C_2)y_3^*$.

第七节　二阶常系数齐次线性微分方程

根据二阶线性微分方程解的结构,二阶线性微分方程的求解问题,关键在于如何求得二阶齐次方程的通解和非齐次方程的一个特解.本节和下一节将讨论二阶线性微分方程的一个特殊类型,即二阶常系数线性微分方程及其解法.

在二阶齐次线性微分方程

$$\frac{\mathrm{d}^2 y}{\mathrm{d}x^2} + p\frac{\mathrm{d}y}{\mathrm{d}x} + qy = 0 \tag{1}$$

中,如果系数 p, q 为常数,则该方程称为**二阶常系数齐次线性微分方程**.

要求微分方程(1)的通解,只要求出任意两个线性无关的特解即可.微分方程(1)的特征是 y''、y' 和 y 各乘以常数因子后相加等于零,如果能找到一个函数 y,其 y''、y' 和 y 之间只相差一个常数,这样的函数就有可能是方程(1)的特解.易知在初等函数中,指数函数 e^{rx} 符合上述要求,于是令 $y = e^{rx}$ (r 是常数),看能否适当地选取常数 r,使 $y = e^{rx}$ 满足方程(1).将 $y = e^{rx}$ 求导,得

$$y' = re^{rx}, y'' = r^2 e^{rx}.$$

把 y, y', y'' 代入方程(1),得

$$(r^2 + pr + q)e^{rx} = 0,$$

所以

$$r^2 + pr + q = 0. \qquad (2)$$

由此可见,只要常数 r 满足方程(2),函数 $y = e^{rx}$ 就是方程(1)的解.我们把代数方程(2)称为微分方程(1)的**特征方程**.特征方程(2)的根称为**特征根**,可以用公式

$$r_{1,2} = \frac{1}{2}\left(-p \pm \sqrt{p^2 - 4q}\right)$$

求出,它们有三种不同的情形.

根据特征方程根的三种情形,微分方程(1)的通解也就有三种不同的形式,现在分别讨论如下:

(1) 特征方程有两个不相等的实根:即 $r_1 \neq r_2$.这时,$y_1 / y_2 = e^{r_1 x} / e^{r_2 x} = e^{(r_1 - r_2)x}$ 不是常数,因而 $y_1 = e^{r_1 x}, y_2 = e^{r_2 x}$ 是微分方程(1)的两个线性无关的特解,因此方程(1)的通解为

$$y = C_1 e^{r_1 x} + C_2 e^{r_2 x};$$

(2) 特征方程有两个相等的根:即 $r_1 = r_2$.这时,我们只能得到微分方程(1)的一个特解 $y_1 = e^{r_1 x}$.我们还需要求出另一个与 $y_1 = e^{r_1 x}$ 线性无关的特解 y_2,且要求 y_2 / y_1 不是常数,为此,设 $y_2 / y_1 = u(x) \neq C$,即 $y_2 = e^{r_1 x} u(x)$.将 y_2 求导,得

$$y_2' = e^{r_1 x}(u'(x) + r_1 u(x)),$$
$$y_2'' = e^{r_1 x}(u''(x) + 2r_1 u'(x) + r_1^2 u(x)),$$

代入方程(1)得

$$e^{r_1 x}[(u''(x) + 2r_1 u'(x) + r_1^2 u(x)) + p(u'(x) + r_1 u(x)) + qu(x)] = 0,$$

约去 $e^{r_1 x}$,得

$$u''(x) + (2r_1 + p)u'(x) + (r_1^2 + pr_1 + q)u(x) = 0.$$

由于 r_1 是特征方程(2)的重根,故 $r_1^2 + pr_1 + q = 0, 2r_1 + p = 0$,于是有

$$u''(x) = 0,$$

由此解得 $u(x) = C_1 + C_2 x$.由于我们只要得到一个不为常数的解,所以不妨选取 $u = x$,由此得微分方程的另一个特解

$$y_2 = x e^{r_1 x},$$

从而微分方程(1)的通解为

$$y = C_1 e^{r_1 x} + C_2 x e^{r_1 x} = (C_1 + C_2 x) e^{r_1 x};$$

(3) 特征方程有一对共轭复根:即

$$r_1 = \alpha + i\beta, r_2 = \alpha - i\beta \quad (\beta \neq 0).$$

这时,我们得到两个线性无关的复函数解

$$y_1^* = \mathrm{e}^{(\alpha + \mathrm{i}\beta)x}, y_2^* = \mathrm{e}^{(\alpha - \mathrm{i}\beta)x},$$

根据欧拉(Euler)公式 $\mathrm{e}^{\mathrm{i}\theta} = \cos\theta + \mathrm{i}\sin\theta$,我们有

$$\mathrm{e}^{(\alpha \pm \mathrm{i}\beta)x} = \mathrm{e}^{\alpha x}(\cos\beta x \pm \mathrm{i}\sin\beta x) = \mathrm{e}^{\alpha x}\cos\beta x \pm \mathrm{i}\mathrm{e}^{\alpha x}\sin\beta x.$$

取

$$y_1(x) = \frac{1}{2}[\mathrm{e}^{(\alpha + \mathrm{i}\beta)x} + \mathrm{e}^{(\alpha - \mathrm{i}\beta)x}] = \mathrm{e}^{\alpha x}\cos\beta x,$$

$$y_2(x) = \frac{1}{2\mathrm{i}}[\mathrm{e}^{(\alpha + \mathrm{i}\beta)x} - \mathrm{e}^{(\alpha - \mathrm{i}\beta)x}] = \mathrm{e}^{\alpha x}\sin\beta x,$$

则根据上一节定理 1 知道,$y_1(x)$ 及 $y_2(x)$ 是方程(1)的两个实函数解,且由于 $y_1(x)/y_2(x) = \cot\beta x$ 不是常数,即 $y_1(x)$ 与 $y_2(x)$ 是线性无关的,所以方程(1)的通解为

$$y = C_1 y_1(x) + C_2 y_2(x) = \mathrm{e}^{\alpha x}(C_1\cos\beta x + C_2\sin\beta x).$$

综上所述,二阶常系数齐次线性方程的求解步骤是:首先写出特征方程 $r^2 + pr + q = 0$,求出特征根 r_1, r_2;其次根据特征根的不同情况,对应地写出微分方程的通解:

如果是两个不相等的实根 r_1, r_2,则通解为 $y = C_1\mathrm{e}^{r_1 x} + C_2\mathrm{e}^{r_2 x}$;

如果是两个相等的实根 $r_1 = r_2$,则通解为 $y = (C_1 + C_2 x)\mathrm{e}^{r_1 x}$;

如果是一对共轭复根 $r_{1,2} = \alpha \pm \mathrm{i}\beta$,则通解为 $y = \mathrm{e}^{\alpha x}(C_1\cos\beta x + C_2\sin\beta x)$.

例 1　求 $y'' - 2y' - 3y = 0$ 的通解.

解　特征方程为

$$r^2 - 2r - 3 = 0,$$

得特征根 $r_1 = -1, r_2 = 3$,于是微分方程的通解为

$$y = C_1\mathrm{e}^{-x} + C_2\mathrm{e}^{3x}.$$

例 2　求微分方程 $\dfrac{\mathrm{d}^2 s}{\mathrm{d}t^2} + 2\dfrac{\mathrm{d}s}{\mathrm{d}t} + s = 0$ 满足初始条件 $s|_{t=0} = 4, s'|_{t=0} = -2$ 的特解.

解　特征方程为 $\qquad r^2 + 2r + 1 = 0,$

特征根为 $r_1 = r_2 = -1$,所以通解为

$$s = (C_1 + C_2 t)\mathrm{e}^{-t},$$

代入初始条件得

$$C_1 = 4, \quad C_2 = 2,$$

所以所求特解为

$$s = (4 + 2t)\mathrm{e}^{-t}.$$

例 3　求 $y'' - 2y' + 5y = 0$ 的通解.

解　特征方程与特征根为

$$r^2 - 2r + 5 = 0, \quad r = 1 \pm 2\mathrm{i}.$$

故通解为

$$y = \mathrm{e}^x(C_1\cos 2x + C_2\sin 2x).$$

二阶以上线性齐次微分方程的求解方法与本节介绍的二阶常系数齐次线性微分方程求通解的方法是类似的. 下面仅举一例.

例 4 求四阶线性齐次微分方程 $y^{(4)} + 8y' = 0$ 的通解.

解 特征方程为

$$r^4 + 8r = 0, \text{即 } r(r+2)(r^2 - 2r + 4) = 0,$$

求得特征根为

$$r_1 = 0, r_2 = -2, r_{3,4} = 1 \pm \mathrm{i}\sqrt{3}.$$

于是通解为

$$y = C_1 + C_2\mathrm{e}^{-2x} + \mathrm{e}^x(C_3\cos\sqrt{3}x + C_4\sin\sqrt{3}x).$$

例 5 已知一个四阶常系数齐次线性微分方程的四个线性无关的特解为

$$y_1 = \mathrm{e}^x, y_2 = x\mathrm{e}^x, y_3 = \cos 2x, y_4 = 3\sin 2x,$$

求这个四阶微分方程及其通解.

解 由 y_1 与 y_2 可知, 它们对应的特征根为二重根 $r_1 = r_2 = 1$, 由 y_3 与 y_4 可知, 它们对应的特征根为一对共轭复根 $r_{3,4} = \pm 2\mathrm{i}$, 故所求微分方程的特征方程为

$$(r-1)^2(r^2+4) = 0,$$

即

$$r^4 - 2r^3 + 5r^2 - 8r + 4 = 0.$$

从而它所对应的微分方程为

$$y^{(4)} - 2y''' + 5y'' - 8y' + 4y = 0,$$

此方程的通解为

$$y = (C_1 + C_2x)\mathrm{e}^x + C_3\cos 2x + C_4\sin 2x.$$

习题 7-7

1. 求下列微分方程的通解:

(1) $y'' - 5y' + 6y = 0$;　　(2) $y'' + 8y' + 16y = 0$;

(3) $y'' + 2y' + 4y = 0$;　　(4) $4y'' - 8y' + 5y = 0$;

(5) $3y'' - 2y' - 8y = 0$;　　(6) $y^{(4)} + 5y'' - 36y = 0$.

2. 求下列微分方程满足所给初始条件的特解:

(1) $y'' + 4y' + 4y = 0, y|_{x=0} = 1, y'|_{x=0} = 0$;

(2) $y'' - 4y' + 3y = 0, y|_{x=0} = 6, y'|_{x=0} = 10$;

(3) $y'' + y' + y = 0, y|_{x=0} = 0, y'|_{x=0} = 1$;

(4) $y''' - y' = 0, y|_{x=0} = 4, y'|_{x=0} = -1, y''|_{x=0} = 1$.

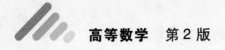

第八节 二阶常系数非齐次线性微分方程

二阶常系数非齐次线性微分方程的一般形式是

$$y'' + py' + qy = f(x),\qquad(1)$$

其中 p,q 为常数，$f(x)$ 为给定的连续函数.

根据第六节定理3，如果我们求出方程(1)的一个特解 $y^*(x)$，再求出对应的齐次方程的通解 $\bar{y}(x) = C_1 y_1(x) + C_2 y_2(x)$，那么方程(1)的通解就是

$$y = \bar{y}(x) + y^*(x) = C_1 y_1(x) + C_2 y_2(x) + y^*(x).$$

由于方程(1)对应的齐次方程的通解 $\bar{y}(x) = C_1 y_1(x) + C_2 y_2(x)$ 已经在第七节得到解决. 因此，本节主要讨论微分方程(1)的一个特解 $y^*(x)$ 的求法.

方程(1)的特解形式与右端的自由项 $f(x)$ 有关，在一般情形下，要求出方程(1)的特解是非常困难的，所以下面主要针对函数 $f(x)$ 的特殊形式，给出求方程(1)的一个特解的待定系数方法.

一、$f(x) = P_m(x)\mathrm{e}^{\lambda x}$ 型

因为 $f(x)$ 是多项式与指数函数的乘积，而多项式与指数函数的乘积的导数仍然是同一类型的函数，所以我们推测 $y^* = Q(x)\mathrm{e}^{\lambda x}$（其中 $Q(x)$ 是某个多项式）可能是方程(1)的一个特解. 把 $y^*,y^{*'}$ 及 $y^{*''}$ 代入方程(1)，然后考虑能否适当选取多项式 $Q(x)$，使 $y^* = Q(x)\mathrm{e}^{\lambda x}$ 满足方程(1). 为此，将

$$y^* = Q(x)\mathrm{e}^{\lambda x},$$
$$y^{*'} = \mathrm{e}^{\lambda x}[\lambda Q(x) + Q'(x)],$$
$$y^{*''} = \mathrm{e}^{\lambda x}[\lambda^2 Q(x) + 2\lambda Q'(x) + Q''(x)]$$

代入方程(1)，并消去 $\mathrm{e}^{\lambda x}$，得

$$Q''(x) + (2\lambda + p)Q'(x) + (\lambda^2 + p\lambda + q)Q(x) = P_m(x),\qquad(2)$$

上式两端都是关于 x 的多项式，只要比较上式两端的同次幂的系数，就可以确定出多项式 $Q(x)$，下面分三种情形讨论：

(1) 如果 λ 不是对应的齐次方程的特征根，即 $\lambda^2 + p\lambda + q \neq 0$，那么式(2)左端的多项式次数与 $Q(x)$ 的次数相同，即 $Q(x)$ 应该是一个 m 次多项式，因此可设

$$Q(x) = b_0 x^m + b_1 x^{m-1} + \cdots + b_{m-1}x + b_m,\qquad(3)$$

其中 $b_0,b_1,\cdots,b_m$ 为 $m+1$ 个待定系数. 把式(3)代入式(2)，并比较两端同次幂的系数，就得到以 $b_0,b_1,\cdots,b_m$ 为未知数的 $m+1$ 个线性方程的方程组，从而可以定出 $b_i(i=0,1,\cdots,m)$，并得到一个所求的特解 $y^* = Q_m(x)\mathrm{e}^{\lambda x}$；

(2) 如果 λ 是特征方程的单根，即 $\lambda^2 + p\lambda + q = 0$ 而 $2\lambda + p \neq 0$，那么式(2)左端的次数与 $Q'(x)$ 的次数相同，$Q'(x)$ 应是一个 m 次多项式. 不妨取 $Q(x)$ 的常数

项为零,于是可设

$$Q(x) = xQ_m(x),$$

并可用同样的方法确定 $Q_m(x)$ 的系数 $b_i(i = 0,1,\cdots,m)$;

（3）如果 λ 是特征方程的重根,即 $\lambda^2 + p\lambda + q = 0$ 且 $2\lambda + p = 0$,那么式(2)左端的次数与 $Q''(x)$ 的次数相同,$Q''(x)$ 应是一个 m 次多项式,不妨取 $Q(x)$ 的一次项及常数项均为零,于是可设

$$Q(x) = x^2 Q_m(x),$$

并可用同样的方法来确定 $Q_m(x)$ 的系数.

于是,有如下结论:如果 $f(x) = P_m(x)e^{\lambda x}$,那么二阶常系数非齐次线性微分方程(1)具有形如

$$y^* = x^k Q_m(x)e^{\lambda x} \tag{4}$$

的特解,其中 $Q_m(x)$ 是与 $P_m(x)$ 同次(m 次)的多项式,而 k 的取法如下

$$k = \begin{cases} 0, & \text{当 } \lambda \text{ 不是特征方程的根,} \\ 1, & \text{当 } \lambda \text{ 是特征方程的单根,} \\ 2, & \text{当 } \lambda \text{ 是特征方程的重根.} \end{cases}$$

例1　求微分方程 $y'' - 2y' - 3y = 3x + 1$ 的一个特解.

解　方程的右端为 $P_m(x)e^{\lambda x}$ 型,其中 $P_m(x) = 3x + 1, \lambda = 0$.

特征方程为

$$r^2 - 2r - 3 = 0,$$

特征根为 $r_1 = -1, r_2 = 3$,由于 $\lambda = 0$ 不是特征方程的根,所以应设特解为

$$y^* = b_0 x + b_1,$$

把它代入所给的方程,得

$$-3b_0 x - 2b_0 - 3b_1 = 3x + 1,$$

比较两端同次幂的系数,得

$$\begin{cases} -3b_0 = 3, \\ -2b_0 - 3b_1 = 1. \end{cases}$$

由此求得 $b_0 = -1, b_1 = \dfrac{1}{3}$,于是求得一个特解为

$$y^* = -x + \frac{1}{3}.$$

例2　求微分方程 $y'' - 5y' + 6y = xe^{2x}$ 的通解.

解　特征方程为

$$r^2 - 5r + 6 = 0.$$

特征根为 $r_1 = 2, r_2 = 3$,于是对应的齐次方程的通解为

$$\bar{y}(x) = C_1 e^{2x} + C_2 e^{3x}.$$

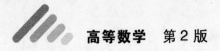

$\lambda = 2$ 为特征方程的单根,所以应设一个特解为
$$y^* = x(b_0 x + b_1)e^{2x}.$$
求导得
$$y^{*'} = [2b_0 x^2 + (2b_0 + 2b_1)x + b_1]e^{2x},$$
$$y^{*''} = [4b_0 x^2 + (8b_0 + 4b_1)x + 2b_0 + 4b_1]e^{2x},$$
代入所给方程得
$$-2b_0 x + 2b_0 - b_1 = x.$$
比较同次幂系数得
$$\begin{cases} -2b_0 = 1, \\ 2b_0 - b_1 = 0. \end{cases}$$
求得 $b_0 = -\dfrac{1}{2}, b_1 = -1$. 于是一个特解为
$$y^* = -x\left(\frac{1}{2}x + 1\right)e^{2x},$$
从而所求通解为
$$y = \bar{y} + y^* = C_1 e^{2x} + C_2 e^{3x} - x\left(\frac{1}{2}x + 1\right)e^{2x}.$$

二、$f(x) = e^{\lambda x}[P_l(x)\cos \omega x + P_n(x)\sin \omega x]$ 型

对这种情况,有与上述类似的结论,可以设方程(1)具有如下形式的一个特解:
$$y^* = x^k e^{\lambda x}[Q_m(x)\cos \omega x + R_m(x)\sin \omega x] \tag{5}$$
其中 $Q_m(x)$、$R_m(x)$ 是待定的 m 次多项式,$m = \max\{l, n\}$,
$$k = \begin{cases} 0, \lambda + i\omega \text{ 不是特征根}, \\ 1, \lambda + i\omega \text{ 是特征根}. \end{cases}$$
证明从略.

例 3 求 $y'' + y = x\cos 2x$ 的一个特解.

解 这里 $f(x) = x\cos 2x$,属下列类型
$$e^{\lambda}[P_l(x)\cos \omega x + P_n(x)\sin \omega x],$$
其中 $\lambda = 0, \omega = 2, l = 1, n = 0$. 微分方程的特征方程为
$$r^2 + 1 = 0.$$
由于 $\lambda + i\omega = 2i$ 不是特征根,所以应取 $k = 0$,而 $m = \max\{1, 0\} = 1$. 故应设特解为
$$y^* = (a_0 x + a_1)\cos 2x + (b_0 x + b_1)\sin 2x,$$
求导得
$$y^{*'} = (2b_0 x + a_0 + 2b_1)\cos 2x + (-2a_0 x + b_0 - 2a_1)\sin 2x,$$
$$y^{*''} = (-4a_0 x + 4b_0 - 4a_1)\cos 2x + (-4b_0 x - 4a_0 - 4b_1)\sin 2x,$$

代入原方程,得

$$(-3a_0x + 4b_0 - 3a_1)\cos 2x - (3b_0x + 4a_0 + 3b_1)\sin 2x = x\cos 2x.$$

比较同类项的系数,得

$$\begin{cases} -3a_0 = 1, \\ 4b_0 - 3a_1 = 0, \\ -3b_0 = 0, \\ -4a_0 - 3b_1 = 0. \end{cases}$$

由此解得 $a_0 = -\dfrac{1}{3}, a_1 = 0, b_0 = 0, b_1 = \dfrac{4}{9}$. 于是求得一个特解为

$$y^* = -\frac{1}{3}x\cos 2x + \frac{4}{9}\sin 2x.$$

例 4 求微分方程 $y'' + y = 3(1 - \cos 2x)$ 满足 $y(0) = y'(0) = 1$ 的特解.

解 特征方程为

$$r^2 + 1 = 0,$$

得特征根 $r_{1,2} = \pm i$,于是对应的齐次方程的通解为

$$\bar{y} = C_1\cos x + C_2\sin x,$$

其中 C_1, C_2 为任意常数.

注意到 $f(x) = 3 - 3\cos x = f_1(x) + f_2(x)$,先分别考虑方程

$$y'' + y = 3 \tag{6}$$
$$y'' + y = -3\cos 2x \tag{7}$$

因为 $\lambda + i\omega = 2i$ 不是上述两个方程的特征根,故可设方程(6)与方程(7)的特解分别为

$$y_1^* = A \quad \text{与} \quad y_2^* = B\cos 2x + C\sin 2x$$

将 $y_1^* = A$ 代入方程(6)得 $A = 3$.

将 $y_2^* = B\cos 2x + C\sin 2x$ 代入方程(7)得 $B = 1, C = 0$. 根据解的叠加原理得题设方程的特解为

$$y^* = \cos 2x + 3$$

从而题设方程的通解为

$$y = C_1\cos x + C_2\sin x + \cos 2x + 3$$

将初始条件 $y(0) = y'(0) = 1$ 代入通解,可确定出 $C_1 = -3, C_2 = 1$,从而可得所求特解为

$$y = \sin x - 3\cos x + \cos 2x + 3.$$

习题 7-8

1. 求下列微分方程的通解:

(1) $y'' + 5y' + 4y = 3 - 2x$;　　　　　　(2) $y'' - 3y' = 2 - 6x$;

(3) $y'' + 9y = e^x$;　　　　　　　　　　(4) $y'' - 6y' + 9y = e^{3x}(x + 1)$;

(5) $y'' + y = \cos 2x$;　　　　　　　　　(6) $y'' + y = \sin x$;

(7) $y'' + y = e^x + \cos x$;　　　　　　　(8) $y'' - 2y' + 5y = \cos 2x$.

2. 求下列各微分方程满足所给初始条件的特解:

(1) $y'' - y = 4xe^x$, $y|_{x=0} = 0$, $y'|_{x=0} = 1$;

(2) $y'' - 4y' = 5$, $y|_{x=0} = 1$, $y'|_{x=0} = 0$.

第九节* 欧拉方程

和常系数线性微分方程不同,变系数的线性微分方程,一般说来都是不容易求解的. 但对于一些特殊的变系数线性微分方程,则可以通过变量代换化为常系数线性微分方程,因而容易求解,欧拉方程就是这样的变系数线性微分方程.

形如

$$x^n y^{(n)} + p_1 x^{n-1} y^{(n-1)} + \cdots + p_{n-1} xy' + p_n y = f(x)$$

的变系数线性微分方程(其中 $p_1, p_2, \cdots, p_n$ 为常数)称为**欧拉方程**.

欧拉方程的特点是:方程中各项未知函数导数的阶数与其乘积因子自变量的幂次相同.

作下列变换

$$x = e^t \text{ 或 } t = \ln x,$$

将自变量 x 换成 t,则有

$$\frac{dy}{dx} = \frac{dy}{dt} \cdot \frac{dt}{dx} = \frac{1}{x} \frac{dy}{dt},$$

$$\frac{d^2 y}{dx^2} = \frac{1}{x^2} \left(\frac{d^2 y}{dt^2} - \frac{dy}{dt} \right),$$

$$\frac{d^3 y}{dx^3} = \frac{1}{x^3} \left(\frac{d^3 y}{dt^3} - 3 \frac{d^2 y}{dt^2} + 2 \frac{dy}{dt} \right).$$

如果采用记号 D 表示对 t 求导的运算 $\dfrac{d}{dt}$,那末上述计算结果可以写成

$$xy' = Dy,$$

$$x^2 y'' = \frac{d^2 y}{dt^2} - \frac{dy}{dt} = \left(\frac{d^2}{dt^2} - \frac{d}{dt} \right) y$$

$$= (D^2 - D) y = D(D - 1) y,$$

$$x^3 y''' = \frac{d^3 y}{dt^3} - 3 \frac{d^2 y}{dt^2} + 2 \frac{dy}{dt}$$

$$= (D^3 - 3D^2 + 2D) y = D(D - 1)(D - 2) y,$$

一般地,有

$$x^k y^{(k)} = D(D-1)\cdots(D-k+1)y,$$

把它代入欧拉方程,便得一个以 t 为自变量的常系数线性微分方程. 在求出这个方程的解后,把 t 换成 $\ln x$,即得原方程的解.

例 1 求欧拉方程 $x^3 y''' + x^2 y'' - 4xy' = 3x^2$ 的通解.

解 作变换 $x = e^t$ 或 $t = \ln x$,原方程化为

$$D(D-1)(D-2)y + D(D-1)y - 4Dy = 3e^{2t},$$

即

$$D^3 y - 2D^2 y - 3Dy = 3e^{2t},$$

或

$$\frac{d^3 y}{dt^3} - 2\frac{d^2 y}{dt^2} - 3\frac{dy}{dt} = 3e^{2t}. \tag{1}$$

对应的齐次方程为

$$\frac{d^3 y}{dt^3} - 2\frac{d^2 y}{dt^2} - 3\frac{dy}{dt} = 0. \tag{2}$$

其特征方程为 $r^3 - 2r^2 - 3r = 0$,特征根 $r_1 = 0, r_2 = -1, r_3 = 3$,齐次方程(2)的通解为

$$\bar{y} = C_1 + C_2 e^{-t} + C_3 e^{3t} = C_1 + \frac{C_2}{x} + C_3 x^3.$$

因为方程(1)的自由项为 $3e^{2t}$,故它的特解形式为 $y^* = be^{2t}$,即原方程具有形如 $y^* = be^{2t} = bx^2$ 的特解,将其代入原方程求得 $b = -\frac{1}{2}$,即 $y^* = -\frac{1}{2}x^2$,于是,所给欧拉方程的通解为

$$y = C_1 + \frac{C_2}{x} + C_3 x^3 - \frac{1}{2}x^2.$$

习题 7-9*

1. 求下列欧拉方程的通解:

$(1)\ y'' - \dfrac{y'}{x} = x;$ \qquad\qquad $(2)\ x^2 y'' + \dfrac{2}{5}xy' - y = 0.$

2. 求微分方程 $(x+1)^2 y'' - 2(x+1)y' + 2y = 0$ 的通解.

第十节* 常系数线性微分方程组

在研究某些实际问题时,有时会遇到由几个微分方程联立起来共同确定几个具有同一自变量的函数的情形. 这些联立的微分方程称为**微分方程组**. 如果微分方程组中的每一个微分方程都是常系数线性微分方程,那末,这种微分方程组就

叫做常系数线性微分方程组.

本节只讨论常系数线性微分方程组,其求解方法是:利用代数的方法从方程组中消去一些未知函数及其各阶导数,将所给方程组的求解问题转化为只含有一个未知函数的高阶常系数线性微分方程的求解问题. 下面通过实例来说明常系数线性微分方程组的解法.

例1 求下列微分方程组

$$\begin{cases} \dfrac{\mathrm{d}y}{\mathrm{d}x} = 3y - 2z, & (1) \\[2mm] \dfrac{\mathrm{d}z}{\mathrm{d}x} = 2y - z & (2) \end{cases}$$

满足初始条件

$$y\big|_{x=0} = 1, z\big|_{x=0} = 0$$

的特解.

解 首先,设法消去未知函数 y. 由式(2)得

$$y = \frac{1}{2}\left(\frac{\mathrm{d}z}{\mathrm{d}x} + z\right). \tag{3}$$

对上式两端求导,有

$$\frac{\mathrm{d}y}{\mathrm{d}x} = \frac{1}{2}\left(\frac{\mathrm{d}^2 z}{\mathrm{d}x^2} + \frac{\mathrm{d}z}{\mathrm{d}x}\right), \tag{4}$$

把式(3)、式(4)两式代入式(1)并化简,得

$$\frac{\mathrm{d}^2 z}{\mathrm{d}x^2} - 2\frac{\mathrm{d}z}{\mathrm{d}x} + z = 0.$$

这是一个二阶常系数线性微分方程,易求出它的通解为

$$z = (C_1 + C_2 x)\mathrm{e}^x. \tag{5}$$

再把式(5)代入式(3),得

$$y = \frac{1}{2}(2C_1 + C_2 + 2C_2 x)\mathrm{e}^x, \tag{6}$$

将式(5),式(6)联立,就得到所给方程组的通解.

将初始条件代入式(5)和式(6),得

$$\begin{cases} 1 = \dfrac{1}{2}(2C_1 + C_2), \\[2mm] 0 = C_1, \end{cases}$$

由此求得 $\qquad\qquad C_1 = 0, C_2 = 2.$

于是所给微分方程组满足给定的初始条件的特解为

$$\begin{cases} y = (1 + 2x)\mathrm{e}^x, \\ z = 2x\mathrm{e}^x. \end{cases}$$

例 2 求微分方程组

$$\begin{cases} 2\dfrac{\mathrm{d}x}{\mathrm{d}t} + \dfrac{\mathrm{d}y}{\mathrm{d}t} = t - y, & (7) \\[2mm] \dfrac{\mathrm{d}x}{\mathrm{d}t} + \dfrac{\mathrm{d}y}{\mathrm{d}t} = x + y + 2t & (8) \end{cases}$$

的通解.

解 为消去变量 y，先消去 $\dfrac{\mathrm{d}y}{\mathrm{d}t}$，为此作式(7) - 式(8)，得

$$\frac{\mathrm{d}x}{\mathrm{d}t} + x + 2y + t = 0,$$

即有

$$y = -\frac{1}{2}\left(\frac{\mathrm{d}x}{\mathrm{d}t} + x + t\right), \qquad (9)$$

将其代入(8)，得

$$\frac{\mathrm{d}x}{\mathrm{d}t} - \frac{1}{2}\frac{\mathrm{d}}{\mathrm{d}t}\left(\frac{\mathrm{d}x}{\mathrm{d}t} + x + t\right) = x - \frac{1}{2}\left(\frac{\mathrm{d}x}{\mathrm{d}t} + x + t\right) + 2t,$$

即

$$\frac{\mathrm{d}^2 x}{\mathrm{d}t^2} - 2\frac{\mathrm{d}x}{\mathrm{d}t} + x = -3t - 1,$$

此微分方程的通解为

$$x = C_1 \mathrm{e}^t + C_2 t \mathrm{e}^t - 3t - 7. \qquad (10)$$

把式(10)代入式(9)，得

$$y = -C_1 \mathrm{e}^t - C_2\left(t + \frac{1}{2}\right)\mathrm{e}^t + t + 5. \qquad (11)$$

将式(10)，式(11)联立起来，就得到所给方程组的通解.

习题 7-10*

1. 求下列微分方程组的通解：

(1) $\begin{cases} \dfrac{\mathrm{d}y}{\mathrm{d}t} + y = \mathrm{e}^t, \\[2mm] \dfrac{\mathrm{d}y}{\mathrm{d}t} - x = -t; \end{cases}$
(2) $\begin{cases} \dfrac{\mathrm{d}x}{\mathrm{d}t} + \dfrac{\mathrm{d}y}{\mathrm{d}t} = -x + y + 3, \\[2mm] \dfrac{\mathrm{d}x}{\mathrm{d}t} - \dfrac{\mathrm{d}y}{\mathrm{d}t} = x + y - 3. \end{cases}$

2. 求微分方程组 $\begin{cases} \dfrac{\mathrm{d}x}{\mathrm{d}t} = y, \\[2mm] \dfrac{\mathrm{d}y}{\mathrm{d}t} = -x + t^2 + \cos t \end{cases}$ 满足所给初始条件 $x|_{t=0} = -1, y|_{t=0} = 0$，的特解.

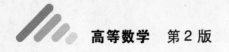

第十一节* 微分方程应用举例

微分方程在几何、力学、物理及经济等实际问题中具有广泛的应用,本节我们集中讨论微分方程在实际应用中的几个实例. 从中我们可以感受到应用数学建模的理论和方法解决实际问题的魅力.

例1 连续复利计息法. 货币被存入银行,一般按存期计算利息,可以按单利计息,也可以按复利计息,实际上存入银行的本金随时产生利息,且利息应及时计入本金,又产生利息. 这样的计息法称为连续复利法. 这是最符合实际的计息方法,它体现了货币的时间价值,把货币值视为时间的连续函数.

用 S 表示时刻 t 的货币值,它是本利和,$S = S(t)$ 的变化率是 t 时刻的(瞬时)利息,它与当时的本金 $S(t)$ 成正比,比例系数为常数. 若 t 以期为单位,则比例系数就是期利率. 试给出计算本利的公式.

解 记开始时存入本金 P,即 $S(0) = P$,按上述规律得到计算连续复利的数学模型:

$$\begin{cases} \dfrac{\mathrm{d}S}{\mathrm{d}t} = RS, \\ S(0) = P, \end{cases} \tag{1}$$

这是一个一阶齐次线性微分方程的初值问题,解这个方程得初值问题的解

$$S = S(t) = Pe^{Rt}. \tag{2}$$

利息 I 为

$$I = S - P = P(e^{Rt} - 1).$$

在一段时间间隔 $[0, T]$ 内,记 $S(0) = P, S = S(T)$. 称 S 为 P 的终值,P 为 S 的现值,则有公式

$$S = Pe^{RT}, P = Se^{-RT}. \tag{3}$$

在公式(2)中,若把 t 按期为单位离散化,则本利和 S 按公比为 e^R 的等比数列增长,通常期利率 $R \ll 1, e^R \approx 1 + R$,因此式(2)可以近似表示为

$$S(t) = P(1 + R)^t, t \text{ 为存款的期数}.$$

这就是目前银行按复利计算本利和的公式. 如果存入时间按一期计算,即 $t = 1$,则

$$S = P(1 + R).$$

这是按单利计算本利和的公式.

例2 中间贮槽的容积问题. 工厂中常用一个中间贮槽作为使产品溶液浓度变得均匀的装置(见示意图7-2). 当进料的浓度稳定为 c 时,出料的浓度一般也是 c,倘若进料浓度有波动,则出料浓度也会波动,但波动的情况要好多了,这里中间

贮槽起了缓冲作用(假定贮槽内有强力搅拌器,能使贮槽内液体浓度保持均匀).

现设流过的液体是药用酒精,要求出料的浓度在 70% ±1% 之内才算合格,生产车间送来的料液浓度一般是 70%,但偶尔在一些短暂时间内浓度会出现 ±2.5% 的偏差,并知道误差出现的时间不会超过 10 分钟,就能恢

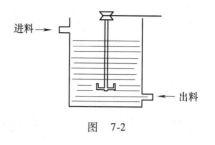

图 7-2

复正常. 计算中间贮槽的容积 V 应当多大,才能在遇到这种情况时仍能保持出料产品合格. 设进料、出料的流量均为 $F = 500 \text{kg/h}$.

解 为了保证产品质量,我们考虑最坏的情况,这就是连续 $10\min(\frac{1}{6}\text{h})$ 出现最大正偏差或最大负偏差,这里不妨只讨论正偏差的情况. 设在时刻 t,贮槽内酒精浓度为 $m(t)$,则有 $m(0) = 0.7$,要求在 $\frac{1}{6}$h 后,有 $m\left(\frac{1}{6}\right) < 0.71$. 下面用微元方法来建立微分方程,在时间间隔 $[t, t+\mathrm{d}t]$ 内,利用物料(酒精)平衡关系式:

$$流进含量 - 流出含量 = 储存含量的增量,$$

现在有

$$流进含量 = F \cdot 72.5\% \mathrm{d}t = 0.725F\mathrm{d}t,$$
$$流出含量 = Fm(t)\mathrm{d}t,$$
$$储存含量的增量 = V\gamma\mathrm{d}m,$$

(其中 γ 为酒精的比重,$\gamma = 0.87\text{t/m}^3$),从而得

$$0.725F\mathrm{d}t - Fm(t)\mathrm{d}t = V\gamma\mathrm{d}m,$$

即

$$V\gamma \frac{\mathrm{d}m}{\mathrm{d}t} + Fm = 0.725F.$$

这是一阶线性微分方程,解得

$$m = 0.725 - Ce^{-\frac{F}{V\gamma}t},$$

由 $m(0) = 0.7$,可得 $C = 0.025$,于是可知

$$m = 0.725 - 0.025e^{-\frac{F}{V\gamma}t}.$$

以 $F = 500\text{kg/h}$,$\gamma = 870\text{kg/m}^3$ 等数据代入,有

$$m = 0.725 - 0.025e^{-\frac{0.5747}{V}t},$$

由不等式 $m\left(\frac{1}{6}\right) < 0.71$,可解得

$$V > -\frac{0.5747}{6} \div \ln\frac{0.725 - 0.71}{0.025} \approx 0.1875.$$

因而当中间贮槽的容积大于 0.1875m^3 时，在偶尔遇到前述的情况时，仍能保持出料为合格产品．

例 3 罗吉斯蒂方程(Logistic) 一棵小树刚栽下去的时候生长很慢，但渐渐地，小树长高了，而且，长得越来越快，但长到一定高度后，生长速度趋于稳定，到后来越长越慢，直至停止生长．这一现象具有普遍性，在生物群体的繁殖增长，信息传播，新技术推广以及经济学中的商品销售等问题中常常会涉及到这样一个数学模型．

如果假设树的生长速度和目前的高度成正比，显然不符合树的生长过程，因为树不可能永远越长越快；但如果假设树的生长速度正比于树的最大高度和目前高度之差，则又明显不符合树在中间一段的生长过程．折中一下，我们假定树的生长速度既与目前的高度成正比又与树的最大高度和目前高度之差成正比．根据这一假设，下面我们来求出树生长的高度和时间的函数关系．

设树生长的最大高度为 $H(\text{m})$，在 $t(\text{年})$ 时的高度为 $h = h(t)$，则有

$$\frac{\mathrm{d}h(t)}{\mathrm{d}t} = kh(t)\left[H - h(t)\right],$$

其中 $k > 0$ 为比例常数，这个方程称为**罗吉斯蒂方程**，它是可分离变量的微分方程．将此方程分离变量再积分得

$$\int \frac{\mathrm{d}h}{h(H-h)} = \frac{1}{H}\left[\ln h - \ln(H-h)\right] = \int k\mathrm{d}t = kt + C_1,$$

或

$$\frac{h}{H-h} = \mathrm{e}^{H(kt+C_1)} = C_2\mathrm{e}^{Hkt}\ (C_2 = \mathrm{e}^{HC_1}),$$

故所求通解为

$$h(t) = \frac{C_2 H\mathrm{e}^{kHt}}{1 + C_2\mathrm{e}^{kHt}} = \frac{1}{1 + C\mathrm{e}^{-kHt}},\ \left(C = \frac{1}{C_2}\right).$$

函数 $h(t)$ 的图象称为**罗吉斯蒂曲线**．它的形状如图 7-3 所示，一般也称为 S 曲线，可以看到，它基本符合树的生长规律．另外还可以计算得到

$$\lim_{t\to\infty} h(t) = H$$

这说明树的生长有一个限制，因此也称为限制性增长模式．

在方程中有两个关键的参数，比例常数和最大高度，最大高度通常需要利用统计的方法估计，而比例常数可以通过附加其他信息求得．

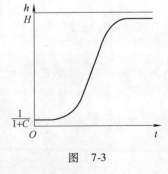

图　7-3

例 4 在制造探照灯反射镜面时，总是要求将点光源射出的光线平行地反射出去，以保证探照灯有良好的方向性，试求反射镜面的几何形状．

266

解 设光源在坐标原点(图 7-4),并取 x 轴平行于光的反射方向. 如果所求的曲面由曲线 $y = f(x)$ 绕 x 轴旋转而成,则求反射镜面的问题就相当于求曲线 $y = f(x)$ 的问题. 过曲线 $y = f(x)$ 上任一点 $M(x, y)$,作切线 MT. 则由光的反射定律:入射角等于反射角,得图中 α_1 及 α_2 的关系式

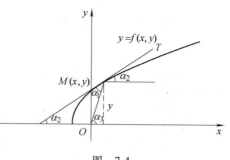

图 7-4

$$\frac{\pi}{2} - \alpha_1 = \frac{\pi}{2} - \alpha_2,$$

即

$$\alpha_1 = \alpha_2.$$

于是,从图形中可以看出

$$\alpha_3 = \alpha_1 + \alpha_2 = 2\alpha_2.$$

为了使得计算简单,下面引入极坐标系. 取 x 轴为极轴,直角坐标系原点为极坐标的极点,曲线 $y = f(x)$ 上任一点 $M(x, y)$ 的极坐标为 $M(r, \theta)$,则 $\theta = \alpha_3$. 于是,在点 $M(r, \theta)$ 处有

$$\frac{\mathrm{d}y}{\mathrm{d}x} = \tan \alpha_2 = \tan \frac{\theta}{2}, \tag{4}$$

另一方面,由变量 x, y 与极坐标的关系: $x = r\cos \theta, y = r\sin \theta$ 有

$$\mathrm{d}x = \cos \theta \mathrm{d}r - r\sin \theta \mathrm{d}\theta, \mathrm{d}y = \sin \theta \mathrm{d}r + r\cos \theta \mathrm{d}\theta. \tag{5}$$

将式(5)代入式(4)得到

$$\frac{\mathrm{d}y}{\mathrm{d}x} = \frac{\sin \theta \mathrm{d}r + r\cos \theta \mathrm{d}\theta}{\cos \theta \mathrm{d}r - r\sin \theta \mathrm{d}\theta} = \tan \frac{\theta}{2} = \frac{1 - \cos \theta}{\sin \theta},$$

化简得

$$\frac{\mathrm{d}r}{r} = \frac{-\sin \theta}{1 - \cos \theta} \mathrm{d}\theta,$$

积分得

$$\ln r = -\ln |1 - \cos \theta| + \ln C_1$$

或

$$r = \frac{C_1}{|1 - \cos \theta|} = \frac{C}{1 - \cos \theta}, (C = \pm C_1).$$

再利用 x, y 与极坐标 r, θ 的关系,最后得

$$y^2 = C(C + 2x).$$

这是抛物线方程,因此反射镜面为该抛物线绕 x 轴旋转而得到的曲面.

例 5 设有一弹簧,它的上端固定,下端挂一个质量为 m 的物体. 当物体处于静止状态时,作用在物体上的重力与弹簧作用于物体的弹性力大小相等、方向相反. 这个位置就是物体的平衡位置. 如果有一外力使物体离开平衡位置,并随即

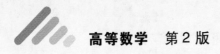

撤去外力,那么物体便在平衡位置附近作上下振动.我们要求物体的振动规律.

解 如图 7-5 所示,取 x 轴铅直向下,并取物体的平衡位置为坐标原点.设在时刻 t 物体所在的位置为 x,则函数 $x = x(t)$ 就是所要求的振动规律.

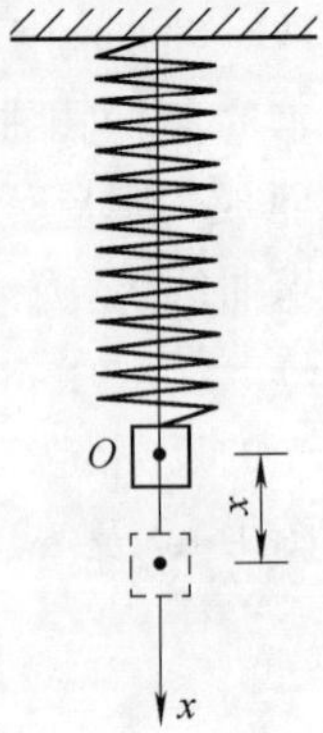

由胡克定律知,当振幅不大时,弹簧使物体回到平衡位置的弹性恢复力 f(它不包括在平衡位置时的那一部分弹性力)和物体离开平衡位置的位移 x 成正比:

$$f = -kx.$$

其中 $k > 0$ 为弹簧的弹性系数,负号表示弹性恢复力的方向和物体位移的方向相反.在不考虑介质阻力的情况下,由牛顿第二定律,得

$$m \frac{\mathrm{d}^2 x}{\mathrm{d}t^2} = -kx, \text{或 } m \frac{\mathrm{d}^2 x}{\mathrm{d}t^2} + kx = 0 \tag{6}$$

方程(6)称为**无阻尼自由振动的微分方程**.它是一个二阶常系数齐次线性微分方程.

如果物体在运动过程中还受到阻尼介质的阻力作用,使得振动逐渐停止.由实验知道,当物体运动的速度不太大时,可设阻力与运动速度成正比:

$$R = -\mu \frac{\mathrm{d}x}{\mathrm{d}t}$$

其中 $\mu > 0$ 为阻尼系数,负号表示阻力方向与运动方向相反.从而物体运动满足方程

$$m \frac{\mathrm{d}^2 x}{\mathrm{d}t^2} = -kx - \mu \frac{\mathrm{d}x}{\mathrm{d}t},$$

或

$$m \frac{\mathrm{d}^2 x}{\mathrm{d}t^2} + \mu \frac{\mathrm{d}x}{\mathrm{d}t} + kx = 0. \tag{7}$$

该方程称为**有阻尼的自由振动微分方程**.它也是一个二阶常系数齐次线性微分方程.

如果物体在振动过程中所受到的外力除了弹性恢复力与介质阻力之外,还受到周期性干扰力

$$F = H\sin pt$$

的作用,则振动方程变为

$$m \frac{\mathrm{d}^2 x}{\mathrm{d}t^2} = -kx - \mu \frac{\mathrm{d}x}{\mathrm{d}t} + H\sin pt$$

或

$$\frac{\mathrm{d}^2 x}{\mathrm{d}t^2} + 2v \frac{\mathrm{d}x}{\mathrm{d}t} + \omega^2 x = h\sin pt,$$

图 7-5

其中 $2v = \dfrac{\mu}{m}, \omega^2 = \dfrac{k}{m}, h = \dfrac{H}{m}$（对方程(6)和方程(7)也常采用此记号），这个方程称为**强迫振动的微分方程**.

下面就三种情形分别讨论物体运动方程的解.

（1）无阻尼自由振动．这时方程为

$$\frac{\mathrm{d}^2 x}{\mathrm{d}t^2} + \omega^2 x = 0.$$

它的特征方程 $r^2 + \omega^2 = 0$ 的根为 $r = \pm i\omega$，故方程的通解为

$$x(t) = C_1 \cos \omega t + C_2 \sin \omega t = A \sin(\omega t + \varphi).$$

这个函数反映的运动就是**简谐振动**，这个振动的振幅为 A，初相为 φ，周期为 $T = \dfrac{2\pi}{\omega}$，ω 称为系统的固有频率，它完全由振动系统本身所确定.

（2）有阻尼自由振动．此时方程为

$$\frac{\mathrm{d}^2 x}{\mathrm{d}t^2} + 2v \frac{\mathrm{d}x}{\mathrm{d}t} + \omega^2 x = 0.$$

其特征方程为

$$r^2 + 2vr + \omega^2 = 0$$

特征根为

$$r = \frac{-2v \pm \sqrt{4v^2 - 4\omega^2}}{2} = -v \pm \sqrt{v^2 - \omega^2}$$

1）小阻尼情形：$v < \omega$，特征根 $r = -v \pm \beta i (\beta = \sqrt{\omega^2 - v^2})$ 是一对共轭复根，这时方程的通解为

$$x(t) = \mathrm{e}^{-vt}(C_1 \cos \beta t + C_2 \sin \beta t) = A\mathrm{e}^{-vt} \sin(\beta t + \varphi).$$

由此可知，这时物体在平衡位置上下振动，但振动的振幅 $A\mathrm{e}^{-vt}$ 随时间 t 的增大而逐渐减小，因此物体随时间增大而趋于平衡位置.

2）大阻尼情形：$v > \omega$，此时特征方程有两个相异实根：$r_{1,2} = -v \pm \sqrt{v^2 - \omega^2} < 0$，故方程的通解为

$$x(t) = C_1 \mathrm{e}^{r_1 t} + C_2 \mathrm{e}^{r_2 t}.$$

由于 r_1, r_2 都是负数，故有 $x(t) \to 0 (t \to +\infty)$，这表明物体随时间增大而趋于平衡位置，不产生物体在平衡位置上下振动现象.

3）临界阻尼情形：$v = \omega$，此时特征方程有重根 $r = -v < 0$，故方程的通解为

$$x(t) = (C_1 + C_2 t)\mathrm{e}^{-vt}.$$

同样物体也随时间增大而趋于平衡位置，这时也不产生物体在平衡位置上下振动现象.

（3）无阻尼强迫振动．此时方程为

$$\frac{\mathrm{d}^2 x}{\mathrm{d}t^2} + \omega^2 x = h \sin pt, \tag{8}$$

它对应的齐次方程的通解为 $\overline{x} = A\sin(\omega t + \varphi)$.

① 当 $\omega \neq p$ 时,可求得方程(8)的一个特解为 $x^* = \dfrac{h}{\omega^2 - p^2}\sin pt$,所以方程(8)的通解为

$$x(t) = A\sin(\omega t + \varphi) + \dfrac{h}{\omega^2 - p^2}\sin pt.$$

上式表示,无阻尼强迫振动由两部分组成,第一项表示自由振动,第二项表示的振动称为强迫振动,它是由外加力(即强迫力)所引起,当 p 与 ω 相差很小时,它的振幅 $\left|\dfrac{h}{\omega^2 - p^2}\right|$ 可以很大.

② 当 $\omega = p$ 时,可求得方程(8)的一个特解为 $x^* = -\dfrac{h}{2\omega}t\cos \omega t$,所以方程(8)的通解为

$$x(t) = A\sin(\omega t + \varphi) - \dfrac{h}{2\omega}t\cos \omega t.$$

由上式第二项可看出,当 $t \to \infty$ 时,$\dfrac{h}{2\omega}t$ 将无限增大,这就发生了所谓的共振现象. 因此在考虑弹性体的振动问题时,必须注意共振问题.

对于有阻尼的强迫振动问题可作类似的讨论. 这里从略.

习题 7-11 *

1. 由物理学知道,物体冷却的速度与当时物体的温度和周围环境温度之差成正比. 今把 100℃ 的沸水注入杯中,放在室温为 20℃ 的环境中自然冷却,5 分钟后测得水温为 60℃. 求水温 u(℃)与时间 t(min)之间的函数关系.

2. 质量为 1g 的质点受外力作用作直线运动,该外力与时间成正比,和质点运动的速度成反比. 在 $t = 10$s 时,速度等于 50cm/s,外力为 4×10^{-5}N. 问从运动开始经过 1min 后的速度是多少?

3. 一个圆柱形桶内有 40dm³ 盐溶液,其浓度为每升含溶解盐 2mg,现用浓度为每升 3mg 的盐溶液并以每分钟 4dm³ 的流速注入桶内,假定搅拌均匀后的混合物以每分钟 4dm³ 的流速流出,问在任何时刻,桶内所含盐量为多少?

4. 在某池塘养鱼,估计池塘最多能生存的鱼的条数为 1000 尾. 设鱼的尾数 y 是时间 t 的函数,

(1)试利用例 3 的模型,建立微分方程;

(2)设开始在池塘养鱼 100 尾,3 个月后池塘有鱼 250 尾,求放养 6 个月后鱼的尾数.

5. 一人群中推广新技术是通过其中已掌握新技术的人进行的,设该人群的总人数为 N,在 $t=0$ 时刻已掌握新技术人数为 x_0,在任意时刻 t 已掌握新技术的人数为 $x(t)$(将 $x(t)$ 视为连续可微函数),其变化率与已掌握新技术人数和未掌握新技术人数之积成正比,比例常数 $k>0$,求 $x(t)$.

6. 一个质量为 m 的质点从水面由静止开始下沉,所受阻力与下沉速度成正比(比例系数为 k). 求此质点下沉深度 x 与时间 t 的函数关系.

7. 潜水艇在下沉力 p(包含重力)的作用下向水下沉(此时没有前进速度). 设水的阻力与下沉速度成正比(比例系数为 k),开始时下沉速度为 0,求速度与时间的关系(设潜水艇的质量为 m).

第十二节* 综合例题

例 1 求方程 $y' = \dfrac{x+y+5}{x-y+1}$ 的通解.

解 为了把方程化为齐次方程,只要把分式中的常数变换掉. 作变换

$$\begin{cases} x = X + a, \\ y = Y + b, \end{cases}$$

其中 a, b 为待定常数. 则方程变为

$$\frac{\mathrm{d}Y}{\mathrm{d}X} = \frac{X + Y + (a + b + 5)}{X - Y + (a - b + 1)},$$

由此只要取 a, b 使得 $\begin{cases} a + b + 5 = 0, \\ a - b + 1 = 0, \end{cases}$ 即 $a = -3, b = -2$,则方程变形为

$$\frac{\mathrm{d}Y}{\mathrm{d}X} = \frac{X + Y}{X - Y}.$$

这是齐次方程,再作变换 $u = \dfrac{Y}{X}$ 代入方程,可解得

$$\mathrm{e}^{\arctan u} = C \sqrt{X^2 + Y^2},$$

回到原变量得

$$\mathrm{e}^{\arctan \frac{y+2}{x+3}} = C \sqrt{(x + 3)^2 + (y + 2)^2}.$$

例 2 求微分方程 $\dfrac{\mathrm{d}y}{\mathrm{d}x} \cos y - \cos x \sin^2 y = \sin y$ 的通解.

解 容易看到,

$$\frac{\mathrm{d}y}{\mathrm{d}x} \cos y = (\sin y)',$$

因此,令 $z = \sin y$,代入方程得

$$\frac{\mathrm{d}z}{\mathrm{d}x} - z = z^2 \cos x.$$

这是贝努利方程,令 $u = z^{-1}$,代入方程得

$$\frac{\mathrm{d}u}{\mathrm{d}x} + u = -\cos x.$$

这是一个线性方程,得到

$$u = \mathrm{e}^{-\int \mathrm{d}x}\left[\int -\cos x \mathrm{e}^{\int \mathrm{d}x}\mathrm{d}x + C\right]$$

$$= -\frac{1}{2}(\cos x + \sin x) + C\mathrm{e}^{-x},$$

代回 $u = z^{-1}, z = \sin y$ 得

$$\frac{1}{\sin y} = -\frac{1}{2}(\cos x + \sin x) + C\mathrm{e}^{-x}.$$

例3 设 $y = \mathrm{e}^x$ 是微分方程 $xy' + p(x)y = x$ 的一个解,求此方程满足初始条件 $y\big|_{x=\ln 2} = 0$ 的特解.

解 把 $y = \mathrm{e}^x$ 代入方程,得 $p(x) = x\mathrm{e}^{-x} - x$,所以原方程为

$$xy' + (x\mathrm{e}^{-x} - x)y = x.$$

这个方程对应的齐次方程为 $xy' + (x\mathrm{e}^{-x} - x)y = 0$,它的通解为

$$Y = C\mathrm{e}^{-\int(\mathrm{e}^{-x}-1)\mathrm{d}x} = C\mathrm{e}^{\mathrm{e}^{-x}+x}.$$

所以,原方程的通解为

$$y = \mathrm{e}^x + Y = \mathrm{e}^x + C\mathrm{e}^{\mathrm{e}^{-x}+x}.$$

把初始条件 $y\big|_{x=\ln 2} = 0$ 代入,得到 $C = -\mathrm{e}^{-\frac{1}{2}}$. 所以,所求特解为 $y = \mathrm{e}^x - \mathrm{e}^{\mathrm{e}^{-x}+x-\frac{1}{2}}$.

例4 设 $f(x) = \begin{cases} 2, & x < 1 \\ 0, & x \geq 1 \end{cases}$,试求一个连续函数 $y = y(x)$,当 $x \neq 1$ 时满足微分方程 $y' - 2y = f(x)$ 及初始条件 $y(0) = 0$.

解 当 $x < 1$ 时,容易求出满足微分方程 $y' - 2y = f(x) = 2$ 及初始条件 $y(0) = 0$ 的解为

$$y = \mathrm{e}^{2x} - 1,$$

当 $x > 1$ 时,容易求出满足微分方程 $y' - 2y = f(x) = 0$ 的通解为

$$y = C\mathrm{e}^{2x}.$$

由于 $y = y(x)$ 在 $x = 1$ 时连续,所以有 $\lim\limits_{x \to 1^+} y(x) = \lim\limits_{x \to 1^-} y(x) = y(1)$,由此得到

$$C\mathrm{e}^2 = \mathrm{e}^2 - 1.$$

解得 $C = 1 - \mathrm{e}^{-2}$. 所以

$$y = \begin{cases} \mathrm{e}^{2x} - 1, & x \leq 1, \\ (1 - \mathrm{e}^{-2})\mathrm{e}^{2x}, & x > 1. \end{cases}$$

例 5 设微分方程 $xy' + ay = f(x)$ 中 $f(x)$ 是连续的, $a > 1$ 且 $\lim\limits_{x \to 0} f(x) = b$. 证明: 该方程的通解中只有一个解, 当 $x \to 0$ 时极限存在, 并求此极限.

证 设 x_0 为固定的一点, 将线性方程的通解用定积分表示得

$$y(x) = e^{-\int_{x_0}^{x} \frac{a}{s} ds} \Big[\int_{x_0}^{x} Q(t) e^{\int_{x_0}^{t} \frac{a}{s} ds} dt + C \Big] = e^{-a\ln\frac{x}{x_0}} \Big[\int_{x_0}^{x} \frac{f(t)}{t} e^{a\ln\frac{t}{x_0}} dt + C \Big]$$

$$= \Big(\frac{x_0}{x} \Big)^a \Big[\int_{x_0}^{x} \frac{f(t)}{t} \Big(\frac{t}{x_0} \Big)^a dt + C \Big]$$

$$= \frac{\Big[\int_{x_0}^{x} t^{a-1} f(t) dt + C^* \Big]}{x^a}, \text{这里 } C^* = x_0^a C.$$

当 $x \to 0$ 时上式分母趋于零, 要使得上式的极限存在, 必须分子也趋于零, 由此 $C^* = \int_0^{x_0} t^{a-1} f(t) dt$. 因此

$$\lim_{x \to 0} y(x) = \lim_{x \to 0} \frac{\int_0^{x} t^{a-1} f(t) dt}{x^a} = \lim_{x \to 0} \frac{x^{a-1} f(x)}{ax^{a-1}} = \frac{b}{a}.$$

例 6 已知 $y_1 = \dfrac{\sin x}{x}$ 是方程 $y'' + \dfrac{2}{x} y' + y = 0$ 的一个解, 试求方程的通解.

解 令 $y = y_1 u$ 代入原方程可得

$$y_1' u'' + \Big(2y_1' + \frac{2y_1}{x} \Big) u' + \Big(y_1'' + \frac{2}{x} y_1' + y_1 \Big) u = 0.$$

由于 $y_1 = \dfrac{\sin x}{x}$ 是方程 $y'' + \dfrac{2}{x} y' + y = 0$ 的一个解, 上式中第三项为零. 因此

$$y_1' u'' + \Big(2y_1' + \frac{2y_1}{x} \Big) u' = 0.$$

令 $z = u'$, 将 $y_1 = \dfrac{\sin x}{x}$ 代入并化简得

$$z' = -2z\cot x.$$

由此, 解出 $z = \dfrac{C_1}{\sin^2 x}$, C_1 为任意常数, 对 u 再积分得 $u = -C_1 \cot x + C_2$. 于是所求通解为

$$y = \frac{\sin x}{x} (-C_1 \cot x + C_2) = \frac{1}{x} (-C_1 \cos x + C_2 \sin x).$$

例 7 已知 $y_1 = xe^x + e^{2x}$, $y_2 = xe^x + e^{-x}$, $y_3 = xe^x + e^{2x} - e^{-x}$ 都是某二阶非齐次线性微分方程的解, 试求出此方程.

解 设所求的微分方程为 $y'' + a_1(x) y' + a_2(x) y = f(x)$. 由解的结构定理,

273

$$y_1 - y_3 = \mathrm{e}^{-x}, \quad (y_1 - y_2) + (y_1 - y_3) = \mathrm{e}^{2x}$$

都是对应齐次方程 $y'' + a_1(x)y' + a_2(x)y = 0$ 的解. 将 $\mathrm{e}^{-x}, \mathrm{e}^{2x}$ 代入方程得到

$$1 - a_1(x) + a_2(x) = 0,$$

$$4 + 2a_1(x) + a_2(x) = 0,$$

由此解得 $a_1(x) = -1, a_2(x) = -2$. 故所求方程为

$$y'' - y' - 2y = f(x).$$

又由解的结构定理, 此方程有一个特解为

$$y^* = y_1 + (-\mathrm{e}^{2x}) = x\mathrm{e}^x,$$

将 $x\mathrm{e}^x$ 代入方程求得 $f(x) = \mathrm{e}^x - 2x\mathrm{e}^x$, 故所求方程为

$$y'' - y' - 2y = \mathrm{e}^x - 2x\mathrm{e}^x.$$

例8 设函数 $y = y(x)$ 在 $(-\infty, +\infty)$ 上有二阶导数, $y' \neq 0$, $x = x(y)$ 是 $y = y(x)$ 的反函数.

(1) 试将 $x = x(y)$ 所满足的微分方程 $\dfrac{\mathrm{d}^2 x}{\mathrm{d}y^2} + (y + \sin x)\left(\dfrac{\mathrm{d}x}{\mathrm{d}y}\right)^3 = 0$ 变换为 $y = y(x)$ 满足的微分方程;

(2) 求变换后的微分方程满足初始条件 $y(0) = 0, y'(0) = \dfrac{3}{2}$ 的解.

解 (1) 利用

$$\frac{\mathrm{d}^2 x}{\mathrm{d}y^2} = \frac{\mathrm{d}}{\mathrm{d}y}\left(\frac{1}{\dfrac{\mathrm{d}y}{\mathrm{d}x}}\right) = \frac{\mathrm{d}}{\mathrm{d}x}\left(\frac{1}{\dfrac{\mathrm{d}y}{\mathrm{d}x}}\right)\frac{\mathrm{d}x}{\mathrm{d}y}$$

$$= -\frac{1}{\left(\dfrac{\mathrm{d}y}{\mathrm{d}x}\right)^2}\frac{\mathrm{d}^2 y}{\mathrm{d}x^2}\frac{\mathrm{d}x}{\mathrm{d}y} = -\frac{\mathrm{d}^2 y}{\mathrm{d}x^2}\left(\frac{\mathrm{d}x}{\mathrm{d}y}\right)^3$$

得到原方程变换后的方程为

$$\frac{\mathrm{d}^2 y}{\mathrm{d}x^2} - y = \sin x.$$

(2) 容易求得上面方程的通解为

$$y = c_1 \mathrm{e}^x + c_2 \mathrm{e}^{-x} - \frac{1}{2}\sin x,$$

将初始条件代入得到特解为

$$y = \mathrm{e}^x - \mathrm{e}^{-x} - \frac{1}{2}\sin x.$$

复 习 题 七

一、选择题

1. 下列方程中是一阶微分方程的有(　　　).

(A)$x(y'')^2 - 2yy' + x = 0$；

(B)$(y'')^2 + 5(y')^4 - y^5 + x^7 = 0$；

(C)$(x^2 - y^2)dx + (x^2 + y^2)dy = 0$；

(D)$xy'' + y' + y = 0$.

2. 方程$(x+1)(y^2+1)dx + y^2x^2dy = 0$ 是(　　　).

(A)齐次方程；

(B)可分离变量方程；

(C)伯努利方程；

(D)非齐次线性方程.

3. 微分方程$2ydy - dx = 0$ 的通解是(　　　).

(A)$y^2 - x = C$；

(B)$y - \sqrt{x} = C$；

(C)$y = x + C$；

(D)$y = -x + C$.

4. 已知$f(x) = e^{x^2 + \frac{1}{x^2}}, g(x) = e^{x^2 - \frac{1}{x^2}}, h(x) = e^{\left(\frac{1}{x} - x\right)^2}$,则(　　　).

(A)$f(x)$与$g(x)$线性相关；

(B)$g(x)$与$h(x)$线性相关；

(C)$f(x)$与$h(x)$线性相关；

(D)任意两个都线性相关.

5. 以$y_1 = \sin x, y_2 = \cos x$ 为特解的最低价常系数齐次线性方程是(　　　).

(A)$y'' - y = 0$；

(B)$y'' + y = 0$；

(C)$y'' + y' = 0$；

(D)$y'' - y' = 0$.

6. 微分方程$y'' + 2y' + y = 0$ 的通解是(　　　).

(A)$y = C_1\cos x + C_2\sin x$；

(B)$y = C_1 e^x + C_2 e^{2x}$；

(C)$y = (C_1 + C_2 x)e^{-x}$；

(D)$y = C_1 e^x + C_2 e^{-x}$.

7. 微分方程$\dfrac{d^2 y}{dx^2} + y = 0$ 的通解是(　　　).

(A)$y = A\sin x$；

(B)$y = B\cos x$；

(C)$\sin x + B\cos x$；

(D)$y = A\sin x + B\cos x$.

8. 方程$y^{(4)} + 8y'' + 16y = 0$ 的通解是(　　　).

(A)$y = (C_1 + C_2 x)e^{-2x} + (C_3 + C_4 x)e^{2x}$；

(B)$y = (C_1 + C_2 x + C_3 x^2 + C_4 x^3)e^{2x}$；

(C)$y = (C_1 + C_2 x + C_3 x^2 + C_4 x^3)e^{2x}$；

(D)$y = (C_1 + C_2 x)\cos 2x + (C_3 + C_4 x)\sin 2x$.

9. $y'' - 6y' + 9y = x^2 e^{3x}$ 的一个特解形式是 $y^* = ($　　　$)$.

(A)$ax^2 e^{3x}$；

(B)$x^2(ax^2 + bx + c)e^{3x}$；

(C)$x(ax^2 + bx + c)e^{3x}$；

(D)$ax^4 e^{3x}$.

10. $y'' - 5y' + 6y = e^x \sin x + 6$ 的特解形式可设为(　　).

(A) $e^x(a\cos x + b\sin x) + C$;　　　　(B) $ae^x \sin x + b$;

(C) $xe(a\cos x + b\sin x) + C$;　　　　(D) $ae^x \cos x + b$.

11. 若 y_1, y_2 是 $y'' + p(x)y' + q(x)y = 0$ 的两个特解,则 $y = C_1 y_1 + C_2 y_2$(其中 C_1, C_2 为任意常数)(　　).

(A) 是该方程的通解;　　　　(B) 是该方程的解;

(C) 是该方程的特解;　　　　(D) 不一定是方程的解.

12. n 阶微分方程的特解和通解的关系是(　　).

(A) 通解可以由 n 个线性无关的特解经线性组合产生;

(B) 任一个特解都可以经确定通解的任意常数得到;

(C) 通解和特解是微分方程的解,不一定有关系;

(D) 通解就是由全部特解组成的解.

13. 以 $e^x, e^x \sin x, e^x \cos x$ 为特解的最低价常系数微分方程是(　　).

(A) $y''' - 3y'' + 4y' - 2y = 0$;　　　　(B) $y''' + 3y'' - 4y' - 2y = 0$;

(C) $y''' + y'' - y' + y = 0$;　　　　(D) $y''' - y'' - y' + y = 0$.

14. 用待定系数法求方程 $y'' + 2y' = 5$ 的特解时,应设特解(　　).

(A) $y^* = a$;　　　　(B) $y^* = ax^2$;

(C) $y^* = ax$;　　　　(D) $y^* = ax^2 + bx$.

15. 关于微分方程 $\dfrac{d^2 y}{dx^2} + 2\dfrac{dy}{dx} + y = e^x$,下列结论正确的是(　　).

①该方程是齐次微分方程;　　　　②该方程是线性微分方程;

③该方程是常系数微分方程;　　　　④该方程是二阶微分方程.

(A) ①,②,③　　　　(B) ①,②,④

(C) ①,③,④　　　　(D) ②,③,④

二、综合练习 A

1. 验证形如 $yf(xy)dx + xg(xy)dy = 0$ 的微分方程,可经变量代换 $v = xy$ 化为可分离变量的方程,并求其通解.

2. 设函数 $y = (1+x)^2 u(x)$ 是微分方程 $y' - \dfrac{2y}{x+1} = (x+1)^3$ 的通解,求函数 $u(x)$.

3. 设一阶线性微分方程 $y' + p(x)y = q(x)$ 有两个线性无关的解 y_1, y_2,若 $c_1 y_1 + c_2 y_2$ 也是该方程的解,证明:$c_1 + c_2 = 1$.

4. 设方程 $y'' + p(x)y' + q(x)y = 0$ 的系数满足

(1) $p(x) + xq(x) = 0$,证明方程有特解 $y = x$;

(2) $1 + p(x) + q(x) = 0$,证明方程有特解 $y = e^x$.

5. 利用上题结论求方程 $(x-1)y'' - xy' + y = 0$ 的通解.

6. 已知某二阶非齐次线性微分方程具有下列三个解:
$$y_1 = xe^x + e^{2x}, y_2 = xe^x + e^{-x}, y_3 = xe^x + e^{2x} - e^{-x},$$
求此微分方程及其通解.

三、综合练习 B

1. 用适当代换求解下列微分方程:

(1) $\dfrac{\mathrm{d}y}{\mathrm{d}x} = \dfrac{1}{x+y}$;

(2) $y' = \dfrac{1}{x-y} + 1$;

(3) $xy' + y = y(\ln x + \ln y)$.

2. 设 $f(x)$ 在 $[0, +\infty]$ 上连续,且 $\lim\limits_{x \to +\infty} f(x) = a > 0$. 求证:微分方程 $\dfrac{\mathrm{d}y}{\mathrm{d}x} + y = f(x)$ 的一切解当 $x \to +\infty$ 时都趋于 a.

3. 假设 $p(x)$ 为以 T 为周期的函数,证明:方程 $y' + p(x)y = 0$ 的非零解仍以 T 为周期的充要条件是 $\int_0^T p(x)\mathrm{d}x = 0$.

4. 设 $f(x)$ 二阶可导,并且 $f'(x) = f(1-x)$,证明 $f(x)$ 满足微分方程:$f''(x) + f(x) = 0$,并求 $f(x)$.

5. 设函数 $f(x)$ 连续,且有
$$f(x) = e^x + \int_0^x tf(t)\mathrm{d}t - x\int_0^x f(t)\mathrm{d}t,$$
求函数 $f(x)$.

6. 把 x 看成因变量,y 看成自变量,变换方程 $y'' + (x + e^{2y})y'^3 = 0$.

7. 设降落伞从跳伞塔下落后,所受空气阻力与速度成正比(比例系数为 k,$k > 0$),并设降落伞脱钩时($t = 0$)速度为零. 求降落伞下落速度与时间的函数关系.

8. 一链条悬挂在一钉子上,起动时一端离钉子8m,另一端离12m,若不计摩擦阻力,求此链条滑过钉子所需要的时间.

第八章　向量代数与空间解析几何

解析几何的产生是数学史上一个划时代的成就. 17 世纪上半叶,法国数学家笛卡儿和费马对空间解析几何做了开创性的工作,这为多元微积分的发展奠定了基础.

所谓空间解析几何就是用代数的方法研究空间的几何图形. 本章首先建立空间直角坐标系,引进向量的概念及向量的运算,并以向量为工具来讨论空间的平面和直线,最后介绍空间的曲面和曲线.

第一节　空间直角坐标系

一、空间直角坐标系及点的坐标

为了用代数的方法研究空间的几何图形,需要建立空间点与有序数组之间的联系. 为此,我们引进空间直角坐标系.

过空间一个定点 O,作三条互相垂直的数轴,它们都以 O 为原点,一般具有相同的长度单位. 这三条轴分别称为 x 轴(**横轴**),y 轴(**纵轴**)和 z 轴(**竖轴**),统称为**坐标轴**. 通常把 x 轴和 y 轴配置在水平面上,而 z 轴则是铅直的,它们的正方向符合右手规则,即以右手握住 z 轴,当右手的四个手指从 x 轴的正向以 $\dfrac{\pi}{2}$ 角度转向 y 轴正向时大拇指的方向就是 z 轴的正方向. 这样的三条坐标轴就组成了一个**空间直角坐标系**,记作 $Oxyz$,点 O 叫做**坐标原点**(图 8-1). x 轴和 y 轴所确定的平面叫做 Oxy 面,y 轴和 z 轴所确定的平面叫做 Oyz 面,x 轴和 z 轴所确定的平面叫做 Oxz 面,它们统称为**坐标面**. 三个坐标面将空间分成八个部分,每一部分叫做**卦限**. 含有 x 轴、y 轴和 z 轴正半轴的那个卦限叫做第一卦限,第二、三、四卦限均在 Oxy 面的上方,按逆时针方向确定. 第五、六、七、八卦限在 Oxy 面的下方,依次位于第一、二、三、四卦限之下(图 8-2),这八个卦限分别用字母 Ⅰ、Ⅱ、Ⅲ、Ⅳ、Ⅴ、Ⅵ、Ⅶ、Ⅷ表示.

设在空间取定了直角坐标系,M 是空间中的一个点,过点 M 分别作垂直于 x 轴、y 轴、z 轴的三个平面,它们与坐标轴的交点依次为 P,Q,R(图 8-3). 这三个点在三个坐标轴上的坐标依次为 x,y,z. 于是,空间中一点 M 就唯一地确定了一个有序数组 (x,y,z);反之,给定一个有序数组 (x,y,z),我们在 x 轴、y 轴、z 轴上找到

坐标分别为 x,y,z 的三个点 P,Q,R,过这三个点各作一平面垂直于所属的坐标轴,这三个平面就唯一地确定了一个交点 M. 从而,有序数组 (x,y,z) 唯一确定了空间一点 M. 因此,点 M 与有序数组 (x,y,z) 之间建立了一一对应关系. 这个有序数组 (x,y,z) 叫做点 M 的**坐标**,其中 x,y,z 依次称为点 M 的**横坐标**、**纵坐标**及**竖坐标**,此时点 M 记作 $M(x,y,z)$.

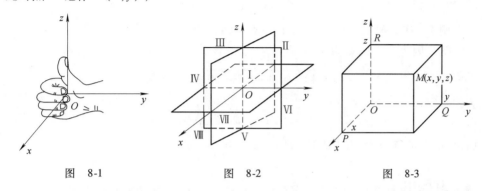

图 8-1　　　　　　图 8-2　　　　　　图 8-3

原点、坐标轴上和坐标面上的点,其坐标各有一定特点,如坐标原点的坐标为 $(0,0,0)$,x 轴上点的坐标为 $(x,0,0)$,y 轴上点的坐标为 $(0,y,0)$,z 轴上点的坐标为 $(0,0,z)$,Oxy 面上点的坐标为 $(x,y,0)$,Oyz 面上点的坐标为 $(0,y,z)$,Oxz 面上点的坐标为 $(x,0,z)$,等等.

二、两点间的距离公式

在平面直角坐标系中两点 $M_1(x_1,y_1)$,$M_2(x_2,y_2)$ 的距离公式为

$$d = |M_1M_2| = \sqrt{(x_2-x_1)^2 + (y_2-y_1)^2}.$$

现在我们要建立类似的空间直角坐标系中两点 $M_1(x_1,y_1,z_1)$,$M_2(x_2,y_2,z_2)$ 的距离公式.

过 M_1,M_2 两点作六个和坐标轴垂直的平面,这六个面围成一个以 M_1M_2 为对角线的长方体(图 8-4). 由于 $\triangle M_1NM_2$ 为直角三角形,$\angle M_1NM_2$ 为直角,所以

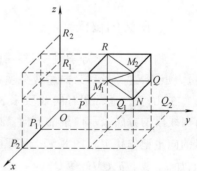

图 8-4

$$d^2 = |M_1M_2|^2 = |M_1N|^2 + |NM_2|^2.$$

又 $\triangle M_1PN$ 也是直角三角形,且 $|M_1N|^2 = |M_1P|^2 + |PN|^2$,所以

$$d^2 = |M_1M_2|^2 = |M_1P|^2 + |PN|^2 + |NM_2|^2.$$

由
$$|M_1P| = |P_1P_2| = |x_2 - x_1|,$$
$$|PN| = |Q_1Q_2| = |y_2 - y_1|,$$
$$|NM_2| = |R_1R_2| = |z_2 - z_1|,$$

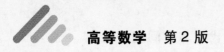
得到

$$d = |M_1M_2| = \sqrt{(x_2 - x_1)^2 + (y_2 - y_1)^2 + (z_2 - z_1)^2}, \tag{1}$$

这就是空间两点间的距离公式.

特殊地,点 $M(x,y,z)$ 与坐标原点 $O(0,0,0)$ 的距离为

$$d = |OM| = \sqrt{x^2 + y^2 + z^2}. \tag{2}$$

例 1　在 x 轴上求一点 P,使它与点 $Q(4,1,2)$ 的距离为 $\sqrt{30}$.

解　因为所求的点 M 在 x 轴上,所以设该点为 $P(x,0,0)$,依题意有

$$\sqrt{(x-4)^2 + (0-1)^2 + (0-2)^2} = \sqrt{30},$$

去根号解得

$$x_1 = 9, \quad x_2 = -1.$$

所以,所求的点为 $P_1(9,0,0)$ 和 $P_2(-1,0,0)$.

习题 8-1

1. 求点 $(4,-3,5)$ 到各坐标轴的距离.

2. 在 Oyz 平面上,求与三个已知点 $(3,1,2)$、$(4,-2,-2)$、$(0,5,1)$ 等距离的点.

第二节　向量及其运算

一、向量的概念

在物理学、力学等学科中,经常会遇到既有大小又有方向的一类量,如力、速度、力矩等,这类量称为**向量**或**矢量**.

在几何上,通常用有向线段来表示向量.有向线段的长度表示向量的大小,有向线段的方向表示向量的方向.以点 M_1 为始点,点 M_2 为终点的有向线段所表示的向量记作 $\overrightarrow{M_1M_2}$(图 8-5),也可以用一个粗体字母或用上方加箭头的字母表示,如 $e, r, \vec{a}, \vec{b}, \overrightarrow{OM}$ 等等.

向量的大小又叫做向量的模.向量 $\overrightarrow{AB}$、a 的模分别记作 $|\overrightarrow{AB}|$、$|a|$.模为 1 的向量叫做**单位向量**,模为 0 的向量叫做**零向量**,记作 $\vec{O}$.零向量的方向可以是任意取定的.与 a 的模相等、方向相反的向量叫做 a 的**负向量**,记作 $-a$.

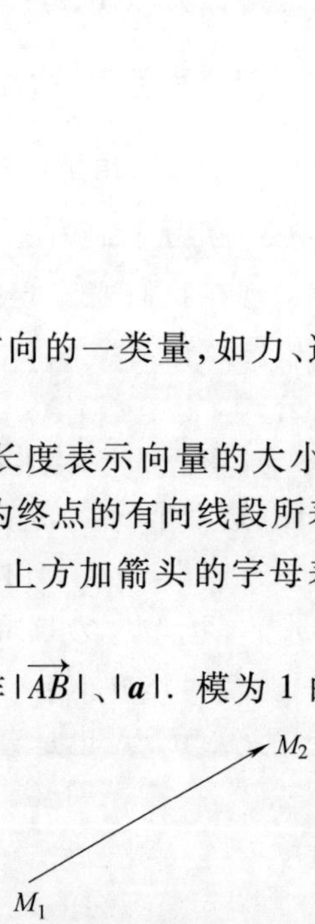

在空间直角坐标系中,以坐标原点 O 为始点,以空间一点 M 为终点的向量 $\overrightarrow{OM}$ 叫做点 M 的向径,记作 r 即 $r =$

图　8-5

$\overrightarrow{OM}$.

通常在研究向量时,只关注向量的方向和大小,而不考虑它的始点位置.所以,在数学上只考虑与起点无关的向量并称为**自由向量**,简称向量.

如果两个向量 a 和 b 的模相等,且方向相同,就说向量 a 和 b 是相等的,记为 $a = b$.两个向量相等就是说,经过平行移动后它们能够完全重合.

如果两个向量 a 和 b 的方向相同或相反,就称向量 a 与 b 平行,记做 $a /\!/ b$.

二、向量的线性运算

1. 向量的加减法

根据物理学中关于力和速度的合成法则,我们用平行四边形法则来确定向量的加法运算.

对任意两个向量 a 和 b,将它们的始点放在一起,并以 a 和 b 为邻边,作一平行四边形,则与 a,b 有共同始点的对角线向量 c(图 8-6)就叫做向量 a 与 b 的和,记作

$$c = a + b.$$

在图 8-6 中有 $\overrightarrow{OB} = \overrightarrow{AC}$ 所以

$$c = \overrightarrow{OC} = \overrightarrow{OA} + \overrightarrow{AC}.$$

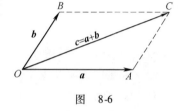

图　8-6

由此可知,以 a 的终点为始点作向量 b,则以 a 的始点为始点,以 b 的终点为终点的向量 c 就是向量 a 与 b 的和,这一法则叫**三角形法则**.

按三角形法则,可以确定任意有限个向量的和.其方法如下:将这些向量依次首尾相接,由第一个向量的起点到最后一个向量的终点所连的向量即为这些向量的和.如图 8-7 所示,有

$$s = a_1 + a_2 + a_3 + a_4 + a_5.$$

容易证明向量的加法具有下列运算规律:

交换律:$a + b = b + a$;

结合律:$(a + b) + c = a + (b + c)$(参见图 8-8);

对于零向量和负向量还有 $a + \vec{0} = a, a + (-a) = \vec{0}$.

设 a 与 b 为任意两向量,则称 $a + (-b)$ 为向量 a 与 b 的差,记作

$$a - b = a + (-b).$$

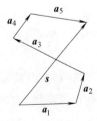

图　8-7

a 与 b 的差向量 $a - b$ 实际上是以 b 的终点为始点,a 的终点为终点的向量(如图 8-9 所示).

2. 向量与数的乘法

定义实数 λ 与向量 a 的乘积 $\lambda a (= a\lambda)$ 是这样的一个

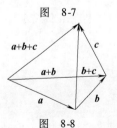

图　8-8

向量:它的模 $|\lambda a| = |\lambda||a|$,当 $\lambda > 0$ 时,λa 与 a 同向;当 $\lambda < 0$ 时,λa 与 a 反向;当 $\lambda = 0$ 时,$\lambda a = \vec{O}$(见图 8-10).

向量与数的乘法具有下列运算规律:

结合律:$\lambda(\mu a) = \mu(\lambda a) = (\lambda\mu)a$;

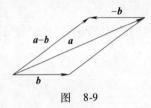
图 8-9

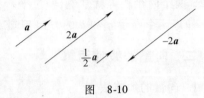
图 8-10

分配律:$(\lambda + \mu)a = \lambda a + \mu a, \lambda(a + b) = \lambda a + \lambda b$.

设 a 为非零向量,a^0 为与 a 同向的单位向量,则有

$$a = |a|a^0 \text{ 或 } a^0 = \frac{a}{|a|}.$$

根据数与向量乘积的定义可以得出如下结论:

两个非零向量 a 与 b 平行的充分必要条件是,存在实数 λ,使得 $a = \lambda b$.

3. 向量的坐标

在空间直角坐标系 $Oxyz$ 的 x 轴、y 轴和 z 轴上分别取方向与坐标轴正向一致的单位向量 i,j,k,这些向量叫做空间直角坐标系的**基本单位向量**.

设 $M(x,y,z)$ 为任意一点,$P(x,0,0),Q(0,y,0),R(0,0,z)$ 分别为 x 轴、y 轴、z 轴上对应的点(图 8-11),则

$$\overrightarrow{OP} = xi, \overrightarrow{OQ} = yj, \overrightarrow{OR} = zk.$$

$$\overrightarrow{OM} = \overrightarrow{ON} + \overrightarrow{NM} = \overrightarrow{OP} + \overrightarrow{OQ} + \overrightarrow{OR} = xi + yj + zk.$$

一般地,如果向量 a 可表示为

$$a = a_x i + a_y j + a_z k. \tag{1}$$

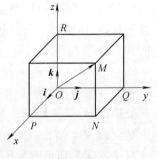
图 8-11

则称此式为向量 a 按基本单位向量的**分解式**,$a_x i$,$a_y j, a_z k$ 分别为向量 a 在三个坐标方向的**分向量**,a_x,a_y, a_z 分别为向量 a 在三个坐标轴上的**投影**,也称为向量 a 的**坐标**. 式(1)也记为 $a = \{a_x, a_y, a_z\}$. 由此以点 $M(x,y,z)$ 为终点的向量 $\overrightarrow{OM} = \{x,y,z\}$.

设 $a = \{a_x, a_y, a_z\}$,$b = \{b_x, b_y, b_z\}$ 则

$$|a| = \sqrt{a_x^2 + a_y^2 + a_z^2}.$$

$$a + b = (a_x i + a_y j + a_z k) + (b_x i + b_y j + b_z k)$$
$$= (a_x + b_x)i + (a_y + b_y)j + (a_z + b_z)k.$$

$$\lambda a = \lambda(a_x i + a_y j + a_z k) = \lambda a_x i + \lambda a_y j + \lambda a_z k.$$

即 $\{a_x, a_z, a_z\} + \{b_x, b_z, b_z\} = \{a_x + b_x, a_y + b_y, a_z + b_z\}$,

$$\lambda \{a_x, a_y, a_z\} = \{\lambda a_x, \lambda a_y, \lambda a_z\}.$$

若 $|b| \neq 0$，则 $a /\!/ b$ 的充分必要条件为存在实数 λ，使得 $\{a_x, a_y, a_z\} = \{\lambda b_x, \lambda b_y, \lambda b_z\}$，或

$$\frac{a_x}{b_x} = \frac{a_y}{b_y} = \frac{a_z}{b_z}. \tag{2}$$

在 b_x, b_y, b_z 中若有为零的量（但不全为零）时，应把等式（2）看成一种简便写法. 例如 $\dfrac{a_x}{0} = \dfrac{a_y}{b_y} = \dfrac{a_z}{b_z} (b_y \neq 0, b_z \neq 0)$ 理解为 $a_x = 0$、$\dfrac{a_y}{b_y} = \dfrac{a_z}{b_z}$，而 $\dfrac{a_x}{0} = \dfrac{a_y}{0} = \dfrac{a_z}{b_z} (b_z \neq 0)$ 理解为 $a_x = 0$、$a_y = 0$.

由此，引入向量的坐标后，向量间的线性运算成为对其坐标的线性运算.

设 $M_1(x_1, y_1, z_1)$、$M_2(x_2, y_2, z_2)$ 为任意两点，作向量 $\overrightarrow{OM_1} = \{x_1, y_1, z_1\}$，$\overrightarrow{OM_2} = \{x_2, y_2, z_2\}$，则有 $\overrightarrow{OM_1} + \overrightarrow{M_1M_2} = \overrightarrow{OM_2}$ 及

$$\overrightarrow{M_1M_2} = \overrightarrow{OM_2} - \overrightarrow{OM_1} = \{x_2, y_2, z_2\} - \{x_1, y_1, z_1\}$$
$$= \{x_2 - x_1, y_2 - y_1, z_2 - z_1\}.$$

例 1 设 $A(x_1, y_1, z_1)$、$B(x_2, y_2, z_2)$ 为两已知点，而在直线 AB 上的点 M 把有向线段 $\overrightarrow{AB}$ 分为两个有向线段 $\overrightarrow{AM}$ 与 $\overrightarrow{MB}$，使它们的值的比等于某数 $\lambda (\lambda \neq -1)$（图 8-12）. 即

$$\overrightarrow{AM} = \lambda \overrightarrow{MB}.$$

求分点 M 的坐标.

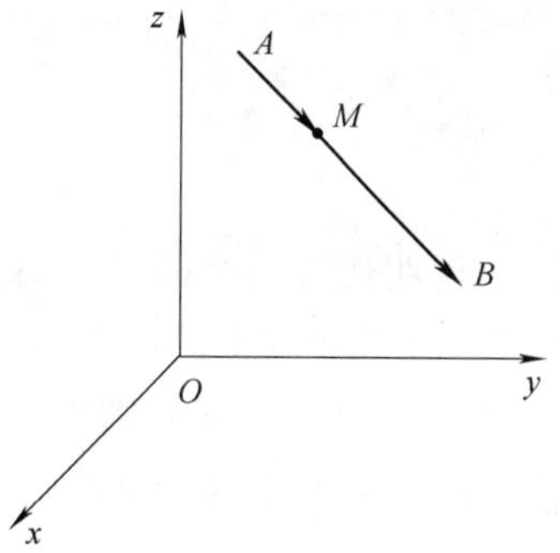

图 8-12

解 设分点为 $M(x, y, z)$，则
$$\overrightarrow{AM} = \{x - x_1, y - y_1, z - z_1\},$$
$$\overrightarrow{MB} = \{x_2 - x, y_2 - y, z_2 - z\},$$
因此，有
$$\{x - x_1, y - y_1, z - z_1\} = \lambda \{x_2 - x, y_2 - y, z_2 - z\}.$$
即
$$x - x_1 = \lambda (x_2 - x),$$
$$y - y_1 = \lambda (y_2 - y),$$
$$z - z_1 = \lambda (z_2 - z).$$
解得
$$x = \frac{x_1 + \lambda x_2}{1 + \lambda}, \quad y = \frac{y_1 + \lambda y_2}{1 + \lambda}, \quad z = \frac{z_1 + \lambda z_2}{1 + \lambda}.$$
点 M 叫做有向线段 $\overrightarrow{AB}$ 的定比分点. 当 $\lambda = 1$ 时，点 M 是有向线段 $\overrightarrow{AB}$ 的中点，其坐标为
$$x = \frac{x_1 + x_2}{2}, \quad y = \frac{y_1 + y_2}{2}, \quad z = \frac{z_1 + z_2}{2}.$$

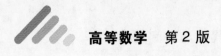

4. 向量的方向余弦

设有两个非零向量,将它们的起点平移到同一点 O,作 $\overrightarrow{OA} = \boldsymbol{a}$, $\overrightarrow{OB} = \boldsymbol{b}$, 我们称位于 0 与 π 之间的角 $\angle AOB$ ($0 \leqslant \theta \leqslant \pi$) 为向量 $\boldsymbol{a}$ 与 $\boldsymbol{b}$ 的**夹角**(图 8-13), 记为 $(\widehat{\boldsymbol{a}, \boldsymbol{b}})$ 或 $(\widehat{\boldsymbol{b}, \boldsymbol{a}})$. 以 θ 表示 $\boldsymbol{a}$ 与 $\boldsymbol{b}$ 的夹角, 则 $\theta = (\widehat{\boldsymbol{a}, \boldsymbol{b}})$.

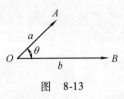

图 8-13

如果 $\boldsymbol{a}$ 与 $\boldsymbol{b}$ 中有一个是零向量, 则规定它们的夹角可在 0 与 π 之间任意取值.

类似地可定义向量与轴的夹角.

设向量 $\boldsymbol{a}$ 与三个坐标轴正向间的夹角分别为 α, β, γ (图 8-14), 则称角 α, β, γ 为向量 $\boldsymbol{a}$ 的**方向角**, 它们的余弦 $\cos \alpha, \cos \beta, \cos \gamma$ 称为向量 $\boldsymbol{a}$ 的**方向余弦**. 易知

$$\cos \alpha = \frac{a_x}{|\boldsymbol{a}|} = \frac{a_x}{\sqrt{a_x^2 + a_y^2 + a_z^2}},$$

$$\cos \beta = \frac{a_y}{|\boldsymbol{a}|} = \frac{a_y}{\sqrt{a_x^2 + a_y^2 + a_z^2}},$$

$$\cos \gamma = \frac{a_z}{|\boldsymbol{a}|} = \frac{a_z}{\sqrt{a_x^2 + a_y^2 + a_z^2}},$$

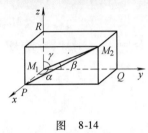

图 8-14

因此,

$$\cos^2 \alpha + \cos^2 \beta + \cos^2 \gamma = 1. \tag{3}$$

式(3)说明任意一个向量和空间坐标轴的三个夹角的角度当其他两个角度确定后, 第三个角度受到式(3)的约束.

与向量 $\boldsymbol{a}$ 方向一致的单位向量为 $\boldsymbol{a}^0 = \{\cos \alpha, \cos \beta, \cos \gamma\}$.

例 2 设 $\boldsymbol{a} = \{1, -1, 2\}$. 计算向量 $\boldsymbol{a}$ 的模、方向余弦.

解
$$|\boldsymbol{a}| = \sqrt{1^2 + (-1)^2 + 2^2} = \sqrt{6},$$

$$\cos \alpha = \frac{1}{\sqrt{6}}, \cos \beta = -\frac{1}{\sqrt{6}}, \cos \gamma = -\frac{2}{\sqrt{6}}.$$

5. 向量在轴上的投影

设点 O 及单位向量 $\boldsymbol{e}$ 确定 u 轴(图 8-15). 任给向量 $\boldsymbol{r}$, 作 $\overrightarrow{OM} = \boldsymbol{r}$, 再过点 M 作与 u 轴垂直的平面交 u 轴于 M'(点 M' 叫作点 M 在 u 轴上的投影), 设 $\overrightarrow{OM'} = \lambda \boldsymbol{e}$, 则数 λ 称为向量 $\boldsymbol{r}$ 在 u 轴上的**投影**, 记作 $\mathrm{Prj}_u \boldsymbol{r}$. 同样, 可以定义向量 $\boldsymbol{a}$ 在另一向量 $\boldsymbol{b}$ 上的投影 $\mathrm{Prj}_b \boldsymbol{a}$.

按此定义, 向量 $\boldsymbol{a}$ 在直角坐标系 $Oxyz$ 中的坐标 a_x, a_y, a_z 就是 $\boldsymbol{a}$ 在三条坐标轴上的投影, 即

$$a_x = \mathrm{Prj}_x \boldsymbol{r}, a_y = \mathrm{Prj}_y \boldsymbol{r}, a_z = \mathrm{Prj}_z \boldsymbol{r}.$$

可以证明(证明略), 向量的投影具有如下性质.

性质 1 $\mathrm{Prj}_u \boldsymbol{a} = |\boldsymbol{a}| \cos \varphi$, 其中 φ 为向量 $\boldsymbol{a}$ 与 u 轴的

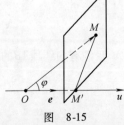

图 8-15

夹角；

性质 2　$\text{Prj}_u(\boldsymbol{a}+\boldsymbol{b})=\text{Prj}_u\boldsymbol{a}+\text{Prj}_u\boldsymbol{b}$；

性质 3　$\text{Prj}_u(\lambda\boldsymbol{a})=\lambda\text{Prj}_u\boldsymbol{a}$.

三、向量的数量积

1. 数量积概念

由力学知识知道,如果一物体在常力 $\boldsymbol{F}$ 的作用下沿直线由点 M_1 移到点 M_2,以 $\boldsymbol{s}$ 表示位移 $\overrightarrow{M_1M_2}$,以 θ 表示力 $\boldsymbol{F}$ 与位移 $\boldsymbol{s}$ 的夹角(如图 8-16 所示),则力 $\boldsymbol{F}$ 所做的功为

$$W=|\boldsymbol{F}||\boldsymbol{s}|\cos\theta.$$

一般地,设有两个向量 $\boldsymbol{a}$ 与 $\boldsymbol{b}$,它们的夹角为 θ,则称

$$|\boldsymbol{a}||\boldsymbol{b}|\cos\theta=|\boldsymbol{b}|\text{Prj}_b\boldsymbol{a}=|\boldsymbol{a}|\text{Prj}_a\boldsymbol{b}$$

为向量 $\boldsymbol{a}$ 与向量 $\boldsymbol{b}$ 的**数量积**,记作 $\boldsymbol{a}\cdot\boldsymbol{b}$. 即

$$\boldsymbol{a}\cdot\boldsymbol{b}=|\boldsymbol{a}||\boldsymbol{b}|\cos\theta.$$

由此定义,上述的功可表示为 $W=\boldsymbol{F}\cdot\boldsymbol{s}$.

图　8-16

由定义可知

$$\boldsymbol{a}\cdot\boldsymbol{a}=|\boldsymbol{a}|^2\quad\text{或}\quad|\boldsymbol{a}|=\sqrt{\boldsymbol{a}\cdot\boldsymbol{a}}.$$

由定义还有

$$\boldsymbol{a}\cdot\boldsymbol{b}=|\boldsymbol{b}|\text{Prj}_b\boldsymbol{a}\quad(|\boldsymbol{b}|\neq0),$$

$$\boldsymbol{a}\cdot\boldsymbol{b}=|\boldsymbol{a}|\text{Prj}_a\boldsymbol{b},(|\boldsymbol{a}|\neq0).$$

对于两个非零向量 $\boldsymbol{a}$ 与 $\boldsymbol{b}$,它们的夹角 θ 的余弦为

$$\cos\theta=\frac{\boldsymbol{a}\cdot\boldsymbol{b}}{|\boldsymbol{a}||\boldsymbol{b}|}.$$

由此可得,两个非零向量 $\boldsymbol{a}$ 与 $\boldsymbol{b}$ 垂直的充分必要条件是:它们的数量积等于零,即 $\boldsymbol{a}\cdot\boldsymbol{b}=0$.

可以证明(证明从略)数量积符合下列运算规律:

(1) $\boldsymbol{a}\cdot\boldsymbol{b}=\boldsymbol{b}\cdot\boldsymbol{a}$;

(2) $(\boldsymbol{a}+\boldsymbol{b})\cdot\boldsymbol{c}=\boldsymbol{a}\cdot\boldsymbol{c}+\boldsymbol{b}\cdot\boldsymbol{c}$;

(3) $\lambda(\boldsymbol{a}\cdot\boldsymbol{b})=(\lambda\boldsymbol{a})\cdot\boldsymbol{b}=\boldsymbol{a}\cdot(\lambda\boldsymbol{b})$,($\lambda$ 为数).

2. 数量积的坐标表示

设向量 $\boldsymbol{a}=\{a_x,a_y,a_z\}$,$\boldsymbol{b}=\{b_x,b_y,b_z\}$,根据数量积的运算规律,有

$$\begin{aligned}
\boldsymbol{a}\cdot\boldsymbol{b}&=(a_x\boldsymbol{i}+a_y\boldsymbol{j}+a_z\boldsymbol{k})\cdot(b_x\boldsymbol{i}+b_y\boldsymbol{j}+b_z\boldsymbol{k})\\
&=a_x\boldsymbol{i}\cdot(b_x\boldsymbol{i}+b_y\boldsymbol{j}+b_z\boldsymbol{k})+a_y\boldsymbol{j}\cdot(b_x\boldsymbol{i}+b_y\boldsymbol{j}+b_z\boldsymbol{k})+a_z\boldsymbol{k}\cdot(b_x\boldsymbol{i}+b_y\boldsymbol{j}+b_z\boldsymbol{k})\\
&=a_xb_x\boldsymbol{i}\cdot\boldsymbol{i}+a_xb_y\boldsymbol{i}\cdot\boldsymbol{j}+a_xb_z\boldsymbol{i}\cdot\boldsymbol{k}+a_yb_x\boldsymbol{j}\cdot\boldsymbol{i}+a_yb_y\boldsymbol{j}\cdot\boldsymbol{j}+a_yb_z\boldsymbol{j}\cdot\boldsymbol{k}+\\
&\quad a_zb_x\boldsymbol{k}\cdot\boldsymbol{i}+a_zb_y\boldsymbol{k}\cdot\boldsymbol{j}+a_zb_z\boldsymbol{k}\cdot\boldsymbol{k}.
\end{aligned}$$

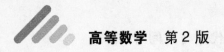

由于 i,j,k 互相垂直,故
$$i \cdot j = j \cdot i = i \cdot k = k \cdot i = j \cdot k = k \cdot j = 0,$$
而 i,j,k 为单位向量,故
$$i \cdot i = j \cdot j = k \cdot k = 1,$$
所以
$$a \cdot b = a_x b_x + a_y b_y + a_z b_z.$$
此式为两个向量的数量积的坐标表示式.

当 a,b 都不是零向量时,有
$$\cos \theta = \frac{a \cdot b}{|a||b|} = \frac{a_x b_x + a_y b_y + a_z b_z}{\sqrt{a_x^2 + a_y^2 + a_z^2}\sqrt{b_x^2 + b_y^2 + b_z^2}}.$$
所以两个向量 a 与 b 互相垂直的充分必要条件是
$$a_x b_x + a_y b_y + a_z b_z = 0.$$

例 3 验证以三点 $A(1,2,0),B(2,0,-1),C(2,5,-5)$ 为顶点的三角形是直角三角形.

解 $\overrightarrow{AB} = \{1,-2,-1\},\overrightarrow{AC} = \{1,3,-5\}$,而
$$\overrightarrow{AB} \cdot \overrightarrow{AC} = 1 \times 1 + (-2) \times 3 + (-1) \times (-5) = 0,$$
所以,$\overrightarrow{AB}$ 与 $\overrightarrow{AC}$ 垂直,故这个三角形是直角三角形.

例 4 设 $2a + 5b$ 与 $a - b$ 垂直,$2a + 3b$ 与 $a - 5b$ 垂直,求 $(\widehat{a,b})$.

解 依题意,有
$$(2a + 5b) \cdot (a - b) = 0,$$
$$(2a + 3b) \cdot (a - 5b) = 0,$$
即
$$2|a|^2 + 3a \cdot b - 5|b|^2 = 0,$$
$$2|a|^2 - 7a \cdot b - 15|b|^2 = 0.$$

由这两个方程解出
$$a \cdot b = -|b|^2, |a| = 2|b|,$$
故有
$$\cos(\widehat{a,b}) = \frac{a \cdot b}{|a||b|} = \frac{-|b|^2}{2|b||b|} = -\frac{1}{2}.$$
所以,向量 a 与 b 的夹角为 $\dfrac{2\pi}{3}$.

四、向量的向量积

1. 向量积的概念

在力学和物理学中还会遇到由两个向量确定第三个向量的运算. 例如,设 O 为一根杠杆 L 的支点,力 F 作用于这个杠杆上点 P 处,F 与向量 $r = \overrightarrow{OP}$ 的夹角为 θ (图 8-17),力臂 $p = |\overrightarrow{OQ}| = |r|\sin\theta$. 在力学中,力 F 对支点 O 的力矩用一个向量 M

来表示,它的模为

$$|M| = p|F| = |r||F|\sin\theta,$$

而 M 的方向垂直于 $\overrightarrow{OP}$ 与 F 所确定的平面, M 的指向是按右手规则从 $\overrightarrow{OP}$ 以不超过 π 的角转向 F 来确定的(图 8-18).

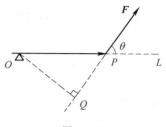

图　8-17

从上面问题可以看出,向量 $\overrightarrow{OP}$ 与 F 完全确定了向量 M.

一般地,有如下定义:

两个向量 a 与 b 的**向量积**是一个向量 c,记作 $a \times b$,即 $c = a \times b$,它满足三个条件

(1) $|c| = |a||b|\sin\theta$,其中 θ 为 a 与 b 间的夹角;

(2) c 的方向同时垂直于 a 与 b,或即垂直于 a 与 b 所确定的平面;

(3) c 的指向按右手规则从 a 转向 b 来确定.

根据向量积的定义,上面的力矩 M 等于 $\overrightarrow{OP}$ 与 F 的向量积,即

$$M = r \times F = \overrightarrow{OP} \times F.$$

由向量积的定义可以证明向量积具有下列性质:

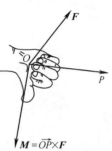

$M = \overrightarrow{OP} \times F$

图　8-18

(1) $a \times a = 0$;

(2) a 与 b 平行的充分必要条件是 $a \times b = 0$;

(3) $b \times a = -a \times b$;

(4) $(a + b) \times c = a \times c + b \times c$;

　　$a \times (b + c) = a \times b + a \times c$;

(5) $\lambda(a \times b) = (\lambda a) \times b = a \times (\lambda b)$.

对于基本单位向量有如下关系

$$i \times j = k, j \times k = i, k \times i = j, j \times i = -k, k \times j = -i, i \times k = -j.$$

2. 向量积的坐标表示

设向量 $a = \{a_x, a_y, a_z\}$, $b = \{b_x, b_y, b_z\}$,根据向量积的运算规律,有

$$\begin{aligned}
a \times b &= (a_x i + a_y j + a_z k) \times (b_x i + b_y j + b_z k) \\
&= a_x i \times (b_x i + b_y j + b_z k) + a_y j \times (b_x i + b_y j + b_z k) + a_z k \times (b_x i + b_y j + b_z k) \\
&= a_x b_x i \times i + a_x b_y i \times j + a_x b_z i \times k + a_y b_x j \times i + a_y b_y j \times j + a_y b_z j \times k + \\
&\quad a_z b_x k \times i + a_z b_y k \times j + a_z b_z k \times k \\
&= (a_y b_z - a_z b_y) i - (a_x b_z - a_z b_x) j + (a_x b_y - a_y b_x) k \\
&= \begin{vmatrix} a_y & a_z \\ b_y & b_z \end{vmatrix} i - \begin{vmatrix} a_x & a_z \\ b_x & b_z \end{vmatrix} j + \begin{vmatrix} a_x & a_y \\ b_x & b_y \end{vmatrix} k.
\end{aligned}$$

287

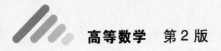

借用三阶行列式运算的规则,上式可以写为

$$\boldsymbol{a} \times \boldsymbol{b} = \begin{vmatrix} \boldsymbol{i} & \boldsymbol{j} & \boldsymbol{k} \\ a_x & a_y & a_z \\ b_x & b_y & b_z \end{vmatrix}.$$

由此,两向量平行的充分必要条件是

$$a_y b_z - a_z b_y = 0, a_z b_x - a_x b_z = 0, a_x b_y - a_y b_x = 0. \tag{4}$$

它与式(2)一致.

例5 设 $\boldsymbol{a} = \{1,2,3\}, \boldsymbol{b} = \{-1,1,-2\}$,求 $\boldsymbol{a} \times \boldsymbol{b}$.

解
$$\boldsymbol{a} \times \boldsymbol{b} = \begin{vmatrix} \boldsymbol{i} & \boldsymbol{j} & \boldsymbol{k} \\ 1 & 2 & 3 \\ -1 & 1 & -2 \end{vmatrix} = -7\boldsymbol{i} - \boldsymbol{j} + 3\boldsymbol{k} = \{-7, -1, 3\}.$$

例6 已知 $\overrightarrow{OA} = \{1,0,3\}, \overrightarrow{OB} = \{0,1,3\}$,试求 $\triangle OAB$ 的面积.

解 根据向量积的定义可知 $\triangle OAB$ 的面积

$$S = \frac{1}{2} |\overrightarrow{OA} \times \overrightarrow{OB}|$$

$$= \frac{1}{2} \left| \begin{vmatrix} \boldsymbol{i} & \boldsymbol{j} & \boldsymbol{k} \\ 1 & 0 & 3 \\ 0 & 1 & 3 \end{vmatrix} \right| = \frac{1}{2} |-3\boldsymbol{i} - 3\boldsymbol{j} + \boldsymbol{k}| = \frac{1}{2}\sqrt{19}.$$

五*、向量的混合积

设已知三个向量 $\boldsymbol{a}, \boldsymbol{b}$ 和 $\boldsymbol{c}$. 如果先作两向量 $\boldsymbol{a}$ 和 $\boldsymbol{b}$ 的向量积 $\boldsymbol{a} \times \boldsymbol{b}$,把所得到的向量与第三个向量 $\boldsymbol{c}$ 再作数量积 $(\boldsymbol{a} \times \boldsymbol{b}) \cdot \boldsymbol{c}$,这样得到的数量叫做三向量 $\boldsymbol{a}, \boldsymbol{b}, \boldsymbol{c}$ 的混合积,记作 $[\boldsymbol{a} \ \boldsymbol{b} \ \boldsymbol{c}]$.

下面我们来推出三向量的混合积的坐标表达式.

设 $\boldsymbol{a} = \{a_x, a_y, a_z\}$, $\boldsymbol{b} = \{b_x, b_y, b_z\}$, $\boldsymbol{c} = (c_x, c_y, c_z)$,

因为 $\boldsymbol{a} \times \boldsymbol{b} = \begin{vmatrix} \boldsymbol{i} & \boldsymbol{j} & \boldsymbol{k} \\ a_x & a_y & a_z \\ b_x & b_y & b_z \end{vmatrix}$

$$= \begin{vmatrix} a_y & a_z \\ b_y & b_z \end{vmatrix} \boldsymbol{i} - \begin{vmatrix} a_x & a_z \\ b_x & b_z \end{vmatrix} \boldsymbol{j} + \begin{vmatrix} a_x & a_y \\ b_x & b_y \end{vmatrix} \boldsymbol{k},$$

再按两向量的数量积的坐标表达式,便得

$$[\boldsymbol{a} \ \boldsymbol{b} \ \boldsymbol{c}] = (\boldsymbol{a} \times \boldsymbol{b}) \cdot \boldsymbol{c}$$

$$= c_x \begin{vmatrix} a_y & a_z \\ b_y & b_z \end{vmatrix} - c_y \begin{vmatrix} a_x & a_z \\ b_x & b_z \end{vmatrix} + c_z \begin{vmatrix} a_x & a_y \\ b_x & b_y \end{vmatrix},$$

或

$$[\boldsymbol{a}\ \boldsymbol{b}\ \boldsymbol{c}] = \begin{vmatrix} a_x & a_y & a_z \\ b_x & b_y & b_z \\ c_x & c_y & c_z \end{vmatrix}.$$

向量的混合积有下述几何意义：

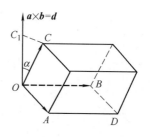

图　8-19

向量的混合积 $[\boldsymbol{a}\ \boldsymbol{b}\ \boldsymbol{c}] = (\boldsymbol{a} \times \boldsymbol{b}) \cdot \boldsymbol{c}$ 是这样一个数，它的绝对值表示以向量 $\boldsymbol{a},\boldsymbol{b},\boldsymbol{c}$ 为棱的平行六面体的体积．如果向量 $\boldsymbol{a},\boldsymbol{b},\boldsymbol{c}$ 组成右手系（即 $\boldsymbol{c}$ 的指向按右手规则从 $\boldsymbol{a}$ 转向 $\boldsymbol{b}$ 来确定），那么混合积的符号是正的；如果 $\boldsymbol{a},\boldsymbol{b},\boldsymbol{c}$ 组成左手系（即 $\boldsymbol{c}$ 的指向按左手规则从 $\boldsymbol{a}$ 转向 $\boldsymbol{b}$ 来确定），那么混合积的符号是负的．

事实上，设 $\overrightarrow{OA} = \boldsymbol{a}, \overrightarrow{OB} = \boldsymbol{b}, \overrightarrow{OC} = \boldsymbol{c}$ 按向量积的定义，向量积 $\boldsymbol{a} \times \boldsymbol{b} = \boldsymbol{d}$ 是一个向量，它的模在数值上等于以向量 $\boldsymbol{a}$ 和 $\boldsymbol{b}$ 为边所作平行四边形 $OADB$ 的面积，它的方向垂直于这平行四边形的平面，且当 $\boldsymbol{a},\boldsymbol{b},\boldsymbol{c}$ 组成右手系时，向量 $\boldsymbol{d}$ 与向量 $\boldsymbol{c}$ 朝着这平面的同侧（图 8-19）；当 $\boldsymbol{a},\boldsymbol{b},\boldsymbol{c}$ 组成左手系时，向量 $\boldsymbol{d}$ 与向量 $\boldsymbol{c}$ 朝着这平面的异侧．所以，如设 $\boldsymbol{d}$ 与 $\boldsymbol{c}$ 的夹角为 α，那么 $\boldsymbol{a},\boldsymbol{b},\boldsymbol{c}$ 组成右手系时，α 为锐角；当 $\boldsymbol{a},\boldsymbol{b},\boldsymbol{c}$ 组成左手系时，α 为钝角．由于

$$[\boldsymbol{a}\ \boldsymbol{b}\ \boldsymbol{c}] = (\boldsymbol{a} \times \boldsymbol{b}) \cdot \boldsymbol{c} = |\boldsymbol{a} \times \boldsymbol{b}||\boldsymbol{c}|\cos\alpha,$$

所以当 $\boldsymbol{a},\boldsymbol{b},\boldsymbol{c}$ 组成右手系时，$[\boldsymbol{a}\ \boldsymbol{b}\ \boldsymbol{c}]$ 为正；当 $\boldsymbol{a},\boldsymbol{b},\boldsymbol{c}$ 组成左手系时，$[\boldsymbol{a}\ \boldsymbol{b}\ \boldsymbol{c}]$ 为负．

因为以向量 $\boldsymbol{a},\boldsymbol{b},\boldsymbol{c}$ 为棱的平行六面体的底（平行四边形 $OADB$）的面积 A 在数值上等于 $|\boldsymbol{a} \times \boldsymbol{b}|$，它的高 h 等于向量 $\boldsymbol{c}$ 在向量 $\boldsymbol{d}$ 上的投影的绝对值，即

$$h = |\mathrm{Prj}_{\boldsymbol{d}}\boldsymbol{c}| = |\boldsymbol{c}||\cos\alpha|,$$

所以平行六面体的体积

$$V = Ah = |\boldsymbol{a} \times \boldsymbol{b}||\boldsymbol{c}||\cos\alpha| = |[\boldsymbol{a}\ \boldsymbol{b}\ \boldsymbol{c}]|.$$

例 7　给出空间的四点：$A(x_1,y_1,z_1), B(x_2,y_2,z_2), C(x_3,y_3,z_3), D(x_4,y_4,z_4)$. 给出四个点在一个平面上的条件．

解　作向量 $\overrightarrow{AB}, \overrightarrow{AC}, \overrightarrow{AD}$，则这四点在一个平面的条件是以这三个向量为棱的平行六面体的体积为零，因而有

$$[\overrightarrow{AB}\ \ \overrightarrow{AC}\ \ \overrightarrow{AD}] = 0.$$

由于

$$\overrightarrow{AB} = \{x_2 - x_1, y_2 - y_1, z_2 - z_1\},$$

$$\overrightarrow{AC} = \{x_3 - x_1, y_3 - y_1, z_3 - z_1\},$$

$$\overrightarrow{AD} = \{x_4 - x_1, y_4 - y_1, z_4 - z_1\},$$

所以这四点在同一平面的条件是

$$\begin{vmatrix} x_2 - x_1 & y_2 - y_1 & z_2 - z_1 \\ x_3 - x_1 & y_3 - y_1 & z_3 - z_1 \\ x_4 - x_1 & y_4 - y_1 & z_4 - z_1 \end{vmatrix} = 0.$$

习题 8-2

1. 已知三点 A,B,C 的坐标分别为 $(1,0,0),(1,1,0),(1,1,1)$,求 D 点的坐标,使 $ABCD$ 成一平行四边形.

2. 设 $|a| = 5, |b| = 2, (\widehat{a,b}) = \dfrac{\pi}{3}$,求 $|2a - 3b|$.

3. 设 $a = i + 2j + 3k, b = 2i - 2j + 3k$,求 $(1) a + b$;$(2) a - b$;$(3) 2a - 3b$.

4. 设点 $A(2,2,\sqrt{2})$ 和 $B(1,3,0)$,计算向量 $\overrightarrow{AB}$ 的模、方向余弦和方向角.

5. 求与 $\overrightarrow{AB} = \{1, -2, 3\}$ 平行且 $\overrightarrow{AB} \cdot b = 28$ 的向量 b.

6. 计算 $(1)(2i - j) \cdot j$;$(2)(2i + 3j + 4k) \cdot k$;$(3)(i + 5j) \cdot i$.

7. 验证 $a = i + 3j - k$ 与 $b = 2i - j - k$ 垂直.

8. 已知 $a = i + j - 4k, b = 2i - 2j + k$,求

$(1) a \cdot b$;$(2) a \times b$;$(3) b$ 在 a 上的投影;(4) 同时垂直于 a 和 b 的单位向量;

$(5) c = 2a - (b \cdot a) \cdot b$;$(6)(5a + 6b) \cdot (a + b)$.

9. 举例说明下列等式不成立:

$(1)(a \cdot b)c - a(b \cdot c) = 0$;

$(2)(a \cdot b)^2 = a^2 \cdot b^2$;

$(3)(a \times b) \times c = a \times (b \times c)$.

10. 已知三角形 ABC 的顶点是 $A(1,2,3), B(3,4,5), C(2,4,7)$,求三角形 ABC 的面积.

11. 已知 $|a| = 1, |b| = 5, a \cdot b = -3$,求 $|a \times b|$.

第三节 平 面 方 程

与平面垂直的非零向量称为平面的**法向量**,法向量不是唯一的,它可以有正反两个方向.

我们的问题是,已知平面 Π 过定点 $M_0(x_0, y_0, z_0)$,且具有法向量 $n = \{A, B, C\}$.求平面 Π 的方程.

在平面 Π 上任取一点 $M(x, y, z)$,则向量 $\overrightarrow{M_0 M}$ 与法向量 n 垂直(图 8-20),即

$$n \cdot \overrightarrow{M_0 M} = 0.$$

而

$$\overrightarrow{M_0M} = \{x - x_0, y - y_0, z - z_0\}$$

故 $A(x - x_0) + B(y - y_0) + C(z - z_0) = 0.$ （1）
这就是平面 Π 上任一点 M 的坐标 (x, y, z) 所满足的
方程.

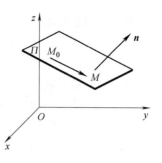

图 8-20

反之，如果点 $M(x, y, z)$ 不在平面 Π 上，那么向
量 $\overrightarrow{M_0M}$ 与 n 不垂直，故 $n \cdot \overrightarrow{M_0M} \neq 0$，即不在平面 Π
上的点 M 的坐标 (x, y, z) 不满足上述方程（1）. 综
上所述，方程（1）就是过定点 $M_0(x_0, y_0, z_0)$ 且法向
量为 $n = \{A, B, C\}$ 的平面 Π 的方程，称它为平面的
点法式方程.

例 1 求过三个点 $M_1(0, -1, 1)$、$M_2(-1, 0, -2)$ 和 $M_3(1, 2, 3)$ 的平面的方
程.

解 由于法向量 n 与向量 $\overrightarrow{M_1M_2}$、$\overrightarrow{M_1M_3}$ 都垂直，而 $\overrightarrow{M_1M_2} = \{-1, 1, -3\}$，
$\overrightarrow{M_1M_3} = \{1, 3, 2\}$，所以可取：

$$n = \overrightarrow{M_1M_2} \times \overrightarrow{M_1M_3} = \begin{vmatrix} i & j & k \\ -1 & 1 & -3 \\ 1 & 3 & 2 \end{vmatrix} = 11i - j - 4k.$$

为所求平面的法向量，于是，过点 $M_1(0, -1, 1)$ 以 n 为法向量的平面方程为

$$11x - (y + 1) - 4(z - 1) = 0,$$

即 $$11x - y - 4z + 3 = 0.$$

方程（1）可以写成更一般的形式

$$Ax + By + Cz + D = 0. \qquad (2)$$

反之，对于任何一个三元一次方程（2），取方程（2）的一组解 (x_0, y_0, z_0)，则有

$$Ax_0 + By_0 + Cz_0 + D = 0. \qquad (3)$$

式（2）、式（3）两式相减即得方程（1），因而方程（2）表示一个过点 (x_0, y_0, z_0)，以向
量 $\{A, B, C\}$ 为法向量的平面. 方程（2）称为平面的一般方程.

例 2 求过 z 轴和点 $(2, 3, 4)$ 的平面方程.

解 因为平面通过 z 轴，从而它的法向量垂直于 z 轴，于是，法向量在 z 轴上的
投影为零，即 $C = 0$；又由平面通过 z 轴，它必通过原点，于是，$D = 0$. 所以可设平面
方程为 $Ax + By = 0$. 将点 $(2, 3, 4)$ 的坐标代入方程有

$$2A + 3B = 0,$$

或 $$A = -\frac{3}{2}B.$$

以此代入所设方程并除以 $B(B \neq 0)$，便得所求的平面方程为

$$3x - 2y = 0.$$

例 3 平面的截距式方程.

已知平面与三个坐标轴的交点分别为 $P(a,0,0)$，$Q(0,b,0)$，$R(0,0,c)$（图 8-21），$a \neq 0$，$b \neq 0$，$c \neq 0$，求此平面方程.

解 设所求平面方程为
$$Ax + By + Cz + D = 0.$$

由题意，$(a,0,0)$，$(0,b,0)$，$(0,0,c)$ 这三点都在所求平面上，因此，它们的坐标分别满足方程，即有

$$\begin{cases} aA + D = 0, \\ bB + D = 0, \\ cC + D = 0. \end{cases}$$

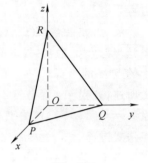

图 8-21

解得 $A = -\dfrac{D}{a}$，$B = -\dfrac{D}{b}$，$C = -\dfrac{D}{c}$.

将 A，B，C 代入方程并消去 D，得所求之平面方程为

$$\frac{x}{a} + \frac{y}{b} + \frac{z}{c} = 1.$$

此方程称为平面的**截距式方程**，a，b，c 称为平面在三坐标轴上的**截距**.

注 a，b，c 不一定是正数.

例 4 点到平面的距离.

给定一点 $M_1(x_1, y_1, z_1)$ 和一个平面 Σ：$Ax + By + Cz + D = 0$，求点 M_1 到平面 Σ 的距离.

解 在平面 Σ 上任取一点 $M_0(x_0, y_0, z_0)$（图 8-22），则点 M_1 到平面 Σ 的距离 d 可表示为

$$d = |\boldsymbol{n} \cdot \overrightarrow{M_0 M_1}|.$$

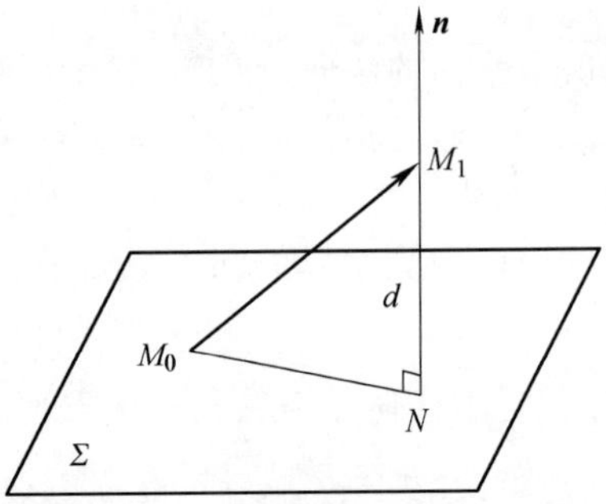

图 8-22

而 $\boldsymbol{n} = \dfrac{1}{\sqrt{A^2 + B^2 + C^2}}\{A, B, C\}$，

所以

$$d = \left| \frac{A(x_1 - x_0) + B(y_1 - y_0) + C(z_1 - z_0)}{\sqrt{A^2 + B^2 + C^2}} \right|$$

$$= \frac{|Ax_1 + By_1 + Cz_1 + D|}{\sqrt{A^2 + B^2 + C^2}}.$$

这就是点到平面的距离公式.

最后，简要说明一下两平面的关系.两平面的夹角（通常指锐角）可用两平面的法向量的夹角来定义，因此，两个平面之间的夹角归结为两个法向量之间的夹

角．由此,两平面平行、垂直的条件为相应的两个法向量的平行、垂直的条件．

习题 8-3

1. 一平面过点$(1,0,-1)$且平行于向量$\{2,1,1\}$,$\{1,-1,0\}$试求该平面方程．

2. 求过三个点 $M_1(2,-1,4)$、$M_2(-1,3,-2)$和$M_3(0,2,3)$的平面的方程．

3. 指出下列各平面的特殊位置．并画出各平面：

(1) $x=4$；(2) $2y-1=0$；(3) $2x+4y-5=0$；(4) $x-y=0$；(5) $x+y+z=4$.

4. 求过点$(2,0,-3)$且与两平面 $x-2y+4z-7=0$,$2x+y-2z+5=0$垂直的平面方程．

5. 求下列平面方程：

(1)过 x 轴和点$(-4,-3,-1)$；

(2)平行于 x 轴且过两点$(4,0,-2)$,$(5,1,7)$；

(3)垂直于平面 $x-4y+5z-1=0$ 且过原点和点$(-2,7,3)$.

6. 求过点$(2,1,-1)$,且在 x 轴和 y 轴上截距分别为 2 和 1 的平面方程．

7. 求过点 $M_1(4,1,2)$,$M_2(-3,5,-1)$且垂直于平面 $6x-2y+3z+7=0$ 的平面方程．

8. 求平面 $2x-2y+z+5=0$ 与各坐标面的夹角的余弦．

第四节　空间直线的方程

一、空间直线的一般方程

空间直线可以看做是两个不平行的平面的交线,因此,它可用两个关于 x,y,z 的三元一次方程所组成的方程组来表示．

设已知直线 L,过这条直线的任意两个平面 Π_1 和 Π_2 的方程(图 8-23)为

$$\Pi_1 : A_1 x + B_1 y + C_1 z + D_1 = 0,$$
$$\Pi_2 : A_2 x + B_2 y + C_2 z + D_2 = 0.$$

则直线 L 的方程为

$$\begin{cases} A_1 x + B_1 y + C_1 z + D_1 = 0, \\ A_2 x + B_2 y + C_2 z + D_2 = 0. \end{cases} \quad (1)$$

方程组(1)称为**空间直线 L 的一般方程**．

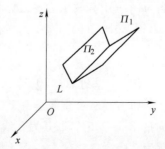

图　8-23

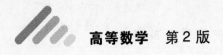

二、空间直线的对称式方程与参数方程

设向量 s 平行于直线 L，则向量 s 称为直线 L 的**方向向量**. 我们的问题是：已知直线 L 过一个定点 $M_0(x_0, y_0, z_0)$，其方向向量为 $s = \{m, n, p\}$. 求直线 L 的方程.

在直线 L 上任取一点 $M(x, y, z)$，作向量 $\overrightarrow{M_0M}$，则向量 $\overrightarrow{M_0M}$ 平行于向量 s（图 8-24），而 $\overrightarrow{M_0M} = \{x - x_0, y - y_0, z - z_0\}$，因此，有

$$\frac{x - x_0}{m} = \frac{y - y_0}{n} = \frac{z - z_0}{p}. \qquad (2)$$

方程(2)叫做**直线 L 的对称式方程**，其中 m, n, p 为直线 L 方向向量 s 的坐标.

在方程(2)中设比例常数为 t，即可将方程 (2)写成另一形式

$$\begin{cases} x = x_0 + mt, \\ y = y_0 + nt, \quad (-\infty < t < +\infty). \qquad (3) \\ z = z_0 + pt, \end{cases}$$

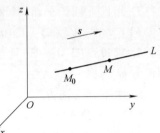

图 8-24

方程组(3)叫做**空间直线的参数方程**，其中 t 为参数.

直线的任一方向向量 s 的坐标 m, n, p 叫做这一直线的一组**方向数**，而 s 的方向余弦叫做这一直线的**方向余弦**. 因此，直线的方向数是与它的方向余弦成比例的一组数.

由于直线的方向向量 $|s| \neq 0$，所以 m, n, p 不能同时为零，当 m, n, p 中有一个为零，例如 $m = 0$ 而 $n \neq 0, p \neq 0$ 时方程组(2)应理解为

$$\begin{cases} x - x_0 = 0, \\ \dfrac{y - y_0}{n} = \dfrac{z - z_0}{p}. \end{cases}$$

当 m, n, p 中有两个为零，例如 $m = n = 0, p \neq 0$ 时方程组(2)应理解为

$$\begin{cases} x - x_0 = 0, \\ y - y_0 = 0. \end{cases}$$

例1 求过点 $(1, 0, 1)$ 且与平面 $x - 2y + 5z + 10 = 0$ 垂直的直线方程.

解 因所求直线垂直于已知平面，故此直线的方向向量必平行于该平面的法向量 $\{1, -2, 5\}$. 取其为直线的方向向量，由直线的对称式方程即可写出直线的方程为

$$\frac{x - 1}{1} = \frac{y}{-2} = \frac{z - 1}{5}.$$

例2　直线的两点式方程.

求过两点 $M_1(x_1,y_1,z_1)$、$M_2(x_2,y_2,z_2)$ 的直线方程.

解　取 $\overrightarrow{M_1M_2}$ 为所求直线的方向向量,则 $\overrightarrow{M_1M_2}=\{x_2-x_1,y_2-y_1,z_2-z_1\}$,由对称式方程(2)得所求直线的方程为

$$\frac{x-x_1}{x_2-x_1}=\frac{y-y_1}{y_2-y_1}=\frac{z-z_1}{z_2-z_1}.$$

这个方程称为**直线的两点式方程**.

例3　化直线的一般方程

$$\begin{cases}16x-2y-z+5=0,\\20x+y-3z+15=0\end{cases}$$

为对称式方程.

解　先找出直线上的一个点.

取 $x=0$ 代入题设方程组,解得 $y=0,z=5$,即 $(0,0,5)$ 为所求直线上的一个点.

再求出所求直线的方向向量.因为题设的两个平面的法向量 $\boldsymbol{n}_1=(16,-2,-1)$,$\boldsymbol{n}_2=(20,1,-3)$ 不平行,所以可取

$$\boldsymbol{s}=\boldsymbol{n}_1\times\boldsymbol{n}_2=\begin{vmatrix}\boldsymbol{i}&\boldsymbol{j}&\boldsymbol{k}\\16&-2&-1\\20&1&-3\end{vmatrix}=7\boldsymbol{i}+28\boldsymbol{j}+56\boldsymbol{k},$$

于是,所求直线的对称式方程为 $\dfrac{x}{7}=\dfrac{y}{28}=\dfrac{z-5}{56}$,即

$$\frac{x}{1}=\frac{y}{4}=\frac{z-5}{8}.$$

三、两直线的夹角

两直线的方向向量的夹角叫做**两直线的夹角**(通常指锐角).于是,设直线 L_1 与 L_2 的方向向量分别为 $\boldsymbol{s}_1=\{m_1,n_1,p_1\}$ 与 $\boldsymbol{s}_2=\{m_2,n_2,p_2\}$,按两向量夹角的余弦公式,直线 L_1 与 L_2 的夹角 θ 可由

$$\cos\theta=\frac{|m_1m_2+n_1n_2+p_1p_2|}{\sqrt{m_1^2+n_1^2+p_1^2}\sqrt{m_2^2+n_2^2+p_2^2}} \tag{4}$$

来确定.特别地,由两向量垂直、平行的条件可得:

两条直线互相垂直的条件为　$m_1m_2+n_1n_2+p_1p_2=0.$

两条直线互相平行的条件为　$\dfrac{m_1}{m_2}=\dfrac{n_1}{n_2}=\dfrac{p_1}{p_2}.$

四、直线与平面的夹角

当直线 L 与平面 Π 不平行时,过 L 作与 Π 垂直的平面 Π',两平面 Π 与 Π' 的交线 L' 叫做直线 L 在平面 Π 上的投影直线. 直线 L 和它在平面 Π 上的投影直线的夹角 φ,$(0 \leqslant \varphi \leqslant \dfrac{\pi}{2})$ 称为**直线与平面的夹角**. 如图 8-25 所示.

设直线 L 的方向向量为 $\boldsymbol{s} = \{m,n,p\}$,平面 Π 的法向量为 $\boldsymbol{n} = \{A,B,C\}$,因为直线的方向向量 $\boldsymbol{s} = \{m,n,p\}$ 与平面的法向量 $\boldsymbol{n} = \{A,B,C\}$ 的夹角为 $\dfrac{\pi}{2} - \varphi$ 或 $\dfrac{\pi}{2} + \varphi$,而

$$\sin \varphi = \cos\left(\dfrac{\pi}{2} - \varphi\right) = \left| \cos\left(\dfrac{\pi}{2} + \varphi\right) \right|,$$

所以

$$\sin \varphi = \dfrac{|Am + Bn + Cp|}{\sqrt{A^2 + B^2 + C^2}\sqrt{m^2 + n^2 + p^2}} \quad (5)$$

因为直线与平面平行相当于直线的方向向量与平面的法向量垂直,所以直线 L 与平面 Π 平行的充分必要条件是

$$Am + Bn + Cp = 0.$$

又因为直线与平面垂直相当于直线的方向向量与平面的法向量平行,所以直线 L 与平面 Π 垂直的充分必要条件是

$$\dfrac{A}{m} = \dfrac{B}{n} = \dfrac{C}{p}.$$

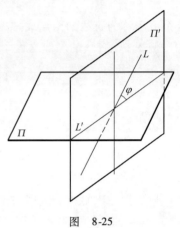

图 8-25

习题 8-4

1. 求过点 $(1,1,0)$ 且与平面 $2x - 3y + z - 2 = 0$ 垂直的直线方程.

2. 求过点 $(0,2,4)$ 且与两平面 $x + 2z = 0,y - 3z = 2$ 平行的直线方程.

3. 用对称式方程表示直线 $\begin{cases} x - y + z + 1 = 0, \\ 3x - 2y + z + 1 = 0. \end{cases}$

4. 求过点 $(2,4,0)$ 且与直线 $\begin{cases} x + 2y - 1 = 0, \\ y - 3z - 2 = 0 \end{cases}$ 垂直的平面方程.

5. 求直线 $\begin{cases} 5x - 3y + 3z - 9 = 0, \\ 3x - 2y + z - 1 = 0 \end{cases}$ 与直线 $\begin{cases} 2x + 2y - z + 23 = 0, \\ 3x + 8y + z - 18 = 0 \end{cases}$ 的夹角的余弦.

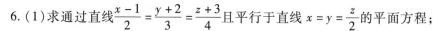

6. (1)求通过直线$\dfrac{x-1}{2}=\dfrac{y+2}{3}=\dfrac{z+3}{4}$且平行于直线$x=y=\dfrac{z}{2}$的平面方程;

(2)求过直线$\dfrac{x+1}{2}=\dfrac{y-1}{-1}=\dfrac{z-2}{3}$且平行于直线$\dfrac{x}{1}=\dfrac{y+2}{-2}=\dfrac{z-3}{-3}$的平面方程.

(3)求过点$(1,2,1)$且与直线$\begin{cases}x+2y-z+1=0,\\ x-y+z+5=0\end{cases}$和直线$\begin{cases}2x-y+z=0,\\ x-y+z=0\end{cases}$都平行的平面方程.

7. 求直线$\begin{cases}x+y+3z=0,\\ x-y-z=0\end{cases}$与平面$x-y-z+1=0$的夹角.

8. 证明直线$\begin{cases}x+2y-z=10,\\ -2x+y+z=1\end{cases}$与直线$\begin{cases}3x+6y-3z=1,\\ 2x-y-z=5\end{cases}$平行.

9. 确定下列各组中的直线和平面的关系:

(1)$\dfrac{x+3}{-2}=\dfrac{y+4}{-7}=\dfrac{z}{3}$和$4x-2y-2z=3$;

(2)$\dfrac{x}{3}=\dfrac{y}{-2}=\dfrac{z}{7}$和$3x-2y+7z=8$;

(3)$\dfrac{x-2}{3}=\dfrac{y+2}{1}=\dfrac{z-3}{-4}$和$x+y+z=3$.

10. 求点$(-1,2,0)$在平面$x+2y-z+1=0$上投影.

11. 求过点$M(1,2,-1)$且和直线$\dfrac{x+2}{2}=\dfrac{y-1}{-1}=\dfrac{z}{1}$垂直相交的直线方程.

第五节　曲面及其方程

一、曲面与方程

在空间解析几何中,任何曲面都可看成是点的几何轨迹. 在这个意义下,当取定坐标系以后,曲面Σ上点的共同性质可以利用该曲面上的点的坐标(x,y,z)满足的一个方程

$$F(x,y,z)=0 \qquad (1)$$

来表达,如平面可以用一个一般的方程$Ax+By+Cz+D=0$来表示.

一般的,如果曲面Σ上的点的坐标都满足方程(1),不在曲面Σ上的点的坐标都不满足方程(1),那么,方程(1)就称为**曲面Σ的方程**,而Σ称为方程(1)的**图形**(图8-26). 这样,对于一个曲面上点的几

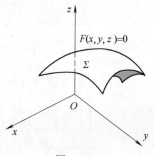

图　8-26

何性质的研究,就归结为对曲面上点的坐标所满足的方程的研究,从而可以用代数方法研究几何问题.

例 1　试求球心在点 $M_0(x_0,y_0,z_0)$,半径为 $R(R>0)$ 的球面方程.

解　设 $M(x,y,z)$ 是球面上的任意一点,则有

$$|M_0M| = R$$

即 $\sqrt{(x-x_0)^2+(y-y_0)^2+(z-z_0)^2} = R$,或者

$$(x-x_0)^2+(y-y_0)^2+(z-z_0)^2 = R^2,\qquad(2)$$

这就是所求的球面方程. 反之,若一个三元二次方程经配方后化为方程(2),则该方程必定表示一个球面.

二、母线平行于坐标轴的柱面

作为例子,下面讨论方程 $x^2+y^2=R^2$ 表示怎样一个曲面? 在平面解析几何中,它表示 Oxy 面上圆心在原点,半径为 R 的一个圆. 但在空间坐标系中,情形完全不同. 设点 $M_0(x_0,y_0)$ 在圆周 $x^2+y^2=R^2$ 上,即点 $M_0(x_0,y_0)$ 满足方程 $x^2+y^2=R^2$,则点 (x_0,y_0,z) 对任意的 $z\in(-\infty,+\infty)$ 也满足此方程. 这说明过点 $(x_0,y_0,0)$ 平行于 z 轴的直线上的点都满足方程,因而都在曲面 $x^2+y^2=R^2$ 上. 因此,这曲面可以看成是由平行于 z 轴的直线 L 沿 Oxy 面上的圆 $x^2+y^2=R^2$ 移动而成的,这曲面叫做**圆柱面**(图 8-27),Oxy 面上的圆 $x^2+y^2=R^2$ 叫做它的**准线**,这条平行于 z 轴的直线 L 叫做它的**母线**.

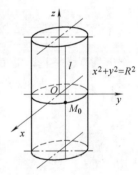

图　8-27

从上面的讨论可看出,若方程 $F(x,y)=0$ 在 Oxy 面上表示曲线 C,则它在空间坐标系中表示以曲线 C 为准线,母线平行于 z 轴的柱面(图 8-28). 例如,平面(柱面)$x-y=0$,抛物柱面 $y^2=2x$,它们的图形见图 8-29,图 8-30.

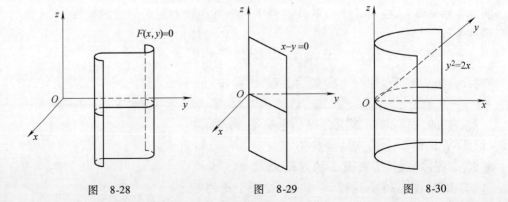

图 8-28　　　　　　　图 8-29　　　　　　　图 8-30

同理,一个不含横坐标 x 的方程 $G(y,z)=0$ 在空间中表示母线平行于 x 轴的柱面,一个不含纵坐标 y 的方程 $H(x,z)=0$ 表示母线平行于 y 轴的柱面. 例如,方程 $\dfrac{x^2}{a^2}+\dfrac{z^2}{b^2}=1$ 表示准线是 Oxz 面上的椭圆,母线平行于 y 轴的椭圆柱面.

三、旋转曲面与二次曲面

一条平面曲线 C 绕其所在平面上的一条定直线旋转一周所成的曲面叫做**旋转曲面**,这条定直线叫做旋转曲面的轴.

设 C 为 Oyz 面上的一条已知曲线,它的方程为 $F(y,z)=0$,将 C 绕 z 轴一周,则得到一个以 z 轴为轴的旋转曲面(图 8-31).

设 $M_1(0,y_1,z_1)$ 为曲线 C 上的任意一点,则有
$$F(y_1,z_1)=0. \qquad (3)$$

当曲线 C 绕 z 轴旋转时,点 M_1 的轨迹是旋转面上的一个圆周. 对于此圆上任意一点 $M(x,y,z)$,竖坐标 $z=z_1$ 保持不变,且点 M 到 z 轴的距离就是上述圆周的半径,因而有
$$\sqrt{x^2+y^2}=|y_1|,\quad \text{即 } y_1=\pm\sqrt{x^2+y^2}.$$

将 $z_1=z,y_1=\pm\sqrt{x^2+y^2}$ 代入式(3)得
$$F(\pm\sqrt{x^2+y^2},z)=0. \qquad (4)$$

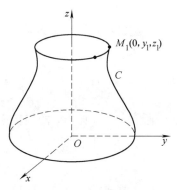

图 8-31

这就是所求旋转曲面的方程.

可见在曲线 C 的方程 $F(y,z)=0$ 中,只要将 y 改成 $\pm\sqrt{x^2+y^2}$ 就得到曲线 C 绕 z 轴旋转所成的旋转曲面的方程.

同理,曲线 C 绕 y 轴旋转所成的旋转曲面的方程为
$$F(y,\pm\sqrt{x^2+z^2})=0. \qquad (5)$$

下面看几个特殊的旋转面及对应的二次曲面.

1. 圆锥面及锥面

直线 C 绕另一条与 C 相交的直线旋转一周,所得旋转曲面叫做**圆锥面**. 两直线的交点叫做圆锥面的顶点,两直线的夹角 $\alpha\left(0\leqslant\alpha\leqslant\dfrac{\pi}{2}\right)$ 叫做圆锥面的半顶角.

设 C 为 Oyz 面的直线 $z=ky,(k>0)$ 将 C 绕 z 轴旋转一周,所得顶点为 $O(0,0,0)$,半顶角 $\cot\alpha=k$ 的圆锥面(图 8-32)的方程为
$$z=\pm k\sqrt{x^2+y^2}\text{ 或 }z^2=k^2(x^2+y^2). \qquad (6)$$

而方程 $z=k\sqrt{x^2+y^2}$ 表示 Oxy 面上方的部分锥面,$z=-k\sqrt{x^2+y^2}$ 表示 Oxy 面下方的部分锥面.

若将方程(6)中 x 和 y 的前面放置不同的系数即得到一般的锥面方程

$$z^2 = \frac{x^2}{a^2} + \frac{y^2}{b^2}.$$

其图形类似于图 8-32,不同的是它与 Oxy 面平行的平面相交的交线是椭圆,而不是圆.

仿此可讨论锥面方程

$$x^2 = \frac{y^2}{a^2} + \frac{z^2}{b^2},$$

$$y^2 = \frac{x^2}{a^2} + \frac{z^2}{b^2},$$

的图形(讨论略).

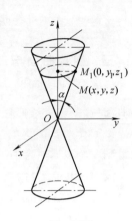

图 8-32

2. 旋转椭球面与椭球面

将 Oxy 面上的椭圆

$$\frac{x^2}{a^2} + \frac{y^2}{b^2} = 1$$

绕 x 轴旋转一周所产生的旋转面的方程为 $\frac{x^2}{a^2} + \frac{y^2 + z^2}{b^2} = 1$,或

$$\frac{x^2}{a^2} + \frac{y^2}{b^2} + \frac{z^2}{b^2} = 1. \qquad (7)$$

它与 Oxy 面和 Oxz 面的交线以及与它们平行的平面的交线都是椭圆,与 Oyz 面以及与它平行的平面的交线都是圆.

若将方程(7)中 y 和 z 的前面放置不同的系数即得到一般的椭球面方程

$$\frac{x^2}{a^2} + \frac{y^2}{b^2} + \frac{z^2}{c^2} = 1.$$

该方程所表示的曲面为**椭球面**,图形类似图 8-33,不同的是它和三个坐标面及与它们平行的平面的交线都是椭圆.显然 $|x| \leq a$,$|y| \leq b$,$|z| \leq c$,椭球面与三个坐标轴的交点叫做顶点.

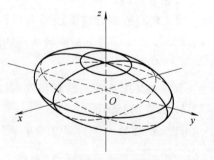

图 8-33

3. 旋转抛物面与椭圆抛物面

将 Oyz 面上的抛物线

$$y^2 = 2pz \qquad (p > 0)$$

绕对称轴 z 轴旋转一周,所产生的曲面叫做旋转抛物面(图 8-34),其方程为

$$x^2 + y^2 = 2pz. \qquad (8)$$

这个曲面与 Oyz 面及 Oxz 面的交线都是抛物线,而与垂直于轴 z 的平面的交线为圆($z \geq 0$).

若将方程(8)中 x 和 y 的前面放置不同的系数即得到一般的方程

$$\frac{x^2}{2p}+\frac{y^2}{2q}=z \qquad (p,q \text{ 同号}).$$

它所表示的曲面为椭圆抛物面．当 p,q 为正时，它的图形与图 8-34 相类似，不同的是，它与垂直于 z 轴的平面的交线是椭圆．

4. 旋转双曲面和双曲面

把 Oyz 面上的双曲线

$$\frac{y^2}{b^2}-\frac{z^2}{c^2}=1$$

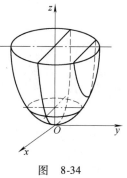

图　8-34

绕着实轴 y 轴旋转一周，所产生的旋转曲面的方程为 $\frac{y^2}{b^2}-\frac{x^2+z^2}{c^2}=1$ 或

$$-\frac{x^2}{c^2}+\frac{y^2}{b^2}-\frac{z^2}{c^2}=1. \tag{9}$$

这个曲面称为旋转双叶双曲面（图 8-35a），它与 Oyz 面及 Oxy 面的交线都是双曲线，与同 y 轴垂直的平面的交线为圆（$|y|>b$）．

若将方程(9)中 x 和 z 的前面放置不同的系数即得到一般的方程

$$-\frac{x^2}{a^2}+\frac{y^2}{b^2}-\frac{z^2}{c^2}=1.$$

它所表示的曲面称为双叶双曲面．它的图形与图 8-35a 相类似，不同的是，它与垂直于 y 轴的平面的交线是椭圆．

把这条双曲线绕虚轴 z 轴旋转一周，所产生的曲面的方程为 $\frac{x^2+y^2}{b^2}-\frac{z^2}{c^2}=1$ 或

$$\frac{x^2}{b^2}+\frac{y^2}{b^2}-\frac{z^2}{c^2}=1. \tag{10}$$

这个曲面叫做旋转单叶双曲面（图 8-35b），它与 Oyz 面及 Oxz 面的交线都是双曲线，与 Oxy 面的交线是圆．

若将方程(10)中 x 和 y 的前面放置不同的系数即得到一般的方程

$$\frac{x^2}{a^2}+\frac{y^2}{b^2}-\frac{z^2}{c^2}=1.$$

它所表示的曲面称为**单叶双曲面**，它的图形与图 8-35b 相类似，不同的是，它与垂直于 z 轴的平面的交线是椭圆．

最后给出一个特殊的二次曲面．

5. 双曲抛物面

由方程

$$-\frac{x^2}{2p}+\frac{y^2}{2q}=z \qquad (p,q \text{ 同号})$$

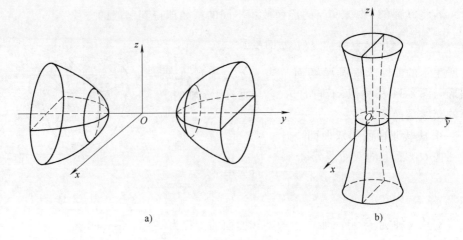

图　8-35

表示的曲面称为**双曲抛物面**. 当 p,q 都为正时,其图形如图 8-36. 由于图形的形像马鞍,因此,该曲面也称为马鞍面.

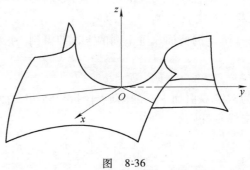

图　8-36

习题 8-5

1. 画出下列各方程所表示的曲面:

(1) $x^2 + y^2 = x$;　　　　(2) $\dfrac{x^2}{9} - \dfrac{y^2}{16} = 1$;

(3) $y^2 - 2z + 1 = 0$;　　　(4) $z = 2 - y^2$;

(5) $4x^2 + 2y^2 - z^2 = 4$;　　(6) $z = \dfrac{1}{2}x^2 + \dfrac{1}{9}y^2$;

(7) $z^2 = x^2 + 2y^2$.

2. 指出下列方程表示的图形

(1) $x = 1$;　　　　　　(2) $y = x + 1$;

(3) $x^2 + y^2 = 4$;　　　(4) $x^2 - y^2 = 1$.

3. 一动点与两定点$(2,3,1)$和$(4,5,6)$等距离,求该动点的轨迹方程.

4. 方程$x^2 + y^2 + z^2 - 2x + 4y + 2z = 0$表示什么曲面?

5. 将Oxy坐标面上的抛物线$y^2 = 5x$绕x轴旋转一周,求所生成的旋转曲面的方程.

6. 将Oxz坐标面上的圆$x^2 + z^2 = 9$绕z轴旋转一周,求所生成的旋转曲面的方程.

7. 说明下列旋转面是怎样形成的

(1) $\dfrac{x^2}{16} + \dfrac{y^2}{9} + \dfrac{z^2}{9} = 1$; (2) $x^2 - \dfrac{y^2}{9} + z^2 = 1$;

(3) $x^2 - y^2 - z^2 = 1$; (4) $(z-1)^2 = x^2 + y^2$.

8. 椭圆抛物面的顶点在原点,z轴是它的对称轴,且点$A(-1, -2, 2)$和$B(1, 1, 1)$在该曲面上,求此曲面方程.

第六节 空间曲线的参数方程 投影柱面

一、空间曲线的一般方程

空间曲线可以看做是两个曲面的交线. 设这两个曲面S_1及S_2的方程分别为

$$F(x,y,z) = 0 \quad \text{及} \quad G(x,y,z) = 0,$$

这两个曲面的交线为C(图8-37). 由于曲线上的任何点同时在这两个曲面上,因此,它的坐标应同时满足这两个曲面的方程,即满足方程组

$$\begin{cases} F(x,y,z) = 0, \\ G(x,y,z) = 0. \end{cases} \quad (1)$$

反之,如果点M不在曲线C上,那么它不可能同时在两个曲面上,所以它的坐标不能满足方程组(1). 因此,曲线C可以用方程组(1)来表示. 方程组(1)叫做空间曲线C的一般方程.

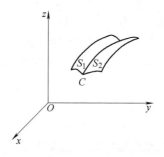

图 8-37

例1 方程组

$$\begin{cases} x^2 + y^2 + (z-2)^2 = 1, \\ x^2 + y^2 + (z-1)^2 = 1 \end{cases}$$

中的第一个方程表示球心在z轴上的点$(0,0,2)$处,半径为1的球面. 第二个方程表示以z轴上的点$(0, 0,1)$为球心,以1为半径的球面,这两个方程组成的

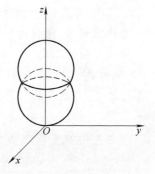

图 8-38

方程组表示这两个球面的交线如图 8-38 所示.

二、空间曲线的参数方程

空间曲线 Γ 除了一般方程以外,也可用参数方程来表示. 只要将 Γ 上的动点 $M(x,y,z)$ 的坐标表示为参数 t 的函数:

$$\begin{cases} x = x(t), \\ y = y(t), \\ z = z(t). \end{cases} \qquad (2)$$

当给定 $t = t_1$ 时,就得到 Γ 上的一个点 (x_1, y_1, z_1) ,随着 t 的变动,就得到 Γ 上的全部点. 方程组 (2)叫做空间曲线的参数方程。

设空间一点 M 在圆柱面 $x^2 + y^2 = a^2$ 以角速度 ω 绕 z 轴旋转,同时又以线速度 v 沿平行于 z 轴的正方向上升,其中 ω, v 都是常数,则点 M 的轨迹叫做圆柱螺线或螺旋线.

我们取时间 t 为参数,建立其参数方程.

设 $t = 0$ 时,动点在 x 轴上的一点 $A(a,0,0)$ 处. 在时刻 t 时,动点在点 $M(x,y,z)$ 处(图8-39).

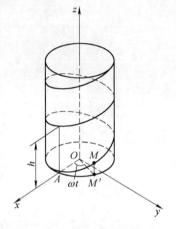

图　8-39

由题设,动点 M 在 Oxy 面上的投影 M' 作匀速圆周运动,它在时刻 t 的转角 $\theta = \omega t$,又因为点 M 在向上作等速直线运动,因此有

$$\begin{cases} x = a\cos \omega t, \\ y = a\sin \omega t, \qquad t \geqslant 0. \\ z = vt, \end{cases}$$

这就是圆柱螺线的参数方程.

例 2　方程组

$$\begin{cases} x^2 + y^2 = R, \\ x^2 + z^2 = R \end{cases}$$

表示怎样的曲线,将曲线方程用参数方程表示.

解　方程组中第一个方程表示母线平行于 z 轴的圆柱面,第二个方程表示母线平行于 y 轴的圆柱面,它们的交线在第一卦限部分如图8-40所示.

令 $x = R\cos t$ 代入方程,得到 $y = R\sin t$, $z = \pm R\sin t, 0 \leqslant t < 2\pi$,所以两条曲线的参数方程是

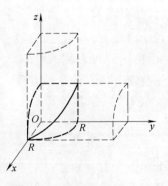

图　8-40

$$\begin{cases} x = R\cos t, \\ y = R\sin t, 0 \leq t < 2\pi \\ z = R\sin t, \end{cases} \quad \text{和} \quad \begin{cases} x = R\cos t, \\ y = R\sin t, \quad 0 \leq t < 2\pi. \\ z = -R\sin t, \end{cases}$$

三、空间曲线在坐标面上的投影

设空间曲线 Γ 的一般方程为

$$\begin{cases} F(x,y,z) = 0, \\ G(x,y,z) = 0. \end{cases} \tag{3}$$

从方程组(3)消去 z 得到方程

$$H(x,y) = 0. \tag{4}$$

方程(4)表示一个母线平行于 z 轴的柱面,当 x,y,z 满足方程组(3)时,前二个数 x,y 必定满足方程(4),即曲线 Γ 上的点都在由方程(4)所表示的曲面上. 因此,方程(4)所表示的曲面为包含曲线 Γ,母线平行于 z 轴的柱面,如图 8-41. 我们称之为曲线 Γ 关于 Oxy 面的**投影柱面**. 该投影柱面与 Oxy 平面的交线 C 称为曲线 Γ 在 Oxy 平面上的**投影曲线**,其方程为

$$\begin{cases} H(x,y) = 0, \\ z = 0. \end{cases}$$

同理,从方程组(3)中消去变量 x 得到 $R(y,z) = 0$,或消去变量 y 得到 $T(x,z) = 0$,再分别和 $x = 0$ 或 $y = 0$ 联立,就可以得到包含曲线 Γ 在 Oyz 面或在 Oxz 面上的投影曲线的方程

$$\begin{cases} R(y,z) = 0, \\ x = 0 \end{cases} \quad \text{或} \quad \begin{cases} T(x,z) = 0, \\ y = 0. \end{cases}$$

例 3　设有一个立体,由上半球面 $z = \sqrt{4 - x^2 - y^2}$ 和锥面 $z = \sqrt{3(x^2 + y^2)}$ 围成(图 8-42),求它在 Oxy 坐标面上的投影.

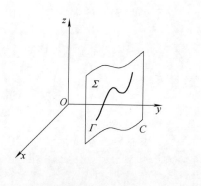

图　8-41

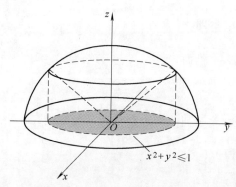

图　8-42

305

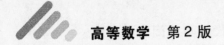

解 半球面和锥面的交线为

$$C:\begin{cases} z = \sqrt{4 - x^2 - y^2}, \\ z = \sqrt{3(x^2 + y^2)}. \end{cases}$$

由方程组消去 z，得到 $x^2 + y^2 = 1$. 这是包含交线 C 而母线平行于 z 轴的投影柱面，因此，交线 C 在 Oxy 坐标面上的投影曲线为

$$\begin{cases} x^2 + y^2 = 1, \\ z = 0. \end{cases}$$

这是 Oxy 坐标面上的一个圆，于是，所求立体在 Oxy 坐标面上的投影就是该圆在 Oxy 面上所围的部分：$x^2 + y^2 \le 1$.

习题 8-6

1. 画出下列曲线在第一卦限内图形.

(1) $\begin{cases} x = 1, \\ y = 2; \end{cases}$ (2) $\begin{cases} z = \sqrt{4 - x^2 - y^2}, \\ x - y = 0; \end{cases}$ (3) $\begin{cases} z = \sqrt{x^2 + y^2}, \\ x = 1. \end{cases}$

2. 分别求母线平行于 x 轴及 y 轴且通过曲线 $\begin{cases} 2x^2 + y^2 + z^2 = 16, \\ x^2 + z^2 - y^2 = 0 \end{cases}$ 的柱面方程.

3. 求经过曲线 $\begin{cases} -9y^2 + 6xy - 2xz + 24x - 9y + 3z - 63 = 0, \\ 2x - 3y + z = 9 \end{cases}$ 且平行于 z 轴的柱面方程.

4. 求球面 $x^2 + y^2 + z^2 = 9$ 与平面 $x + z = 1$ 的交线在 Oxy 面上投影.

5. 求曲线 $\begin{cases} y^2 + z^2 - 2x = 0, \\ z = 3 \end{cases}$ 在 Oxy 面上的投影曲线方程，并指出原曲线是什么曲线.

6. 求曲线 $\begin{cases} z = 2 - x^2 - y^2, \\ z = (x - 1)^2 + (y - 1)^2 \end{cases}$ 在三个坐标面上的投影曲线的方程.

7. 求锥面 $z = \sqrt{x^2 + y^2}$ 与柱面 $z^2 = 2x$ 所围立体在三个坐标面上的投影.

8. 求球面 $x^2 + y^2 + z^2 = 1$ 和 $x^2 + (y - 1)^2 + (z - 1)^2 = 1$ 的交线在 Oxy 面上的投影方程.

9. 将下列曲线方程化为参数方程.

(1) $\begin{cases} x^2 + y^2 + z^2 = 9, \\ y = x; \end{cases}$ (2) $\begin{cases} (x - 1)^2 + y^2 + (z + 1)^2 = 4, \\ z = 0. \end{cases}$

第七节* 综 合 例 题

例1　设 $a+b+c=0$，a,b,c 为非零向量,证明 $a\times b=b\times c=c\times a$.

证　因为 $a+b+c=0$,所以 $a\times(a+b+c)=0$,即
$$a\times a+a\times b+a\times c=0.$$
又 $a\times a=0$,所以 $a\times b=-a\times c=c\times a$.

同理,由 $b\times(a+b+c)=0$ 可得 $b\times c=c\times a$.

例2　设 a,b,c 为非零向量,试证:若存在不全为零的三个数 k_1,k_2,k_3 使得 $k_1a\times b+k_2b\times c+k_3c\times a=0$,则三个向量 $a\times b,b\times a,c\times a$ 共线(即平行).

证　由 $k_1a\times b+k_2b\times c+k_3c\times a=0$,又 k_1,k_2,k_3 不全为零,不妨设 $k_1\neq0$ 则
$$c\cdot(k_1a\times b+k_2b\times c+k_3c\times a)=0.$$
利用混合积的性质 $c\cdot(b\times c)=0$,$c\cdot(c\times a)=0$,故 $k_1c\cdot a\times b=0$,即 $c\cdot a\times b=0$,所以三个向量 a,b,c 共面.

又 $a\times b,b\times a,c\times a$ 均垂直于这个平面,所以,三个向量 $a\times b,b\times a,c\times a$ 平行,或即三个向量 $a\times b,b\times a,c\times a$ 共线.

例3　求过直线 $L_1:\begin{cases}x-2y+z-1=0,\\2x+y-z-2=0\end{cases}$ 且平行于直线 $L_2:\dfrac{x}{1}=\dfrac{y}{-1}=\dfrac{z}{2}$ 的平面 Π 的方程.

解　直线 L_1 的方向向量为
$$s_1=\begin{vmatrix}i&j&k\\1&-2&1\\2&1&-1\end{vmatrix}=i+3j+5k,$$
所求平面 Π 的法向量为
$$n=s_1\times s_2=\begin{vmatrix}i&j&k\\1&3&5\\1&-1&2\end{vmatrix}=11i+3j-4k,$$
其中 s_2 为直线 L_2 的方向向量.

下面再在直线 L_1 求出一点. 令 $z=0$,解方程组
$$\begin{cases}x-2y=1,\\2x+y=2\end{cases}$$
得到直线 L_1 上一点 $(1,0,0)$. 所以,所求平面方程为
$$11x+3y-4z-11=0.$$

例4　求过点 $(2,1,3)$ 且与直线 $\dfrac{x+1}{3}=\dfrac{y-1}{2}=\dfrac{z}{-1}$ 垂直相交的直线方程.

解 先作一平面过点$(2,1,3)$且垂直于已知直线,这平面的方程为

$$3(x-2)+2(y-1)-(z-3)=0. \tag{1}$$

再求已知直线与这平面的交点. 为此将直线方程写成参数方程为

$$\begin{cases} x=-1+3t, \\ y=1+2t, \\ z=-t, \end{cases}$$

将其代入平面方程(1)求得$t=\dfrac{3}{7}$, 从而求得交点$\left(\dfrac{2}{7}, \dfrac{13}{7}, -\dfrac{3}{7}\right)$. 过该点和点$(2, 1,3)$的向量为$\left\{-\dfrac{12}{7}, \dfrac{6}{7}, -\dfrac{24}{7}\right\} = \dfrac{6}{7}\{-2,1,-4\}$. 因此所求直线方程为

$$\frac{x-2}{-2} = \frac{y-1}{1} = \frac{z-3}{-4}.$$

例5 求圆$\begin{cases} x^2+y^2+z^2=10y, \\ x+2y+2z-19=0 \end{cases}$的圆心和半径.

解 该圆是球与平面的交线. 我们首先求球面$x^2+y^2+z^2=10y$的球心M_0 $(0,5,0)$在平面$x+2y+2z-19=0$上的投影点,这点就是所求圆的圆心M_1.

过球心M_0且与平面$x+2y+2z-19=0$垂直的直线方程为

$$\frac{x}{1} = \frac{y-5}{2} = \frac{z}{2}.$$

再求这直线与平面的交点. 为此,将直线方程写为参数式:$x=t, y=2t+5, z=2t$, 并代入方程$x+2y+2z-19=0$求得$t=1$,所以M_1的坐标为$(1,7,2)$.

在这圆上任取一点P,则三角形M_0M_1P为一个直角三角形,$|M_0M_1|=3$, $|M_0P|=5$,所以$|M_1P|=4$,即圆的半径为4.

例6 求过点$P(-1,0,4)$,平行于平面$3x-4y+z=10$且与直线$L: x+1=y -3=\dfrac{z}{2}$相交的直线方程.

解法一 将直线L的方程写为参数式

$$\begin{cases} x=-1+t, \\ y=3+t, \\ z=2t. \end{cases}$$

由此,该直线上任意一点Q的坐标可表示为$Q(-1+t,3+t,2t)$. 作$\overrightarrow{PQ}=(t,3+t, 2t-4)$,令$\overrightarrow{PQ}$与已知平面平行,则

$$\{t,3+t,2t-4\}\cdot\{3,-4,1\}=0,$$

由此解出$t=16$,于是$\overrightarrow{PQ}=(16,19,28)$是所求直线的方向向量. 因此所求直线方程为

$$\frac{x+1}{16} = \frac{y}{19} = \frac{z-4}{28}.$$

解法二　过点 $P(-1,0,4)$ 作与已知平面平行的平面 Π,其方程为
$$3(x+1) - 4y + (z-4) = 0.$$
容易求出平面 Π 与直线 L 的交点为 $Q(15,19,32)$,根据 $P(-1,0,4)$ 和 $Q(15,19,32)$ 两点写出对称式方程即可.

有时应用平面束方程解题比较方便,下面介绍这个方法.

设直线 L 由两平面 $\Pi_1: A_1x + B_1y + C_1z + D_1 = 0$;$\Pi_2: A_2x + B_2y + C_2z + D_2 = 0$ 相交而成,其中 A_1,B_1,C_1 与 A_2,B_2,C_2 不成比例,作一个三元一次方程
$$A_1x + B_1y + C_1z + D_1 + \lambda(A_2x + B_2y + C_2z + D_2) = 0, \qquad (2)$$
其中 λ 为任意常数. 因为 A_1,B_1,C_1 与 A_2,B_2,C_2 不成比例,所以对于任何一个 λ 值,方程(2)的系数:$A_1 + \lambda A_2, B_1 + \lambda B_2, C_1 + \lambda C_2$ 不全为零,从而方程(2)表示一个平面,若一点在直线 L 上,则点必定在平面 Π_1 与平面 Π_2 上,因而点的坐标也满足方程(2),故方程(2)表示通过直线 L 的平面,且对应于不同的 λ 值,方程(2)表示通过直线 L 的不同的平面. 反之,通过直线 L 的任何平面(除平面 Π_2 外)都包含在方程(2)所表示的一族平面内. 通过定直线的所有平面的全体称为平面束,而方程(2)就作为通过直线 L 的平面束方程(实际上,方程(2)表示缺少平面 Π_2 的平面束).

例 7　求直线 $\begin{cases} x + 2y - z - 6 = 0, \\ x - 2y + z = 0 \end{cases}$ 在平面 $\Pi: x + 2y + z = 0$ 上的投影直线的方程.

解　根据题意,先过这条直线作平面 Π_1,使得平面 Π_1 和 Π 垂直,则所求直线在平面 Π 上的投影直线的方程为平面 Π_1 和 Π 的交线.

过直线 $\begin{cases} x + 2y - z - 6 = 0, \\ x - y + 2z = 0 \end{cases}$ 的平面束的方程为
$$(x + 2y - z - 6) + \lambda(x - 2y + z) = 0,$$
即
$$(1 + \lambda)x + 2(1 - \lambda)y + (-1 + \lambda)z - 6 = 0,$$
其中 λ 为待定常数. 这平面与平面 $x + 2y + z = 0$ 垂直的条件是
$$(1 + \lambda) \cdot 1 + 2(1 - \lambda) \cdot 2 + (-1 + \lambda) \cdot 1 = 0,$$
由此解得 $\lambda = 2$,从而,投影平面的方程为
$$3x - 2y + z - 6 = 0.$$
所以投影直线的方程为
$$\begin{cases} 3x - 2y + z - 6 = 0, \\ x + 2y + z = 0. \end{cases}$$

309

复习题八

一、选择题

1. 设球面方程为 $x^2 + (y-1)^2 + (z+2)^2 = 2$,则下列点在球面内部的是 ( ).

(A)$(1,2,3)$; (B)$(0,1,-1)$; (C)$(0,1,1)$; (D)$(1,1,1)$.

2. 已知向量 $\overrightarrow{PQ} = \{4,-4,7\}$ 的终点为 $Q(2,-1,7,)$,则起点 P 的坐标为 ( ).

(A)$(-2,3,0)$; (B)$(2,-3,0)$; (C)$(4,-5,14)$; (D)$(-4,5,14)$.

3. 通过点 $M(-5,2,-1)$,且平行与 Oyz 平面的平面方程为( ).

(A)$x+5=0$; (B)$y-2=0$; (C)$z+1=0$; (D)$x-1=0$.

4. $2x+3y+4z=1$ 在 x,y,z 轴上的截距分别为( ).

(A)$2,3,4$; (B)$\dfrac{1}{2},\dfrac{1}{3},\dfrac{1}{4}$; (C)$1,\dfrac{3}{2},2$; (D)$\dfrac{1}{2},\dfrac{1}{3},\dfrac{1}{4}$.

5. 设向量 a 与 b 平行但方向相反,且 $|a| > |b| > 0$,则下列式子正确的是 ( ).

(A)$|a+b| < |a| - |b|$; (B)$|a+b| > |a| - |b|$;

(C)$|a+b| = |a| + |b|$; (D)$|a+b| = |a| - |b|$.

6. $a = \{a_x, a_y, a_z\}, b = \{b_x, b_y, b_z\}$,若 $a \| b$,则( ).

(A)$a_x b_x + a_y b_y + a_z b_z = 0$;

(B)$\dfrac{a_x}{b_x} = \dfrac{a_y}{b_y} = \dfrac{a_z}{b_z}$;

(C)$a_x = \lambda_1 b_x, a_y = \lambda_2 b_y, a_z = \lambda_3 b_z (\lambda_1 \neq \lambda_2 \neq \lambda_3)$;

(D)$\lambda_1 a_x b_x + \lambda_2 a_y b_y + \lambda_3 a_z b_z = 0$.

7. $\begin{cases} x=1, \\ y=2 \end{cases}$ 在空间直角坐标系里表示( ).

(A)一个点; (B)两条直线;

(C)两个平面的交线,即直线 (D)两个点.

8. 点 $M(4,-3,5)$ 到 x 轴的距离 d 为( ).

(A)$\sqrt{4^2 + (-3) + 5^2}$; (B)$\sqrt{(-3)^2 + 5^2}$;

(C)$\sqrt{4^2 + (-3)^2}$; (D)$\sqrt{4^2 + 5^2}$.

9. 点 $(1,-1,1)$ 在曲面( )上.

(A)$x^2 - y^2 - 2z = 0$; (B)$x^2 - y^2 = z$;

(C)$x^2 + y^2 = 2$; (D)$z = \ln(x^2 + y^2)$.

10. 非零空间向量 $\boldsymbol{a},\boldsymbol{b}$ 满足 $\boldsymbol{a}\cdot\boldsymbol{b}=0$ 则有(　　).

(A) $\boldsymbol{a}//\boldsymbol{b}$;　　　　　　　　(B) $\boldsymbol{a}=\lambda\boldsymbol{b}(\lambda$ 为非零常数);

(C) $\boldsymbol{a}\perp\boldsymbol{b}$;　　　　　　　　(D) $\boldsymbol{a}+\boldsymbol{b}=\boldsymbol{O}$.

11. 过点 $M_1(3,-2,1)$ 与 $M_2(-1,0,2)$ 的直线方程为(　　).

(A) $-4(x-3)+2(y+2)+(z-1)=0$;

(B) $\dfrac{x-3}{4}=\dfrac{y+2}{2}=\dfrac{z-1}{1}$;

(C) $\dfrac{x+1}{4}=\dfrac{y}{2}=\dfrac{z-2}{-1}$;

(D) $\dfrac{x+1}{-4}=\dfrac{y}{2}=\dfrac{z-2}{1}$.

12. 过点 $p(2,0,3)$ 且与直线 $\begin{cases}x-2y+4z-7=0,\\3x+5y-2z+1=0\end{cases}$ 垂直的平面方程为(　　).

(A) $(x-2)-2(y-0)+4(z-3)=0$;

(B) $3(x-2)+5(y-0)-2(z-3)=0$;

(C) $-16(x-2)+14(y-0)+11(z-3)=0$;

(D) $-16(x+2)+14(y-0)+11(z-3)=0$.

13. Oxy 平面上曲线 $4x^2-9y^2=36$ 绕 x 轴旋转一周所得曲面方程为(　　).

(A) $4(x^2+z^2)-9y^2=36$;　　　　(B) $4(x^2+z^2)-9(y^2+z^2)=36$;

(C) $4x^2-9(y^2+z^2)=36$;　　　　(D) $4x^2-9y^2=36$.

14. 方程 $x^2-\dfrac{y^2}{4}+z^2=1$ 表示(　　).

(A) 旋转的单叶双曲面;　　　　(B) 锥面;

(C) 旋转的双叶双曲面;　　　　(C) 双曲柱面.

15. 球面 $x^2+y^2+z^2=R^2$ 与平面 $x+z=a$ 的交线在 Oxy 平面上的投影曲线方程为(　　).

(A) $(a-z)^2+y^2+z^2=R^2$;　　　　(B) $\begin{cases}(a-z)^2+y^2+z^2=R^2,\\z=0;\end{cases}$

(C) $x^2+y^2+(a-x)^2=R^2$;　　　　(D) $\begin{cases}x^2+y^2+(a-x)^2=R^2,\\z=0.\end{cases}$

二、综合练习 A

1. 求向量 $\boldsymbol{a}=\{3,-12,4\}$ 在向量 $\boldsymbol{b}=\{6,2,3\}$ 上的投影.

2. 设 $\boldsymbol{a},\boldsymbol{b},\boldsymbol{c}$ 为单位向量,且满足 $\boldsymbol{a}+\boldsymbol{b}+\boldsymbol{c}=\boldsymbol{0}$,求 $\boldsymbol{a}\cdot\boldsymbol{b}+\boldsymbol{b}\cdot\boldsymbol{c}+\boldsymbol{c}\cdot\boldsymbol{a}$.

3. 证明 $|\boldsymbol{a}+\boldsymbol{b}|^2+|\boldsymbol{a}-\boldsymbol{b}|^2=2(|\boldsymbol{a}|^2+|\boldsymbol{b}|^2)$.

4. 设 $\boldsymbol{a}+3\boldsymbol{b}$ 与 $7\boldsymbol{a}-5\boldsymbol{b}$ 垂直, $\boldsymbol{a}-4\boldsymbol{b}$ 与 $7\boldsymbol{a}-2\boldsymbol{b}$ 垂直. 求非零向量 $\boldsymbol{a}$ 与 $\boldsymbol{b}$ 的夹角.

5. 求过点 $(1,2,1)$ 且与两直线

$$\begin{cases} x+2y-z+1=0, \\ x-y+z-1=0 \end{cases} \quad \text{和} \quad \begin{cases} 2x-y+z=0, \\ x-y+z=0 \end{cases}$$

平行的平面的方程.

6. 当 D 为何值时直线 $\begin{cases} 3x-y+2z-6=0, \\ x+4y-z+D=0 \end{cases}$ 与 z 轴相交?

7. 经过两平面 $4x-y+3z-1=0$ 和 $x+5y-z+2=0$ 的交线作和 y 轴平行的平面.

8. 经过点 $(-1,2,1)$ 作平行于直线 $\begin{cases} x+y-2z-1=0, \\ x+2y-z+1=0 \end{cases}$ 的直线方程.

三、综合练习 B

1. 试证向量 $\dfrac{|b|a+|a|b}{|a|+|b|}$ 平行向量 a 与 b 夹角的平分线向量.

2. 已知 $\overrightarrow{AB}=\{-3,0,4\}$, $\overrightarrow{AC}=\{5,-2,-14\}$, 求 $\angle BAC$ 平分线上的单位向量.

3. 证明点 M_0 到过点 A, 方向平行向量 s 的直线的距离 $d=\dfrac{|r \times s|}{|s|}$, 其中 $r=\overrightarrow{AM}$.

4. 过直线 $\begin{cases} x+y-z-1=0, \\ x-y+z+1=0 \end{cases}$ 作平面, 使它垂直于平面 $x+y+z=0$, 求该平面的方程.

5. 求直线 $\begin{cases} 2x-4y+z=0, \\ 3x-y-2z-9=0 \end{cases}$ 在平面 $4x-y+z=1$ 上的投影直线方程.

6. 利用过 L 的平面束方程求通过直线 $L:\begin{cases} 3x+4y-5z-1=0, \\ 6x+8y+z-24=0 \end{cases}$ 且与球 $x^2+y^2+z^2=4$ 相切的平面方程.

7. 过点 $(0,-1,1)$ 作直线 $\begin{cases} y+1=0, \\ x+2z-7=0 \end{cases}$ 的垂线, 求垂线的方程和长度.

8. 已知向量 $a=i+k$ 与 $b=j+2k$ 及点 $M_0(2,1,-1)$, 求以点 $M_0(2,1,-1)$ 为始点, 同时垂直于 a,b 的向量的终点的轨迹方程.

9. 一直线过坐标原点, 且与连接原点和点 $M(1,1,1)$ 的直线成 $\dfrac{\pi}{4}$ 角, 求此直线上点的坐标满足的方程.

第九章 多元函数微分法及其应用

前面几章中,我们讨论的函数都是只有一个变量的函数,而实际问题往往涉及到多个变量之间的关系,反映到数学上,就是要考虑一个变量与另外多个变量的相互依赖关系即多元函数.本章将在一元函数微分学的基础上进一步讨论多元函数的微分学.在很多内容上,讨论将以二元函数为主,但这些概念和方法大多能自然推广到二元以上的函数.

第一节 多元函数的基本概念

一、平面区域的概念

1. 邻域

在讨论一元函数时,经常用到实数轴上邻域的概念.与实数轴上邻域的概念类似,我们引入平面上邻域的概念.

设 $P_0(x_0, y_0)$ 是 Oxy 平面上的一个点, δ 是某一正数.称点集

$$\left\{ (x, y) \,\middle|\, \sqrt{(x - x_0)^2 + (y - y_0)^2} < \delta \right\}$$

为点 P_0 的 δ **邻域**,记为 $U(P_0, \delta)$,在几何上, $U(P_0, \delta)$ 就是平面 Oxy 上以点 $P_0(x_0, y_0)$ 为中心, $\delta > 0$ 为半径的圆的内部所有点的集合.

有时不需要强调邻域的半径是多少,这时常用 $U(P_0)$ 表示点 P_0 的邻域,点 P_0 的去心邻域记为 $\hat{U}(P_0, \delta)$ 或 $\hat{U}(P_0)$.

2. 区域

设 D 是平面上的一个点集, P 是平面上的一个点,如果取适当小的正数 δ,能使 P 点的 δ 邻域 $U(P, \delta) \subset D$,则称点 P 为 D 的**内点**;显然内点属于 D.

如果点 P 的任意邻域内有属于 D 的点,也有不属于 D 的点,则称点 P 为 D 的**边界点**.集合 D 的边界点可以属于 D,也可以不属于 D, D 的全体边界点构成 D 的**边界**.

如果点集 D 的每个点都是内点,则称 D 为**开集**,例如点集 $D = \{(x, y) \mid x^2 + y^2 < 1\}$ 就是一个开集.

设 D 是开集.如果对于 D 内任何两点,都可用折线连接起来,且此折线上的点都属于 D,则称开集 D 是**连通的**.

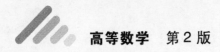

连通的开集称为 **开区域**,简称 **区域**,例如,$\{(x,y)\,|\,x+y>0\}$ 及 $\{(x,y)\,|\,1<x^2+y^2<4\}$ 都是区域.

开区域及其边界所构成的并集称为 **闭区域**,例如 $\{(x,y)\,|\,x+y\geqslant0\}$ 和 $\{(x,y)\,|\,1\leqslant x^2+y^2\leqslant4\}$ 都是闭区域.

如果区域或闭区域可以被包围在以原点为中心而半径适当大的圆内,则称这样的区域或闭区域是有界的,否则就称为是无界的.例如 $\{(x,y)\,|\,x+y>0\}$ 是无界开区域(图 9-1),$\{(x,y)\,|\,x^2+y^2\leqslant1\}$ 是有界闭区域(图 9-2).

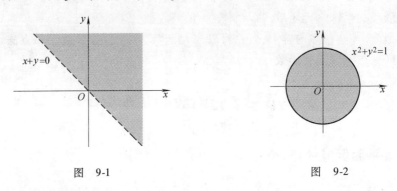

图 9-1　　　　　　　　　　　　　图 9-2

二、n 维空间的概念

我们知道,数轴上的点与实数一一对应,实数的全体记为 **R**. 在平面上引入直角坐标系后,平面上的点与有序二元数组 (x,y) 一一对应,从而有序二元数组 (x,y) 全体表示平面上一切点的集合,记为 $\mathbf{R}^2$. 在空间引入直角坐标系后,空间的点与有序三元数组 (x,y,z) 一一对应,从而有序三元数组 (x,y,z) 全体表示空间一切点的集合,记为 $\mathbf{R}^3$. 一般地,设 n 为取定的一个自然数,我们称有序 n 元数组 $(x_1,x_2\cdots,x_n)$ 的全体为 n 维空间,记为 $\mathbf{R}^n$.而每个有序 n 元数组 $(x_1,x_2\cdots,x_n)$ 称为 n 维空间中的一个点,数 x_i 称为该点的第 i 个坐标.

n 维空间中点 $P(x_1,x_2\cdots,x_n)$ 和点 $Q(y_1,y_2\cdots,y_n)$ 间的距离定义为

$$|PQ|=\sqrt{(y_1-x_1)^2+(y_2-x_2)^2+\cdots+(y_n-x_n)^2}.$$

当 $n=1,2,3$ 时,分别对应于直线(数轴)、平面、空间内两点间的距离.有了距离,就可以定义邻域:

设 $P_0\in\mathbf{R}^n$,δ 是某一正数,则 n 维空间内的点集

$$U(P_0,\delta)=\{P\,|\,|PP_0|<\delta,P\in\mathbf{R}^n\}$$

就定义为点 P_0 的 δ 邻域.

同样可以定义 $\mathbf{R}^n$ 中的内点、开集、边界、区域等一系列概念,这里不再赘述.

三、多元函数的概念

以前,我们所讨论的函数是一个自变量的函数,但在许多实际问题中,我们常

遇到依赖于两个或更多个自变量的函数. 例如直圆柱的侧面积 S 依赖于底半径 r 和高 h, 它们之间的关系式为

$$S = 2\pi rh.$$

这里底半径 r 和高 h 都是变量, 其变化范围为 $r > 0, h > 0$. 而侧面积 S 也是变量, 并且随着变量 r, h 的变化而变化. 一般地, 我们有如下定义:

定义 1　设 D 是一个平面点集, 如果对于 D 中的任意一点 (x, y), 变量 z 按照一定的法则, 总有唯一确定的实数和此点对应, 则称变量 z 是变量 x, y 的**二元函数**, 记为

$$z = f(x, y) \text{ 或 } z = z(x, y).$$

其中变量 x, y 叫做自变量, 变量 z 叫做因变量或函数, 自变量 x, y 的取值范围 D 叫做此函数的定义域, 数集 $\{z \mid z = f(x, y), (x, y) \in D\}$ 叫做函数的值域.

类似的, 可以定义三元及三元以上的函数. 当 $n \geq 2$ 时, n 元函数统称**多元函数**.

根据上述定义, 直圆柱侧面积 S 是 r 和 h 的二元函数, 可记作:

$$s = f(r, h) = 2\pi rh.$$

它的定义域 D 是 $r > 0, h > 0$.

注　关于函数的定义域, 若函数的自变量具有某种实际意义, 应该根据它的实际意义来决定其取值范围, 如直圆柱的底半径 r 和高 h 必须大于零. 对于单纯由数学式子表示的函数, 我们仍做如下约定: 使表达式有意义的自变量的取值范围, 就是函数的定义域.

例 1　求函数 $z = \sqrt{1 - x^2 - y^2}$ 的定义域.

解　函数的定义域为 $\{(x, y) \mid x^2 + y^2 \leq 1\}$, 它是一个有界闭区域 (图 9-2).

例 2　求函数 $z = \dfrac{\arcsin(3 - x^2 - y^2)}{\sqrt{x - y^2}}$ 的定义域.

解　由已给函数的表达式可以看出, 函数的定义域必须满足

$$\begin{cases} |3 - x^2 - y^2| \leq 1, \\ x - y^2 > 0. \end{cases}$$

即

$$\begin{cases} 2 \leq x^2 + y^2 \leq 4, \\ x > y^2. \end{cases}$$

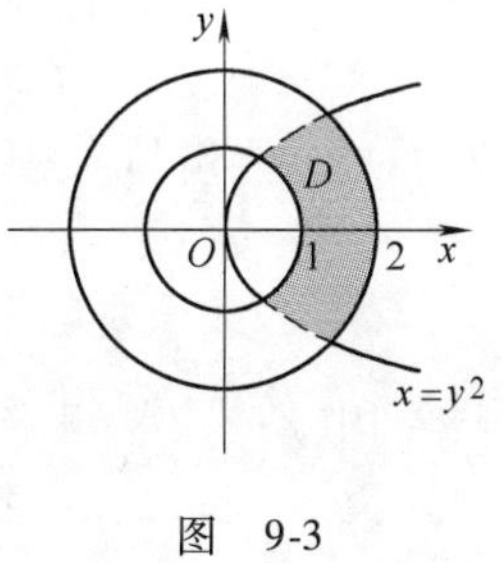

图　9-3

故所求定义域为 $D = \{(x, y) \mid 2 \leq x^2 + y^2 \leq 4, x > y^2\}$, 参见图 9-3.

二元函数的几何意义　设二元函数 $z = f(x, y)$ 的定义域为 D, 点集

$$\Sigma = \{(x, y, z) \mid z = f(x, y), (x, y) \in D\}$$

称为二元函数 $z = f(x, y)$ 的图形. 容易看出, 属于 Σ 的点满足三元方程

$$F(x, y, z) = z - f(x, y) = 0.$$

315

根据曲面方程的知识,它在空间直角坐标系中一般表示一个曲面. 对于自变量在 D 内的每一组值 $P(x,y)$, 曲面上的对应点 $M(x,y,z)$ 的竖坐标 z, 就是二元函数 $z=f(x,y)$ 的对应值(图 9-4). 因此,二元函数的几何图形就是空间中区域 D 上的一张曲面. 例如,函数 $z=\sqrt{1-x^2-y^2}$ 的图形就是以原点为球心、半径为 1 的上半球面.

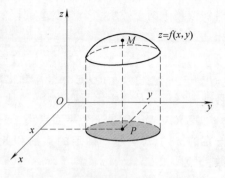

图　9-4

四、二元函数的极限

与一元函数类似,二元函数的极限也反映了函数值随自变量变化而变化的趋势.

定义 2　设二元函数 $z=f(x,y)$ 在区域 D 上有定义,$P_0(x_0,y_0)$ 是区域 D 的内点或边界点,如果在 $P_0(x_0,y_0)$ 的某去心邻域和 D 的交集上,动点 $P(x,y)$ 以任何方式趋于点 $P_0(x_0,y_0)$ 时,$f(x,y)$ 总是趋于一个常数 A, 则称常数 A 为函数 $f(x,y)$ 当 (x,y) 趋于 (x_0,y_0) 时的极限,记作

$$\lim_{\substack{x \to x_0 \\ y \to y_0}} f(x,y) = A.$$

为了区别于一元函数的极限,将二元函数的极限称为二重极限.

二重极限还有其他一些记号,如 $\lim\limits_{P \to P_0} f(P) = A$, $f(x,y) \to A(P \to P_0)$ 等.

由于 $P \to P_0$ 相当于 P 点与 P_0 点的距离趋于零,即

$$\rho = |PP_0| = \sqrt{(x-x_0)^2+(y-y_0)^2} \to 0,$$

而 $f(x,y) \to A$ 相当于 $|f(x,y)-A| \to 0$, 因此,上述极限记号也可以记作

$$\lim_{\rho \to 0} f(x,y) = A$$

或

$$|f(x,y)-A| \to 0 (\rho \to 0).$$

若用 "ε-δ" 语言来描述二重极限定义. 则有:

定义 3　设二元函数 $z=f(x,y)$ 在区域 D 上有定义,$P_0(x_0,y_0)$ 是区域 D 的内点或边界点,如果对于任给的正数 $\varepsilon>0$, 都存在正数 $\delta>0$, 使得当点 $P(x,y) \in D$ 且满足

$$0 < \sqrt{(x-x_0)^2+(y-y_0)^2} < \delta.$$

的一切点都有

$$|f(x,y)-A| < \varepsilon,$$

则

$$\lim_{\substack{x \to x_0 \\ y \to y_0}} f(x,y) = A.$$

例 3　设 $f(x,y) = \begin{cases} \sqrt{x^2+y^2}\cos\dfrac{xy}{x^2+y^2}, & x^2+y^2 \neq 0, \\ 0, & x^2+y^2 = 0. \end{cases}$　求 $\lim\limits_{\substack{x \to 0 \\ y \to 0}} f(x,y).$

解　当 $\rho = \sqrt{x^2+y^2} \to 0$ 时,

$$0 \leqslant |f(x,y)| = \left| \sqrt{x^2+y^2}\cos\frac{xy}{x^2+y^2} \right| \leqslant \sqrt{x^2+y^2} = \rho \to 0,$$

所以 $\lim\limits_{\substack{x \to 0 \\ y \to 0}} |f(x,y)| = 0$,或即 $\lim\limits_{\substack{x \to 0 \\ y \to 0}} f(x,y) = 0.$

　　由二重极限的定义不难看出,所谓二重极限存在,是指 $P(x,y)$ 以任何方式趋于 $P_0(x_0,y_0)$ 时,相应的函数值都无限接近于同一个常数 A. 因此,如果 $P(x,y)$ 以某一特殊方式,例如沿着一条给定的直线或给定的曲线趋于 $P_0(x_0,y_0)$ 时,函数值无限接近于常数 A,还不能由此断定该函数在 (x_0,y_0) 点的二重极限存在. 但反过来,如果 $P(x,y)$ 以不同方式趋于 $P_0(x_0,y_0)$ 时,函数趋于不同的值,那么就可以断定该函数在 (x_0,y_0) 点的二重极限不存在.

例 4　设 $f(x,y) = \dfrac{xy}{x^2+y^2}$,试证极限 $\lim\limits_{\substack{x \to 0 \\ y \to 0}} f(x,y)$ 不存在.

证　当 $P(x,y)$ 沿着直线 $y = kx$ 趋于点 $(0,0)$ 时有

$$\lim_{\substack{x \to 0 \\ y = kx \to 0}} \frac{xy}{x^2+y^2} = \lim_{x \to 0} \frac{kx^2}{x^2+k^2x^2} = \frac{k}{1+k^2}.$$

显然它是随着 k 的变化而改变的,因而,二重极限 $\lim\limits_{\substack{x \to 0 \\ y \to 0}} f(x,y)$ 不存在.

五、二元函数的连续性

　　有了二元函数极限的概念就可以定义二元函数的连续性.

　　定义 4　设二元函数 $z = f(x,y)$ 在区域 D 上有定义,(x_0,y_0) 是区域 D 的内点或边界点,如果

$$\lim_{\substack{x \to 0 \\ y \to 0}} f(x,y) = f(x_0,y_0),$$

则称函数 $f(x,y)$ 在点 (x_0,y_0) 处连续,否则,称函数 $f(x,y)$ 在点 (x_0,y_0) 处间断.

　　根据定义 4,例 3 中的函数在原点 $(0,0)$ 是连续的,而例 4 中的函数在原点 $(0,0)$ 是不连续的.

　　如果函数 $f(x,y)$ 在区域 D 上每一点都连续,则称 $f(x,y)$ 在区域 D 上连续,或称 $f(x,y)$ 为区域 D 上的连续函数. 在区域 D 上连续的函数,其几何图形为空间中一张连续的曲面.

　　由定义 4 可知,函数 $f(x,y)$ 在点 (x_0,y_0) 处连续必须同时满足三个条件:

(1) $f(x,y)$ 在点 P_0 处有定义；

(2) 极限 $\lim\limits_{\substack{x\to 0\\y\to 0}} f(x,y) = A$ 存在；

(3) $A = f(x_0, y_0)$.

这三个条件中只要有一个条件不满足，则 $f(x,y)$ 在点 P_0 处间断.

例 4 中的函数在原点是不连续的或间断的，函数 $f(x,y) = \dfrac{1}{x^2+y^2-1}$ 在圆周 $x^2+y^2=1$ 上的点均是间断点.

与一元函数类似，二元连续函数经过有限次四则运算和复合后仍为二元连续函数，由变量 x 和 y 的基本初等函数经过有限次四则运算和复合运算所构成的可用一个式子表示的二元函数称为二元初等函数. 一切二元初等函数在其定义区域内是连续的. 所谓定义区域是指包含在定义域内的区域或闭区域.

特别地，在有界闭区域 D 上连续的函数有下列定理：

(1) **最大值和最小值定理**　在有界闭区域 D 上连续的二元函数，在 D 上必能取到最大值和最小值.

(2) **介值定理**　在有界闭区域 D 上连续的二元函数. 如果其最大值与最小值不相等，则该函数在区域 D 上至少有一次取得介于最小值与最大值之间的任何数值.

习题 9-1

1. 求下列各函数的定义域：

(1) $z = \ln(y^2 - 2x + 1)$;　　(2) $z = \dfrac{1}{\sqrt{x+y}} + \dfrac{1}{\sqrt{x-y}}$;

(3) $z = \arcsin\dfrac{x}{y}$;　　(4) $u = \sqrt{R^2 - x^2 - y^2 - z^2} + \dfrac{1}{\sqrt{x^2+y^2+z^2-r^2}}\,(R>r>0)$;

(5) $z = \dfrac{1}{\sqrt{1-|x|-|y|}}$.

2. 若 $f(x,y) = \dfrac{x-2y}{2x-y}$，求 $f(2,1)$ 和 $f(3,-1)$.

3. 若 $f\left(x+y, \dfrac{y}{x}\right) = x^2 - y^2$，求 $f(x,y)$.

4. 已知 $f(x,y) = \ln x \ln y$，试证：$f(xy, uv) = f(x,u) + f(x,v) + f(y,u) + f(y,v)$.

5. 求下列极限：

(1) $\lim\limits_{(x,y)\to(0,0)} \dfrac{xy^2}{\sqrt{1+xy^2}-1}$;　　(2) $\lim\limits_{\substack{x\to 1\\y\to 0}} \dfrac{\ln(x+e^y)}{\sqrt{x^2+y^2}}$;

$(3)\lim\limits_{\substack{x\to 0\\y\to 2}}\dfrac{\sin(xy)}{x}$;

$(4)\lim\limits_{\substack{x\to\infty\\y\to y_0}}\left(1+\dfrac{y}{x}\right)^{x}$;

$(5)\lim\limits_{\substack{x\to 0\\y\to 0}}\dfrac{(x^2+y^2)^2}{1-\cos(x^2+y^2)}$;

$(6)\lim\limits_{\substack{x\to\infty\\y\to 0}}\left(1+\dfrac{1}{x}\right)^{\frac{x^2}{x+y}}$.

6. 证明下列极限不存在.

$(1)\lim\limits_{\substack{x\to 0\\y\to 0}}\dfrac{x+y}{x-y}$;

$(2)\lim\limits_{\substack{x\to 0\\y\to 0}}\dfrac{x^2-y^2}{x^2+y^2}$.

7. 证明 $\lim\limits_{\substack{x\to 0\\y\to 0}}\dfrac{xy}{\sqrt{x^2+y^2}}=0$.

第二节 偏 导 数

一、偏导数的概念及计算

在这一节里,我们首先用直观的方式,给出多元函数关于其中一个自变量的偏导数的定义.

以二元函数 $z=f(x,y)$ 为例,如果只有自变量 x 变化,而自变量 y 固定(即看做常量),这时它就是 x 的一元函数,此函数对 x 的导数,就称为二元函数 $z=f(x,y)$ 关于 x 的偏导数,即有如下定义:

定义 1 设函数 $z=f(x,y)$ 在点 (x_0,y_0) 的某一邻域内有定义,当 y 固定在 y_0 不变,而函数 $z=f(x,y)$ 关于 x 在 x_0 处的导数存在,则这个导数称为函数 $z=f(x,y)$ 在点 (x_0,y_0) 处对 x 的偏导数,记作

$$\frac{\partial z}{\partial x}\Big|_{(x_0,y_0)},\frac{\partial f}{\partial x}\Big|_{(x_0,y_0)},z_x(x_0,y_0) \ \text{或} \ f_x(x_0,y_0).$$

当 x 固定在 x_0 不变,而函数 $z=f(x,y)$ 关于 y 在 y_0 处的导数存在,则这个导数称为函数 $z=f(x,y)$ 在点 (x_0,y_0) 处对 y 的偏导数,记作

$$\frac{\partial z}{\partial y}\Big|_{(x_0,y_0)},\frac{\partial f}{\partial y}\Big|_{(x_0,y_0)},z_y\Big|_{(x_0,y_0)} \ \text{或} \ f_y(x_0,y_0).$$

如果函数 $z=f(x,y)$ 在区域 D 内的每一点 (x,y) 处对 x 的偏导数都存在,那么这个偏导数就是 x、y 的函数,它称为函数 $z=f(x,y)$ 对自变量 x 的**偏导函数**,记作

$$\frac{\partial z}{\partial x},\frac{\partial f}{\partial x},z_x \ \text{或} \ f_x(x,y).$$

类似地,可以定义函数 $z=f(x,y)$ 对自变量 y 的**偏导函数**,记作

$$\frac{\partial z}{\partial y},\frac{\partial f}{\partial y},z_y \ \text{或} \ f_y(x,y).$$

对于含有两个以上自变量的多元函数,如 $u=f(x,y,z)$,可以同样定义函数的

偏导数 $\dfrac{\partial u}{\partial x}, \dfrac{\partial u}{\partial y}, \dfrac{\partial u}{\partial z}$ 等,在此不再赘述. 多元函数对其中某一个变量求导,比如说对变量 x 求导,也采用符号 u'_x 表示对变量 x 求导.

和一元函数一样,$f(x,y)$ 在点 (x_0,y_0) 处对 x 的偏导数 $f_x(x_0,y_0)$ 显然就是偏导函数 $f_x(x,y)$ 在点 (x_0,y_0) 处的函数值;$f_y(x_0,y_0)$ 就是偏导函数 $f_y(x,y)$ 在点 (x_0,y_0) 处的函数值. 以后在不至于混淆的地方也把偏导函数简称为偏导数.

由偏导数的定义可知,求多元函数对一个自变量的偏导数时,只需将其他自变量看成常数,用一元函数求导法即可求得.

例 1 求函数 $f(x,y)=5x^2y^3$ 的偏导数 $f_x(x,y)$ 与 $f_y(x,y)$,并求 $f_x(0,1), f_y(1,-2)$.

解 把 y 看作常量,函数关于 x 求导得

$$f_x(x,y) = (5x^2y^3)'_x = 5 \cdot 2x \cdot y^3 = 10xy^3,$$

把 x 看作常量,函数关于 y 求导得

$$f_y(x,y) = (5x^2y^3)'_y = 5 \cdot 3y^2 \cdot x^2 = 15x^2y^2.$$

将偏导函数在点 $(0,1)$ 和 $(1,-2)$ 的值代入得 $f_x(0,1)=0, f_y(1,-2)=60$.

例 2 求 $u = zx^y (x>0, x \neq 1)$ 的偏导数.

解 把 x 和 y 看作常量,则 u 为 z 的线性函数,故

$$\frac{\partial u}{\partial z} = x^y,$$

把 z 和 y 看作常量,则 u 为常数与幂函数的积,故

$$\frac{\partial u}{\partial x} = zyx^{y-1},$$

把 x 和 z 看作常量,则 u 为常数与指数函数的积,故得

$$\frac{\partial u}{\partial y} = zx^y \ln x.$$

注 偏导数 $\dfrac{\partial z}{\partial x}$、$\dfrac{\partial z}{\partial y}$ 的符号是一个整体符号,在后面第五节将看到,该符号不能分拆为两个量的商,这点和一元函数不同.

偏导数有下述几何意义.

设 $M_0(x_0, y_0, f(x_0, y_0))$ 为曲面 $z=f(x,y)$ 上一点,过 M_0 作平面 $y=y_0$,截此曲面得曲线

$$\begin{cases} z = f(x,y), \\ y = y_0. \end{cases}$$

由一元函数导数的几何意义,$f_x(x_0,y_0) = \dfrac{\mathrm{d}}{\mathrm{d}x} f(x,y_0) \big|_{x=x_0}$ 就是该曲线在点 M_0 处的切线 $M_0 T_x$ 对 x 轴的斜率,即 $\tan \alpha = f_x(x_0,y_0)$,如图 9-5 所

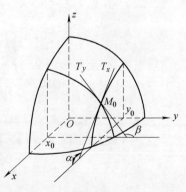

图 9-5

示.同样,偏导数 $f_y(x_0,y_0)$ 的几何意义就是曲面 $z=f(x,y)$ 被平面 $x=x_0$ 所截得到的曲线在点 M_0 处的切线 M_0T_y 对 y 轴的斜率,即 $\tan\beta=f_y(x_0,y_0)$.

前面给出的偏导数定义,可以满足于具体的函数求偏导数.但要更深入地了解、研究偏导数,还必须用分析的方法给出这种定义.

定义 2　设函数 $z=f(x,y)$ 在点 (x_0,y_0) 的某一邻域内有定义,如果当 $\Delta x\to 0$ 时,极限

$$\lim_{\Delta x\to 0}\frac{f(x_0+\Delta x,y_0)-f(x_0,y_0)}{\Delta x} \tag{1}$$

存在,则称此极限为函数 $z=f(x,y)$ 在点 (x_0,y_0) 处对 x 的偏导数.

类似地,函数 $z=f(x,y)$ 在点 (x_0,y_0) 处对 y 的偏导数定义为

$$\lim_{\Delta y\to 0}\frac{f(x_0,y_0+\Delta y)-f(x_0,y_0)}{\Delta y}. \tag{2}$$

对于一元函数来说,当函数可导时,函数必定是连续的.对于多元函数,这一结论还成立吗?利用偏导数的定义 2,可以说明,对多元函数来说,即使各偏导数在某点都存在,也不能保证函数在该点连续.

例 3　设函数 $f(x,y)=\begin{cases}\dfrac{xy}{x^2+y^2}, & x^2+y^2\neq 0,\\ 0, & x^2+y^2=0.\end{cases}$

(1)求 $f_x(0,0)$,$f_y(0,0)$;

(2)讨论函数在点 $(0,0)$ 的连续性.

解　(1)根据定义 2

$$f_x(0,0)=\lim_{\Delta x\to 0}\frac{f(0+\Delta x,0)-f(0,0)}{\Delta x}=\lim_{\Delta x\to 0}0=0,$$

同样有

$$f_y(0,0)=\lim_{\Delta y\to 0}\frac{f(0+\Delta y,0)-f(0,0)}{\Delta y}=\lim_{\Delta y\to 0}0=0,$$

即函数在原点 $(0,0)$ 处两个偏导数都存在.

(2)由第一节例 4 我们知道,这个函数在点 $(0,0)$ 极限不存在,因而不连续.

二、高阶偏导数

设函数 $z=f(x,y)$ 在区域 D 内具有偏导数

$$\frac{\partial z}{\partial x}=f_x(x,y),\frac{\partial z}{\partial y}=f_y(x,y).$$

一般来说,在 D 内 $f_x(x,y)$,$f_y(x,y)$ 均是 x,y 的函数.如果这两个函数的偏导数也存在,则称它们是函数 $z=f(x,y)$ 的二阶偏导数.二元函数依照对变量求导数的次序不同而有下列四个二阶偏导数:

321

$$\frac{\partial}{\partial x}\left(\frac{\partial z}{\partial x}\right)=\frac{\partial^2 z}{\partial x^2}=f_{xx}(x,y),$$

$$\frac{\partial}{\partial y}\left(\frac{\partial z}{\partial x}\right)=\frac{\partial^2 z}{\partial x \partial y}=f_{xy}(x,y),$$

$$\frac{\partial}{\partial x}\left(\frac{\partial z}{\partial y}\right)=\frac{\partial^2 z}{\partial y \partial x}=f_{yx}(x,y),$$

$$\frac{\partial}{\partial y}\left(\frac{\partial z}{\partial y}\right)=\frac{\partial^2 z}{\partial y^2}=f_{yy}(x,y).$$

其中 $f_{x,y}(x,y)$ 和 $f_{yx}(x,y)$ 称为二阶混合偏导数.

同样可得三阶、四阶,以至 n 阶偏导数,二阶和二阶以上的偏导数统称为**高阶偏导数**.

例4 求 $z=x^2 y e^y$ 的各二阶偏导数.

解 $z_x=2xye^y, z_y=x^2(e^y+ye^y)=x^2(1+y)e^y$

$z_{xx}=2ye^y, z_{xy}=2x(e^y+ye^y)=2x(1+y)e^y,$

$z_{yx}=2x(1+y)e^y, z_{yy}=x^2(2+y)e^y$

我们看到,例4中两个二阶混合偏导数是相等的,即 $\frac{\partial^2 z}{\partial x \partial y}=\frac{\partial^2 z}{\partial y \partial x}$. 这不是偶然现象,事实上,有下述定理.

定理 如果函数 $z=f(x,y)$ 的两个二阶混合偏导数 $\frac{\partial^2 z}{\partial x \partial y}$ 及 $\frac{\partial^2 z}{\partial y \partial x}$ 在区域 D 内连续,那么在该区域内这两个二阶混合偏导数必相等.

也就是说,二阶混合偏导数在连续的条件下与求导的次序无关. 本定理的证明从略.

通常用到的函数(初等函数)的混合偏导数一般都是连续的,因此,它们的混合偏导数与求导的顺序无关. 对于二元以上的多元函数同样可类似地定义高阶偏导数,并且高阶混合偏导数在偏导数连续的条件下也与求偏导的次序无关.

例5 设 $r=\sqrt{x^2+y^2+z^2}$,证明 $u=\frac{1}{r}$ 满足方程 $\frac{\partial^2 u}{\partial x^2}+\frac{\partial^2 u}{\partial y^2}+\frac{\partial^2 u}{\partial z^2}=0$.

证
$$\frac{\partial u}{\partial x}=-\frac{1}{r^2}\frac{\partial r}{\partial x}=-\frac{1}{r^2}\frac{x}{r}=-\frac{x}{r^3},$$

$$\frac{\partial^2 u}{\partial x^2}=-\frac{1}{r^3}+\frac{3x}{r^4}\frac{\partial r}{\partial x}=-\frac{1}{r^3}+\frac{3x^2}{r^5}.$$

由函数关于自变量的对称性,同样有

$$\frac{\partial^2 u}{\partial y^2}=-\frac{1}{r^3}+\frac{3y^2}{r^5}, \frac{\partial^2 u}{\partial z^2}=-\frac{1}{r^3}+\frac{3z^2}{r^5}$$

从而

$$\frac{\partial^2 u}{\partial x^2} + \frac{\partial^2 u}{\partial y^2} + \frac{\partial^2 u}{\partial z^3} = -\frac{3}{r^3} + \frac{3(x^2 + y^2 + z^2)}{r^5} = -\frac{3}{r^3} + \frac{3r^2}{r^5} = 0.$$

习题 9-2

1. 求下列函数的偏导数.

$(1)\, z = xy + \dfrac{x}{y};$ $\qquad\qquad$ $(2)\, z = \sin(xy) + \cos^2(xy);$

$(3)\, x\mathrm{e}^{-xy};$ $\qquad\qquad$ $(4)\, z = \displaystyle\int_0^{xy} \mathrm{e}^{-t^2}\mathrm{d}t;$

$(5)\, z = \ln\tan\dfrac{x}{y};$ $\qquad\qquad$ $(6)\, z = (1 + xy)^y;$

$(7)\, z = \sqrt{\ln(xy)};$ $\qquad\qquad$ $(8)\, u = x^{\frac{y}{z}}.$

2. 设 $f(x,y) = x^2 y + (y-1)\mathrm{e}^{\frac{x}{y}}$, 求 $f_x(x,1)$.

3. 设 $f(x,y) = \sqrt{|xy|}$, 求 $f_x(0,0)$, $f_y(0,0)$.

4. 设 $z = \ln(\sqrt{x} + \sqrt{y})$, 证明 $x\dfrac{\partial z}{\partial x} + y\dfrac{\partial z}{\partial y} = \dfrac{1}{2}$.

5. 求下列函数的二阶偏导数:

$(1)\, z = x^4 + y^4 - 4x^2 y^2;$ $\qquad$ $(2)\, z = x\sin(x+y) + y\cos(x+y);$

$(3)\, z = \sin^2(ax + by);$ $\qquad$ $(4)\, z = x\ln(x+y).$

6. 验证 $z = \ln\sqrt{x^2 + y^2}$ 满足方程 $\dfrac{\partial^2 z}{\partial x^2} + \dfrac{\partial^2 z}{\partial y^2} = 0$.

7. 验证 $z = 2\cos^2\left(x - \dfrac{t}{2}\right)$ 满足方程 $2\dfrac{\partial^2 z}{\partial t^2} + \dfrac{\partial^2 z}{\partial x \partial t} = 0$.

第三节　全　微　分

在实际问题中有时需要研究多元函数中各个自变量都取得增量时函数所获得的增量,并且希望用简单的形式近似表示.

设函数 $z = f(x,y)$ 在点 (x_0, y_0) 的某个邻域内有定义. 当 x 从 x_0 取得改变量 Δx $(\Delta x \neq 0)$, 而 $y = y_0$ 保持不变时, 函数 z 得到的改变量 $f(x_0 + \Delta x, y_0) - f(x_0, y_0)$ 称为函数 $f(x,y)$ 对于 x 的偏改变量或**偏增量**. 类似地, 定义函数 $f(x,y)$ 对于 y 的偏改变量或偏增量为

$$f(x_0, y_0 + \Delta y) - f(x_0, y_0).$$

对于自变量分别从 x_0, y_0 取得改变量 $\Delta x, \Delta y$, 函数 z 的相应改变量

$$\Delta z = f(x_0 + \Delta x, y_0 + \Delta y) - f(x_0, y_0)$$

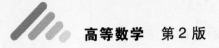

称为函数 $f(x,y)$ 的全改变量或全增量.

定义 如果函数 $z = f(x,y)$ 在点 (x,y) 的全增量

$$\Delta z = f(x + \Delta x, y + \Delta y) - f(x,y) \tag{1}$$

可表示为

$$\Delta z = A\Delta x + B\Delta y + \alpha,$$

其中 A,B 不依赖于 $\Delta x, \Delta y$ 而仅与 x,y 有关,α 是当 $(\Delta x, \Delta y) \to (0,0)$ 时比 $\rho = \sqrt{(\Delta x)^2 + (\Delta y)^2}$ 高阶的无穷小量,则称函数 $z = f(x,y)$ 在点 (x,y) 可微,$A\Delta x + B\Delta y$ 称为函数 $z = f(x,y)$ 在点 (x,y) 的全微分,记作 $\mathrm{d}z$,即

$$\mathrm{d}z = A\Delta x + B\Delta y. \tag{2}$$

若函数在区域 D 内各点都可微,则称该函数在 D 内可微.

一元函数在某点的导数存在是微分存在的充分必要条件,但对于多元函数情形就不一样了. 我们先给出下面的定理.

定理 1 如果函数 $z = f(x,y)$ 在点 (x,y) 可微,则此函数在该点处连续,两个偏导数都存在,且

$$\mathrm{d}z = \frac{\partial z}{\partial x}\Delta x + \frac{\partial z}{\partial y}\Delta y. \tag{3}$$

证 因 $z = f(x,y)$ 在 (x,y) 处可微,则

$$\Delta z = f(x + \Delta x, y + \Delta y) - f(x,y) = A\Delta x + B\Delta y + \alpha.$$

其中 α 是比 $\rho = \sqrt{(\Delta x)^2 + (\Delta y)^2}$ 高阶的无穷小. 显然,当 $\rho \to 0$ 时,$\Delta z \to 0$,这说明 z 在 (x,y) 处连续;如令 $\Delta y = 0$ 则有

$$f(x + \Delta x, y) - f(x,y) = A\Delta x + \alpha,$$

再令 $\Delta x \to 0$,得

$$\lim_{\Delta x \to 0} \frac{f(x + \Delta x, y) - f(x,y)}{\Delta x} = A.$$

由此即证得偏导数 $\dfrac{\partial z}{\partial x}$ 存在,且 $A = \dfrac{\partial z}{\partial x}$.

同样可证 $B = \dfrac{\partial z}{\partial y}$.

从而

$$\mathrm{d}z = A\Delta x + B\Delta y = \frac{\partial z}{\partial x}\Delta x + \frac{\partial z}{\partial y}\Delta y.$$

定理 1 说明,若函数在点 (x,y) 可微,则偏导数必定存在. 但反之不成立,即函数偏导数都存在不能保证函数是可微的. 例如,函数

$$f(x,y) = \begin{cases} \dfrac{xy}{\sqrt{x^2 + y^2}}, & x^2 + y^2 \neq 0, \\ 0, & x^2 + y^2 = 0 \end{cases}$$

在点 $(0,0)$ 处有 $f_x(0,0)=0$ 及 $f_y(0,0)=0$, 偏导数存在. 但

$$\Delta z-[f_x(0,0)\cdot\Delta x+f_y(0,0)\cdot\Delta y]=\frac{\Delta x\cdot\Delta y}{\sqrt{(\Delta x)^2+(\Delta y)^2}}.$$

如果考虑点 $(\Delta x,\Delta y)$ 沿着直线 $y=x$ 趋近于 $(0,0)$, 则

$$\frac{\dfrac{\Delta x\cdot\Delta y}{\sqrt{(\Delta x)^2+(\Delta y)^2}}}{\rho}=\frac{\Delta x\cdot\Delta y}{(\Delta x)^2+(\Delta y)^2}=\frac{\Delta x\cdot\Delta x}{(\Delta x)^2+(\Delta x)^2}=\frac{1}{2},$$

它不能随 $\rho\to0$ 而趋于 0. 这表示 $\rho\to0$ 时, $\Delta z-[f_x(0,0)\cdot\Delta x+f_y(0,0)\cdot\Delta y]$ 并不是一个比 ρ 较高阶的无穷小, 因此, 函数在点 $(0,0)$ 处是不可微的.

但是, 如果再假定函数的各个偏导数连续, 则可以证明函数是可微的, 即有下面的定理.

定理 2　如果函数 $z=f(x,y)$ 的偏导数 $f_x(x,y),f_y(x,y)$ 在点 (x,y) 连续, 则函数在该点可微分.

证明略.

习惯上, 将自变量的增量 $\Delta x,\Delta y$ 分别记为 $\mathrm{d}x$ 和 $\mathrm{d}y$, 并分别称为自变量的微分. 这样函数的微分就表示为

$$\mathrm{d}z=\frac{\partial z}{\partial x}\mathrm{d}x+\frac{\partial z}{\partial y}\mathrm{d}y. \tag{4}$$

以上关于二元函数全微分的定义及可微的结论可以类似地推广到三元及三元以上的多元函数.

例 1　求函数 $z=\mathrm{e}^{xy}$ 当 $x=1,y=1,\Delta x=0.15,\Delta y=0.1$ 时的全微分.

解
$$\frac{\partial z}{\partial x}=y\mathrm{e}^{xy},\quad\frac{\partial z}{\partial y}=x\mathrm{e}^{xy},$$

$$\mathrm{d}z=(y\mathrm{e}^{xy}\cdot\Delta x+y\mathrm{e}^{xy}\cdot\Delta y)\Big|_{\substack{x=1,y=1\\\Delta x=0.15,\Delta y=0.1}}=0.25\mathrm{e}.$$

例 2　要造一个无盖的圆柱形水槽, 其内半径为 2m, 高为 4m, 厚度均为 0.01m, 求需用材料的体积.

解　因为圆柱的体积 $V=\pi r^2 h$ (其中 r 为底半径, h 为高), 所以

$$\Delta V\approx2\pi rh\Delta r+\pi r^2\Delta h,$$

由于 $r=2,h=4,\Delta r=\Delta h=0.01$, 所以

$$\Delta V\approx2\times3.14\times2\times4\times0.01+3.14\times2^2\times0.01=0.628.$$

所需材料约为 $0.628\mathrm{m}^3$. 与直接计算 ΔV 的值 $0.630\,515\mathrm{m}^3$ 相当接近.

习题 9-3

1. 求下列函数的全微分.

(1) $z = xy + \dfrac{x}{y}$；   (2) $z = \sin(x^2 + y)$；

(3) $z = \sqrt{\dfrac{ax + by}{ax - by}}$；   (4) $z = x^{y^2}$；

(5) $z = \arctan(xy)$；   (6) $u = \left(\dfrac{x}{y}\right)^z$.

2. 求函数 $z = \ln(1 + x^2 + y^2)$ 当 $x = 1, y = 2$ 时的全微分.

3. 求函数 $z = x^2 y^3$ 当 $x = 2, y = -1, \Delta x = 0.02, \Delta y = -0.01$ 时的全微分.

第四节　多元复合函数的求导法则

对于多元函数的复合函数,虽然复合的形式各种各样.但对于具体的函数,利用偏导数的定义,可以直接对复合函数求导.

例1　设 $z = f(u,v) = \mathrm{e}^{uv}$,其中 u 和 v 是中间变量:$u = 2x^2, v = \cos x$. 求 $\dfrac{\mathrm{d}z}{\mathrm{d}x}$.

解　将中间变量 u 和 v 消去,得到函数 $z = \mathrm{e}^{2x^2\cos x}$. 因此

$$\frac{\mathrm{d}z}{\mathrm{d}x} = \mathrm{e}^{2x^2\cos x}(2x^2\cos x)' = 2x\mathrm{e}^{2x^2\cos x}(2\cos x - x\sin x).$$

例2　设 $z = \mathrm{e}^u \sin v$,而 u 和 v 是中间变量:$u = xy, v = x^2 + y^2$ 求 $\dfrac{\partial z}{\partial x}, \dfrac{\partial z}{\partial y}$.

解　将中间变量 u 和 v 消去,得到函数
$$z = \mathrm{e}^{xy}\sin(x^2 + y^2).$$
把 y 看做常量,函数关于 x 求导,利用一元函数复合函数求导法则得

$$\frac{\partial z}{\partial x} = \mathrm{e}^{xy}(xy)'_x\sin(x^2 + y^2) + \mathrm{e}^{xy}\cos(x^2 + y^2)(x^2 + y^2)'_x$$

$$= \mathrm{e}^{xy}y\sin(x^2 + y^2) + 2x\mathrm{e}^{xy}\cos(x^2 + y^2).$$

同样,把 x 看做常量,函数关于 y 求导得

$$\frac{\partial z}{\partial y} = \mathrm{e}^{xy}(xy)'_y\sin(x^2 + y^2) + \mathrm{e}^{xy}\cos(x^2 + y^2)(x^2 + y^2)'_y$$

$$= \mathrm{e}^{xy}x\sin(x^2 + y^2) + 2y\mathrm{e}^{xy}\cos(x^2 + y^2).$$

但是对于一般的复合函数,需要有相应的求导法则.我们先考虑最简单的情形.

设 $z = f(u,v)$ 是自变量 u 和 v 的二元函数,而 $u = \varphi(x), v = \psi(x)$ 是自变量 x 的一元函数,则 $z = f(\varphi(x), \psi(x))$ 是 x 的复合函数.

定理1　设函数 $z = f(u,v)$ 可微,函数 $u = \varphi(x), v = \psi(x)$ 可导,则复合函数 $z = f(\varphi(x), \psi(x))$ 对 x 可导,且有

$$\frac{\mathrm{d}z}{\mathrm{d}x} = \frac{\partial f}{\partial u}\varphi'(x) + \frac{\partial f}{\partial v}\psi'(x) = \frac{\partial f}{\partial u}\frac{\mathrm{d}u}{\mathrm{d}x} + \frac{\partial f}{\partial v}\frac{\mathrm{d}v}{\mathrm{d}x}. \tag{1}$$

证 设对应于自变量的改变量 Δx,中间变量 $u = \varphi(x)$ 和 $v = \psi(x)$ 的改变量分别为 Δu 和 Δv,进而函数 z 有改变量 Δz. 因函数 $z = f(u,v)$ 可微,由定义有

$$\Delta z = \frac{\partial f}{\partial u}\Delta u + \frac{\partial f}{\partial v}\Delta v + \alpha(\rho)\rho, \tag{2}$$

其中 $\rho = \sqrt{(\Delta u)^2 + (\Delta v)^2}$,$\alpha(\rho)$ 为无穷小量($\rho \to 0$ 时),将式(2)两端同除以 Δx,得

$$\frac{\Delta z}{\Delta x} = \frac{\partial f}{\partial u}\frac{\Delta u}{\Delta x} + \frac{\partial f}{\partial v}\frac{\Delta v}{\Delta x} + \alpha(\rho)\frac{\rho}{\Delta x}$$

$$= \frac{\partial f}{\partial u}\frac{\Delta u}{\Delta x} + \frac{\partial f}{\partial v}\frac{\Delta u}{\Delta x} + \alpha(\rho)\frac{|\Delta x|}{\Delta x}\sqrt{\left(\frac{\Delta u}{\Delta x}\right)^2 + \left(\frac{\Delta v}{\Delta x}\right)^2}.$$

因 $u = \varphi(x)$、$v = \psi(x)$ 可导,故 $\Delta x \to 0$ 时,$\rho \to 0$. 于是,在上式中令 $\Delta x \to 0$,可得

$$\frac{\mathrm{d}z}{\mathrm{d}x} = \frac{\partial f}{\partial u}\frac{\mathrm{d}u}{\mathrm{d}x} + \frac{\partial f}{\partial v}\frac{\mathrm{d}v}{\mathrm{d}x} = \frac{\partial f}{\partial u}\varphi'(x) + \frac{\partial f}{\partial v}\psi'(x).$$

如果将定理 1 中的函数 $u = \varphi(x)$,$v = \psi(x)$ 可导改为 $u = \varphi(x,y)$,$v = \psi(x,y)$ 在点 (x,y) 有偏导数,只要将 $\dfrac{\mathrm{d}u}{\mathrm{d}x}$,$\dfrac{\mathrm{d}v}{\mathrm{d}x}$ 分别改为 $\dfrac{\partial u}{\partial x}$,$\dfrac{\partial v}{\partial x}$ 就得到

$$\frac{\partial z}{\partial x} = \frac{\partial f}{\partial u}\frac{\partial u}{\partial x} + \frac{\partial f}{\partial v}\frac{\partial v}{\partial x},$$

$$\frac{\partial z}{\partial y} = \frac{\partial f}{\partial u}\frac{\partial u}{\partial y} + \frac{\partial f}{\partial v}\frac{\partial v}{\partial y},$$

或

$$\frac{\partial z}{\partial x} = \frac{\partial z}{\partial u}\frac{\partial u}{\partial x} + \frac{\partial z}{\partial v}\frac{\partial v}{\partial x},$$

$$\frac{\partial z}{\partial y} = \frac{\partial z}{\partial u}\frac{\partial u}{\partial y} + \frac{\partial z}{\partial v}\frac{\partial v}{\partial y}.$$

式(1)还可以推广到复合函数的中间变量多于两个的情形. 例如,设 $z = f(u,v,w)$ 可微,$u = \varphi(x)$,$v = \psi(x)$,$w = \omega(x)$ 关于 x 可导,则有

$$\frac{\mathrm{d}z}{\mathrm{d}x} = \frac{\partial f}{\partial u}\varphi'(x) + \frac{\partial f}{\partial v}\psi'(x) + \frac{\partial f}{\partial w}\omega'(x).$$

对于例 1,我们给出利用式(1)的求解方法如下:

$$\frac{\mathrm{d}u}{\mathrm{d}x} = 4x, \frac{\mathrm{d}v}{\mathrm{d}x} = -\sin x,$$

利用式(1)得到

$$\frac{\mathrm{d}z}{\mathrm{d}x} = \frac{\partial f}{\partial u}\frac{\mathrm{d}u}{\mathrm{d}x} + \frac{\partial f}{\partial v}\frac{\mathrm{d}v}{\mathrm{d}x}$$

$$= e^{uv}v4x - e^{uv}u\sin x$$
$$= 2xe^{2x^2\cos x}(2\cos x - x\sin x).$$

例 3 求 $z = (3x^2 + y^2)^{4x+2y}$ 的偏导数.

解 设 $u = 3x^2 + y^2, v = 4x + 2y$,则 $z = u^v$. 于是

$$\frac{\partial z}{\partial x} = \frac{\partial z}{\partial u} \cdot \frac{\partial u}{\partial x} + \frac{\partial z}{\partial v} \cdot \frac{\partial v}{\partial x}$$

$$= vu^{v-1} \cdot 6x + u^v\ln u \cdot 4$$

$$= 6x(4x + 2y)(3x^2 + y^2)^{4x+2y-1} + 4(3x^2 + y^2)^{4x+2y}\ln(3x^2 + y^2).$$

$$\frac{\partial z}{\partial y} = \frac{\partial z}{\partial u} \cdot \frac{\partial u}{\partial y} + \frac{\partial z}{\partial v} \cdot \frac{\partial v}{\partial y}$$

$$= vu^{v-1} \cdot 2y + u^v\ln u \cdot 2$$

$$= 2y(4x + 2y)(3x^2 + y^2)^{4x+2y-1} + 2(3x^2 + y^2)^{4x+2y}\ln(3x^2 + y^2).$$

例 4 设 $z = xy + u, u = \varphi(x,y), \varphi(x,y)$ 具有二阶连续偏导数. 求 $\frac{\partial z}{\partial x}, \frac{\partial^2 z}{\partial x^2}$,

$\frac{\partial^2 z}{\partial x \partial y}$.

解
$$\frac{\partial z}{\partial x} = y + \frac{\partial u}{\partial x},$$

$$\frac{\partial^2 z}{\partial x^2} = \frac{\partial^2 u}{\partial x^2},$$

$$\frac{\partial^2 z}{\partial x \partial y} = 1 + \frac{\partial^2 u}{\partial x \partial y}.$$

例 5 设 $z = \frac{1}{2}\frac{y^2}{x} + \varphi(xy), \varphi$ 为可微函数,求证

$$x^2 \frac{\partial z}{\partial x} - xy \frac{\partial z}{\partial y} + \frac{3}{2}y^2 = 0.$$

证 因为 $\frac{\partial z}{\partial x} = -\frac{y^2}{2x^2} + y\varphi'(xy)$,

$$\frac{\partial z}{\partial y} = \frac{y}{x} + x\varphi'(xy),$$

所以

$$x^2 \frac{\partial z}{\partial x} - xy \frac{\partial z}{\partial y} = x^2\left[-\frac{y^2}{2x^2} + y\varphi'(xy)\right] - xy\left[\frac{y}{x} + x\varphi'(xy)\right]$$

$$= -\frac{y^2}{2} + x^2y\varphi'(xy) - y^2 - x^2y\varphi'(xy) = -\frac{3}{2}y^2,$$

即
$$x^2 \frac{\partial z}{\partial x} - xy \frac{\partial z}{\partial y} + \frac{3}{2}y^2 = 0.$$

例 6 设 $Q = f(x, xy, xyz)$,且 f 存在一阶连续偏导数,求函数 Q 的全部偏导

数.

解　设 $u=x,v=xy,w=xyz$，则
$$Q=f(u,v,w).$$
于是
$$\frac{\partial Q}{\partial x}=\frac{\partial f}{\partial u}\frac{\partial u}{\partial x}+\frac{\partial f}{\partial v}\frac{\partial v}{\partial x}+\frac{\partial f}{\partial w}\frac{\partial w}{\partial x}=f_1'+yf_2'+yzf_3',$$
$$\frac{\partial Q}{\partial y}=\frac{\partial f}{\partial u}\frac{\partial u}{\partial y}+\frac{\partial f}{\partial v}\frac{\partial v}{\partial y}+\frac{\partial f}{\partial w}\frac{\partial w}{\partial y}=xf_2'+xzf_3',$$
$$\frac{\partial Q}{\partial z}=\frac{\partial f}{\partial u}\frac{\partial u}{\partial z}+\frac{\partial f}{\partial v}\frac{\partial v}{\partial z}+\frac{\partial f}{\partial w}\frac{\partial w}{\partial z}=xyf_3'.$$

在这个例子中，我们用 f_1' 表示函数 $f(u,v,w)$ 对第一个变量 u 的偏导数，即 $f_1'=\dfrac{\partial f}{\partial u}$；类似地，记 $f_2'=\dfrac{\partial f}{\partial v},f_3'=\dfrac{\partial f}{\partial w},f_{12}''=\dfrac{\partial^2 f(u,v,w)}{\partial u\partial v}$ 等. 这种表示法不依赖于中间变量具体用什么符号表示，简洁而又含义清楚，是偏导数运算中常用的一种表示法.

例7　设 $z=f(xy,x^2+y^2)$，f 具有二阶连续偏导数，求 $\dfrac{\partial z}{\partial x}$ 及 $\dfrac{\partial^2 z}{\partial x\partial y}$.

解　令 $u=xy,v=x^2+y^2$，
则函数由
$$z=f(u,v) \text{ 及 } u=xy,v=x^2+y^2$$
复合而成，根据复合函数求导法则，有
$$\frac{\partial z}{\partial x}=\frac{\partial f}{\partial u}\frac{\partial u}{\partial x}+\frac{\partial f}{\partial v}\frac{\partial v}{\partial x}=yf_1'+2xf_2',$$
$$\frac{\partial^2 z}{\partial x\partial y}=f_1'+y(f_1')_y'+2x(f_2')_y'=f_1'+y(xf_{11}''+2yf_{12}'')+2x(xf_{21}''+2yf_{22}'').$$
由于 f 具有二阶连续偏导数，所以 $f_{12}''=f_{21}''$. 因此
$$\frac{\partial^2 z}{\partial x\partial y}=f_1'+xyf_{11}''+2(x^2+y^2)f_{12}''+4xyf_{22}''.$$

最后，利用多元复合函数求导公式，我们证明多元函数全微分的一个重要性质——全微分形式的不变性.

设函数 $z=f(x,y)$ 可微，当 x,y 为自变量时，有全微分公式
$$dz=\frac{\partial z}{\partial x}dx+\frac{\partial z}{\partial y}dy.$$
当 $x=x(s,t),y=y(s,t)$ 为可微函数时，对复合函数
$$z=f[x(s,t),y(s,t)]$$
仍有全微分公式：

$$dz = \frac{\partial z}{\partial x}dx + \frac{\partial z}{\partial y}dy.$$

证 由求导规则有

$$\frac{\partial z}{\partial s} = \frac{\partial z}{\partial x}\frac{\partial x}{\partial s} + \frac{\partial z}{\partial y}\frac{\partial y}{\partial s},$$

$$\frac{\partial z}{\partial t} = \frac{\partial z}{\partial x}\frac{\partial x}{\partial t} + \frac{\partial z}{\partial y}\frac{\partial y}{\partial t}.$$

于是,由全微分定义,有

$$\begin{aligned}
dz &= \frac{\partial z}{\partial s}ds + \frac{\partial z}{\partial t}dt \\
&= \left(\frac{\partial z}{\partial x}\frac{\partial x}{\partial s} + \frac{\partial z}{\partial y}\frac{\partial y}{\partial s}\right)ds + \left(\frac{\partial z}{\partial x}\frac{\partial x}{\partial t} + \frac{\partial z}{\partial y}\frac{\partial y}{\partial t}\right)dt \\
&= \frac{\partial z}{\partial x}\left(\frac{\partial x}{\partial s}ds + \frac{\partial x}{\partial t}dt\right) + \frac{\partial z}{\partial y}\left(\frac{\partial y}{\partial s}ds + \frac{\partial y}{\partial t}dt\right) \\
&= \frac{\partial z}{\partial x}dx + \frac{\partial z}{\partial y}dy.
\end{aligned}$$

全微分形式的不变性表明,对于函数 $z = f(x,y)$,无论 x,y 是中间变量还是自变量,其全微分公式 $dz = \frac{\partial z}{\partial x}dx + \frac{\partial z}{\partial y}dy$ 永远成立.

例 8 利用全微分形式不变性求 $u = \frac{x}{x^2 + y^2 + z^2}$ 的所有偏导数.

解
$$\begin{aligned}
du &= \frac{(x^2 + y^2 + z^2)dx - xd(x^2 + y^2 + z^2)}{(x^2 + y^2 + z^2)^2} \\
&= \frac{(x^2 + y^2 + z^2)dx - x(2xdx + 2ydy + 2zdz)}{(x^2 + y^2 + z^2)^2} \\
&= \frac{(y^2 + z^2 - x^2)dx - 2xydy - 2xzdz}{(x^2 + y^2 + z^2)^2}
\end{aligned}$$

另一方面,$du = \frac{\partial u}{\partial x}dx + \frac{\partial u}{\partial y}dy + \frac{\partial u}{\partial z}dz$,比较微分前面的系数即得

$$\frac{\partial u}{\partial x} = \frac{y^2 + z^2 - x^2}{(x^2 + y^2 + z^2)^2},$$

$$\frac{\partial u}{\partial y} = \frac{-2xy}{(x^2 + y^2 + z^2)^2},$$

$$\frac{\partial u}{\partial z} = \frac{-2xz}{(x^2 + y^2 + z^2)^2}.$$

习题 9-4

1. 求下列复合函数的导数.

（1）$z = u^2 \ln v, u = \dfrac{y}{x}, v = x^2 + y^2,$ 求 $\dfrac{\partial z}{\partial x}, \dfrac{\partial z}{\partial y}$；

（2）$z = u^3, u = y^x,$ 求 $\dfrac{\partial z}{\partial x}, \dfrac{\partial z}{\partial y}$；

（3）设 $z = \arctan(xy),$ 而 $y = e^x,$ 求 $\dfrac{\mathrm{d}z}{\mathrm{d}x}$；

（4）设 $u = e^{x^2+y^2+z^2},$ 而 $z = x^2 \sin y,$ 求 $\dfrac{\partial u}{\partial x}, \dfrac{\partial u}{\partial y}$；

（5）设 $z = \dfrac{x}{y}, x = ct, y = \ln t,$ 求 $\dfrac{\mathrm{d}z}{\mathrm{d}t}$（$c$ 为常数）.

2. 设 $z = \arctan \dfrac{x}{y},$ 而 $x = u + v, y = u - v,$ 验证 $\dfrac{\partial z}{\partial u} + \dfrac{\partial z}{\partial v} = \dfrac{u - v}{u^2 + v^2}$.

3. 设 $z = xy + xf(u), u = \dfrac{y}{x}, f(u)$ 可导，试证 $x \dfrac{\partial z}{\partial x} + y \dfrac{\partial z}{\partial y} = xy + z.$

4. 设 f 可微，求下列函数的一阶偏导数：

（1）$w = f(x^2 - y^2, e^{xy})$；

（2）$w = f\left(\dfrac{x}{y}, \dfrac{y}{z}\right)$；

（3）$z = f\left(xy + \dfrac{y}{x}\right).$

5. 设 $f(u, v)$ 有连续偏导数，$z = e^x f(u, v), u = x^3 + y^3, v = xe^y,$ 求 $\dfrac{\partial z}{\partial x}, \dfrac{\partial z}{\partial y}$.

6. 设 $z = f(xy, y), f(u, v)$ 具有二阶连续偏导数，求 $\dfrac{\partial^2 z}{\partial x^2}, \dfrac{\partial^2 z}{\partial x \partial y}, \dfrac{\partial^2 z}{\partial y^2}$.

7. 摩尔（mol）理想气体的压力 p（kPa）、体积 V（L）和温度 T（K）由方程 $pV = 8.31T$ 给出，当温度为 300K，以 0.1K/s 速率增加，体积为 100L 以 0.2L/s 速率增加时，求压力的变化速率.

8. 无重大自然灾害情况下，某地区小麦年产量 W 和年平均气温 T 及降雨量 R 有关，根据气象资料分析，该地区年平均气温以速率 0.15℃/年上升而降雨量以 0.1cm/年速率减少，根据近几年的统计分析可以得到 $\dfrac{\partial W}{\partial T} = -2, \dfrac{\partial W}{\partial R} = 8.$

（1）这些偏导数各代表什么意义？

（2）据此估计目前小麦年产量关于时间（年）的变化速率 $\dfrac{\mathrm{d}W}{\mathrm{d}t}$.

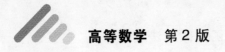

第五节　隐函数的求导公式

一、一个方程确定的隐函数

在一元函数情形,我们曾经引入了隐函数的概念,并且给出直接由方程

$$F(x,y) = 0 \qquad\qquad (1)$$

来求它所确定的函数的导数的方法. 本节将进一步阐明由方程(1)确定隐函数的隐函数存在性,并通过复合函数的求导法则建立隐函数的求导公式. 然后将结论推广到更一般的情形.

隐函数存在定理 1　设函数 $F(x,y)$ 在点 (x_0,y_0) 的某一邻域内具有连续的偏导数,且 $F(x_0,y_0)=0$,$F_y(x_0,y_0)\neq0$. 则方程 $F(x,y)=0$ 在点 (x_0,y_0) 的某一邻域内恒能唯一确定一个单值连续且具有连续导数的函数 $y=f(x)$,它满足条件 $y_0=f(x_0)$,并有

$$\frac{\mathrm{d}y}{\mathrm{d}x} = -\frac{F_x}{F_y}. \qquad\qquad (2)$$

隐函数的存在性我们不证.下面仅给出式(2)的推导.

因 $y=f(x)$ 是由 $F(x,y)=0$ 确定的隐函数,故有恒等式 $F[x,f(x)]\equiv0$. 利用复合函数的求导法则,在此等式两边同时对 x 求导,得

$$\frac{\partial F}{\partial x} + \frac{\partial F}{\partial y}\frac{\mathrm{d}y}{\mathrm{d}x} = 0. \qquad\qquad (3)$$

由于 F_y 连续,且 $F_y(x_0,y_0)\neq0$,所以存在点 (x_0,y_0) 的一个邻域,在这个邻域内 $F_y\neq0$,于是,从式(3)中解出 $\dfrac{\mathrm{d}y}{\mathrm{d}x}$ 即得式(2).

例 1　求由方程 $y-x\mathrm{e}^y+x=0$ 所确定的函数 $y=f(x)$ 的导数 $\dfrac{\mathrm{d}y}{\mathrm{d}x}$.

解　设 $F(x,y)=y-x\mathrm{e}^y+x$,则

$$\frac{\partial F}{\partial x} = -\mathrm{e}^y+1, \frac{\partial F}{\partial y} = 1-x\mathrm{e}^y,$$

于是,由式(1)得

$$\frac{\mathrm{d}y}{\mathrm{d}x} = -\frac{-\mathrm{e}^y+1}{1-x\mathrm{e}^y} = \frac{\mathrm{e}^y-1}{1-x\mathrm{e}^y}.$$

类似地,对于由方程 $F(x,y,z)=0$ 确定二元函数 $z=f(x,y)$ 的情形,有下列结论.

隐函数存在定理 2　设函数 $F(x,y,z)$ 在点 (x_0,y_0,z_0) 的某一邻域内具有连续的偏导数,且 $F(x_0,y_0,z_0)=0$,$F_z(x_0,y_0,z_0)\neq0$,则方程 $F(x,y,z)=0$ 在点

(x_0, y_0, z_0) 的某一邻域内恒能唯一确定一个单值连续且具有连续偏导数的函数 $z = f(x, y)$,它满足条件 $z_0 = f(x_0, y_0)$,并有

$$\frac{\partial z}{\partial x} = -\frac{F_x}{F_z}, \frac{\partial z}{\partial y} = -\frac{F_y}{F_z}. \tag{4}$$

求导式(4)可通过对恒等式

$$F(x, y, f(x, y)) \equiv 0$$

两端分别对 x 和 y 求导,得

$$F_x + F_z \frac{\partial z}{\partial x} = 0, F_y + F_z \frac{\partial z}{\partial y} = 0. \tag{5}$$

因为 F_z 连续,且 $F_z(x_0, y_0, z_0) \neq 0$,所以存在点 (x_0, y_0, z_0) 的一个邻域,在这个邻域内 $F_z \neq 0$,于是,从式(5)中解出 $\frac{\partial z}{\partial x}$ 和 $\frac{\partial z}{\partial y}$ 即得式(4).

　　对于隐函数的高阶导数,可根据高阶导数的定义,用递推方法,逐一求得.

　　例 2　设方程 $x^2 + y^2 + z^2 - 4z = 0$ 确定了函数 $z = z(x, y)$,求 $\frac{\partial z}{\partial x}, \frac{\partial z}{\partial y}, \frac{\partial^2 z}{\partial x^2}$.

　　解　令 $F(x, y, z) = x^2 + y^2 + z^2 - 4z$,则

$$F_x = 2x, F_y = 2y, F_z = 2z - 4.$$

由式(4)得

$$\frac{\partial z}{\partial x} = -\frac{F_x}{F_z} = \frac{x}{2 - z},$$

$$\frac{\partial z}{\partial y} = -\frac{F_y}{F_z} = \frac{y}{2 - z}.$$

而

$$\frac{\partial^2 z}{\partial x^2} = \frac{\partial}{\partial x}\left(\frac{\partial z}{\partial x}\right) = \frac{\partial}{\partial x}\left(\frac{x}{2 - z}\right) = \frac{2 - z - x(2 - z)'_x}{(2 - z)^2}$$

$$= \frac{2 - z + \frac{x^2}{2 - z}}{(2 - z)^2} = \frac{(2 - z)^2 + x^2}{(2 - z)^3}.$$

　　例 3　设方程 $F(x, y, z) = 0$ 可确定一个变量是其他两个变量的函数,证明 $\frac{\partial z}{\partial x} \frac{\partial x}{\partial y} \frac{\partial y}{\partial z} = -1$.

　　证　设方程 $F(x, y, z) = 0$ 确定了 z 是变量 x 和 y 的函数,于是,由式(4)得 $\frac{\partial z}{\partial x} = -\frac{F_x}{F_z}$;同样地,方程 $F(x, y, z) = 0$ 确定了 x 是变量 z 和 y 的函数,应有 $\frac{\partial x}{\partial y} = -\frac{F_y}{F_x}$;方程 $F(x, y, z) = 0$ 确定了 y 是变量 x 和 z 的函数,应有 $\frac{\partial y}{\partial z} = -\frac{F_z}{F_y}$. 将这些量相乘即得

$$\frac{\partial z}{\partial x} \frac{\partial x}{\partial y} \frac{\partial y}{\partial z} = -1.$$

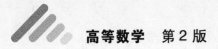

此例说明偏导数的符号是一个整体,不能将分子分母拆开运算.

二、由方程组确定的隐函数

我们还常常会遇到由方程组确定的隐函数,例如考虑如下方程组

$$\begin{cases} F(x,y,u,v) = 0, \\ G(x,y,u,v) = 0. \end{cases} \tag{6}$$

在这个方程组中有四个变量,其中有两个变量比如 x,y 可作为自变量独立变化.因此,方程组在一定条件下就可确定两个二元函数 $u = u(x,y)$,$v = v(x,y)$.

隐函数存在定理 3　设函数 $F(x,y,u,v)$ 和 $G(x,y,u,v)$ 在点 $P(x_0,y_0,u_0,v_0)$ 的某一邻域内具有连续的偏导数,并满足 $F(x_0,y_0,u_0,v_0) = 0$,$G(x_0,y_0,u_0,v_0) = 0$,且由偏导数所组成的函数行列式(或称为雅可比(Jacobi)式)

$$J = \frac{\partial(F,G)}{\partial(u,v)} = \begin{vmatrix} F_u & F_v \\ G_u & G_v \end{vmatrix}$$

在点 P 不等于零,则方程组(6)在点 P 的某一邻域内能唯一确定一组连续且具有连续偏导数的函数 $u = u(x,y)$,$v = v(x,y)$,满足条件 $u_0 = u(x_0,y_0)$,$v = v(x_0,y_0)$,并有

$$\frac{\partial u}{\partial x} = -\frac{1}{J}\frac{\partial(F,G)}{\partial(x,v)}, \quad \frac{\partial v}{\partial x} = -\frac{1}{J}\frac{\partial(F,G)}{\partial(u,x)}, \tag{7}$$

$$\frac{\partial u}{\partial y} = -\frac{1}{J}\frac{\partial(F,G)}{\partial(y,v)}, \quad \frac{\partial v}{\partial y} = -\frac{1}{J}\frac{\partial(F,G)}{\partial(u,y)}.$$

这里

$$\frac{\partial(F,G)}{\partial(x,v)} = \begin{vmatrix} F_x & F_v \\ G_x & G_v \end{vmatrix}, \quad \frac{\partial(F,G)}{\partial(u,x)} = \begin{vmatrix} F_u & F_x \\ G_u & G_x \end{vmatrix}, \quad \frac{\partial(F,G)}{\partial(y,v)}$$

$$= \begin{vmatrix} F_y & F_v \\ G_y & G_v \end{vmatrix}, \quad \frac{\partial(F,G)}{\partial(u,y)} = \begin{vmatrix} F_u & F_y \\ G_u & G_y \end{vmatrix}.$$

这个定理不证,我们仅就公式(7)进行推导.

由方程组(6)知

$$\begin{cases} F[x,y,u(x,y),v(x,y)] \equiv 0, \\ G[x,y,u(x,y),v(x,y)] \equiv 0. \end{cases}$$

将方程组两边对 x 求偏导,注意到 u,v 均是 x,y 的函数,应用多元复合函数求导法则,得

$$\begin{cases} F_x + F_u\dfrac{\partial u}{\partial x} + F_v\dfrac{\partial v}{\partial x} = 0, \\[2mm] G_x + G_u\dfrac{\partial u}{\partial x} + G_v\dfrac{\partial v}{\partial x} = 0. \end{cases}$$

这是关于 $\dfrac{\partial u}{\partial x},\dfrac{\partial v}{\partial x}$ 的线性方程组,由假设,在点 P 的一个邻域内系数行列式 $J=$
$\begin{vmatrix} F_u & F_v \\ G_u & G_v \end{vmatrix} \neq 0$,从而可解出 $\dfrac{\partial u}{\partial x},\dfrac{\partial v}{\partial x}$,得到式(7).

同理,将方程组两边对 y 求偏导可得式(7)后的两式.

在处理实际问题时可采用公式(7)求偏导,也可采用方程组两边直接求导的方法.

例 4　设方程组 $\begin{cases} x^2+y^2-uv=0, \\ xy^2-u^2+v^2=0 \end{cases}$ 确定函数 $u=u(x,y)$ 和 $v=v(x,y)$,求 $\dfrac{\partial u}{\partial x}$,$\dfrac{\partial u}{\partial y},\dfrac{\partial v}{\partial x},\dfrac{\partial v}{\partial y}$.

解　记 $F(x,y,u,v)=x^2+y^2-uv$,$G(x,y,u,v)=xy^2-u^2+v^2$,则

$$J=\frac{\partial(F,G)}{\partial(u,v)}=\begin{vmatrix} F_u & F_v \\ G_u & G_v \end{vmatrix}=\begin{vmatrix} -v & -u \\ -2u & 2v \end{vmatrix}=-2(u^2+v^2),$$

$$\frac{\partial(F,G)}{\partial(x,v)}=\begin{vmatrix} F_x & F_v \\ G_x & G_v \end{vmatrix}=\begin{vmatrix} 2x & -u \\ y^2 & 2v \end{vmatrix}=4vx+uy^2,$$

$$\frac{\partial(F,G)}{\partial(u,x)}=\begin{vmatrix} F_u & F_x \\ G_u & G_x \end{vmatrix}=\begin{vmatrix} -v & 2x \\ -2u & y^2 \end{vmatrix}=-vy^2+4ux,$$

利用公式(7)即得

$$\frac{\partial u}{\partial x}=\frac{4vx+uy^2}{2(u^2+v^2)},\quad \frac{\partial v}{\partial x}=\frac{4ux-vy^2}{2(u^2+v^2)},$$

同样的方法可以得到

$$\frac{\partial u}{\partial y}=\frac{2vy+uxy}{u^2+v^2},\quad \frac{\partial v}{\partial y}=\frac{2uy-vxy}{u^2+v^2}.$$

有时方程组(6)中只有三个变量,例如考虑方程组

$$\begin{cases} F(x,y,z)=0, \\ G(x,y,z)=0. \end{cases}$$

三个变量中,在一定条件下有一个自变量独立变化,另外两个变量是这个自变量的函数.具体地说,如果函数 $F(x,y,z)$ 和 $G(x,y,z)$ 在点 $P(x_0,y_0,z_0)$ 的某邻域内具有连续的偏导数并满足 $F(x_0,y_0,z_0)=0,G(x_0,y_0,z_0)=0$,且在 P 点雅可比行列式 $J=\dfrac{\partial(F,G)}{\partial(y,z)}=\begin{vmatrix} F_y & F_z \\ G_y & G_z \end{vmatrix}\neq 0$. 这时,在 P 点的某个领域内,可确定两个一元函数 $y=y(x),z=z(x)$,并且有

$$\frac{dy}{dx}=-\frac{1}{J}\frac{\partial(F,G)}{\partial(x,z)}=-\frac{1}{J}\begin{vmatrix} F_x & F_z \\ G_x & G_z \end{vmatrix},\quad \frac{dz}{dx}=-\frac{1}{J}\frac{\partial(F,G)}{\partial(y,x)}=-\frac{1}{J}\begin{vmatrix} F_y & F_x \\ G_y & G_x \end{vmatrix}.$$

在具体计算偏导数时,更多的是采用对方程组直接求导的方法.

例 5 求由方程组 $x^2 + y^2 + z^2 = 6, x + y + z = 0$ 确定的函数 $y = y(x), z = z(x)$ 的导数 $\dfrac{\mathrm{d}y}{\mathrm{d}x}, \dfrac{\mathrm{d}z}{\mathrm{d}x}$.

解 将所给方程的两边对 x 求导并移项,得方程组

$$\begin{cases} y\dfrac{\mathrm{d}y}{\mathrm{d}x} + z\dfrac{\mathrm{d}z}{\mathrm{d}x} = -x, \\[2mm] \dfrac{\mathrm{d}y}{\mathrm{d}x} + \dfrac{\mathrm{d}z}{\mathrm{d}x} = -1. \end{cases}$$

解此方程组得 $\qquad \dfrac{\mathrm{d}y}{\mathrm{d}x} = \dfrac{z-x}{y-z}, \dfrac{\mathrm{d}z}{\mathrm{d}x} = \dfrac{y-x}{z-y}$.

习题 9-5

1. 设函数 $z = z(x,y)$ 由 $\sin(y-z) + e^{x-z} = 2$ 所确定,试求 $\dfrac{\partial z}{\partial x}, \dfrac{\partial z}{\partial y}$.

2. 设 $y = y(x,z)$ 由方程 $e^x + e^y + e^z = 3xyz$ 所确定,试求 $\dfrac{\partial y}{\partial x}, \dfrac{\partial y}{\partial z}$.

3. 设 $z = z(x,y)$ 由方程 $x + y^2 + z^3 - xy = 2z$ 所确定,试求 $\dfrac{\partial z}{\partial x}, \dfrac{\partial z}{\partial y}$.

4. 设 $z = z(x,y)$ 由方程 $x = e^{yz} + z^2$ 所确定,试求 $\mathrm{d}z$.

5. 设 $y = y(x)$ 由方程 $\ln \sqrt{x^2 + y^2} = \arctan \dfrac{y}{x}$ 确定,试求 $\dfrac{\mathrm{d}y}{\mathrm{d}x}$.

6. 设 $z = z(x,y)$ 由方程 $e^z - xy^2z^3 = 1$ 所确定,试求 $z_x \big|_{(1,1,0)}, z_y \big|_{(1,1,0)}$.

7. 设 $F(u,v)$ 具有连续偏导数,$z = z(x,y)$ 是由方程 $F(cx-az, cy-bz) = 0$ 确定的隐函数,试证 $a\dfrac{\partial z}{\partial x} + b\dfrac{\partial z}{\partial y} = c$.

8. 求由方程组所确定的函数的导数或偏导数:

(1) 设 $\begin{cases} z = x^2 + y^2, \\ x^2 + 2y^2 + 3z^2 = 20. \end{cases}$ 求 $\dfrac{\mathrm{d}y}{\mathrm{d}x}, \dfrac{\mathrm{d}z}{\mathrm{d}x}$;

(2) 设 $\begin{cases} e^u + u\sin v - x = 0, \\ e^u - u\cos v - y = 0. \end{cases}$ 求 $\dfrac{\partial u}{\partial x}, \dfrac{\partial u}{\partial y}, \dfrac{\partial v}{\partial x}, \dfrac{\partial v}{\partial y}$;

(3) 设 $\begin{cases} u^2 + v^2 - x^2 - y = 0, \\ -u + v - xy + 1 = 0. \end{cases}$ 求 $\dfrac{\partial x}{\partial u} \cdot \dfrac{\partial x}{\partial v}$.

9. 在一个由 N 个电阻 $R_1, R_2, \cdots, R_N$ 并联产生的电路中,总电阻 R 和各电阻有如下关系: $\dfrac{1}{R} = \dfrac{1}{R_1} + \dfrac{1}{R_2} + \cdots + \dfrac{1}{R_N}$. 证明总电阻 R 和各电阻 $R_1, R_2, \cdots, R_N$ 满足方

程

$$R_1^2 \frac{\partial R}{\partial R_1} + R_2^2 \frac{\partial R}{\partial R_2} + \cdots R_N^2 \frac{\partial R}{\partial R_N} = NR^2.$$

第六节　多元微分学在几何上的应用

一、空间曲线的切线和法平面

设空间曲线 Γ 的参数方程是

$$x = x(t), y = y(t), z = z(t). \tag{1}$$

这些函数均是可导函数,且导数不全为零.

考虑曲线 Γ 上对应于 $t = t_0$ 的一点 $M(x_0, y_0, z_0)$ 及对应于 $t = t_0 + \Delta t$ 的邻近一点 $M'(x_0 + \Delta x, y_0 + \Delta y, z_0 + \Delta z)$. 根据直线的两点式方程,曲线的割线 MM' 的方程是

$$\frac{x - x_0}{\Delta x} = \frac{y - y_0}{\Delta y} = \frac{z - z_0}{\Delta z}.$$

当 M' 沿着 Γ 趋于 M 时,割线 MM' 的极限位置 MT 就是曲线 Γ 在点 M 处的切线 (图 9-6). 用 Δt 除上式的各分母,得

$$\frac{x - x_0}{\dfrac{\Delta x}{\Delta t}} = \frac{y - y_0}{\dfrac{\Delta y}{\Delta t}} = \frac{z - z_0}{\dfrac{\Delta z}{\Delta t}}.$$

令 $M' \to M$(这时 $\Delta t \to 0$),通过对上式取极限,即得曲线在点 M 处的切线方程为

$$\frac{x - x_0}{x'(t_0)} = \frac{y - y_0}{y'(t_0)} = \frac{z - z_0}{z'(t_0)}. \tag{2}$$

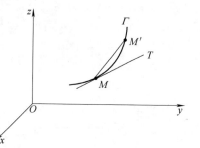

图　9-6

如式(2)中的分母中有一项或两项为零,则应按空间解析几何中有关直线的对称式方程的说明来理解.

切线的方向向量称为曲线的**切向量**. 由切线方程(2)知,向量 $T = \{x'(t_0), y'(t_0), z'(t_0)\}$ 是曲线 Γ 在点 M 处的一个切向量.

通过点 M 而与切线垂直的平面称为曲线 Γ 在点 M 处的**法平面**,法平面的法向向量即为切线的方向向量 T,因此,该法平面的方程为

$$x'(t_0)(x - x_0) + y'(t_0)(y - y_0) + z'(t_0)(z - z_0) = 0. \tag{3}$$

例 1 求螺旋线 $x = a\cos t, y = a\sin t, z = kt(a \neq 0, k \neq 0)$ 在 $t = \dfrac{\pi}{2}$ 处对应的点的切线和法平面方程.

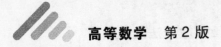

解 螺旋线上 $t = \dfrac{\pi}{2}$ 对应的点为 $\left(0, a, \dfrac{\pi}{2}k\right)$,该点的切向量

$$\boldsymbol{T} = \{ (a\cos t)', (a\sin t)', (kt)' \} \big|_{t = \frac{\pi}{2}} = \{ -a, 0, k \},$$

故所求切线方程是

$$\frac{x}{-a} = \frac{y - a}{0} = \frac{z - \dfrac{\pi}{2}k}{k},$$

即

$$\begin{cases} y = a, \\ z = k\left(\dfrac{\pi}{2} - \dfrac{x}{a}\right). \end{cases}$$

而法平面方程是

$$-ax + k\left(z - \frac{\pi}{2}k\right) = 0.$$

如果空间曲线 Γ 的方程为

$$\begin{cases} y = y(x), \\ z = z(x), \end{cases}$$

则取 x 为参数,它就可以表示为参数方程的形式

$$\begin{cases} x = x, \\ y = y(x), \\ z = z(x). \end{cases}$$

若 $y(x), z(x)$ 都在 $x = x_0$ 处可导,那么,$\boldsymbol{T} = \{ 1, y'(x_0), z'(x_0) \}$,曲线 Γ 在点 $M(x_0, y_0, z_0)$ 处的切线方程为

$$\frac{x - x_0}{1} = \frac{y - y_0}{y'(x_0)} = \frac{z - z_0}{z'(x_0)}. \tag{4}$$

在点 $M(x_0, y_0, z_0)$ 处的法平面方程为

$$(x - x_0) + y'(x_0)(y - y_0) + z'(x_0)(z - z_0) = 0. \tag{5}$$

如果空间曲线 Γ 的方程为

$$\begin{cases} F(x, y, z) = 0, \\ G(x, y, z) = 0. \end{cases} \tag{6}$$

$M(x_0, y_0, z_0)$ 是曲线 Γ 上的一个点,设由方程组(6)在点 M 的某邻域内确定了一组函数 $y = y(x), z = z(x)$,则 $y'(x_0), z'(x_0)$ 可用第五节中方程组确定的隐函数的求导方法求得. 这时曲线 Γ 上点 M 处的切向量即为 $\boldsymbol{T} = \{ 1, y'(x_0), z'(x_0) \}$,再用式(4)、式(5)给出曲线 Γ 上点 $M(x_0, y_0, z_0)$ 的切线和法平面.

例2 求曲线 $x^2 + z^2 = 10, y^2 + z^2 = 10$ 在点 $(1, 1, 3)$ 处的切线及法平面方程.

解 将所给方程的两边对 x 求导,得

$$\begin{cases} 2x + 2z \dfrac{dz}{dx} = 0, \\ 2y \dfrac{dy}{dx} + 2z \dfrac{dz}{dx} = 0. \end{cases}$$

在点 $(1,1,3)$ 处的方程组为
$$\begin{cases} 2 + 6 \dfrac{dz}{dx} = 0, \\ 2 \dfrac{dy}{dx} + 6 \dfrac{dz}{dx} = 0. \end{cases}$$

解此方程组得 $y' = 1, z' = -\dfrac{1}{3}$,于是,$\boldsymbol{T} = \left\{ 1, 1, -\dfrac{1}{3} \right\}$.

所求切线方程为
$$\frac{x-1}{1} = \frac{y-1}{1} = \frac{z-3}{-\dfrac{1}{3}},$$

法平面方程为
$$(x-1) + (y-1) - \frac{1}{3}(z-3) = 0,$$

即
$$x + y - \frac{1}{3}z - 1 = 0.$$

二、曲面的切平面与法线

设曲面 Σ 的方程为
$$F(x,y,z) = 0, \tag{7}$$
$M(x_0, y_0, z_0)$ 是曲面 Σ 上的一点,并设函数 $F(x,y,z)$ 的偏导数在该点连续且不同时为零.

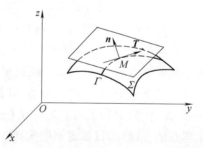

图　9-7

在曲面 Σ 上,通过点 M 任意引一条曲线 Γ(图 9-7),假定曲线 Γ 的参数方程为 $x = x(t), y = y(t), z = z(t), t = t_0$ 对应于点 $M(x_0, y_0, z_0)$,且 $x'(t_0), y'(t_0), z'(t_0)$ 不全为零,则由式(2)可得该曲线的切线方程为
$$\frac{x-x_0}{x'(t_0)} = \frac{y-y_0}{y'(t_0)} = \frac{z-z_0}{z'(t_0)}.$$

我们下面将证明,在曲面 Σ 上通过点 M 且在点 M 处具有切线的任何曲线,它们在点 M 处的切线都在同一个平面上.

事实上,因为曲线 Γ 完全在曲面 Σ 上,所以有恒等式
$$F[\varphi(t), \psi(t), \omega(t)] \equiv 0,$$

339

又因 $F(x,y,z)$ 在点 (x_0,y_0,z_0) 处有连续偏导数, 且 $x'(t_0), y'(t_0), z'(t_0)$ 存在, 所以在恒等式两边对 t 求导得

$$\frac{\mathrm{d}F}{\mathrm{d}t}\Big|_{t=t_0} = 0,$$

即有

$$F_x(x_0,y_0,z_0)x'(t_0) + F_y(x_0,y_0,z_0)y'(t_0) + F_z(x_0,y_0,z_0)z'(t_0) = 0. \quad (8)$$

引入向量

$$\boldsymbol{n} = \{F_x(x_0,y_0,z_0), F_y(x_0,y_0,z_0), F_z(x_0,y_0,z_0)\},$$

则式(8)表示, 曲线 Γ 在点 M 处的切向量

$$\boldsymbol{T} = \{x'(t_0), y'(t_0), z'(t_0)\}$$

与向量 $\boldsymbol{n}$ 垂直. 因为曲线 Γ 是曲面上通过点 M 的任意一条曲线, 它们在点 M 的切线都与同一个向量 $\boldsymbol{n}$ 垂直, 所以曲面上通过点 M 的一切曲线在点 M 的切线都在同一个平面上(图9-8). 这个平面称为曲面 Σ 在点 M 的**切平面**. 该切平面的方程是

$$F_x(x_0,y_0,z_0)(x-x_0) + F_y(x_0,y_0,z_0)(y-y_0) + F_z(x_0,y_0,z_0)(z-z_0) = 0. \quad (9)$$

通过点 $M(x_0,y_0,z_0)$ 而垂直于切平面(9)的直线称为曲面在该点的**法线**. 其方程是

$$\frac{x-x_0}{F_x(x_0,y_0,z_0)} = \frac{y-y_0}{F_y(x_0,y_0,z_0)} = \frac{z-z_0}{F_z(x_0,y_0,z_0)}. \quad (10)$$

垂直于曲面的切平面的向量称为曲面的法向量. 向量

$$\boldsymbol{n} = \{F_x(x_0,y_0,z_0), F_y(x_0,y_0,z_0), F_z(x_0,y_0,z_0)\}$$

就是曲面 Σ 在点 M 处的一个法向量.

当曲面由函数 $z = f(x,y)$ 表示时只要令 $F(x,y,z) = z - f(x,y)$, 就可应用上述结果. 此时, 曲面的法向量为 $\{-f_x(x_0,y_0), -f_y(x_0,y_0), 1\}$. 设 α, β, γ 表示曲面的法向量的方向角, 且假定法向量和 z 轴正向的夹角 γ 为锐角, 则法向量的方向余弦为

$$\cos\alpha = \frac{-f_x}{\sqrt{1+f_x^2+f_y^2}}, \quad \cos\beta = \frac{-f_y}{\sqrt{1+f_x^2+f_y^2}}, \quad \cos\gamma = \frac{1}{\sqrt{1+f_x^2+f_y^2}},$$

其中 $f_x = f_x(x_0,y_0), f_y = f_y(x_0,y_0)$.

例3 求曲面 $z = x^2 + y^2$ 在点 $(1,2,5)$ 的切平面和法线方程.

解 令 $F(x,y,z) = z - x^2 - y^2$, 则

$$F_x = -2x, \quad F_y = -2y, \quad F_z = 1.$$

于是, 法向量 $\boldsymbol{n} = \{-2x, -2y, 1\}|_{(1,2,5)} = \{-2, -4, 1\}$, 故所求的切平面方程和法线方程分别为

$$-2(x-1) - 4(y-2) + z - 5 = 0,$$

$$\frac{x-1}{-2} = \frac{y-2}{-4} = \frac{z-5}{1}.$$

习题 9-6

1. 设曲线 $x = \cos t, y = \sin t, z = \tan \dfrac{t}{2}$ 在点 $(0,1,1)$ 的一个切向量与 Ox 轴正向的夹角为锐角,求此向量与 Oz 轴正向的夹角.

2. 求曲线 $x = 2t^3 - 3t, y = -3t^2 + 2, z = 4t - 1$ 在点 $(-1, -1, 3)$ 处的切线方程和法平面方程.

3. 求曲线 $x = t - \sin t, y = 1 - \cos t, z = 4\sin\dfrac{t}{2}$ 在点 $\left(\dfrac{\pi}{2} - 1, 1, 2\sqrt{2}\right)$ 处的切线及法平面方程.

4. 求曲线 $x = a\cos t, y = b\sin t, z = c$ 在对应于 $t = \dfrac{\pi}{6}$ 点处的切线方程和法平面方程,$(a \neq 0, b \neq 0, c \neq 0)$.

5. 求曲线 $\begin{cases} x^2 + y^2 + z^2 = 14, \\ x + y^2 + z^3 = 8 \end{cases}$ 在点 $(3, 2, 1)$ 处的切线和法平面.

6. 求旋转抛物面 $z = 2x^2 + 2y^2$ 在点 $\left(-1, \dfrac{1}{2}, \dfrac{5}{2}\right)$ 处的切平面和法线方程.

7. 求曲面 $x^2 z^3 + 2y^2 z + 4 = 0$ 在点 $(2, 0, -1)$ 处的切平面和法线方程.

8. 求曲面 $\dfrac{x^2}{a^2} + \dfrac{y^2}{b^2} - \dfrac{z^2}{c^2} = 1$ 在点 (x_0, y_0, z_0) 处的切平面方程.

9. 试证曲面 $\sqrt{x} + \sqrt{y} + \sqrt{z} = \sqrt{a}\,(a > 0)$ 上任何点处的切平面在坐标轴上截距之和为 a.

第七节　方向导数与梯度

一、方向导数的概念及计算

二元函数 $f(x, y)$ 的偏导数 f_x 与 f_y 分别表示函数沿 x 轴方向变化和沿 y 轴方向变化时的变化率,但仅此还不够,应用中还常常需要研究函数 $f(x, y)$ 沿其他方向变化时的变化率,这就是所谓的方向导数.

定义1　设二元函数 $z = f(x, y)$ 在点 $P_0(x_0, y_0)$ 的某邻域 $U(P_0)$ 内有定义. l 为自 P_0 点出发的射线,$P(x_0 + \Delta x, y_0 + \Delta y) \in U(P_0)$ 为射线 l 上另外一点. 用 $\rho = \sqrt{(\Delta x)^2 + (\Delta y)^2}$ 表示两点 P_0、P 之间的距离,如果极限

$$\lim_{\rho \to 0} \frac{f(x_0 + \Delta x, y_0 + \Delta y) - f(x_0, y_0)}{\rho}$$

存在,则称此极限为函数 $f(x,y)$ 在点 P_0 沿方向 l 的方向导数,记作 $\dfrac{\partial f(x_0, y_0)}{\partial l}$,即

$$\frac{\partial f(x_0, y_0)}{\partial l} = \lim_{\rho \to 0} \frac{f(x_0 + \Delta x, y_0 + \Delta y) - f(x_0, y_0)}{\rho}.$$

如果函数 $z = f(x,y)$ 在区域 D 内每一点 (x,y) 处沿方向 l 的方向导数都存在,则记

$$\frac{\partial f}{\partial l} = \frac{\partial f(x,y)}{\partial l}.$$

注意在方向导数定义中,ρ 总是正的,因此,是单向导数. 根据定义 1,函数 $z = f(x,y)$ 沿 x 轴与 y 轴正方向的方向导数就是 f_x 与 f_y;沿 x 轴与 y 轴负方向的方向导数就是 $-f_x$ 与 $-f_y$. 在一般情形下有如下定理.

定理 1 如果函数 $f(x,y)$ 在点 $P(x,y)$ 是可微的,那么函数在该点沿任一方向 l 的方向导数都存在,且有

$$\frac{\partial f}{\partial l} = \frac{\partial f}{\partial x}\cos\varphi + \frac{\partial f}{\partial y}\sin\varphi.$$

其中 φ 为 x 轴到方向 l 的转角.

证明 $f(x + \Delta x, y + \Delta y) - f(x,y) = \dfrac{\partial f}{\partial x}\Delta x + \dfrac{\partial f}{\partial y}\Delta y + o(\rho)$,

两边各除以 ρ,得到

$$\frac{f(x + \Delta x, y + \Delta y) - f(x,y)}{\rho} = \frac{\partial f}{\partial x} \cdot \frac{\Delta x}{\rho} + \frac{\partial f}{\partial y} \cdot \frac{\Delta y}{\rho} + \frac{o(\rho)}{\rho}$$

$$= \frac{\partial f}{\partial x}\cos\varphi + \frac{\partial f}{\partial y}\sin\varphi + \frac{o(\rho)}{\rho},$$

所以

$$\lim_{\rho \to 0} \frac{f(x + \Delta x, y + \Delta y) - f(x,y)}{\rho} = \frac{\partial f}{\partial x}\cos\varphi + \frac{\partial f}{\partial y}\sin\varphi,$$

即

$$\frac{\partial f}{\partial l} = \frac{\partial f}{\partial x}\cos\varphi + \frac{\partial f}{\partial y}\sin\varphi.$$

例 1 求函数 $z = x^2 y$ 在点 $P(1,0)$ 处沿从点 $P(1,0)$ 到点 $Q(2,-1)$ 的方向的方向导数.

解 这里方向 l 即向量 $\overrightarrow{PQ} = \{1, -1\}$ 的方向,因此,x 轴到方向 l 的转角 $\varphi = -\dfrac{\pi}{4}$. 因为

$$\frac{\partial z}{\partial x} = 2xy, \quad \frac{\partial z}{\partial y} = x^2,$$

故在点 $(1,0)$ 处,$\dfrac{\partial z}{\partial x} = 0, \dfrac{\partial z}{\partial y} = 1$.

故所求方向导数为

$$\frac{\partial z}{\partial l} = 0 \cdot \cos\left(-\frac{\pi}{4}\right) + 1 \cdot \sin\left(-\frac{\pi}{4}\right) = -\frac{\sqrt{2}}{2}.$$

对于三元函数 $u = f(x, y, z)$，同样可定义函数在点 (x_0, y_0, z_0) 沿方向 l 的方向导数

$$\frac{\partial f(x_0, y_0, z_0)}{\partial l} = \lim_{\rho \to 0} \frac{f(x_0 + \Delta x, y_0 + \Delta y, z_0 + \Delta z) - f(x_0, y_0, z_0)}{\rho}.$$

其中 $\rho = \sqrt{(\Delta x)^2 + (\Delta y)^2 + (\Delta z)^2}$，$\rho(x_0 + \Delta x, y_0 + \Delta y, z_0 + \Delta z)$ 为射线 l 上另外一点，并且有类似的计算公式

$$\frac{\partial u}{\partial l} = \frac{\partial f}{\partial x}\cos\alpha + \frac{\partial f}{\partial y}\cos\beta + \frac{\partial f}{\partial z}\cos\gamma,$$

其中 $\cos\alpha, \cos\beta, \cos\gamma$ 为射线 l 的方向余弦.

例 2　求函数 $u = f(x, y, z) = \ln(x + \sqrt{y^2 + z^2})$ 在点 $A(1, 0, 1)$ 沿点 A 指向 $B(3, -2, 2)$ 方向的方向导数.

解　l 的方向为 $\overrightarrow{AB} = \{2, -2, 1\}$，方向余弦为

$$\cos\alpha = \frac{2}{3}, \cos\beta = -\frac{2}{3}, \cos\gamma = \frac{1}{3}$$

又

$$\frac{\partial u}{\partial x}\Big|_{(1,0,1)} = \frac{1}{x + \sqrt{y^2 + z^2}}\Big|_{(1,0,1)} = \frac{1}{2},$$

$$\frac{\partial u}{\partial y}\Big|_{(1,0,1)} = \frac{1}{x + \sqrt{y^2 + z^2}} \frac{y}{\sqrt{y^2 + z^2}}\Big|_{(1,0,1)} = 0,$$

$$\frac{\partial u}{\partial z}\Big|_{(1,0,1)} = \frac{1}{x + \sqrt{y^2 + z^2}} \frac{z}{\sqrt{y^2 + z^2}}\Big|_{(1,0,1)} = \frac{1}{2}.$$

故

$$\frac{\partial f(1,0,1)}{\partial l} = \frac{1}{2} \cdot \frac{2}{3} + 0 \cdot \left(-\frac{2}{3}\right) + \frac{1}{2} \cdot \frac{1}{3} = \frac{1}{2}.$$

二、梯度

定义 2　设 $z = f(x, y)$ 在平面区域 D 内可微，则对 D 内每一点 $P(x, y)$，都可定出一个向量

$$\frac{\partial f}{\partial x}\boldsymbol{i} + \frac{\partial f}{\partial y}\boldsymbol{j},$$

称该向量为函数 $z = f(x, y)$ 在点 $P(x, y)$ 的梯度，记作 $\mathbf{grad}f(x, y)$，即

$$\mathbf{grad}f(x, y) = \frac{\partial f}{\partial x}\boldsymbol{i} + \frac{\partial f}{\partial y}\boldsymbol{j}.$$

如果设 $\boldsymbol{e} = \cos\varphi\boldsymbol{i} + \sin\varphi\boldsymbol{j}$ 是方向 l 上的单位向量，则

$$\frac{\partial f}{\partial l} = \mathbf{grad}f(x,y) \cdot \boldsymbol{e} = |\mathbf{grad}f(x,y)|\cos(\widehat{\mathbf{grad}f(x,y),\boldsymbol{e}}).$$

这里，$(\mathbf{grad}f(x,y),\boldsymbol{e})$ 表示向量 $\mathbf{grad}f(x,y)$ 与 $\boldsymbol{e}$ 的夹角. 由此可以看出，$\dfrac{\partial f}{\partial l}$ 就是梯度在射线 l 上的投影，当方向 l 与梯度的方向一致时，有

$$\cos(\widehat{\mathbf{grad}f(x,y),\boldsymbol{e}}) = 1,$$

从而 $\dfrac{\partial f}{\partial l}$ 有最大值. 所以沿梯度方向的方向导数达到最大值，也就是说，梯度的方向是函数 $f(x,y)$ 在该点增长最快的方向. 因此，我们可得到如下结论：

函数在某点的梯度是这样一个向量，它的方向与取得最大方向导数的方向一致，沿梯度方向函数值增长最快. 梯度的模为方向导数的最大值，且有

$$|\mathbf{grad}f(x,y)| = \sqrt{\left(\frac{\partial f}{\partial x}\right)^2 + \left(\frac{\partial f}{\partial y}\right)^2}.$$

当 $\dfrac{\partial f}{\partial x} \neq 0$ 时，从 x 轴到梯度的转角 θ 的正切为 $\tan\theta = \dfrac{\dfrac{\partial f}{\partial y}}{\dfrac{\partial f}{\partial x}}$.

上面所说的梯度概念可以类似地推广到三元函数的情形. 设函数 $u = f(x,y,z)$ 在空间区域 G 内具有一阶连续偏导数，则对于每一点 $P(x,y,z) \in G$，都可定出一个向量

$$\frac{\partial f}{\partial x}\boldsymbol{i} + \frac{\partial f}{\partial y}\boldsymbol{j} + \frac{\partial f}{\partial z}\boldsymbol{k},$$

该向量称为函数 $u = f(x,y,z)$ 在点 $P(x,y,z)$ 的梯度，记为 $\mathbf{grad}f(x,y,z)$，

即 $$\mathbf{grad}f(x,y,z) = \frac{\partial f}{\partial x}\boldsymbol{i} + \frac{\partial f}{\partial y}\boldsymbol{j} + \frac{\partial f}{\partial z}\boldsymbol{k}.$$

经过与二元函数的情形完全类似的讨论可知，三元函数的梯度也是这样一个向量，它的方向与取得最大方向导数的方向一致，而它的模为方向导数的最大值.

例3 函数 $u = xy^2 + z^3 - xyz$ 在点 $(1,1,1)$ 处沿哪个方向的方向导数最大？最大值是多少？

解 由
$$\frac{\partial u}{\partial x}\Big|_{(1,1,1)} = (y^2 - yz)\big|_{(1,1,1)} = 0,$$

$$\frac{\partial u}{\partial y}\Big|_{(1,1,1)} = (2xy - xz)\big|_{(1,1,1)} = 1,$$

$$\frac{\partial u}{\partial z}\Big|_{(1,1,1)} = (3z^2 - xy)\big|_{(1,1,1)} = 2$$

得到

$$\mathbf{grad}u(1,1,1) = \{0,1,2\}, \quad |\mathbf{grad}u(1,1,1)| = \sqrt{5}.$$

于是,函数 $u = xy^2 + z^3 - xyz$ 在点 $(1,1,1)$ 处沿方向 $\{0,1,2\}$ 的方向导数最大,最大值是 $\sqrt{5}$.

下面我们简单介绍数量场与向量场的概念.

如果对于空间区域 G 内的任一点 M,都有一个确定的数量 $f(M)$,则称在这空间区域 G 内确定了一个**数量场**(例如温度场、密度场等). 一个数量场可用一个数量函数 $f(M)$ 来确定. 如果与点 M 相对应的是一个向量 $F(M)$,则称在该空间区域 G 内确定了一个**向量场**(例如力场、速度场等). 一个向量场可用一个向量值函数 $F(M)$ 来确定,而

$$F(M) = P(M)\boldsymbol{i} + Q(M)\boldsymbol{j} + R(M)\boldsymbol{k},$$

其中 $P(M),Q(M),R(M)$ 是点 M 的数量函数.

利用场的概念,我们可以说向量函数 $\mathbf{grad}f(M)$ 确定了一个向量场——**梯度场**,它是由数量场 $f(M)$ 产生的. 通常称函数 $f(M)$ 为这个向量场的**势**,而这个向量场又称为**势场**. 必须注意,任意一个向量场不一定是势场,因为它不一定是某个数量函数的梯度场.

习题 9-7

1. 求 $z = \arctan(xy)$ 在 $(1,1)$ 处沿 $\alpha = \dfrac{\pi}{4}$ 的方向导数.

2. 求 $u = xyz$ 在点 $(5,1,2)$ 处沿从点 $(1,-1,5)$ 到点 $(5,2,17)$ 的方向的方向导数.

3. 求 $u = xy^2 + z^3 - xyz$ 在点 $(1,1,2)$ 处沿方向角为 $\alpha = \dfrac{\pi}{3},\beta = \dfrac{\pi}{4},\gamma = \dfrac{\pi}{3}$ 的方向的方向导数.

4. 求函数 $u = x + y + z$ 在点 $M_0(0,0,1)$ 处沿球面 $x^2 + y^2 + z^2 = 1$ 的外法线的方向导数.

5. 设 $f(x + y + z) = x^2 + 2y^2 + 3z^2 + xy + 3x - 2y - 6z$,求 $\mathbf{grad}f(0,0,0)$,$\mathbf{grad}f(1,1,1)$.

6. 问函数 $u = xy^2z$ 在点 $(1,-1,2)$ 处沿什么方向的方向导数最大? 并求此最大值.

7. 求函数 $z = 1 - \left(\dfrac{x^2}{a^2} + \dfrac{y^2}{b^2}\right)$ 在点 $\left(\dfrac{a}{\sqrt{2}},\dfrac{b}{\sqrt{2}}\right)$ 处沿曲线 $\dfrac{x^2}{a^2} + \dfrac{y^2}{b^2} = 1$ 在该点的内法线方向的方向导数.

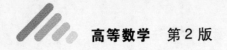
第八节 一元向量值函数及其导数

在第八章,我们讨论了向量及其运算.当向量随着时间变化时,就必然涉及所谓的向量值函数.在物理、力学、工程中出现的一大类函数就是向量值函数.我们现在就来讨论向量值函数.

定义1 设 D 是一个实数集,对于任意的变量 $t \in D$,按照某种对应规律,都有唯一确定的向量 $\boldsymbol{r}$ 与之对应,则称 $\boldsymbol{r}$ 是变量 t 的向量值函数(也称为矢量函数).记为 $\boldsymbol{r} = \boldsymbol{f}(t)$,$t$ 为自变量,D 为向量值函数 $\boldsymbol{r} = \boldsymbol{f}(t)$ 的定义域.

对于多元向量值函数可类似地定义.

给定向量值函数 $\boldsymbol{f}(t)$,根据向量在坐标系中的分解,$\boldsymbol{f}(t)$ 可表示为

$$\boldsymbol{f}(t) = x(t)\boldsymbol{i} + y(t)\boldsymbol{j} + z(t)\boldsymbol{k}, t \in D. \tag{1}$$

式(1)在几何上表示原点到点 $A(x(t), y(t), z(t))$ 的向量 $\overrightarrow{OA}$.如图9-8所示,当 t 变化时,向量 $\overrightarrow{OA} = \boldsymbol{f}(t)$ 的终点描出一条空间曲线,因此式(1)又称为空间曲线的向量方程.例如,

$$\boldsymbol{f}(t) = (R\cos t)\boldsymbol{i} + (R\sin t)\boldsymbol{j}, t \in [0, 2\pi],$$

表示在 Oxy 坐标面上,圆心在原点,半径为 R 的一个圆.利用第八章第六节空间曲线的参数方程表示形式,空间曲线的向量方程(1)可表示为

$$\begin{cases} x = x(t), \\ y = y(t), \quad t \in D. \\ z = z(t). \end{cases} \tag{2}$$

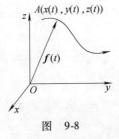

图 9-8

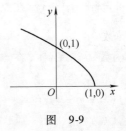

图 9-9

例1 试画出向量值函数 $\boldsymbol{f}(t) = (1 - t^4)\boldsymbol{i} + t^2\boldsymbol{j}, t \in [0, +\infty)$ 表示的曲线.

解 由向量值函数得曲线的参数方程

$$\begin{cases} x = 1 - t^4, \\ y = t^2. \end{cases} \quad t \in [0, +\infty)$$

消去变量 t,得到 $x = 1 - y^2$,$y \geqslant 0$,这是抛物线 $x = 1 - y^2$ 的上半部分,如图9-9所示.

根据向量的模的概念与向量的线性运算法则,可以定义一元向量值函数 $\boldsymbol{f}(t)$

的连续性和可导性.

定义 2　设向量值函数 $\boldsymbol{r} = \boldsymbol{f}(t)$ 在点 t_0 的某个邻域内有定义,如果 $\lim\limits_{t \to t_0} |\boldsymbol{f}(t) - \boldsymbol{f}(t_0)| = 0$,则称向量值函数 $\boldsymbol{f}(t)$ 在点 t_0 连续.若存在常向量 $\boldsymbol{a} = (a_x, a_y, a_z)$,使得极限 $\lim\limits_{t \to t_0} \left| \dfrac{\boldsymbol{f}(t) - \boldsymbol{f}(t_0)}{t - t_0} - \boldsymbol{a} \right| = 0$,则称向量 $\boldsymbol{a}$ 为向量值函数 $\boldsymbol{r} = \boldsymbol{f}(t)$ 在点 t_0 处的导数或导向量,记作 $\boldsymbol{f}'(t_0)$ 或 $\left. \dfrac{\mathrm{d}\boldsymbol{f}}{\mathrm{d}t} \right|_{t = t_0}$,此时也称 $\boldsymbol{r} = \boldsymbol{f}(t)$ 在 t_0 处可导.

容易看到,向量值函数 $\boldsymbol{f}(t)$ 在点 t_0 连续的充要条件是 $\boldsymbol{f}(t)$ 的三个坐标函数 $x(t), y(t), z(t)$ 都在点 t_0 连续;$\boldsymbol{f}(t)$ 在点 t_0 可导的充要条件是 $\boldsymbol{f}(t)$ 的三个坐标函数 $x(t), y(t), z(t)$ 都在点 t_0 可导,且

$$\boldsymbol{f}'(t) = x'(t)\boldsymbol{i} + y'(t)\boldsymbol{j} + z'(t)\boldsymbol{k}.$$

例 2　设向量值函数 $\boldsymbol{f}(t) = (\sin t)\boldsymbol{i} + te^{2t}\boldsymbol{j}, t \in (-\infty, +\infty)$,讨论向量值函数 $\boldsymbol{f}(t)$ 的连续性和可导性,并求 $\boldsymbol{f}'(t)$.

解　由于 $\sin t$、te^{2t} 在 $(-\infty, +\infty)$ 上连续、可导,因此 $\boldsymbol{f}(t)$ 在 $(-\infty, +\infty)$ 上连续、可导,且

$$\boldsymbol{f}'(t) = (\cos t)\boldsymbol{i} + (2t + 1)e^{2t}\boldsymbol{j}.$$

下面,我们给出向量值函数 $\boldsymbol{r} = \boldsymbol{f}(t)$ 的导向量的几何意义.

设向量值函数 $\boldsymbol{r} = \boldsymbol{f}(t), t \in D$ 表示的曲线为 Γ,向量 $\overrightarrow{OM} = \boldsymbol{f}(t_0)$,$\overrightarrow{ON} = \boldsymbol{f}(t_0 + \Delta t)$ 如图 9-10 所示.又设导向量 $\boldsymbol{f}'(t_0) \neq \boldsymbol{0}$.

当 $\Delta t > 0$ 时向量 $\Delta \boldsymbol{r} = \boldsymbol{f}(t_0 + \Delta t) - \boldsymbol{f}(t_0)$ 的指向与 t 增大时点 M 移动的走向(以下简称 t 的增长方向)一致;当 $\Delta t < 0$ 时向量 $\Delta \boldsymbol{r} = \boldsymbol{f}(t_0 + \Delta t) - \boldsymbol{f}(t_0)$ 的指向与 t 增长方向相反.但不论 $\Delta t > 0$ 还是 $\Delta t < 0$,向量 $\dfrac{\Delta \boldsymbol{r}}{\Delta t} = \dfrac{1}{\Delta t} \Delta \boldsymbol{r}$ 的指向总与 t 的增长方向一致.于是导向量 $\boldsymbol{f}'(t) = \lim\limits_{\Delta t \to 0} \dfrac{\Delta \boldsymbol{r}}{\Delta t}$ 是向量值函数 $\boldsymbol{r} = $

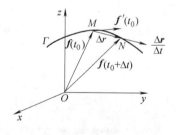

图　9-10

$\boldsymbol{f}(t)$ 表示的曲线 Γ 在点 M 处的一个切向量,其指向与 t 的增长方向一致.

设向量值函数 $\boldsymbol{f}(t)$ 是沿空间光滑曲线运动的质点 M 的位置向量,则向量值函数 $\boldsymbol{f}(t)$ 的导向量有以下物理意义:

$\boldsymbol{v}(t) = \dfrac{\mathrm{d}\boldsymbol{r}}{\mathrm{d}t}$ 是质点 M 的速度向量,其方向与曲线相切;$\boldsymbol{a}(t) = \dfrac{\mathrm{d}\boldsymbol{v}}{\mathrm{d}x} = \dfrac{\mathrm{d}^2\boldsymbol{r}}{\mathrm{d}t^2}$ 是质点 M 的加速度向量.

例 3　求曲线 $\boldsymbol{f}(t) = (2t^2 + 1)\boldsymbol{i} + \ln(1 + t)\boldsymbol{k}$ 在 $t = 1$ 对应点处沿着参数 t 增长方向的单位切向量.

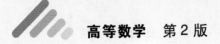

解 $\boldsymbol{f}'(t)\big|_{t=1} = 4t\boldsymbol{i} + \dfrac{1}{1+t}\boldsymbol{k}\big|_{t=1} = 4\boldsymbol{i} + \dfrac{1}{2}\boldsymbol{k}.$

因此曲线在 $t=1$ 对应点处沿着参数 t 增长方向的切向量为 $4\boldsymbol{i} + \dfrac{1}{2}\boldsymbol{k}$，所求单位切

向量为 $\dfrac{1}{\sqrt{65}}(8\boldsymbol{i} + \boldsymbol{k}).$

习题 9-8

1. 求下列向量值函数的定义域：

(1) $\boldsymbol{f}(t) = \dfrac{1}{t^2-1}\boldsymbol{i} + \sqrt{t-\dfrac{1}{2}}\boldsymbol{j}$;　　　　(2) $\boldsymbol{f}(t) = \ln(1-t)\boldsymbol{i} + \sqrt{\lg\dfrac{5t-t^2}{4}}\boldsymbol{k}$.

2. 求下列向量值函数的导数：

(2) $\boldsymbol{r}(t) = \sqrt{1-t^2}\boldsymbol{i} + \sin t^2\boldsymbol{j}$;　　　　(2) $\boldsymbol{r}(t) = t\mathrm{e}^{2t}\boldsymbol{i} + \ln(1+t^2)\boldsymbol{k}$.

3. 求下列曲线在给定 t 值处的对应参数 t 增长方向的单位切向量：

(1) $\boldsymbol{r}(t) = (\cos t)\boldsymbol{i} + (\sin t)\boldsymbol{j}, t = \dfrac{\pi}{2}$;　　(2) $\boldsymbol{r}(t) = \sqrt{1-t^2}\boldsymbol{i} + 2t\boldsymbol{j}, t = 1$.

4. 设 $\boldsymbol{u}(t), \boldsymbol{v}(t)$ 是可微的向量函数，证明：

(1) $\dfrac{\mathrm{d}}{\mathrm{d}t}[\boldsymbol{u}(t) \cdot \boldsymbol{v}(t)] = \boldsymbol{u}'(t) \cdot \boldsymbol{v}(t) + \boldsymbol{u}(t) \cdot \boldsymbol{v}'(t)$;

(2) $\dfrac{\mathrm{d}}{\mathrm{d}t}[\boldsymbol{u}(t) \times \boldsymbol{v}(t)] = \boldsymbol{u}'(t) \times \boldsymbol{v}(t) + \boldsymbol{u}(t) \times \boldsymbol{v}'(t)$.

第九节　多元函数的极值与最值

一、极值与最值

在许多应用问题中，往往要求某一多元函数的最大值或最小值. 与一元函数相类似，多元函数的最大值、最小值与极大值、极小值有着密切的联系. 所以下面先讨论极大值、极小值问题.

定义　设函数 $z = f(x,y)$ 在点 (x_0, y_0) 的某邻域内有定义. 如果对该邻域内异于 (x_0, y_0) 的点 (x,y)，恒有不等式

$$f(x_0, y_0) > f(x,y) \ (\text{或} \ f(x_0, y_0) < f(x,y))$$

成立，则称函数 $f(x,y)$ 在点 (x_0, y_0) 处取得极大值（或极小值）$f(x_0, y_0)$，并称 (x_0, y_0) 为 $f(x,y)$ 的极大值点（或极小值点）. 函数 $f(x,y)$ 的极大值与极小值统称为极值、极大值点、极小值点统称为极值点.

定理 1(极值存在的必要条件) 设函数 $z = f(x,y)$ 在点 (x_0, y_0) 处一阶偏导数存在,且 (x_0, y_0) 为该函数的极值点,则必有

$$f_x(x_0, y_0) = 0,$$
$$f_y(x_0, y_0) = 0.$$

证 不妨设 $z = f(x,y)$ 在点 (x_0, y_0) 处取极大值,依定义,对点 (x_0, y_0) 某邻域内异于点 (x_0, y_0) 的任何点 (x,y),恒有

$$f(x,y) < f(x_0, y_0),$$

特别对该邻域内的点 $(x, y_0) \neq (x_0, y_0)$,有

$$f(x, y_0) < f(x_0, y_0),$$

这表明,一元函数 $f(x, y_0)$ 在点 $x = x_0$ 处取极大值,由一元函数取极值的必要条件,可知

$$f_x(x_0, y_0) = 0.$$

类似地可证

$$f_y(x_0, y_0) = 0.$$

称使得一阶偏导数 $f_x(x_0, y_0), f_y(x_0, y_0)$ 等于零的点为二元函数 $z = f(x,y)$ 的**驻点**. 和一元函数一样,偏导数存在的话,极值点必定在驻点处取得,但驻点不一定是极值点.

例如,函数 $z = f(x,y) = 1 - (x^2 + y^2)$ 在驻点 $(0,0)$ 处取极大值,这是因为对 $(x,y) \neq (0,0)$,恒有

$$f(0,0) = 1 > 1 - (x^2 + y^2) = f(x,y)$$

成立;函数 $z = f(x,y) = x^2 + y^2$ 在驻点 $(0,0)$ 处取极小值,这是因为对 $(x,y) \neq (0,0)$,恒有

$$f(0,0) = 0 < x^2 + y^2 = f(x,y)$$

成立;而函数 $z = x^2 - y^2$ 在驻点 $(0,0)$ 处既不取极大值也不取极小值.

注意,极值点还有可能是一阶偏导数不存在的点. 例如函数 $z = -\sqrt{x^2 + y^2}$ 在点 $(0,0)$ 处取极大值,该函数在点 $(0,0)$ 处的一阶偏导数不存在.

要判定一个驻点是不是极值点需要如下的充分条件.

定理 2(充分条件) 设函数 $z = f(x,y)$ 在点 (x_0, y_0) 的某邻域内连续,存在二阶连续偏导数,且 $f_x'(x_0, y_0) = f_y'(x_0, y_0) = 0$. 令

$$A = f_{xx}''(x_0, y_0), B = f_{xy}''(x_0, y_0), C = f_{yy}''(x_0, y_0), \Delta = AC - B^2,$$

则函数 $z = f(x,y)$ 在点 (x_0, y_0) 是否取得极值的条件如下:

(1) 当 $\Delta > 0$ 时具有极值. 且 $A < 0$ 时有极大值,$A > 0$ 时有极小值;

(2) 当 $\Delta < 0$ 时,没有极值;

(3) 当 $\Delta = 0$ 时,可能有极值,也可能没有极值,还需另作讨论.

该定理证明略.

例 1 求函数 $f(x,y) = x^3 - 4x^2 + 2xy - y^2$ 的极值.

解 先解方程组 $\begin{cases} f_x(x,y) = 3x^2 - 8x + 2y = 0, \\ f_y(x,y) = 2x - 2y = 0, \end{cases}$

求得驻点 $(0,0),(2,2)$.

再求出二阶偏导数

$$f_{xx}(x,y) = 6x - 8, f_{xy}(x,y) = 2, f_{yy}(x,y) = -2.$$

在点 $(0,0)$ 处,$A = f_{xx}(0,0) = -8$, $B = f_{xy}(0,0) = 2$, $C = f_{yy}(0,0) = -2$,

$\Delta = AC - B^2 = 12 > 0$,而 $A = -8 < 0$,所以函数在点 $(0,0)$ 处取得极大值 $f(0,0) = 0$.

在点 $(2,2)$ 处,$A = f_{xx}(2,2) = 4$, $B = f_{xy}(2,2) = 2$, $C = f_{yy}(2,2) = -2$,

$\Delta = AC - B^2 = -12 < 0$,所以函数在点 $(2,2)$ 处无极值.

和一元函数一样,求函数在有界闭区域 D 上最大值或最小值时可将函数在区域 D 的内部的驻点求出,再将函数在驻点处的值和函数在边界上的值进行比较,就可以求出函数的最大值或最小值. 实际问题中函数的最大(小)值点往往在区域 D 的内部,而通常所遇到的应用问题,函数在区域 D 内只有一个驻点,那么就可以肯定该驻点处的函数值就是函数在 D 上的最大(小)值.

例 2 某厂要用铁板做成一个容积为 2m^3 的有盖长方体水箱,问当长、宽、高各取怎样的尺寸时,才能使用料最省(不计铁板厚度).

解 设箱子的长、宽、高分别为 $x,y,z(\text{m})$,表面积为 S,则有

$$S = 2(xy + yz + zx).$$

由于 $$xyz = 2,$$

即 $$z = \frac{2}{xy},$$

所以 $$S = 2\left(xy + \frac{2}{x} + \frac{2}{y}\right)(x > 0, y > 0).$$

可见材料面积 S 是 x 和 y 的二元函数.

令 $$S_x = 2\left(y - \frac{2}{x^2}\right) = 0, S_y = 2\left(x - \frac{2}{y^2}\right) = 0,$$

解得 $$x = \sqrt[3]{2}, y = \sqrt[3]{2},$$

这时 $$z = \sqrt[3]{2}.$$

因函数 S 在区域 $D:(x > 0, y > 0)$ 内只有唯一的驻点 $(\sqrt[3]{2}, \sqrt[3]{2})$,因此,可断定当 $x = \sqrt[3]{2}, y = \sqrt[3]{2}$ 时,S 取得最小值. 就是说,当水箱的长为 $\sqrt[3]{2}\text{m}$、宽为 $\sqrt[3]{2}\text{m}$、高为 $\sqrt[3]{2}\text{m}$ 时,水箱所用的材料最省.

二、条件极值

上面讨论的极值问题,自变量在定义域内可以任意取值,未受其他任何限制,

这类极值称为**无条件极值**. 但在实际问题中, 常会遇到对函数的自变量还附加某些约束条件的极值问题. 这类附有约束条件的极值称为**条件极值**.

求解条件极值问题的常用方法是所谓的**拉格朗日乘数法**.

问题描述: 假定函数 $f(x, y)$ 与 $\varphi(x, y)$ 均有连续的一阶偏导数, 求函数 $z = f(x, y)$ 在满足约束条件

$$\varphi(x, y) = 0 \tag{1}$$

下的极值.

如果函数 $z = f(x, y)$ 在点 (x_0, y_0) 取得极值, 那么点 (x_0, y_0) 必须满足约束条件, 即 $\varphi(x_0, y_0) = 0$. 我们假定在点 (x_0, y_0) 的某一邻域内 $\varphi_y(x_0, y_0) \neq 0$, 由隐函数存在定理可知, 方程 (1) 确定一个单值且具有连续导数的函数 $y = \psi(x)$, 将其代入 $z = f(x, y)$ 中, 得到一个变量 x 的函数 $z = f[x, \psi(x)]$.

于是, 函数 $z = f(x, y)$ 在点 (x_0, y_0) 取得极值相当于一元函数 $z = f[x, \psi(x)]$ 在 $x = x_0$ 取得极值. 由一元函数取得极值的必要条件知

$$\frac{\mathrm{d}z}{\mathrm{d}x}\bigg|_{x=x_0} = f_x(x_0, y_0) + f_y(x_0, y_0) \frac{\mathrm{d}y}{\mathrm{d}x}\bigg|_{x=x_0} = 0, \tag{2}$$

而由方程 (1) 确定的隐函数 $y = \psi(x)$ 的导数为

$$\frac{\mathrm{d}y}{\mathrm{d}x}\bigg|_{x=x_0} = -\frac{\varphi_x(x_0, y_0)}{\varphi_y(x_0, y_0)}.$$

将其代入式 (2) 得

$$f_x(x_0, y_0) - f_y(x_0, y_0) \frac{\varphi_x(x_0, y_0)}{\varphi_y(x_0, y_0)} = 0. \tag{3}$$

式 (1)、式 (3) 两式就是函数 $z = f(x, y)$ 在条件 $\varphi(x, y) = 0$ 下, 在点 (x_0, y_0) 取得极值的必要条件.

设 $\dfrac{f_y(x_0, y_0)}{\varphi_y(x_0, y_0)} = -\lambda$, 上述必要条件就变为

$$\begin{cases} f_x(x_0, y_0) + \lambda \varphi_x(x_0, y_0) = 0, \\ f_y(x_0, y_0) + \lambda \varphi_y(x_0, y_0) = 0, \\ \varphi(x_0, y_0) = 0. \end{cases} \tag{4}$$

容易看出, 式 (4) 中的前两式的左端正是函数 $L(x, y) = f(x, y) + \lambda \varphi(x, y)$ 的两个一阶偏导数在点 (x_0, y_0) 的值, 其中 λ 是一个待定常数.

由以上讨论, 我们得到求条件极值的一种方法:

拉格朗日乘数法　要求函数 $z = f(x, y)$ 在附加条件 $\varphi(x, y) = 0$ 下的可能极值点, 步骤如下:

(1) 构造辅助函数 (称为拉格朗日函数)

$$L = L(x, y, \lambda) = f(x, y) + \lambda \varphi(x, y)$$

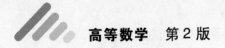

其中 λ 为待定常数,称为拉格朗日乘数.

（2）解方程组

$$\begin{cases} F'_x = f'_x + \lambda \varphi'_x = 0, \\ F'_y = f'_y + \lambda \varphi'_y = 0, \\ F'_\lambda = \varphi(x,y) = 0, \end{cases}$$

求出可能的极值点 (x,y) 和乘数 λ.

至于求出的点 (x,y) 是否为极值点,一般由实际问题的实际意义判定.

这个方法还可推广到自变量多于两个而条件多于一个的情形. 例如,求函数 $u = f(x,y,z)$ 在约束条件

$$\begin{cases} \varphi(x,y,z) = 0, \\ \psi(x,y,z) = 0 \end{cases}$$

下的极值. 此时,拉格朗日函数为

$$L = f(x,y,z) + \lambda_1 \varphi(x,y,z) + \lambda_2 \psi(x,y,z),$$

由对应的方程组

$$\begin{cases} f_x + \lambda_1 \varphi_x + \lambda_2 \psi_x = 0, \\ f_y + \lambda_1 \varphi_y + \lambda_2 \varphi_y = 0, \\ f_z + \lambda_1 \varphi_z + \lambda_2 \varphi_z = 0, \\ \varphi(x,y,z) = 0, \\ \psi(x,y,z) = 0, \end{cases}$$

求解可能的极值点,再利用问题本身的意义即可求出最大(小)值.

例 3 求表面积为 a^2 而体积为最大的长方体的体积.

解 设长方体的长、宽、高分别为 x, y 和 z. 则题设问题归结为在约束条件

$$\varphi(x,y,z) = 2(xy + yz + zx) - a^2 = 0 \tag{5}$$

下,求函数 $V = xyz(x>0, y>0, z>0)$ 的最大值.

作拉格朗日函数

$$L(x,y,z,\lambda) = xyz + \lambda \varphi(x,y,z) = xyz + \lambda \left[2(xy + yz + zx) - a^2 \right].$$

由方程组

$$\begin{cases} L_x = yz + 2\lambda(y+z) = 0, \\ L_y = xz + 2\lambda(x+z) = 0, \\ L_z = xy + 2\lambda(y+x) = 0 \end{cases}$$

可得

$$\frac{x}{y} = \frac{x+z}{y+z}, \frac{y}{z} = \frac{x+y}{x+z},$$

进而解得 $x = y = z$. 将此代入到约束条件(5),求得唯一可能的极值点:

$$x = y = z = \frac{\sqrt{6}}{6}a.$$

由问题本身的实际意义,该点就是所求的最大值点,此时最大值为 $V = \dfrac{\sqrt{6}}{36}a^3$.

例4 经济学中的库柏-道格拉斯生产函数模型为 $f(x,y) = cx^{\alpha}y^{1-\alpha}$,其中 x 表示投入的劳动力数量,y 表示投入原料的数量,$f(x,y)$ 表示产出量,c 与 $\alpha(0 < \alpha < 1)$ 为常数,由不同生产过程的具体情况决定. 现已知某公司的库柏-道格拉斯生产函数为 $f(x,y) = 100x^{\frac{3}{4}}y^{\frac{1}{4}}$,每个劳动力的生产成本为 150 元,单位原料的成本为 250 元,总预算为 50 000 元,问该公司应如何分配这笔钱用于雇用劳动力和购买原材料,使得产出量最大?

解 问题可化为求目标函数 $f(x,y) = 100x^{\frac{3}{4}}y^{\frac{1}{4}}$ $(x > 0, y > 0)$ 在约束条件

$$150x + 250y = 50\,000 \tag{6}$$

下的最大值. 作拉格朗日函数

$$L(x,y,\lambda) = 100x^{\frac{3}{4}}y^{\frac{1}{4}} + \lambda(50\,000 - 150x - 250y),$$

由方程组

$$\begin{cases} L_x = 75x^{\frac{-1}{4}}y^{\frac{1}{4}} - 150\lambda = 0, \\ L_y = 25x^{\frac{3}{4}}y^{\frac{-3}{4}} - 250\lambda = 0, \\ L_\lambda = 50\,000 - 150x - 250y = 0 \end{cases} \tag{7}$$

的第一式得 $\lambda = \dfrac{1}{2}\left(\dfrac{y}{x}\right)^{\frac{1}{4}}$,代入式(7)的第二个方程得

$$25\left(\dfrac{x}{y}\right)^{\frac{3}{4}} - 125\left(\dfrac{y}{x}\right)^{\frac{1}{4}} = 0.$$

上式两边同乘以 $x^{\frac{1}{4}}y^{\frac{3}{4}}$ 得到 $25x - 125y = 0$,或 $x = 5y$. 把 $x = 5y$ 代入式(7)的第三个方程解得 $x = 250$,$y = 50$. 点 $(250, 50)$ 是目标函数 $f(x,y)$ 在约束条件(6)下的唯一可能的极值点,由问题的实际意义知目标函数在约束条件(6)下必有最大值,所以该公司雇用 250 个劳动力,投入 50 个单位原料可获得最大产出量.

习题 9-9

1. 求下列函数的极值:

(1) $f(x,y) = x^2 - xy + y^2 + 9x - 6y + 20$;

(2) $f(x,y) = e^{2x}(x + y^2 + 2y)$;

(3) $f(x,y) = (6x - x^2)(4y - y^2)$;

(4) $f(x,y) = x(y^3 - 3y - 2x)$.

2. 求 $z = x^2 + y^2 - xy - x - y$ 在区域 $D: x \geqslant 0, y \geqslant 0, x + y \leqslant 3$ 上的最值.

3. 试在底半径为 r,高为 h 的正圆锥内内接一个体积最大的长方体,问该长方

体的长、宽、高各应等于多少?

4. 求内接于半径为 a 的球且有最大体积的长方体.

5. 欲围一个面积为 60 平方米的矩形场地,正面所用材料每米造价 10 元,其余三面每米造价 5 元,问场地长、宽各多少米时,所用材料费最少?

6. 用 a 元购料,建造一个宽与深相同的长方体水池,已知四周的单位面积材料费为底面单位面积材料费的 1.2 倍,求水池长与宽(深)各多少,才能使容积最大.(设单位面积材料费为 k 元)

第十节* 综合例题

例 1 证明函数

$$f(x,y) = \begin{cases} \dfrac{xy}{\sqrt{x^2+y^2}}, & x^2+y^2 \neq 0, \\ 0, & x^2+y^2 = 0 \end{cases}$$

(1) 在点 $(0,0)$ 处连续;

(2) 在点 $(0,0)$ 处偏导数存在;

(3) 函数在点 $(0,0)$ 处是不可微的.

证 (1) 利用不等式 $2\,|xy| \leqslant x^2+y^2$ 得 $x^2+y^2 \neq 0$ 时

$$|f(x,y)| \leqslant \frac{x^2+y^2}{2\sqrt{x^2+y^2}} = \frac{1}{2}\sqrt{x^2+y^2}.$$

于是,当 $(x,y) \to (0,0)$ 时,$|f(x,y)| \to 0$,即

$$\lim_{\substack{x\to 0 \\ y\to 0}} f(x,y) = f(0,0) = 0.$$

所以函数 $f(x,y)$ 在点 $(0,0)$ 处连续.

(2) 根据定义 $f_x(0,0) = \lim_{\Delta x \to 0} \dfrac{f(0+\Delta x,0) - f(0,0)}{\Delta x} = \lim_{\Delta x \to 0} 0 = 0$,

同样有 $f_y(0,0) = \lim_{\Delta y \to 0} \dfrac{f(0+\Delta y,0) - f(0,0)}{\Delta y} = \lim_{\Delta y \to 0} 0 = 0$.

所以,函数 $f(x,y)$ 在原点 $(0,0)$ 处两个偏导数都存在.

(3) 由 $\Delta f - [f_x(0,0) \cdot \Delta x + f_y(0,0) \cdot \Delta y] = \dfrac{\Delta x \cdot \Delta y}{\sqrt{(\Delta x)^2 + (\Delta y)^2}}$

得 $\dfrac{\Delta f - [f_x(0,0) \cdot \Delta x + f_y(0,0) \cdot \Delta y]}{\rho} = \dfrac{\Delta x \cdot \Delta y}{(\Delta x)^2 + (\Delta y)^2}.$

由本章第一节中的例 4 知,上式当 $(\Delta x, \Delta y) \to (0,0)$ 时极限不存在,因此函数在点 $(0,0)$ 处是不可微的.

例 2 求 $z = (2x^2 - y^2)^{4x+3y}$ 的偏导数.

解 设 $u = 2x^2 - y^2, v = 4x + 3y$，则 $z = u^v$. 于是

$$\frac{\partial z}{\partial x} = \frac{\partial z}{\partial u} \cdot \frac{\partial u}{\partial x} + \frac{\partial z}{\partial v} \cdot \frac{\partial v}{\partial x}$$

$$= vu^{v-1} \cdot 4x + u^v \ln u \cdot 4$$

$$= 4x(4x+3y)(2x^2-y^2)^{4x+3y-1} + 4(2x^2-y^2)^{4x+3y} \ln(2x^2-y^2).$$

$$\frac{\partial z}{\partial y} = \frac{\partial z}{\partial u} \cdot \frac{\partial u}{\partial y} + \frac{\partial z}{\partial v} \cdot \frac{\partial v}{\partial y}$$

$$= -vu^{v-1} \cdot 2y + u^v \ln u \cdot 3$$

$$= -2y(4x+3y)(2x^2-y^2)^{4x+3y-1} + 3(2x^2-y^2)^{4x+3y} \ln(2x^2-y^2).$$

例3 设 $u = f(x,y,z) = x^3 y z^2$，如果

（1）$z = z(x,y)$ 为方程 $x^3 + y^3 + z^3 - 3xyz = 0$ 所确定的函数，求 $\left.\dfrac{\partial u}{\partial x}\right|_{(-1,0,1)}$；

（2）$y = y(x,z)$ 为方程 $x^3 + y^3 + z^3 - 3xyz = 0$ 所确定的函数，求 $\left.\dfrac{\partial u}{\partial x}\right|_{(-1,0,1)}$.

解 （1）注意到 z 是 x,y 的二元函数，因此有

$$\frac{\partial u}{\partial x} = 3x^2 y z^2 + 2x^3 y z \frac{\partial z}{\partial x}.$$

对方程两边关于 x 求偏导数可得

$$3x^2 + 3z^2 \frac{\partial z}{\partial x} - 3yz - 3xy \frac{\partial z}{\partial x} = 0,$$

解得 $\dfrac{\partial z}{\partial x} = \dfrac{x^2 - yz}{xy - z^2}$. 因此，

$$\left.\frac{\partial u}{\partial x}\right|_{(-1,0,1)} = \left[3x^2 y z^2 + 2x^3 y z \cdot \left(\frac{x^2 - yz}{xy - z} \right) \right]\bigg|_{(-1,0,1)} = 0.$$

（2）注意到 y 是 x,z 的二元函数，因此有

$$\frac{\partial u}{\partial x} = 3x^2 y z^2 + x^3 z^2 \frac{\partial y}{\partial x}.$$

对方程两边关于 x 求偏导数，类似可得 $\dfrac{\partial y}{\partial x} = \dfrac{x^2 - yz}{xz - y^2}$. 于是

$$\left.\frac{\partial u}{\partial x}\right|_{(-1,0,1)} = \left[3x^2 y z^2 + x^3 z^2 \cdot \left(\frac{x^2 - yz}{xz - y^2} \right) \right]\bigg|_{(-1,0,1)} = 1,$$

例4 设 $z = f(x,y,u) = y\sin x + u^2, u = \varphi(x,y), \varphi(x,y)$ 具有二阶连续偏导数.
求 $\dfrac{\partial z}{\partial x}, \dfrac{\partial^2 z}{\partial x^2}, \dfrac{\partial^2 z}{\partial x \partial y}$.

解
$$\frac{\partial z}{\partial x} = \frac{\partial f}{\partial x} + \frac{\partial f}{\partial u} \frac{\partial u}{\partial x} = y\cos x + 2u \frac{\partial u}{\partial x},$$

$$\frac{\partial^2 z}{\partial x^2} = -y\sin x + 2\left(\frac{\partial u}{\partial x}\right)^2 + 2u \frac{\partial^2 u}{\partial x^2},$$

$$\frac{\partial^2 z}{\partial x \partial y} = \cos x + 2 \frac{\partial u}{\partial x} \frac{\partial u}{\partial y} + 2u \frac{\partial^2 u}{\partial x \partial y}.$$

此例中要注意符号 $\frac{\partial z}{\partial x}$ 与 $\frac{\partial f}{\partial x}$ 的区别.

例 5 设 $z = \sin(xy) + \varphi\left(x, \frac{x}{y}\right)$，$\varphi(u, v)$ 有两阶偏导数，求 $\frac{\partial^2 z}{\partial x \partial y}$.

解
$$\frac{\partial z}{\partial x} = y\cos(xy) + \varphi_1' + \varphi_2' \frac{1}{y},$$

$$\frac{\partial^2 z}{\partial x \partial y} = \cos(xy) - xy\sin(xy) + \varphi_{12}''\left(-\frac{x}{y^2}\right) - \frac{1}{y^2}\varphi_2' + \frac{1}{y}\left(-\frac{x}{y^2}\right)\varphi_{22}''$$

$$= \cos(xy) - xy\sin(xy) - \frac{x}{y^2}\varphi_{12}'' - \frac{1}{y^2}\varphi_2' - \frac{x}{y^3}\varphi_{22}''.$$

例 6 设 $\frac{x}{z} = \ln\frac{z}{y}$ 确定函数 $z = f(x, y)$，求 $\frac{\partial z}{\partial x}, \frac{\partial z}{\partial y}$.

解 令 $F(x, y) = \frac{x}{z} - \ln\frac{z}{y} = \frac{x}{z} - \ln z + \ln y$，则

$$F_x = \frac{1}{z}, F_y = \frac{1}{y}, F_z = -\frac{x}{z^2} - \frac{1}{z},$$

$$\frac{\partial z}{\partial x} = -\frac{F_x}{F_z} = -\frac{\dfrac{1}{z}}{-\dfrac{x}{z^2} - \dfrac{1}{z}} = \frac{1}{\dfrac{x}{z} + 1} = \frac{1}{1 + \ln z - \ln y},$$

$$\frac{\partial z}{\partial y} = -\frac{F_y}{F_z} = -\frac{\dfrac{1}{y}}{-\dfrac{x}{z^2} - \dfrac{1}{z}} = \frac{z}{y\left(\dfrac{x}{z} + 1\right)} = \frac{z}{y(1 + \ln z - \ln y)}.$$

例 6 也可用对方程两边直接求偏导数的方法求得. 还可将方程改写为 $x = z$ $(\ln z - \ln y)$，用这种方法求得.

例 7 设 $F(u, v)$ 可微，试证：曲面 $F\left(\frac{x-a}{z-c}, \frac{y-b}{z-c}\right) = 0$ 上任一点处的切平面都通过一个定点.

解 曲面 $G(x, y, z) = 0$ 的法向量为 $\{G_x, G_y, G_z\}$，若令 $G(x, y, z) = F\left(\frac{x-a}{z-c}, \frac{y-b}{z-c}\right)$，就有

$$G_x = F_1 \frac{1}{z-c}, G_y = F_2 \frac{1}{z-c}, G_z = -\frac{1}{(z-c)^2}[F_1(x-a) + F_2(y-b)].$$

设 $P(x_0, y_0, z_0)$ 为曲面上任一点，则该点的法向量为

$$\boldsymbol{n} = \left\{ F_1 \frac{1}{z_0-c}, F_2 \frac{1}{z_0-c}, -\frac{1}{(z_0-c)^2}[F_1(x_0-a) + F_2(y_0-b)] \right\},$$

所以该点的切平面方程为

$$F_1 \frac{x - x_0}{z_0 - c} + F_2 \frac{y - y_0}{z_0 - c} - \frac{1}{(z_0 - c)^2}[F_1(x_0 - a) + F_2(y_0 - b)](z - z_0) = 0.$$

容易看到,当 $x = a, y = b, z = c$ 时上面方程恒成立,所以切平面过定点 (a, b, c).

例 8 求二元函数 $z = f(x, y) = x^2 y(4 - x - y)$ 在直线 $x + y = 6, x$ 轴和 y 轴所围成的闭区域 D 上的最大值与最小值.

解 闭区域 D 如图 9-11. 先求函数在 D 内的驻点. 解方程组

$$\begin{cases} f_x(x, y) = 2xy(4 - x - y) - x^2 y = 0, \\ f_y(x, y) = x^2(4 - x - y) - x^2 y = 0. \end{cases}$$

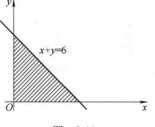

图 9-11

得区域 D 内唯一驻点 $(2, 1)$,且 $f(2, 1) = 4$. 再求 $f(x, y)$ 在 D 的边界上的最值.

(1) 在边界 $x = 0$ 和 $y = 0$ 上 $f(x, y) = 0$;

(2) 在边界 $x + y = 6$ 上, $y = 6 - x, x$ 的变化范围为 $0 \leqslant x \leqslant 6$,于是,在该边界上

$$f(x, y) = 2x^2(x - 6), 0 \leqslant x \leqslant 6.$$

设 $g(x) = 2x^2(x - 6)$,由 $g'(x) = 4x(x - 6) + 2x^2 = 0$,求得驻点 $x_1 = 0, x_2 = 4$,比较函数 $g(x)$ 在 $x_1 = 0, x_2 = 4, x_3 = 6$ 上的值得 $g(x)$ 的最大值为 $g(0) = 0$,最小值为 $g(4) = -64$. 于是函数 $f(x, y) = x^2 y(4 - x - y)$ 在边界 $x + y = 6$ 上的最大值为 $f(0, 6) = 0$,最小值为 $f(4, 2) = -64$. 再将函数 $f(x, y)$ 在边界上的最值和区域 D 内的驻点上的值比较,可知 $f(2, 1) = 4$ 为最大值, $f(4, 2) = -64$ 为最小值.

例 9 求原点到椭圆 $\begin{cases} x + y + z - 1 = 0, \\ x^2 + y^2 - z = 0 \end{cases}$ 的最长与最短距离.

解 点 (x, y, z) 到原点距离满足

$$d^2 = x^2 + y^2 + z^2.$$

于是问题化为求目标函数 $d^2 = x^2 + y^2 + z^2$ 在条件 $x + y + z - 1 = 0$ 和 $x^2 + y^2 - z = 0$ 下的最小值和最大值.

作拉格朗日函数

$$L(x, y, z) = x^2 + y^2 + z^2 + \lambda(x + y + z - 1) + \mu(x^2 + y^2 - z),$$

利用函数 $L(x, y, z)$ 取极值的必要条件得到

$$\begin{cases} L_x = 2x + \lambda + 2x\mu = 0, & (1) \\ L_y = 2y + \lambda + 2y\mu = 0, & (2) \\ L_z = 2z + \lambda - \mu = 0, & (3) \\ L_\lambda = x + y + z - 1 = 0, & (4) \\ L_\mu = x^2 + y^2 - z = 0. & (5) \end{cases}$$

解这个方程组,由式(1)、式(2)得 $x = y(\mu = -1$ 不可能,舍去). 将其代入式 (4)、式(5)得

$$\begin{cases} 2x + z - 1 = 0, \\ z = 2x^2. \end{cases}$$

解 得 $x = \dfrac{-1 \pm \sqrt{3}}{2}$,由 此 求 得 两 个 驻 点: $\left(\dfrac{-1 + \sqrt{3}}{2}, \dfrac{-1 + \sqrt{3}}{2}, 2 - \sqrt{3}\right)$ 和 $\left(\dfrac{-1 - \sqrt{3}}{2}, \dfrac{-1 - \sqrt{3}}{2}, 2 + \sqrt{3}\right)$. 由于原点到椭圆的最长与最短距离必定存在,根据实际问题的意义,这两个驻点上的函数值就是所求的最长与最短距离. 将其代入 $d^2 = x^2 + y^2 + z^2$,分别计算得

$$最长距离 \ d_{\max} = \sqrt{9 + 5\sqrt{3}}, 最短距离 \ d_{\min} = \sqrt{9 - 5\sqrt{3}}.$$

注 目标函数的选择不是唯一的. 例9中目标函数的选取使得应用问题求解比较简单. 读者还可选取其他形式的目标函数,对求解过程做一个比较.

复 习 题 九

一、选择题

1. 点( )不是二元函数 $z = x^3 - y^3 + 3x^2 + 3y^2 - 9x$ 的驻点.

(A)$(0,0)$;　　　　　　　(B)$(1,2)$;

(C)$(-3,0)$;　　　　　　(D)$(-3,2)$.

2. 二元函数 $z = x^3 - y^3 + 3x^2 + 3y^2 - 9x$ 的极小点是( ).

(A)$(1,0)$;　　　　　　　(B)$(1,2)$;

(C)$(-3,0)$;　　　　　　(D)$(-3,2)$.

3. 已知函数 $f(xy, x+y) = x^3 + y^2 + xy$ 则 $\dfrac{\partial f(x,y)}{\partial x}, \dfrac{\partial f(x,y)}{\partial y}$ 分别为( ).

(A)$-1, 2y$;　　　　　　(B)$2y, -1$;

(C)$2x + 2y, 2y + x$;　　(D)$2y, 2x$.

4. $\lim\limits_{\substack{x \to 0 \\ y \to 0}} \dfrac{3xy}{\sqrt{xy+1} - 1}$ 等于( )

(A)3;　　　　　　　　　(B)6;

(C)不存在;　　　　　　　(D)∞.

5. 设 $u = \ln(1 + x + y^2 + z^3)$,则 $(u'_x + u'_y + u'_z)\big|_{(1,1,1)}$ 等于( )

(A)3;　　　　　　　　　(B)6;

(C)$\dfrac{1}{2}$;　　　　　　　(D)$\dfrac{3}{2}$.

6. 设 $u = f(xyz)$ 可微,则 $\dfrac{\partial u}{\partial x}$ 等于(　　　)

　(A) $\dfrac{\mathrm{d}f}{\mathrm{d}x}$;　　　　　　　　　　(B) $f_x(xyz)$;

　(C) $f'(xyz) \cdot yz$;　　　　　　　　(D) $\dfrac{\mathrm{d}f}{\mathrm{d}x} \cdot yz$.

7. 设函数 $z = z(x,y)$ 由方程 $xyz + \sqrt{x^2 + y^2 + z^2} = \sqrt{2}$ 确定,则 $z = z(x,y)$ 在点 $(1,0,-1)$ 处的全微分 $\mathrm{d}z = (\qquad)$.

　(A) $\mathrm{d}x + \sqrt{2}\mathrm{d}y$;　　　　　　　(B) $-\mathrm{d}x + \sqrt{2}\mathrm{d}y$;

　(C) $-\mathrm{d}x - \sqrt{2}\mathrm{d}y$;　　　　　　(D) $\mathrm{d}x - \sqrt{2}\mathrm{d}y$.

8. 曲面 $e^z - z + xy = 3$ 在点 $(2,1,0)$ 处的切平面方程为(　　　).

　(A) $2x + y - 4 = 0$;　　　　　　(B) $2x + y - z - 4 = 0$;

　(C) $x + 2y - 4 = 0$;　　　　　　(D) $2x + y - 5 = 0$.

9. 曲线 $\begin{cases} z = \dfrac{x^2 + y^2}{4} \\ y = 4 \end{cases}$,在点 $(2,4,5)$ 处的切线与 x 轴正向所成角度为(　　　).

　(A) $\dfrac{\pi}{2}$;　　　　　　　　　　(B) $\dfrac{\pi}{3}$;

　(C) $\dfrac{\pi}{4}$;　　　　　　　　　　(D) $\dfrac{\pi}{6}$.

10. 设函数 $z = z(x,y)$ 由方程 $F(x-z, y-z) = 0$ 确定,$F(u,v)$ 关于 u 和 v 具有连续的偏导数,且 $F_u + F_v \neq 0$,则 $\dfrac{\partial z}{\partial x} + \dfrac{\partial z}{\partial y} = (\qquad)$

　(A) 0;　　　　　　　　　　(B) 1;

　(C) -1;　　　　　　　　　(D) z.

11. $z = x + 2y$ 在满足 $x^2 + y^2 = 5$ 的条件下的极小值为(　　　).

　(A) 5;　　　　　　　　　　(B) -5;

　(C) $2\sqrt{5}$;　　　　　　　　(D) $-2\sqrt{5}$.

12. $z = f(x,y)$ 在点 (x_0, y_0) 处存在偏导数是 $z = f(x,y)$ 在点 (x_0, y_0) 处可微的(　　　).

　(A) 充分条件;　　　　　　(B) 必要条件;

　(C) 充要条件;　　　　　　(D) 既非充分条件也非必要条件.

13. 二元函数 $f(x,y)$ 在点 (x_0, y_0) 处两个偏导数存在是 $f(x,y)$ 在该点连续的(　　　).

　(A) 充分条件而非必要条件;

　(B) 必要条件而非充分条件;

(C)充要条件；

(D)既非充分条件也非必要条件.

14. 二元函数 $Z=f(x,y)$ 在 (x_0,y_0) 处可微分的充分条件是(   ).

(A)$f_x'(x_0,y_0)$ 及 $f_y'(x_0,y_0)$ 均存在；

(B)$f(x,y)$ 在 (x_0,y_0) 的某邻域中连续 $f_x'(x_0,y_0)$ 及 $f_y'(x_0,y_0)$ 均存在；

(C)$\Delta_z-f_x'(x_0,y_0)\Delta x-f_y'(x_0,y_0)\Delta y$ 当 $\sqrt{\Delta x^2+\Delta y^2}\to0$ 时,是无穷小量；

(D)$\dfrac{\Delta z-f_x'(x_0,y_0)\Delta x-f_y'(x_0,y_0)\Delta y}{\sqrt{\Delta x^2+\Delta y^2}}$ 当 $\sqrt{\Delta x^2+\Delta y^2}\to0$ 时,是无穷小量.

二、综合练习 A

1. 设曲线 $x=\cos t,y=\sin t,z=\tan\dfrac{t}{2}$ 在点 $(0,1,1)$ 的一个切向量与 Ox 轴正向的夹角为锐角,求此向量与 Oz 轴正向的夹角.

2. 设 $z=z(x,y)$ 由方程 $2z+y^2=\displaystyle\int_0^{z+y-x}\cos^2t\,\mathrm{d}t$ 所确定,试求 $\dfrac{\partial z}{\partial x}$.

3. 设 $y=y(x),z=z(x)$ 由方程组 $z=x^2+y^2,x^2+2y^2+3z^2=20$ 确定,利用公式,直接对方程组求导以及求微分法三种方法求 $\dfrac{\mathrm{d}y}{\mathrm{d}x},\dfrac{\mathrm{d}z}{\mathrm{d}x}$.

4. 设 $\mathrm{e}^z=xyz$,求 $\mathrm{d}z$ 和 $\dfrac{\partial^2 z}{\partial x^2}$.

5. 设 $z=x^n f\left(\dfrac{y}{x^2}\right)$,其中 f 为任意可微函数,证明 $x\dfrac{\partial z}{\partial x}+2y\dfrac{\partial z}{\partial y}=nz$.

6. 设 $F(u,v)$ 具有连续偏导数,$z=z(x,y)$ 是由方程 $F(cx-az,cy-bz)=0$ 确定的隐函数,试证 $a\dfrac{\partial z}{\partial x}+b\dfrac{\partial z}{\partial y}=c$.

7. 求曲面 $x^2-y^2-z^2+6=0$ 垂直于直线 $\dfrac{x-3}{2}=y-1=\dfrac{z-2}{-3}$ 的切平面方程.

8. 求函数 $f(x,y)=x^2+2y^2-x^2y^2$ 在闭区域 $D:x^2+y^2\le4,y\ge0$ 上的最大值与最小值.

9. 求抛物线 $y^2=4x$ 上的点,使它与直线 $x-y+4=0$ 相距最近.

三、综合练习 B

1. 证明:函数 $f(x,y)=\dfrac{x^3y}{x^6+y^2}$ 当点 $P(x,y)$ 沿任意直线趋于 $(0,0)$ 时极限相同,但 $\lim\limits_{\substack{x\to0\\y\to0}}\dfrac{x^3y}{x^6+y^2}$ 不存在.

2. 证明:函数 $f(x,y)=\sqrt{|xy|}$ 在点 $(0,0)$ 处的两个偏导数都存在,但函数 $f(x,y)$ 在点 $(0,0)$ 处不可微.

3. 设 $z = z(x,y)$ 是由方程 $F\left(\dfrac{1}{x} - \dfrac{1}{y} - \dfrac{1}{z}\right) = \dfrac{1}{z}$ 确定的隐函数,其中 F 可微.

试证:$x^2 \dfrac{\partial z}{\partial x} + y^2 \dfrac{\partial z}{\partial y} = 0.$

4. 设 $f(1,1) = 1, f_1'(1,1) = a, f_2'(1,1) = b, \varphi(x) = f\{x, f[x, f(x,x)]\}$,求 $\varphi(1), \varphi'(1).$

5. 设 $z = x^2 f\left(\dfrac{y}{x}\right), f(u)$ 具有二阶连续导数,求 $\dfrac{\partial^2 z}{\partial x^2}, \dfrac{\partial^2 z}{\partial x \partial y}, \dfrac{\partial^2 z}{\partial y^2}.$

6. 设 $y = f(x,t)$,而 t 是由方程 $F(x,y,t) = 0$ 确定的二元函数,f, F 都具有一阶连续偏导数,试证明

$$\frac{\mathrm{d}y}{\mathrm{d}x} = \frac{f_t F_x - f_t F_x}{f_t F_y + F_t}.$$

7. 设 $y = f(x,y,z), z = g(x,y,z)$,其中 f, g 具有一阶连续偏导数,求 $\dfrac{\mathrm{d}z}{\mathrm{d}x}.$

8. 设 $z = \varphi(x + at) + \psi(x - at), \varphi, \psi$ 具有二阶导数,试证 z 满足波动方程 $\dfrac{\partial^2 z}{\partial t^2} = a^2 \dfrac{\partial^2 z}{\partial x^2}.$

9. 若 $u = u(x,y)$ 满足拉普拉斯方程 $\dfrac{\partial^2 u}{\partial x^2} + \dfrac{\partial^2 u}{\partial y^2} = 0$,则函数 $v = u\left(\dfrac{x}{x^2 + y^2}, \dfrac{y}{x^2 + y^2}\right)$ 也满足拉普拉斯方程.

第十章 重 积 分

定积分解决了一元函数在某一区间上一类和式的极限问题,重积分则是定积分概念的推广,其中的数学思想与定积分一样,解决的是定义在平面或空间区域上多元函数的一类和式的极限问题. 所不同的是定积分的被积函数是一元函数,积分范围是一个区间;而重积分的被积函数是多元函数,积分范围是平面或空间的一个区域. 它们之间存在着密切的联系. 本章将给出二、三重积分的概念及计算方法.

第一节 二重积分的概念与性质

一、二重积分的概念

和定积分一样,二重积分的概念也是从几何与物理的问题中引出来的. 下面先看两个例子.

1. 曲顶柱体的体积

所谓**曲顶柱体**是指这样一个立体,它的底是 Oxy 平面上的有界区域 D,侧面是以 D 的边界曲线为准线,母线平行于 z 轴的柱面,顶部则是以 D 为定义域的取正值的二元函数 $z = f(x,y)$ 所表示的连续曲面(如图 10-1 所示).

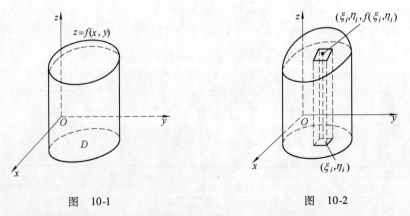

图 10-1   图 10-2

下面计算这个曲顶柱体的体积.

当曲顶柱体的顶是水平的平面时,其体积公式为底面积乘以高. 但在一般情形,不能直接利用这一公式,但我们可以借鉴求定积分的方法来解决.

(1)把区域 D 分割成 n 个小区域 $\Delta\sigma_1,\Delta\sigma_2,\cdots,\Delta\sigma_n$,并仍用 $\Delta\sigma_i$ 表示第 i 个小区域的面积,作以这些小区域的边界曲线为准线,母线平行于 z 轴的柱面,这些柱面把曲顶柱体划分成 n 个小曲顶柱体(如图 10-2 所示).

(2)由于 $f(x,y)$ 连续,在 $\Delta\sigma_i$ 很小的情况下可以把相应的小曲顶柱体近似看成水平的平顶柱体.在 $\Delta\sigma_i$ 内任取一点 (ξ_i,η_i),则第 i 个小曲顶柱体的高近似为 $f(\xi_i,\eta_i)$,体积 ΔV_i 就可以用 $\Delta V_i\approx f(\xi_i,\eta_i)\Delta\sigma_i$ 来近似表示.

(3)把这些小平顶柱体的体积加起来,就得到了所求曲顶柱体体积的近似值,

$$V=\sum_{i=1}^{n}\Delta V_i\approx\sum_{i=1}^{n}f(\xi_i,\eta_i)\Delta\sigma_i.$$

(4)把 D 分得越细,上述和式就越接近于曲顶柱体的体积.把 $\Delta\sigma_i$ 中任意两点间距离的最大值称为 $\Delta\sigma_i$ 的直径,并记为 $d(\Delta\sigma_i)$,如果 $\lambda=\max_{1\leqslant i\leqslant n}d(\Delta\sigma_i)\to0$ 时,上述和式的极限存在,则将该极限值定义为曲顶柱体的体积,即

$$V=\lim_{\lambda\to0}\sum_{i=1}^{n}f(\xi_i,\eta_i)\Delta\sigma_i.$$

2. 平面薄板的质量

设有一平面薄板占有 Oxy 面上的区域 D,D 上的物质分布是不均匀的,它在点 (x,y) 处的面密度为 $\mu(x,y)>0$,且 $\mu(x,y)$ 在 D 上连续.现在要计算该薄板的质量 M.

如果薄板面密度 $\mu(x,y)=\mu_0$ 是常数,那么薄板的质量可以用公式 $M=\mu_0\sigma$ 来计算,其中 σ 为区域 D 的面积,而在一般情形,薄板的质量就不能直接这样来计算,但是处理曲顶柱体体积问题的方法在这里也是适用的.

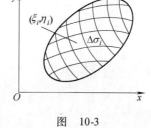

如图 10-3 所示,先把薄板分成许多小块,只要小块所占的小闭区域 $\Delta\sigma_i$ 的直径很小,这些小块就可以近似地看做均匀薄板.在 $\Delta\sigma_i$ 上任取一点 (ξ_i,η_i),则第 i 个小块的质量的近似值可表示为

图 10-3

$$\mu(\xi_i,\eta_i)\Delta\sigma_i\quad(i=1,2,\cdots,n).$$

然后求和、取极限,便得出

$$M=\lim_{\lambda\to0}\sum_{i=1}^{n}\mu(\xi_i,\eta_i)\Delta\sigma_i.$$

上面两个问题的实际意义虽然不同,但解决问题的方法是一样的,它们在数量关系上都是二元函数的同一形式的和式的极限.

在科学技术与工程应用中有大量的问题都可以归结为这种和式的极限,为此我们引入二重积分的概念.

定义　设 $f(x,y)$ 是定义在有界闭区域 D 上的有界函数,将区域 D 任意分成 n 个小闭区域 $\Delta\sigma_1,\Delta\sigma_2,\cdots,\Delta\sigma_n$(第 i 个小闭区域 $\Delta\sigma_i$ 的面积仍记为 $\Delta\sigma_i$),记 $\Delta\sigma_i$ 的直径为 $d(\Delta\sigma_i)$,$\lambda=\max\limits_{1\le i\le n}d(\Delta\sigma_i)$,在每个 $\Delta\sigma_i$ 上任取一点 (ξ_i,η_i) $(i=1,2,\cdots,n)$,作和式

$$\sum_{i=1}^{n}f(\xi_i,\eta_i)\Delta\sigma_i.$$

如果不论对 D 作怎样的划分,也不论点 (ξ_i,η_i) 在 $\Delta\sigma_i$ 上如何选取,只要 $\lambda\to0$ 时,这个和式的极限总存在,则称这个极限为函数 $z=f(x,y)$ 在闭区域 D 上的二重积分,记作 $\iint\limits_D f(x,y)\mathrm{d}\sigma$. 即

$$\iint\limits_D f(x,y)\mathrm{d}\sigma=\lim_{\lambda\to0}\sum_{i=1}^{n}f(\xi_i,\eta_i)\Delta\sigma_i$$

其中 D 称为积分区域,$f(x,y)$ 称为被积函数,$f(x,y)\mathrm{d}\sigma$ 称为被积表达式,$\mathrm{d}\sigma$ 称为面积元素,x,y 称为积分变量. 当式(1)中极限存在时,也称 $z=f(x,y)$ 在闭区域 D 上是可积的.

根据二重积分的定义,曲顶柱体的体积 V 可用二重积分表示为

$$V=\iint\limits_D f(x,y)\mathrm{d}\sigma,$$

平面薄板的质量可用二重积分表示为

$$M=\iint\limits_D \mu(x,y)\mathrm{d}\sigma.$$

关于二重积分的定义,需做两点说明:

(1)　二重积分的值与闭区域 D 的分割方法及各个小闭区域 $\Delta\sigma_i$ 中的点 (ξ_i,η_i) 的取法无关.

(2)　二重积分是一个数,它与被积函数 $f(x,y)$ 及积分区域 D 有关,而与积分变量用什么字母无关.

当 $f(x,y)$ 在闭区域 D 上的二重积分存在时,由于它的值与区域 D 的分割方法无关,因此,可用平行于 x 轴和 y 轴的直线把闭区域 D 分成许多小矩形,则小闭区域 $\Delta\sigma_i$ 的边长是 $\Delta x_i,\Delta y_i$,因而有 $\Delta\sigma_i=\Delta x_i\Delta y_i$. 在这种分割下 $\mathrm{d}\sigma=\mathrm{d}x\mathrm{d}y$,因而二重积分又记作 $\iint\limits_D f(x,y)\mathrm{d}x\mathrm{d}y$.

二重积分的存在定理　如果函数 $f(x,y)$ 在有界闭区域 D 上连续,则二重积分 $\iint\limits_D f(x,y)\mathrm{d}\sigma$ 存在.换言之,连续函数在有界闭区域上是可积的.

二重积分的几何意义　一般地,二元函数 $z=f(x,y)$ 可以看成是空间的曲面,

如果在区域 D 上 $f(x,y) \geq 0$,则二重积分 $\iint\limits_D f(x,y)\mathrm{d}\sigma$ 的几何意义是曲顶柱体的体积;如果在区域 D 上 $f(x,y) \leq 0$,柱体就在 Oxy 面的下方,二重积分 $\iint\limits_D f(x,y)\mathrm{d}\sigma$ 就是曲顶柱体体积的负值.如果在区域 D 中 $f(x,y)$ 可正可负,二重积分 $\iint\limits_D f(x,y)\mathrm{d}\sigma$ 就等于曲顶柱体体积的代数和.

二、二重积分的性质

二重积分具有与定积分类似的性质,证明方法也与定积分的性质的证明类似.所以我们不加证明地叙述如下.

性质1 被积函数中的常数因子可以提到二重积分号的外面,即

$$\iint\limits_D kf(x,y)\mathrm{d}\sigma = k\iint\limits_D f(x,y)\mathrm{d}\sigma \qquad (k \text{ 为常数}).$$

性质2 函数和(差)的二重积分等于各函数二重积分的和(差),即

$$\iint\limits_D [f(x,y) \pm g(x,y)]\mathrm{d}\sigma = \iint\limits_D f(x,y)\mathrm{d}\sigma \pm \iint\limits_D g(x,y)\mathrm{d}\sigma.$$

性质3 若 D 被分成两个区域 D_1 和 D_2,则函数在 D 上的二重积分等于它在 D_1 与 D_2 上的二重积分之和,即

$$\iint\limits_D f(x,y)\mathrm{d}\sigma = \iint\limits_{D_1} f(x,y)\mathrm{d}\sigma + \iint\limits_{D_2} f(x,y)\mathrm{d}\sigma.$$

性质4 若在 D 上有 $f(x,y) \leq g(x,y)$,则有

$$\iint\limits_D f(x,y)\mathrm{d}\sigma \leq \iint\limits_D g(x,y)\mathrm{d}\sigma.$$

特别地,

$$\left| \iint\limits_D f(x,y)\mathrm{d}\sigma \right| \leq \iint\limits_D |f(x,y)|\mathrm{d}\sigma.$$

上式说明函数二重积分的绝对值不大于该函数绝对值的二重积分.

性质5 若在区域 D 上 $f(x,y) \equiv 1$,σ 为区域 D 的面积,则 $\iint\limits_D \mathrm{d}\sigma = \sigma$.

这个性质的几何意义是明显的:高为1个单位的平顶柱体的体积的值等于该柱体的底面积的值.

性质6(估值定理) 设 M,m 分别为 $f(x,y)$ 在闭区域 D 上的最大值和最小值,σ 为 D 的面积,则有 $m\sigma \leq \iint\limits_D f(x,y)\mathrm{d}\sigma \leq M\sigma$(这个性质可由性质4得到).

性质7(中值定理) 若函数 $f(x,y)$ 在有界闭区域 D 上连续,则必存在一点

$(\xi,\eta)\in D$,使得

$$\iint\limits_{D}f(x,y)\,\mathrm{d}\sigma = f(\xi,\eta)\sigma .$$

这个性质的几何意义是:任意一个曲顶柱体都存在与它同底,高等于曲顶上某点的竖坐标的平顶柱体,该平顶柱体的体积与曲顶柱体的体积相等.

性质8 二重积分的对称性

设二重积分积分区域 D 被分成两个区域 D_1 和 D_2,且 D_1 和 D_2 关于 y 轴对称. 如果 $f(x,y)$ 关于 x 是偶函数,即 $f(-x,y)=f(x,y)$,则

$$\iint\limits_{D}f(x,y)\,\mathrm{d}\sigma = 2\iint\limits_{D_1}f(x,y)\,\mathrm{d}\sigma = 2\iint\limits_{D_2}f(x,y)\,\mathrm{d}\sigma ;$$

如果 $f(x,y)$ 关于 x 是奇函数,即 $f(-x,y)=-f(x,y)$,则

$$\iint\limits_{D}f(x,y)\,\mathrm{d}\sigma = 0.$$

同样,若 D_1 和 D_2 关于 x 轴对称,$f(x,y)$ 关于 y 是奇函数或偶函数,也有类似的结果. 如果区域 D 关于变量 x,y 是轮换对称的(也称为关于直线 $y=x$ 对称),则有

$$\iint\limits_{D}f(x,y)\,\mathrm{d}x\mathrm{d}y = \iint\limits_{D}f(y,x)\,\mathrm{d}x\mathrm{d}y.$$

上式也称为二重积分的轮换对称性.

例如,设积分区域 D 是圆域 $x^2+y^2\leqslant 2y$ 内部,D_1 是该圆域中第一象限部分,则有

$$\iint\limits_{D}(x^2+y)\,\mathrm{d}\sigma = 2\iint\limits_{D_1}(x^2+y)\,\mathrm{d}\sigma ;$$

$$\iint\limits_{D}xy^2\,\mathrm{d}\sigma = 0 .$$

若 D 为正方形区域 $0\leqslant x\leqslant 1,0\leqslant y\leqslant 1$,则有 $\iint\limits_{D}x^2y\,\mathrm{d}x\mathrm{d}y = \iint\limits_{D}xy^2\,\mathrm{d}x\mathrm{d}y, \iint\limits_{D}x^2\,\mathrm{d}x\mathrm{d}y = \iint\limits_{D}y^2\,\mathrm{d}x\mathrm{d}y$ 等等.

习题 10-1

1. 确定下列二重积分的符号:

(1) $\iint\limits_{x^2+y^2\leqslant 1}x^2\,\mathrm{d}\sigma$;

(2) $\iint\limits_{|x|+|y|\leqslant 1}\ln(x^2+y^2)\,\mathrm{d}\sigma$;

(3) $\iint\limits_{1\leqslant x^2+y^2\leqslant 4}\sqrt[3]{1-x^2-y^2}\,\mathrm{d}\sigma$;

(4) $\iint\limits_{0\leqslant x+y\leqslant 1}\arcsin(x+y)\,\mathrm{d}\sigma$.

2. 根据二重积分的性质,比较下列二重积分的大小

（1）$I_1 = \iint\limits_{D} (x + y)^2 \mathrm{d}\sigma$，$I_2 = \iint\limits_{D} (x + y)^3 \mathrm{d}\sigma$，其中 D 是由 x 轴、y 轴以及直线 $x + y = 1$ 所围成的三角形；

（2）$I_1 = \iint\limits_{D} (x + y)^2 \mathrm{d}\sigma$，$I_2 = \iint\limits_{D} (x + y)^3 \mathrm{d}\sigma$，其中 $D = \{(x,y) \mid (x - 2)^2 + (y - 2)^2 \leqslant 2\}$；

（3）$I_1 = \iint\limits_{D} \ln(x + y) \mathrm{d}\sigma$，$I_2 = \iint\limits_{D} \ln^2(x + y) \mathrm{d}\sigma$，其中 D 为以点 $(1,0)$，$(1,1)$，$(2,0)$ 为顶点的三角形；

（4）$I_1 = \iint\limits_{D} \ln(x + y) \mathrm{d}\sigma$，$I_2 = \iint\limits_{D} \ln^2(x + y) \mathrm{d}\sigma$，其中 $D = \{(x,y) \mid 3 \leqslant x \leqslant 5, 0 \leqslant y \leqslant 1\}$.

3. 利用二重积分的性质，估计下列积分值

（1）$I = \iint\limits_{D} \mathrm{e}^{x^2+y^2} \mathrm{d}\sigma$，其中 $D = \left\{(x,y) \mid x^2 + y^2 \leqslant \dfrac{1}{4}\right\}$；

（2）$I = \iint\limits_{D} (x + y + 1) \mathrm{d}\sigma$，其中 $D = \{(x,y) \mid 0 \leqslant x \leqslant 1, 0 \leqslant y \leqslant 2\}$；

（3）$I = \iint\limits_{D} (x^2 + 4y^2 + 9) \mathrm{d}\sigma$，其中 $\{(x,y) \mid x^2 + y^2 \leqslant 4\}$.

4. 指出下列二重积分之间的关系

（1）$I = \iint\limits_{D} \mathrm{e}^{x^2+y^2} \mathrm{d}\sigma$ 和 $I_1 = \iint\limits_{D_1} \mathrm{e}^{x^2+y^2} \mathrm{d}\sigma$，其中 $D = \{(x,y) \mid -1 \leqslant x \leqslant 1, -2 \leqslant y \leqslant 2\}$，$D_1$ 为 D 中的上半平面部分；

（2）$I = \iint\limits_{D} \ln(1 + x^2 + y^2) \mathrm{d}\sigma$ 和 $I_1 = \iint\limits_{D_1} \ln(1 + x^2 + y^2) \mathrm{d}\sigma$，其中 $D = \{(x, y) \mid x^2 + y^2 \leqslant a^2\}$，$D_1$ 为 D 中的第一象限部分；

（3）$I = \iint\limits_{D} xy \mathrm{d}\sigma$ 和 $I_1 = \iint\limits_{D_1} xy \mathrm{d}\sigma$，其中 $D = \{(x,y) \mid x^2 + y^2 \leqslant a^2\}$，$D_1$ 为 D 中的上半平面部分.

第二节　二重积分的计算法

计算二重积分的思路是将二重积分转化为两次定积分的计算，下面就来介绍这个方法.

一、利用直角坐标计算二重积分

在具体讨论二重积分之前，先简要介绍两种所谓的 X-型区域和 Y-型区域的概念.

X-型区域 设区域 D 如图 10-4 所示，区域 D 位于直线 $x = a$ 与 $x = b(a < b)$ 之间，并假设平行于 y 轴的每条直线 $x = x_0(a < x_0 < b)$ 与区域 D 的边界最多有两个交点，于是，区域 D 可由两条平行线 $x = a$，$x = b$ 与两条连续曲线 $y = \varphi_1(x)$，$y = \varphi_2(x)$ 所围成. 或即区域 D 可以表示为

$$D = \{(x, y) \mid \varphi_1(x) \leqslant y \leqslant \varphi_2(x), a \leqslant x \leqslant b\},$$

这种区域称为 **X-型区域**. 为简单起见，这种区域也常用不等式 $\varphi_1(x) \leqslant y \leqslant \varphi_2(x)$，$a \leqslant x \leqslant b$ 表示.

Y-型区域 设区域 D 如图 10-5 所示，区域 D 位于直线 $y = c$，$y = d(c < d)$ 之间，并且平行于 x 轴的每条直线 $y = y_0(c < y_0 < d)$ 与区域 D 的边界最多有两个交点，即 D 可表示成

$$D = \{(x, y) \mid \psi_1(y) \leqslant x \leqslant \psi_2(y), c \leqslant y \leqslant d\},$$

这种区域称为 **Y-型区域**. 为简单起见，这种区域也常用不等式 $\psi_1(y) \leqslant x \leqslant \psi_2(y)$，$c \leqslant y \leqslant d$ 表示.

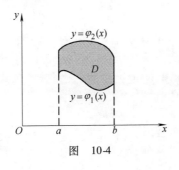

图 10-4

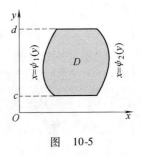

图 10-5

由上一节知道，当被积函数 $f(x, y) \geqslant 0$ 时，二重积分 $\iint\limits_D f(x, y)\mathrm{d}x\mathrm{d}y$ 的值等于以 D 为底，以曲面 $z = f(x, y)$ 为顶的曲顶柱体（图 10-6）的体积. 现设积分区域是 X-型区域 $D = \{(x, y) \mid \varphi_1(x) \leqslant y \leqslant \varphi_2(x), a \leqslant x \leqslant b\}$，下面用"切片法"来计算这个体积.

用平行于坐标平面 Oyz 的平面 $x = x_0$ 去截曲顶柱体，得一截面（如图 10-6 所示的阴影部分），它是一个以区间 $[\varphi_1(x_0), \varphi_2(x_0)]$ 为底，以 $z = f(x_0, y)$ 为曲边的曲边梯形. 其面积为

$$A(x_0) = \int_{\varphi_1(x_0)}^{\varphi_2(x_0)} f(x_0, y)\mathrm{d}y.$$

一般来说，过区间 $[a, b]$ 上任一点 x 且平行于 Oyz 平面的平面与曲顶柱体相交所得的截面面积为

$$A(x) = \int_{\varphi_1(x)}^{\varphi_2(x)} f(x, y)\mathrm{d}y.$$

这里 y 为积分变量，x 在积分过程中保持不

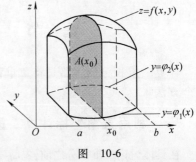

图 10-6

变. 因此, $A(x)$ 是定义在区间 $[a,b]$ 上的一元函数. 由定积分知识, 当平行截面面积已知时, 立体的体积就是截面面积的定积分. 所以曲顶柱体的体积为

$$V = \int_a^b A(x)\,\mathrm{d}x = \int_a^b \Big[\int_{\varphi_1(x)}^{\varphi_2(x)} f(x,y)\,\mathrm{d}y \Big] \mathrm{d}x ,$$

即

$$\iint\limits_D f(x,y)\,\mathrm{d}x\mathrm{d}y = \int_a^b \Big[\int_{\varphi_1(x)}^{\varphi_2(x)} f(x,y)\,\mathrm{d}y \Big] \mathrm{d}x . \tag{1}$$

式 (1) 也可写成

$$\iint\limits_D f(x,y)\,\mathrm{d}x\mathrm{d}y = \int_a^b \mathrm{d}x \int_{\varphi_1(x)}^{\varphi_2(x)} f(x,y)\,\mathrm{d}y . \tag{2}$$

式 (2) 右端是先对 y, 后对 x 的累次积分, 需特别注意的是, 在第一次对 y 积分时, x 应看做常数, y 是积分变量, 其积分值就是 x 处的截面积 $A(x)$, 第二次积分是 $A(x)$ 在 $[a,b]$ 上对 x 的积分.

在上面讨论中, 假定 $f(x,y) \geqslant 0$. 事实上, 没有这个条件, 公式 (1) 仍成立. 类似地, 对于 Y-型区域: $D = \{(x,y) \,|\, \psi_1(y) \leqslant x \leqslant \psi_2(y), c \leqslant y \leqslant d\}$, 可以得到二重积分的另一计算公式

$$\iint\limits_D f(x,y)\,\mathrm{d}x\mathrm{d}y = \int_c^d \Big[\int_{\psi_1(y)}^{\psi_2(y)} f(x,y)\,\mathrm{d}x \Big] \mathrm{d}y . \tag{3}$$

式 (3) 也可写成

$$\iint\limits_D f(x,y)\,\mathrm{d}x\mathrm{d}y = \int_c^d \mathrm{d}y \int_{\psi_1(y)}^{\psi_2(y)} f(x,y)\,\mathrm{d}x . \tag{4}$$

同样, 式 (4) 右端是先对 x, 后对 y 的累次积分. 在进行第一次积分时, x 是积分变量, 视 y 为常量. 第二次是 $A(y) = \int_{\psi_1(y)}^{\psi_2(y)} f(x,y)\,\mathrm{d}x$ 在 $[c,d]$ 上积分, y 是积分变量.

特别地, 若积分区域是矩形区域: $D = \{(x,y) \,|\, a \leqslant x \leqslant b, c \leqslant y \leqslant d\}$, 则它既是 X-型区域, 又是 Y-型区域, 由公式 (2) 和公式 (4), 有

$$\iint\limits_D f(x,y)\,\mathrm{d}x\mathrm{d}y = \int_a^b \mathrm{d}x \int_c^d f(x,y)\,\mathrm{d}y$$

$$= \int_c^d \mathrm{d}y \int_a^b f(x,y)\,\mathrm{d}x . \tag{5}$$

如果区域 D 不属于以上两种情况, 这时可作辅助直线把区域 D 分成有限个子区域 (图 10-7), 使每个子区域满足前述条件, 从而这些子区域上的积分可用公式 (2) 或公式

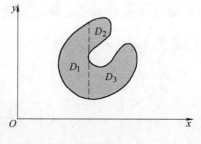

图 10-7

（4）计算. 根据二重积分的性质, 这些子区域上二重积分的和就是区域 D 上的二重积分.

例1 计算二重积分 $\iint\limits_{D}e^{x+y}dxdy$, 其中区域 D 是由 $x=0,x=1,y=0,y=1$ 围成的矩形区域.

解 积分区域是矩形, 先对 y, 再对 x 积分, 得

$$\iint\limits_{D}e^{x+y}dxdy = \int_0^1 dx\int_0^1 e^{x+y}dy$$

$$= \int_0^1 e^x dx\int_0^1 e^y dy = (e-1)\int_0^1 e^x dx = (e-1)^2.$$

例2 计算二重积分 $\iint\limits_{D}x^2 y dxdy$, 其中区域 D 是由 $x=0,y=0$ 与 $x^2+y^2=1$ 所围成的第一象限的图形.

解 积分区域可表示为 $D = \{(x,y)\,|\,0\leqslant y\leqslant\sqrt{1-x^2},0\leqslant x\leqslant 1\}$, 利用公式（2）得

$$\iint\limits_{D}x^2 y dxdy = \int_0^1 dx\int_0^{\sqrt{1-x^2}}x^2 y dy = \int_0^1 x^2 dx\int_0^{\sqrt{1-x^2}}y dy$$

$$= \int_0^1 x^2\left(\frac{y^2}{2}\right)\Big|_0^{\sqrt{1-x^2}}dx = \frac{1}{2}\int_0^1 x^2(1-x^2)dx$$

$$= \frac{1}{2}\left(\frac{x^3}{3}-\frac{x^5}{5}\right)\Big|_0^1 = \frac{1}{15}.$$

例3 计算二重积分 $I = \iint\limits_{D}\frac{x^2}{y^2}d\sigma$, 其中 D 为直线 $y=2,y=x$ 和双曲线 $y=\dfrac{1}{x}$ 所围成的区域.

解 画出区域 D（图10-8）, 三个交点坐标分别是 $(\frac{1}{2},2)$, $(1,1)$, $(2,2)$. 由图形可以看出, 积分区域是 Y-型区域, D 可表示成 $\dfrac{1}{y}\leqslant x\leqslant y$, $1\leqslant y\leqslant 2$, 利用公式（4）可得

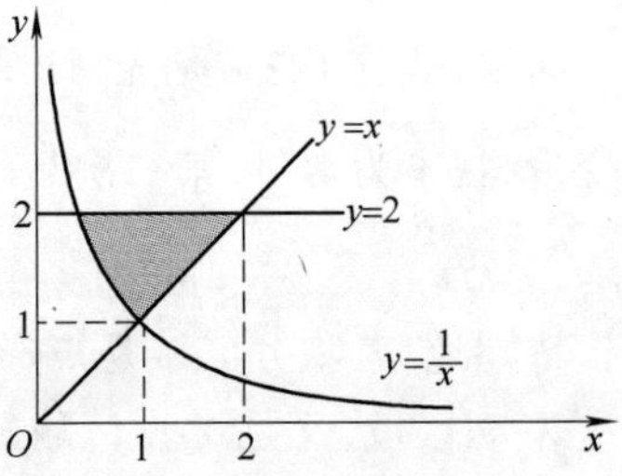

图 10-8

$$I = \int_1^2 dy\int_{\frac{1}{y}}^y\frac{x^2}{y^2}dx = \frac{1}{3}\int_1^2\frac{1}{y^2}x^3\Big|_{\frac{1}{y}}^y dy$$

$$= \frac{1}{3}\int_1^2\left(y-\frac{1}{y^5}\right)dy = \frac{1}{3}\left(\frac{1}{2}y^2+\frac{1}{4y^4}\right)\Big|_1^2 = \frac{27}{64}.$$

例3中的区域如果将其看作为 X-型区域, 利用公式（2）计算, 则过程比较麻

烦.首先要将积分区域分成两个区域 $D_1 = \{(x,y) \mid \frac{1}{x} \leqslant y \leqslant 2, \frac{1}{2} \leqslant x \leqslant 1\}$ 和

$D_2 = \{(x,y) \mid x \leqslant y \leqslant 2, 1 \leqslant x \leqslant 2\}$,然后再将所求积分表示为

$$I = \iint\limits_{D} \frac{x^2}{y^2} \mathrm{d}\sigma = \int_{\frac{1}{2}}^{1} \mathrm{d}x \int_{\frac{1}{x}}^{2} \frac{x^2}{y^2} \mathrm{d}y + \int_{1}^{2} \mathrm{d}x \int_{x}^{2} \frac{x^2}{y^2} \mathrm{d}y.$$

经过计算同样可得 $I = \frac{27}{64}$.

例 4 求两个底圆半径都等于 R 的直交圆柱体(图 10-9)所围成的立体的体积.

解 设这两个圆柱面的方程分别为

$$x^2 + y^2 = R^2 \ \text{及} \ x^2 + z^2 = R^2$$

利用立体关于坐标平面的对称性,只要计算它在第一卦限部分(如图 10-9 所示)的体积 V_1,然后再乘以 8 就行了.

所求立体在第一卦限部分可以看成是一个曲顶柱体,它的底为 $D_1 = \{(x,y) \mid 0 \leqslant y \leqslant \sqrt{R^2 - x^2}, 0 \leqslant x \leqslant R\}$,如图 10-10 所示,它的顶是柱面 $z = \sqrt{R^2 - x^2}$.于是,

$$V_1 = \iint\limits_{D} \sqrt{R^2 - x^2} \mathrm{d}\sigma = \int_0^R \mathrm{d}x \int_0^{\sqrt{R^2-x^2}} \sqrt{R^2 - x^2} \mathrm{d}y$$

$$= \int_0^R (R^2 - x^2) \mathrm{d}x = \frac{2}{3} R^3.$$

从而所求立体体积为

$$V = 8V_1 = \frac{16}{3} R^3.$$

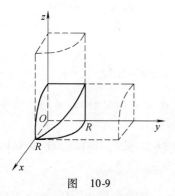

图 10-9

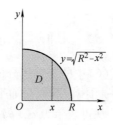

图 10-10

在将二重积分化为累次积分时,有时 D 既可表示成 X-型区域又可表示成 Y-型区域,但两种次序的累次积分的计算却有很大差别,甚至可能会出现一种累次积分无法计算的情况,这就需要我们针对具体问题选择恰当的积分次序.

例 5 试证 $\int_0^a \mathrm{d}y \int_0^y \mathrm{e}^{b(x-a)} f(x) \mathrm{d}x = \int_0^a (a - x) \mathrm{e}^{b(x-a)} f(x) \mathrm{d}x$,其中 a, b 均为常

数,且 $a > 0$.

证 由左边二次积分得积分区域 D 为 Y-型区域:$0 \leqslant x \leqslant y, 0 \leqslant y \leqslant a$. D 又可表为 X-型区域:$x \leqslant y \leqslant a, 0 \leqslant x \leqslant a$,于是

$$\int_0^a \mathrm{d}y \int_0^y \mathrm{e}^{b(x-a)} f(x) \mathrm{d}x = \int_0^a \mathrm{d}x \int_x^a \mathrm{e}^{b(x-a)} f(x) \mathrm{d}y$$

$$= \int_0^a \mathrm{e}^{b(x-a)} f(x) \int_x^a \mathrm{d}y = \int_0^a (a-x) \mathrm{e}^{b(x-a)} f(x) \mathrm{d}x.$$

二、利用极坐标计算二重积分

根据二重积分的定义有

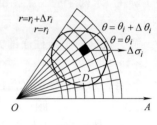

图 10-11

$$\iint\limits_D f(x,y) \mathrm{d}\sigma = \lim_{\lambda \to 0} \sum_{i=1}^n f(\xi_i, \eta_i) \Delta\sigma_i.$$

在极坐标系中,我们常用以极点为中心的一族同心圆,以及从极点出发的一族射线把区域 D 分成 n 个小闭区域(图 10-11),区域 $\Delta\sigma$ 的面积

$$\Delta\sigma = \frac{1}{2}(r + \Delta r)^2 \cdot \Delta\theta - \frac{1}{2}r^2 \Delta\theta = \frac{1}{2}(2r + \Delta r)\Delta r \Delta\theta = \bar{r}\Delta r \Delta\theta.$$

其中 $\bar{r} = \dfrac{r + (r + \Delta r)}{2}$ 表示相邻两个圆弧半径的平均值,当 $\Delta\sigma \to 0$ 时,$\bar{r} \to r$. 因此,在极坐标系中面积微元可写成 $\mathrm{d}\sigma = r \mathrm{d}r \mathrm{d}\theta$.

极坐标系中面积微元也可从图 10-11 中直观地看出:若将 $\Delta\sigma$ 改为 $\mathrm{d}\sigma$,Δr 改为 $\mathrm{d}r$,则 $\mathrm{d}\sigma$(阴影部分)可看成是一微小"矩形"的面积,该"矩形"的一条边长是 $\mathrm{d}r$,另一条边长是圆心角 $\mathrm{d}\sigma$ 对应的圆弧的周长 $r\mathrm{d}\sigma$,因此,$\mathrm{d}\sigma = r\mathrm{d}r\mathrm{d}\theta$.

利用极坐标和直角坐标的关系 $x = r\cos\theta, y = r\sin\theta$,可将极坐标系下的二重积分表示为

$$\iint\limits_D f(x,y)\mathrm{d}\sigma = \iint\limits_D f(r\cos\theta, r\sin\theta)r\mathrm{d}r\mathrm{d}\theta. \tag{6}$$

至于式(6)中的二重积分的计算,和直角坐标系的情况类似,可把二重积分化为累次积分来计算. 我们分如下几种情况进行讨论:

(1) 若 D 可表示为 $\varphi_1(\theta) \leqslant r \leqslant \varphi_2(\theta), \alpha \leqslant \theta \leqslant \beta$,见图 10-12a,图 10-12b,则可将式(6)表达为

$$\iint\limits_D f(r\cos\theta, r\sin\theta)r\mathrm{d}r\mathrm{d}\theta = \int_\alpha^\beta \mathrm{d}\theta \int_{\varphi_1(\theta)}^{\varphi_2(\theta)} f(r\cos\theta, r\sin\theta)r\mathrm{d}r.$$

(2) 若极点在区域 D 的边界上,D 可表示为 $0 \leqslant r \leqslant \varphi(\theta), \alpha \leqslant \theta \leqslant \beta$,见图 10-13a,图 10-13b,则

$$\iint\limits_D f(r\cos\theta, r\sin\theta)r\mathrm{d}r\mathrm{d}\theta = \int_\alpha^\beta \mathrm{d}\theta \int_0^{\varphi(\theta)} f(r\cos\theta, r\sin\theta)r\mathrm{d}r.$$

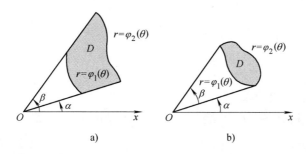

图 10-12

（3）若极点在区域 D 的内部，D 可表示为 $0 \leqslant r \leqslant \varphi(\theta), 0 \leqslant \theta \leqslant 2\pi$，见图 10-14，则

$$\iint\limits_{D} f(r\cos\theta, r\sin\theta) r \mathrm{d}r\mathrm{d}\theta = \int_{0}^{2\pi} \mathrm{d}\theta \int_{0}^{\varphi(\theta)} f(r\cos\theta, r\sin\theta) r\mathrm{d}r.$$

例 6 计算二重积分 $I = \iint\limits_{D} xy^3 \mathrm{d}\sigma$，其中 D 是单位圆在第一象限的部分.

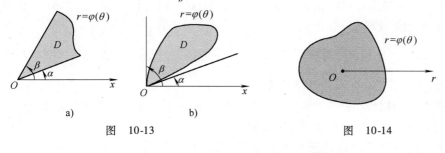

图 10-13   图 10-14

解 利用极坐标，区域 D 可表示为 $0 \leqslant r \leqslant 1, 0 \leqslant \theta \leqslant \dfrac{\pi}{2}$，

因而

$$I = \int_{0}^{\frac{\pi}{2}} \mathrm{d}\theta \int_{0}^{1} r\cos\theta (r\sin\theta)^3 r\mathrm{d}r = \int_{0}^{\frac{\pi}{2}} \cos\theta\sin^3\theta \mathrm{d}\theta \int_{0}^{1} r^5 \mathrm{d}r$$

$$= \frac{1}{4}\sin^4\theta \Big|_{0}^{\frac{\pi}{2}} \cdot \frac{r^6}{6} \Big|_{0}^{1} = \frac{1}{24}.$$

例 7 计算二重积分 $I = \iint\limits_{D} \arctan\dfrac{y}{x} \mathrm{d}\sigma$，其中 D 为圆 $x^2 + y^2 = 1, x^2 + y^2 = 9$，直线 $y = 0, y = x$ 所围成的第一象限区域（图 10-15）.

解 利用极坐标，区域 D 可表示为 $1 \leqslant r \leqslant 3, 0 \leqslant \theta \leqslant$

$\dfrac{\pi}{4}$，被积函数 $\arctan\dfrac{y}{x} = \theta$，

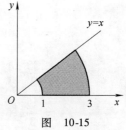

图 10-15

因而 $\quad I = \int_{0}^{\frac{\pi}{4}} \mathrm{d}\theta \int_{1}^{3} \theta r\mathrm{d}r = \int_{0}^{\frac{\pi}{4}} \theta\mathrm{d}\theta \int_{1}^{3} r\mathrm{d}r$

$$= \frac{1}{2}\theta^2 \bigg|_0^{\frac{\pi}{4}} \cdot \frac{1}{2}r^2 \bigg|_1^3 = \frac{\pi^2}{8}.$$

例 8　计算二重积分 $I = \iint\limits_{D}(3x-y)\sqrt{x^2+y^2}\,\mathrm{d}\sigma$，其中 D 为圆 $(x-a)^2+y^2 = a^2$ 所围成区域(图 10-16).

解　利用极坐标，D 可表示为 $0 \le r \le 2a\cos\theta$，$-\frac{\pi}{2} \le \theta \le \frac{\pi}{2}$，因而

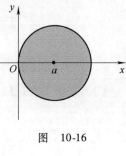

$$I = \iint\limits_{D}(3r\cos\theta - r\sin\theta)\cdot r\cdot r\,\mathrm{d}r\,\mathrm{d}\theta$$

$$= \int_{-\frac{\pi}{2}}^{\frac{\pi}{2}}(3\cos\theta - \sin\theta)\,\mathrm{d}\theta\int_0^{2a\cos\theta} r^3\,\mathrm{d}r$$

$$= 4a^4\int_{-\frac{\pi}{2}}^{\frac{\pi}{2}}(3\cos\theta - \sin\theta)\cos^4\theta\,\mathrm{d}\theta = \frac{64}{5}a^4.$$

图　10-16

注　通常极坐标的极角 θ 的变化范围取为 $[0,2\pi]$，但根据需要，如例 8，也可取为其他范围.

一般地，当被积函数含有形如 x^2+y^2，$\frac{y}{x}$ 的函数，积分区域是圆形区域或环形区域时，采用极坐标常可使计算简便.

例 9　求球体 $x^2+y^2+z^2 \le 4a^2$ 被圆柱面 $x^2+y^2 = 2ax(a>0)$ 所截得的立体(含在圆柱面内的部分)的体积(如图 10-17 所示).

解　因为题设立体关于 Oxy 面对称，故所求立体的体积 V 等于该立体在上半空间部分 V_1 的 2 倍，再注意到 V_1 是以曲面 $\sqrt{4a^2-x^2-y^2}$ 为顶，以区域 D 为底的曲顶柱体，其中区域 D 为 Oxy 平面上的圆周 $(x-a)^2+y^2 = a^2$ 围成的闭区域(图 10-17)，在极坐标下，D 可表示为 $0 \le r \le 2a\cos\theta$，$-\frac{\pi}{2} \le \theta \le \frac{\pi}{2}$. 所以，

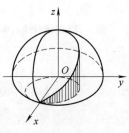

图　10-17

$$V = 2\iint\limits_{D}\sqrt{4a^2-x^2-y^2}\,\mathrm{d}x\,\mathrm{d}y = 2\iint\limits_{D}\sqrt{4a^2-r^2}\,r\,\mathrm{d}r\,\mathrm{d}\theta$$

$$= 2\int_{-\frac{\pi}{2}}^{\frac{\pi}{2}}\mathrm{d}\theta\int_0^{2a\cos\theta}\sqrt{4a^2-r^2}\,r\,\mathrm{d}r$$

$$= \frac{32}{3}a^3\int_0^{\frac{\pi}{2}}(1-\sin^3\theta)\,\mathrm{d}\theta$$

$$= \frac{32}{3}a^3\left(\frac{\pi}{2} - \frac{2}{3}\right).$$

例 10 计算概率统计中的一个重要积分 $\int_0^{+\infty} e^{-x^2} dx$.

解 这是一个广义积分. 由于 e^{-x^2} 的原函数不能用初等函数表示, 因此, 利用一元函数的广义积分无法计算. 现利用二重积分来计算, 其思想与一元函数的广义积分相同.

记 $I(R) = \int_0^R e^{-x^2} dx$, 其平方

$$I^2(R) = \int_0^R e^{-x^2} dx \cdot \int_0^R e^{-x^2} dx = \int_0^R e^{-x^2} dx \cdot \int_0^R e^{-y^2} dy$$

$$= \int_0^R dx \int_0^R e^{-(x^2+y^2)} dy = \iint_D e^{-(x^2+y^2)} dx dy.$$

式中 $D = \{(x,y) \mid 0 \leq x \leq R, 0 \leq y \leq R\}$. 如图10-18所示, 记

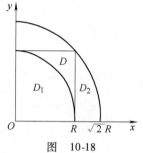

$$D_1 = \{(x,y) \mid x^2 + y^2 \leq R^2, x \geq 0, y \geq 0\},$$
$$D_2 = \{(x,y) \mid x^2 + y^2 \leq 2R^2, x \geq 0, y \geq 0\},$$

则 $D_2 \supset D \supset D_1$, 于是

$$\iint_{D_1} e^{-(x^2+y^2)} dx dy \leq \iint_D e^{-(x^2+y^2)} dx dy \leq \iint_{D_2} e^{-(x^2+y^2)} dx dy.$$

图 10-18

利用极坐标下二重积分计算公式得到

$$\iint_{D_1} e^{-(x^2+y^2)} dx dy = \int_0^{\frac{\pi}{2}} d\sigma \int_0^R e^{-r^2} r dr = \frac{\pi}{4}(1 - e^{-R^2}),$$

同样

$$\iint_{D_2} e^{-(x^2+y^2)} dx dy = \frac{\pi}{4}(1 - e^{-2R^2}).$$

于是

$$\frac{\pi}{4}(1 - e^{-R^2}) \leq I^2(R) \leq \frac{\pi}{4}(1 - e^{-2R^2}).$$

令 $R \to +\infty$, 由上式得

$$\lim_{R \to +\infty} I^2(R) = \frac{\pi}{4}.$$

所以, $\int_0^{+\infty} e^{-x^2} dx = \frac{\sqrt{\pi}}{2}$.

习题 10-2

1. 画出下列积分区域 D, 并将 $I = \iint_D f(x,y) d\sigma$ 化为不同次序的累次积分:

(1) $D = \{(x,y) \mid x + y \leqslant 1, x - y \leqslant 1, 0 \leqslant x \leqslant 1\}$;

(2) $D = \{(x,y) \mid x^2 \leqslant y \leqslant 1\}$;

(3) $D = \{(x,y) \mid y \leqslant x, y \geqslant a, x \leqslant b(0 \leqslant a \leqslant b)\}$;

(4) $D = \{(x,y) \mid x^2 + y^2 \leqslant a^2, x + y \geqslant a(a > 0)\}$.

2. 计算下列二重积分

(1) $\iint\limits_{D} (x^2 - 1)\mathrm{d}\sigma$,其中 $D = \{(x,y) \mid 1 \leqslant x \leqslant 2, 1 \leqslant y \leqslant 3\}$;

(2) $\iint\limits_{D} \dfrac{\mathrm{d}\sigma}{(x - y)^2}$,其中 $D = \{(x,y) \mid 1 \leqslant x \leqslant 2, 3 \leqslant y \leqslant 4\}$;

(3) $\iint\limits_{D} \dfrac{y}{x}\mathrm{d}\sigma$,其中 D 是 $y = x, y = 2x, x = 2, x = 4$ 所围成的区域;

(4) $\iint\limits_{D} x^2 y\cos(xy^2)\mathrm{d}\sigma$,其中 $D = \left\{(x,y) \,\middle|\, 0 \leqslant x \leqslant \dfrac{\pi}{2}, 0 \leqslant y \leqslant 2\right\}$;

(5) $\iint\limits_{D} \sqrt{xy}\mathrm{d}\sigma$,其中 $D = \left\{(x,y) \,\middle|\, 1 \leqslant x \leqslant 2, 0 \leqslant y \leqslant \dfrac{1}{x}\right\}$;

(6) $\iint\limits_{D} \sqrt{4x^2 - y^2}\mathrm{d}\sigma$,其中 $D = \{(x,y) \mid 0 \leqslant x \leqslant 1, 0 \leqslant y \leqslant x\}$;

(7) $\iint\limits_{D} x\cos(x + y)\mathrm{d}\sigma$,其中 D 是以 $(0,0), (\pi,0), (\pi,\pi)$ 为顶点的三角形闭区域;

(8) $\iint\limits_{D} y^2 \sin^2 x\mathrm{d}\sigma$,其中 D 是在区间 $\left[-\dfrac{\pi}{2}, \dfrac{\pi}{2}\right]$ 上,由曲线 $y = 3\cos x$ 和直线 $y = 0$ 围成的闭区域.

3. 画出下列积分区域,并改变各累次积分的次序.

(1) $\displaystyle\int_0^1 \mathrm{d}y \int_y^{\sqrt{y}} f(x,y)\mathrm{d}x$;   (2) $\displaystyle\int_1^e \mathrm{d}x \int_0^{\ln x} \cdot f(x,y)\mathrm{d}y$;

(3) $\displaystyle\int_0^1 \mathrm{d}y \int_{-\sqrt{1-y^2}}^{\sqrt{1-y^2}} f(x,y)\mathrm{d}x$;   (4) $\displaystyle\int_1^2 \mathrm{d}x \int_{2-x}^{\sqrt{2x-x^2}} f(x,y)\mathrm{d}y$;

(5) $\displaystyle\int_0^1 \mathrm{d}x \int_x^{2-x} f(x,y)\mathrm{d}y$;   (6) $\displaystyle\int_1^3 \mathrm{d}x \int_0^{\frac{3-x}{2}} f(x,y)\mathrm{d}y$;

(7) $\displaystyle\int_0^1 \mathrm{d}y \int_{y^2}^{\sqrt{y}} f(x,y)\mathrm{d}x$;   (8) $\displaystyle\int_{\frac{1}{2}}^1 \mathrm{d}y \int_{\frac{1}{y}}^2 f(x,y)\mathrm{d}x + \int_1^{\sqrt{2}} \mathrm{d}y \int_{y^2}^2 f(x,y)\mathrm{d}x$.

4. 化下列二次积分为极坐标形式的二次积分.

(1) $\displaystyle\int_0^R \mathrm{d}x \int_0^{\sqrt{R^2-x^2}} f(x^2 + y^2)\mathrm{d}y$;   (2) $\displaystyle\int_0^{2R} \mathrm{d}x \int_0^{\sqrt{2Ry-y^2}} f(x,y)\mathrm{d}y$.

5. 用极坐标计算下列二重积分:

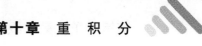

（1）$\iint\limits_{D} y\mathrm{d}\sigma$，$D$ 是圆 $x^2 + y^2 = a^2$ 所围成的第一象限中的区域；

（2）$\iint\limits_{D} \sqrt{x^2 + y^2}\mathrm{d}\sigma$，$D$ 是圆域 $x^2 + y^2 \leqslant 2x$；

（3）$\iint\limits_{D}(4 - x - y)\mathrm{d}\sigma$，$D$ 是圆域 $x^2 + y^2 \leqslant 2y$.

（4）$\iint\limits_{D}\ln(1 + x^2 + y^2)\mathrm{d}x\mathrm{d}y$，$D: x^2 + y^2 \leqslant 1, x \geqslant 0, y \geqslant 0$；

（5）$\iint\limits_{D}\sqrt{\dfrac{1 - x^2 - y^2}{1 + x^2 + y^2}}\mathrm{d}\sigma$，$D$ 是圆域 $x^2 + y^2 \leqslant 1$.

6. 计算由坐标面，平面 $x = 4$，$y = 4$ 及抛物面 $z = x^2 + y^2 + 1$ 所围立体的体积.

第三节　二重积分的应用

一、曲面的面积

设空间曲面 S 的方程为 $z = f(x,y)$，它在 Oxy 平面上的投影区域为 D，函数 $f(x,y)$ 在 D 上有连续的一阶偏导数 $f_x(x,y)$，$f_y(x,y)$，这样的曲面称为光滑曲面，光滑曲面上每一点处都有切平面.

将区域 D 任意分成 n 个小区域 $\Delta\sigma_1, \Delta\sigma_2, \cdots, \Delta\sigma_n$. 如图 10-19 所示，以每个小区域 $\Delta\sigma_i$ 的边界为准线的柱面将曲面 S 分成小块 $\Delta S_i (i = 1,2,\cdots,n)$，在 $\Delta\sigma_i$ 中任取一点 $P_i(\xi_i, \eta_i)$，即得 ΔS_i 上一点 $M_i(\xi_i, \eta_i, f(\xi_i, \eta_i))$，过 M_i 作曲面 ΔS_i 的切平面，这个切平面被相应柱面截得小块平面为 ΔS_i^*（仍用 $\Delta\sigma_i$、ΔS_i、ΔS_i^* 记相应小块的面积），则 $\Delta S_i \approx \Delta S_i^*$，整个曲面面积 $S \approx \sum\limits_{i=1}^{n} \Delta S_i^*$. 令 $\lambda = \max\limits_{1 \leqslant i \leqslant n} d(\Delta\sigma_i)$，若当 $\lambda \to 0$ 时，$\sum\limits_{i=1}^{n} \Delta S_i^*$ 的极限存在，且它与 D 的分法，以及点 $P_i(\xi_i, \eta_i)$ 的取法无关，则称此极限为曲面的面积，即

$$S = \lim\limits_{\lambda \to 0} \sum\limits_{i=1}^{n} \Delta S_i^*.$$

由偏导数的几何意义，曲面 S 在 M_i 处的法向量为

$$\boldsymbol{n}_i = (-f_x(\xi_i, \eta_i), -f_y(\xi_i, \eta_i), +1),$$

于是，M_i 处的切平面与 Oxy 平面夹角的余弦为

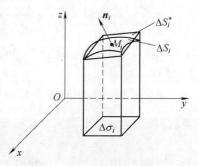

图　10-19

$$\cos \gamma_i = \frac{1}{\pm \sqrt{1 + f_x^2(\xi_i, \eta_i) + f_y^2(\xi_i, \eta_i)}},$$

其中 γ_i 是曲面在 M_i 点处切平面的法向量 $\boldsymbol{n}_i$ 与 z 轴的夹角,考虑到 ΔS_i^* 在 Oxy 平面上投影区域恰好为 $\Delta \sigma_i$,因此,

$$\Delta \sigma_i = |\cos \gamma_i| \Delta S_i^*,$$

即

$$\Delta S_i^* = \frac{\Delta \sigma_i}{|\cos \gamma_i|} = \sqrt{1 + f_x^2(\xi_i, \eta_i) + f_y^2(\xi_i, \eta_i)} \Delta \sigma_i.$$

因而曲面 S 的面积

$$S = \lim_{\lambda \to 0} \sum_{i=1}^n \Delta S_i^* = \lim_{\lambda \to 0} \sum_{i=1}^n \sqrt{1 + f_x^2(\xi_i, \eta_i) + f_y^2(\xi_i, \eta_i)} \cdot \Delta \sigma_i.$$

由二重积分的定义

$$S = \iint_D \sqrt{1 + f_x^2(x,y) + f_y^2(x,y)} \mathrm{d}\sigma. \tag{1}$$

例 1 求球面 $x^2 + y^2 + z^2 = R^2$ 的面积.

解 只需求出上半球面的面积,再乘以 2,即得整个球面的面积. 上半球面的方程为

$$z = \sqrt{R^2 - x^2 - y^2}$$

它在 Oxy 平面上投影区域 D 为

$$x^2 + y^2 \le R^2,$$

且有 $\quad \dfrac{\partial z}{\partial x} = \dfrac{-x}{\sqrt{R^2 - x^2 - y^2}}, \quad \dfrac{\partial z}{\partial y} = \dfrac{-y}{\sqrt{R^2 - x^2 - y^2}}.$

利用公式(1),得到球面面积

$$S = 2\iint_D \sqrt{1 + \left(\frac{\partial z}{\partial x}\right)^2 + \left(\frac{\partial z}{\partial y}\right)^2} \mathrm{d}\sigma = 2\iint_D \frac{R}{\sqrt{R^2 - x^2 - y^2}} \mathrm{d}\sigma$$

$$= 8\int_0^{\frac{\pi}{2}} \mathrm{d}\theta \int_0^R \frac{R}{\sqrt{R^2 - r^2}} r \mathrm{d}r = 4\pi R(-\sqrt{R^2 - r^2}) \Big|_0^R = 4\pi R^2.$$

例 2 求球面 $x^2 + y^2 + z^2 = a^2$ 被圆柱面 $x^2 + y^2 = ax$ 所截部分的曲面面积(图 10-17).

解 设所求面积为 S,利用对称性,只需求出上半球面被圆柱面所截部分的曲面面积 S_1,再乘以 2 即可. 在极坐标下平面区域 D 可表示为 $0 \le r \le a\cos\theta, -\dfrac{\pi}{2} \le \theta \le \dfrac{\pi}{2}$(如图 10-17 所示). 利用公式(1),得到

$$S = 2\iint\limits_{D} \sqrt{1 + z_x^2 + z_y^2}\,\mathrm{d}\sigma = 2\iint\limits_{D} \frac{a}{\sqrt{a^2 - x^2 - y^2}}\,\mathrm{d}\sigma$$

$$= 2\int_{-\frac{\pi}{2}}^{\frac{\pi}{2}}\mathrm{d}\theta\int_0^{a\cos\theta} \frac{a}{\sqrt{a^2 - r^2}}\,r\mathrm{d}r$$

$$= 2a\int_{-\frac{\pi}{2}}^{\frac{\pi}{2}} \left(-\sqrt{a^2 - r^2}\right)\Big|_0^{a\cos\theta}\mathrm{d}\theta$$

$$= 4a^2\int_0^{\frac{\pi}{2}} (1 - \sin\theta)\mathrm{d}\theta = 4a^2\left(\frac{\pi}{2} - 1\right).$$

二、平面薄片的质心

设有一非均匀平面薄片,它占有 Oxy 平面上有界区域 D(图 10-20),其面密度 $\rho = \rho(x,y)$ 是 D 上的连续函数.

将区域 D 任意分成 n 个小区域 $\Delta\sigma_1, \Delta\sigma_2, \cdots, \Delta\sigma_n$,这样就将平面薄片分成了 n 个质量为 $\Delta m_i(i = 1, 2, \cdots, n)$ 的小块. 在每个小区域 $\Delta\sigma_i$ 上任取一点 (ξ_i, η_i),将小块 $\Delta\sigma_i$ 的面密度近似看成常数 $\rho(\xi_i, \eta_i)$,则这一个小块的质量

$$\Delta m_i \approx \rho(\xi_i, \eta_i)\Delta\sigma_i.$$

由物理学知识,质点 $\Delta m_1, \Delta m_2, \cdots, \Delta m_n$ 的质心坐标为

$$\bar{x} = \frac{\sum\limits_{i=1}^{n} \Delta m_i \xi_i}{\sum\limits_{i=1}^{n} \Delta m_i}, \quad \bar{y} = \frac{\sum\limits_{i=1}^{n} \Delta m_i \eta_i}{\sum\limits_{i=1}^{n} \Delta m_i}.$$

记 $\lambda = \max\limits_{1\leqslant i\leqslant n} \mathrm{d}(\Delta\sigma_i)$,令 $\lambda \to 0$,即得平面薄片质心坐标 (x_c, y_c) 的计算公式

$$x_c = \frac{\iint\limits_{D}\rho(x,y)x\mathrm{d}\sigma}{\iint\limits_{D}\rho(x,y)\mathrm{d}\sigma}, \quad y_c = \frac{\iint\limits_{D}\rho(x,y)y\mathrm{d}\sigma}{\iint\limits_{D}\rho(x,y)\mathrm{d}\sigma}. \tag{2}$$

例 3 求平面上由区域 $D = \{(x,y) \mid x^2 + y^2 \leqslant a^2, y \geqslant 0\}$(如图 10-21 所示)围成的平面薄片的质心,其面密度 $\rho(x,y) = k\sqrt{x^2 + y^2}$.

解 将 D 用极坐标表示为:$0 \leqslant \theta \leqslant \pi, 0 \leqslant r \leqslant a$. 在极坐标系下,$\rho = kr$. 于是

$$\iint\limits_{D}\rho(x,y)x\mathrm{d}\sigma = \int_0^{\pi}\mathrm{d}\theta\int_0^a kr\cdot r\cos\theta\cdot r\mathrm{d}r$$

$$= \sin\theta\Big|_0^{\pi}\cdot\frac{k}{4}r^4\Big|_0^a = 0,$$

$$\iint\limits_{D}\rho(x,y)y\mathrm{d}\sigma = \int_0^{\pi}\mathrm{d}\theta\int_0^a kr\cdot r\sin\theta\cdot r\mathrm{d}r$$

$$= -\cos\theta \Big|_0^\pi \cdot \frac{k}{4}r^4 \Big|_0^a = 0 = 2 \cdot \frac{k}{4}a^4 = \frac{1}{2}ka^4.$$

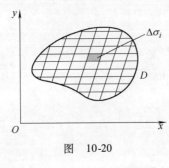

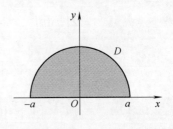

图 10-20　　　　　　　　　　　图 10-21

利用公式(2),质心(x_c,y_c)的坐标为

$$x_c = 0, y_c = \frac{1}{2}ka^4 \Big/ \frac{\pi}{3}ka^3 = \frac{3a}{2\pi}.$$

三、平面薄片的转动惯量

与平面薄片的质心计算类似,质点 $\Delta m_1, \Delta m_2, \cdots, \Delta m_n$ 关于 x 轴,y 轴的转动惯量分别是

$$I_x = \sum_{i=1}^n \Delta m_i \cdot \eta_i^2, \quad I_y = \sum_{i=1}^n \Delta m_i \cdot \xi_i^2.$$

当对区域 D 无限细分时,就有

$$I_x = \iint_D y^2 \rho(x,y)\,\mathrm{d}\sigma, \quad I_y = \iint_D x^2 \rho(x,y)\,\mathrm{d}\sigma. \tag{3}$$

例 4 设面密度 $\rho(x,y) = 1$,D 为圆域 $x^2 + y^2 \leq 1$,求 D 关于 x 轴的转动惯量.

解 利用公式(3),转动惯量

$$I_x = \iint_D y^2 \mathrm{d}\sigma.$$

注意到 D 关于 x 轴的转动惯量和 D 关于 y 轴的转动惯量是相等的,因此有

$$I_x = I_y = \frac{1}{2}(I_x + I_y) = \frac{1}{2}\iint_D (x^2 + y^2)\,\mathrm{d}\sigma$$

$$= \frac{1}{2}\int_0^{2\pi} \mathrm{d}\theta \int_0^a r^3 \mathrm{d}r$$

$$= \frac{\pi}{4}a^4.$$

注 例 4 中 $I_x = I_y$ 实际上用到了二重积分的轮换对称性.

习题 10-3

1. 求平面 $\dfrac{x}{2} + \dfrac{y}{3} + \dfrac{z}{4} = 1$ 被三个坐标面所割出部分的面积.

2. 求平面 $x + y + z = 0$ 被圆柱面 $x^2 + y^2 = 1$ 切下的部分的面积.

3. 求曲面 $z = \dfrac{1}{2}(x^2 + y^2)$ 被平面 $z = 2$ 切下的部分的面积.

4. 设有一等腰直角三角形薄片,腰长为 a,各点处面密度等于该点到直角顶点的距离平方,求这薄片的质心坐标.

5. 求由曲线 $y = e^x$,$y = e^{-x}$,及 $y = 2$ 所围成的平面均匀薄片的质心坐标.

6. 求两圆 $r = 2\cos\theta$ 和 $r = 4\cos\theta$ 所围均匀平面薄片的质心坐标.

7. 求平面上均匀闭矩形 $0 \le x \le a, 0 \le y \le b$ 薄片关于 x 轴和 y 轴的转动惯量(设面密度为 1).

第四节 三 重 积 分

一、三重积分的概念

与求平面薄板的质量类似,求密度为连续函数 $f(x,y,z)$ 的空间立体 Ω 的质量 M 可表示为

$$M = \lim_{\lambda \to 0} \sum_{i=1}^{n} f(\xi_i, \eta_i, \zeta_i) \Delta v_i ,$$

其中 $\Delta v_i (i = 1, 2, \cdots, n)$ 是将立体 Ω 分割成若干个小的立体的体积,这种和式的极限在几何、物理、力学中同样具有重要的应用. 由此我们引入三重积分的定义.

定义 设函数 $f(x,y,z)$ 是空间有界闭区域 Ω 上的有界函数,将区域 Ω 任意划分成 n 个小区域 $\Delta v_1, \Delta v_2, \cdots, \Delta v_n(\Delta v_i$ 的体积仍记为 $\Delta v_i)$,记 $\lambda = \max_{1 \le i \le n} d(\Delta v_i)$ 为各个小区域直径的最大值,在每个小区域 Δv_i 上任取一点 (ξ_i, η_i, ζ_i),作和式 $\sum_{i=1}^{n} f(\xi_i, \eta_i, \zeta_i)\Delta v_i$,如果当 $\lambda \to 0$ 时,不论区域 Ω 的分法如何,也不论点 (ξ_i, η_i, ζ_i) 在 Δv_i 上的取法如何,这个和式的极限总存在,则称此极限为函数 $f(x,y,z)$ 在空间闭区域 Ω 上的三重积分,记作 $\iiint\limits_{\Omega} f(x,y,z)\mathrm{d}v$,即

$$\iiint\limits_{\Omega} f(x,y,z)\mathrm{d}v = \lim_{\lambda \to 0} \sum_{i=1}^{n} f(\xi_i, \eta_i, \zeta_i)\Delta v_i ,$$

其中 $f(x,y,z)$ 称为被积函数,Ω 称为积分区域,$\mathrm{d}v$ 称为体积元素.

有了三重积分的定义,物体质量 M 就可用其密度函数 $f(x,y,z)$ 在物体占有的空间区域 Ω 上的三重积分表示为 $M = \iiint\limits_{\Omega} f(x,y,z)\,\mathrm{d}v$.

如果在区域 Ω 上,$f(x,y,z)=1$,由三重积分的定义,区域 Ω 的体积 V 等于

$$\iiint\limits_{\Omega} 1 \cdot \mathrm{d}v.$$

当 $f(x,y,z)$ 在闭区域 Ω 上三重积分存在时,由于它的值与区域 Ω 的分割方法无关,因此,可用平行于坐标面的平面来划分 Ω,设小闭区域 Δv_i 的边长是 Δx_i,Δy_i,Δz_i,因而有 $\Delta v_i = \Delta x_i \Delta y_i \Delta z_i$. 在这种分割下 $\mathrm{d}v = \mathrm{d}x\mathrm{d}y\mathrm{d}z$,因而三重积分又记作

$$\iiint\limits_{\Omega} f(x,y,z)\,\mathrm{d}x\mathrm{d}y\mathrm{d}z .$$

三重积分的存在定理

如果函数 $f(x,y,z)$ 在有界闭区域 Ω 上连续,则三重积分 $\iiint\limits_{\Omega} f(x,y,z)\,\mathrm{d}v$ 存在.

三重积分有与二重积分类似的性质,这里不再赘述.

二、三重积分的计算

1. 利用直角坐标计算三重积分

为了寻求三重积分的计算方法,下面假设 $f(x,y,z) \geq 0$,因此,三重积分 $\iiint\limits_{\Omega} f(x,y,z)\,\mathrm{d}v$ 可以看成密度为 $f(x,y,z)$ 占空间区域 Ω 的物体的质量.

设 Ω 是柱形区域,如图 10-22 所示,其上、下底分别为连续函数 $z = z_2(x,y)$,$z = z_1(x,y)$,它们在 Oxy 平面上的投影是有界闭区域 D,因此,Ω 可表示成

$$z_1(x,y) \leqslant z \leqslant z_2(x,y),(x,y) \in D.$$

在区域 D 内含有点 (x,y) 的面积微元 $\mathrm{d}\sigma = \mathrm{d}x\mathrm{d}y$,对应这个面积微元在 Ω 中有个小长条,用平行于 Oxy 平面的平面去截得到一个小薄片,其质量为 $\mathrm{d}m = f(x,y,z)\mathrm{d}x\mathrm{d}y\mathrm{d}z$,把这些小薄片沿 z 轴方向积分,得小长条的质量为

$$\varphi(x,y)\mathrm{d}x\mathrm{d}y = \left[\int_{z_1(x,y)}^{z_2(x,y)} f(x,y,z)\,\mathrm{d}z\right]\mathrm{d}x\mathrm{d}y.$$

再把这些小长条在区域 D 上积分,就得到物体的质量

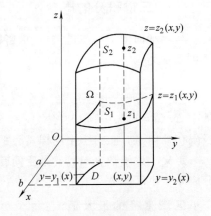

图 10-22

$$\iint\limits_{D}\varphi(x,y)\mathrm{d}x\mathrm{d}y = \iint\limits_{D}\Big[\int_{z_1(x,y)}^{z_2(x,y)}f(x,y,z)\mathrm{d}z\Big]\mathrm{d}x\mathrm{d}y .$$

因此得到在直角坐标系下三重积分的计算公式

$$\iiint\limits_{\Omega}f(x,y,z)\mathrm{d}x\mathrm{d}y\mathrm{d}z = \iint\limits_{D}\Big[\int_{z_2(x,y)}^{z_1(x,y)}f(x,y,z)\mathrm{d}z\Big]\mathrm{d}x\mathrm{d}y. \qquad (1)$$

当没有 $f(x,y,z)\geqslant 0$ 的限制时,此公式仍成立.

进一步地,如果区域 D 在直角坐标系下表示为 $y_1(x)\leqslant y\leqslant y_2(x),a\leqslant x\leqslant b$,则三重积分就化为先对 z、次对 y、最后对 x 的三次积分

$$\iiint\limits_{\Omega}f(x,y,z)\mathrm{d}v = \int_a^b\mathrm{d}x\int_{y_1(x)}^{y_2(x)}\mathrm{d}y\int_{z_1(x,y)}^{z_2(x,y)}f(x,y,z)\mathrm{d}z . \qquad (2)$$

类似的,可将三重积分化为其他顺序的三次积分.

例1 计算三重积分 $I = \iiint\limits_{\Omega}x\mathrm{d}v$,其中 Ω 为三个坐标面及平面 $x+2y+z=1$ 所围成的闭区域(图 10-23).

解 闭区域 Ω 位于两个曲面 $z=1-x-2y$ 和 $z=0$ 之间. 将 Ω 投影到 Oxy 平面上,得投影域 $D_{xy} = \Big\{(x,y)\ \Big|\ 0\leqslant y\leqslant\dfrac{1-x}{2},0\leqslant x\leqslant 1\Big\}$. 利用公式(2),得到

$$\begin{aligned}
I &= \iiint\limits_{\Omega}x\mathrm{d}v = \int_0^1\mathrm{d}x\int_0^{\frac{1-x}{2}}\mathrm{d}y\int_0^{1-x-2y}x\mathrm{d}z \\
&= \int_0^1x\mathrm{d}x\int_0^{\frac{1-x}{2}}(1-x-2y)\mathrm{d}y \\
&= \frac{1}{4}\int_0^1(x-2x^2+x^3)\mathrm{d}x = \frac{1}{48}.
\end{aligned}$$

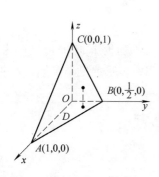

图 10-23

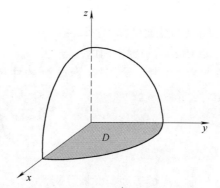

图 10-24

例2 计算三重积分

$$I = \iiint\limits_{\Omega}xyz\mathrm{d}v ,$$

其中 Ω 为球面 $x^2 + y^2 + z^2 = 1$ 在第一象限的部分(图 10-24).

解　先对 z 积分,z 的变化范围是 $0 \leqslant z \leqslant \sqrt{1 - x^2 - y^2}$,$\Omega$ 在 Oxy 平面的投影区域 D 可表示为 $0 \leqslant y \leqslant \sqrt{1 - x^2}$,$0 \leqslant x \leqslant 1$,于是

$$I = \iint\limits_D dxdy \int_0^{\sqrt{1-x^2-y^2}} xyzdz = \int_0^1 dx \int_0^{\sqrt{1-x^2}} dy \int_0^{\sqrt{1-x^2-y^2}} xyzdz$$

$$= \frac{1}{2} \int_0^1 dx \int_0^{\sqrt{1-x^2}} xy(1 - x^2 - y^2)dy = \frac{1}{8} \int_0^1 x(1 - x^2)^2 dx = \frac{1}{48}.$$

有时,一个三重积分的计算也可以先计算一个二重积分、再计算定积分,这样计算三重积分的方法,也称为先二后一法.

设空间有界闭区域 Ω 在 z 轴上的投影区间为 $[z_1, z_2]$,$f(x, y, z)$ 是 Ω 上的连续函数. 若区域 Ω 可表示为 $\Omega = \{(x, y, z) \mid (x, y) \in D_z, z \in [z_1, z_2]\}$,其中区域 D_z 是 Ω 被竖坐标为 z 的平面所截的平面闭区域. 则有

$$\iiint\limits_\Omega f(x, y, z)dv = \int_{z_1}^{z_2} dz \iint\limits_{D_z} f(x, y, z)dxdy \tag{3}$$

例 3*　计算三重积分 $I = \iiint\limits_\Omega zdxdydz$,其中 Ω 是平面 $x + y + z = 1$ 与三个坐标面所围成的区域.

解　竖坐标为 z 的平面与 Ω 的交面是直角边长为 $1 - z$ 的等腰直角三角形(如图 10-25),其面积为 $\frac{1}{2}(1 - z)^2$,所以

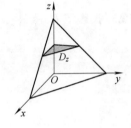

图 10-25

$$I = \int_0^1 dz \iint\limits_{D_z} zdxdy = \int_0^1 zdz \iint\limits_{D_z} dxdy = \int_0^1 \frac{1}{2} z(1 - z)^2 dz = \frac{1}{24}.$$

2. 利用柱面坐标计算三重积分

设 $M(x, y, z)$ 为空间内一点,并设点 M 在 Oxy 面上的投影 M' 的极坐标为 r, θ,则这样的三个数 r, θ, z 就叫做点 M 的**柱面坐标**(图 10-26),这里规定 r, θ, z 的变化范围为:

$$0 \leqslant r < +\infty,$$
$$0 \leqslant \theta \leqslant 2\pi,$$
$$-\infty < z < +\infty.$$

柱面坐标系中的三族坐标面分别为

$r =$ 常数,一族以 z 轴为中心轴的圆柱面;

$\theta =$ 常数,一族过 z 轴的半平面;

$z =$ 常数,一族与 Oxy 面平行的平面.

显然,点 M 的直角坐标与柱面坐标的关系为

$$\begin{cases} x = r\cos\theta, \\ y = r\sin\theta, \\ z = z. \end{cases} \tag{4}$$

现在来考察三重积分 $\iiint\limits_{\Omega} f(x,y,z)\mathrm{d}v$ 在柱面坐标下的形式. 为此,用柱面坐标系中三族坐标面把 Ω 分成许多小闭区域,除了含 Ω 的边界点的一些不规则小闭区域外,这种小闭区域都是柱体. 今考虑由 r,θ,z 各取得微小增量 $\mathrm{d}r,\mathrm{d}\theta,\mathrm{d}z$ 所成的柱体的体积(图 10-27). 这个体积在不计高阶无穷小时

$$\mathrm{d}v = r\mathrm{d}r\mathrm{d}\theta\mathrm{d}z .$$

这就是柱面坐标系中的体积微元,再注意到关系式(4),就有

$$\iiint\limits_{\Omega} f(x,y,z)\mathrm{d}x\mathrm{d}y\mathrm{d}z = \iiint\limits_{\Omega} F(r,\theta,z)r\mathrm{d}r\mathrm{d}\theta\mathrm{d}z , \tag{5}$$

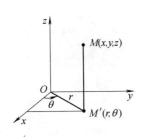

图 10-26

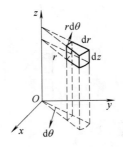

图 10-27

其中 $F(r,\theta,z) = f(r\cos\theta, r\sin\theta, z)$. 式(5)就是直角坐标变换为柱面坐标后的三重积分公式,其计算可化为三次积分来进行. 在化为三次积分时,积分限是根据 r,θ,z 在积分区域 Ω 中的变化范围来确定的,下面通过例子来说明.

例 4 利用柱面坐标计算三重积分 $\iiint\limits_{\Omega} z\mathrm{d}x\mathrm{d}y\mathrm{d}z$,其中 Ω 是由圆锥面 $z = \sqrt{x^2 + y^2}$ 与平面 $z = 1$ 所围成的闭区域(图 10-28).

解 把区域 Ω 投影到 Oxy 面上,得圆心在原点,半径为 1 的圆形闭区域. 因此,闭区域 Ω 可表示为

$$r \leqslant z \leqslant 1, \quad 0 \leqslant r \leqslant 1, \quad 0 \leqslant \theta \leqslant 2\pi,$$

于是

$$\iiint\limits_{\Omega} z\mathrm{d}z\mathrm{d}y\mathrm{d}z = \iiint\limits_{\Omega} zr\mathrm{d}r\mathrm{d}\theta\mathrm{d}z = \int_0^{2\pi} \mathrm{d}\theta \int_0^1 r\mathrm{d}r \int_r^1 z\mathrm{d}z$$

$$= \pi \int_0^1 r(1 - r^2)\mathrm{d}r = \frac{\pi}{4} .$$

图 10-28

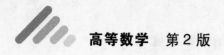

3*. 利用球面坐标计算三重积分

设 $M(x,y,z)$ 为空间内一点,则点 M 也可用这样三个有次序的数 r,φ,θ 来确定,其中 r 为原点 O 与点 M 间的距离,φ 为有向线段 $\overrightarrow{OM}$ 与 z 轴正向所夹的角,θ 为从正 z 轴来看自 x 轴按逆时针方向转到有向线段 $\overrightarrow{OP}$ 的角,这里 P 为点 M 在 Oxy 面上的投影(图 10-29). 这样的三个数 r,φ,θ 叫做点 M 的**球面坐标**,这里 r,φ,θ 的变化范围为

$$0 \leqslant r < +\infty, \quad 0 \leqslant \varphi \leqslant \pi, \quad 0 \leqslant \theta \leqslant 2\pi.$$

球面坐标中三族坐标面分别为

$r=$ 常数,一族以原点为心的球面;

$\varphi=$ 常数,一族以原点为顶点、z 轴为轴的圆锥面;

$\theta=$ 常数,一族过 z 轴的半平面.

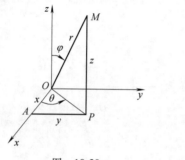

图 10-29

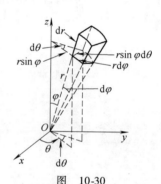

图 10-30

设点 M 在 Oxy 面上的投影为 P,点 P 在 x 轴上的投影为 A,则 $OA=x,AP=y,PM=z$,又

$$OP = r\sin\varphi, z = r\cos\varphi.$$

因此,点 M 的直角坐标与球面坐标的关系为

$$\begin{cases} x = OP\cos\theta = r\sin\varphi\cos\theta, \\ y = OP\sin\theta = r\sin\varphi\sin\theta, \\ z = r\cos\varphi. \end{cases} \tag{6}$$

现在来考察三重积分 $\iiint\limits_{\Omega} f(x,y,z)\,dv$ 在球面坐标下的形式. 用三族坐标面把积分区域 Ω 分成许多小闭区域. 考虑由 r,φ,θ 各取得微小增量 $dr,d\varphi,d\theta$ 所成的六面体的体积(图 10-30). 不计高阶无穷小,把这个六面体看做长方体,其经线方向的长为 $r\,d\varphi$,纬线方向的宽为 $r\sin\varphi\,d\theta$,向径方向的高为 dr,于是得

$$dv = r^2\sin\varphi\,dr\,d\varphi\,d\theta.$$

这就是球面坐标系中的体积微元. 再注意到关系式(6),就有

$$\iiint\limits_{\Omega} f(x,y,z)\,dx\,dy\,dz = \iiint\limits_{\Omega} F(r,\varphi,\theta)r^2\sin\varphi\,dr\,d\varphi\,d\theta, \tag{7}$$

其中 $F(r,\varphi,\theta)=f(r\sin\varphi\cos\theta, r\sin\varphi\sin\theta, r\cos\varphi)$. 式(7)就是把三重积分的变量从直角坐标变换为球面坐标的公式.

要计算变量变换为球面坐标后的三重积分,通常可把它化为先对 r、再对 φ 或对 θ 的三次积分.

特别地,当积分区域 Ω 为球面 $r=a$ 所围成时,有

$$I = \iiint\limits_{\Omega} F(r,\varphi,\theta) r^2\sin\varphi\, dr d\varphi d\theta$$
$$= \int_0^{2\pi} d\theta \int_0^{\pi} d\varphi \int_0^a F(r,\varphi,\theta) r^2 \sin\varphi\, dr.$$

$F(r,\varphi,\theta)=1$ 时,即得球的体积公式

$$V = \int_0^{2\pi} d\theta \int_0^{\pi} \sin\varphi\, d\varphi \int_0^a r^2 dr = 2\pi \cdot 2 \cdot \frac{a^3}{3} = \frac{4}{3}\pi a^3.$$

一般地,当被积函数含 $x^2+y^2+z^2$,积分区域是球面围成的区域或是球面及锥面围成的区域时利用球面坐标常能简化积分的计算.

例5* 求半径为 a 的球面与半顶角为 α 的内接锥面所围成的立体(图 10-31)的体积.

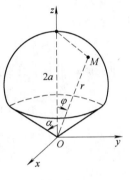

图 10-31

解 设球面通过原点 O,球心在 z 轴上,又内接锥面的顶点在原点 O,其轴与 z 轴重合,则球面方程为 $r=2a\cos\varphi$,锥面方程为 $\varphi=\alpha$. 因为立体所占有的空间闭区域 Ω 可用不等式

$$0 \leqslant r \leqslant 2a\cos\varphi, \quad 0 \leqslant \varphi \leqslant \alpha, \quad 0 \leqslant \theta \leqslant 2\pi$$

来表示,所以

$$V = \iiint\limits_{\Omega} r^2 \sin\varphi\, dr d\varphi d\theta = \int_0^{2\pi} d\theta \int_0^{\alpha} d\varphi \int_0^{2a\cos\varphi} r^2 \sin\varphi\, dr$$

$$= 2\pi \int_0^{\alpha} \sin\varphi\, d\varphi \int_0^{2a\cos\varphi} r^2 dr = \frac{16\pi a^3}{3} \int_0^{\alpha} \cos^3\varphi \sin\varphi\, d\varphi$$

$$= \frac{4\pi a^3}{3}(1 - \cos^4\alpha).$$

三、三重积分的应用

和二重积分类似,利用三重积分还可以计算空间物体的质心. 设其密度函数 $\rho=\rho(x,y,z)$,则占空间区域 Ω 的物体的质心坐标 (x_c,y_c,z_c) 为:

$$x_c = \frac{\iiint\limits_{\Omega} x\rho(x,y,z)\, dv}{\iiint\limits_{\Omega} \rho(x,y,z)\, dv}, \quad y_c = \frac{\iiint\limits_{\Omega} y\rho(x,y,z)\, dv}{\iiint\limits_{\Omega} \rho(x,y,z)\, dv}, \quad z_c = \frac{\iiint\limits_{\Omega} z\rho(x,y,z)\, dv}{\iiint\limits_{\Omega} \rho(x,y,z)\, dv}.$$

这里 $\iiint\limits_{\Omega}\rho(x,y,z)\mathrm{d}v$ 是物体的质量.

对于均匀物体,其密度等于常数,上述公式可简化为

$$x_c = \frac{1}{V}\iiint\limits_{\Omega}x\mathrm{d}v , \qquad y_c = \frac{1}{V}\iiint\limits_{\Omega}y\mathrm{d}v , \qquad z_c = \frac{1}{V}\iiint\limits_{\Omega}z\mathrm{d}v .$$

这里 V 表示物体的体积.

例6 求由旋转抛物面 $z = x^2 + y^2$ 与平面 $z = 1$ 所围成的质量均匀分布物体 Ω 的质心.

解 画出立体 Ω(图10-32),由于 Ω 关于 Oxz,Oyz 坐标面对称,且质量分布均匀,所以质心在 Oz 轴上,故 $x_c = 0, y_c = 0$,下面计算 z_c.

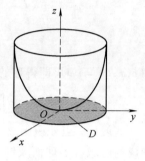

图 10-32

先对 z 积分,z 的变化范围是 $x^2 + y^2 \leqslant y \leqslant 1$,$\Omega$ 在 Oxy 面上的投影是闭区域 $D: x^2 + y^2 \leqslant 1$,用极坐标表示为 $0 \leqslant \theta \leqslant 2\pi, 0 \leqslant r \leqslant 1$,

$$\iiint\limits_{\Omega}z\mathrm{d}v = \iint\limits_{D}\mathrm{d}\sigma\int_{x^2+y^2}^{1}z\mathrm{d}z = \frac{1}{2}\iint\limits_{D}[1-(x^2+y^2)^2]\mathrm{d}\sigma$$
$$= \frac{1}{2}\int_0^{2\pi}\mathrm{d}\theta\int_0^1(1-r^4)r\mathrm{d}r = \frac{\pi}{3},$$

$$\iiint\limits_{\Omega}\mathrm{d}v = \iint\limits_{D}\mathrm{d}\sigma\int_{x^2+y^2}^{1}\mathrm{d}z = \iint\limits_{D}(1-x^2-y^2)\mathrm{d}\sigma$$
$$= \int_0^{2\pi}\mathrm{d}\theta\int_0^1(1-r^2)r\mathrm{d}r = \frac{\pi}{2},$$

所以,$z_c = \frac{2}{3}$. 即物体 Ω 的质心坐标为 $\left(0,0,\frac{2}{3}\right)$.

同样,三重积分还可用于求空间物体 Ω 的转动惯量. 设其密度函数为 $\rho = \rho(x,y,z)$,则它对 Oxy 平面、Oyz 平面、Oxz 平面的转动惯量 I_{xy}, I_{yz}, I_{xz} 及对原点 O, Ox 轴,Oy 轴,Oz 轴的转动惯量 I_0, I_x, I_y, I_z 的计算公式分别为

$$I_{xy} = \iiint\limits_{\Omega}z^2\rho(x,y,z)\mathrm{d}v , \qquad I_0 = \iiint\limits_{\Omega}(x^2+y^2+z^2)\rho(x,y,z)\mathrm{d}v ,$$

$$I_{yz} = \iiint\limits_{\Omega}x^2\rho(x,y,z)\mathrm{d}v , \qquad I_x = \iiint\limits_{\Omega}(y^2+z^2)\rho(x,y,z)\mathrm{d}v ,$$

$$I_{xz} = \iiint\limits_{\Omega}y^2\rho(x,y,z)\mathrm{d}v , \qquad I_y = \iiint\limits_{\Omega}(x^2+z^2)\rho(x,y,z)\mathrm{d}v ,$$

$$I_z = \iiint\limits_{\Omega}(x^2+y^2)\rho(x,y,z)\mathrm{d}v .$$

例7 求半径为 a,密度为 ρ 的均匀球体对于过球心的一条轴 l 的转动惯量.

解 取球心为坐标原点,l 轴为 z 轴,则球体可表示为 $\Omega: x^2 + y^2 + z^2 \leqslant a^2$. 于是,

$$I_z = \rho \iiint\limits_\Omega (x^2 + y^2) \, \mathrm{d}v.$$

利用积分关于变量 x,y,z 轮换的对称性，有 $I_x = I_y = I_z$，所以

$$3I_z = I_x + I_y + I_z = 2\rho \iiint\limits_\Omega (x^2 + y^2 + z^2) \, \mathrm{d}v,$$

用球面坐标公式(5)计算这个积分，有

$$I_z = \frac{2}{3}\rho \iiint\limits_\Omega (x^2 + y^2 + z^2) \, \mathrm{d}v = \frac{2}{3}\rho \int_0^{2\pi} \mathrm{d}\varphi \int_0^\pi \mathrm{d}\theta \int_0^a r^4 \sin\theta \, \mathrm{d}r = \frac{8}{15}\pi\rho a^5.$$

习题 10-4

1. 化三重积分 $I = \iiint\limits_\Omega f(x,y,z)\,\mathrm{d}v$ 为累次积分，其中

(1) $\Omega = \{(x,y,z) \mid x^2 + y^2 \le z \le 1\}$;

(2) Ω 是由 $z = x^2 + y^2, y = x^2$ 及 $y = 1, z = 0$ 所围成的闭区域；

(3) Ω 为由 $y = \sqrt{x}, y = 0, z = 0, x + z = \frac{\pi}{2}$ 所围成的闭区域；

(4) $\Omega = \{(x,y,z) \mid x^2 + y^2 \le z \le 2 - x^2\}$.

2. 计算下列三重积分

(1) $\iiint\limits_\Omega z\,\mathrm{d}v$，其中 Ω 是三坐标面及 $z = 2, x + 2y = 2$ 所围成的区域；

(2) $\iiint\limits_\Omega \frac{1}{(1 + x + y + z)^3}\,\mathrm{d}v$，其中 Ω 是由 $x + y + z = 1$ 与三坐标面所围成的闭区域；

(3) $\iiint\limits_\Omega \frac{1}{x^2 + y^2}\,\mathrm{d}v$，其中 Ω 是由 $x = 1, x = 2, z = 0, 0 \le y \le x$ 及 $z \le y$ 所围成的闭区域；

(4) $\iiint\limits_\Omega z\,\mathrm{d}x\mathrm{d}y\mathrm{d}z$，其中 Ω 是由锥面 $Z = \frac{h}{R}\sqrt{x^2 + y^2}\delta$ 平面 $z = h(R > 0, h > 0)$ 所围成的闭区域；

(5)* $\iiint\limits_\Omega z^2\,\mathrm{d}x\mathrm{d}y\mathrm{d}z$，其中 Ω 是椭球体 $\frac{x^2}{a^2} + \frac{y^2}{b^2} + \frac{z^2}{c^2} \le 1$；

(6) $\iiint\limits_\Omega z\,\mathrm{d}v$，$\Omega = \{(x,y,z) \mid \sqrt{x^2 + y^2} \le z \le \sqrt{R^2 - x^2 - y^2}\}$;

(7) $\iiint\limits_\Omega \sqrt{x^2 + y^2}\,\mathrm{d}v$，其中 Ω 是由柱面 $x^2 + y^2 = 4$ 及平面 $z = 0, y + z = 2$ 所围成

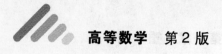

的闭区域；

(8) $\iiint\limits_{\Omega} (x^2 + y^2) \mathrm{d}v$, $\Omega = \left\{ (x,y,z) \left| \dfrac{x^2 + y^2}{2} \leqslant z \leqslant 2 \right. \right\}$;

(9)* $\iiint\limits_{\Omega} \sqrt{x^2 + y^2 + z^2} \mathrm{d}v$ 其中 Ω 是球体 $x^2 + y^2 + z^2 \leqslant R^2$ 的内部；

(10)* $\iiint\limits_{\Omega} \sqrt{x^2 + y^2 + z^2} \mathrm{d}v$ 其中 Ω 是球体 $x^2 + y^2 + z^2 \leqslant z$ 的内部.

3*. 球心在原点,半径为 R 的球体,在其上任一点的密度与该点到原点的距离的平方成正比,试求该球体的质量.

4. 利用三重积分计算下列由曲面所围成立体的质心(设密度 $\rho = 1$)

(1) $z^2 = x^2 + y^2$, $z = 1$;

(2) $z^2 = x^2 + y^2$, $x + y = a$, $x = 0$, $y = 0$, $z = 0$

(3)* $z = \sqrt{A^2 - x^2 - y^2}$, $z = \sqrt{a^2 - x^2 - y^2} (A > a > 0)$, $z = 0$.

5. 求半径为 a ,高为 h 的均匀圆柱体对于过中心而平行于母线的轴的转动惯量(设密度 $\rho = 1$).

6. 一均匀物体占有空间区域 Ω , $z = x^2 + y^2$ 与平面 $z = 1$ 所围成,求该物体绕 z 轴转动的转动惯量.

第五节* 综 合 例 题

例1 设 $f(x,y)$ 在区域 D 上连续,且 $f(x,y) = \mathrm{e}^{x^2+y^2} + xy \iint\limits_{D} xf(x,y) \mathrm{d}x\mathrm{d}y + 4x$,
其中 $D = \{ (x,y) \mid -1 \leqslant x \leqslant 1, 0 \leqslant y \leqslant 1 \}$,
求 $f(x,y)$ 的表达式.

解 首先注意到 $\iint\limits_{D} xf(x,y) \mathrm{d}\sigma$ 是常数,为方便记其为 k. 等式两边同乘 x ,并在 D 上积分得

$$k = \iint\limits_{D} x\mathrm{e}^{x^2+y^2}\mathrm{d}x\mathrm{d}y + k\iint\limits_{D} x^2 y\mathrm{d}x\mathrm{d}y + 4\iint\limits_{D} x^2 \mathrm{d}x\mathrm{d}y,$$

容易计算得

$$\iint\limits_{D} x^2 y\mathrm{d}x\mathrm{d}y = \frac{1}{3} , \iint\limits_{D} x^2 \mathrm{d}x\mathrm{d}y = \frac{2}{3}.$$

由于区域 D 关于 $x = 0$ 对称,且 $x\mathrm{e}^{x^2+y^2}$ 是关于 x 的奇函数,所以 $\iint\limits_{D} x\mathrm{e}^{x^2+y^2}\mathrm{d}x\mathrm{d}y = 0$,将它们代入上式,求得 $k = 4$,所以

$$f(x,y) = \mathrm{e}^{x^2+y^2} + 4x(y + 1).$$

例 2 已知 $f(t)$ 在 $[0, +\infty)$ 上连续,计算极限 $\lim\limits_{t\to+0} \dfrac{1}{t^2}\iint\limits_{x^2+y^2\leqslant t^2} f(\sqrt{x^2+y^2})\,dxdy$.

解 因为 $f(t)$ 在 $[0, +\infty)$ 上连续,所以由积分中值定理得

$$\iint\limits_{x^2+y^2\leqslant t^2} f(\sqrt{x^2+y^2})\,dxdy = f(\sqrt{\zeta^2+\eta^2})\cdot\pi t^2,$$

其中 ξ,η 满足 $\xi^2+\eta^2\leqslant t^2$,当 $t\to0$ 时 $(\xi,\eta)\to(0,0)$,所以

$$\lim_{t\to+0}\frac{1}{t^2}\iint\limits_{x^2+y^2\leqslant t^2} f(\sqrt{x^2+y^2})\,dxdy = \pi\lim_{t\to+0}f(\sqrt{\xi^2+\eta^2}) = f(0)\pi.$$

例 3 设 $f(x)$ 在 $[0,1]$ 上连续,并设 $\int_0^1 f(x)\,dx = A$,求 $I = \int_0^1 dx\int_x^1 f(x)f(y)\,dy$.

解 交换积分顺序,有

$$I = \int_0^1 dx\int_x^1 f(x)f(y)\,dy = \int_0^1 dy\int_0^y f(x)f(y)\,dx.$$

将 x 和 y 互换有

$$\int_0^1 dy\int_0^y f(x)f(y)\,dx = \int_0^1 dx\int_0^x f(x)f(y)\,dy.$$

所以

$$I = \int_0^1 dx\int_x^1 f(x)f(y)\,dy = \int_0^1 dy\int_0^y f(x)f(y)\,dx = \int_0^1 dx\int_0^x f(x)f(y)\,dy.$$

$$= \frac{1}{2}\Big[\int_0^1 dx\int_x^1 f(x)f(y)\,dy + \int_0^1 dx\int_0^x f(x)f(y)\,dy\Big]$$

$$= \frac{1}{2}\int_0^1 dx\int_0^1 f(x)f(y)\,dy = \frac{1}{2}\Big[\int_0^1 f(x)\,dx\Big]^2 = \frac{1}{2}A^2.$$

例 4 计算 $I = \iint\limits_D |\cos(x+y)|\,dxdy$,其中 D 是矩形区域 $0\leqslant x\leqslant\dfrac{\pi}{2}, 0\leqslant y\leqslant\dfrac{\pi}{2}$.

解 将 D 中满足 $x+y\leqslant\dfrac{\pi}{2}$ 的部分记为 D_1,另一部分记为 D_2,则

$$I = \iint\limits_{D_1}\cos(x+y)\,dxdy - \iint\limits_{D_2}\cos(x+y)\,dxdy$$

$$= \int_0^{\frac{\pi}{2}}dx\int_0^{\frac{\pi}{2}-x}\cos(x+y)\,dy - \int_0^{\frac{\pi}{2}}dx\int_{\frac{\pi}{2}-x}^{\frac{\pi}{2}}\cos(x+y)\,dy$$

$$= \int_0^{\frac{\pi}{2}}(1-\sin x)\,dx - \int_0^{\frac{\pi}{2}}(\cos x - 1)\,dx = \pi - 2.$$

例 5 计算二重积分 $I = \iint\limits_D (2 + x\sin y^3 + y\sin x^3)\,dxdy$,其中 D 是由直线 $y = x, x = -1$ 及 $y = 1$ 围成的平面区域.

解　作直线 $y = -x$,则 $y = -x$ 将区域 D 分为 D_1 与 D_2 两部分(图10-33),其中 D_1 是关于 $x = 0$ 对称,D_2 是关于 $y = 0$ 对称,而函数 $x\sin y^3$ 与 $y\sin x^3$ 既是关于 x 的奇函数,也是关于 y 的奇函数,所以

$$\iint\limits_{D_1} (x\sin y^3 + y\sin x^3)\,dxdy = \int_0^1 dy\int_{-y}^y (x\sin y^3 + y\sin x^3)\,dx = 0,$$

$$\iint\limits_{D_2} (x\sin y^3 + y\sin x^3)\,dxdy = \int_{-1}^0 dx\int_x^{-x} (x\sin y^3 + y\sin x^3)\,dy = 0,$$

$$I = \iint\limits_{D} 2\,dxdy + \iint\limits_{D_1} (x\sin y^3 + y\sin x^3)\,dxdy + \iint\limits_{D_2} (x\sin y^3 + y\sin x^3)\,dxdy = 4.$$

注　若本题直接将其化为二次积分,都会遇到 $\sin x^3$(或 $\sin y^3$)的积分,由于 $\sin t^3$ 的原函数不是初等函数,因而无法积分.

例 6　计算三重积分 $I = \iiint\limits_{\Omega} (x^2 + 3y^2)\,dv$,

其中 Ω 是由圆锥面 $z = \sqrt{x^2 + y^2}$ 与抛物面 $z = 2 - x^2 - y^2$ 围成的空间区域.

解　由重积分的轮换对称性知 $\iiint\limits_{\Omega} x^2\,dv =$

$\iiint\limits_{\Omega} y^2\,dv$,所以

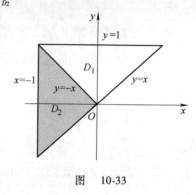

图　10-33

$$I = 2\iiint\limits_{\Omega} (x^2 + y^2)\,dv = 2\int_0^{2\pi} d\theta\int_0^1 r\,dr\int_r^{2-r^2} r^2\,dz$$

$$= 4\pi\int_0^1 (2r^3 - r^5 - r^4)\,dr = \frac{8}{15}\pi.$$

例 7　计算 $I = \iiint\limits_{\Omega} z\,dxdydz$,其中 Ω 是球面 $x^2 + y^2 + z^2 = 4$ 与抛物面 $z = \frac{1}{3}(x^2 + y^2)$ 围成的空间区域.

解　积分区域如图 10-34 所示.

方法一:用柱坐标公式(4)计算.为确定 Ω 在 Oxy 面上的投影区域,先求两曲面的交线:联立方程组

$$\begin{cases} z = \dfrac{1}{3}(x^2 + y^2), \\ x^2 + y^2 + z^2 = 4, \end{cases}$$

求得空间区域 Ω 在 Oxy 坐标面上投影区域为 $D: x^2 + y^2 \le 3$,所以

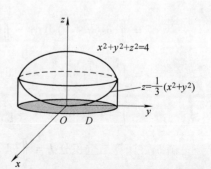

图　10-34

$$I = \iint\limits_{D} \mathrm{d}\sigma \int_{\frac{1}{3}r^2}^{\sqrt{4-r^2}} z\mathrm{d}z = \int_0^{2\pi} \mathrm{d}\theta \int_0^{\sqrt{3}} r\mathrm{d}r \int_{\frac{1}{3}r^2}^{\sqrt{4-r^2}} z\mathrm{d}z$$

$$= \pi \int_0^{\sqrt{3}} r\left(4 - r^2 - \frac{1}{9}r^4\right)\mathrm{d}r = \frac{13}{4}\pi.$$

方法二(先二后一):上下两个曲面对应的积分区域在 z 轴上的投影区间分别为 $[0,1]$ 和 $[1,2]$,在 $[0,1]$ 上对应的 D_z 为半径为 $\sqrt{3z}$ 的圆 $x^2 + y^2 \leqslant 3z$,在 $[1,2]$ 上对应的 D_z 为半径为 $\sqrt{4-z^2}$ 的圆 $x^2 + y^2 \leqslant 4 - z^2$,于是有

$$I = \int_0^2 z\mathrm{d}z \iint\limits_{D_z} \mathrm{d}x\mathrm{d}y = \int_0^1 z\mathrm{d}z \iint\limits_{D_z} \mathrm{d}x\mathrm{d}y + \int_1^2 z\mathrm{d}z \iint\limits_{D_z} \mathrm{d}x\mathrm{d}y$$

$$= 3\pi \int_0^1 z^2 \mathrm{d}z + \pi \int_1^2 z(4 - z^2)\mathrm{d}z = \frac{13}{4}\pi.$$

例 8 计算 $I = \int_0^1 \mathrm{d}x \int_0^{1-x} \mathrm{d}z \int_0^{1-x-z} (1 - y)\mathrm{e}^{-(1-y-z)^2}\mathrm{d}y$.

解 直接积分无法计算,但若交换积分顺序,先对 x 积分,可以求出.

三次积分对应的三重积分的积分区域为平面 $x + y + z = 1$ 与三个坐标面围成的区域(图 10-25). 换成先对 x 的积分有

$$I = \iint\limits_{D_{yz}} \mathrm{d}y\mathrm{d}z \int_0^{1-y-z} (1 - y)\mathrm{e}^{-(1-y-z)^2}\mathrm{d}x,$$

其中 $D_{yz}: 0 \leqslant z \leqslant 1 - y, 0 \leqslant y \leqslant 1$. 因此

$$I = \iint\limits_{D_{yz}} (1 - y)(1 - y - z)\mathrm{e}^{-(1-y-z)^2}\mathrm{d}y\mathrm{d}z$$

$$= \int_0^1 (1 - y)\mathrm{d}y \int_0^{1-y} (1 - y - z)\mathrm{e}^{-(1-y-z)^2}\mathrm{d}z$$

$$= \frac{1}{2}\int_0^1 (1 - y)\left[\mathrm{e}^{-(1-y-z)^2}\right] \Big|_{z=0}^{z=1-y}\mathrm{d}y$$

$$= \frac{1}{2}\int_0^1 (1 - y)\left[1 - \mathrm{e}^{-(1-y)^2}\right]\mathrm{d}y = \frac{1}{4\mathrm{e}}.$$

复 习 题 十

一、选择题

1. 设 $I_1 = \iint\limits_{D} \ln(x + y)\mathrm{d}\sigma$,$I_2 = \iint\limits_{D} (x + y)^2 \mathrm{d}\sigma$ 及 $I_3 = \iint\limits_{D} (x + y)\mathrm{d}\sigma$,其中 D 是由直线 $x = 0, y = 0, x + y = \frac{1}{2}$ 及 $x + y = 1$ 所围成的区域,则 I_1, I_2, I_3 的大小顺序为( ).

(A)$I_3 < I_2 < I_1$；　　　　　　(B)$I_1 < I_2 < I_3$；

(C)$I_1 < I_3 < I_2$；　　　　　　(D)$I_3 < I_1 < I_2$.

2. 二重积分 $\iint\limits_{D} xy\mathrm{d}x\mathrm{d}y$（其中 D 为 $0 \leqslant y \leqslant x^2, 0 \leqslant x \leqslant 1$）的值为(　　).

(A)$\dfrac{1}{6}$；　　　　　　(B)$\dfrac{1}{12}$；

(C)$\dfrac{1}{2}$；　　　　　　(D)$\dfrac{1}{4}$.

3. 设函数 $f(x,y)$ 在 $x^2 + y^2 \leqslant 1$ 上连续, 使得下式成立的函数 $f(x,y)$ 应满足(　　).

$$\iint\limits_{x^2+y^2 \leqslant 1} f(x,y)\mathrm{d}x\mathrm{d}y = 4\int_0^1 \mathrm{d}x \int_0^{\sqrt{1-x^2}} f(x,y)\mathrm{d}y$$

(A)$f(-x,y) = f(x,y)$,　　　$f(x,-y) = -f(x,y)$；

(B)$f(-x,y) = f(x,y)$,　　　$f(x,-y) = f(x,y)$；

(C)$f(-x,y) = -f(x,y)$,　　$f(x,-y) = -f(x,y)$；

(D)$f(-x,y) = -f(x,y)$,　　$f(x,-y) = f(x,y)$.

4. 设 D_1 是由 Ox 轴, Oy 轴及直线 $x + y = 1$ 所围成的有界闭域, $f(x,y)$ 是区域 $D: |x| + |y| \leqslant 1$ 上的连续函数, 利用对称性, 二重积分 $\iint\limits_{D} f(x^2, y^2)\mathrm{d}x\mathrm{d}y = k\iint\limits_{D_1} f(x^2, y^2)\mathrm{d}x\mathrm{d}y$, $k = ($　　$)$.

(A)4；　　　　　　(B)2；

(C)8；　　　　　　(D)$\dfrac{1}{2}$.

5. 设 $f(x,y)$ 是连续函数, 交换二次积分 $\int_1^e \mathrm{d}x \int_0^{\ln x} f(x,y)\mathrm{d}y$ 积分次序的结果为(　　).

(A)$\int_1^e \mathrm{d}y \int_0^{\ln x} f(x,y)\mathrm{d}x$；　　(B)$\int_{e^y}^e \mathrm{d}y \int_0^1 f(x,y)\mathrm{d}x$；

(C)$\int_0^{\ln x} \mathrm{d}y \int_1^e f(x,y)\mathrm{d}x$；　　(D)$\int_0^1 \mathrm{d}y \int_{e^y}^e f(x,y)\mathrm{d}x$.

6. 若区域 D 为 $0 \leqslant y \leqslant x^2, |x| \leqslant 2$, 则 $\iint\limits_{D} xy^2\mathrm{d}x\mathrm{d}y = ($　　$)$.

(A)0；　　　　　　(B)$\dfrac{32}{3}$；

(C)$\dfrac{64}{3}$；　　　　　　(D)256.

7. 设 $f(x,y)$ 是连续函数, 交换二次积分 $\int_0^1 \mathrm{d}x \int_0^{1-x} f(x,y)\mathrm{d}y$ 的积分次序后的结

果为（   ）.

（A）$\int_0^{1-x}\mathrm{d}y\int_0^1 f(x,y)\mathrm{d}x$ ；

（B）$\int_0^1\mathrm{d}y\int_0^{1-x}f(xy)\mathrm{d}x$ ；

（C）$\int_0^1\mathrm{d}y\int_0^1 f(x,y)\mathrm{d}x$ ；

（D）$\int_0^1\mathrm{d}y\int_0^{1-y}f(x,y)\mathrm{d}x$.

8. 若区域 D 为 $x^2+y^2\le 2x$,则二重积分 $\iint\limits_D(x+y)\sqrt{x^2+y^2}\mathrm{d}x\mathrm{d}y$ 化成累次积

分为（   ）.

（A）$\int_{-\frac{\pi}{2}}^{\frac{\pi}{2}}\mathrm{d}\theta\int_0^{2\cos\theta}(\cos\theta+\sin\theta)\sqrt{2r\cos\theta}r\mathrm{d}r$ ；

（B）$\int_0^{\pi}(\cos\theta+\sin\theta)\mathrm{d}\theta\int_0^{2\cos\theta}r^3\mathrm{d}r$ ；

（C）$2\int_0^{\frac{\pi}{2}}(\cos\theta+\sin\theta)\mathrm{d}\theta\int_0^{2\cos\theta}r^3\mathrm{d}r$ ；

（D）$\int_{-\frac{\pi}{2}}^{\frac{\pi}{2}}(\cos\theta+\sin\theta)\mathrm{d}\theta\int_0^{2\cos\theta}r^3\mathrm{d}r$.

9. 设 D 为 $x^2+y^2\le a^2$,当 $a=$ （   ）时, $\iint\limits_D\sqrt{a^2-x^2-y^2}\mathrm{d}x\mathrm{d}y=\pi$.

（A）1；   （B）$\sqrt[3]{\dfrac{3}{2}}$ ；

（C）$\sqrt[3]{\dfrac{3}{4}}$ ；   （D）$\sqrt[3]{\dfrac{1}{2}}$.

10. $I=\iint\limits_D xy\mathrm{d}\sigma$,其中 D 为由 $y^2=x$ 及 $y=x-2$ 围成的区域,则 $I=$ （   ）.

（A）$\int_0^4\mathrm{d}y\int_{y+2}^y xy\mathrm{d}x$ ；   （B）$\int_0^1\mathrm{d}x\int_{-\sqrt{x}}^{\sqrt{x}}xy\mathrm{d}y+\int_1^4\mathrm{d}x\int_{x-2}^x xy\mathrm{d}y$ ；

（C）$\int_{-1}^2\mathrm{d}y\int_{y^2}^{y+2}xy\mathrm{d}x$ ；   （D）$\int_{-1}^2\mathrm{d}y\int_{y^2}^{y+2}xy\mathrm{d}x$.

11. 球面 $x^2+y^2+z^2=4a^2$ 与柱面 $x^2+y^2=2ax$ 所围成立体的体积 $V=$ （   ）.

（A）$4\int_0^{\frac{\pi}{2}}\mathrm{d}\theta\int_0^{2a\cos\theta}\sqrt{4a^2-r^2}\mathrm{d}r$ ；

（B）$8\int_0^{\frac{\pi}{2}}\mathrm{d}\theta\int_0^{2a\cos\theta}r\sqrt{4a^2-r^2}\mathrm{d}r$ ；

（C）$4\int_0^{\frac{\pi}{2}}\mathrm{d}\theta\int_0^{2a\cos\theta}r\sqrt{4a^2-r^2}\mathrm{d}r$ ；

(D) $4 \int_{-\frac{\pi}{2}}^{\frac{\pi}{2}} \mathrm{d}\theta \int_{0}^{2a\cos\theta} r\sqrt{4a^2 - r^2}\,\mathrm{d}r$.

12. $I = \iint\limits_{D} \mathrm{e}^{x^2+y^2}\mathrm{d}\sigma$, D 为 $a^2 \leqslant x^2 + y^2 \leqslant b^2 (0 < a < b)$ ，则 $I = ($ 　　 $)$.

(A) $\pi(\mathrm{e}^{b^2} - \mathrm{e}^{a^2})$;　　　　　　(B) $2\pi(\mathrm{e}^b - \mathrm{e}^a)$;

(C) $\pi(\mathrm{e}^b - \mathrm{e}^a)$;　　　　　　(D) $2\pi(\mathrm{e}^b - \mathrm{e}^a)$.

13. 二重积分 $\iint\limits_{D} f(x,y)\mathrm{d}x\mathrm{d}y$ 在有界闭区域 D 上存在的充分条件是 $f(x,y)$ 在 D 上(　　).

(A) 有界;　　　　　　　　(B) 连续;

(C) 处处有定义;　　　　　(D) 偏导数存在.

14. 若区域 D 为 $|x| + |y| \leqslant 1$ ，则 $\iint\limits_{D} \ln(x^2 + y^2)\mathrm{d}x\mathrm{d}y$ 的值为(　　).

(A) 大于 0;　　　　　　　(B) 小于 0;

(C) 非正数;　　　　　　　(D) 不存在.

15. $I = \iiint\limits_{\Omega} z\mathrm{d}v$ ，其中 Ω 为由 $z^2 = x^2 + y^2$, $z = 1$,所围成的立体,则 I 的正确的计算公式为(　　).

(A) $I = \int_0^{2\pi} \mathrm{d}\theta \int_0^1 r\mathrm{d}r \int_0^1 z\mathrm{d}z$;　　(B) $I = \int_0^{2\pi} \mathrm{d}\theta \int_0^1 r\mathrm{d}r \int_r^1 z\mathrm{d}z$;

(C) $I = \int_0^{2\pi} \mathrm{d}\theta \int_0^1 \mathrm{d}z \int_r^1 r\mathrm{d}r$;　　(D) $I = \int_0^{2\pi} \mathrm{d}\theta \int_0^{\frac{\pi}{4}} \mathrm{d}\varphi \int_0^1 r^3\sin^2\varphi\mathrm{d}r$.

二、综合练习 A

1. 利用对称性计算 $\iint\limits_{D}(1 - |x| - |y|)\mathrm{d}\sigma$,其中 D : $|x| + |y| \leqslant 1$.

2. 利用对称性计算 $\iint\limits_{D}(x + y)\mathrm{d}\sigma$,其中 D 是由直线 $y = x^2, y = 4x^2, y = 1$ 围成的闭区域.

3. 利用轮换对称性计算 $\iint\limits_{D}\left(\dfrac{x^2}{a^2} + \dfrac{y^2}{b^2}\right)\mathrm{d}\sigma$,其中 D 是圆域 $x^2 + y^2 \leqslant R^2$.

4. $\iint\limits_{D}|x^2 + y^2 - 4|\mathrm{d}\sigma$,其中 D 是圆域 $x^2 + y^2 \leqslant 9$.

5. 计算 $\int_0^1 \mathrm{d}x \int_x^1 \mathrm{e}^{-y^2}\mathrm{d}y$.

6. 设 $f(x)$ 在 $[0,a]$ 上连续,证明: $\int_0^a \mathrm{d}y \int_0^y f(x)\mathrm{d}x = \int_0^a (a - x)f(x)\mathrm{d}x$.

7. 计算球 $x^2 + y^2 + z^2 \leqslant a^2$ 被圆柱面 $x^2 + y^2 = ax$ 所截得的那部分立体的体

积.

8. 求抛物面 $2z = x^2 + y^2$ 位于平面 $z = \dfrac{1}{2}$ 与 $z = 2$ 之间的面积.

三、综合练习 B

1. 计算心形线 $r = a(1 + \cos\theta)(a > 0)$ 所围成均匀薄板(面密度为 μ)对 y 轴的转动惯量.

2. $\displaystyle\iint\limits_{D} |\cos(x + y)| \, \mathrm{d}\sigma$,其中 D 是由直线 $y = x$,$y = 0$,$x = \dfrac{\pi}{2}$ 围成的闭区域.

3. 设 $f(x)$ 在 $[a,b]$ 上连续,且 $f(x) > 0$,证明:$\displaystyle\int_a^b f(x)\,\mathrm{d}x \cdot \int_a^b \dfrac{\mathrm{d}x}{f(x)} \geqslant (b - a)^2$.

4. 设 $f(x)$,$g(x)$ 在 $[a,b]$ 上连续,利用二重积分证明
$$\left[\int_a^b f(x)g(x)\,\mathrm{d}x\right]^2 \leqslant \int_a^b f^2(x)\,\mathrm{d}x \int_a^b g^2(x)\,\mathrm{d}x.$$

5. 计算 $\displaystyle\iiint\limits_{\Omega}(x^2 + y^2 + z^2)\,\mathrm{d}v$,其中 Ω 是由曲线 $\begin{cases} y^2 = 2z \\ x = 0 \end{cases}$,绕 z 轴旋转而成的旋转面与平面 $z = 4$ 所围成的立体.

6. 利用对称性计算 $\displaystyle\iiint\limits_{\Omega}(2x^2 + 3y^2 + 6z^2)\,\mathrm{d}v$,其中 $\Omega: x^2 + y^2 + z^2 \leqslant a^2$.

7. 球体 $x^2 + y^2 + z^2 \leqslant R^2$ 的密度 $\mu = \dfrac{1}{r}$,其中 r 为球外一定点 $M(0,0,a)$ 到球内点 (x,y,z) 的距离,求球体的质量.

第十一章 曲线积分与曲面积分

上一章已经把积分的概念从积分范围为数轴上的区间推广到平面或空间的一个区域. 本章还将进一步把积分的范围推广到平面或空间的一段曲线或一片曲面的情形, 相应地称为曲线积分和曲面积分. 它是多元函数积分学的又一重要内容. 本章将介绍曲线积分和曲面积分的概念及计算方法, 并讨论各种积分之间的联系.

第一节 对弧长的曲线积分

一、对弧长曲线积分的概念

曲线弧的质量: 设平面上有一条光滑曲线 L, 它的两端点为 A、B, 其上分布有质量, L 上任一点 $M(x, y)$ 处的线密度为 L 上的连续函数 $\rho(x, y)$, 求曲线弧 $\overset{\frown}{AB}$ 的质量.

如图 11-1 所示, 将曲线 L 任意划分成 n 小段, $\overset{\frown}{M_0M_1}$, $\overset{\frown}{M_1M_2}$, $\cdots$, $\overset{\frown}{M_{n-1}M_n}$, 其中 $M_0 = A$, $M_n = B$, 每一小段 $\overset{\frown}{M_{i-1}M_i}$ 的弧长为 Δs_i, $(i = 1, 2, \cdots, n)$. 在 $\overset{\frown}{M_{i-1}M_i}$ 上任取一点 $K_i(\xi_i, \eta_i)$, 由于 $\rho(x, y)$ 连续, 所以当 Δs_i 当很小时, $\overset{\frown}{M_{i-1}M_i}$ 可近似看成线密度为 $\rho(\xi_i, \eta_i)$ 的均匀小弧段, 因此其质量 $\Delta m_i \approx \rho(\xi_i, \eta_i)\Delta s_i$, 进而可得曲线弧 $\overset{\frown}{AB}$ 的质量

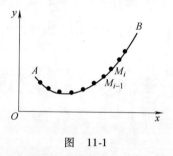

图 11-1

$$m = \sum_{i=1}^{n} \Delta m_i \approx \sum_{i=1}^{n} \rho(\xi_i, \eta_i)\Delta s_i.$$

对弧 $\overset{\frown}{AB}$ 分得越细, 上述和式就越接近于 m.

记 $\lambda = \max_{1 \leqslant i \leqslant n}\{\Delta s_i\}$, 运用积分的思想, 可将曲线弧 $\overset{\frown}{AB}$ 的质量表示为

$$m = \lim_{\lambda \to 0} \sum_{i=1}^{n} \rho(\xi_i, \eta_i)\Delta s_i.$$

这种和式的极限在许多实际问题中常常出现, 于是可从中引出对弧长曲线积分的概念.

定义 1　设 L 为 Oxy 平面上一条曲线弧,A,B 是 L 的两端点,函数 $f(x,y)$ 是定义在 L 上的有界函数,依次用分点 $A = M_0$,M_1,$\cdots$,$M_n = B$ 把 L 分成 n 小段,$\widehat{M_0 M_1}$,$\widehat{M_1 M_2}$,$\cdots$,$\widehat{M_{n-1} M_n}$,设第 i 小段弧 $\widehat{M_{i-1} M_i}$ 的弧长为 Δs_i,记 $\lambda = \max\limits_{1 \leqslant i \leqslant n} \{\Delta s_i\}$,在每个小弧段上任取一点 $K_i(\xi_i, \eta_i)$,作和式 $\sum\limits_{i=1}^{n} f(\xi_i, \eta_i) \Delta s_i$. 若不论对曲线 L 如何划分,也不论点 $K_i(\xi_i, \eta_i)$ 在小弧段上如何选取,当 $\lambda \to 0$ 时和式的极限 $\lim\limits_{\lambda \to 0} \sum\limits_{i=1}^{n} f(\xi_i, \eta_i) \Delta s_i$ 总存在,则称此极限为函数 $f(x,y)$ 在曲线弧 L 上对弧长的曲线积分,也称第一类曲线积分,记作 $\int_L f(x,y)\,\mathrm{d}s$,即

$$\int_L f(x,y)\,\mathrm{d}s = \lim_{\lambda \to 0} \sum_{i=1}^{n} f(\xi_i, \eta_i) \Delta s_i,$$

其中 $f(x,y)$ 称为被积函数,L 称为积分弧段. 当曲线积分为封闭的曲线时积分号也用符号 $\oint$ 表示.

在上述曲线积分的定义中采用的方法和一元函数定积分的方法是相同的,只是以光滑曲线(即具有连续变化的切线)或分割光滑曲线(即曲线由若干条光滑曲线组成)代替分割区间,函数在曲线上取值代替在区间上取值,曲线小段弧长代替小区间的长度.

根据以上定义,曲线弧 L 的质量 m 等于其线密度 $\rho(x,y)$ 沿曲线 L 对弧长的曲线积分

$$m = \int_L \rho(x,y)\,\mathrm{d}s.$$

第一类曲线积分具有的一些基本性质与定积分极其类似. 可以证明,当曲线弧 L 分段光滑,函数 $f(x,y)$ 在 L 上连续时,积分 $\int_L f(x,y)\,\mathrm{d}s$ 存在,此时也称 $f(x,y)$ 在 L 上可积. 以后总假定曲线 L 分段光滑,函数 $f(x,y)$ 在 L 上连续. 从而所讨论曲线积分都存在.

对弧长的曲线积分有如下基本性质.

性质 1　$\int_L [f(x,y) + g(x,y)]\,\mathrm{d}s = \int_L f(x,y)\,\mathrm{d}s + \int_L g(x,y)\,\mathrm{d}s.$

性质 2　$\int_L kf(x,y)\,\mathrm{d}s = k\int_L f(x,y)\,\mathrm{d}s.\ (k\ 为常数)$

性质 3　设 C 为曲线弧 $\widehat{AB}$ 上任一点,则有

$$\int_{\widehat{AB}} f(x,y)\,\mathrm{d}s = \int_{\widehat{AC}} f(x,y)\,\mathrm{d}s + \int_{\widehat{CB}} f(x,y)\,\mathrm{d}s.$$

性质 4　对弧长曲线积分与曲线弧的方向无关,即

$$\int_{\widehat{AB}} f(x,y)\,\mathrm{d}s = \int_{\widehat{BA}} f(x,y)\,\mathrm{d}s.$$

如果积分区域是空间曲线 Γ,则完全类似地可以定义对弧长的曲线积分

$$\int_{\Gamma} f(x,y,z)\,\mathrm{d}s = \lim_{\lambda \to 0} \sum_{i=1}^{n} f(\xi_i,\eta_i,\zeta_i)\Delta s_i.$$

二、对弧长曲线积分的计算

设函数 $f(x,y)$ 在曲线弧 L 上有定义且连续,曲线弧 L 的参数方程为:

$$\begin{cases} x = \varphi(t), \\ y = \psi(t), \end{cases} \quad \alpha \leqslant t \leqslant \beta, \tag{1}$$

其中 $\varphi(t)$,$\psi(t)$ 在 $[\alpha,\beta]$ 上有一阶连续导数,于是可以证明(证明略)

$$\int_{L} f(x,y)\,\mathrm{d}s = \lim_{\lambda \to 0} \sum_{i=1}^{n} f(\xi_i,\eta_i)\Delta s_i = \lim_{\lambda \to 0} \sum_{i=1}^{n} f(x(\overline{s_i}),y(\overline{s_i})) \cdot \Delta s_i$$

$$= \int_{\alpha}^{\beta} f(\varphi(t),\psi(t))\sqrt{\varphi'^2(t) + \psi'^2(t)}\,\mathrm{d}t \tag{2}$$

这就是利用参数方程计算对弧长曲线积分的公式.

需要注意的是式(2)中必须有 $\alpha < \beta$.

当曲线 L 由方程 $y = y(x)$($a \leqslant x \leqslant b$)给出,$y = y(x)$ 具有连续的导数,则式(2)成为

$$\int_{L} f(x,y)\,\mathrm{d}s = \int_{a}^{b} f(x,y(x))\sqrt{1 + y'^2(x)}\,\mathrm{d}x. \tag{3}$$

当曲线 L 由方程 $x = x(y)$($c \leqslant x \leqslant d$)给出,$x = x(y)$ 具有连续的导数,则式(2)成为

$$\int_{L} f(x,y)\,\mathrm{d}s = \int_{c}^{d} f(x(y),y)\sqrt{1 + x'^2(y)}\,\mathrm{d}y. \tag{4}$$

更进一步地,假设空间曲线 Γ 的参数方程为

$$\begin{cases} x = \varphi(t), \\ y = \psi(t), \\ z = \omega(t), \end{cases} \quad \alpha \leqslant t \leqslant \beta,$$

其中 $\varphi(t)$,$\psi(t)$,$\omega(t)$ 在 $[\alpha,\beta]$ 具有连续的导数,则有

$$\int_{\Gamma} f(x,y,z)\,\mathrm{d}s = \int_{\alpha}^{\beta} f(\varphi(t),\psi(t),\omega(t))\sqrt{\varphi'^2(t) + \psi'^2(t) + \omega'^2(t)}\,\mathrm{d}t. \tag{5}$$

例1　计算曲线积分

$$I = \int_{L} x\,\mathrm{d}s,$$

其中,L 是抛物线 $y = x^2$ 上自点 $(-1,1)$ 到点 $(2,4)$ 的一段弧.

解　L 是抛物线 $y = x^2$，x 的变化范围是 $[-1,2]$，应用公式（3）可得

$$I = \int_{-1}^{2} x \cdot \sqrt{1 + 4x^2} \, dx = \frac{1}{2} \int_{-1}^{2} \sqrt{1 + 4x^2} \, dx^2$$

$$= \frac{1}{8} \int_{-1}^{2} (1 + 4x^2)^{\frac{1}{2}} d(1 + 4x^2)$$

$$= \frac{1}{8} \cdot \frac{2}{3} (1 + 4x^2)^{\frac{3}{2}} \Big|_{-1}^{2} = \frac{1}{12} (17\sqrt{17} - 5\sqrt{5}).$$

例2　计算 $\oint_L e^{\sqrt{x^2+y^2}} ds$，其中 L 为圆周 $x^2 + y^2 = 1$，直线 $y = x$ 及 x 轴在第一象限所围整个边界.

解　如图 11-2 所示，由于积分曲线 L 由分段光滑曲线组成，所以可分线段 $\overline{OA}$，圆弧 $\widehat{AB}$ 和线段 $\overline{BO}$ 三段来计算，即

$$\oint_L e^{\sqrt{x^2+y^2}} ds = \int_{\overline{OA}} e^{\sqrt{x^2+y^2}} ds + \int_{\widehat{AB}} e^{\sqrt{x^2+y^2}} ds$$

$$+ \int_{\overline{BO}} e^{\sqrt{x^2+y^2}} ds.$$

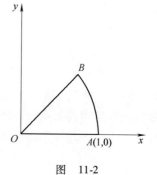

图　11-2

在线段 $\overline{OA}$ 上，$y = 0 \, (0 \leqslant x \leqslant 1)$，$ds = dx$，得

$$\int_{\overline{OA}} e^{\sqrt{x^2+y^2}} ds = \int_0^1 e^x \, dx = e - 1.$$

在圆弧 $\widehat{AB}$ 上，$x = \cos t$，$y = \sin t \left(0 \leqslant t \leqslant \frac{\pi}{4}\right)$，$ds = dt$，得

$$\int_{\widehat{AB}} e^{\sqrt{x^2+y^2}} ds = \int_0^{\frac{\pi}{4}} e \, dt = \frac{\pi}{4} e.$$

在线段 $\overline{BO}$ 上，$y = x \left(0 \leqslant x \leqslant \frac{\sqrt{2}}{2}\right)$，$ds = \sqrt{2} \, dx$，得

$$\int_{\overline{BO}} e^{\sqrt{x^2+y^2}} ds = \int_0^{\frac{\sqrt{2}}{2}} e^{\sqrt{2}x} \sqrt{2} \, dx = e - 1.$$

合并三项得

$$\oint_L e^{\sqrt{x^2+y^2}} ds = 2(e - 1) + \frac{\pi}{4} e.$$

例3　计算曲线积分 $I = \int_L (x^2 + y^2 + z^2) ds$，其中 L 为螺旋线 $x = a\cos t$，$y = a\sin t$，$z = kt$ 上相应于参数 t 从 0 到 2π 的一段弧.

解　由公式（5）可得

$$I = \int_L (x^2 + y^2 + z^2) ds$$

$$= \int_0^{2\pi} \left(a^2\cos^2 t + a^2\sin^2 t + k^2 t^2 \right) \sqrt{a^2\sin^2 t + a^2\cos^2 t + k^2}\, dt$$

$$= \int_0^{2\pi} \left(a^2 + k^2 t^2 \right) \sqrt{a^2 + k^2}\, dt$$

$$= \sqrt{a^2 + k^2} \left(a^2 t + \frac{1}{3}k^2 t^3 \right) \Bigg|_0^{2\pi}$$

$$= 2\pi \sqrt{a^2 + k^2} \left(a^2 + \frac{4}{3}\pi^2 k^2 \right).$$

CT 成像的基本原理

试验表明，X 射线在穿透不同的物质时衰减的强度是不同的，这是因为不同的物质，对 X 射线的衰减系数（也称为吸收系数）不同. 设强度为 I_0 的 X 射线，穿透衰减系数为 μ，厚度为 x 的物质后的强度为 I_e，则

$$I_e = I_0 e^{-\mu x}.$$

人体组织不同部位的 X 射线衰减系数是不同的，它可表示成空间变量的函数 $\mu(x, y, z)$，如果了解了人体组织的 X 射线衰减系数 $\mu(x, y, z)$，就了解了人体组织的结构或组织发生的变异.

设空间一点 A 发出强度为 I_A 的 X 射线，穿过人体组织，到达点 B，其强度为 I_B，其衰减量定义为 $I_{AB} = \ln \dfrac{I_A}{I_B} = \ln I_A - \ln I_B$. 根据曲线积分的定义，有

$$\int_{AB} \mu(x, y, z)\, ds = \ln \frac{I_A}{I_B}.$$

当 X 射线衰减系数 $\mu(x, y, z)$ 已知时，可以计算曲线积分得到衰减量 I_{AB}. 现在的问题恰恰相反，$\mu(x, y, z)$ 是未知的，而不同位置的衰减量 I_{AB} 是可以测量的，那么，我们可以通过测量不同位置的衰减量，来反求 X 射线衰减系数 $\mu(x, y, z)$ 吗？

基于曲线积分的拉东（Radon）变换解决了这一问题. 当任意方位的直线上的 X 射线衰减量已知时，可以求得 $\mu(x, y, z)$，这就是 CT 层析成像的基本原理. 根据测量得到的任意方位的直线上的衰减量，通过计算机计算求出人体组织的 X 射线衰减系数 $\mu(x, y, z)$，再依次输出不同位置的人体组织衰减系数的二维图像这一技术称为**计算机层析成象技术**，简称 CT 技术. 它是将数学和计算机结合起来用于医学诊断的一项重大技术发明. 当利用的数据是任意方位的测量数据时，其成像技术也叫**完全投影成像**. 应用上，由于常常不能测量任意方位的直线上的衰减量，因此，科学家们又进一步研究了不完全投影成像方法（参见综合练习 A11 题）.

习题 11-1

1. 计算下列对弧长曲线积分：

(1) $\int_L (x^2 + y^2)^3 \mathrm{d}s$,其中 L 是圆周: $\begin{cases} x = a\cos t, \\ y = a\sin t, \end{cases} 0 \leqslant t \leqslant 2\pi$;

(2) $\int_L (x^2 + y^2)\mathrm{d}s$,其中 L 是曲线: $\begin{cases} x = a(\cos t + t\sin t), \\ y = a(\sin t - t\cos t), \end{cases} 0 \leqslant t \leqslant 2\pi$;

(3) $\int_L \sqrt{y}\,\mathrm{d}s$,其中 L 是抛物线 $y = x^2$ 上自点 $(0, 0)$ 到点 $(1, 1)$ 的一段弧;

(4) $\int_L \dfrac{\mathrm{d}s}{x - y}$,其中 L 是直线 $y = \dfrac{x}{2} - 2$ 介于点 $A(0, -2)$ 和 $B(4, 0)$ 之间的线段;

(5) $\int_L xy\,\mathrm{d}s$,其中 L 为椭圆 $\dfrac{x^2}{a^2} + \dfrac{y^2}{b^2} = 1$ 在第一象限的那段弧.

(6) $\int_L xy\,\mathrm{d}s$,其中 L 是由直线: $x = 0, y = 0, x = 4, y = 2$ 所构成的封闭曲线;

(7) $\int_L (x + y + z)\mathrm{d}s$,其中 L 是连接两点 $A(3, 2, 1)$ 和 $B(-1, 0, 2)$ 的直线段.

2. 一曲线杆为圆形 $x = 2\cos t, y = 2\sin t, 0 \leqslant t \leqslant \pi$,其上每一点处的密度等于该点的纵坐标,求曲线杆的质量.

第二节 对坐标的曲线积分

一、对坐标曲线积分的概念

1. 向量场介绍

向量场的概念是 19 世纪英国科学家法拉第在研究电磁作用时引入的. 他把空间任意一点上代表力的大小和方向的一系列量概括为向量场. **向量场**是一个向量函数,它对平面或三维空间中的每一点给定一个向量. 力场是向量场的典型例子,当我们受到一个力时,有时是和产生作用力的物体发生直接接触,但有时产生的作用力能够在空间所有的点感受到,例如,地球作用到物体上的引力. 设地球的质量为 M,地球的球心取为坐标原点,则根据牛顿万有引力定律,地球对空间任意一点 (x, y, z) 处,质量为 m 的质点产生的引力 $\boldsymbol{F}$ 的大小为 $|\boldsymbol{F}| = \dfrac{GMm}{|r^2|}$,方向指向坐标原点,其中 $\boldsymbol{r} = x\boldsymbol{i} + y\boldsymbol{j} + z\boldsymbol{k}$. 因此地球产生的引力场可以表示为

$$\boldsymbol{F} = -\frac{GMm}{|\boldsymbol{r}|^3}\boldsymbol{r} = -\frac{GMmx}{(x^2 + y^2 + z^2)^{3/2}}\boldsymbol{i} - \frac{GMmy}{(x^2 + y^2 + z^2)^{3/2}}\boldsymbol{j} - \frac{GMmz}{(x^2 + y^2 + z^2)^{3/2}}\boldsymbol{k}.$$

另一个例子是函数 $f(x, y)$ 的梯度,在每一点 (x, y),梯度向量用 $\mathbf{grad}f(x, y)$ 表示,它是指向 $f(x, y)$ 增加速率最大的方向. 图 11-3 是函数 $f(x, y) = x\exp(-x^2 - y^2)$ 的梯度场. 设 Ω 是一个空间区域,那么 Ω 上的向量场可

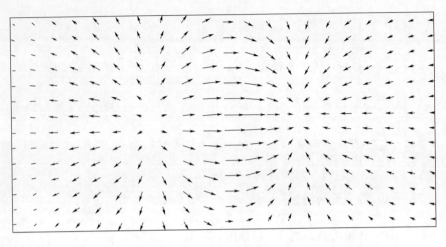

图 11-3　一个函数的梯度场

以用定义在 Ω 上的一个向量值函数表示：

$$\boldsymbol{F}(x,\ y,\ z) = P(x,\ y,\ z)\boldsymbol{i} + Q(x,\ y,\ z)\boldsymbol{j} + R(x,\ y,\ z)\boldsymbol{k}.$$

当 $P(x,\ y,\ z)$，$Q(x,\ y,\ z)$，$R(x,\ y,\ z)$ 在 Ω 上都连续时，称该向量场是连续的.

2. 对坐标曲线积分的概念

先研究物体在变力作用下沿曲线运动所做的功. 设质点 $M(x,\ y)$ 在平面力场

$$\boldsymbol{F} = P(x,\ y)\boldsymbol{i} + Q(x,\ y)\boldsymbol{j}$$

作用下由点 A 沿平面曲线 L 运动到 B 点，这里 $P(x,\ y)$，$Q(x,\ y)$ 是曲线 L 上的连续函数.

如果 $\boldsymbol{F}$ 是常数，且 AB 是直线，则 $\boldsymbol{F}$ 所做的功 $W = \boldsymbol{F} \cdot \overrightarrow{AB}$. 对 $\boldsymbol{F}$ 是变力，$\overset{\frown}{AB}$ 是曲线的情形，我们用与求曲线质量类似的方法来处理.

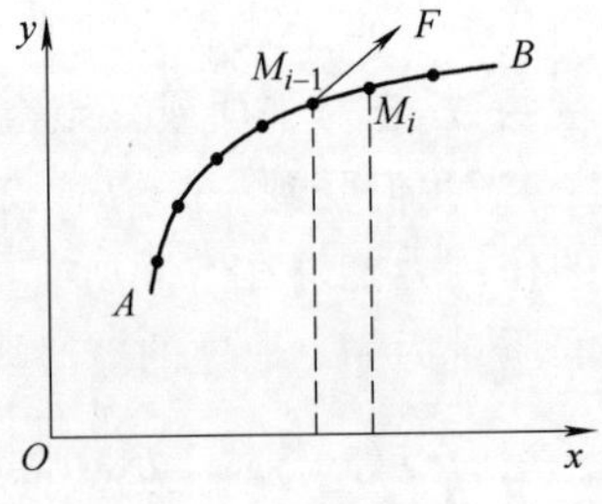

如图 11-4，用分点 $A = M_0, M_1, \cdots, M_n = B$ 将曲线 L 分成 n 小段 $\overset{\frown}{M_0 M_1}$、$\overset{\frown}{M_1 M_2}$、$\cdots$、$\overset{\frown}{M_{n-1} M_n}$，在每一小段 $\overset{\frown}{M_{i-1} M_i}$ 上任取一点 $K_i(\xi_i,\ \eta_i)$，由于 $\boldsymbol{F}$ 是连续的，所以当每一小段弧 $\overset{\frown}{M_{i-1} M_i}$ 的弧长 Δs_i 很小时，质点可近似看成在常力 $\boldsymbol{F}(\xi_i,\ \eta_i)$ 的作用下沿直线 $M_{i-1} M_i$ 作直线运动，因此，在小弧段 $\overset{\frown}{M_{i-1} M_i}$ 上，变力 $\boldsymbol{F}$ 所做的功 $\Delta W_i \approx \boldsymbol{F}(\xi_i,\ \eta_i) \cdot \overrightarrow{M_{i-1} M_i}$，设分点 M_i 的坐标为 $(x_i,\ y_i)(i = 0,\ 1,\ \cdots,\ n)$ 则

$$\overrightarrow{M_{i-1} M_i} = \Delta x_i \boldsymbol{i} + \Delta y_i \boldsymbol{j},$$

这里 $\Delta x_i = x_i - x_{i-1}$，$\Delta y_i = y_i - y_{i-1}$. 于是

$$\Delta W_i \approx \boldsymbol{F}(\xi_i,\ \eta_i) \cdot \overrightarrow{M_{i-1} M_i} = P(\xi_i,\ \eta_i) \Delta x_i + Q(\xi_i,\ \eta_i) \Delta y_i$$

图 11-4

404

将它们求和,可得整个曲线 L 上变力 $\boldsymbol{F}$ 所做的功

$$W = \sum_{i=1}^{n} \Delta W_i \approx \sum_{i=1}^{n} [P(\xi_i, \eta_i) \Delta x_i + Q(\xi_i, \eta_i) \Delta y_i].$$

若分点越多,这些小曲线段的长度越小,则近似程度越高,于是质点在变力 $\boldsymbol{F}$ 的作用下,沿曲线 L 所做的功可以表示为

$$W = \lim_{\lambda \to \infty} \sum_{i=1}^{n} [(P(\xi_i, \eta_i) \Delta x_i + Q(\xi_i, \eta_i) \Delta y_i],$$

式中 λ 表示各弧段长度最大值. 这种和式的极限在研究其他问题时也会出现,我们可从中引出对坐标曲线积分的概念.

定义 2　设曲线 L 是 Oxy 平面上从点 A 到点 B 的一条有向光滑曲线,函数 $P(x, y), Q(x, y)$ 在曲线 L 上有界,将 L 按从 A 到 B 的方向顺序用分点 $A = M_0$, $M_1, \cdots, M_{n-1}, M_n = B$ 分割成 n 个有向小弧段 $\overparen{M_{i-1}M_i}$,其中 M_i 的坐标为 (x_i, y_i), $(i = 0, 1, \cdots, n)$. 设 $\Delta x_i = x_i - x_{i-1}$,$\Delta y_i = y_i - y_{i-1}$,在 $\overparen{M_{i-1}M_i}$ 上任取一点 $K_i(\xi_i, \eta_i)$,作和式 $\sum_{i=1}^{n} [P(\xi_i, \eta_i) \Delta x_i + Q(\xi_i, \eta_i) \Delta y_i]$,若不论对曲线 L 如何分割,也不论 $K_i(\xi_i, \eta_i)$ 在 $\overparen{M_{i-1}M_i}$ 上如何选取,当各弧段长度最大值 $\lambda \to 0$ 时,这个和式的极限 $\lim_{\lambda \to 0} \sum_{i=1}^{n} [P(\xi_i, \eta_i) \Delta x_i + Q(\xi_i, \eta_i) \Delta y_i]$ 总存在,则称此极限为函数 $P(x, y), Q(x, y)$ 沿曲线 L 从点 A 到点 B 的对坐标曲线积分,或称第二类曲线积分,记作 $\int_L P(x, y) \mathrm{d}x + Q(x, y) \mathrm{d}y$. 即

$$\int_L P(x, y) \mathrm{d}x + Q(x, y) \mathrm{d}y = \lim_{\lambda \to 0} \sum_{i=1}^{n} [P(\xi_i, \eta_i) \Delta x_i + Q(\xi_i, \eta_i) \Delta y_i]. \quad (1)$$

其中 $P(x, y), Q(x, y)$ 叫做被积函数,L 叫做积分弧段. 当曲线积分为封闭的曲线时积分号也用符号 $\oint$ 表示.

第二类曲线积分可用向量形式表示,设 $\boldsymbol{F}(x, y) = P(x, y)\boldsymbol{i} + Q(x, y)\boldsymbol{j}$, $\Delta \boldsymbol{r}_i = \Delta x_i \boldsymbol{i} + \Delta y_i \boldsymbol{j}$,$\mathrm{d}\boldsymbol{r} = \mathrm{d}x \boldsymbol{i} + \mathrm{d}y \boldsymbol{j}$,则

$$\int_L P(x, y) \mathrm{d}x + Q(x, y) \mathrm{d}y = \int_L \boldsymbol{F} \cdot \mathrm{d}\boldsymbol{r}$$

$$= \lim_{\lambda \to 0} \sum_{i=1}^{n} [P(\xi_i, \eta_i) \Delta x_i + Q(\xi_i, \eta_i) \Delta y_i]$$

$$= \lim_{\lambda \to 0} \sum_{i=1}^{n} \boldsymbol{F}(\xi_i, \eta_i) \cdot \Delta \boldsymbol{r}_i.$$

根据定义,在力场 $\boldsymbol{F}(x, y) = P(x, y)\boldsymbol{i} + Q(x, y)\boldsymbol{j}$ 中,沿曲线 L 从 A 点到 B 点所做的功为

$$W = \int_L P(x, y)\,dx + Q(x, y)\,dy.$$

第二类曲线积分具有与定积分极其类似的基本性质. 可以证明, 如果 L 是分段光滑曲线, $P(x, y)$, $Q(x, y)$ 是 L 上的连续函数, 则坐标的曲线积分 $\int_L P(x, y)\,dx + Q(x, y)\,dy$ 一定存在, 因此以后总假定被积函数及积分弧段满足上述条件.

对坐标曲线积分也有如下基本性质.

性质 1 $\int_L \left[(P_1 + P_2)\,dx + (Q_1 + Q_2)\,dy \right] = \int_L \left[P_1\,dx + Q_1\,dy \right] + \int_L \left[P_2\,dx + Q_2\,dy \right].$

性质 2 $\int_L kP\,dx + kQ\,dy = k\int_L P\,dx + Q\,dy.$ (k 为常数)

性质 3 如果 L 可分成 L_1 和 L_2 则

$$\int_L P\,dx + Q\,dy = \int_{L_1} P\,dx + Q\,dy + \int_{L_2} P\,dx + Q\,dy.$$

性质 4 L 是有向曲线弧, L^{-1} 是与 L 方向相反的有向曲线弧, 则

$$\int_{L^{-1}} P\,dx + Q\,dy = -\int_L P\,dx + Q\,dy.$$

性质 4 说明对坐标曲线积分与积分曲线的方向有关, 当方向改变时, 积分值变号, 这是第二型曲线积分与第一型曲线积分性质上的重要区别.

当积分曲线为闭合曲线 L 时, 起点与终点重合, L 有两个可能的方向, 通常规定逆时针方向为**正方向**.

二、对坐标曲线积分的计算

设曲线 L 的参数方程为

$$\begin{cases} x = \varphi(t), \\ y = \psi(t), \end{cases} \quad (\alpha \leq t \leq \beta),$$

当参数 t 由 α 变到 β 时, 动点 $M(x, y)$ 从 A 点沿曲线 L 变到 B 点, 且 $\varphi(t)$、$\psi(t)$ 在 $[\alpha, \beta]$ 上具有一阶连续导数, 则

$$dx = \varphi'(t)\,dt, \quad dy = \psi'(t)\,dt,$$

于是可以证明 (证明略)

$$\int_L P\,dx + Q\,dy = \int_\alpha^\beta \big[P(\varphi(t), \psi(t))\varphi'(t) \\ + Q(\varphi(t), \psi(t))\psi'(t) \big]\,dt. \tag{2}$$

必须注意积分下限 α 是曲线 L 的起点的参数值, 上限 β 是终点的参数值, α 不一定小于 β, 这点和对弧长的曲线积分不同.

当曲线 L 由方程 $y = y(x)$ 给出，$y(x)$ 具有连续的导数，x 由 a 变到 b，则

$$\int_L P\mathrm{d}x + Q\mathrm{d}y = \int_a^b \{P[x, y(x)] + Q[x, y(x)]y'(x)\}\mathrm{d}x.$$

当曲线 L 由方程 $x = x(y)$ 给出，$x(y)$ 具有连续的导数，y 由 c 变到 d 时，则

$$\int_L P\mathrm{d}x + Q\mathrm{d}y = \int_c^d \{P[x(y), y]x'(y) + Q[x(y), y]\}\mathrm{d}y.$$

进一步地，如果积分曲线 L 是空间曲线，其参数方程为

$$\begin{cases} x = \varphi(t), \\ y = \psi(t), \\ z = \omega(t), \end{cases}$$

且 $\varphi(t), \psi(t), \omega(t)$ 具有连续的导数，t 从 α 变化到 β，则

$$\int_L P\mathrm{d}x + Q\mathrm{d}y + R\mathrm{d}z$$
$$= \int_\alpha^\beta [P(\varphi(t), \psi(t), \omega(t))\varphi'(t) + Q(\varphi(t), \psi(t), \omega(t))\psi'(t)$$
$$+ R(\varphi(t), \psi(t), \omega(t))\omega'(t)]\mathrm{d}t. \tag{3}$$

例 1　计算曲线积分

$$I = \int_L y^2\mathrm{d}x + x\mathrm{d}y$$

其中 L 为：

(1) 点 $A(a, 0)$ 沿上半圆到 $B(-a, 0)$.

(2) 点 A 沿 x 轴到 B.

解　(1) 如图 11-5 所示，L 的参数方程为

$$\begin{cases} x = a\cos t, \\ y = a\sin t, \end{cases}$$

A 点对应于 $t = 0$，B 点对应于 $t = \pi$，故

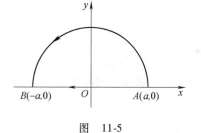

图 11-5

$$I = \int_0^\pi [a^2\sin^2 t(-a\sin t) + a^2\cos t\cos t]\mathrm{d}t$$

$$= a^3\int_0^\pi (1 - \cos^2 t)\mathrm{d}\cos t + a^2\int_0^\pi \frac{1 + \cos 2t}{2}\mathrm{d}t$$

$$= a^3\left[\cos t - \frac{1}{3}\cos^3 t\right]\Big|_0^\pi + \frac{1}{2}a^2\left[t + \frac{1}{2}\sin 2t\right]\Big|_0^\pi = -\frac{4}{3}a^3 + \frac{1}{2}\pi a^2.$$

(2) x 轴的方程为 $y = 0$，$\mathrm{d}y = 0$，A 点对应于 $x = a$，B 点对应于 $x = -a$，所以

$$I = \int_a^{-a} 0\mathrm{d}x = 0.$$

例 2　计算曲线积分

$$I = \int_L 2xy\mathrm{d}x + x^2\mathrm{d}y,$$

其中 L 为

（1）抛物线 $y = x^2$ 从 $O(0, 0)$ 到 $B(1, 1)$ 的一段弧；

（2）抛物线 $x = y^2$ 从 $O(0, 0)$ 到 $B(1, 1)$ 的一段弧；

（3）有向折线 OAB，其中 A 点坐标为 $A(1, 0)$，如图 11-6 所示.

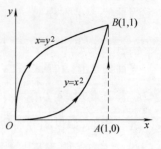

图　11-6

解　（1）曲线积分化成对 x 的定积分.
$L: y = x^2, x$ 从 0 变到 1, 所以

$$I = \int_0^1 (2x^3 \mathrm{d}x + x^2 \cdot 2x \mathrm{d}x)$$

$$= \int_0^1 4x^3 \mathrm{d}x = x^4 \mid_0^1 = 1.$$

（2）曲线积分化成对 y 的定积分. $L: x = y^2, y$ 从 0 变到 1, 所以

$$I = \int_0^1 (2y^3 \cdot 2y \mathrm{d}y + y^4 \mathrm{d}y) = \int_0^1 5y^4 \mathrm{d}y = y^5 \mid_0^1 = 1.$$

（3）在直线 OA 上，$y = 0$，$\mathrm{d}y = 0$，故积分为零；

在直线 AB 上，$x = 1$，$\mathrm{d}x = 0$，y 从 0 变到 1，故

$$I = \int_{OA} (2xy\mathrm{d}x + x^2\mathrm{d}y) + \int_{AB} (2xy\mathrm{d}x + x^2\mathrm{d}y) = 0 + \int_0^1 \mathrm{d}y = 1.$$

例 3　计算曲线积分 $I = \int_L x\mathrm{d}x + y\mathrm{d}y + z\mathrm{d}z$，其中 L 是从点 $(1, 1, 1)$ 到点 $(-2, 3, 4)$ 的直线段.

解　直线 L 的参数方程为

$$\begin{cases} x = 1 - 3t, \\ y = 1 + 2t, \\ z = 1 + 3t, \end{cases}$$

t 从 0 变化到 1, 于是曲线积分为

$$I = \int_0^1 [-3(1 - 3t) + 2(1 + 2t) + 3(1 + 3t)] \mathrm{d}t = \int_0^1 (2 + 22t) \mathrm{d}t = 13.$$

例 4　设质点在力场 $\boldsymbol{F} = -x^2 \boldsymbol{i} + xy \boldsymbol{j}$ 中沿椭圆 $x^2 + \dfrac{y^2}{2^2} = 1$ 在第一象限的部分从 $(0, 2)$ 移动到 $(1, 0)$，求力 $\boldsymbol{F}$ 所做的功 W.

解　有向曲线 L 可表示为

$$\begin{cases} x = \cos t, \\ y = 2\sin t, \end{cases}$$

点 $(0, 2)$ 对应于 $t = \dfrac{\pi}{2}$，$(1, 0)$ 对应于 $t = 0$，因此

$$W = \int_L - x^2 \mathrm{d}x + xy\mathrm{d}y = \int_{\frac{\pi}{2}}^{0} \left[(-\cos^2 t)(-\sin t) + \cos t \cdot 2\sin t \cdot 2\cos t \right] \mathrm{d}t$$

$$= 5\int_{\frac{\pi}{2}}^{0} \cos^2 t \cdot \sin t \mathrm{d}t = -\frac{5}{3}\cos^3 t \Big|_{\frac{\pi}{2}}^{0} = -\frac{5}{3}.$$

例 5 计算曲线积分 $\oint_L \dfrac{-y\mathrm{d}x + x\mathrm{d}y}{x^2 + y^2}$，其中 L 为单位圆周的逆时针方向.

解 L 的参数方程为

$$\begin{cases} x = \cos t, \\ y = \sin t, \end{cases}$$

其逆时针方向对应于参数由 0 变到 2π，因而

$$\oint_L \frac{-y\mathrm{d}x + x\mathrm{d}y}{x^2 + y^2} = \int_0^{2\pi} \frac{(-\sin t)(-\sin t) + \cos t \cdot \cos t}{\cos^2 t + \sin^2 t} \mathrm{d}t$$

$$= \int_0^{2\pi} \mathrm{d}t = 2\pi.$$

三、两类曲线积分之间的关系

虽然两类曲线积分的定义不同，但由于弧微分 $\mathrm{d}s$ 与它在坐标轴上的投影 $\mathrm{d}x$、$\mathrm{d}y$ 之间有密切的联系，因而使两类曲线积分可以相互转换.

设有向曲线 L 的方向为由点 A 到点 B，L 上任一点 $M(x, y)$ 处与 L 方向一致的切向量的方向余弦为 $\cos \alpha$、$\cos \beta$，则有

$$\frac{\mathrm{d}x}{\mathrm{d}s} = \cos \alpha, \frac{\mathrm{d}y}{\mathrm{d}s} = \cos \beta,$$

于是

$$\int_L P(x, y)\mathrm{d}x + Q(x, y)\mathrm{d}y = \int_L \left[P(x, y)\cos \alpha + Q(x, y)\cos \beta \right] \mathrm{d}s, \quad (4)$$

这里 α、β 也都是 x, y 的函数.

对于空间曲线的情形，类似地有

$$\int_L P\mathrm{d}x + Q\mathrm{d}y + R\mathrm{d}z = \int_L \left[P\cos \alpha + Q\cos \beta + R\cos \gamma \right] \mathrm{d}s. \quad (5)$$

两类曲线积分的联系也可用向量形式表达. 例如，空间曲线 Γ 上的两类曲线积分联系可写为如下形式：

$$\int_\Gamma \boldsymbol{A} \cdot \mathrm{d}\boldsymbol{r} = \int_\Gamma \boldsymbol{A} \cdot \boldsymbol{\tau}\mathrm{d}s$$

或

$$\int_\Gamma \boldsymbol{A} \cdot \mathrm{d}\boldsymbol{r} = \int_\Gamma \boldsymbol{A}_\tau \mathrm{d}s$$

其中 $\boldsymbol{A} = \{P, Q, R\}$，$\boldsymbol{\tau} = \{\cos \alpha, \cos \beta, \cos \gamma\}$ 为 Γ 在点 (x, y, z) 处的单位切向量. $\mathrm{d}\boldsymbol{r} = \boldsymbol{\tau}\mathrm{d}s = \{\mathrm{d}x, \mathrm{d}y, \mathrm{d}z\}$ 称为有向曲线元，$\boldsymbol{A}_\tau$ 为向量 $\boldsymbol{A}$ 在向量 $\boldsymbol{\tau}$ 上的投影.

习题 11-2

1. 计算下列对坐标曲线积分.

(1) $\int_L y^2 \mathrm{d}x + x^2 \mathrm{d}y$，其中 L 是椭圆：$\begin{cases} x = a\cos t, \\ y = b\sin t \end{cases}$ 的上半部分，顺时针方向；

(2) $\int_L y^2 \mathrm{d}x$ 其中 L 为：1) 点 $A(a,0)$ 沿上半圆到 $B(-a,0)$；2) 点 A 沿 x 轴到 B；

(3) $\int_L y\mathrm{d}x$，其中 L 是直线：$x=0, y=0, x=2, y=4$ 所构成的矩形边界，且按逆时针方向；

(4) $\int_L x\mathrm{d}x + xy\mathrm{d}y$，其中 L 是 $x^2 + y^2 = 2x$ 的上半圆弧，由 $A(2,0)$ 到 $O(0,0)$；

(5) $\int_L x\mathrm{d}x + y\mathrm{d}y + z\mathrm{d}z$，其中 L 是从点 $(1,1,1)$ 到点 $(2,3,4)$ 的直线段.

(6) $\oint_L xyz\mathrm{d}z$ 其中 L 是用平面 $y=z$ 截球面 $x^2+y^2+z^2=1$ 所得截痕，从 x 轴正向看去，为逆时针方向.

2. 设有一力场 $\boldsymbol{F}$ 是常力，方向和 x 轴方向一致，求质量为 m 的质点沿圆周 $x^2 + y^2 = a^2$ 按逆时针方向移过位于第一象限的那一段弧时场力所做的功.

第三节　格林公式及其应用

牛顿-莱布尼茨公式揭示了闭区间上一元函数定积分与原函数在区间端点的数值之间的关系，将定积分的计算转化为计算被积函数的原函数在区间端点上的值之差. 类似地，平面上有界闭区域上的二重积分与该区域边界曲线上的第二类曲线积分有着密切的联系，这就是格林（Green）公式. 进一步地，被积函数满足一定条件下第二类曲线积分同样可以表示成一个函数在积分曲线终点处的值和起点处的值之差. 本节将全面讨论这些关系.

一、格林公式

定义　设 D 是连通区域，若 D 内任意一条闭曲线所围的部分都属于 D，则称 D 是单连通区域，否则称为复连通区域.

通俗地说，单连通区域就是不含"洞"的区域，复连通区域则是含有"洞"的区域，如图 11-7，图 11-8. 如平面上圆形区域 $D = \{(x,y)\mid x^2 + y \leqslant 1\}$ 是单连通区域，环形区域 $D = \{(x,y)\mid 1 \leqslant x^2 + y \leqslant 4\}$ 是复连通区域.

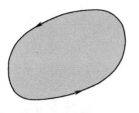

图 11-7

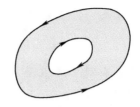

图 11-8

对于单连通区域,它只有一条边界闭曲线. 前面曾规定沿逆时针方向为其正方向,如图 11-7. 对于复连通区域,它的边界不止一条曲线,我们如此规定曲线的正方向: 当一个人沿曲线前进时,其左侧附近包含在区域内,则此人前进的方向为正方向. 对于如图 11-8 所示的复连通区域,外边界曲线以逆时针方向为正方向,内边界曲线以顺时针方向为正方向.

定理 1(格林定理) 设函数 $P(x,y),Q(x,y)$ 在有界闭区域 D 内及其边界曲线 L 上具有一阶连续的偏导数,则

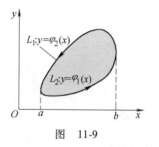

图 11-9

$$\iint_D \left(\frac{\partial Q}{\partial x} - \frac{\partial P}{\partial y} \right) dxdy = \oint_L Pdx + Qdy. \qquad (1)$$

这里 L 取正方向. 公式(1)称为**格林公式**.

证 先设穿过区域 D 内部且平行于坐标轴的直线与 D 的边界曲线 L 的交点恰好为两点,即区域既是 X-型区域,又是 Y-区域情形,如图 11-9 所示.

设 D 可表示为 $a \leqslant x \leqslant b$,$\varphi_1(x) \leqslant y \leqslant \varphi_2(x)$,由二重积分的计算公式有

$$\iint_D \frac{\partial P}{\partial y} dxdy = \int_a^b dx \int_{\varphi_1(x)}^{\varphi_2(x)} \frac{\partial P}{\partial y} dy = \int_a^b P(x,y) \Big|_{\varphi_1(x)}^{\varphi_2(x)} dx$$

$$= \int_a^b [P(x,\varphi_2(x)) - P(x,\varphi_1(x))] dx.$$

另一方面,根据对坐标曲线积分的性质及计算公式有

$$\oint_L P(x,y) dx = \int_{L_1} P(x,y) dx + \int_{L_2} P(x,y) dx$$

$$= \int_a^b P(x,\varphi_1(x)) dx + \int_b^a P(x,\varphi_2(x)) dx$$

$$= \int_a^b P(x,\varphi_1(x)) dx - \int_a^b P(x,\varphi_2(x)) dx$$

$$= -\int_a^b [P(x,\varphi_2(x)) - P(x,\varphi_1(x))] dx,$$

因此

$$-\iint_D \frac{\partial P}{\partial y} dxdy = \oint_L P(x,y) dx. \qquad (2)$$

设 D 可表示为 $c \le y \le d$，$\psi_1(y) \le x \le \psi_2(y)$，类似可证

$$\iint\limits_D \frac{\partial Q}{\partial x}\mathrm{d}x\mathrm{d}y = \oint_L Q(x, y)\mathrm{d}y. \tag{3}$$

由于 D 既是 X-型区域，又是 Y-型区域，因此式(2)，式(3)同时成立，合并以上两式，即得格林公式.

一般情况下，如果区域 D 不满足以上条件，可在 D 内加一条或几条辅助线，把区域 D 划分成有限个满足以上条件的部分区域，如图 11-10，图 11-11 所示，将格林公式用于各个部分区域上，最后再相加. 由于相加时每条辅助线上曲线积分按互反方向计算了两次，因而相互抵消，从而得到格林公式.

注意，对于复连通区域 D，格林公式(1)的左端应包含沿区域 D 的全部边界的曲线积分，且边界的方向对区域 D 来说都是正向.

特别地，如果在格林公式中，$P = -y$，$Q = x$，因而 $\oint_L x\mathrm{d}y - y\mathrm{d}x = 2\iint\limits_D \mathrm{d}x\mathrm{d}y$，从而得到一个计算平面区域面积的公式

$$\sigma = \iint\limits_D \mathrm{d}x\mathrm{d}y = \frac{1}{2}\oint_L x\mathrm{d}y - y\mathrm{d}x. \tag{4}$$

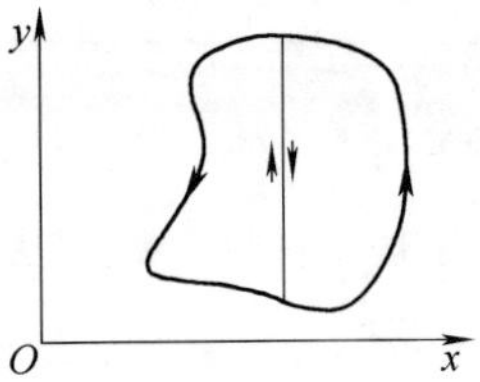

图 11-10 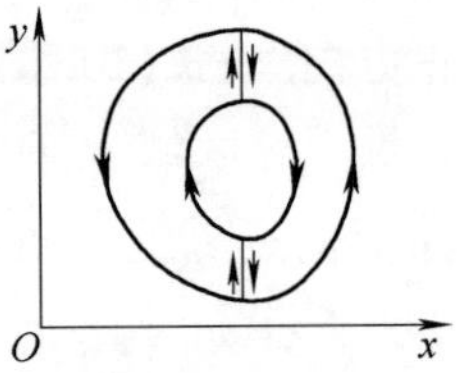   图 11-11

例1 求椭圆 $x = a\cos\theta$，$y = b\sin\theta$ 所围图形的面积 σ.

解 利用公式(4)
$$\sigma = \frac{1}{2}\oint_L x\mathrm{d}y - y\mathrm{d}x$$
$$= \frac{1}{2}\int_0^{2\pi}(ab\cos^2\theta + ab\sin^2\theta)\mathrm{d}\theta$$
$$= \frac{1}{2}ab\int_0^{2\pi}\mathrm{d}\theta = \pi ab.$$

格林公式在应用上常常是把闭曲线积分转化为二重积分，这给计算曲线积分带来了方便，并且可以得到理论上的一些结果.

例2 计算曲线积分

$$\oint_L (2x - 1)y\mathrm{d}x + (x^2 + y^3)\mathrm{d}y,$$

其中 L 是矩形 $ABCD$ 的边界正向，各点坐标为 $A(-1, 0)$，$B(3, 0)$，$C(3, 2)$，$D(-1, 2)$，如图 11-12 所示.

解　应用格林公式,$P=(2x-1)y,Q=x^2+y^3$,

$$\frac{\partial P}{\partial y}=2x-1,\frac{\partial Q}{\partial x}=2x,$$

因而

$$\oint_L(2x-1)y\,dx+(x^2+y^3)\,dy=\iint_D(2x-2x+1)\,dxdy=\iint_D dxdy=8.$$

例3　计算曲线积分

$$I=\int_L(e^x-my)\,dx+(y+mx)\,dy,$$

其中 L 为圆$(x-a)^2+y^2=a^2(a>0)$的上半圆周,方向是 $A(2a,0)$ 到 $O(0,0)$.

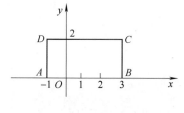

图　11-12

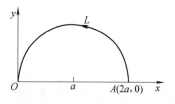

图　11-13

解　L 不是闭曲线,如果将 L 补上直线段 $\overline{OA}$ 构成封闭曲线并记为 L_1,如图11-13 所示,就可运用格林公式.

$$P=e^x-my,Q=y+mx,$$

$$\frac{\partial P}{\partial y}=-m,\ \frac{\partial Q}{\partial x}=m,\ \frac{\partial Q}{\partial x}-\frac{\partial P}{\partial y}=2m,$$

因而

$$\int_{L_1}(e^x-my)\,dx+(y+mx)\,dy=2\iint_D m\,dxdy=\pi ma^2.$$

而

$$\int_{\overline{OA}}(e^x-my)\,dx+(y+mx)\,dy=\int_0^{2a}e^x\,dx=e^{2a}-1,$$

故

$$I=\int_{L_1}(e^x-my)\,dx+(y+mx)\,dy-\int_{\overline{OA}}(e^x-my)\,dx+(y+mx)\,dy$$

$$=\pi ma^2-e^{2a}+1.$$

例4　计算曲线积分

$$I=\oint_L\frac{x\,dy-y\,dx}{x^2+y^2},$$

其中 L 为一条分段光滑,且不通过原点的闭曲线,方向为正,如图11-14 所示.

解　记 $P=\dfrac{-y}{x^2+y^2},Q=\dfrac{x}{x^2+y^2}$,当 $x^2+y^2\neq0$ 时,P,Q 具有连续的一阶偏导数

413

$$\frac{\partial P}{\partial y} = \frac{y^2 - x^2}{(x^2 + y^2)^2} = \frac{\partial Q}{\partial x}.$$

当 L 所围区域 D 不包含原点时,由格林公式, $I = 0$;

当 L 所围区域 D 包含原点时,被积函数不满足格林公式的条件,此时可取充分小的 $r > 0$,使圆周 $L_1: x^2 + y^2 = r^2$ 仍位于 D 内,如图 11-14 所示,以 L 和 L_1 为边界构成复连通区域, D_1 的边界正向是有向曲线 $L + L_1^{-1}$,其中 L_1^{-1} 与 L_1 逆向,由格林公式

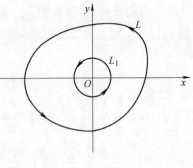

图 11-14

$$\int_{L + L_1^{-1}} \frac{x\mathrm{d}y - y\mathrm{d}x}{x^2 + y^2} = 0.$$

即

$$\int_L \frac{x\mathrm{d}y - y\mathrm{d}x}{x^2 + y^2} = -\int_{L_1^{-1}} \frac{x\mathrm{d}y - y\mathrm{d}x}{x^2 + y^2} = \int_{L_1} \frac{x\mathrm{d}y - y\mathrm{d}x}{x^2 + y^2}$$

$$= \int_0^{2\pi} \frac{r\cos t \cdot r\cos t - r\sin t \cdot (-r\sin t)}{r^2\cos^2 t + r^2\sin^2 t}\mathrm{d}t$$

$$= \int_0^{2\pi} \mathrm{d}t = 2\pi.$$

注 本题是利用格林公式调整了积分的封闭曲线路径.

二、平面上曲线积分与路径无关的条件

如果对于区域 D 内任意两点 A, B,沿着连接 A, B 而在 D 内的任何分段光滑的曲线积分都等于同一个值,就说曲线积分在 D 内与路径无关.

在单连通区域 D 内,曲线积分与路径无关等价于沿 D 内任意闭曲线的曲线积分等于零.

定理 2 设函数 $P(x, y)$, $Q(x, y)$ 在单连通区域 D 内有一阶连续的偏导数,则在 D 内曲线积分 $\int_L P\mathrm{d}x + Q\mathrm{d}y$ 与路径无关(或沿 D 内任意闭曲线积分等于零)的充分必要条件是

$$\frac{\partial Q}{\partial x} = \frac{\partial P}{\partial y} \tag{5}$$

在 D 内恒成立.

证 先证充分性.假设等式 $\dfrac{\partial Q}{\partial x} = \dfrac{\partial P}{\partial y}$ 在 D 内处处成立,对于 D 内任意一条闭曲线 L(其围成的区域 D_1 全部在 D 内),应用格林公式

$$\oint_L P\mathrm{d}x + Q\mathrm{d}y = \iint_{D_1}\left(\frac{\partial Q}{\partial x} - \frac{\partial P}{\partial y}\right)\mathrm{d}x\mathrm{d}y = 0.$$

于是得到曲线积分与路径无关.

再证必要性. 用反证法. 假设对于 D 内任一条闭曲线 L, $\oint_L P\mathrm{d}x + Q\mathrm{d}y = 0$, 而在 D 内至少有一点 M_0 使 $\left(\frac{\partial Q}{\partial x} - \frac{\partial P}{\partial y}\right)_{M_0} \neq 0$, 不妨设 $\left(\frac{\partial Q}{\partial x} - \frac{\partial P}{\partial y}\right)_{M_0} = \eta > 0$, 由于 $\frac{\partial Q}{\partial x} - \frac{\partial P}{\partial y}$ 在 D 内连续, 因而 D 内存在 M_0 的一个圆形邻域 K, 使在 K 上恒有 $\left(\frac{\partial Q}{\partial x} - \frac{\partial P}{\partial y}\right)_{M_0} \geq \eta > 0$, 因而 $\iint_K\left(\frac{\partial Q}{\partial x} - \frac{\partial P}{\partial y}\right)\mathrm{d}x\mathrm{d}y \geq \eta \cdot \sigma > 0$. 这里 σ 为圆形邻域 K 的面积. 令 L_0 为圆形邻域 K 的边界曲线, 由格林公式有

$$\oint_{L_0} P\mathrm{d}x + Q\mathrm{d}y = \iint_K\left(\frac{\partial Q}{\partial x} - \frac{\partial P}{\partial y}\right)\mathrm{d}x\mathrm{d}y > 0.$$

这与假设矛盾, 所以在 D 内恒有 $\frac{\partial Q}{\partial x} = \frac{\partial P}{\partial y}$.

当定理中的条件不满足时, 结论不能保证成立, 如在例4中, 由于原点处条件不成立 (P, Q 无定义), 所以当 L 所围区域包含原点时, $\oint_L P\mathrm{d}x + Q\mathrm{d}y \neq 0$.

若曲线积分与路径无关, 曲线的起点为 (x_0, y_0), 终点为 (x_1, y_1), 曲线积分可以写成

$$\int_{(x_0, y_0)}^{(x_1, y_1)} P(x, y)\mathrm{d}x + Q(x, y)\mathrm{d}y.$$

在计算曲线积分时, 常常取与积分曲线的起点、终点相同的特殊路径来积分.

例5 计算曲线积分

$$I = \int_L (x + 2)\mathrm{d}x + y^2\mathrm{d}y,$$

其中 L 是沿圆周 $x^2 + y^2 = 1$ 由点 $A(0, 1)$ 到点 $B(1, 0)$ 的线段.

解 由 $P = x + 2, Q = y^2$, 得

$$\frac{\partial Q}{\partial x} = \frac{\partial P}{\partial y} = 0,$$

因而, 曲线积分与路径无关.

选择从 A 到 B 的路径为: 由 A 沿 y 轴到原点 O, 由 O 沿 x 轴到 B, 所以

$$\int_{AB} (x + 2)\mathrm{d}x + y^2\mathrm{d}y = \int_{AO} (x + 2)\mathrm{d}x + y^2\mathrm{d}y + \int_{OB} (x + 2)\mathrm{d}x + y^2\mathrm{d}y$$

$$= \int_1^0 y^2\mathrm{d}y + \int_0^1 (x + 2)\mathrm{d}x = \frac{1}{3}y^3\Big|_1^0 + \frac{1}{2}(x + 2)^2\Big|_0^1 = \frac{13}{6}.$$

定理3 设函数 $P(x, y), Q(x, y)$ 在单连通区域 D 内有一阶连续偏导数, 则

$P(x,y)\mathrm{d}x + Q(x,y)\mathrm{d}y$ 在 D 内是某一函数 $u(x,y)$ 的全微分的充分必要条件是等式

$$\frac{\partial Q}{\partial x} = \frac{\partial P}{\partial y}$$

在 D 内恒成立.

证 必要性. 如果存在函数 $u(x,y)$ 使得函数 $\mathrm{d}u = P\mathrm{d}x + Q\mathrm{d}y$, 则有

$$P = \frac{\partial u}{\partial x}, \qquad Q = \frac{\partial u}{\partial y},$$

于是

$$\frac{\partial P}{\partial y} = \frac{\partial^2 u}{\partial y \partial x}, \qquad \frac{\partial Q}{\partial x} = \frac{\partial^2 u}{\partial x \partial y},$$

由假设, P, Q 在 D 内有连续的一阶偏导数, 可得 $\dfrac{\partial^2 u}{\partial y \partial x}$ 与 $\dfrac{\partial^2 u}{\partial x \partial y}$ 连续且相等, 即 $\dfrac{\partial Q}{\partial x} = \dfrac{\partial P}{\partial y}$.

充分性. 如图 11-15 所示, 假设 $\dfrac{\partial Q}{\partial x} = \dfrac{\partial P}{\partial y}$ 在 D 内处处成立, 则由定理 2, 以定点 $M_0(x_0, y_0)$ 为起点, 动点 $M(x,y)$ 为终点的曲线积分在区域 D 内与路径无关, 仅由 (x,y) 决定, 令

$$u(x,y) = \int_{(x_0,y_0)}^{(x,y)} P(x,y)\mathrm{d}x + Q(x,y)\mathrm{d}y.$$

其中右端为从 M_0 到 M 沿 D 内任意一条曲线的积分. 则 $u(x,y)$ 是 x, y 的函数. 下面证明这个函数的全微分就是 $P\mathrm{d}x + Q\mathrm{d}y$.

$$\begin{aligned}
u(x + \Delta x, y) &= \int_{(x_0,y_0)}^{(x+\Delta x, y)} P(x,y)\mathrm{d}x + Q(x,y)\mathrm{d}y \\
&= \int_{(x_0,y_0)}^{(x,y)} P\mathrm{d}x + Q\mathrm{d}y + \int_{(x,y)}^{(x+\Delta x, y)} P\mathrm{d}x + Q\mathrm{d}y \\
&= u(x,y) + \int_{(x,y)}^{(x+\Delta x, y)} P\mathrm{d}x
\end{aligned}$$

这是因为在 D 内积分与路径无关, M_0 到 N 的曲线积分等于 M_0 到 M 的曲线积分与 M 到 N 的曲线积分之和, 而在 MN 上 $\mathrm{d}y = 0$. 由积分中值定理可得

$$\begin{aligned}
u(x + \Delta x, y) - u(x,y) &= \int_{(x,y)}^{(x+\Delta x, y)} P(x,y)\mathrm{d}x \\
&= P(x + \theta \Delta x, y) \cdot \Delta x \quad (0 \le \theta \le 1).
\end{aligned}$$

因此

$$\begin{aligned}
\frac{\partial u}{\partial x} &= \lim_{\Delta x \to 0} \frac{u(x + \Delta x, y) - u(x,y)}{\Delta x} \\
&= \lim_{\Delta x \to 0} P(x + \theta \Delta x, y) = P(x,y).
\end{aligned}$$

同理可得 $\dfrac{\partial u}{\partial y} = Q(x,y)$, 因此 $\mathrm{d}u = P\mathrm{d}x + Q\mathrm{d}y$.

当 $P\mathrm{d}x + Q\mathrm{d}y$ 是全微分时, 其原函数 $u(x,y)$ 可由计算曲线积分 $\displaystyle\int_{(x_0,y_0)}^{(x,y)} P\mathrm{d}x +$

$Q\mathrm{d}y$ 得到. 由于此曲线积分与路径无关,一般取积分路径为平行于 x 轴和平行于 y 轴的直线段 M_0A, AM(或 M_0B, BM)组成的折线段,如图 11-16 所示.

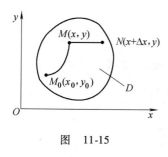

图 11-15

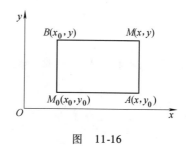

图 11-16

因而

$$u(x, y) = \int_{x_0}^{x} P(x, y_0)\mathrm{d}x + \int_{y_0}^{y} Q(x, y)\mathrm{d}y \qquad (6)$$

或

$$u(x, y) = \int_{y_0}^{y} Q(x_0, y)\mathrm{d}y + \int_{x_0}^{x} P(x, y)\mathrm{d}x. \qquad (7)$$

当 $P\mathrm{d}x + Q\mathrm{d}y$ 是 $u(x, y)$ 的全微分时,有

$$\int_{(x_0, y_0)}^{(x_1, y_1)} P(x, y)\mathrm{d}x + Q(x, y)\mathrm{d}y = u(x_1, y_1) - u(x_0, y_0). \qquad (8)$$

这一公式与定积分的牛顿-莱布尼茨公式形式类似,它为某些曲线积分的计算提供了方便.

例 6 证明曲线积分 $\int_{l}(x - y)\mathrm{d}x - (x - y)\mathrm{d}y$ 与路径无关. 并求

$$\int_{(0, 0)}^{(1, 2)} (x - y)\mathrm{d}x - (x - y)\mathrm{d}y.$$

解 设 $P = x - y$, $Q = y - x$,则

$$\frac{\partial Q}{\partial x} = -1 = \frac{\partial P}{\partial y}$$

在整个平面上连续, 由定理 3, $\int_{l}(x - y)\mathrm{d}x - (x - y)\mathrm{d}y$ 与路径无关.

取从 $O(0, 0)$ 沿直线到 $A(1, 0)$,再沿直线到 $B(1, 2)$ 为积分路径,则

$$\int_{(0, 0)}^{(1, 2)} (x - y)\mathrm{d}x - (x - y)\mathrm{d}y = \int_{(0, 0)}^{(1, 0)} (x - y)\mathrm{d}x - (x - y)\mathrm{d}y +$$

$$\int_{(1, 0)}^{(1, 2)} (x - y)\mathrm{d}x - (x - y)\mathrm{d}y$$

$$= \int_{0}^{1} x\mathrm{d}x + \int_{0}^{2} - (1 - y)\mathrm{d}y = \frac{1}{2}$$

例 6 也可这样求解,当积分与路径无关时, $(x - y)\mathrm{d}x - (x - y)\mathrm{d}y =$

$(x-y)(\mathrm{d}x-\mathrm{d}y)$ 是某一函数 $u(x,y)$ 的全微分,在此很容易求出 $(x-y)(\mathrm{d}x-\mathrm{d}y)=$ $\frac{1}{2}\mathrm{d}(x-y)^2$,因此, $u(x,y)=\frac{1}{2}(x-y)^2$,从而 $\int_{(0,0)}^{(1,2)}(x-y)\mathrm{d}x-(x-y)\mathrm{d}y=$ $u(1,2)-u(0,0)=\frac{1}{2}$.

例 7 验证在 Oxy 平面内 $xy^2\mathrm{d}x+x^2y\mathrm{d}y$ 是某个函数的全微分,并求出一个这样的函数.

解 $P(x,y)=xy^2, Q(x,y)=x^2y$,它们在 Oxy 平面内满足

$$\frac{\partial P}{\partial y}=2xy=\frac{\partial Q}{\partial x}$$

因此,在 Oxy 平面内, $xy^2\mathrm{d}x+x^2y\mathrm{d}y$ 是某个函数 $u(x,y)$ 的全微分,且可取 $u(x,y)$ $=\int_{(0,0)}^{(x,y)}xy^2\mathrm{d}x+x^2y\mathrm{d}y$. 为计算这个曲线积分,取如下路径: $(0,0)\rightarrow(x,0)\rightarrow(x,$ $y)$,则

$$u(x,y)=\int_{(0,0)}^{(x,0)}xy^2\mathrm{d}x+x^2y\mathrm{d}y+\int_{(x,0)}^{(x,y)}xy^2\mathrm{d}x+x^2y\mathrm{d}y$$

$$=0+\int_0^y x^2y\mathrm{d}y=\frac{x^2y^2}{2}.$$

当表达式 $P(x,y)\mathrm{d}x+Q(x,y)\mathrm{d}y$ 是某函数 $u(x,y)$ 的全微分时,微分方程
$$P(x,y)\mathrm{d}x+Q(x,y)\mathrm{d}y=0$$
的通解显然就是 $u(x,y)=C$. 这样的微分方程称为**全微分方程**.

例 8 求微分方程 $(5x^4+3xy^2-y^3)\mathrm{d}x+(3x^2y-3xy^2+y^2)\mathrm{d}y=0$ 的通解.

解 容易验证,方程是全微分方程,利用公式(7)可得

$$u(x,y)=\int_{(0,0)}^{(x,y)}(5x^4+3xy^2-y^3)\mathrm{d}x+(3x^2y-3xy^2+y^2)\mathrm{d}y$$

$$=\int_0^x(5x^4+3xy^2-y^3)\mathrm{d}x+\int_0^y(3x^2y-3xy^2+y^2)\Big|_{x=0}\mathrm{d}y$$

$$=x^5+\frac{3}{2}x^2y^2-xy^3+\frac{1}{3}y^3.$$

所以,微分方程的通解为

$$x^5+\frac{3}{2}x^2y^2-xy^3+\frac{1}{3}y^3=C.$$

习题 11-3

1. 利用曲线积分计算下列曲线所围成图形的面积

(1) 星形线 $x=a\cos^3 t, y=a\sin^3 t, 0\leqslant t\leqslant 2\pi$;

（2）圆 $x^2 + y^2 = 2ax$.

2. 运用格林公式计算下列曲线积分.

（1）$\oint_L xy^2\,\mathrm{d}y - x^2 y\,\mathrm{d}x$，其中 L 是圆周 $x^2 + y^2 = a^2$ 的正方向；

（2）$\oint_L 3xy\,\mathrm{d}x + x^2\,\mathrm{d}y$，其中 L 是矩形 $ABCD$ 的边界正向，各点坐标为 $A(-1,0)$，$B(3,0)$，$C(3,2)$，$D(-1,2)$；

（3）$\oint_L (x+y)\,\mathrm{d}x + (x-y)\,\mathrm{d}y$，其中 L 是椭圆 $\dfrac{x^2}{a^2} + \dfrac{y^2}{b^2} = 1$ 的正方向；

（4）$\int_L x\,\mathrm{d}x + y^2\,\mathrm{d}y$，其中 L 是直线 $x + y = \pi$ 上由点 $A(0,\pi)$ 到点 $B(\pi,0)$ 的线段.

3. 证明下列积分与路径无关，并计算积分值.

（1）$\int_{(0,0)}^{(2,1)} (2xy - y^4 + 3)\,\mathrm{d}x + (x^2 - 4xy^3)\,\mathrm{d}y$；

（2）$\int_{(0,0)}^{(2,1)} \mathrm{e}^x(\cos y\,\mathrm{d}x - \sin y\,\mathrm{d}y)$.

4. 求 $\int_L (x^4 + 4xy^3)\,\mathrm{d}x + (6x^2y^2 - 5y^4)\,\mathrm{d}y$，其中 L 为由 $A(-2,-1)$ 到 $B(3,0)$ 的任意路径.

5. 验证下列 $P(x,y)\,\mathrm{d}x + Q(x,y)\,\mathrm{d}y$ 在 Oxy 平面内是某一函数的全微分，并求一个这样的 $u(x,y)$.

（1）$(x + 2y)\,\mathrm{d}x + (2x + y)\,\mathrm{d}y$；

（2）$2xy\,\mathrm{d}x + x^2\,\mathrm{d}y$；

（3）$(3x^2y + 8xy^2)\,\mathrm{d}x + (x^3 + 8x^2y + 12y\mathrm{e}^y)\,\mathrm{d}y$；

（4）$(\mathrm{e}^y\cos x - 2y)\,\mathrm{d}x + (\mathrm{e}^y\sin x - 2x)\,\mathrm{d}y$.

第四节　对面积的曲面积分

前面讨论了对弧长的曲线积分，对于定义在空间曲面上的函数同样可以定义对面积的曲面积分. 本节总假定所讨论的曲面是有界的，光滑的（即具有连续变化的切平面）或者逐片光滑的（即曲面由若干块光滑曲面组成）. 因此，曲面均可计算面积.

一、对面积的曲面积分的概念

首先看一个实际问题：计算薄壳体的质量.

设有一薄壳 Σ，其上分布有质量，面密度函数为 $\rho = \rho(x,y,z)$. 为求此薄壳

的质量 m，首先将 Σ 任意分割成 n 个小曲面块 $\Delta S_i(i=1,2,\cdots,n)$，仍用 ΔS_i 表示 ΔS_i 的面积. 在 ΔS_i 上任取一点 $N_i(\xi_i,\eta_i,\zeta_i)$，当分割很细时，小曲面块 ΔS_i 可近似看成是均匀的，其密度为 N_i 点的密度 $\rho(\xi_i,\eta_i,\zeta_i)$，于是 ΔS_i 的质量的近似值为 $\rho(\xi_i,\eta_i,\zeta_i)\cdot\Delta S_i$，因而薄壳的质量的近似值为 $\sum_{i=1}^{n}\rho(\xi_i,\eta_i,\zeta_i)\cdot\Delta S_i$，当 Σ 无限细分，即 $\Delta S_i(i=1,2,\cdots,n)$ 中的最大直径（曲面块上任意两点距离的最大值）$\lambda\to0$，这个近似值的极限就等于 m，即

$$m=\lim_{\lambda\to0}\sum_{i=1}^{n}\rho(\xi_i,\eta_i,\zeta_i)\cdot\Delta S_i.$$

这类和式的极限在其他实际问题中也会遇到，我们从中引出对面积的曲面积分的概念.

定义 设 $f(x,y,z)$ 是定义在曲面 Σ 上的有界函数，将曲面 Σ 任意分割成 n 个小曲面块 $\Delta S_i(i=1,2,\cdots,n)$（$\Delta S_i$ 的面积仍记为 ΔS_i），记 $\lambda=\max_{1\le i\le n}d(\Delta S_i)$，其中 $d(\Delta S_i)$ 表示 ΔS_i 的直径，在 ΔS_i 上任取一点 $N_i(\xi_i,\eta_i,\zeta_i)$，作和式 $\sum_{i=1}^{n}f(\xi_i,\eta_i,\zeta_i)\cdot\Delta S_i$. 如果不论对曲面 Σ 如何划分，也不论点 $N_i(\xi_i,\eta_i,\zeta_i)$ 在 ΔS_i 中如何选取，只要 $\lambda\to0$ 时和式的极限

$$\lim_{\lambda\to0}\sum_{i=1}^{n}f(\xi_i,\eta_i,\zeta_i)\cdot\Delta S_i$$

总存在，则称此极限为函数 $f(x,y,z)$ 在曲面 Σ 上的对面积的曲面积分（或称第一类曲面积分），记为 $\iint_{\Sigma}f(x,y,z)\mathrm{d}S$，即

$$\iint_{\Sigma}f(x,y,z)\mathrm{d}S=\lim_{\lambda\to0}\sum_{i=1}^{n}f(\xi_i,\eta_i,\zeta_i)\cdot\Delta S_i.$$

其中 $f(x,y,z)$ 称为被积函数，Σ 称为积分曲面. 若曲面 Σ 为封闭曲面，也记为 $\oiint_{\Sigma}f(x,y,z)\mathrm{d}S.$

可以证明，当函数 $f(x,y,z)$ 在分段光滑曲面 Σ 上连续时，在 Σ 上的第一类曲面积分存在. 因此，今后我们总假定 $f(x,y,z)$ 在 Σ 上连续.

对面积的曲面积分有与对弧长的曲线积分类似的性质，这里不再赘述.

二、对面积的曲面积分的计算

设曲面 Σ 的方程为 $z=z(x,y)$，$(x,y)\in D$，由第十章第三节知道 Σ 的面积元素

$$\mathrm{d}S=\sqrt{1+z_x^{2}+z_y^{2}}\mathrm{d}x\mathrm{d}y,$$

因此
$$\iint\limits_{\Sigma} f(x,y,z)\,\mathrm{d}S = \iint\limits_{D} f(x,\ y,\ z(x,\ y))\ \sqrt{1 + z_x{}^2 + z_y{}^2}\mathrm{d}x\mathrm{d}y.$$

其中, D 为曲面 Σ 在 Oxy 平面上的投影区域. 若曲面 $\Sigma: y = y(x,\ z)$ 在 Oxz 面上的投影区域为 D_{xz}, 则

$$\iint\limits_{\Sigma} f(x,y,z)\,\mathrm{d}S = \iint\limits_{D_{xz}} f(x,\ y(x,\ z),\ z)\ \sqrt{1 + y_x{}^2 + y_z{}^2}\mathrm{d}x\mathrm{d}z;$$

若曲面 $\Sigma: x = x(y,\ z)$ 在 Oyz 面上的投影区域为 D_{yz}, 则

$$\iint\limits_{\Sigma} f(x,y,z)\,\mathrm{d}S = \iint\limits_{D_{yz}} f(x(y,\ z),\ y,\ z)\ \sqrt{1 + x_y{}^2 + x_z{}^2}\mathrm{d}y\mathrm{d}z.$$

例1　计算第一类曲面积分

$$I = \iint\limits_{\Sigma} \left(z + 2x + \frac{4}{3}y\right)\mathrm{d}S,$$

其中 Σ 为平面 $\dfrac{x}{2} + \dfrac{y}{3} + \dfrac{z}{4} = 1$ 位于第一卦限中的部分.

解　曲面 Σ 的方程可写为 $z = 4 - 2x - \dfrac{4}{3}y, (x,\ y) \in D$, 其中 D 为 Σ 在 Oxy 面上的投影区域, 它由直线 $x = 0$, $y = 0$, $\dfrac{x}{2} + \dfrac{y}{3} = 1$ 所围成.

$$z_x = -2, z_y = -\frac{4}{3},$$

所以

$$\mathrm{d}S = \sqrt{1 + (-2)^2 + \left(-\frac{4}{3}\right)^2}\mathrm{d}x\mathrm{d}y = \frac{\sqrt{61}}{3}\mathrm{d}x\mathrm{d}y,$$

因而

$$I = \iint\limits_{D} 4 \cdot \frac{\sqrt{61}}{3}\mathrm{d}x\mathrm{d}y = 4 \cdot \frac{\sqrt{61}}{3}\iint\limits_{D}\mathrm{d}x\mathrm{d}y$$

$$= \frac{4}{3}\sqrt{61} \cdot \frac{1}{2} \cdot 2 \cdot 3 = 4\sqrt{61}.$$

例2　计算 $\oiint\limits_{\Sigma}(x^2 + y^2)\,\mathrm{d}S$, Σ 是 $z = \sqrt{x^2 + y^2}$ 与 $z = 1$ 围成的闭曲面 (图 11-17).

解　Σ 在 Oxy 面的投影区域为 $D_{xy}: \{(x,\ y)\mid x^2 + y^2 \leqslant 1\}$, 将 Σ 分为两个曲面 $\Sigma_1: z = 1$ 和 $\Sigma_2: z = \sqrt{x^2 + y^2}$, 在曲面 Σ_1 上,

$$\mathrm{d}S = \sqrt{1 + 0 + 0}\mathrm{d}x\mathrm{d}y = \mathrm{d}x\mathrm{d}y,$$

在曲面 Σ_2 上,

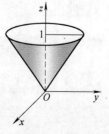

图 11-17

$$z_x = \frac{x}{\sqrt{x^2 + y^2}}, z_y = \frac{y}{\sqrt{x^2 + y^2}},$$

$$\mathrm{d}S = \sqrt{1 + z_x^2 + z_y^2}\,\mathrm{d}x\mathrm{d}y = \sqrt{2}\,\mathrm{d}x\mathrm{d}y,$$

于是

$$\oiint_{\Sigma}(x^2 + y^2)\,\mathrm{d}S = \iint_{\Sigma_1}(x^2 + y^2)\,\mathrm{d}S + \iint_{\Sigma_2}(x^2 + y^2)\,\mathrm{d}S$$

$$= \iint_{D_{xy}}(x^2 + y^2)\,\mathrm{d}x\mathrm{d}y + \iint_{D_{xy}}(x^2 + y^2)\sqrt{2}\,\mathrm{d}x\mathrm{d}y$$

$$= (\sqrt{2} + 1)\int_0^{2\pi}\mathrm{d}\theta\int_0^1 r^3\mathrm{d}r = \frac{\pi}{2}(\sqrt{2} + 1).$$

习题 11-4

1. 计算下列对面积的曲面积分.

(1) $\iint_{\Sigma}(2xy - 2x^2 - x + z)\,\mathrm{d}S$, 其中 Σ 为平面 $2x + 2y + z = 6$ 在第一卦限的部分;

(2) $\oiint_{\Sigma}\frac{1}{(1 + x + y)^2}\,\mathrm{d}S$, 其中 Σ 为平面 $x + y + z = 1$ 及三坐标面所围成四面体的全表面;

(3) $\iint_{\Sigma}z\mathrm{d}S$, 其中 Σ 是球面 $x^2 + y^2 + z^2 = R^2$ 的上半部分;

(4) $\iint_{\Sigma}\frac{\mathrm{d}S}{z}$, 其中 Σ 为球面 $x^2 + y^2 + z^2 = a^2$ 被平面 $z = h(0 < h < a)$ 截出部分.

(5) $\oiint_{\Sigma}xyz\mathrm{d}S$, 其中 Σ 为平面 $x = 0, y = 0, z = 0, z + y + z = 1$ 围成四面体的整个边界曲面.

(6) $\iint_{\Sigma}z\mathrm{d}S$, 其中 Σ 为锥面 $z = \sqrt{x^2 + y^2}$ 被柱面 $x^2 + y^2 = 2x$ 所截的部分.

2. 设一抛物面壳 $z = \frac{1}{2}(x^2 + y^2)(0 \leqslant z \leqslant 1)$, 此壳的面密度为 $\rho = z$. 求其质量.

3. 求圆锥面 $z^2 = x^2 + y^2(0 \leqslant z \leqslant h)$ 关于 Oz 轴的转动惯量.

第五节　对坐标的曲面积分

一、对坐标的曲面积分的概念

1. 有向曲面

第二类曲面积分与第二类曲线积分的概念相似,它涉及到曲面的方向.在曲面 Σ 上任取一点,过此点作 Σ 的法线矢量,并取定其正向,让法线矢量从该点出发沿着完全落在曲面 Σ 上的任意一条连续闭曲线运动,当再次回到该点时,如果法线矢量的方向与出发时相同,则称曲面 Σ 是**双侧曲面,**否则称 Σ 为**单侧曲面**.

在实际问题中我们遇到的曲面大多是双侧曲面,但是单侧曲面也存在.如图 11-18 所示,可由矩形粘合而成一个单侧曲面,称为莫比乌斯(Mobius)带.

今后总是假设所讨论的曲面是双侧曲面,并选中其一侧为正侧.如对曲面 $z = f(x, y)$,通常取法向量

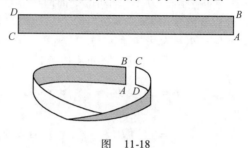

图　11-18

与 z 轴正向交成锐角的上侧为正侧,对于闭曲面,则取其外侧为正侧,这种取定正侧的曲面称为**有向曲面**.

设 Σ 是有向曲面,在 Σ 上取一小块曲面 ΔS,把 ΔS 投影到 Oxy 平面上得到一投影区域,该投影区域的面积记为 $(\Delta\sigma)_{xy}$.假定 ΔS 上各点处法向量与 z 轴的夹角的余弦 $\cos\gamma$ 有相同的符号,则定义 ΔS 在 Oxy 平面的投影 $(\Delta S)_{xy}$ 为

$$(\Delta S)_{xy} = \begin{cases} (\Delta\sigma)_{xy}, & \cos\gamma > 0, \\ -(\Delta\sigma)_{xy}, & \cos\gamma < 0, \\ 0, & \cos\gamma \equiv 0. \end{cases}$$

其中,$\cos\gamma \equiv 0$ 也就是 $(\Delta\sigma)_{xy} = 0$ 的情形.ΔS 在 Oxy 平面上的投影 $(\Delta S)_{xy}$ 实际就是 ΔS 在 Oxy 面上的投影区域的面积附以一定的正负号.类似地可定义 ΔS 在 Oyz 面及在 Oxz 面上的投影 $(\Delta S)_{yz}$ 及 $(\Delta S)_{zx}$.

2. 通过一个曲面的流量

设流体的速度场 $\boldsymbol{v}$ 是常向量,平面区域的面积为 S,平面的单位法向量为 $\boldsymbol{n}$. 则通过平面区域的流量为

$$\Phi = (\boldsymbol{v} \cdot \boldsymbol{n})S = S|\boldsymbol{v}|\cos\theta, \quad \theta \text{ 为 } \boldsymbol{n} \text{ 和 } \boldsymbol{v} \text{ 的夹角}.$$

在速度场是变化的,并且曲面是弯曲的情形下,流量的计算要复杂多了,但定积分的思想方法仍然可以应用.设有一稳定的均匀流体(流体密度 $\rho = 1$,流速与

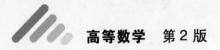

时间无关)的速度场

$$v(x, y, z) = P(x, y, z)\boldsymbol{i} + Q(x, y, z)\boldsymbol{j} + R(x, y, z)\boldsymbol{k},$$

Σ 是速度场中的一片有向曲面,下面计算流
体在单位时间内流向曲面 Σ 指定一侧的流
量 Φ(图 11-19).

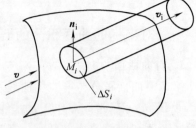

将有向曲面 Σ 分割成 n 个小曲面块
$\Delta S_i (i = 1, 2, \cdots, n)$,仍用 ΔS_i 表示小块
ΔS_i 的面积. 在 ΔS_i 上任取一点 $M_i(\xi_i, \eta_i,$
$\zeta_i)$,设 M_i 处的单位法向量为 $\boldsymbol{n}_i = \{\cos \alpha_i,$

图　11-19

$\cos \beta_i, \cos \gamma_i\}$,当分割很小时,小曲面块 ΔS_i 可近似看成小平面块,在 ΔS_i 上的流速
$\boldsymbol{v}$ 可近似看成常向量 $\boldsymbol{v}_i = \boldsymbol{v}(\xi_i, \eta_i, \zeta_i)$,所以单位时间内流体流过 ΔS_i 的流量 $\Delta \Phi_i \approx$
$\Delta S_i |\boldsymbol{v}_i| \cos \theta (\theta$ 为法向量 $\boldsymbol{n}_i$ 与 $\boldsymbol{v}_i$ 的夹角),即 $\Delta \Phi_i \approx \boldsymbol{v}_i \cdot \boldsymbol{n}_i \Delta S_i$,这里 $\boldsymbol{v}_i \cdot \boldsymbol{n}_i$ 是向量 $\boldsymbol{v}_i$
与单位向量 $\boldsymbol{n}_i$ 的数量积. 因而流体流过曲面 Σ 的总流量

$$
\begin{aligned}
\Phi &= \sum_{i=1}^{n} \Delta \Phi_i \approx \sum_{i=1}^{n} \boldsymbol{v}_i \cdot \boldsymbol{n}_i \Delta S_i \\
&= \sum_{i=1}^{n} \big[P(\xi_i, \eta_i, \zeta_i) \cos \alpha_i + Q(\xi_i, \eta_i, \zeta_i) \cos \beta_i \\
&\qquad + R(\xi_i, \eta_i, \zeta_i) \cos \gamma_i \big] \Delta S_i \\
&\approx \sum_{i=1}^{n} \big[P(\xi_i, \eta_i, \zeta_i)(\Delta S_i)_{yz} + Q(\xi_i, \eta_i, \zeta_i)(\Delta S_i)_{zx} \\
&\qquad + R(\xi_i, \eta_i, \zeta_i)(\Delta S_i)_{xy} \big]
\end{aligned}
$$

分割越细,上述近似的程度越好,当 $\Delta S_i (i = 1, 2, \cdots, n)$ 的最大直径 $\lambda \to 0$ 时,就
可以用上式右端的极限来表示 Φ 的值,即

$$
\begin{aligned}
\Phi = \lim_{\lambda \to 0} \sum_{i=1}^{n} \big[&P(\xi_i, \eta_i, \zeta_i)(\Delta S_i)_{yz} + Q(\xi_i, \eta_i, \zeta_i)(\Delta S_i)_{zx} \\
&+ R(\xi_i, \eta_i, \zeta_i)(\Delta S_i)_{xy} \big].
\end{aligned}
$$

3. 对坐标曲面积分的定义

在应用中,许多物理量都可表示为上述和式的极限. 我们可从中引出对坐标
的曲面积分的概念.

定义　设 Σ 是光滑(或分片光滑)的有向曲面,在 Σ 上给定有界函数 $R(x, y,$
$z)$. 把 Σ 任意分割成 n 个小曲面块 $\Delta S_i (i = 1, 2, \cdots, n)$,仍用 ΔS_i 表示 ΔS_i 的面积,
ΔS_i 在坐标面 Oxy 上投影为 $(\Delta S_i)_{xy}$,$M_i(\xi_i, \eta_i, \zeta_i)$ 为 ΔS_i 上任意取定的一点. 记
$\lambda = \max\limits_{1 \le i \le n} d(\Delta S_i)$. 如果不论对 Σ 如何分割,也不论在 ΔS_i 上的点 M_i 如何选取,极限

$$\lim_{\lambda \to 0} \sum_{i=1}^{n} R(\xi_i, \eta_i, \zeta_i)(\Delta S_i)_{xy}$$

都存在,则称此极限为函数 $R(x, y, z)$ 在 Σ 上的对坐标 x, y 的曲面积分,记作 $\iint\limits_{\Sigma} R(x, y, z)\,\mathrm{d}x\mathrm{d}y$,即

$$\iint\limits_{\Sigma} R(x, y, z)\,\mathrm{d}x\mathrm{d}y = \lim_{\lambda \to 0} \sum_{i=1}^{n} R(\xi_i, \eta_i, \zeta_i)(\Delta S_i)_{xy},$$

其中,$R(x, y, z)$ 叫做被积函数,Σ 叫做积分曲面.

类似地可定义函数 $P(x, y, z)$ 在有向曲面 Σ 上对坐标 y, z 的曲面积分 $\iint\limits_{\Sigma} P(x, y, z)\,\mathrm{d}y\mathrm{d}z$ 及函数 $Q(x, y, z)$ 在有向曲面 Σ 上对坐标 z, x 的曲面积分 $\iint\limits_{\Sigma} Q(x, y, z)\,\mathrm{d}z\mathrm{d}x$ 如下

$$\iint\limits_{\Sigma} P(x, y, z)\,\mathrm{d}y\mathrm{d}z = \lim_{\lambda \to 0} \sum_{i=1}^{n} P(\xi_i, \eta_i, \zeta_i)(\Delta S_i)_{yz},$$

$$\iint\limits_{\Sigma} Q(x, y, z)\,\mathrm{d}z\mathrm{d}x = \lim_{\lambda \to 0} \sum_{i=1}^{n} Q(\xi_i, \eta_i, \zeta_i)(\Delta S_i)_{zx}.$$

对坐标的曲面积分也称**第二类曲面积分**.

在应用时经常遇到三个积分同时出现的情形. 如根据此定义,流体在单位时间内流过曲面 Σ 的流量 Φ 为对坐标的曲面积分

$$\Phi = \iint\limits_{\Sigma} P(x, y, z)\,\mathrm{d}y\mathrm{d}z + \iint\limits_{\Sigma} Q(x, y, z)\,\mathrm{d}z\mathrm{d}x + \iint\limits_{\Sigma} R(x, y, z)\,\mathrm{d}x\mathrm{d}y,$$

这里 P, Q, R 为流速 $\boldsymbol{v}$ 的分量.

我们把三个积分同时出现情形简记为

$$\iint\limits_{\Sigma} P(x, y, z)\,\mathrm{d}y\mathrm{d}z + Q(x, y, z)\,\mathrm{d}z\mathrm{d}x + R(x, y, z)\,\mathrm{d}x\mathrm{d}y.$$

对于封闭曲面 Σ 的曲面积分,也用符号 $\oiint\limits_{\Sigma}$ 表示.

对坐标的曲面积分具有与对坐标的曲线积分类似的性质,这里不一一赘述. 需特别指出的是,对坐标的曲面积分与曲面的侧的选择有关,用 Σ^+ 表示曲面的一侧,Σ^- 表示曲面 Σ 的另一侧,则有

$$\iint\limits_{\Sigma^+} P\mathrm{d}y\mathrm{d}z + Q\mathrm{d}z\mathrm{d}x + R\mathrm{d}x\mathrm{d}y = -\iint\limits_{\Sigma^-} P\mathrm{d}y\mathrm{d}z + Q\mathrm{d}z\mathrm{d}x + R\mathrm{d}x\mathrm{d}y.$$

4. 两类曲面积分的联系

在函数 $R(x, y, z)$ 对坐标 x, y 的曲面积分定义中,由于 $(\Delta S_i)_{xy} \approx \cos\gamma_i \cdot \Delta S_i$,且 λ 越小,这种近似程度越高,因此有

$$\iint\limits_{\Sigma} R(x, y, z)\,\mathrm{d}x\mathrm{d}y$$

$$= \lim_{\lambda \to 0} \sum_{i=1}^{n} R(\xi_i, \eta_i, \zeta_i)(\Delta S_i)_{xy}$$

$$= \lim_{\lambda \to 0} \sum_{i=1}^{n} R(\xi_i, \eta_i, \zeta_i) \cos \gamma_i \cdot \Delta S_i.$$

对照对面积的曲面积分定义,就得到

$$\iint_\Sigma R(x, y, z) \mathrm{d}x\mathrm{d}y = \iint_\Sigma R(x, y, z) \cos \gamma \mathrm{d}S.$$

其中,左边积分中的曲面 Σ 为有向曲面,右边积分中的曲面 Σ 不考虑方向,但被积函数中的 $\cos \gamma$ 和左边积分中的曲面 Σ 的侧一致. 当曲面 Σ 的侧为上侧时,$\cos \gamma > 0$,当曲面 Σ 的侧为下侧时,$\cos \gamma < 0$.

同样地

$$\iint_\Sigma P(x, y, z) \mathrm{d}y\mathrm{d}z = \iint_\Sigma P(x, y, z) \cos \alpha \mathrm{d}S,$$

$$\iint_\Sigma Q(x, y, z) \mathrm{d}z\mathrm{d}x = \iint_\Sigma Q(x, y, z) \cos \beta \mathrm{d}S.$$

因此有

$$\iint_\Sigma P(x, y, z) \mathrm{d}y\mathrm{d}z + Q(x, y, z) \mathrm{d}z\mathrm{d}x + R(x, y, z) \mathrm{d}x\mathrm{d}y$$

$$= \iint_\Sigma (P\cos \alpha + Q\cos \beta + R\cos \gamma) \mathrm{d}S.$$

其中,$\cos \alpha, \cos \beta, \cos \gamma$ 是有向曲面 Σ 在点 (x, y, z) 处的法向量的方向余弦. 这就是对坐标的曲面积分与对面积的曲面积分的联系.

两类曲面积分的联系也可以写成向量形式

$$\iint_\Sigma \boldsymbol{A} \cdot \mathrm{d}\boldsymbol{S} = \iint_\Sigma \boldsymbol{A} \cdot \boldsymbol{n}\mathrm{d}S$$

或

$$\iint_\Sigma \boldsymbol{A} \cdot \mathrm{d}\boldsymbol{S} = \iint_\Sigma A_n \mathrm{d}S,$$

其中,$\boldsymbol{A} = \{P, Q, R\}$,$\boldsymbol{n} = \{\cos \alpha, \cos \beta, \cos \gamma\}$,$\mathrm{d}\boldsymbol{S} = \boldsymbol{n}\mathrm{d}S = \{\mathrm{d}y\mathrm{d}z, \mathrm{d}z\mathrm{d}x, \mathrm{d}x\mathrm{d}y\}$ 称为有向曲面元,A_n 为向量 $\boldsymbol{A}$ 在向量 $\boldsymbol{n}$ 上的投影.

例1 把对坐标的曲面积分

$$\iint_\Sigma P(x, y, z) \mathrm{d}y\mathrm{d}z + Q(x, y, z) \mathrm{d}z\mathrm{d}x + R(x, y, z) \mathrm{d}x\mathrm{d}y$$

化为对面积的曲面积分,其中 Σ 是抛物面 $z = 8 - x^2 - y^2$ 在 Oxy 平面上方的部分的上侧.

解 在曲面 Σ 上,

$$\frac{\partial z}{\partial x} = -2x, \quad \frac{\partial z}{\partial y} = -2y,$$

而 Σ 取曲面的上侧, 因此 $\boldsymbol{n} = \{-z_x, -z_y, 1\} = \{2x, 2y, 1\}$, 于是

$$\cos \alpha = \frac{2x}{\sqrt{1+4x^2+4y^2}}, \quad \cos \beta = \frac{2y}{\sqrt{1+4x^2+4y^2}}, \quad \cos \gamma = \frac{1}{\sqrt{1+4x^2+4y^2}}.$$

因此

$$\iint_{\Sigma} P(x, y, z)\,\mathrm{d}y\mathrm{d}z + Q(x, y, z)\,\mathrm{d}z\mathrm{d}x + R(x, y, z)\,\mathrm{d}x\mathrm{d}y$$

$$= \iint_{\Sigma} \frac{2xP + 2yQ + R}{\sqrt{1+4x^2+4y^2}}\,\mathrm{d}S.$$

二、对坐标的曲面积分的计算

设有向曲面 Σ 的方程为 $z = z(x, y)$, 其在 Oxy 平面上的投影区域为 D_{xy}, Σ 取定为上侧, 此时 $\cos \gamma > 0$ 为曲面 Σ 的法向量与 z 轴夹角的余弦, $z(x, y)$ 在 D 上有连续的偏导数. $R(x, y, z)$ 在 Σ 上连续, 由两类曲面积分的联系,

$$\iint_{\Sigma} R(x, y, z)\,\mathrm{d}x\mathrm{d}y = \iint_{\Sigma} R(x, y, z)\cos \gamma\,\mathrm{d}S$$

$$= \iint_{\Sigma} R(x, y, z)\,\frac{1}{\sqrt{1+z_x^2+z_y^2}}\,\mathrm{d}S$$

$$= \iint_{D_{xy}} R(x, y, z(x, y))\,\mathrm{d}x\mathrm{d}y.$$

这就是对坐标的曲面积分化为二重积分的公式. 即在计算 $\iint_{\Sigma} R(x, y, z)\,\mathrm{d}x\mathrm{d}y$ 时, 只要把变量 z 换成表示 Σ 的函数 $z(x, y)$, 然后在 Σ 的投影区域 D_{xy} 上计算二重积分就可以了.

若 Σ 取定为下侧, 此时 $\cos \gamma = -\dfrac{1}{\sqrt{1+z_x^2+z_y^2}} < 0$, 则

$$\iint_{\Sigma} R(x, y, z)\,\mathrm{d}x\mathrm{d}y = -\iint_{D_{xy}} R(x, y, z(x, y))\,\mathrm{d}x\mathrm{d}y.$$

若 Σ 是垂直于 Oxy 面的柱面, 此时 $\cos \gamma \equiv 0$, 因此

$$\iint_{\Sigma} R(x, y, z)\,\mathrm{d}x\mathrm{d}y = 0.$$

类似地, 如果 Σ 由 $x = x(y, z)$ 给出, 则有

$$\iint_{\Sigma} P(x, y, z)\,\mathrm{d}y\mathrm{d}z = \pm \iint_{D_{yz}} P(x(y, z), y, z)\,\mathrm{d}y\mathrm{d}z.$$

等式右边的符号这样决定:如果积分曲面 Σ 是由方程 $x = x(y, z)$ 所给出的曲面的前侧,取正号,反之,如果积分曲面 Σ 取后侧,应取负号.

如果 Σ 由 $y = y(z, x)$ 给出,则有

$$\iint\limits_{\Sigma} Q(x, y, z)\mathrm{d}z\mathrm{d}x = \pm \iint\limits_{D_{zx}} Q(x, y(z, x), z)\mathrm{d}z\mathrm{d}x.$$

等式右边的符号这样决定:如果积分曲面 Σ 是由方程 $y = y(z, x)$ 所给出的曲面的右侧,取正号,反之,如果积分曲面 Σ 取左侧,应取负号.

例 2 求 $I = \iint\limits_{\Sigma} xy\mathrm{d}y\mathrm{d}z + yz\mathrm{d}z\mathrm{d}x + zx\mathrm{d}x\mathrm{d}y$,其中 Σ 由平面 $x + y + z = 1$ 与三个坐标面所围成的四面体的表面外侧.

解 Σ 可分为 Σ_1,Σ_2,Σ_3 和 Σ_4 四个小块,它们的方程分别为:

$\Sigma_1 : z = 0$,$\Sigma_2 : x = 0$,$\Sigma_3 : y = 0$,$\Sigma_4 : x + y + z = 1$. 当 Σ 取外侧时,Σ_1 取下侧,Σ_2 取后侧,Σ_3 取左侧,Σ_4 取上侧.

在曲面 Σ_1 上 $z = 0$,故

$$\iint\limits_{\Sigma_1} yz\mathrm{d}z\mathrm{d}x + zx\mathrm{d}x\mathrm{d}y = 0,$$

又因为曲面 Σ_1 垂直于坐标面 Oyz,其投影为线段,因此

$$\iint\limits_{\Sigma_1} xy\mathrm{d}y\mathrm{d}z = 0,$$

所以

$$\iint\limits_{\Sigma_1} xy\mathrm{d}y\mathrm{d}z + yz\mathrm{d}z\mathrm{d}x + zx\mathrm{d}x\mathrm{d}y = 0.$$

同理 $\iint\limits_{\Sigma_2} xy\mathrm{d}y\mathrm{d}z + yz\mathrm{d}z\mathrm{d}x + zx\mathrm{d}x\mathrm{d}y = \iint\limits_{\Sigma_3} xy\mathrm{d}y\mathrm{d}z + yz\mathrm{d}z\mathrm{d}x + zx\mathrm{d}x\mathrm{d}y = 0.$

下面计算 Σ_4 上的积分. 此时

$$I = \iint\limits_{\Sigma_4} xy\mathrm{d}y\mathrm{d}z + yz\mathrm{d}z\mathrm{d}x + zx\mathrm{d}x\mathrm{d}y = \iint\limits_{\Sigma_4} xy\mathrm{d}y\mathrm{d}z + \iint\limits_{\Sigma_4} yz\mathrm{d}z\mathrm{d}x + \iint\limits_{\Sigma_4} zx\mathrm{d}x\mathrm{d}y.$$

而

$$\iint\limits_{\Sigma_4} zx\mathrm{d}x\mathrm{d}y = \int_0^1 \mathrm{d}x \int_0^{1-x} (1 - y - x)x\mathrm{d}y = \frac{1}{24},$$

同样可计算得到 $\iint\limits_{\Sigma_4} yz\mathrm{d}z\mathrm{d}x = \iint\limits_{\Sigma_4} xy\mathrm{d}y\mathrm{d}z = \frac{1}{24},$

所以

$$I = \iint\limits_{\Sigma} xy\mathrm{d}y\mathrm{d}z + yz\mathrm{d}z\mathrm{d}x + zx\mathrm{d}x\mathrm{d}y = 0 + 0 + 0 + \frac{1}{24} + \frac{1}{24} + \frac{1}{24} = \frac{1}{8}.$$

例 3 计算曲面积分

$$I = \iint\limits_{\Sigma} x^2 \mathrm{d}y\mathrm{d}z + y^2 \mathrm{d}z\mathrm{d}x + z^2 \mathrm{d}x\mathrm{d}y.$$

其中 Σ 是半球面 $x^2 + y^2 + z^2 = R^2 (z \geq 0)$ 的上侧.

解　Σ 的方程可写为 $z = \sqrt{R^2 - x^2 - y^2}$, $(x, y) \in D$. 其中 $D : x^2 + y^2 \leq R^2$

$$z_x = \frac{-x}{\sqrt{R^2 - x^2 - y^2}}, z_y = \frac{-y}{\sqrt{R^2 - x^2 - y^2}},$$

利用两类曲面积分的关系,得

$$I = \iint\limits_{\Sigma} \left[x^2 \cdot (-z_x) + y^2 \cdot (-z_y) + (R^2 - x^2 - y^2) \cdot 1 \right] \mathrm{d}x\mathrm{d}y$$

$$= \iint\limits_{D} \left(\frac{-x^3 - y^3}{\sqrt{R^2 - x^2 - y^2}} + R^2 - x^2 - y^2 \right) \mathrm{d}x\mathrm{d}y$$

$$= 0 + \int_0^{2\pi} \mathrm{d}\theta \int_0^R (R^2 - r^2) r \mathrm{d}r$$

$$= -2\pi \cdot \left(\frac{1}{2} \cdot R^2 \cdot r^2 - \frac{1}{4} r^4 \right) \Bigg|_0^R = \frac{\pi}{2} R^4.$$

计算中用到了 $\iint\limits_{D} \dfrac{-x^3 - y^3}{\sqrt{R^2 - x^2 - y^2}} \mathrm{d}x\mathrm{d}y = 0$, 这可通过二重积分的对称性(参见第十章第一节)得到.

习题 11-5

1. 把对坐标的曲面积分 $\iint\limits_{\Sigma} P(x, y, z) \mathrm{d}y\mathrm{d}z + Q(x, y, z) \mathrm{d}z\mathrm{d}x + R(x, y, z) \mathrm{d}x\mathrm{d}y$

化为对面积的曲面积分, 其中 Σ 是平面 $3x + 2y + 2\sqrt{3}z = 6$ 在第一卦限部分的上侧.

2. 计算下列对坐标的曲面积分.

(1) $\iint\limits_{\Sigma} (x^2 + y^2) z \mathrm{d}x\mathrm{d}y$, 其中 Σ 为下半球面 $z = -\sqrt{a^2 - x^2 - y^2}$ 的下侧;

(2) $I = \iint\limits_{\Sigma} (x + y) \mathrm{d}y\mathrm{d}z + (y + z) \mathrm{d}z\mathrm{d}x + (z + x) \mathrm{d}x\mathrm{d}y$, 其中 Σ 是以原点为中心, 边长为 a 的正方体的整个表面外侧;

(3) $\iint\limits_{\Sigma} z \mathrm{d}x\mathrm{d}y + x \mathrm{d}y\mathrm{d}z + y \mathrm{d}z\mathrm{d}x$, 其中 Σ 是柱面 $x^2 + y^2 = 1$ 被平面 $z = 0$, $z = 3$ 所截的在第一卦限内的部分的前侧;

(4) $I = \iint\limits_{\Sigma} -y \mathrm{d}z\mathrm{d}x + (z + 1) \mathrm{d}x\mathrm{d}y$, 其中 Σ 是圆柱面 $x^2 + y^2 = 4$ 被平面 $x + z = 2$ 和 $z = 0$ 所截出部分的外侧.

第六节 高斯公式 通量与散度*

一、高斯公式

格林公式表达了平面闭曲线上的曲线积分与所围区域的二重积分之间的关系,高斯(Gauss)公式则揭示了空间闭曲面上的曲面积分与所围空间区域上的三重积分之间的关系.高斯公式是格林公式的推广.

定理(高斯定理)   设空间区域 V 是由光滑或分片光滑的闭曲面 Σ 所围成的有界闭区域,函数 $P(x, y, z), Q(x, y, z), R(x, y, z)$ 在 V 上具有一阶连续偏导数,则有

$$\oiint_{\Sigma} P\mathrm{d}y\mathrm{d}z + Q\mathrm{d}z\mathrm{d}x + R\mathrm{d}x\mathrm{d}y = \iiint_{V}\left(\frac{\partial P}{\partial x} + \frac{\partial Q}{\partial y} + \frac{\partial R}{\partial z}\right)\mathrm{d}x\mathrm{d}y\mathrm{d}z. \tag{1}$$

或

$$\iiint_{V}\left(\frac{\partial P}{\partial x} + \frac{\partial Q}{\partial y} + \frac{\partial R}{\partial z}\right)\mathrm{d}x\mathrm{d}y\mathrm{d}z = \oiint_{\Sigma}(P\cos\alpha + Q\cos\beta + R\cos\gamma)\mathrm{d}S. \tag{2}$$

其中右边的曲面积分是取在闭曲面 Σ 的外侧,$\cos\alpha$, $\cos\beta$, $\cos\gamma$ 为曲面 Σ 上点 (x, y, z) 处的法向量的方向余弦.公式(1)和公式(2)统称为**高斯公式**.

证*   设曲面 Σ 由 $\Sigma_1 : z = z_1(x, y), \Sigma_2 : z = z_2(x, y)$ 两曲面所组成,它们在 Oxy 平面上有共同的投影区域 D_{xy},则

$$\iiint_{V}\frac{\partial R}{\partial z}\mathrm{d}x\mathrm{d}y\mathrm{d}z = \iint_{D_{xy}}\mathrm{d}x\mathrm{d}y\int_{z_1(x, y)}^{z_2(x, y)}\frac{\partial R}{\partial z}\mathrm{d}z$$

$$= \iint_{D_{xy}}\left[R(x, y, z_2(x, y)) - R(x, y, z_1(x, y))\right]\mathrm{d}x\mathrm{d}y.$$

而

$$\oiint_{\Sigma}R\mathrm{d}x\mathrm{d}y = \iint_{\Sigma_1}R\mathrm{d}x\mathrm{d}y + \iint_{\Sigma_2}R\mathrm{d}x\mathrm{d}y$$

$$= -\iint_{D_{xy}}P(x, y, z_1(x, y))\mathrm{d}x\mathrm{d}y + \iint_{D_{xy}}P(x, y, z_2(x, y))\mathrm{d}x\mathrm{d}y.$$

其中,$\iint_{\Sigma_1}R\mathrm{d}x\mathrm{d}y$ 是沿曲面 Σ_1 的下侧积分,$\iint_{\Sigma_2}R\mathrm{d}x\mathrm{d}y$ 是沿曲面 Σ_2 的上侧积分. 因此得到

$$\iiint_{V}\frac{\partial R}{\partial z}\mathrm{d}x\mathrm{d}y\mathrm{d}z = \oiint_{\Sigma}R\mathrm{d}x\mathrm{d}y.$$

同理可得

$$\iiint\limits_{V} \frac{\partial P}{\partial x} \mathrm{d}x\mathrm{d}y\mathrm{d}z = \oiint\limits_{\Sigma} P\mathrm{d}y\mathrm{d}z,$$

$$\iiint\limits_{V} \frac{\partial Q}{\partial y} \mathrm{d}x\mathrm{d}y\mathrm{d}z = \oiint\limits_{\Sigma} Q\mathrm{d}z\mathrm{d}x.$$

合并即得高斯公式.

一般情形下,可作辅助曲面,把区域 V 分成有限个子区域,使每个子区域都满足上述条件,而 V 上的三重积分等于各子区域上三重积分之和;从而每个子区域上的三重积分都等于其边界闭曲面上的相应曲面积分. 在计算各个子区域边界的闭曲面积分时,辅助曲面按不同的侧计算过两次,因而相互抵消. 所以最终这些小区域边界的闭曲面积分之和等于 V 的边界闭曲面的曲面积分. 因而高斯公式成立.

如果在高斯公式中 $P = x$,$Q = y$,$R = z$,则立即可得由闭曲面 Σ 的曲面积分求 Σ 所围立体体积的公式

$$V = \iiint\limits_{V} \mathrm{d}x\mathrm{d}y\mathrm{d}z = \frac{1}{3}\oiint\limits_{\Sigma} x\mathrm{d}y\mathrm{d}z + y\mathrm{d}z\mathrm{d}x + z\mathrm{d}x\mathrm{d}y.$$

其中曲面积分的侧取为 Σ 的外侧.

例 4 计算 $I = \oiint\limits_{\Sigma} z\mathrm{d}x\mathrm{d}y + y\mathrm{d}x\mathrm{d}z + x\mathrm{d}y\mathrm{d}z$,$\Sigma$ 是以原点为中心,边长为 a 的正方体的整个表面外侧.

解 被积函数 $P = x$,$Q = y$,$R = z$,它们的偏导数

$$\frac{\partial P}{\partial x} = 1,\ \frac{\partial Q}{\partial y} = 1,\ \frac{\partial R}{\partial z} = 1,$$

利用高斯公式,得

$$I = \iiint\limits_{V} (1 + 1 + 1)\mathrm{d}v = 3\iiint\limits_{V} \mathrm{d}v = 3a^{3}.$$

例 5 计算曲面积分

$$I = \oiint\limits_{\Sigma} xz^{2}\mathrm{d}y\mathrm{d}z + yx^{2}\mathrm{d}z\mathrm{d}x + zy^{2}\mathrm{d}x\mathrm{d}y,$$

其中 Σ 是柱体 $\Omega = \{(x,\ y,\ z)\,|\,x^{2} + y^{2} \leqslant 4,\ 0 \leqslant z \leqslant 3\}$ 的外侧.

解 利用高斯公式,将曲面积分化成三重积分

$$I = \iiint\limits_{\Omega} (z^{2} + x^{2} + y^{2})\mathrm{d}x\mathrm{d}y\mathrm{d}z = \iint\limits_{D} \mathrm{d}x\mathrm{d}y\int_{0}^{3} (x^{2} + y^{2} + z^{2})\mathrm{d}z$$

$$= \iint\limits_{D} [3(x^{2} + y^{2}) + 9]\mathrm{d}x\mathrm{d}y = 3\int_{0}^{2\pi} \mathrm{d}\theta\int_{0}^{2} r^{3}\mathrm{d}r + 9 \cdot \pi \cdot 2^{2} = 60\pi$$

例 6 设某流体的流速为 $\boldsymbol{v} = (-3y^{2} - 2z)\boldsymbol{i} + (2z - 3x^{2})\boldsymbol{j} + 3(x^{2} + y^{2})\boldsymbol{k}$,求单位时间内流体自下而上通过上半单位球面 Σ 的流量.

解 流量

$$\Phi = \iint\limits_{\Sigma} \boldsymbol{v} \cdot \boldsymbol{n} \mathrm{d}S$$

$$= \iint\limits_{\Sigma} (-3y^2 - 2z) \mathrm{d}y\mathrm{d}z + (2z - 3x^2) \mathrm{d}x\mathrm{d}z + 3(x^2 + y^2) \mathrm{d}x\mathrm{d}y.$$

现 Σ 不是封闭曲面,不能直接应用高斯公式,但我们可添上一个曲面使其成为封闭曲面,然后用高斯公式,方法如下.

记 $\Sigma_1 : z = 0, x^2 + y^2 \leqslant 1$, 为 Oxy 平面上单位圆盘表示的曲面,并取其方向为下侧,则 $\Sigma \cup \Sigma_1$ 是一个封闭曲面,方向为外侧,其所围区域即为上半球体内部区域.

被积函数中,

$$P = -3y^2 - 2z, \quad Q = 2z - 3x^2, \quad R = 3x^2 + 3y^2,$$

由高斯公式得

$$\iint\limits_{\Sigma \cup \Sigma_1} (-3y^2 - 2z) \mathrm{d}y\mathrm{d}z + (2z - 3x^2) \mathrm{d}x\mathrm{d}z + 3(x^2 + y^2) \mathrm{d}x\mathrm{d}y$$

$$= \iiint\limits_{\Omega} \left(\frac{\partial P}{\partial x} + \frac{\partial Q}{\partial y} + \frac{\partial R}{\partial z} \right) \mathrm{d}x\mathrm{d}y\mathrm{d}z = \iiint\limits_{\Omega} 0 \mathrm{d}x\mathrm{d}y\mathrm{d}z = 0.$$

因此,流量

$$\Phi = \iint\limits_{\Sigma} \boldsymbol{v} \cdot \boldsymbol{n} \mathrm{d}S$$

$$= \iint\limits_{\Sigma \cup \Sigma_1} \boldsymbol{v} \cdot \boldsymbol{n} \mathrm{d}S - \iint\limits_{\Sigma} \boldsymbol{v} \cdot \boldsymbol{n} \mathrm{d}S$$

$$= - \iint\limits_{\Sigma_1} \boldsymbol{v} \cdot \boldsymbol{n} \mathrm{d}S.$$

注意到在 Σ_1 上 $\boldsymbol{n} = -\boldsymbol{k}$,因而

$$\Phi = \iint\limits_{\Sigma_1} \boldsymbol{v} \cdot \boldsymbol{k} \mathrm{d}S$$

$$= 3 \iint\limits_{D_{xy}} (x^2 + y^2) \mathrm{d}x\mathrm{d}y$$

$$= 3 \int_0^{2\pi} \mathrm{d}\theta \int_0^1 r^3 \mathrm{d}r = \frac{3}{2}\pi.$$

二*、通量与散度

设稳定流动的不可压缩流体(假定密度为 1)的速度场由

$$\boldsymbol{v}(x, y, z) = P(x, y, z)\boldsymbol{i} + Q(x, y, z)\boldsymbol{j} + R(x, y, z)\boldsymbol{k}$$

给出,其中 P、Q、R 具有一阶连续偏导数,Σ 是速度场中一片有向曲面,又 $\boldsymbol{n} = \cos\alpha\boldsymbol{i} + \cos\beta\boldsymbol{j} + \cos\gamma\boldsymbol{k}$ 是 Σ 在点 (x, y, z) 处的单位法向量,则由第五节第

一目知道,单位时间内流体经过 Σ 流向指定侧的流体总质量 Φ 可用曲面积分来表示:

$$\Phi = \iint_{\Sigma} P\mathrm{d}y\mathrm{d}z + Q\mathrm{d}z\mathrm{d}x + R\mathrm{d}x\mathrm{d}y$$

$$= \iint_{\Sigma} (P\cos\alpha + Q\cos\beta + R\cos\gamma)\,\mathrm{d}S$$

$$= \iint_{\Sigma} \boldsymbol{v} \cdot \boldsymbol{n}\,\mathrm{d}S = \iint_{\Sigma} v_n\,\mathrm{d}S.$$

其中 $v_n = \boldsymbol{v} \cdot \boldsymbol{n} = P\cos\alpha + Q\cos\beta + R\cos\gamma$ 表示流体的速度向量 $\boldsymbol{v}$ 在有向曲面 Σ 的法向量上的投影. 如果 Σ 是高斯公式(1)中闭区域 Ω 的边界曲面的外侧,那么公式(1)的右端可解释为单位时间内离开闭区域 Ω 的流体的总质量. 由于假定流体是不可压缩的,且流动是稳定的,因此,在流体离开 Ω 的同时,Ω 内部必须有产生流体的"源头"产生出同样的流体来进行补充. 所以高斯公式左端可解释为分布在 Ω 内的源头在单位时间内所产生流体的总质量.

为简便起见,把高斯公式(1)改写成

$$\iiint_{\Omega} \left(\frac{\partial P}{\partial x} + \frac{\partial Q}{\partial y} + \frac{\partial R}{\partial z}\right)\mathrm{d}v = \oiint_{\Sigma} v_n\mathrm{d}S.$$

以闭区域 Ω 的体积 V 除上式两端,得

$$\frac{1}{V}\iiint_{\Omega} \left(\frac{\partial P}{\partial x} + \frac{\partial Q}{\partial y} + \frac{\partial R}{\partial z}\right)\mathrm{d}v = \frac{1}{V}\oiint_{\Sigma} v_n\mathrm{d}S.$$

上式左端表示 Ω 内的源头在单位时间单位体积内所产生的流体质量的平均值,应用积分中值定理,得

$$\left.\left(\frac{\partial P}{\partial x} + \frac{\partial Q}{\partial y} + \frac{\partial R}{\partial z}\right)\right|_{(\varepsilon,\eta,\zeta)} = \frac{1}{V}\oiint_{\Sigma} v_n\mathrm{d}S.$$

这里 (ξ, η, ζ) 是 Ω 内的某个点,令 Ω 缩向一点 $M(x,y,z)$,取极限得

$$\frac{\partial P}{\partial x} + \frac{\partial Q}{\partial y} + \frac{\partial R}{\partial z} = \lim_{\Omega \to M}\frac{1}{V}\oiint_{\Sigma} v_n\mathrm{d}S.$$

上式左端称为速度场 $\boldsymbol{v}$ 在点 M 的**散度**,记作 $\operatorname{div}\boldsymbol{v}$,即

$$\operatorname{div}\boldsymbol{v} = \frac{\partial P}{\partial x} + \frac{\partial Q}{\partial y} + \frac{\partial R}{\partial z}.$$

$\operatorname{div}\boldsymbol{v}$ 在这里可看做稳定流动的不可压缩流体在点 M 的源头强度——单位时间单位体积内所产生的流体质量. 如果 $\operatorname{div}\boldsymbol{v}$ 为负,表示点 M 处流体在消失.

一般地,设某向量场由

$$\boldsymbol{A}(x,y,z) = P(x,y,z)\boldsymbol{i} + Q(x,y,z)\boldsymbol{j} + R(x,y,z)\boldsymbol{k}$$

给出,其中 P, Q, R 具有一阶连续偏导数,Σ 是场内的一片有向曲面,$\boldsymbol{n}$ 是 Σ 在点 (x, y, z) 处的单位法向量,则 $\iint\limits_{\Sigma} \boldsymbol{A} \cdot \boldsymbol{n}\mathrm{d}S$ 叫做向量场 $\boldsymbol{A}$ 通过曲面 Σ 向着指定侧的**通量**(或**流量**),$\dfrac{\partial P}{\partial x} + \dfrac{\partial Q}{\partial y} + \dfrac{\partial R}{\partial z}$ 叫做向量场 $\boldsymbol{A}$ 的散度,记作 div $\boldsymbol{A}$,即

$$\mathrm{div}\ \boldsymbol{A} = \frac{\partial P}{\partial x} + \frac{\partial Q}{\partial y} + \frac{\partial R}{\partial z}.$$

高斯公式现在可写成

$$\iiint\limits_{\Omega} \mathrm{div}\ \boldsymbol{A}\mathrm{d}v = \iint\limits_{\Sigma} A_n \mathrm{d}S,$$

其中,Σ 是空间闭区域 Ω 的边界曲面,而

$$A_n = \boldsymbol{A} \cdot \boldsymbol{n} = P\cos\ \alpha + Q\cos\ \beta + R\cos\ \gamma$$

是向量 $\boldsymbol{A}$ 在曲面 Σ 外侧法向量上的投影.

习题 11-6

1. 利用高斯公式计算下列曲面积分.

(1) $\oiint\limits_{\Sigma}(x - y)\mathrm{d}x\mathrm{d}y + (y - z)x\mathrm{d}y\mathrm{d}z$,其中 Σ 为柱面 $x^2 + y^2 = 1$ 及平面 $z = 0, z = 3$ 所围闭区域的整个边界曲面外侧.

(2) $\oiint\limits_{\Sigma} x^3\mathrm{d}y\mathrm{d}z + y^3\mathrm{d}z\mathrm{d}x + z^3\mathrm{d}x\mathrm{d}y$,其中 Σ 是球面 $x^2 + y^2 + z^2 = R^2$ 的内侧;

(3) $\iint\limits_{\Sigma} xy\mathrm{d}y\mathrm{d}z + yz\mathrm{d}z\mathrm{d}x + zx\mathrm{d}x\mathrm{d}y$,其中 Σ 由平面 $x + y + z = 1$ 与三个坐标面所围成四面体的表面外侧;

(4) $\oiint\limits_{\Sigma} 2xz\mathrm{d}y\mathrm{d}z + yz\mathrm{d}z\mathrm{d}x - z^2\mathrm{d}x\mathrm{d}y$,其中 Σ 为锥面 $z = \sqrt{x^2 + y^2}$ 和上半球面 $x^2 + y^2 + z^2 = 2$ 所围成立体表面的外侧.

(5) $\iint\limits_{\Sigma}(x^2\cos\ \alpha + y^2\cos\ \beta + z^2\cos\ \gamma)\mathrm{d}S$,其中 Σ 为锥面 $z^2 = x^2 + y^2$ 介于 $z = 0$,$z = h(h > 0)$ 之间的部分的下侧,$\cos\ \alpha, \cos\ \beta, \cos\ \gamma$ 是 Σ 在点 (x, y, z) 处的法向量的方向余弦.

2*. 求向量场 $\boldsymbol{A} = x^2\boldsymbol{i} + y^2\boldsymbol{j} + z^2\boldsymbol{k}$ 穿过圆锥 $\sqrt{x^2 + y^2} \leqslant z \leqslant 1$ 的全表面流向外侧的通量.

3*. 求向量 $\boldsymbol{A} = (2x + 3z)\boldsymbol{i} - (xz + y)\boldsymbol{j} + (y^2 + 2z)\boldsymbol{k}$ 穿过点 $(3, -1, 2)$ 为球心,半径 $R = 3$ 的球面流向外侧的流量.

4^*. 求下列向量场 $\boldsymbol{A}$ 的散度：

（1）$\boldsymbol{A} = (x^2 + \sin yz)\boldsymbol{i} + (y^2 + \sin xz)\boldsymbol{j} + (z^2 + \sin xy)\boldsymbol{k}$;

（2）$\boldsymbol{A} = xe^{y}\boldsymbol{i} - ze^{-y}\boldsymbol{j} + y\ln z\boldsymbol{k}$.

第七节　斯托克斯公式　环流量与旋度*

一、斯托克斯公式

斯托克斯（Stokes）公式是格林公式的推广，格林公式表达了平面闭区域上的二重积分与边界曲线上的曲线积分间的关系，那么空间曲线上的曲线积分和曲面积分有什么类似的关系呢？我们先介绍空间有向曲线与有向曲面的右手规则，再来描述这种关系.

设曲面 Σ 的边界曲线为有向曲线 Γ，**右手规则**是指当右手除拇指外的四指依 Γ 的绕行方向时，拇指所指的方向与 Σ 上指定一侧的法向量的指向相同. 当有向曲面 Σ 和其边界曲线 Γ 符合右手规则时也称曲线 Γ 是有向曲面 Σ 的**正向边界曲线**.

定理 1　设 Γ 为分段光滑的空间有向曲线，Σ 是以 Γ 为边界的分片光滑的有向曲面，Γ 的正向与有向曲面 Σ 符合右手规则，函数 $P(x,y,z)$、$Q(x,y,z)$、$R(x,y,z)$ 在曲面 Σ（连同边界 Γ）上具有一阶连续偏导数，则有

$$\oint_{\Gamma} P\mathrm{d}x + Q\mathrm{d}y + R\mathrm{d}z = \iint_{\Sigma} \left(\frac{\partial R}{\partial y} - \frac{\partial Q}{\partial z}\right)\mathrm{d}y\mathrm{d}z + \left(\frac{\partial P}{\partial z} - \frac{\partial R}{\partial x}\right)\mathrm{d}z\mathrm{d}x +$$

$$\left(\frac{\partial Q}{\partial x} - \frac{\partial P}{\partial y}\right)\mathrm{d}x\mathrm{d}y \tag{1}$$

证略.

公式（1）叫做**斯托克斯公式**.

为了便于记忆. 利用行列式记号把斯托克斯公式（1）写成

$$\iint_{\Sigma} \begin{vmatrix} \mathrm{d}y\mathrm{d}z & \mathrm{d}z\mathrm{d}x & \mathrm{d}x\mathrm{d}y \\ \dfrac{\partial}{\partial x} & \dfrac{\partial}{\partial y} & \dfrac{\partial}{\partial z} \\ P & Q & R \end{vmatrix} \mathrm{d}S = \oint_{\Gamma} P\mathrm{d}x + Q\mathrm{d}y + R\mathrm{d}z,$$

积分中的行列式的意义为把行列式按第一行展开，并把 $\dfrac{\partial}{\partial y}$ 与 R 的"积"理解为 $\dfrac{\partial R}{\partial y}$，$\dfrac{\partial}{\partial z}$ 与 Q 的"积"理解为 $\dfrac{\partial Q}{\partial z}$ 等等，于是这个行列式就"等于"

$$\left(\frac{\partial R}{\partial y} - \frac{\partial Q}{\partial z}\right)\mathrm{d}y\mathrm{d}z + \left(\frac{\partial P}{\partial z} - \frac{\partial R}{\partial x}\right)\mathrm{d}z\mathrm{d}x + \left(\frac{\partial Q}{\partial x} - \frac{\partial P}{\partial y}\right)\mathrm{d}x\mathrm{d}y.$$

这恰好是公式(1)左端的被积表达式.

利用两类曲面积分间的联系,可得斯托克斯公式的另一形式:

$$\iint\limits_{\Sigma} \begin{vmatrix} \cos\alpha & \cos\beta & \cos\gamma \\ \dfrac{\partial}{\partial x} & \dfrac{\partial}{\partial y} & \dfrac{\partial}{\partial z} \\ P & Q & R \end{vmatrix} \mathrm{d}S = \oint_{\Gamma} P\mathrm{d}x + Q\mathrm{d}y + R\mathrm{d}z,$$

其中 $\boldsymbol{n} = (\cos\alpha,\ \cos\beta,\ \cos\gamma)$ 为有向曲线 Σ 在点 (x,y,z) 处的单位法向量.

如果 Σ 是 Oxy 面上的一块平面闭区域,斯托克斯公式就变成格林公式,因此,格林公式是斯托克斯公式的一个特殊情形. 由格林公式推导出平面曲线第二类曲线积分与路径无关的条件,利用斯托克斯公式可以导出空间曲线第二类曲线积分与路径无关的条件.

定理 2   设空间开区域 G 是单连通区域,函数 $P(x,\ y,\ z)$,$Q(x,\ y,\ z)$,$R(x,\ y,\ z)$ 在 G 内具有一阶连续偏导数,则下列各命题是等价的.

1) $\dfrac{\partial P}{\partial y} = \dfrac{\partial Q}{\partial x}$,$\dfrac{\partial Q}{\partial z} = \dfrac{\partial R}{\partial y}$,$\dfrac{\partial R}{\partial x} = \dfrac{\partial P}{\partial z}$ 在 G 内恒成立;

2) $\oint_{\Gamma} P\mathrm{d}x + Q\mathrm{d}y + R\mathrm{d}z = 0$ 对 G 内任意闭曲线 Γ 成立;

3) $\int_{L} P\mathrm{d}x + Q\mathrm{d}y + R\mathrm{d}z$ 在 G 内与路径无关;

4) 在 G 内存在可微函数 $u = u(x,\ y,\ z)$,使 $\mathrm{d}u = P\mathrm{d}x + Q\mathrm{d}y + R\mathrm{d}z$.

证略.

例 1*   利用斯托克斯公式计算曲线积分 $\oint_{\Gamma} y^2\mathrm{d}x + z^2\mathrm{d}y + x^2\mathrm{d}z$,其中 Γ 为平面 $x+y+z=1$ 被三个坐标面所截成的三角形的整个边界,它的正向与这个三角形上侧的法向量之间符合右手规则(图 11-20).

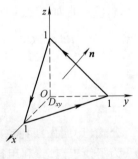

图　11-20

解   按斯托克斯公式,有

$$I = \iint\limits_{\Sigma}(0-2z)\mathrm{d}y\mathrm{d}z + (0-2x)\mathrm{d}z\mathrm{d}x + (0-2y)\mathrm{d}x\mathrm{d}y$$

$$= -2\iint\limits_{\Sigma} z\mathrm{d}y\mathrm{d}z + x\mathrm{d}z\mathrm{d}x + y\mathrm{d}x\mathrm{d}y.$$

曲面 Σ 的方程 $x+y+z-1=0$ 的法向量的三个方向余弦都为正,又由于对称性有

$$I = -2 \times 3 \iint\limits_{D_{xy}} y\mathrm{d}x\mathrm{d}y = -1.$$

其中，D_{xy} 为 Oxy 面上由直线 $x+y=1$ 及两条坐标轴围成的三角形闭区域.

二*、环流量与旋度

设斯托克斯公式中的有向曲面 Σ 在点 (x,y,z) 处的单位法向量为

$$n = \cos\alpha\, i + \cos\beta\, j + \cos\gamma\, k,$$

而 Σ 的正向边界曲线 Γ 在点 (x,y,z) 处的单位切向量为

$$\tau = \cos\lambda\, i + \cos\mu\, j + \cos\nu\, k,$$

则斯托克斯公式可用对面积的曲面积分及对弧长的曲线积分表示为

$$\iint_{\Sigma}\left[\left(\frac{\partial R}{\partial y}-\frac{\partial Q}{\partial z}\right)\cos\alpha+\left(\frac{\partial P}{\partial z}-\frac{\partial R}{\partial x}\right)\cos\beta+\left(\frac{\partial Q}{\partial x}-\frac{\partial P}{\partial y}\right)\cos\gamma\right]\mathrm{d}S$$

$$=\oint_{\Gamma}(P\cos\lambda+Q\cos\mu+R\cos\nu)\mathrm{d}s.$$

设有向量场

$$A(x,y,z)=P(x,y,z)i+Q(x,y,z)j+R(x,y,z)k,$$

在坐标轴上的投影分别为

$$\frac{\partial R}{\partial y}-\frac{\partial Q}{\partial z},\quad \frac{\partial P}{\partial z}-\frac{\partial R}{\partial x},\quad \frac{\partial Q}{\partial x}-\frac{\partial P}{\partial y}$$

的向量叫做向量 A 的**旋度**，记作 **rot** A，即

$$\mathbf{rot}\,A=\left(\frac{\partial R}{\partial y}-\frac{\partial Q}{\partial z}\right)i+\left(\frac{\partial P}{\partial z}-\frac{\partial R}{\partial x}\right)j+\left(\frac{\partial Q}{\partial x}-\frac{\partial P}{\partial y}\right)k.$$

现在，斯托克斯公式可写成向量的形式

$$\iint_{\Sigma}\mathbf{rot}\,A\cdot n\,\mathrm{d}S=\oint_{\Gamma}A\cdot\mathrm{d}r=\oint_{\Gamma}A\cdot\tau\,\mathrm{d}s,$$

或

$$\iint_{\Sigma}(\mathbf{rot}\,A)_n\,\mathrm{d}S=\oint_{\Gamma}A_\tau\,\mathrm{d}s,\tag{2}$$

其中，

$$(\mathbf{rot}\,A)_n=\mathbf{rot}\,A\cdot n=\left(\frac{\partial R}{\partial y}-\frac{\partial Q}{\partial z}\right)\cos\alpha+\left(\frac{\partial P}{\partial z}-\frac{\partial R}{\partial x}\right)\cos\beta+\left(\frac{\partial Q}{\partial x}-\frac{\partial P}{\partial y}\right)\cos\gamma$$

为 **rot** A 在 Σ 的法向量上的投影.

沿有向闭曲线 Γ 的曲线积分

$$\oint_{\Gamma}P\mathrm{d}x+Q\mathrm{d}y+R\mathrm{d}z=\oint_{\Gamma}A_\tau\mathrm{d}s$$

叫做向量场 A 沿有向闭曲线 Γ 的**环流量**，斯托克斯公式(2)现在可叙述为：

向量场 A 沿有向闭曲线 Γ 的环流量等于向量场 A 的旋度场通过 Γ 所张的曲面 Σ 的通量，这里 Γ 的正向与有向曲面 Σ 应符合右手规则.

为了便于记忆，**rot A** 的表达式可利用行列式记号形式地表示为

$$\mathbf{rot}\, A = \begin{vmatrix} \boldsymbol{i} & \boldsymbol{j} & \boldsymbol{k} \\ \dfrac{\partial}{\partial x} & \dfrac{\partial}{\partial y} & \dfrac{\partial}{\partial z} \\ P & Q & R \end{vmatrix}.$$

例 2   设 $u = x^2 + 2y^2 - 3z^2$，求 **rot**(**grad** u).

解   **grad** $u = \{u_x,\ u_y,\ u_z\} = \{2x,\ 4y,\ -6z\}$,

$$\mathbf{rot}(\mathbf{grad}\, u) = \begin{vmatrix} \boldsymbol{i} & \boldsymbol{j} & \boldsymbol{k} \\ \dfrac{\partial}{\partial x} & \dfrac{\partial}{\partial y} & \dfrac{\partial}{\partial z} \\ 2x & 4y & -6z \end{vmatrix} = 0.$$

习题 11-7 *

1. 利用斯托克斯公式，计算下列曲线积分.

(1) $\oint_{\Gamma} y\mathrm{d}x + z\mathrm{d}y + x\mathrm{d}z$，其中 Γ 为圆周 $x^2 + y^2 + z^2 = 1$，$x + y + z = 0$，若从 x 轴的正向看去，这圆周是逆时针方向；

(2) $\oint_{\Gamma} x^2 \mathrm{d}x + y^2 \mathrm{d}y + z^2 \mathrm{d}z$，其中 Γ 为平面 $x + y + z = 1$ 被三个坐标面所截成的三角形的整个边界，它的正向与这个三角形上侧的法向量之间符合右手规则.

2. 求下列向量场 A 的旋度.

(1) $A = (2x + z)\boldsymbol{i} + (x - 2y)\boldsymbol{j} + (2y - z)\boldsymbol{k}$；

(2) $A = (z + \sin y)\boldsymbol{i} - (z - x\cos y)\boldsymbol{j}$.

3. 求向量场 $A = (x - z)\boldsymbol{i} + (x^3 + yz)\boldsymbol{j} - 3xy^2\boldsymbol{k}$ 沿闭曲线 $\Gamma: z = 2 - \sqrt{x^2 + y^2}$，$z = 0$（从 z 轴正向看 Γ 依逆时针方向）的环流量.

第八节 * 综 合 例 题

例 1   计算曲线积分

$$I = \int_{l} (\mathrm{e}^x \sin y - my)\mathrm{d}x + (\mathrm{e}^x \cos y - m)\mathrm{d}y,$$

其中 l 为圆 $(x - a)^2 + y^2 = a^2 (a > 0)$ 的上半圆周，方向是 $A(2a, 0)$ 到 $O(0, 0)$.

解 l 不是闭曲线，如果将 l 与直线段 $\overline{OA}$ 合并就是一条闭曲线的正向，见图 11-21，从而可运用格林公式.

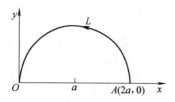

图　11-21

$$P = e^x \sin y - my, \ Q = e^x \cos y - m,$$

$$\frac{\partial P}{\partial y} = e^x \cos y - m, \ \frac{\partial Q}{\partial x} = \cos y e^x, \ \frac{\partial Q}{\partial x} - \frac{\partial P}{\partial y} = m,$$

因而

$$\int_{l+\overline{OA}} (e^x \sin y - my)\,dx + (e^x \cos y - m)\,dy = \iint_D m\,dx dy = \frac{\pi}{2}ma^2.$$

而

$$\int_{\overline{OA}} (e^x \sin y - my)\,dx + (e^x \cos y - m)\,dy = 0,$$

故

$$I = \frac{\pi}{2}ma^2.$$

例 2　设曲线积分 $I = \int_{(0,0)}^{(a,b)} \left((x+1)^n \sin x + \frac{n}{x+1}f(x) \right)y\,dx + f(x)\,dy$ 与路径无关. 求函数 $f(x)$ 的表达式并计算 I 的值.

解　由 $P = \left((x+1)^n \sin x + \frac{n}{x+1}f(x) \right)y, Q = f(x)$ 得

$$\frac{\partial P}{\partial y} = (x+1)^n \sin x + \frac{n}{x+1}f(x), \frac{\partial Q}{\partial x} = f'(x).$$

由于该曲线积分与路径无关,所以有

$$f'(x) = \frac{n}{x+1}f(x) + (x+1)^n \sin x.$$

这是关于 $f(x)$ 的一阶线性方程

$$f'(x) - \frac{n}{x+1}f(x) = (x+1)^n \sin x.$$

由通解公式得

$$f(x) = \left[\int (x+1)^n \sin x \cdot e^{-\int \frac{n}{x+1}dx}\,dx + C \right] e^{\int \frac{n}{x+1}dx}$$

$$= (C - \cos x)(x+1)^n.$$

再由曲线积分与路径无关,可计算得:

$$I = 0 + \int_0^b f(a)\,\mathrm{d}y = f(a)b.$$

例3 计算曲线积分 $\int_\Gamma y^2\mathrm{d}x + z^2\mathrm{d}y + x^2\mathrm{d}z$，其中 Γ 是上半球面 $z = \sqrt{a^2 - x^2 - y^2}$ 与右半圆柱面 $y = \sqrt{ax - x^2}\,(a > 0, y > 0)$ 的交线，从点 $A(0,0,a)$ 到点 $B(a,0,0)$ 的一段(如图 11-22).

解 将柱面方程 $y = \sqrt{ax - x^2}$ 化为 $\left(x - \dfrac{a}{2}\right)^2 + y^2 = \dfrac{a^2}{4}$，令 $y = \dfrac{a}{2}\sin t$ 代入，得 $x = \dfrac{a}{2} + \dfrac{a}{2}\cos t$，再将它们代入球面方程，得 $z = a\sin \dfrac{t}{2}$，所以该曲线的参数方程为

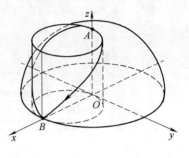

图 11-22

$$\boldsymbol{r}(t) = \left(\frac{a}{2} + \frac{a}{2}\cos t\right)\boldsymbol{i} +$$

$$\frac{a}{2}\sin t\boldsymbol{j} + a\sin \frac{t}{2}\boldsymbol{k}, t:0 \to \pi,$$

所以

$$\int_\Gamma y^2\mathrm{d}x + z^2\mathrm{d}y + x^2\mathrm{d}z$$

$$= \frac{a^3}{8}\int_0^\pi \left[-\sin^3 t + 4\sin^2 \frac{t}{2}\cos t + (1 + \cos t)^2\cos \frac{t}{2}\right]\mathrm{d}t$$

$$= \frac{a^3}{8}\left(\frac{44}{15} - \pi\right).$$

例4 计算曲线积分 $I = \oint_c (z - y)\mathrm{d}x + (x - z)\mathrm{d}y + (x - y)\mathrm{d}z$，其中 c 是曲线 $\begin{cases} x^2 + y^2 = 1, \\ x - y + z = 2 \end{cases}$，从 z 轴正向往 z 轴负向看去，c 的方向是顺时针方向.

解法一 曲线 c 是圆柱面和平面的交线，当 c 是顺时针方向时，曲线 c 在 Oxy 面的投影曲线 $x^2 + y^2 = 1$ 也是顺时针方向. 令 $x = \cos\theta$，则 $y = \sin\theta, z = 2 - x + y = 2 - \cos\theta + \sin\theta, c$ 的变化是 θ 从 2π 到 0，因此

$$I = \int_{2\pi}^0 \left[(2 - \cos\theta)(-\sin\theta) + (2\cos\theta - 2 - \sin\theta)\cos\theta + \right.$$

$$\left.(\cos\theta - \sin\theta)(\cos\theta + \sin\theta)\right]\mathrm{d}\theta$$

$$= \int_{2\pi}^0 (1 - 2\sin\theta - 2\cos\theta + 2\cos 2\theta)\mathrm{d}\theta = -2\pi.$$

解法二 记 $\boldsymbol{A} = (z - y)\boldsymbol{i} + (x - z)\boldsymbol{j} + (x - y)\boldsymbol{k}, \Sigma$ 是平面 $x - y + z = 2$ 上以 c 为边界的那部分曲面，由于 c 的方向从 z 轴正向往 z 轴负向看去是顺时针方向，故取

Σ 的法方向向下 (和 z 轴成钝角), 利用斯托克斯公式, 有

$$I = \oint_c A_\tau \mathrm{d}s = \iint\limits_{\Sigma} \begin{vmatrix} i & j & k \\ \dfrac{\partial}{\partial x} & \dfrac{\partial}{\partial y} & \dfrac{\partial}{\partial z} \\ z-y & x-z & x-y \end{vmatrix} \cdot \boldsymbol{n} \mathrm{d}S$$

$$= \iint\limits_{\Sigma} \{0,0,2\} \cdot \boldsymbol{n} \mathrm{d}S = \iint\limits_{\Sigma} 2\mathrm{d}x\mathrm{d}y = -\iint\limits_{D_{xy}} 2\mathrm{d}x\mathrm{d}y = -2\pi.$$

例 5 计算曲面积分

$$I = \iint\limits_{\Sigma} \frac{1}{b^2} xy^2 \mathrm{d}y\mathrm{d}z + \frac{1}{c^2} yz^2 \mathrm{d}z\mathrm{d}x + \frac{1}{a^2} zx^2 \mathrm{d}x\mathrm{d}y,$$

其中 Σ 是椭球面 $\dfrac{x^2}{a^2} + \dfrac{y^2}{b^2} + \dfrac{z^2}{c^2} = 1$ 的外侧.

证 由高斯公式得

$$I = \iiint\limits_{\Omega} \left[\frac{x^2}{a^2} + \frac{y^2}{b^2} + \frac{z^2}{c^2} \right] \mathrm{d}v$$

$$= \frac{1}{a^2} \iiint\limits_{\Omega} x^2 \mathrm{d}v + \frac{1}{b^2} \iiint\limits_{\Omega} y^2 \mathrm{d}v + \frac{1}{c^2} \iiint\limits_{\Omega} z^2 \mathrm{d}v.$$

又因为

$$\iiint\limits_{\Omega} z^2 \mathrm{d}v = 2\int_0^c z^2 \mathrm{d}z \iint\limits_{D_{zy}} \mathrm{d}x\mathrm{d}y = 2\pi ab \int_0^c z^2 \left(1 - \frac{z^2}{c^2}\right) \mathrm{d}z = \frac{4}{15} \pi abc^3,$$

由轮换对称性, 得

$$\iiint\limits_{\Omega} x^2 \mathrm{d}v = \frac{4}{15} \pi a^3 bc, \quad \iiint\limits_{\Omega} y^2 \mathrm{d}v = \frac{4}{15} \pi ab^3 c.$$

所以, $I = \dfrac{2}{3} \pi abc.$

例 6 设曲面 Σ 是锥面 $x = \sqrt{y^2 + z^2}$ 与两球面 $x^2 + y^2 + z^2 = 1, x^2 + y^2 + z^2 = 2$ 所围立体表面的外侧, 计算曲面积分 $\iint\limits_{\Sigma} x^3 \mathrm{d}y\mathrm{d}z + [y^3 + f(yz)]\mathrm{d}z\mathrm{d}x + [z^3 + f(yz)]\mathrm{d}x\mathrm{d}y$, 其中 f 是连续可微的奇函数.

解 记 Σ 围成的区域为 Ω, 由高斯公式得

$$I = \iiint\limits_{\Omega} [3x^2 + 3y^2 + zf'(yz) + 3z^2 + yf'(yz)] \mathrm{d}v$$

$$= 3 \iiint\limits_{\Omega} (x^2 + y^2 + z^2) \, \mathrm{d}v + \iiint\limits_{\Omega} [zf'(yz) + yf'(yz)] \, \mathrm{d}v.$$

其中

$$3 \iiint\limits_{\Omega} (x^2 + y^2 + z^2) \, \mathrm{d}v = 3 \int_0^{2\pi} \mathrm{d}\theta \int_0^{\frac{\pi}{4}} \sin\varphi \mathrm{d}\varphi \int_1^{\sqrt{2}} \rho^4 \mathrm{d}\rho = 6\pi \left(\frac{9}{5\sqrt{2}} - 1 \right).$$

因为 f 是奇函数,所以 f' 是偶函数,因而由对称性得

$$\iiint\limits_{\Omega} [zf'(yz) + yf'(yz)] \, \mathrm{d}v = 0.$$

所以 $I = 6\pi \left(\dfrac{9}{5\sqrt{2}} - 1 \right)$.

例7 设 Σ 为球面 $2x^2 + 2y^2 + z^2 = 4$ 的外侧,计算曲面积分 $I = \oiint\limits_{\Sigma} \dfrac{x\mathrm{d}y\mathrm{d}z + y\mathrm{d}z\mathrm{d}x + z\mathrm{d}x\mathrm{d}y}{\sqrt{(x^2 + y^2 + z^2)^3}}$.

解 由于 Σ 是闭曲面,可设法用高斯公式计算曲面积分 I. 记

$$P = \frac{x}{\sqrt{(x^2 + y^2 + z^2)^3}}, \quad Q = \frac{y}{\sqrt{(x^2 + y^2 + z^2)^3}}, \quad R = \frac{z}{\sqrt{(x^2 + y^2 + z^2)^3}},$$

则

$$\frac{\partial P}{\partial x} = \frac{y^2 + z^2 - 2x^2}{\sqrt{(x^2 + y^2 + z^2)^5}}, \quad \frac{\partial Q}{\partial y} = \frac{x^2 + z^2 - 2y^2}{\sqrt{(x^2 + y^2 + z^2)^5}}, \quad \frac{\partial R}{\partial z} = \frac{x^2 + y^2 - 2z^2}{\sqrt{(x^2 + y^2 + z^2)^5}},$$

由于 P, Q, R 在 Σ 内部的坐标原点处不连续,所以不能直接应用高斯公式计算,需作小球 $\Sigma_1 : x^2 + y^2 + z^2 = \varepsilon^2$,($\varepsilon$ 是很小的数,使得 Σ_1 完全位于 Σ 内部) 方向为内侧,记位于有向曲面 Σ_1 和 Σ 之间的空间区域为 Ω,则

$$I = \oiint\limits_{\Sigma} \frac{x\mathrm{d}y\mathrm{d}z + y\mathrm{d}z\mathrm{d}x + z\mathrm{d}x\mathrm{d}y}{\sqrt{(x^2 + y^2 + z^2)^3}}$$

$$= \oiint\limits_{\Sigma + \Sigma_1} \frac{x\mathrm{d}y\mathrm{d}z + y\mathrm{d}z\mathrm{d}x + z\mathrm{d}x\mathrm{d}y}{\sqrt{(x^2 + y^2 + z^2)^3}} - \iint\limits_{\Sigma_1} \frac{x\mathrm{d}y\mathrm{d}z + y\mathrm{d}z\mathrm{d}x + z\mathrm{d}x\mathrm{d}y}{\sqrt{(x^2 + y^2 + z^2)^3}},$$

对第一项积分应用高斯公式,得到

$$\oiint\limits_{\Sigma + \Sigma_1} \frac{x\mathrm{d}y\mathrm{d}z + y\mathrm{d}z\mathrm{d}x + z\mathrm{d}x\mathrm{d}y}{\sqrt{(x^2 + y^2 + z^2)^3}}$$

$$= \iiint\limits_{\Omega} \left(\frac{\partial P}{\partial x} + \frac{\partial Q}{\partial y} + \frac{\partial R}{\partial z} \right) \mathrm{d}v$$

$$= \iiint\limits_{\Omega} \left(\frac{y^2 + z^2 - 2x^2}{\sqrt{(x^2 + y^2 + z^2)^5}} + \frac{x^2 + z^2 - 2y^2}{\sqrt{(x^2 + y^2 + z^2)^5}} + \frac{x^2 + y^2 - 2z^2}{\sqrt{(x^2 + y^2 + z^2)^5}} \right) \mathrm{d}v$$

$$= 0.$$

第二项积分

$$\iint\limits_{\Sigma_1} \frac{x\mathrm{d}y\mathrm{d}z + y\mathrm{d}z\mathrm{d}x + z\mathrm{d}x\mathrm{d}y}{\sqrt{(x^2+y^2+z^2)^3}} = \frac{1}{\varepsilon^3}\iint\limits_{\Sigma_1} x\mathrm{d}y\mathrm{d}z + y\mathrm{d}z\mathrm{d}x + z\mathrm{d}x\mathrm{d}y$$

对右边积分用高斯公式得

$$\iint\limits_{\Sigma_1} \frac{x\mathrm{d}y\mathrm{d}z + y\mathrm{d}z\mathrm{d}x + z\mathrm{d}x\mathrm{d}y}{\sqrt{(x^2+y^2+z^2)^3}} = -\frac{1}{\varepsilon^3}\iiint\limits_{\Omega} 3\mathrm{d}v = -4\pi.$$

所以,$I = 4\pi$.

例 8　设函数 $u(x,y,z)$ 和 $v(x,y,z)$ 在闭区域 Ω 上具有一阶及二阶连续偏导数,证明

$$\iiint\limits_{\Omega} u\Delta v\mathrm{d}x\mathrm{d}y\mathrm{d}z = \oiint\limits_{\Sigma} u\frac{\partial v}{\partial n}\mathrm{d}S - \iiint\limits_{\Omega}\left(\frac{\partial u}{\partial x}\frac{\partial v}{\partial x} + \frac{\partial u}{\partial y}\frac{\partial v}{\partial y} + \frac{\partial u}{\partial z}\frac{\partial v}{\partial z}\right)\mathrm{d}x\mathrm{d}y\mathrm{d}z,$$

其中曲面 Σ 是闭区域 Ω 的整个边界曲面,$\dfrac{\partial v}{\partial n}$ 为函数 $v(x,y,z)$ 沿 Σ 的外法线方向的方向导数,符号 $\Delta = \dfrac{\partial^2}{\partial x^2} + \dfrac{\partial^2}{\partial y^2} + \dfrac{\partial^2}{\partial z^2}$ 称为拉普拉斯(Laplace)算子. 这个公式叫做格林第一公式.

证　因为方向导数

$$\frac{\partial v}{\partial n} = \frac{\partial v}{\partial x}\cos\alpha + \frac{\partial v}{\partial y}\cos\beta + \frac{\partial v}{\partial z}\cos\gamma,$$

其中 $\cos\alpha, \cos\beta, \cos\gamma$ 是曲面 Σ 在点 (x,y,z) 处的外法线向量的方向余弦. 于是曲面积分

$$\oiint\limits_{\Sigma} u\frac{\partial v}{\partial n}\mathrm{d}S = \oiint\limits_{\Sigma} u\left(\frac{\partial v}{\partial x}\cos\alpha + \frac{\partial v}{\partial y}\cos\beta + \frac{\partial v}{\partial z}\cos\gamma\right)\mathrm{d}S$$

$$= \oiint\limits_{\Sigma}\left[\left(u\frac{\partial v}{\partial x}\right)\cos\alpha + \left(u\frac{\partial v}{\partial y}\right)\cos\beta + \left(u\frac{\partial v}{\partial z}\right)\cos\gamma\right]\mathrm{d}S.$$

利用高斯公式,即得

$$\oiint\limits_{\Sigma} u\frac{\partial v}{\partial n}\mathrm{d}S = \iiint\limits_{\Omega}\left[\frac{\partial}{\partial x}\left(u\frac{\partial v}{\partial x}\right) + \frac{\partial}{\partial y}\left(u\frac{\partial v}{\partial y}\right) + \frac{\partial}{\partial z}\left(u\frac{\partial v}{\partial z}\right)\right]\mathrm{d}x\mathrm{d}y\mathrm{d}z$$

$$= \iiint\limits_{\Omega} u\Delta v\mathrm{d}x\mathrm{d}y\mathrm{d}z + \iiint\limits_{\Omega}\left(\frac{\partial u}{\partial x}\frac{\partial v}{\partial x} + \frac{\partial u}{\partial y}\frac{\partial v}{\partial y} + \frac{\partial u}{\partial z}\frac{\partial v}{\partial z}\right)\mathrm{d}x\mathrm{d}y\mathrm{d}z.$$

将上式右端第二项移至左端便得所要证明的等式.

复习题十一

一、选择题

1. C 为从 $A(0,0)$ 到 $B(4,3)$ 的直线段,则 $\int_C (x-y)\mathrm{d}s$ 等于(　　　).

(A) $\int_0^4 \left(x - \dfrac{3}{4}x \right) \mathrm{d}x$;

(B) $\int_0^4 \left(x - \dfrac{3}{4}x \right) \sqrt{1 + \dfrac{9}{16}} \mathrm{d}x$;

(C) $\int_0^4 \left(\dfrac{4}{3}y - y \right) \mathrm{d}y$;

(D) $\int_0^4 \left(\dfrac{4}{3}y - y \right) \sqrt{1 + \dfrac{9}{16}} \mathrm{d}y$.

2. 设 C 为 $x^2 + y^2 = R^2, R > 0$,则 $\oint_C \sqrt{x^2 + y^2} \mathrm{d}s$ 等于( ).

(A) $\int_0^{2\pi} r^2 \mathrm{d}r$;

(B) πR^3;

(C) $\int_0^{2\pi} \mathrm{d}\theta \int_0^R r^2 \mathrm{d}r$;

(D) $2\pi R^2$.

3. 单连通域 G 内 $P(x, y)$,$Q(x, y)$ 具有一阶连续偏导数,则 $\int_C P\mathrm{d}x + Q\mathrm{d}y$ 在 G 内与路径无关的充要条件是在 G 内恒有( ).

(A) $\dfrac{\partial Q}{\partial x} + \dfrac{\partial P}{\partial y} = 0$;

(B) $\dfrac{\partial Q}{\partial x} - \dfrac{\partial P}{\partial y} = 0$;

(C) $\dfrac{\partial P}{\partial x} - \dfrac{\partial Q}{\partial y} = 0$;

(D) $\dfrac{\partial P}{\partial x} + \dfrac{\partial Q}{\partial y} = 0$.

4. C 为沿 $x^2 + y^2 = R^2$ 逆时针方向一周,则 $I = \oint_C - x^2 y\mathrm{d}x + xy^2 \mathrm{d}y$ 用格林公式计算得( ).

(A) $\int_0^{2\pi} \mathrm{d}\theta \int_0^R r^3 \mathrm{d}r$;

(B) $\int_0^{2\pi} \mathrm{d}\theta \int_0^R r^2 \mathrm{d}r$;

(C) $\int_0^{2\pi} \mathrm{d}\theta \int_0^R (- 4r^3 \sin\theta\cos\theta) \mathrm{d}r$;

(D) $\int_0^{2\pi} \mathrm{d}\theta \int_0^R 4r^3 \sin\theta\cos\theta \mathrm{d}r$.

5. C_1,C_2 是包含原点在内的两条同向闭曲线,C_1 在 C_2 的内部,C_1,C_2 所围区域包含原点,若已知 $\oint_{C_1} \dfrac{2x\mathrm{d}x + y\mathrm{d}y}{x^2 + y^2} = k$(常数),则必有 $\oint_{C_2} \dfrac{2x\mathrm{d}x + y\mathrm{d}y}{x^2 + y^2}$( ).

(A) 等于 k;
(B) 等于 $-k$;
(C) 不一定等于 k,与 C_2 的形状有关;(D) 大于 k.

6. $I = \oint_C \dfrac{-y}{x^2 + y^2}\mathrm{d}x + \dfrac{x}{x^2 + y^2}\mathrm{d}y$,因为 $\dfrac{\partial P}{\partial y} = \dfrac{\partial Q}{\partial x} = \dfrac{y^2 - x^2}{(x^2 + y^2)^2}$,所以( ).

(A) 对任意闭曲线 C,有 $I = 0$;

(B) 在 C 不包含原点时 $I = 0$;

(C) 因 $\dfrac{\partial P}{\partial y}$ 和 $\dfrac{\partial Q}{\partial x}$ 在原点不存在,故对任何 $C, I \neq 0$;

(D) 在 C 包含原点时, $I = 0$,不包含原点时, $I \neq 0$.

7. Σ 为 $z = 2 - (x^2 + y^2)$ 在 Oxy 平面上方部分的曲面,则 $\iint_{\Sigma} \mathrm{d}S = ($).

（A）$\int_0^{2\pi}d\theta\int_0^r\sqrt{1+4r^2}r\,dr$; (B) $\int_0^{2\pi}d\theta\int_0^2\sqrt{1+4r^2}r\,dr$;

（C）$\int_0^{2\pi}d\theta\int_0^2(2-r^2)\sqrt{1+4r^2}r\,dr$; (D) $\int_0^{2\pi}d\theta\int_0^{\sqrt{2}}\sqrt{1+4r^2}r\,dr$.

8. Σ 为球面 $x^2+y^2+z^2=R^2$ 的下半球面下侧，则 $I=\iint\limits_{\Sigma}z\,dx\,dy=(\qquad)$.

（A）$-\int_0^{2\pi}d\theta\int_0^R\sqrt{R^2-r^2}\,dr$; (B) $\int_0^{2\pi}d\theta\int_0^R\sqrt{R^2-r^2}\,dr$;

（C）$-\int_0^{2\pi}d\theta\int_0^R\sqrt{R^2-r^2}r\,dr$; (D) $\int_0^{2\pi}d\theta\int_0^R\sqrt{R^2-r^2}r\,dr$.

9. Σ 为 $z=2-(x^2+y^2)$ 在 Oxy 面上方部分，则 $I=\iint\limits_{\Sigma}z\,dS=(\qquad)$.

（A）$\int_0^{2\pi}d\theta\int_0^{2-r^2}(2-r^2)\sqrt{1+4r^2}r\,dr$; (B) $\int_0^{2\pi}d\theta\int_0^2(2-r^2)\sqrt{1+4r^2}r\,dr$;

（C）$\int_0^{2\pi}d\theta\int_0^{\sqrt{2}}(2-r^2)r\,dr$; (D) $\int_0^{2\pi}d\theta\int_0^{\sqrt{2}}(2-r^2)\sqrt{1+4r^2}r\,dr$.

10. 设 Σ 为球面 $x^2+y^2+z^2=R^2$，则 $\oiint\limits_{\Sigma}(x^2+y^2+z^2)\,dS=(\qquad)$.

（A）$\int_0^{2\pi}d\theta\int_0^{\pi}d\varphi\int_0^R r^2\cdot r^2\sin\varphi\,dr$; (B) $\iiint\limits_{\Omega}R^2\,dv$;

（C）$4\pi R^4$; (D) $\dfrac{4}{3}\pi R^5$.

11. 设 C 为平面上有界区域 D 的正向边界曲线，则区域 D 的面积可表示为 $(\qquad)$.

（A）$\oint_C y\,dx-x\,dy$; (B) $\oint_C x\,dx-y\,dy$;

（C）$\dfrac{1}{2}\oint_C y\,dx-x\,dy$; (D) $\dfrac{1}{2}\oint_C x\,dy-y\,dx$.

12. 力 $\boldsymbol{F}=(3x-4y)\boldsymbol{i}+(4x+2y)\boldsymbol{j}-4y^2\boldsymbol{k}$ 将一质点沿椭圆 $\dfrac{x^2}{16}+\dfrac{y^2}{9}=1,z=0$ 的逆时针移动一周，所做的功 W 为 $(\qquad)$.

（A）96π; (B) 48π;

（C）24π; (D) 12π.

二、综合练习 A

1. $\displaystyle\int_L\dfrac{ds}{\sqrt{x^2+y^2+4}}$，式中 L 为连接点 $O(0,0)$ 和 $A(1,2)$ 的直线段.

2. $\displaystyle\int_{AB}(x^2-2xy)\,dx+y^2\,dy$，其中 AB 为抛物线 $y=x^2$ 从 $A(0,0)$ 到 $B(2,4)$ 的一

段有向弧.

3. 证明：$(3x^2 - 2xy + y^2)\mathrm{d}x - (x^2 - 2xy + 3y^2)\mathrm{d}y$ 是某个函数 $u(x, y)$ 的全微分，并求 $u(x, y)$.

4. $\displaystyle\oint_L \frac{x\mathrm{d}y + 2y\mathrm{d}x}{x^2 + y^2}$，$L$ 为逆时针方向沿 $x^2 + y^2 = a^2$ 一周.

5. $\displaystyle\oiint_S (x^2 + y^2 + z^2)\mathrm{d}s$，其中 S 是 $x = 0$，$y = 0$ 及 $x^2 + y^2 + z^2 = a^2 (x \geqslant 0, y \geqslant$

$0)$ 所围成的闭曲面.

6. 求 $\displaystyle\oint_\Gamma (y - z)\mathrm{d}x + (z - x)\mathrm{d}y + (x - y)\mathrm{d}z$，其中 Γ 为椭圆 $\begin{cases} x^2 + y^2 = 1 \\ x + z = 1, \end{cases}$ 若从

Ox 轴正向看，此椭圆是逆时针方向. (提示:用参数方程)

7. 求 $\displaystyle\iint_\Sigma xyz\mathrm{d}x\mathrm{d}y$，$\Sigma$ 是柱面 $x^2 + z^2 = R^2$ 在 $x \geqslant 0$，$y \geqslant 0$ 两卦限内被平面 $y = 0$ 及 $y = h$ 所截下部分的外侧.

8. 设有一力场 $\boldsymbol{F} = (y^2\cos x - 2xy^3)\boldsymbol{i} + (4 + 2y\sin x - 3x^2y^2)\boldsymbol{j}$，求一质点从原点 $O(0, 0)$ 沿抛物线 $2x = \pi y^2$ 运动到 $A\left(\dfrac{\pi}{2}, 1\right)$ 时，力场 $\boldsymbol{F}$ 所做的功.

9. 利用对称性计算：

$(1)\displaystyle\iint_\Sigma (x + y + z)\mathrm{d}S$，其中 Σ 是球面 $x^2 + y^2 + z^2 = R^2$；

$(2)\displaystyle\iint_\Sigma (x + y + z)\mathrm{d}S$，其中 Σ 是上半球面 $x^2 + y^2 + z^2 = R^2$，$z \geqslant 0$.

10. 利用高斯公式计算 $I = \displaystyle\iint_\Sigma x^2\mathrm{d}y\mathrm{d}z + y^2\mathrm{d}z\mathrm{d}x + z^2\mathrm{d}x\mathrm{d}y$，其中 Σ 是半球面 $x^2 + y^2 + z^2 = R^2 (z \geqslant 0)$ 的上侧.

11. 设待检测物体位于矩形区域 $OABC$ 内，如图 11-23 所示，其 X 射线的衰减系数为 $\mu(x, y)$. 点 $O(0, 0)$ 为 X 射线源，点 $R(x_0, b)$ 为 X 射线接收器.

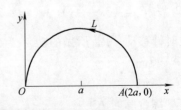

图 11-23

(1) 试将 X 射线衰减量 I_{OR} 分别表示为关于 x 的定积分和关于 y 的定积分；

(2) 若 $\mu(x, y)$ 是仅和 y 有关的函数 (物体是层状介质)，说明无论在 OA 边上放置多少个 X 射线源，在 BC 边上放置多少个接收器，只能求得函数 $\mu = \mu(y)$ 在区间 $[0, b]$ 上的平均值，因此，不能对物体

的结构进行成像;

（3）若 $\mu(x,y)$ 是仅和 x 有关的函数,试给出计算 $\mu = \mu(x)$ 的方法.

三、综合练习 B

1. 计算对坐标的曲线积分 $\int_L (e^x \sin y - my) \mathrm{d}x + (e^x \cos y - m) \mathrm{d}y$,其中 L 为由点 $O(0,0)$ 到点 $A(2a,0)$ 的上半圆周 $x^2 + y^2 \geqslant 2ax (a > 0)$.

2. 设 $f(x)$ 在 $(-\infty, +\infty)$ 上连续, L 为从点 $A\left(3, \dfrac{2}{3}\right)$ 到点 $B(1,2)$ 的直线段,计算

$$I = \int_L \frac{1 + y^2 f(xy)}{y} \mathrm{d}y + \frac{x}{y^2} \left[y^2 f(xy) - 1 \right] \mathrm{d}y.$$

3. 计算曲线积分 $\int_l (12xy + e^y) \mathrm{d}x - (\cos y - xe^y) \mathrm{d}y$,其中 l 为由 $A(-1,1)$ 沿抛物线 $y = x^2$ 到 $O(0,0)$,再沿 x 轴到 $B(2,0)$.

4. 计算闭曲线 $x = a\cos^3 t, y = a\sin^3 t (0 \leqslant t \leqslant 2\pi)$ 所围平面图形的面积.

5. 计算 $\iint\limits_{\Sigma} \mathbf{rot}\mathbf{F} \cdot \mathrm{d}\mathbf{S}$,其中 $\mathbf{F} = \{x - z, x^3 + yz, -3xy^2\}$, Σ 是锥面 $z = 2 - \sqrt{x^2 + y^2}$ 在 Oxy 平面上方的部分,取上侧.

6. 已知积分

$$\int_{(0,1)}^{(1,2)} y\varphi(y) \mathrm{d}x + \left[\frac{e^y}{y} - \varphi(y) \right] x \mathrm{d}y$$

与路径无关,其中 $\varphi(y)$ 是可微函数,且 $\varphi(1) = e$,求 $\varphi(y)$.

7. 设 Ω 为下半球面 $z = -\sqrt{a^2 - x^2 - y^2}$ 与平面 $z = 0$ 围成, Σ 是 Ω 的正向边界曲面,计算对坐标的曲线积分 $\iint\limits_{\Sigma} \dfrac{ax\mathrm{d}y\mathrm{d}z + 2(x + a)y\mathrm{d}z\mathrm{d}x}{\sqrt{x^2 + y^2 + z^2 + 1}}$.

8. 在变力 $\mathbf{F} = yz\mathbf{i} + zx\mathbf{j} + xy\mathbf{k}$ 的作用下,质点由原点沿直线运动到椭球面 $\dfrac{x^2}{a^2} + \dfrac{y^2}{b^2} + \dfrac{z^2}{c^2} = 1$ 上第一卦限的点 $M(\xi, \eta, \zeta)$,问当 ξ、η、ζ 取何值时,力 $\mathbf{F}$ 所做的功 W 最大,并求 W 的最大值.

9. 设函数 $u(x,y,z)$ 和 $v(x,y,z)$ 在闭区域 Ω 上具有二阶连续偏导数, $\dfrac{\partial u}{\partial n}$、$\dfrac{\partial v}{\partial n}$ 依次表示 $u(x,y,z)$、$v(x,y,z)$ 沿 Σ 的外法线方向的方向导数. 证明

$$\iiint\limits_{\Omega} (u\Delta v - v\Delta u) \mathrm{d}x\mathrm{d}y\mathrm{d}z = \oiint\limits_{\Sigma} \left(u\frac{\partial v}{\partial n} - v\frac{\partial u}{\partial n} \right) \mathrm{d}S,$$

其中 Σ 是闭区域 Ω 的整个边界曲面. 这个公式叫做格林第二公式.

第十二章 级 数

无穷级数是数与函数的一种重要表达形式,也是微积分理论研究与实际应用中极其有力的工具. 这个工具能把许多函数表示成幂级数或傅里叶级数,这种方法在物理、力学和工程技术中有着广泛的应用.本章先介绍常数项级数的一些基本知识,然后讨论幂级数和傅里叶级数,并着重讨论函数展开成幂级数和傅里叶级数的问题.

第一节 常数项级数的基本概念和性质

一、常数项级数的基本概念

任意有限个数的和总是一个确定的数,但无限多个数的和表示什么呢? 如考察表达式

$$1 + \frac{1}{2} + \frac{1}{4} + \frac{1}{8} + \frac{1}{16} + \cdots,$$

我们不可能一次加上所有的项,而是根据有限项和的运算习惯,从第一项开始,一次加一项,这样,将形成另一个数列

$$s_1 = 1, s_2 = 1 + \frac{1}{2} = 2 - \frac{1}{2}, \cdots,$$

$$s_n = 1 + \frac{1}{2} + \frac{1}{4} + \cdots + \frac{1}{2^{n-1}} = 2 - \frac{1}{2^{n-1}}, \cdots,$$

这里我们用到了公式

$$1 + q + q^2 + \cdots + q^{n-1} = \frac{1 - q^n}{1 - q}. \tag{1}$$

由于 $\lim\limits_{n \to \infty} s_n = 2$,我们自然认为 $1 + \frac{1}{2} + \frac{1}{4} + \frac{1}{8} + \frac{1}{16} + \cdots$ 这样一个无穷项的和等于 2.

由上面的例子,利用数列和极限的关系使我们能够突破有限和的禁锢,给出无穷项和的全新概念.

定义 设已给数列

$$u_1, u_2, \cdots, u_n, \cdots,$$

称表达式

$$u_1 + u_2 + \cdots + u_n + \cdots$$

为**无穷级数**,简称**级数**,也可记为 $\sum\limits_{n=1}^{\infty} u_n$,即

$$\sum_{n=1}^{\infty} u_n = u_1 + u_2 + \cdots + u_n + \cdots. \qquad (2)$$

其中 u_n 叫级数的**一般项或通项**.因为级数(2)的每一项都是常数,所以也叫**常数项级数**.简称为**数项级数**.

级数(2)的前 n 项的和

$$s_n = u_1 + u_2 + \cdots + u_n$$

称为级数(2)的**部分和**.当 n 依次取 $1,2,3,\cdots$ 时,它们构成了一个新的数列

$$s_1, s_2, \cdots, s_n, \cdots$$

称为**部分和数列**.

如果当 $n \to \infty$ 时,部分和数列 $\{s_n\}$ 有极限 s ,即

$$\lim_{n \to \infty} s_n = s,$$

则称级数(2)是**收敛**的(或**收敛级数**),极限 s 叫做级数(2)的和,记作

$$s = u_1 + u_2 + \cdots + u_n + \cdots;$$

如果 $\{s_n\}$ 没有极限,则称级数(2)是**发散**的(或**发散级数**),这时级数就没有和,级数(2)也就仅仅是一个形式上的符号而无实际意义.给定一个级数,讨论该级数的敛散性即判别该级数是收敛的还是发散的.

如果级数 $\sum\limits_{n=1}^{\infty} u_n$ 收敛于 s ,则部分和 $s_n \approx s$,它们之间的差

$$r_n = s - s_n = u_{n+1} + u_{n+2} + \cdots \qquad (3)$$

称为级数的**余项**.此时有 $\lim\limits_{n \to \infty} r_n = 0$,而 $|r_n|$ 是用 s_n 近似代替 s 所产生的误差.

例 1　讨论等比级数(又称几何级数)

$$a + aq + aq^2 + \cdots + aq^{n-1} + \cdots$$

的敛散性,其中 $a \neq 0, q$ 为公比.

解　如果 $q \neq 1$,利用公式(1),部分和数列 $\{s_n\}$ 中的

$$s_n = a + aq + aq^2 + \cdots + aq^{n-1} = \frac{a - aq^n}{1 - q};$$

当 $|q| < 1$ 时,有 $\lim\limits_{n \to \infty} q^n = 0$,从而 $\lim\limits_{n \to \infty} s_n = \frac{a}{1-q}$;

当 $|q| > 1$ 时,有 $\lim\limits_{n \to \infty} q^n = \infty$,从而 $\lim\limits_{n \to \infty} s_n = \infty$.

如果 $|q| = 1$,则当 $q = 1$ 时, $s_n = na \to \infty$;而当 $q = -1$ 时,级数成为

$$a - a + a - a + \cdots,$$

于是有 $s_{2k} = 0, s_{2k+1} = a (k$ 为整数),所以当 $n \to \infty$ 时, s_n 极限不存在.

综上所述:几何级数当 $|q| < 1$ 时收敛,且

$$a + aq + aq^2 + \cdots + aq^{n-1} + \cdots = \frac{a}{1-q};$$

当 $|q| \geq 1$ 时，几何级数发散.

例 2 长期服用某种药物的病人需要评价药物在体内积聚的含量，如果太高了会产生其他危害，太低了无法产生预期的治疗效果. 现设每天服用的剂量为 A，体内药物每天有 10% 排出体外，试确定剂量 A 的范围，使得药物在体内积聚的含量在区间 $[m, M]$ 范围内.

解 服药第一天，体内药物积聚量为 $A(1 - 10\%) = 0.9A$，第二天体内药物积聚量为 $0.9A + 0.9^2A$，第三天为 $0.9A + 0.9^2A + 0.9^3A$，$\cdots$，长期下去，体内药物的积聚量为无穷级数

$$0.9A + 0.9^2A + 0.9^3A + \cdots.$$

根据例 1 的结果，这级数的和是 $\dfrac{0.9A}{1-0.9} = 9A$，因此，A 应满足

$$\frac{m}{9} \leq A \leq \frac{M}{9}.$$

例 3 证明级数 $1 + 2 + 3 + \cdots + n + \cdots$ 是发散的.

证明 级数的部分和为

$$s_n = 1 + 2 + 3 + \cdots + n = \frac{n(n+1)}{2},$$

显然，$\lim\limits_{n \to \infty} s_n = \infty$，因此，所讨论级数发散.

例 4 讨论无穷级数

$$\frac{1}{1 \cdot 2} + \frac{1}{2 \cdot 3} + \cdots + \frac{1}{n(n+1)} + \cdots$$

的敛散性.

解 由于 $u_n = \dfrac{1}{n(n+1)} = \dfrac{1}{n} - \dfrac{1}{n+1}$，因此

$$s_n = \frac{1}{1 \cdot 2} + \frac{1}{2 \cdot 3} + \cdots + \frac{1}{n(n+1)}$$
$$= \left(1 - \frac{1}{2}\right) + \left(\frac{1}{2} - \frac{1}{3}\right) + \cdots + \left(\frac{1}{n} - \frac{1}{n+1}\right)$$
$$= 1 - \frac{1}{n+1},$$

从而 $\lim\limits_{n \to \infty} s_n = \lim\limits_{n \to \infty}\left(1 - \dfrac{1}{n+1}\right) = 1$，故所讨论级数收敛，其和为 1.

例 5 证明调和级数 $\sum\limits_{n=1}^{\infty} \dfrac{1}{n}$ 发散.

证 对函数 $\ln x$ 在区间 $[n, n+1]$ 上应用拉格朗日中值定理知，存在

$\xi \in (n, n+1)$,使得

$$\ln(n+1) - \ln n = \frac{1}{\xi} < \frac{1}{n},$$

利用此不等式即得

$$s_n = 1 + \frac{1}{2} + \cdots + \frac{1}{n}$$
$$> (\ln 2 - \ln 1) + (\ln 3 - \ln 2) + \cdots + [\ln(n+1) - \ln n]$$
$$= \ln(n+1).$$

所以 $\lim\limits_{n \to \infty} s_n = +\infty$,即调和级数 $\sum\limits_{n=1}^{\infty} \frac{1}{n}$ 发散.

二、级数的基本性质

性质1(级数收敛的必要条件) 如果级数 $\sum\limits_{n=1}^{\infty} u_n$ 收敛,则 $\lim\limits_{n \to \infty} u_n = 0$.

证 设级数 $\sum\limits_{n=1}^{\infty} u_n$ 的部分和为 s_n,且 $\lim\limits_{n \to \infty} s_n = s$,则 $\lim\limits_{n \to \infty} s_{n-1} = s$,从而

$$\lim\limits_{n \to \infty} u_n = \lim\limits_{n \to \infty} (s_n - s_{n-1}) = s - s = 0.$$

性质1可换一种说法,若级数的一般项不趋于零,则该级数必定发散.

例6 讨论无穷级数 $\frac{1}{2} - \frac{2}{3} + \frac{3}{4} + \cdots + (-1)^{n+1} \frac{n}{n+1} + \cdots$ 的敛散性.

解 此级数的一般项 $u_n = (-1)^{n+1} \frac{n}{n+1}$,当 $n \to \infty$ 时,u_n 不趋于零.由性质1知该级数发散.

应当注意,级数的一般项趋于零只是级数收敛的必要条件,而不是充分条件.也就是说,级数的一般项趋于零时仍有可能发散.例如前面例5中的调和级数 $\sum\limits_{n=1}^{\infty} \frac{1}{n}$ 的一般项 $\frac{1}{n}$ 是趋于零的($n \to \infty$ 时),但 $\sum\limits_{n=1}^{\infty} \frac{1}{n}$ 发散.

由于对无穷级数收敛性的讨论可以转化为对它的部分和数列的收敛性的讨论,因此,根据收敛数列的基本性质可得到下列收敛级数的基本性质.这里略去证明.

性质2 如果级数

$$u_1 + u_2 + \cdots + u_n + \cdots$$

收敛于和 s,而 k 为常数(指与 n 无关),则级数

$$ku_1 + ku_2 + \cdots + ku_n + \cdots$$

也收敛,且其和为 ks.

如果级数 $u_1 + u_2 + \cdots + u_n + \cdots$ 发散,且常数 $k \neq 0$,则级数 $ku_1 + ku_2 + \cdots +$

$ku_n + \cdots$ 也发散.

由性质2可得结论:级数的每一项同乘以一个不为零的常数后,它的敛散性总是不变的.

性质3 设有两个收敛级数
$$s = u_1 + u_2 + \cdots + u_n + \cdots,$$
$$\sigma = v_1 + v_2 + \cdots + v_n + \cdots,$$
则级数
$$(u_1 \pm v_1) + (u_2 \pm v_2) + \cdots + (u_n \pm v_n) + \cdots$$
也收敛,且其和为 $s \pm \sigma$.

性质3也可说成:两个收敛级数可以逐项相加或逐项相减.

性质4 在级数的前面部分去掉或加上有限项,不会影响级数的敛散性.不过在收敛时,一般说来级数的和是要改变的.

性质5 收敛级数加括号后所得的级数仍收敛于原级数的和.

但应注意,带括号的收敛级数去掉括号后所得的级数却不一定收敛.例如级数 $(1-1) + (1-1) + \cdots$ 收敛于零,但去掉括号后得的级数 $1 - 1 + 1 - 1 + \cdots$ 即 $\sum_{n=1}^{\infty} (-1)^{n+1}$ 却是发散的(因为其一般项 $(-1)^{n+1}$ 不趋于0).

推论 如果加括号后所成的级数发散,则原级数也发散.

习题 12-1

1. 写出下列级数的一般项:

(1) $1 - \dfrac{1}{3} + \dfrac{1}{5} + \cdots$;

(2) $\dfrac{1}{4} - \dfrac{4}{9} + \dfrac{9}{16} - \dfrac{16}{25} + \cdots$.

2. 已知级数的部分和 $s_n = \dfrac{2n}{n+1}$,求 u_1, u_2, u_n.

3. 根据级数收敛与发散的定义,判别下列级数的敛散性:

(1) $\sum_{n=1}^{\infty} (\sqrt{n+2} - \sqrt{n})$;

(2) $\dfrac{1}{1 \cdot 3} + \dfrac{1}{3 \cdot 5} + \dfrac{1}{5 \cdot 7} + \cdots + \dfrac{1}{(2n-1)(2n+1)} + \cdots$;

(3) $\sum_{n=1}^{\infty} \dfrac{(\ln 2)^n}{2^n}$.

4. 判别下列级数的敛散性:

(1) $-\dfrac{2}{3} + \dfrac{2^2}{3^2} - \dfrac{2^3}{3^3} + \cdots$;

(2) $\sum_{n=1}^{\infty} \left(\dfrac{1}{2^n} - \dfrac{1}{2n} \right)$;

(3) $\sum_{n=1}^{\infty} (-1)^n \dfrac{n+2}{3n+1}$;

(4) $\sum_{n=1}^{\infty} \left(\dfrac{n}{n+1} \right)^n$.

第二节 常数项级数敛散性的判别法

一、正项级数及其敛散性判别法

一般情况下,利用定义来判断级数的收敛性是很困难的,能否找到更简单有效的判别方法?我们先从最简单的一类级数——正项级数开始讨论.

若 $u_n \geqslant 0 (n = 1,2,3,\cdots)$,则称级数 $\sum\limits_{n=1}^{\infty} u_n$ 为正项级数. 易知正项级数 $\sum\limits_{n=1}^{\infty} u_n$ 的部分和数列 $\{s_n\}$ 是单调增加数列,即

$$s_1 \leqslant s_2 \leqslant \cdots \leqslant s_n \leqslant \cdots.$$

根据数列单调有界必有极限的准则(参见第一章第三节定理2)知,$\{s_n\}$ 收敛的充分必要条件是 $\{s_n\}$ 有界,因此有下述定理.

定理1 正项级数 $\sum\limits_{n=1}^{\infty} u_n$ 收敛的充分必要条件是它的部分和数列 $\{s_n\}$ 有上界.

定理1的重要性主要并不在于利用它来直接判别正项级数的收敛性,而在于它是证明下面一系列判别法的基础.

定理2(比较判别法) 设 $\sum\limits_{n=1}^{\infty} u_n$ 和 $\sum\limits_{n=1}^{\infty} v_n$ 都是正项级数,且 $u_n \leqslant v_n (n = 1,2,3,\cdots)$.

(1) 若 $\sum\limits_{n=1}^{\infty} v_n$ 收敛,则 $\sum\limits_{n=1}^{\infty} u_n$ 收敛;

(2) 若 $\sum\limits_{n=1}^{\infty} u_n$ 发散,则 $\sum\limits_{n=1}^{\infty} v_n$ 发散.

证 设 $\sum\limits_{n=1}^{\infty} u_n$ 和 $\sum\limits_{n=1}^{\infty} v_n$ 的部分和分别记为 s_n 与 s_n',则由 $0 \leqslant u_n \leqslant v_n (n = 1,2,3,\cdots)$,有

$$s_n = u_1 + u_2 + \cdots + u_u \leqslant v_1 + v_2 + \cdots + v_n = s_n' (n = 1,2,3,\cdots)$$

若 $\sum\limits_{n=1}^{\infty} v_n$ 收敛,则由定理1可知,$\{s_n'\}$ 有上界,从而 $\{s_n\}$ 有上界. 于是,$\sum\limits_{n=1}^{\infty} u_n$ 收敛. 若 $\sum\limits_{n=1}^{\infty} u_n$ 发散,则 $\{s_n\}$ 无上界,从而 $\{s_n'\}$ 无上界,由定理1知 $\sum\limits_{n=1}^{\infty} v_n$ 发散,定理得证.

例1 讨论 p - 级数 $\sum\limits_{n=1}^{\infty} \dfrac{1}{n^p}$ 的敛散性 $(p > 0)$.

解 按 $p \leqslant 1$ 和 $p > 1$ 两种情形分别讨论:

（1）当 $p \leqslant 1$ 时，有 $\dfrac{1}{n} \leqslant \dfrac{1}{n^p}(n = 1,2,3,\cdots)$. 因调和级数 $\displaystyle\sum_{n=1}^{\infty} \dfrac{1}{n}$ 发散，故由比较判别法可知，$p \leqslant 1$ 时，p - 级数 $\displaystyle\sum_{n=1}^{\infty} \dfrac{1}{n^p}$ 发散；

（2）当 $p > 1$ 时，由 $m - 1 \leqslant x \leqslant m$，有 $\dfrac{1}{m^p} \leqslant \dfrac{1}{x^p}$，所以

$$0 < \frac{1}{m^p} = \int_{m-1}^{m} \frac{1}{m^p} \mathrm{d}x \leqslant \int_{m-1}^{m} \frac{1}{x^p} \mathrm{d}x (m = 2,3,\cdots),$$

故 p - 级数的部分和

$$
\begin{aligned}
s_n &= 1 + \sum_{m=2}^{\infty} \frac{1}{m^p} \leqslant 1 + \sum_{m=2}^{\infty} \int_{m-1}^{m} \frac{1}{x^p} \mathrm{d}x \\
&= 1 + \int_{1}^{n} \frac{1}{x^p} \mathrm{d}x \\
&= 1 + \frac{1}{p-1} - \frac{n^{1-p}}{p-1} < 1 + \frac{1}{p-1} = \frac{p}{p-1}.
\end{aligned}
$$

于是，由定理 1 可知，当 $p > 1$ 时，p - 级数 $\displaystyle\sum_{n=1}^{\infty} \dfrac{1}{n^p}$ 收敛.

由例 1 知级数

$$1 + \frac{1}{2^2} + \frac{1}{3^2} + \cdots + \frac{1}{n^2} + \cdots,$$

$$1 + \frac{1}{\sqrt{2^5}} + \frac{1}{\sqrt{3^5}} + \cdots + \frac{1}{\sqrt{n^5}} + \cdots$$

收敛. 而级数

$$1 + \frac{1}{\sqrt{2}} + \frac{1}{\sqrt{3}} + \cdots + \frac{1}{\sqrt{n}} + \cdots$$

发散.

比较判别法是判断正项级数收敛性的一个重要方法. 对于给定的正项级数，如果要用比较判别法来判断其收敛性，则首先要通过观察找到另一个已知级数，与其进行比较，并且该已知级数和所论级数的敛散性应是相同的才可进行比较，这给判断带来很大困难. 下面给出应用上比较方便的判别方法.

定理 3 （比较判别法的极限形式）设 $\displaystyle\sum_{n=1}^{\infty} u_n$ 与 $\displaystyle\sum_{n=1}^{\infty} v_n$ 为两个正项级数，若

$$\lim_{n \to \infty} \frac{u_n}{v_n} = l, (0 < l < +\infty)$$

则 $\displaystyle\sum_{n=1}^{\infty} u_n$ 与 $\displaystyle\sum_{n=1}^{\infty} v_n$ 具有相同的敛散性.

定理 3 的证明略.

定理 3 在应用上最大的优点是若所论级数 $\sum\limits_{n=1}^{\infty} u_n$ 的一般项 $u_n \to 0$, 则只要选择一个相对简单的级数 $\sum\limits_{n=1}^{\infty} v_n$, v_n 和 u_n 是同阶的无穷小, 则可利用级数 $\sum\limits_{n=1}^{\infty} v_n$ 的敛散性来判别级数 $\sum\limits_{n=1}^{\infty} u_n$ 的敛散性.

例 2 判别级数 $\sum\limits_{n=1}^{\infty} \dfrac{1}{\sqrt{n(n-3)}}$ 的敛散性.

解 $u_n = \dfrac{1}{\sqrt{n(n-3)}}$, $n \to \infty$ 时分母为无穷大, 但 3 和 n 相比可忽略不计, 因此, 略去 3, 可选择 $v_n = \dfrac{1}{n}$. 这样 v_n 和 u_n 是等价无穷小, 而级数 $\sum\limits_{n=1}^{\infty} v_n = \sum\limits_{n=1}^{\infty} \dfrac{1}{n}$ 是发散的, 于是, 级数 $\sum\limits_{n=1}^{\infty} \dfrac{1}{\sqrt{n(n-3)}}$ 发散.

例 3 判别级数 $\sum\limits_{n=1}^{\infty} 2^n \sin \dfrac{1}{3^n}$ 的敛散性.

解 因为 $\lim\limits_{n \to \infty} \dfrac{2^n \sin \dfrac{1}{3^n}}{\left(\dfrac{2}{3}\right)^n} = 1$, 而 $\sum\limits_{n=1}^{\infty} \left(\dfrac{2}{3}\right)^n$ 是收敛的几何级数, 由判别法的极限形式比较法知 $\sum\limits_{n=1}^{\infty} 2^n \sin \dfrac{1}{3^n}$ 收敛.

例 4 判别级数 $\sum\limits_{n=1}^{\infty} \ln\left(1 + \dfrac{1}{n^2}\right)$ 的敛散性.

解 因为

$$\ln\left(1 + \dfrac{1}{n^2}\right) \sim \dfrac{1}{n^2} \ (n \to \infty),$$

而 $\sum\limits_{n=1}^{\infty} \dfrac{1}{n^2}$ 收敛, 所以级数 $\sum\limits_{n=1}^{\infty} \ln\left(1 + \dfrac{1}{n^2}\right)$ 收敛.

虽然定理 3 应用方便, 但定理 2 更具有一般性.

例 5 讨论级数 $\sum\limits_{n=2}^{\infty} \dfrac{1}{\ln n}$ 的敛散性.

解 由于 $\ln n < n$, 因此, $\dfrac{1}{\ln n} > \dfrac{1}{n}$, 而 $\sum\limits_{n=1}^{\infty} \dfrac{1}{n}$ 发散, 所以, 级数 $\sum\limits_{n=2}^{\infty} \dfrac{1}{\ln n}$ 发散.

下面给出的判别法, 可以利用级数自身的特点来判断其敛散性.

定理 4 (**比值判别法或达朗贝尔(D'Alembert)判别法**) 设正项级数 $\sum\limits_{n=1}^{\infty} u_n$ 的

后项与前项之比值的极限等于 ρ，即

$$\lim_{n \to \infty} \frac{u_{n+1}}{u_n} = \rho,$$

则当 $\rho < 1$ 时，级数收敛；$\rho > 1$（或 $\rho = \infty$）时，$\lim_{n \to \infty} u_n \neq 0$，从而级数发散；$\rho = 1$ 时，级数可能收敛也可能发散，本判别法失效.

证 当 $\rho < 1$ 时，取一个适当小的正数 ε，使得 $\rho + \varepsilon = r < 1$，根据极限的定义，存在自然数 m，当 $n \geq m$ 时有不等式

$$\frac{u_{n+1}}{u_n} < \rho + \varepsilon = r,$$

于是 $u_{m+1} < ru_m, u_{m+2} < ru_{m+1} < r^2 u_m, u_{m+3} < ru_{m+2} < r^3 u_m, \cdots$

这样，级数

$$u_{m+1} + u_{m+2} + u_{m+3} + \cdots$$

的各项就小于收敛的等比级数（公比 $r < 1$）$ru_m + r^2 u_m + r^3 r_m + \cdots$ 的对应项，所以它也收敛.

从而根据第一节中性质 4 知 $u_1 + u_2 + \cdots + u_m + u_{m+1} + \cdots$ 也收敛；

当 $\rho > 1$ 时，取一个适当小的正数 ε，使得 $\rho - \varepsilon > 1$. 根据极限定义，当 $n \geq m$ 时有不等式

$$\frac{u_{n+1}}{u_n} > \rho - \varepsilon > 1,$$

也就是 $u_{n+1} > u_n$，所以当 $n \geq m$ 时，级数的一般项 u_n 是逐渐增大的，从而 $\lim_{n \to \infty} u_n \neq 0$. 根据级数收敛的必要条件可知级数 $\sum_{n=1}^{\infty} u_n$ 发散.

类似地，可以证明当 $\lim_{n \to \infty} \frac{u_{n+1}}{u_n} = \infty$ 时，级数 $\sum_{n=1}^{\infty} u_n$ 发散；

当 $\rho = 1$ 时，级数的敛散性可通过例子说明：例如，以 p-级数 $\sum_{n=1}^{\infty} \frac{1}{n^p}$ 为例，不论 p 为何值都有

$$\lim_{n \to \infty} \frac{u_{n+1}}{u_n} = \lim_{n \to \infty} \frac{\frac{1}{(n+1)^p}}{\frac{1}{n^p}} = 1.$$

但我们知道，当 $p \leq 1$ 时级数发散，而当 $p > 1$ 时级数收敛. 因此根据 $\rho = 1$ 不能判别级数的敛散性，比值判别法失效.

例 6 判别级数 $\sum_{n=0}^{\infty} \frac{1}{n!}$ 的敛散性并估计以级数的部分和 s_n 近似代替和 s 所产生的误差.

解　因为

$$\lim_{n \to \infty} \frac{u_{n+1}}{u_n} = \lim_{n \to \infty} \frac{1}{n+1} = 0 < 1,$$

所以由比值判别法知所给级数收敛. 以该级数的部分和 s_n 近似代替 s 所产生的误差为

$$\begin{aligned}
|r_n| &= \frac{1}{n!} + \frac{1}{(n+1)!} + \cdots \\
&= \frac{1}{n!}\left(1 + \frac{1}{n+1} + \frac{1}{(n+1)(n+2)} + \cdots\right) \\
&< \frac{1}{n!}\left(1 + \frac{1}{n} + \frac{1}{n^2} + \cdots\right) \\
&= \frac{1}{n!} \frac{1}{1 - \frac{1}{n}} = \frac{1}{(n-1)(n-1)!}.
\end{aligned}$$

例 7　判别级数 $\displaystyle\sum_{n=1}^{\infty} \frac{2^n}{n3^n}$ 的敛散性.

解　$\displaystyle\lim_{n \to \infty} \frac{u_{n+1}}{u_n} = \lim_{n \to \infty} \frac{2}{3} \frac{n}{n+1} = \frac{2}{3} < 1$，由达朗贝尔判别法，该级数收敛.

二、交错级数及其敛散性判别法

交错级数是指各项的符号正负相间的级数，从而可表示成

$$u_1 - u_2 + u_3 - u_4 + \cdots \quad 或 \quad \sum_{n=1}^{\infty} (-1)^{n-1} u_n,$$

其中 $u_n > 0 (n = 1, 2, \cdots)$.

对于交错级数有下面的莱布尼茨（Leibniz）判别法.

定理 5　（莱布尼茨判别法）设交错级数 $\displaystyle\sum_{n=1}^{\infty} (-1)^{n-1} u_n$ 满足：

(1) $u_n \geqslant u_{n+1} (n = 1, 2, \cdots)$；

(2) $\displaystyle\lim_{n \to \infty} u_n = 0$.

则该交错级数收敛，且级数的和 $s \leqslant u_1$，n 项之后的余项 $r_n = s - s_n$ 还满足 $|r_n| \leqslant u_{n+1}$.

证　由定理中的条件 (1) 可知，对任意的正整数 n，有

$$s_{2n} = u_1 - (u_2 - u_3) - \cdots - (u_{2n-2} - u_{2n-1}) - u_{2n} \leqslant u_1.$$

从而数列 $\{s_{2n}\}$ 有界；又

$$s_{2n} = (u_1 - u_2) + (u_3 - u_4) + \cdots + (u_{2n-1} - u_{2n}),$$

括号中每一项为正，因而数列 $\{s_{2n}\}$ 为单调增加的. 故极限 $\displaystyle\lim_{n \to \infty} s_{2n}$ 存在.

另一方面,由条件(2) 可知 $\lim\limits_{n\to\infty}u_{2n+1} = 0$,从而

$$\lim\limits_{n\to\infty}s_{2n+1} = \lim\limits_{n\to\infty}(s_{2n} + u_{2n+1}) = \lim\limits_{n\to\infty}s_{2n}.$$

由此可见, 极限 $\lim\limits_{n\to\infty}s_n$ 存在, 从而 $\sum\limits_{n=1}^{\infty}(-1)^{n-1}u_n$ 收敛. 且由 $s_{2n} \leqslant u_1$, 可知

$$\sum\limits_{n=1}^{\infty}(-1)^{n-1}u_n = s = \lim\limits_{n\to\infty}s_{2n} \leqslant u_1.$$

不难看出余项 r_n 可写成

$$r_n = \pm(u_{n+1} - u_{n+2} + \cdots).$$

所以 $|r_n| = u_{n+1} - u_{n+2} + \cdots$ 此式右端是一个交错级数且满足交错级数收敛的两个条件,其和小于该级数的首项 u_{n+1}, 即 $|r_n| \leqslant u_{n+1}$.

应用定理 5 立即可以看到,交错级数 $1 - \dfrac{1}{2} + \dfrac{1}{3} - \dfrac{1}{4} + \cdots$ 是收敛的. 因为在这里 $u_n = \dfrac{1}{n}$ 满足定理 5 的两个条件:$u_{n+1} < u_n$ 及 $\lim\limits_{n\to\infty}u_n = \lim\limits_{n\to\infty}\dfrac{1}{n} = 0$. 不仅如此,利用定理 5,还有该级数的和 $s \leqslant 1$,用前 n 项和作为和 s 的近似值,误差 $s - s_n = r_n$ 满足 $|r_n| \leqslant \dfrac{1}{n+1}$.

三、绝对收敛与条件收敛

对于一个数项级数 $u_1 + u_2 + \cdots + u_n + \cdots$,其中 u_n 可任意地取正数、负数或零,通常称这种级数为任意项级数.

定理 6 如果正项级数 $\sum\limits_{n=1}^{\infty}|u_n|$ 收敛,则级数 $\sum\limits_{n=1}^{\infty}u_n$ 收敛.

证 记

$$v_n = \dfrac{1}{2}(|u_n| + u_n), w_n = \dfrac{1}{2}(|u_n| - u_n)$$

则显然 $0 \leqslant v_n \leqslant |u_n|, 0 \leqslant w_n \leqslant |u_n|$.

因为 $\sum\limits_{n=1}^{\infty}|u_n|$ 收敛,所以由正项级数的比较法知 $\sum\limits_{n=1}^{\infty}v_n, \sum\limits_{n=1}^{\infty}w_n$ 都收敛. 注意到 $u_n = v_n - w_n$,故由第一节性质 3 知 $\sum\limits_{n=1}^{\infty}u_n$ 也收敛.

定义 1 若 $\sum\limits_{n=1}^{\infty}|u_n|$ 收敛,则称 $\sum\limits_{n=1}^{\infty}u_n$ 为**绝对收敛**.

例 8 证明级数 $\sum\limits_{n=1}^{\infty}\dfrac{(-1)^n}{n}\dfrac{2^n}{3^n}$ 绝对收敛.

证 级数各项取绝对值后得到级数 $\sum\limits_{n=1}^{\infty}\dfrac{1}{n}\dfrac{2^n}{3^n}$,利用例 7 的结果,级数 $\sum\limits_{n=1}^{\infty}\dfrac{1}{n}\dfrac{2^n}{3^n}$

是收敛的,所以,级数 $\sum\limits_{n=1}^{\infty} \dfrac{(-1)^n}{n} \dfrac{2^n}{3^n}$ 绝对收敛.

应该注意,虽然每个绝对收敛级数都是收敛的,但并不是每个收敛级数都是绝对收敛的. 例如级数

$$1 - \frac{1}{2} + \frac{1}{3} - \cdots + (-1)^{n-1} \frac{1}{n} + \cdots$$

是收敛的,但是各项取绝对值所成的级数

$$1 + \frac{1}{2} + \frac{1}{3} + \cdots + \frac{1}{n} + \cdots$$

却是发散的.

定义 2 若级数 $\sum\limits_{n=1}^{\infty} u_n$ 收敛而 $\sum\limits_{n=1}^{\infty} |u_n|$ 发散,则称级数 $\sum\limits_{n=1}^{\infty} u_n$ **条件收敛**.

例如,当 $0 < p \le 1$ 时,交错级数 $\sum\limits_{n=1}^{\infty} (-1)^{n+1} \dfrac{1}{n^p}$ 条件收敛.

虽然一般来说,$\sum\limits_{n=1}^{\infty} |u_n|$ 发散时 $\sum\limits_{n=1}^{\infty} u_n$ 还可能收敛,但若由比值法得出 $\sum\limits_{n=1}^{\infty} |u_n|$ 发散,则 $|u_{n+1}| \ge |u_n|$ 为单调增加的,从而 $\lim\limits_{n\to\infty} u_n \neq 0$. 根据级数收敛的必要条件,级数 $\sum\limits_{n=1}^{\infty} u_n$ 一定发散.

习题 12-2

1. 利用比较法或其极限形式判别下列级数的敛散性.

(1) $\sum\limits_{n=1}^{\infty} \dfrac{1}{\sqrt{2n^2 - 3n + 1}}$;

(2) $\sum\limits_{n=1}^{\infty} (\sqrt{n^2 + 3} - \sqrt{n^2 - 3})$;

(3) $\sum\limits_{n=1}^{\infty} \ln\left(1 + \dfrac{1}{n^2}\right)$;

(4) $\sum\limits_{n=1}^{\infty} \dfrac{1}{1 + a^n}\ (a > 0)$;

(5) $\sum\limits_{n=1}^{\infty} \dfrac{(1 + n)^n}{n^{n+1}}$;

(6) $\sum\limits_{n=1}^{\infty} \tan \dfrac{1}{n + 1}$;

(7) $\sum\limits_{n=1}^{\infty} \dfrac{1}{n + \ln n}$;

(8) $\sum\limits_{n=1}^{\infty} \left(\dfrac{n}{2n + 3}\right)^n$.

2. 利用比值判别法判别下列级数的敛散性.

(1) $\sum\limits_{n=1}^{\infty} \dfrac{(n-1)!}{3^n}$;

(2) $\sum\limits_{n=1}^{\infty} \dfrac{\sqrt{n}}{2^n}$;

(3) $\sum\limits_{n=1}^{\infty} \dfrac{1 \times 3 \times 5 \times \cdots \times (2n-1)}{3^n \times n!}$;

(4) $\sum\limits_{n=1}^{\infty} \dfrac{1 \times 5 \times 9 \times \cdots \times (4n-3)}{2 \times 5 \times 8 \times \cdots \times (3n-1)}$;

(5) $\displaystyle\sum_{n=1}^{\infty} \sin\dfrac{\pi}{\sqrt{2}^n}$;

(6) $\displaystyle\sum_{n=1}^{\infty} \dfrac{(2n)!}{(n!)^2}$;

(7) $\displaystyle\sum_{n=1}^{\infty} \dfrac{1}{\sqrt{n^2+1}}\left(\dfrac{2}{3}\right)^n$;

(8) $\displaystyle\sum_{n=1}^{\infty} \dfrac{2n-1}{2^n}$.

(9) $\displaystyle\sum_{n=1}^{\infty} \dfrac{2^n n!}{n^n}$;

(10) $\displaystyle\sum_{n=1}^{\infty} \dfrac{1}{n^r}q^n, q>0$.

3. 判别下列级数是绝对收敛,条件收敛,还是发散?

(1) $\displaystyle\sum_{n=1}^{\infty} (-1)^n \dfrac{1}{\sqrt{2n+1}}$;

(2) $\displaystyle\sum_{n=1}^{\infty} \dfrac{(-1)^{n-1}}{n-\sqrt{n}}$;

(3) $\displaystyle\sum_{n=1}^{\infty} (-1)^{n+1} \sqrt{\dfrac{n}{n+1}}$;

(4) $\displaystyle\sum_{n=1}^{\infty} (-1)^n (\sqrt{n+1}-\sqrt{n})$;

(5) $\displaystyle\sum_{n=1}^{\infty} (-1)^n \dfrac{1}{\ln n}$;

(6) $\displaystyle\sum_{n=2}^{\infty} \dfrac{(-1)^{n-1}n^3}{2^n}$;

(7) $\displaystyle\sum_{n=1}^{\infty} (-1)^n \left(\dfrac{n-1}{2n+1}\right)^n$;

(8) $\displaystyle\sum_{n=1}^{\infty} (-1)^n \dfrac{n}{n^2+1}$.

第三节 幂 级 数

一、函数项级数的一般概念

设 $\{u_n(x)\}$ 是定义在数集 I 上的函数列,表达式

$$u_0(x) + u_1(x) + u_2(x) + \cdots + u_n(x) + \cdots = \sum_{n=0}^{\infty} u_n(x) \qquad (1)$$

称为定义在 I 上的函数项级数.

如果对某点 $x_0 \in I$,常数项级数 $\displaystyle\sum_{n=0}^{\infty} u_n(x_0)$ 收敛. 则称函数项级数 $\displaystyle\sum_{n=0}^{\infty} u_n(x)$ 在点 x_0 处收敛, x_0 为该函数项级数的收敛点;如果常数项级数 $\displaystyle\sum_{n=0}^{\infty} u_n(x_0)$ 发散,则称函数项级数 $\displaystyle\sum_{n=0}^{\infty} u_n(x)$ 在点 x_0 处发散, x_0 为该函数项级数的发散点. 函数项级数 $\displaystyle\sum_{n=0}^{\infty} u_n(x)$ 所有收敛点组成的集合,称为该函数项级数的**收敛域**;所有发散点组成的集合,称为该函数项级数的**发散域**. 对于收敛域中的每一个 x,函数项级数 $\displaystyle\sum_{n=0}^{\infty} u_n(x)$ 都有唯一确定的和(记为 $s(x)$)与之对应,因此 $\displaystyle\sum_{n=0}^{\infty} u_n(x)$ 是定义在收敛域上的一个函数,即

$$\sum_{n=0}^{\infty} u_n(x) = s(x)(x \text{ 属于收敛域}).$$

称 $s(x)$ 为函数项级数 $\sum\limits_{n=0}^{\infty} u_n(x)$ 的**和函数**. 并称

$$s_n(x) = u_0(x) + u_1(x) + \cdots + u_n(x) = \sum_{k=0}^{\infty} u_k(x)$$

为函数项级数 $\sum\limits_{n=0}^{\infty} u_n(x)$ 的部分和. 当 x 属于该函数项级数的收敛域时,则有

$$s(x) = \lim_{n \to \infty} s_n(x).$$

称

$$r_n(x) = s(x) - s_n(x) = u_{n+1}(x) + u_{n+2}(x) + \cdots$$

为函数项级数 $\sum\limits_{n=0}^{\infty} u_n(x)$ 的**余项**. 于是,当 x 属于该函数项级数的收敛域时,有

$$\lim_{n \to \infty} r(x) = 0.$$

例如 $1 + x + x^2 + \cdots + x^n + \cdots$ 是函数项级数,且我们知道这是一个公比为 x 的几何级数,当 $|x| < 1$ 时这个级数收敛于 $\dfrac{1}{1-x}$. $|x| \geqslant 1$ 时这个级数发散,故这个级数的收敛域为开区间 $(-1,1)$,和函数 $s(x) = \dfrac{1}{1-x}(-1 < x < 1)$,发散域是 $(-\infty, -1]$ 及 $[1, +\infty]$.

二、幂级数及其收敛性

函数项级数中最简单而常见的一类级数就是各项都是幂函数的函数项,即所谓幂级数. 形式为

$$a_0 + a_1 x + a_2 x^2 + \cdots + a_n x^n + \cdots \tag{2}$$

其中常数 $a_0, a_1, a_2, \cdots, a_n, \cdots$ 叫做幂级数的系数. 例如

$$1 + x + \frac{1}{2!} x^2 + \cdots + \frac{1}{n!} x^n + \cdots$$

就是幂级数. 对幂级数(2)也常记成 $\sum\limits_{n=0}^{\infty} a_n x^n$.

一般形式的幂级数 $a_0 + a_1(x - x_0) + a_2(x - x_0)^2 + \cdots + a_n(x - x_0)^n + \cdots$ 只要作代换 $t = x - x_0$,就可以把它化成式(2)的形式来讨论.

定理1(阿贝尔(Abel)定理) 如果级数 $\sum\limits_{n=0}^{\infty} a_n x^n$ 当 $x = x_0(x_0 \neq 0)$ 时收敛,则适合不等式 $|x| < |x_0|$ 的一切 x 使该幂级数绝对收敛. 反之,如果级数 $\sum\limits_{n=0}^{\infty} a_n x^n$ 当

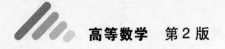

$x = x_0$ 时发散,则适合不等式 $|x| > |x_0|$ 的一切 x 使该幂级数发散.

证 先设 x_0 是幂级数(2)的收敛点,即级数

$$a_0 + a_1 x_0 + a_2 x_0^2 + \cdots + a_n x_0^n + \cdots$$

收敛,根据级数收敛的必要条件,这时有

$$\lim_{n \to \infty} a_n x_0^n = 0,$$

于是存在一个常数 M,使得

$$|a_n x_0^n| \leqslant M (n = 0, 1, 2, \cdots).$$

这样级数(2)的一般项的绝对值

$$|a_n x^n| = \left| a_n x_0^n \cdot \frac{x^n}{x_0^n} \right| = |a_n x_0^n| \cdot \left| \frac{x}{x_0} \right|^n \leqslant M \left| \frac{x}{x_0} \right|^n.$$

因为当 $|x| < |x_0|$ 时,几何级数 $\displaystyle\sum_{n=0}^{\infty} M \left| \frac{x}{x_0} \right|^n$ 收敛$\left(\text{公比} \left| \frac{x}{x_0} \right| < 1\right)$,所以级数

$\displaystyle\sum_{n=0}^{\infty} |a_n x^n|$ 收敛,也就是级数 $\displaystyle\sum_{n=0}^{\infty} a_n x^n$ 绝对收敛.

定理的第二部分可用反证法证明. 倘若幂级数当 $x = x_0$ 时发散,而有一点 x_1

适合 $|x_1| > |x_0|$ 使级数 $\displaystyle\sum_{n=0}^{\infty} |a_n x_1^n|$ 收敛,则根据本定理的第一部分知,级数在

$x = x_0$ 时也应收敛,这与所设矛盾,定理得证.

定理 1 告诉我们,如果幂级数在 $x = x_0$ 处收敛,则对于开区间 $(-|x_0|,$
$|x_0|)$ 内的任何 x,幂级数都收敛;如果幂级数在 $x = x_0$ 处发散,则对于闭区间
$[-|x_0|, |x_0|]$ 外的任何 x,幂级数都发散.

设已给幂级数在数轴上既有收敛点(不仅是原点)也有发散点. 现在从原点沿
数轴朝正向走,最初只遇到收敛点,然后就只遇到发散点,这两部分的分界点可能
是收敛点也可能是发散点. 从原点沿数轴朝负向走情形也是如此,两个界点 P 与
P' 在原点的两侧,且由定理 1 可证明它们到原点的距离是一样的. 由此可得到下面
的重要结论.

推论 如果幂级数 $\displaystyle\sum_{n=0}^{\infty} a_n x^n$ 不是仅在 $x = 0$ 一点收敛,也不是在整个数轴上都

收敛,则必有一个确定的正数 R 存在,使得

当 $|x| < R$ 时,幂级数绝对收敛;

当 $|x| > R$ 时,幂级数发散.

当 $x = R$ 与 $x = -R$ 时,幂级数可能收敛也可能发散.

正数 R 称为幂级数(2)的**收敛半径**. 开区间 $(-R, R)$ 叫做幂级数(2)的**收敛
区间**,再由幂级数在 $x = \pm R$ 处的收敛性就可以决定它的收敛域是 $(-R, R)$、$[-R,$
$R)$、$(-R, R]$ 或 $[-R, R]$ 这四个区间之一.

如果幂级数(2)只在 $x = 0$ 处收敛,这时收敛域只有一点 $x = 0$,但为了方便起见,我们规定这时收敛半径 $R = 0$;如果幂级数(2)对一切 x 都收敛,则规定收敛半径 $R = +\infty$,收敛域为 $(-\infty, +\infty)$.

关于幂级数收敛半径 R 的求法,有下面的定理.

定理 2 对于幂级数 $\sum\limits_{n=0}^{\infty} a_n x^n$,若 $a_n \neq 0$ 且

$$\lim_{n \to \infty} \left| \frac{a_{n+1}}{a_n} \right| = \rho,$$

则有(1)若 $0 < \rho < \infty$,则 $R = \dfrac{1}{\rho}$;

(2)若 $\rho = 0$,则 $R = +\infty$;

(3)若 $\rho = +\infty$,则 $R = 0$.

证 对绝对值级数 $\sum\limits_{n=0}^{\infty} |a_n x^n|$ 应用比值判别法,有

$$\lim_{n \to \infty} \left| \frac{u_{n+1}}{u_n} \right| = \lim_{n \to \infty} \left| \frac{a_{n+1} x^{n+1}}{a_n x^n} \right|$$

$$= \lim_{n \to \infty} \left| \frac{a_{n+1}}{a_n} \right| \cdot |x| = \rho |x|,$$

(1)若 $0 < \rho < +\infty$,由比值判别法可知,当 $\rho |x| < 1$,即 $|x| < \dfrac{1}{\rho}$ 时,$\sum\limits_{n=0}^{\infty} a_n x^n$ 绝对收敛;当 $\rho |x| > 1$,即 $|x| > \dfrac{1}{\rho}$ 时,$\sum\limits_{n=0}^{\infty} a_n x^n$ 发散. 由此可见 $R = \dfrac{1}{\rho}$.

(2)若 $\rho = 0$,则对一切实数 x,有 $\lim \left| \dfrac{u_{n+1}}{u_n} \right| = 0 < 1$,级数 $\sum\limits_{n=0}^{\infty} a_n x^n$ 绝对收敛,故 $R = \infty$.

(3)若 $\rho = \infty$,则当 $x \neq 0$ 时,$\lim\limits_{n \to \infty} \left| \dfrac{u_{n+1}}{u_n} \right| = \infty$,从而 $|u_n|$ 不趋于零,即 $x \neq 0$ 时 $a_n x^n$ 不趋于零,故级数 $\sum\limits_{n=0}^{\infty} a_n x^n$ 发散. 只有 $x = 0$ 时,$\sum\limits_{n=0}^{\infty} a_n x^n = a_0$ 是收敛的,故 $R = 0$.

例 1 求幂级数

$$x - \frac{x^2}{2^2} + \frac{x^3}{3^2} - \cdots + (-1)^{n-1} \frac{x^n}{n^2} + \cdots$$

的收敛半径与收敛域.

解 因为

$$\rho = \lim_{n \to \infty} \left| \frac{a_{n+1}}{a_n} \right| = \lim_{n \to \infty} \frac{n^2}{(n+1)^2} = 1,$$

所以收敛半径 $R = \dfrac{1}{\rho} = 1$. 对于端点 $x = 1$, 级数成为交错级数

$$1 - \frac{1}{2^2} + \frac{1}{3^2} - \cdots + (-1)^n \frac{1}{n^2} + \cdots,$$

它是绝对收敛的；对于端点 $x = -1$, 级数为

$$-\left(1 + \frac{1}{2^2} + \frac{1}{3^2} + \cdots + \frac{1}{n^2} + \cdots\right),$$

这个级数同样是收敛的, 所以级数收敛域是 $[-1, 1]$.

例 2　求幂级数 $\displaystyle\sum_{n=0}^{\infty} \frac{x^n}{n!}$ 的收敛半径及收敛域.

解　因为

$$\rho = \lim_{n\to\infty} \left|\frac{a_{n+1}}{a_n}\right| = \lim_{n\to\infty} \left|\frac{n!}{(n+1)!}\right| = \lim_{n\to\infty} \frac{1}{n+1} = 0.$$

由定理 2, 收敛半径 $R = \infty$, 收敛域为 $(-\infty, +\infty)$, 或即 $\displaystyle\sum_{n=0}^{\infty} \frac{x^n}{n!}$ 对任意的 x 绝对收敛.

例 3　求幂级数 $\displaystyle\sum_{n=1}^{\infty} \frac{3^n x^{2n-1}}{n}$ 的收敛半径.

解　因为 $a_{2n} = 0 (n = 0, 1, 2, \cdots)$, 所以不能直接应用定理 2. 此时可直接用比值法来求收敛半径.

$$\lim_{n\to\infty} \left|\frac{u_{n+1}(x)}{u_n(x)}\right| = \lim_{n\to\infty} \left|\frac{3^{n+1} x^{2n+1}}{n+1} \cdot \frac{n}{3^n x^{2n-1}}\right| = 3|x|^2.$$

当 $3|x|^2 < 1$, 即 $|x| < \dfrac{\sqrt{3}}{3}$ 时幂级数绝对收敛；

当 $3|x|^2 > 1$ 即 $|x| > \dfrac{\sqrt{3}}{3}$ 时幂级数的一般项不趋于零, 从而 $|x| > \dfrac{\sqrt{3}}{3}$ 时幂级数发散. 所以收敛半径 $R = \dfrac{\sqrt{3}}{3}$.

例 4　求幂级数 $\displaystyle\sum_{n=1}^{\infty} \frac{1}{\sqrt{n}}(2x-1)^n$ 的收敛域.

解　令 $t = 2x - 1$, 则所给幂级数化为 $\displaystyle\sum_{n=1}^{\infty} \frac{1}{\sqrt{n}} t^n$, 由于

$$\lim_{n\to\infty} \left|\frac{a_{n+1}}{a_n}\right| = \lim_{n\to\infty} \frac{\sqrt{n}}{\sqrt{n+1}} = 1,$$

故当 $|t| < 1$ 时, $\displaystyle\sum_{n=1}^{\infty} \frac{1}{\sqrt{n}} t^n$ 绝对收敛；

当 $t = 1$ 时，$\sum\limits_{n=1}^{\infty} \dfrac{1}{\sqrt{n}} t^n = \sum\limits_{n=1}^{\infty} \dfrac{1}{\sqrt{n}}$ 发散；

当 $t = -1$ 时，$\sum\limits_{n=1}^{\infty} \dfrac{1}{\sqrt{n}}(-1)^n$ 收敛.

因此，幂级数 $\sum\limits_{n=1}^{\infty} \dfrac{1}{\sqrt{n}} t^n$ 的收敛域为 $[-1,1)$. 从而，由 $t = 2x - 1$ 可知，幂级数 $\sum\limits_{n=1}^{\infty} \dfrac{1}{\sqrt{n}}(2x-1)^n$ 的收敛域为 $[0,1)$.

三、幂级数的运算

1. 幂级数的四则运算

设幂级数 $\sum\limits_{n=0}^{\infty} a_n x^n$ 和 $\sum\limits_{n=0}^{\infty} b_n x^n$ 的收敛半径分别为 R_1 和 R_2，记 $R = \min\{R_1, R_2\}$，则这两个级数在区间 $(-R,R)$ 内可进行下列四则运算.

（1）加减法：
$$\sum\limits_{n=0}^{\infty} a_n x^n \pm \sum\limits_{n=0}^{\infty} b_n x^n = \sum\limits_{n=0}^{\infty} (a_n \pm b_n) x^n \quad x \in (-R,R)$$

（2）乘法：
$$\left(\sum\limits_{n=0}^{\infty} a_n x^n\right) \cdot \left(\sum\limits_{n=0}^{\infty} b_n x^n\right) = \left(\sum\limits_{n=0}^{\infty} (a_0 b_n + a_1 b_{n-1} + \cdots + a_n b_0) x^n\right) \quad x \in (-R,R)$$

（3）除法：
$$\dfrac{\sum\limits_{n=0}^{\infty} a_n x^n}{\sum\limits_{n=0}^{\infty} b_n x^n} = \sum\limits_{n=0}^{\infty} c_n x^n, (b_n \neq 0)$$

为了确定系数 $c_n (n = 0,1,2,\cdots)$，可将级数 $\sum\limits_{n=0}^{\infty} b_n x^n$ 与 $\sum\limits_{n=0}^{\infty} c_n x^n$ 相乘，并令乘积中各项的系数分别等于级数 $\sum\limits_{n=0}^{\infty} a_n x^n$ 中同次幂的系数，即得
$$a_0 = b_0 c_0, a_1 = b_0 c_1 + b_1 c_0, a_2 = b_0 c_2 + b_1 c_1 + b_2 c_0, \cdots$$
由这些方程就可顺序地求出系数 $c_n (n = 0,1,2,\cdots)$. 一般来说，相除后得到的幂级数 $\sum\limits_{n=0}^{\infty} c_n x^n$ 的收敛半径可能比原来两级数的收敛半径小得多.

如
$$\dfrac{1}{1-x} = 1 + x + x^2 + \cdots + x^n + \cdots$$

这里 $\sum\limits_{n=0}^{\infty} a_n x^n = 1$ 与 $\sum\limits_{n=0}^{\infty} b_n x^n = 1 - x$ 在 $(-\infty, +\infty)$ 收敛，但 $\sum\limits_{n=0}^{\infty} c_n x^n = \sum\limits_{n=0}^{\infty} x^n$ 仅在

$(-1,1)$ 上收敛.

2. 分析运算

我们知道,幂级数的和函数是在其收敛域内定义的一个函数. 关于这个函数的连续、可导及可积性,有下列定理.

定理 3 设幂级数 $\sum\limits_{n=0}^{\infty} a_n x^n$ 的收敛半径为 R,则在 $(-R,R)$ 内

(1) 幂级数的和函数 $s(x)$ 连续;

(2) $s(x)$ 可导,并有逐项求导公式

$$s'(x) = \sum_{n=0}^{\infty} (a_n x^n)' = \sum_{n=1}^{\infty} n a_n x^{n-1},$$

且求导后幂级数收敛半径不变;

(3) $s(x)$ 可积,并有逐项积分公式

$$\int_0^x s(x)\,\mathrm{d}x = \sum_{n=0}^{\infty} \int_0^x a_n x^n \mathrm{d}x = \sum_{n=0}^{\infty} \frac{a_n}{n+1} x^{n+1},$$

且积分后幂级数收敛半径不变.

注 1 虽然幂级数逐项求积和逐项求导后收敛半径不变,但是在收敛区间的端点处,其敛散性会发生变化.

例如幂级数

$$x + \frac{1}{2}x^2 + \cdots + \frac{1}{n}x^n + \cdots$$

在收敛区间的端点 $x=-1$ 处是收敛的,但逐项求导后得到的幂级数

$$1 + x + x^2 + \cdots + x^{n-1} + \cdots$$

在 $x=-1$ 处是发散的. 同样,后一个幂级数逐项积分可得到前一个幂级数,因此,逐项积分也改变了幂级数在 $x=-1$ 处的敛散性.

注 2 反复利用性质(2)可以得到,幂级数在收敛区间内可以逐项求导任意次,因此幂级数的和函数在收敛区间内具有任意阶导数.

例 5 求幂级数 $x - \dfrac{x^3}{3} + \dfrac{x^5}{5} - \dfrac{x^7}{7} + \cdots$ 的和.

解 由定理 2 可求得级数的收敛半径为 $R=1$,在区间 $(-1,1)$ 内

$$s(x) = x - \frac{x^3}{3} + \frac{x^5}{5} - \frac{x^7}{7} + \cdots.$$

逐项求导得

$$s'(x) = 1 - x^2 + x^4 - x^6 + \cdots = \frac{1}{1+x^2},$$

上式积分得

$$\int_0^x s'(x)\,\mathrm{d}x = s(x) - s(0) = s(x)$$

$$= \int_0^x \frac{1}{1+x^2} dx = \arctan x.$$

特别当 $x = 1$ 时得到 $1 - \frac{1}{3} + \frac{1}{5} - \frac{1}{7} + \cdots = \frac{\pi}{4}$.

例6 求级数 $\sum_{n=1}^{\infty} \frac{n(n+1)}{2^n}$ 的和.

解 我们首先求幂级数 $\sum_{n=1}^{\infty} n(n+1)x^n$ 的和.

易知这个幂级数的收敛域为 $(-1,1)$. 在区间 $(-1,1)$ 上,设

$$s(x) = \sum_{n=1}^{\infty} n(n+1)x^n,$$

则有

$$s(x) = \left[\sum_{n=1}^{\infty} n x^{n+1} \right]' = \left[x^2 \sum_{n=1}^{\infty} n x^{n-1} \right]'$$

$$= \left[x^2 \left(\sum_{n=1}^{\infty} x^n \right)' \right]'$$

$$= \left[x^2 \left(\frac{1}{1-x} - 1 \right)' \right]' = \left[x^2 \frac{1}{(1-x)^2} \right]'$$

$$= \frac{2x}{(1-x)^3}.$$

将 $x = \frac{1}{2}$ 代入幂级数的和函数 $s(x)$,即得 $\sum_{n=1}^{\infty} \frac{n(n+1)}{2^n} = s\left(\frac{1}{2}\right) = 8.$

习题 12-3

1. 求下列幂级数的收敛半径和收敛域.

$(1)\ 1.2x + 2.3x^2 + 3.4x^3 + \cdots;$

$(2)\ \frac{x}{2} + \frac{x^2}{2 \cdot 4} + \frac{x^3}{2 \cdot 4 \cdot 6} + \cdots;$

$(3)\ \sum_{n=1}^{\infty} \sqrt{n} x^n;$

$(4)\ \sum_{n=1}^{\infty} \frac{x^n}{n+1};$

$(5)\ \sum_{n=1}^{\infty} (-1)^n \frac{x^{2n+1}}{2n+1};$

$(6)\ \sum_{n=1}^{\infty} \frac{3^n}{(n+1)^2} x^n;$

$(7)\ \sum_{n=1}^{\infty} \frac{x^n}{2n(2n-1)};$

$(8)\ \sum_{n=1}^{\infty} (-1)^n \frac{(x-1)^n}{\sqrt{n}};$

$(9)\ \sum_{n=1}^{\infty} 2^{n-1} x^{2n-2};$

$(10)\ \sum_{n=1}^{\infty} (-1)^n \frac{x^n}{\ln n};$

467

(11) $\sum\limits_{n=1}^{\infty} \dfrac{5^n + (-3)^n}{n} x^n$;　　　　　　　(12) $\sum\limits_{n=1}^{\infty} (\lg x)^n$.

2. 利用逐项求导或逐项积分,求下列级数在收敛域内的和函数:

(1) $\sum\limits_{n=1}^{\infty} n x^{n-1} (-1 < x < 1)$;　　　　(2) $\sum\limits_{n=1}^{\infty} \dfrac{x^{4n+1}}{4n+1} (-1 < x < 1)$.

第四节　函数展开成幂级数

前面几节我们讨论了幂级数 $\sum\limits_{n=0}^{\infty} a_n x^n$ 的收敛域及在收敛域上的和函数. 在实际应用中更重要的是与此相反的问题,即对给定的函数 $f(x)$,要确定它能否在某一区间上"表示成幂级数",或者说,能否找到这样的幂级数,它在某一区间内收敛,且其和恰好等于函数 $f(x)$. 如果能找到这样的幂级数,就称函数 $f(x)$ 在该区间内能展开成幂级数.

设函数 $f(x)$ 在区间 $(-R, R)$ 内有任意阶导数,并假定它可以展成 x 的幂级数:

$$f(x) = a_0 + a_1 x + a_2 x^2 + \cdots + a_n x^n + \cdots \quad (|x| < R) \tag{1}$$

就是说,式(1)右端幂级数在区间 $(-R, R)$ 内是收敛的,并且它的和在 $(-R, R)$ 内等于 $f(x)$. 现在的问题是如何确定幂级数的系数 $a_0, a_1, a_2, \cdots, a_n, \cdots$.

由于幂级数在它的收敛区间内可以逐项求导,所以

$$f'(x) = a_1 + 2a_2 x + \cdots + n a_n x^{n-1} + \cdots,$$
$$f''(x) = 2 \cdot 1 a_2 + 3 \cdot 2 a_3 x + \cdots + n(n-1) a_n x^{n-2} + \cdots,$$
$$\vdots$$
$$f^{(n)}(x) = n(n-1)(n-2) \cdot \cdots \cdot 3 \cdot 2 \cdot 1 a_n + \cdots,$$
$$\vdots$$

用 $x = 0$ 代入以上各式,得

$$f(0) = a_0,$$
$$f'(0) = a_1 = 1! a_1,$$
$$f''(0) = 2 \cdot 1 a_2 = 2! a_2,$$
$$\vdots$$
$$f^{(n)}(0) = n! a_n.$$

所以　　　$a_0 = f(0), a_1 = \dfrac{f'(0)}{1!}, a_2 = \dfrac{f''(0)}{2!}, \cdots, a_n = \dfrac{f^{(n)}(0)}{n!}, \cdots.$

记 $P_n = f(0) + f'(0)x + \cdots + \dfrac{f^{(n)}(0)}{n!} x^n$. 由第三章第三节泰勒公式可得

$$f(x) = P_n(x) + R_n(x),$$

其中 $R_n = \dfrac{f^{(n+1)}(\xi)}{(n+1)!}x^{n+1}$，$\xi$ 介于 0 与 x 之间. 如果 $\lim\limits_{n\to\infty}R_n(x) = 0$，则 $f(x) = \lim\limits_{n\to\infty}P_n(x)$. 由级数和的定义，即得到函数 $f(x)$ 的幂级数展开式

$$f(x) = f(0) + f'(0)x + \frac{f''(0)}{2!}x^2 + \cdots + \frac{f^{(n)}(0)}{n!}x^n + \cdots \quad (\,|x| < R\,). \quad (2)$$

综上所述，把一个函数 $f(x)$ 展开为 x 的幂级数的步骤有：

（1）求出函数 $f(x)$ 及其各阶导数在 $x = 0$ 点的值 $f^{(n)}(0)$，从而求得系数 $a_n = \dfrac{f^{(n)}(0)}{n!}(n = 0,1,2,\cdots)$，算出幂级数的系数 a_n 的值；

（2）写出幂级数

$$f(0) + f'(0)x + \frac{f''(0)}{2!}x^2 + \cdots + \frac{f^{(n)}(0)}{n!}x^n + \cdots;$$

（3）求出幂级数的收敛半径 R 或收敛域；

（4）证明在收敛域内 $\lim\limits_{n\to\infty}R_n(x) = 0$.

完成上述步骤（1）—（4），就可得到幂级数（2）.

下面给出几个重要的展开式.

例1 求函数 $f(x) = \mathrm{e}^x$ 的幂级数展开式.

解 （1）求出 $f^{(n)}(0)$ 及 a_n.

由于 $f^{(n)}(x) = \mathrm{e}^x,(n = 0,1,2,\cdots)$，所以，$f^{(n)}(0) = 1,(n = 1,2,\cdots)$. 于是

$$a_n = \frac{1}{n!},(n = 0,1,2,\cdots),$$

（2）相应的幂级数为

$$1 + x + \frac{1}{2!}x^2 + \cdots + \frac{1}{n!}x^n + \cdots.$$

（3）由上节例3，上述幂级数的收敛域为 $-\infty < x < +\infty$.

（4）$\lim\limits_{n\to\infty}|R_n(x)| = \lim\limits_{n\to\infty}\left|\dfrac{\mathrm{e}^{\theta x}x^{n+1}}{(n+1)!}\right|$

$$\leqslant \mathrm{e}^{|x|}\lim\limits_{n\to\infty}\frac{|x|^{n+1}}{(n+1)!} = 0.$$

此处用到 $\dfrac{|x|^{n+1}}{(n+1)!}$ 是收敛级数 $\sum\limits_{n=1}^{\infty}\dfrac{|x|^{n+1}}{(n+1)!}$ 的一般项，由级数收敛的必要条件知 其极限为零. 所以

$$\mathrm{e}^x = 1 + x + \frac{1}{2!}x^2 + \cdots + \frac{1}{n!}x^n + \cdots \quad (-\infty < x < +\infty).$$

例2 把函数 $f(x) = \sin x$ 展为 x 的幂级数.

解 因为 $f^{(n)}(x) = \sin\left(x + n\dfrac{\pi}{2}\right),(n = 0,1,2,\cdots)$，所以 $f^{(n)}(0)$ 依次循环地

取 0,1,0, - 1,于是可以求得相应的级数

$$x - \frac{x^3}{3!} + \frac{x^5}{5!} - \cdots + (-1)^{n-1} \frac{x^{2n-1}}{(2n-1)!} + \cdots,$$

容易求出它的收敛域为 $-\infty < x < +\infty$. 由余项公式有

$$\lim_{n\to\infty} |R_n(x)| = \lim_{n\to\infty} \left| \sin\left(\theta x + \frac{n+1}{2}\pi\right) \frac{x^{n+1}}{(n+1)!} \right| \leqslant \lim_{n\to\infty} \frac{|x|^{n+1}}{(n+1)!} = 0,$$

所以

$$\sin x = x - \frac{x^3}{3!} + \frac{x^5}{5!} - \cdots + (-1)^{n-1} \frac{x^{2n-1}}{(2n-1)!} + \cdots, (-\infty < x < +\infty).$$

例3 把函数 $f(x) = (1+x)^m$ 展为 x 的幂级数,其中 m 为任一实数.

解

$$f(x) = (1+x)^m,$$
$$f'(x) = m(1+x)^{m-1},$$
$$f''(x) = m(m-1)(1+x)^{m-2},$$
$$\vdots$$
$$f^{(n)}(x) = m(m-1)\cdots(m-n+1)(1+x)^{m-n},$$
$$\vdots$$

所以 $f(0) = 1, f'(0) = m, \cdots, f^{(n)}(0) = m(m-1)\cdots(m-n+1), \cdots.$
于是得级数

$$1 + mx + \frac{m(m-1)}{2!}x^2 + \cdots + \frac{m(m-1)\cdots(m-n+1)}{n!}x^n + \cdots.$$

又因为

$$\lim_{n\to\infty} \left| \frac{a_{n+1}}{a_n} \right| = \lim_{n\to\infty} \left| \frac{m-n}{n+1} \right| = 1.$$

所以上述幂级数的收敛半径 $R = 1$. 为了避免直接研究余项,设该级数在开区间 $(-1,1)$ 内收敛到和函数 $F(x)$. 即

$$F(x) = 1 + mx + \frac{m(m-1)}{2!}x^2 + \cdots + \frac{m(m-1)\cdots(m-n+1)}{n!}x^n + \cdots,$$
$$(-1 < x < 1).$$

我们来证明 $\qquad F(x) = (1+x)^m, (-1 < x < 1).$

对级数逐项求导,得

$$F'(x) = m\left[1 + \frac{m-1}{1}x + \cdots + \frac{(m-1)\cdots(m-n+1)}{(n-1)!}x^{n-1} + \cdots \right],$$

两边各乘以 $(1+x)$,并把含有 $x^n (n = 1,2,\cdots)$ 的两项合并起来. 根据恒等式

$$\frac{(m-1)\cdots(m-n+1)}{(n-1)!} + \frac{(m-1)\cdots(m-n)}{n!} = \frac{m(m-1)\cdots(m-n+1)}{n!}$$

$$(n = 1,2,\cdots),$$

我们有

$$(1+x)F'(x)$$

$$= m\left[1 + mx + \frac{m(m-1)}{2!}x^2 + \cdots + \frac{m(m-1)\cdots(m-n+1)}{n!}x^n + \cdots\right]$$

$$= mF(x) \quad (-1 < x < 1).$$

这是关于 $F(x)$ 的可分离变量的微分方程. 解此微分方程得 $\ln F(x) = \ln(1+x)^m + c$. 注意到 $F(0) = 1$, 因此 $c = 0$, 所以

$$F(x) = (1+x)^m.$$

即

$$(1+x)^m = 1 + mx + \frac{m(m-1)}{2!}x^2 + \cdots + \frac{m(m-1)\cdots(m-n+1)}{n!}x^n +$$

$$\cdots(-1 < x < 1).$$

上式右端的级数叫二项展开式. 二项式定理是它的特例(m 为正整数).

当 $m = -1$ 时就是等比级数; 对于 $m = \frac{1}{2}$ 和 $-\frac{1}{2}$ 的二项展开式分别为

$$\sqrt{1+x} = 1 + \frac{1}{2}x - \frac{1}{2\cdot4}x^2 + \frac{1\cdot3}{2\cdot4\cdot6}x^3 - \frac{1\cdot3\cdot5}{2\cdot4\cdot6\cdot8}x^4 + \cdots,$$

$$(-1 \leqslant x \leqslant 1);$$

$$\frac{1}{\sqrt{1+x}} = 1 - \frac{1}{2}x + \frac{1\cdot3}{2\cdot4}x^2 - \frac{1\cdot3\cdot5}{2\cdot4\cdot6}x^3 + \frac{1\cdot3\cdot5\cdot7}{2\cdot4\cdot6\cdot8}x^4 + \cdots,$$

$$(-1 < x \leqslant 1).$$

$(1+x)^m$ 的这些展开公式以及 $e^x, \sin x, \dfrac{1}{1-x}$ 等展开式以后可以直接应用.

以上我们将函数 $f(x)$ 展开为 x 的幂级数的过程称为直接展开, 这样做比较麻烦. 下面介绍利用已知函数的展开式求函数展开式的方法, 这种方法叫做间接展开法.

例 4 将 $f(x) = \cos x$ 展成 x 的幂级数.

解 因为

$$\sin x = x - \frac{x^3}{3!} + \frac{x^5}{5!} - \cdots + (-1)^{n-1}\frac{x^{2n-1}}{(2n-1)!} + \cdots$$

$$(-\infty < x < +\infty).$$

对上式逐项求导, 可得

$$\cos x = 1 - \frac{x^2}{2!} + \frac{x^4}{4!} - \cdots + (-1)^n\frac{x^{2n}}{(2n)!} + \cdots$$

$$(-\infty < x < +\infty).$$

例 5 将 $f(x) = \ln(1+x)$ 展开成 x 的幂级数.

解 因为

$$\frac{1}{1+x} = 1 - x + x^2 - x^3 + \cdots + (-1)^n x^n + \cdots,$$
$$(-1 < x < 1).$$

将上式两端分别从 0 到 x 积分,可得

$$\ln(1+x) = x - \frac{1}{2}x^2 + \frac{1}{3}x^3 - \cdots + (-1)^n \frac{x^{n+1}}{n+1} + \cdots,$$
$$(-1 < x < 1).$$

进一步地,上式右端的级数在 $x = 1$ 也收敛,从而可得

$$\ln 2 = 1 - \frac{1}{2} + \frac{1}{3} - \frac{1}{4} + \cdots.$$

例 6 将 $f(x) = \dfrac{x-1}{4-x}$ 展开为 $x - 1$ 的幂级数,并求 $f^{(n)}(1)$.

解 因为

$$\frac{1}{4-x} = \frac{1}{3-(x-1)} = \frac{1}{3}\frac{1}{1 - \frac{x-1}{3}}$$

$$= \frac{1}{3}\left[1 + \frac{x-1}{3} + \left(\frac{x-1}{3}\right)^2 + \cdots + \left(\frac{x-1}{3}\right)^{n-1} + \cdots\right]$$

$$= \frac{1}{3} + \frac{1}{3^2}(x-1) + \frac{1}{3^3}(x-1)^2 + \cdots + \frac{1}{3^n}(x-1)^{n-1} + \cdots,$$
$$(|x-1| < 3).$$

所以

$$\frac{x-1}{4-x} = (x-1)\frac{1}{4-x}$$

$$= \frac{1}{3}(x-1) + \frac{1}{3^2}(x-1)^2 + \cdots + \frac{1}{3^n}(x-1)^n + \cdots,$$
$$(|x-1| < 3).$$

根据函数的麦克劳林展开式的系数公式,得

$$\frac{f^{(n)}(1)}{n!} = \frac{1}{3^n}, \text{即} f^{(n)}(1) = \frac{n!}{3^n}.$$

例 7 将 $f(x) = \dfrac{x}{x^2 - 2x - 3}$ 展开成 x 的幂级数.

解 $f(x) = \dfrac{x}{x^2 - 2x - 3} = \dfrac{x}{(x-3)(x+1)} = \dfrac{x}{4}\left(\dfrac{1}{x-3} - \dfrac{1}{x+1}\right).$

因为 $\dfrac{1}{x-3} = -\dfrac{1}{3}\dfrac{1}{1-\dfrac{x}{3}} = -\dfrac{1}{3}\sum_{n=0}^{\infty}\left(\dfrac{x}{3}\right)^n$

$$= -\sum_{n=0}^{\infty}\dfrac{x^n}{3^{n+1}}\ (-3 < x < 3);$$

$$\dfrac{1}{x+1} = \sum_{n=0}^{\infty}(-x)^n = \sum_{n=0}^{\infty}(-1)^n x^n\ (-1 < x < 1),$$

所以

$$f(x) = \dfrac{x}{x^2-2x-3} = \dfrac{x}{4}\left[-\sum_{n=0}^{\infty}\dfrac{x^n}{3^{n+1}} - \sum_{n=0}^{\infty}(-1)^n x^n\right]$$

$$= -\sum_{n=0}^{\infty}\dfrac{1}{4}\left[\dfrac{1}{3^{n+1}} + (-1)^n\right]x^{n+1}\ (-1 < x < 1).$$

习题 12-4

1. 将下列函数展开成 x 的幂级数.

(1) $\dfrac{1}{2+x}$;

(2) $(1+x)\ln(1+x)$;

(3) e^{-x^2};

(4) $\ln(3+x)$;

(5) $\sin^2 x$;

(6) $\dfrac{d}{dx}\left(\dfrac{e^x-1}{x}\right)$.

2. 将 $f(x) = \ln x$ 展开成 $x-2$ 的幂级数.

3. 将 $f(x) = \dfrac{1}{x}$ 展开成 $x-3$ 的幂级数.

4. 将 $f(x) = \dfrac{x}{2-x-x^2}$ 展开成 x 的幂级数.

5. 将 $f(x) = \dfrac{1}{x^2+4x+3}$ 展开成 x 的幂级数.

6. 将 $f(x) = \dfrac{1}{x^2+3x+2}$ 展开成 $x+4$ 的幂级数.

第五节 函数的幂级数展开式的应用

一、欧拉公式

当 x 为实数时,我们有

$$e^x = 1 + x + \frac{1}{2!}x^2 + \cdots + \frac{1}{n!}x^n + \cdots.$$

现在我们把它推广到纯虚数情形. 为此,定义 e^{ix} 如下(其中 x 为实数)

$$e^{ix} = 1 + ix + \frac{1}{2!}(ix)^2 + \cdots + \frac{1}{n!}(ix)^n + \cdots$$

$$= \left(1 - \frac{x^2}{2!} + \frac{x^4}{4!} - \cdots\right) + i\left(x - \frac{x^3}{3!} + \frac{x^5}{5!} - \cdots\right),$$

即有
$$e^{ix} = \cos x + i \sin x. \tag{1}$$

用 $-x$ 替换 x,得

$$e^{-ix} = \cos x - i \sin x, \tag{2}$$

从而
$$\cos x = \frac{e^{ix} + e^{-ix}}{2}, \sin x = \frac{e^{ix} - e^{-ix}}{2i}. \tag{3}$$

公式(1)~公式(3)统称为**欧拉公式**. 在式(1)中,令 $x = \pi$,即得到著名的欧拉公式

$$e^{i\pi} + 1 = 0.$$

这个公式被认为是数学领域中最优美的结果之一,很多人认为它具有不亚于神的力量,因为它在一个简单的方程中,把算术基本常数(0 和 1)、几何基本常数(π)、分析常数(e)和复数(i)联系在一起.

根据欧拉公式,对于一般的复数 $z = \alpha + i\beta$,有
$$e^z = e^{\alpha + i\beta} = e^{\alpha}e^{i\beta} = e^{\alpha}(\cos \beta + i \sin \beta),$$

这是欧拉公式更一般的形式.

二、函数值的近似计算

有了函数的幂级数展开式,就可用它来进行近似计算,即在展开式有效的区间上,函数值可以近似地利用这个级数按精确度要求计算出来.

例1 计算 $\sin 18°$ 的近似值,要求误差不超过 0.000 1.

解 因为 $\sin x = x - \frac{1}{3!}x^3 + \frac{1}{5!}x^5 + \cdots$,所以

$$\sin 18° = \sin\frac{\pi}{10} = \frac{\pi}{10} - \frac{1}{3!}\left(\frac{\pi}{10}\right)^3 + \frac{1}{5!}\left(\frac{\pi}{10}\right)^5 + \cdots.$$

这是交错级数，若取前三项计算 $\sin 18°$，则误差 $|r_3| < \frac{1}{5!}\left(\frac{\pi}{10}\right)^5 \approx 2.58 \times 10^{-5}$

$< 10^{-4}$，因此

$$\sin 18° = \sin\frac{\pi}{10} \approx \frac{\pi}{10} - \frac{1}{3!}\left(\frac{\pi}{10}\right)^3 + \frac{1}{5!}\left(\frac{\pi}{10}\right)^5 \approx 0.309\,0.$$

三、计算定积分

如果被积函数在积分区间上能展开成幂级数，则把这个幂级数逐项积分，就可将积分表示成常数项级数，再根据精确度的要求，可取级数的若干项近似代替积分，从而可算出积分的近似值.

例 2 计算定积分 $\dfrac{2}{\sqrt{\pi}}\displaystyle\int_0^{\frac{1}{2}} e^{-x^2}\mathrm{d}x$ 的近似值，要求误差不超过 $0.000\,1$（取

$\dfrac{1}{\sqrt{\pi}} \approx 0.564\,19$）.

解 利用指数函数的幂级数展开式，得

$$e^{-x^2} = \sum_{n=0}^{\infty} (-1)^n \frac{x^{2n}}{n!}, \quad (-\infty < x < +\infty).$$

根据幂级数在收敛区间内可逐项积分，得

$$\frac{2}{\sqrt{\pi}}\int_0^{\frac{1}{2}} e^{-x^2}\mathrm{d}x = \frac{2}{\sqrt{\pi}}\int_0^{\frac{1}{2}}\left[\sum_{n=0}^{\infty}\frac{(-1)^n}{n!}x^{2n}\right]\mathrm{d}x = \frac{2}{\sqrt{\pi}}\sum_{n=0}^{\infty}\frac{(-1)^n}{n!}\int_0^{\frac{1}{2}}x^{2n}\mathrm{d}x$$

$$= \frac{1}{\sqrt{\pi}}\left(1 - \frac{1}{2^2 \cdot 3} + \frac{1}{2^4 \cdot 5 \cdot 2!} - \frac{1}{2^6 \cdot 7 \cdot 3!} + \cdots\right).$$

取前四项的和作为近似值，其误差

$$|r_4| \leqslant \frac{1}{\sqrt{\pi}}\,\frac{1}{2^8 \cdot 9 \cdot 4!} < \frac{1}{90\,000},$$

符合精确度要求，所以

$$\frac{2}{\sqrt{\pi}}\int_0^{\frac{1}{2}} e^{-x^2}\mathrm{d}x \approx \frac{1}{\sqrt{\pi}}\left(1 - \frac{1}{2^2 \cdot 3} + \frac{1}{2^4 \cdot 5 \cdot 2!} - \frac{1}{2^6 \cdot 7 \cdot 3!}\right) \approx 0.520\,5.$$

四*、解微分方程

用幂级数可以求解一类微分方程或求微分方程的近似解. 下面通过例子说明这种方法.

例 3　求微分方程 $y' = x + y^2$ 满足初始条件 $y\big|_{x=0} = 0$ 的近似解.

解　设 $y = a_0 + a_1 x + a_2 x^2 + a_3 x^3 + \cdots$.

利用初始条件得到 $a_0 = 0$, 把 y 及 y' 的幂级数展开式代入原方程, 得

$$
\begin{aligned}
\left(a_1 x + a_2 x^2 + a_3 x^3 + \cdots\right)' &= a_1 + 2a_2 x + 3a_3 x^2 + 4a_4 x^3 + 5a_5 x^4 + \cdots \\
&= x + \left(a_1 x + a_2 x^2 + a_3 x^3 + \cdots\right)^2 \\
&= x + a_1^2 x^2 + 2a_1 a_2 x^3 + \left(a_2^2 + 2a_1 a_3\right) x^4 + \cdots.
\end{aligned}
$$

由此, 比较恒等式两端 x 的同次幂的系数, 得

$$
a_1 = 0,\ a_2 = \frac{1}{2},\ a_3 = 0,\ a_4 = 0,\ a_5 = \frac{1}{20},\cdots,
$$

所求解的幂级数展开式的开始几项为

$$
y = \frac{1}{2}x^2 + \frac{1}{20}x^5 + \cdots.
$$

于是微分方程满足初始条件的近似解为 $y \approx \dfrac{1}{2}x^2 + \dfrac{1}{20}x^5$.

例 4　求微分方程 $y'' - xy = 0$ 的满足初始条件 $y\big|_{x=0} = 0$, $y'\big|_{x=0} = 1$ 的特解.

解　设 $y = a_0 + a_1 x + a_2 x^2 + \cdots + a_n x^n + \cdots$.

由条件 $y\big|_{x=0} = 0$, 得 $a_0 = 0$. 对 y 的幂级数逐项求导, 有

$$
y' = a_1 + 2a_2 x + 3a_3 x^2 + \cdots + n a_n x^{n-1} + \cdots.
$$

由条件 $y'\big|_{x=0} = 1$, 得 $a_1 = 1$. 对 y' 的幂级数再逐项求导得

$$
y'' = 2a_2 + 3 \times 2a_3 x + \cdots + n(n-1) a_n x^{n-2} + \cdots.
$$

将这些幂级数代入所给方程, 并按 x 的升幂集项, 得

$$
\begin{aligned}
&2a_2 + 3 \cdot 2a_3 x + (4 \cdot 3a_4 - 1) x^2 + (5 \cdot 4a_5 - a_2) x^3 + \cdots + \\
&\left[(n+2)(n+1) a_{n+2} - a_{n-1}\right] x^n + \cdots = 0.
\end{aligned}
$$

于是有 $a_2 = 0$, $a_3 = 0$, $a_4 = \dfrac{1}{4 \cdot 3}$, $a_5 = 0$, $a_6 = 0$, $\cdots$, 一般地, $a_{n+2} = \dfrac{a_{n-1}}{(n+2)(n+1)}$ $(n = 3, 4, \cdots)$.

从这递推公式可以推得

$$
a_7 = \frac{a_4}{7 \cdot 6} = \frac{1}{7 \cdot 6 \cdot 4 \cdot 3},\ a_8 = \frac{a_5}{8 \cdot 7} = 0,\ a_9 = \frac{a_6}{9 \cdot 8} = 0,
$$

一般地

$$
a_{3m+1} = \frac{1}{(3m+1)3m \cdots \cdot 7 \cdot 6 \cdot 4 \cdot 3}\quad (m = 1, 2, \cdots).
$$

于是所求的特解为

$$y = x + \frac{x^4}{4 \cdot 3} + \frac{x^7}{7 \cdot 6 \cdot 4 \cdot 3} + \cdots + \frac{x^{3m+1}}{(3m+1)3m\cdots10 \cdot 9 \cdot 7 \cdot 6 \cdot 4 \cdot 3} + \cdots.$$

习题 12-5

1. 利用 $\ln \dfrac{1+x}{1-x}$ 的展开式证明 $\ln 2 = 2\left(\dfrac{1}{3} + \dfrac{1}{3}\dfrac{1}{3^3} + \dfrac{1}{5}\dfrac{1}{3^5} + \cdots \right)$，该级数和

$\ln 2 = 1 - \dfrac{1}{2} + \dfrac{1}{3} - \dfrac{1}{4} + \cdots$ 相比哪一个收敛更快？

2. 利用函数的幂级数展开式近似计算 $\ln 3$（误差不超过 0.0001）.

3. 近似计算 $\displaystyle\int_0^{\frac{1}{2}} \sin x^2 \mathrm{d}x$，（误差不超过 0.0001）.

4. 近似计算 $\displaystyle\int_0^1 \frac{\sin x}{x} \mathrm{d}x$，（差不超过 0.0001）.

5*. 试用幂级数求下列微分方程满足所给条件的特解.

(1) $(1-x)y' + y = 1 + x$, $y\big|_{x=0} = 0$；

(2) $x'' + x'\cos t = 0$, $x\big|_{t=0} = a$, $x'\big|_{t=0} = 0$.

第六节　傅里叶级数

在函数项级数中，除了前面所讨论的幂级数外，还有一类在理论和应用上很重要的函数项级数，就是三角级数. 下面就来讨论这种级数.

一、三角级数　三角函数系的正交性

在科学技术与工程应用中，经常会遇到周期性现象. 如各种各样的振动就是最常见的周期现象，其他如交流电的变化、发动机中的活塞运动等也都属于这类现象. 最简单的振动可表示为

$$y = A\sin(\omega t + \varphi),$$

其中 y 表示动点的位置，t 表示时间，A 称为**振幅**，φ 称为**初相**. 这种振动称为谐振动.

早在 18 世纪中叶，一些科学家就发现：任何复杂的振动都可以分解成一系列谐振动之和. 即在一定的条件下，任何周期为 $T = \dfrac{2\pi}{\omega}$ 的函数 $g(t)$，都可以用一系列以 T 为周期的正弦函数所组成的级数来表示，

$$g(t) = A_0 + \sum_{k=1}^{\infty} A_k \sin(k\omega t + \varphi_k),$$

其中 $A_0, A_k, \varphi_k(k=1,2,3,\cdots)$ 都是常数. 由于

$$A_k \sin(k\omega t + \varphi_k) = A_k \sin\varphi_k \cos k\omega t + A_k \cos\varphi_k \sin k\omega t,$$

令

$$x = \omega t, f(x) = f(\omega t) = g(t), A_0 = \frac{a_0}{2}, A_k \sin\varphi_k = a_k, A_k \cos\varphi_k = b_k,$$

则上面级数化为

$$f(x) = \frac{a_0}{2} + \sum_{k=1}^{\infty}(a_k \cos kx + b_k \sin kx). \tag{1}$$

形如式(1)的级数称为**三角级数**,其中 $a_0, a_k, b_k(k=1,2,3,\cdots)$ 均为常数.

为了深入研究三角级数的性态,我们首先介绍三角函数系的正交性概念.

三角函数系是定义在 $(-\infty,+\infty)$ 上的函数系

$$1, \cos x, \sin x, \cos 2x, \sin 2x, \cdots, \cos nx, \sin nx, \cdots. \tag{2}$$

三角函数系(2)在区间 $[-\pi,\pi]$ 上**正交**是指(2)中任意两个不同的函数的乘积在区间 $[-\pi,\pi]$ 上的积分为零,每个函数与自身相乘在区间 $[-\pi,\pi]$ 上的积分不为零,即有下列等式成立:

$$\int_{-\pi}^{\pi} \cos nx\,\mathrm{d}x = 0 \,(n=1,2,3,\cdots);$$

$$\int_{-\pi}^{\pi} \sin nx\,\mathrm{d}x = 0 \,(n=1,2,3,\cdots);$$

$$\int_{-\pi}^{\pi} \sin nx\cos kx\,\mathrm{d}x = 0 \,(n,k=1,2,3,\cdots);$$

$$\int_{-\pi}^{\pi} \sin nx\sin kx\,\mathrm{d}x = 0 \,(n \neq k, n,k=1,2,3,\cdots);$$

$$\int_{-\pi}^{\pi} \cos nx\cos kx\,\mathrm{d}x = 0 \,(n \neq k, n,k=1,2,3,\cdots);$$

$$\int_{-\pi}^{\pi} 1^2\,\mathrm{d}x = 2\pi; \int_{-\pi}^{\pi} \cos^2 nx\,\mathrm{d}x = \pi \,(n=1,2,3,\cdots);$$

$$\int_{-\pi}^{\pi} \sin^2 nx\,\mathrm{d}x = \pi \,(n=1,2,3,\cdots).$$

以上等式都可以通过计算定积分得到. 读者可自行验证.

二、函数展开成傅里叶级数

设 $f(x)$ 是定义在 $(-\infty,+\infty)$ 内的以 2π 为周期的函数,并且假定它能展开成三角级数:

$$f(x) = \frac{a_0}{2} + \sum_{k=1}^{\infty}(a_k \cos kx + b_k \sin kx), \tag{3}$$

为了形式地确定出常数 a_k, b_k,我们进一步假定式(3)可以逐项积分,并且,在用任何 $\cos nx$ 或 $\sin nx$ 去乘式(3)的两端后,仍可以逐项积分.

为求 a_0,把式(3)两端从 $-\pi$ 到 π 积分,得

$$\int_{-\pi}^{\pi} f(x)\,\mathrm{d}x = \int_{-\pi}^{\pi} \frac{a_0}{2}\mathrm{d}x + \sum_{k=1}^{\infty}\left[a_k\int_{-\pi}^{\pi}\cos kx\mathrm{d}x + b_k\int_{-\pi}^{\pi}\sin kx\mathrm{d}x\right]$$

$$= \frac{a_0}{2}\cdot 2\pi = \pi a_0,$$

所以

$$a_0 = \frac{1}{\pi}\int_{-\pi}^{\pi} f(x)\,\mathrm{d}x, \tag{4}$$

再求 a_n,以 $\cos nx$ 乘式(3)两端后从 $-\pi$ 到 π 积分,得

$$\int_{-\pi}^{\pi} f(x)\cos nx\mathrm{d}x = \frac{a_0}{2}\int_{-\pi}^{\pi}\cos nx\mathrm{d}x + \sum_{k=1}^{\infty}\left[a_k\int_{-\pi}^{\pi}\cos kx\cos nx\mathrm{d}x +\right.$$

$$\left. b_k\int_{-\pi}^{\pi}\sin kx\cos nx\mathrm{d}x\right].$$

由三角函数系的正交性,等式右端除 $k = n$ 项外,其余各项都等于零,于是得

$$\int_{-\pi}^{\pi} f(x)\cos nx\mathrm{d}x = a_n\int_{-\pi}^{\pi}\cos^2 nx\mathrm{d}x = \pi a_n,$$

所以

$$a_n = \frac{1}{\pi}\int_{-\pi}^{\pi} f(x)\cos nx\mathrm{d}x \quad (n = 0,1,2,3,\cdots). \tag{5}$$

由式(4)知当 $n = 0$ 时上式也恰好给出 a_0.

以 $\sin nx$ 乘式(3)两端,并重复上述步骤,可得

$$b_n = \frac{1}{\pi}\int_{-\pi}^{\pi} f(x)\sin nx\mathrm{d}x \quad (n = 1,2,3,\cdots). \tag{6}$$

对于以 2π 为周期的周期函数 $f(x)$,如果公式(5)、(6)中的积分都存在,则由公式(5)和(6)给出的 a_n 和 b_n,称为 $f(x)$ 的傅里叶(Fourier)系数.与此对应的三角级数

$$\frac{a_0}{2} + \sum_{n=1}^{\infty}(a_n\cos nx + b_n\sin nx)$$

称为 $f(x)$ 的傅里叶级数.暂时记作

$$f(x) \sim \frac{a_0}{2} + \sum_{n=1}^{\infty}(a_n\cos nx + b_n\sin nx). \tag{7}$$

这里没有使用等号,原因是右端的级数未必是收敛的,或即使收敛,也未必处处收敛于 $f(x)$.那么在什么条件下它是收敛的,在什么情况下它收敛于 $f(x)$? 下面我们不加证明地给出狄利克莱(Dirichlet)收敛定理.

狄利克莱收敛定理 设 $f(x)$ 是以 2π 为周期的周期函数,如果在 $[-\pi,\pi]$ 上

$f(x)$ 连续或只有有限个第一类间断点,并且至多只有有限个极值点,则 $f(x)$ 的傅里叶级数处处收敛,并且其和函数 $s(x)$ 满足

(1)当 x 是 $f(x)$ 的连续点时,

$$s(x) = \frac{a_0}{2} + \sum_{n=1}^{\infty}(a_n\cos nx + b_n\sin nx) = f(x),$$

(2)当 x 是 $f(x)$ 的间断点时,

$$s(x) = \frac{a_0}{2} + \sum_{n=1}^{\infty}(a_n\cos nx + b_n\sin nx)$$

$$= \frac{f(x+0)+f(x-0)}{2}.$$

这个定理告诉我们,如果 $f(x)$ 满足收敛定理的条件,则其傅里叶级数在 $f(x)$ 的一切连续点处收敛于 $f(x)$.

例1 设 $f(x)$ 是周期为 2π 的函数,它在 $[-\pi,\pi]$ 上的表达式为 $f(x) = x^2$(图 12-1),将 $f(x)$ 展开成傅里叶级数.

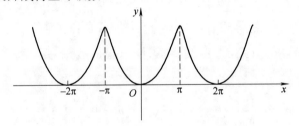

图 12-1

解 所给的函数满足收敛定理条件,它在 $(-\infty,+\infty)$ 上处处连续,所以对应的傅里叶级数处处收敛于 $f(x)$. 由于

$$a_0 = \frac{1}{\pi}\int_{-\pi}^{\pi} x^2 \mathrm{d}x = \frac{2\pi^2}{3},$$

$$a_n = \frac{1}{\pi}\int_{-\pi}^{\pi} x^2\cos nx\mathrm{d}x$$

$$= \frac{1}{n\pi}x^2\sin nx\bigg|_{-\pi}^{\pi} - \frac{2}{n\pi}\int_{-\pi}^{\pi} x\sin nx\mathrm{d}x$$

$$= -\frac{2}{n}\cdot\frac{(-1)^{n+1}2}{n} = \frac{(-1)^n 4}{n^2},$$

$$b_n = \frac{1}{\pi}\int_{-\pi}^{\pi} x^2\sin nx\mathrm{d}x = 0,$$

所以

$$f(x) = \frac{\pi^2}{3} + 4\sum_{n=1}^{\infty}\frac{(-1)^n}{n^2}\cos nx, x\in(-\infty,+\infty).$$

有时函数$f(x)$只在区间$[-\pi,\pi]$上有定义，并且满足收敛定理的条件，为了将$f(x)$展开成傅里叶级数，可以在$[-\pi,\pi)$或$(-\pi,\pi]$外补充函数$f(x)$的定义，使它延拓成周期为2π的周期函数$F(x)$. 按这种方式延拓函数的定义域的过程称为周期延拓. 将$F(x)$展开成傅里叶级数后，再限制x在$(-\pi,\pi)$内，此时$F(x)\equiv f(x)$，这样便得到$f(x)$的傅里叶级数展开式. 需要注意的是，根据收敛定理，这级数在区间端点$x=\pm\pi$处收敛于

$$\frac{1}{2}[f(\pi-0)+f(-\pi+0)].$$

例 2　试将函数$f(x)=x(-\pi\leqslant x\leqslant\pi)$展开成傅里叶级数.

解　题设函数满足狄里克莱收敛定理的条件，但作周期延拓后的函数$F(x)$在区间的端点$x=-\pi$和$x=\pi$处不连续. 故$F(x)$的傅里叶级数在区间$(-\pi,\pi)$内收敛于和$f(x)$，在端点处收敛于

$$\frac{f(-\pi+0)+f(\pi-0)}{2}=\frac{(-\pi)+\pi}{2}=0,$$

和函数的图形如图 12-2 所示.

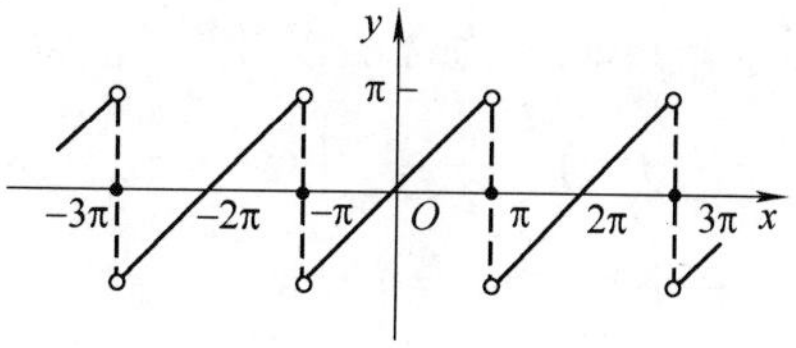

图　12-2

注意到$f(x)$是奇函数，故其傅里叶系数中

$$a_n=0\quad(n=0,1,2,\cdots).$$

$$\begin{aligned}b_n&=\frac{2}{\pi}\int_0^{\pi}f(x)\sin nx\mathrm{d}x\\&=\frac{2}{\pi}\int_0^{\pi}x\sin nx\mathrm{d}x\\&=\frac{2}{\pi}\left[-\frac{x\cos nx}{n}+\frac{\sin nx}{n^2}\right]_0^{\pi}=\frac{2}{n}\cos n\pi\\&=\frac{2}{n}(-1)^{n-1}(n=1,2,3,\cdots).\end{aligned}$$

于是

$$f(x)=2\sum_{n=1}^{\infty}\frac{(-1)^{n-1}}{n}\sin nx\quad(-\pi<x<\pi).$$

例 3　将函数$f(x)=\begin{cases}-x, & -\pi\leqslant x<0,\\ x, & 0\leqslant x\leqslant\pi\end{cases}$展开成傅里叶级数.

解　所给函数在区间$[-\pi,\pi]$上满足收敛定理的条件，对$f(x)$作周期延拓得2π为周期的周期函数，它在每一点x处都连续（图 12-3），因此延拓后的周期函数的傅里叶级数在$[-\pi,\pi]$上收敛于$f(x)$.

计算傅里叶系数如下：

$$\begin{aligned}a_n&=\frac{1}{\pi}\int_{-\pi}^{\pi}f(x)\cos nx\mathrm{d}x\\&=-\frac{1}{\pi}\left[\frac{x\sin nx}{n}+\frac{\cos nx}{n^2}\right]_{-\pi}^{0}+\frac{1}{\pi}\left[\frac{x\sin nx}{n}+\frac{\cos nx}{n^2}\right]_0^{\pi}\end{aligned}$$

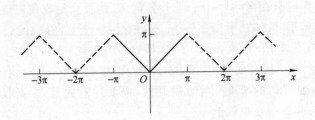

图 12-3

$$= \frac{2}{n^2\pi}(\cos n\pi - 1) = \begin{cases} -\dfrac{4}{n^2\pi}, & n = 1,3,5,\cdots, \\ 0, & n = 2,4,6,\cdots \end{cases}$$

$$a_0 = \frac{1}{\pi}\int_{-\pi}^{\pi} f(x)\,\mathrm{d}x = \frac{1}{\pi}\int_{-\pi}^{0}(-x)\,\mathrm{d}x + \frac{1}{\pi}\int_{0}^{\pi} x\,\mathrm{d}x$$

$$= \frac{1}{\pi}\left[-\frac{x^2}{2}\right]_{-\pi}^{0} + \frac{1}{\pi}\left[\frac{x^2}{2}\right]_{0}^{\pi} = \pi,$$

（由 $f(x)\sin nx$ 为奇函数可得 $b_n = 0$）故得 $f(x)$ 的傅里叶级数展开式为

$$f(x) = \frac{\pi}{2} - \frac{4}{\pi}\left(\cos x + \frac{1}{3^2}\cos 3x + \frac{1}{5^2}\cos 5x + \cdots\right) \quad (-\pi \leqslant x \leqslant \pi).$$

特别地,当 $x = 0$ 时得,

$$\frac{\pi^2}{8} = 1 + \frac{1}{3^2} + \frac{1}{5^2} + \frac{1}{7^2} + \cdots.$$

设

$$\alpha = 1 + \frac{1}{2^2} + \frac{1}{3^2} + \frac{1}{4^2} + \cdots,$$

$$\alpha_1 = 1 + \frac{1}{3^2} + \frac{1}{5^2} + \frac{1}{7^2} + \cdots = \frac{\pi^2}{8},$$

$$\alpha_2 = \frac{1}{2^2} + \frac{1}{4^2} + \frac{1}{6^2} + \cdots,$$

则有 $\alpha_2 = \frac{1}{4}\alpha = \frac{1}{4}(\alpha_1 + \alpha_2)$,由此解得

$$\alpha_2 = \frac{1}{3}\alpha_1 = \frac{\pi^2}{24}, \quad \alpha = \alpha_1 + \alpha_2 = \frac{\pi^2}{6},$$

因此得到

$$1 + \frac{1}{2^2} + \frac{1}{3^2} + \frac{1}{4^2} + \cdots = \frac{\pi^2}{6}.$$

三、正弦级数和余弦级数

一般地,函数 $f(x)$ 的傅里叶级数既含正弦项又含余弦项.但是,也有级数只含

正弦项(如例2),或只含余弦项(如例3),我们把这两类傅里叶级数分别称为正弦级数和余弦级数.不难验证,当周期为 2π 的奇函数展开成傅里叶级数时,其系数

$$\begin{cases} a_n = 0 \quad (n = 0,1,2,\cdots), \\ b_n = \dfrac{2}{\pi}\int_0^\pi f(x)\sin nx\,\mathrm{d}x \quad (n = 1,2,3,\cdots), \end{cases} \tag{8}$$

该傅里叶级数为正弦级数.

当周期为 2π 的偶函数 $f(x)$ 展开成傅里叶级数时,其系数

$$\begin{cases} a_n = \dfrac{2}{\pi}\int_0^\pi f(x)\cos nx\,\mathrm{d}x \quad (n = 0,1,2,\cdots), \\ b_n = 0 \quad (n = 1,2,3,\cdots), \end{cases} \tag{9}$$

该傅里叶级数为余弦级数.

傅里叶级数的上述特点,使我们有可能把仅仅定义在 $[0,\pi]$ 上的分段光滑函数 $f(x)$,根据实际需要,展开成正弦级数或余弦级数.下面我们用例子加以说明.

例4 将函数 $f(x) = x^2\,(0 \leqslant x \leqslant \pi)$ 展开成余弦级数.

解 在 $(-\pi,0)$ 上补充 $f(x)$ 的定义,得到在 $(-\pi,\pi)$ 上的函数 $F(x)$,使得 $F(x)$ 成为 $(-\pi,\pi)$ 上的偶函数(图 12-1).我们把这种延拓函数 $f(x)$ 的过程称为偶延拓.显然 $F(x)$ 在 $x = 0$ 处"自动"连续.于是 $F(x)$ 便可以展成余弦级数.此时根据例2的结果,得

$$a_0 = \frac{2\pi^2}{3},$$

$$a_n = \frac{(-1)^n 4}{n^2} \quad (n = 1,2,3,\cdots),$$

$$b_n = 0 \quad (n = 1,2,3,\cdots),$$

把结果限制在 $[0,\pi]$ 上,则

$$x^2 = \frac{\pi^2}{3} + 4\sum_{n=1}^\infty \frac{(-1)^n}{n^2}\cos nx \quad (0 \leqslant x \leqslant \pi).$$

例5 将函数 $f(x) = x + 1\,(0 \leqslant x \leqslant \pi)$ 分别展开成正弦级数和余弦级数.

解 先求正弦级数.在 $(-\pi,0)$ 上补充 $f(x)$ 的定义,得到在 $(-\pi,\pi)$ 上的函数 $F(x)$,使得 $F(x)$ 成为 $(-\pi,\pi)$ 上的奇函数(图 12-4a).我们把这种延拓函数 $f(x)$ 的过程称为奇延拓.由于 $F(x)$ 是奇函数,因此可将 $F(x)$ 在 $(-\pi,\pi)$ 上展成正弦级数.根据狄利克莱收敛定理,正弦级数在 $(-\pi,0) \cup (0,\pi)$ 上收敛于 $F(x)$,然后再将自变量限制在区间 $(0,\pi)$ 上,即得到 $f(x)$ 展开的正弦级数.计算系数 b_n 如下:

$$b_n = \frac{2}{\pi}\int_0^\pi f(x)\sin nx\,\mathrm{d}x = \frac{2}{\pi}\int_0^\pi (x+1)\sin nx\,\mathrm{d}x$$

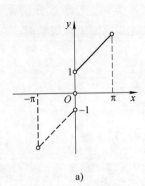

a)

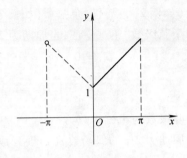

b)

图 12-4

$$= \frac{2}{\pi}\left[-\frac{(x+1)\cos nx}{n} + \frac{\sin nx}{n^2}\right]_0^\pi$$

$$= \frac{2}{n\pi}\left[1 - (\pi+1)\cos nx\right]$$

$$= \begin{cases} \dfrac{2}{\pi}\cdot\dfrac{\pi+2}{n}, & n = 1,3,5,\cdots, \\[2mm] -\dfrac{2}{n}, & n = 2,4,6,\cdots. \end{cases}$$

于是

$$x + 1 = \frac{2}{\pi}\left[(\pi+2)\sin x - \frac{\pi}{2}\sin 2x + \frac{1}{3}(\pi+2)\sin 3x - \cdots \right]$$

$$(0 < x < \pi).$$

再求余弦级数. 在 $(-\pi,0)$ 上补充 $f(x)$ 的定义, 得到在 $(-\pi,\pi)$ 上的函数 $F(x)$, 使得 $F(x)$ 成为 $(-\pi,\pi)$ 上的偶函数 (图 12-4b). 我们把这种延拓函数 $f(x)$ 的过程称为偶延拓. 由于 $F(x)$ 是偶函数, 因此可将 $F(x)$ 在 $(-\pi,\pi)$ 上展成余弦级数. 根据狄利克莱收敛定理, 余弦级数在 $[-\pi,\pi]$ 上收敛于 $F(x)$, 然后再将自变量限制在区间 $[0,\pi]$ 上, 即得到 $f(x)$ 展开的余弦级数. 计算系数 a_n 如下:

$$a_0 = \frac{2}{\pi}\int_0^\pi (x+1)\,\mathrm{d}x = \pi + 2,$$

$$a_n = \frac{2}{\pi}\int_0^\pi (x+1)\cos nx\,\mathrm{d}x$$

$$= \frac{2}{\pi}\left[\frac{(x+1)\sin nx}{n} + \frac{\cos nx}{n^2}\right]_0^\pi$$

$$= \begin{cases} 0, & n = 2,4,6,\cdots, \\[2mm] -\dfrac{4}{n^2\pi}, & n = 1,3,5,\cdots. \end{cases}$$

于是

$$x + 1 = \frac{\pi}{2} + 1 - \frac{4}{\pi}\left(\cos x + \frac{1}{3^2}\cos 3x + \frac{1}{5^2}\cos 5x + \cdots\right)$$
$$(0 \leqslant x \leqslant \pi).$$

由上述可见,对定义在区间$[0,\pi]$上的函数$f(x)$展开成以2π为周期的傅里叶级数时,可以用不同的方式进行延拓,从而得到不同的傅里叶级数展开式,因此它的展开式不唯一,但在连续点处其傅里叶级数都收敛于$f(x)$.

习题 12-6

1. 设$f(x)$是以2π为周期的周期函数,将$f(x)$展开成傅里叶级数,其中$f(x)$在$[-\pi,\pi)$上的表达式为:

(1)$f(x) = \begin{cases} x, & -\pi \leqslant x < 0, \\ 0, & 0 \leqslant x < \pi; \end{cases}$ (2)$f(x) = \begin{cases} 0, & -\pi < x < 0, \\ 1, & 0 \leqslant x \leqslant \pi; \end{cases}$

(3)$f(x) = \begin{cases} x, & -\pi \leqslant x < 0, \\ 1, & 0 \leqslant x < \pi; \end{cases}$ (4)$f(x) = \begin{cases} -1 & -\pi \leqslant x < 0, \\ 1, & 0 \leqslant x < \pi. \end{cases}$

2. 将函数$f(x) = 1(0 \leqslant x \leqslant \pi)$展开成正弦级数.

3. 将函数$f(x) = \frac{\pi - x}{2}(0 < x \leqslant \pi)$展开成正弦级数.

4. 将函数$f(x) = 2x + 1(0 \leqslant x \leqslant \pi)$展开成余弦级数.

5. 设$f(x) = x^3,(-\pi \leqslant x < \pi)$. 当$f(x)$展开为以$2\pi$为周期的傅里叶级数时,其和函数为$s(x)$,求$s\left(\frac{5\pi}{2}\right), s(5\pi)$.

6. 设周期函数$f(x)$的周期为2π. 证明:

(1)如果$f(\pi - x) = -f(x)$,则$f(x)$的傅里叶系数$a_0 = 0, a_{2k} = 0, b_{2k} = 0(k = 1,2,\cdots)$;

(2)如果$f(\pi - x) = f(x)$,则$f(x)$的傅里叶系数$a_{2k+1} = 0, b_{2k+1} = 0(k = 0,1,2,\cdots)$.

第七节 一般周期函数的傅里叶级数

前面我们所讨论的周期函数都是以2π为周期的,但是实际问题中所遇到的周期函数,它的周期不一定是2π.下面我们讨论周期为$2l$的周期函数的傅里叶级数.

定理 设周期为$2l$的周期函数$f(x)$满足收敛定理的条件,则它的傅里叶级数

$$\frac{a_0}{2} + \sum_{n=1}^{\infty}\left(a_n\cos\frac{n\pi x}{l} + b_n\sin\frac{n\pi x}{l}\right) \tag{1}$$

收敛. 其中系数 a_n 和 b_n 分别为

$$a_n = \frac{1}{l}\int_{-l}^{l}f(x)\cos\frac{n\pi x}{l}\mathrm{d}x \quad (n = 0,1,2,\cdots), \tag{2}$$

和

$$b_n = \frac{1}{l}\int_{-l}^{l}f(x)\sin\frac{n\pi x}{l}\mathrm{d}x \quad (n = 1,2,3,\cdots). \tag{3}$$

且当 x 是 $f(x)$ 的连续点时，级数 (1) 收敛于 $f(x)$，当 x 为函数 $f(x)$ 的间断点时，级数 (1) 收敛于 $\frac{1}{2}[f(x-0) + f(x+0)]$.

事实上，作变量代换 $z = \frac{\pi x}{l}$，则区间 $-l \leqslant x \leqslant l$ 变成区间 $-\pi \leqslant z \leqslant \pi$，记 $F(z) = f\left(\frac{lz}{\pi}\right) = f(x)$，则 $F(z)$ 以 2π 为周期，利用狄利克莱收敛定理则可推出本定理.

例 1 设 $f(x)$ 是周期为 4 的周期函数，它在 $[-2, 2)$ 上的表达式为

$$f(x) = \begin{cases} 0, & -2 \leqslant x < 0, \\ 1, & 0 \leqslant x < 2. \end{cases}$$

将 $f(x)$ 展开成傅里叶级数.

解 这时 $l = 2$，按公式 (2)，(3) 有

$$a_n = \frac{1}{2}\int_0^2\cos\frac{n\pi x}{2}\mathrm{d}x = \left[\frac{1}{n\pi}\sin\frac{n\pi x}{2}\right]_0^2 = 0 (n \neq 0);$$

$$a_0 = \frac{1}{2}\int_{-2}^0 0\mathrm{d}x + \frac{1}{2}\int_0^2 1\mathrm{d}x = 1;$$

$$b_n = \frac{1}{2}\int_0^2\sin\frac{n\pi x}{2}\mathrm{d}x = \frac{1}{n\pi}(1 - \cos n\pi)$$

$$= \begin{cases} \dfrac{2}{n\pi}, & n = 1,3,5,\cdots, \\ 0, & n = 2,4,6,\cdots. \end{cases}$$

将求得的系数代入式 (1) 得

$$f(x) = \frac{1}{2} + \frac{2}{\pi}\left(\sin\frac{\pi x}{2} + \frac{1}{3}\sin\frac{3\pi x}{2} + \sin\frac{5\pi x}{2} + \cdots\right),$$

$$(x \text{ 为实数但 } x \neq 0, \pm 2, \pm 4, \cdots).$$

当 $x = 0$，± 2，± 4，$\cdots$ 时级数收敛于 $\frac{1}{2}$.

$f(x)$ 的傅里叶级数的和函数的图形如图 12-5 所示.

例 2 将如图 12-6 所示的函数

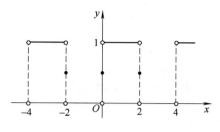

图　12-5

$$f(x) = \begin{cases} \dfrac{px}{2}, & 0 \le x < \dfrac{a}{2}, \\[3mm] \dfrac{(a-x)p}{2}, & \dfrac{a}{2} \le x \le a \end{cases}$$

展开成正弦级数.

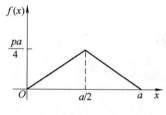

图　12-6

解　$f(x)$ 是定义在 $[0, a]$ 上的函数，要将它展开成正弦级数，必须对 $f(x)$ 进行奇延拓，然后按公式(3)计算延拓后的函数的傅里叶系数.

$$b_n = \frac{1}{a} \int_{-a}^{a} f(x) \sin \frac{n\pi x}{a} \mathrm{d}x = \frac{2}{a} \int_{0}^{a} f(x) \sin \frac{n\pi x}{a} \mathrm{d}x$$

$$= \frac{2}{a} \left[\int_{0}^{\frac{a}{2}} \frac{px}{2} \sin \frac{n\pi x}{a} \mathrm{d}x + \int_{\frac{a}{2}}^{a} \frac{p(a-x)}{2} \sin \frac{n\pi x}{a} \mathrm{d}x \right].$$

对上式右端的第二项，令 $t = a - x$，则

$$b_n = \frac{2}{a} \left[\int_{0}^{\frac{a}{2}} \frac{px}{2} \sin \frac{n\pi x}{a} \mathrm{d}x + \int_{\frac{a}{2}}^{0} \frac{pt}{2} \sin \frac{n\pi (a-t)}{a} (-\mathrm{d}t) \right]$$

$$= \frac{2}{a} \left[\int_{0}^{\frac{a}{2}} \frac{px}{2} \sin \frac{n\pi x}{a} \mathrm{d}x + (-1)^{n+1} \int_{0}^{\frac{a}{2}} \frac{pt}{2} \sin \frac{n\pi t}{a} \mathrm{d}t \right].$$

当 $n = 2, 4, 6, \cdots$ 时，$b_n = 0$；当 $n = 1, 3, 5, \cdots$ 时，

$$b_n = \frac{2p}{a} \int_{0}^{\frac{a}{2}} x \sin \frac{n\pi x}{a} \mathrm{d}x = \frac{2pa}{n^2 \pi^2} \sin \frac{n\pi}{2}.$$

于是

$$f(x) = \frac{2pa}{\pi^2} \left[\sin \frac{\pi x}{a} - \frac{1}{3^2} \sin \frac{3\pi x}{a} + \frac{1}{5^2} \sin \frac{5\pi x}{a} - \cdots \right] \quad (0 \le x \le a).$$

习题 12-7

1. 设周期函数在一个周期内的表达式为：$f(x) = 1 - x^2 \left(-\dfrac{1}{2} \leqslant x \leqslant \dfrac{1}{2} \right)$，试将其展开成傅里叶级数.

2. 将 $f(x) = x^2 - x$，$(-2 < x \leqslant 2)$ 展开成周期为 4 的傅里叶级数.

3. 将函数 $f(x) = \cos \dfrac{\pi x}{2} (0 \leqslant x \leqslant 1)$ 展开成正弦级数.

4. 将例 2 的函数展开成余弦级数.

5. 将函数 $f(x) = \begin{cases} x, & 0 \leqslant x < 1, \\ 2 - x, & 1 \leqslant x \leqslant 2 \end{cases}$ 分别展开成正弦级数和余弦级数.

第八节* 综合例题

例 1 判别下列级数的敛散性：

(1) $\displaystyle\sum_{n=1}^{\infty} \dfrac{n^{n + \frac{1}{n}}}{\left(n + \dfrac{1}{n} \right)^n}$；　　　　　(2) $\displaystyle\sum_{n=1}^{\infty} \dfrac{1}{1 + a^n}(a > 0)$.

解 （1）$u_n = \dfrac{n^n \cdot n^{\frac{1}{n}}}{\left(n + \dfrac{1}{n} \right)^n} = \dfrac{n^{\frac{1}{n}}}{\left(1 + \dfrac{1}{n^2} \right)^n}$.

因为

$$\lim_{n \to \infty} \left(1 + \dfrac{1}{n^2} \right)^n = \lim_{n \to \infty} \left[\left(1 + \dfrac{1}{n^2} \right)^{n^2} \right]^{\frac{1}{n}} = e^0 = 1;$$

$$\lim_{n \to \infty} n^{\frac{1}{n}} = \lim_{x \to +\infty} x^{\frac{1}{x}} = \lim_{x \to +\infty} e^{\frac{1}{x} \ln x} = e^{\lim_{x \to +\infty} \frac{\ln x}{x}} = e^{\lim_{x \to +\infty} \frac{\frac{1}{x}}{1}} = e^0 = 1,$$

所以 $\lim\limits_{n \to \infty} u_n = 1 \neq 0$，根据级数收敛的必要条件，原级数发散.

（2）当 $a < 1$ 时，因为 $\lim\limits_{n \to \infty} a^n = 0$，从而 $\lim\limits_{n \to \infty} \dfrac{1}{1 + a^n} = 1 \neq 0$，所以根据级数收敛的必要条件，原级数发散.

当 $a = 1$ 时，因为 $\lim\limits_{n \to \infty} \dfrac{1}{1 + a^n} = \dfrac{1}{2} \neq 0$，所以根据级数收敛的必要条件，原级数也发散.

当 $a > 1$ 时，因为 $\dfrac{1}{1 + a^n} < \dfrac{1}{a^n}$，而 $\displaystyle\sum_{n=1}^{\infty} \dfrac{1}{a^n}$ 是公比满足 $0 < q = \dfrac{1}{a} < 1$ 的几何级

数,它是收敛的,根据比较判别法,原级数收敛.

故级数 $\sum_{n=1}^{\infty} \dfrac{1}{1+a^n}(a>0)$ 当 $0<a\leqslant1$ 时发散,当 $a>1$ 时收敛.

例 2 讨论下列级数的绝对收敛与条件收敛性:

$(1)\ \sum_{n=1}^{\infty}(-1)^n\dfrac{(n+1)!}{n^{n+1}};$ $\qquad(2)\ \sum_{n=1}^{\infty}\dfrac{(-1)^n}{n-\ln n}.$

解 (1) 因为 $\sum_{n=1}^{\infty}\left|(-1)^n\dfrac{(n+1)!}{n^{n+1}}\right|=\sum_{n=1}^{\infty}\dfrac{(n+1)!}{n^{n+1}},$

而 $l=\lim\limits_{n\to\infty}\dfrac{|u_{n+1}|}{|u_n|}=\lim\limits_{n\to\infty}\dfrac{\dfrac{(n+2)!}{(n+1)^{n+2}}}{\dfrac{(n+1)!}{n^{n+1}}}=\lim\limits_{n\to\infty}\dfrac{n+2}{n+1}\cdot\dfrac{1}{\left(1+\dfrac{1}{n}\right)^n}\cdot\dfrac{n}{n+1}=\dfrac{1}{\mathrm{e}}<1,$

所以原级数绝对收敛.

(2) 因为 $\dfrac{1}{n-\ln n}\geqslant\dfrac{1}{n},$ 而级数 $\sum_{n=1}^{\infty}\dfrac{1}{n}$ 发散,所以 $\sum_{n=1}^{\infty}\left|\dfrac{(-1)^n}{n-\ln n}\right|=\sum_{n=1}^{\infty}\dfrac{1}{n-\ln n}$
发散,即原级数非绝对收敛.

$\sum_{n=1}^{\infty}\dfrac{(-1)^n}{n-\ln n}$ 是交错级数,我们用莱布尼茨判别法来讨论其敛散性.

$$\lim_{n\to\infty}\frac{\ln n}{n}=\lim_{x\to+\infty}\frac{\ln x}{x}=\lim_{x\to+\infty}\frac{1}{x}=0,$$

所以

$$\lim_{n\to\infty}\frac{1}{n-\ln n}=\lim_{n\to\infty}\frac{\dfrac{1}{n}}{1-\dfrac{\ln n}{n}}=0.$$

为讨论 $\dfrac{1}{n-\ln n}$ 的单调性,我们作辅助函数 $f(x)=x-\ln x(x>1)$,它的导数

$$f'(x)=1-\frac{1}{x}>0(x>1),$$

所以,在 $(1,+\infty)$ 上 $f(x)$ 单调增加,或即 $\dfrac{1}{x-\ln x}$ 单调减少,故当 $n>1$ 时,
$\dfrac{1}{n-\ln n}$ 单调减少.由莱布尼茨判别法,此交错级数收敛.因而所讨论级数条件
收敛.

例 3 求幂级数 $\sum_{n=1}^{\infty}\left(1+\dfrac{1}{2}+\cdots\dfrac{1}{n}\right)x^n$ 的收敛域.

解 容易看到,当 $x=1$ 时,所讨论幂级数变成为 $\sum_{n=1}^{\infty}\left(1+\dfrac{1}{2}+\cdots+\dfrac{1}{n}\right)$,它

的一般项不趋于零,所以,该幂级数当 $x = 1$ 时发散;同样,这个幂级数当 $x = -1$ 时也发散;进一步的,根据阿贝尔定理,这个幂级数当 $|x| > 1$ 时也是发散的;当 $|x| < 1$ 时,利用

$$\left| \left(1 + \frac{1}{2} + \cdots \frac{1}{n} \right) x^n \right| < (1 + 1 + \cdots 1) |x|^n = n |x|^n$$

和幂级数 $\sum\limits_{n=1}^{\infty} n |x|^n$ 收敛知所讨论幂级数收敛. 综上所述,幂级数 $\sum\limits_{n=1}^{\infty} \left(1 + \frac{1}{2} + \cdots + \frac{1}{n} \right) x^n$ 的收敛域是 $(-1, 1)$.

例4 求幂级数 $\sum\limits_{n=1}^{\infty} \dfrac{x^{n+1}}{n}$ 的和函数.

解 先求收敛域,由

$$\lim_{n \to \infty} \left| \frac{a_{n+1}}{a_n} \right| = \lim_{n \to \infty} \frac{n}{n+1} = 1,$$

得收敛半径 $R = 1$. 在端点 $x = -1$ 处,幂级数成为 $\sum\limits_{n=1}^{\infty} \dfrac{(-1)^{n+1}}{n}$,是收敛的交错级数;在端点 $x = 1$ 处,幂级数成为 $\sum\limits_{n=1}^{\infty} \dfrac{1}{n}$,是发散的. 因此幂级数的收敛域为 $[-1, 1)$.

设和函数 $s(x) = \sum\limits_{n=1}^{\infty} \dfrac{x^{n+1}}{n}$. 于是 $x \neq 0$ 且 $x \in [-1, 1)$ 时有

$$\left(\frac{s(x)}{x} \right)' = \left(\sum\limits_{n=1}^{\infty} \frac{x^n}{n} \right)' = \sum\limits_{n=1}^{\infty} x^{n-1} = \frac{1}{1-x}.$$

对上式从 0 到 x 积分得

$$\frac{s(x)}{x} = \int_0^x \frac{\mathrm{d}x}{1-x} = -\ln(1-x), \quad -1 \leqslant x < 1, x \neq 0.$$

又 $s(0) = 0$,于是

$$s(x) = -x\ln(1-x), \quad -1 \leqslant x < 1.$$

特别当 $x = -1$ 时得到 $1 - \dfrac{1}{2} + \dfrac{1}{3} - \dfrac{1}{4} + \cdots = \ln 2$.

例5 将 $f(x) = \arctan \dfrac{1-2x}{1+2x}$ 展开为 x 的幂级数.

解 $f'(x) = \dfrac{1}{1 + \left(\dfrac{1-2x}{1+2x} \right)^2} \left(\dfrac{1-2x}{1+2x} \right)' = \dfrac{-2}{1+4x^2}$, $f(0) = \arctan 1 = \dfrac{\pi}{4}$,

所以

$$f(x) = \frac{\pi}{4} + \int_0^x f'(x)\,dx = \frac{\pi}{4} - 2\int_0^x \frac{1}{1+4x^2}\,dx.$$

利用 $\dfrac{1}{1-x} = 1 + x + \cdots + x^n + \cdots = \displaystyle\sum_{n=0}^{\infty} x^n, (-1 < x < 1)$，将 x 用 $-4x^2$ 替换，可以得到

$$\frac{1}{1+4x^2} = \sum_{n=0}^{\infty} (-1)^n 4^n x^{2n}, \quad \left(-\frac{1}{2} < x < \frac{1}{2}\right).$$

于是

$$f(x) = \frac{\pi}{4} - 2\int_0^x \frac{1}{1+4x^2}\,dx = \frac{\pi}{4} - 2\int_0^x \sum_{n=0}^{\infty} (-1)^n 4^n x^{2n}\,dx$$

$$= \frac{\pi}{4} - 2\left[\sum_{n=0}^{\infty} \frac{(-1)^n 4^n x^{2n+1}}{2n+1}\right],$$

容易看到，当 $x = \dfrac{1}{2}$ 时上面的级数是收敛的，当 $x = -\dfrac{1}{2}$ 时上面的级数是发散的，所以 $f(x)$ 展开式成立的范围是 $-\dfrac{1}{2} < x \leqslant \dfrac{1}{2}$.

例 6 设 $a_n = \displaystyle\int_0^{\frac{\pi}{4}} \tan^n x\,dx, n = 1, 2, \cdots$.

（1）求级数 $\displaystyle\sum_{n=1}^{\infty} \frac{a_n + a_{n+2}}{n}$ 的和；

（2）研究级数 $\displaystyle\sum_{n=1}^{\infty} (-1)^n a_n$ 的敛散性.

解 （1） $a_n + a_{n+2} = \displaystyle\int_0^{\frac{\pi}{4}} \tan^n x (\sec^2 x)\,dx = \left(\frac{1}{n+1}\tan^{n+1} x\right)\Big|_0^{\frac{\pi}{4}} = \frac{1}{n+1}$，

所以，

$$\sum_{n=1}^{\infty} \frac{a_n + a_{n+2}}{n} = \sum_{n=1}^{\infty} \frac{1}{n}\cdot\frac{1}{n+1} = \sum_{n=1}^{\infty}\left(\frac{1}{n} - \frac{1}{n+1}\right) = 1.$$

（2）令 $t = \tan x$，则

$$a_n = \int_0^1 \frac{t^n}{1+t^2}\,dt > \frac{1}{2}\int_0^1 t^n\,dt = \frac{1}{2}\frac{1}{n+1},$$

而级数 $\displaystyle\sum_{n=1}^{\infty} \frac{1}{2}\frac{1}{n+1}$ 发散，所以级数 $\displaystyle\sum_{n=1}^{\infty} a_n$ 发散，即级数 $\displaystyle\sum_{n=1}^{\infty} (-1)^n a_n$ 不是绝对收敛的.

由于当 $0 \leqslant x \leqslant \dfrac{\pi}{4}$ 时，$0 \leqslant \tan x \leqslant 1$，所以

$$a_{n+1} = \int_0^{\frac{\pi}{4}} \tan^{n+1} x\,dx \leqslant \int_0^{\frac{\pi}{4}} \tan^n x\,dx = a_n,$$

即 a_n 是单调减少的. 又

$$0 \leqslant a_n = \int_0^1 \frac{t^n}{1+t^2} dt < \int_0^1 t^n dt < \frac{1}{n+1} \to 0, (n \to \infty),$$

所以级数 $\sum\limits_{n=1}^{\infty} (-1)^n a_n$ 收敛,且是条件收敛的.

例 7　将 $\cos x$ 在 $0 < x < \pi$ 内展开成以 2π 为周期的正弦级数,并在 $-2\pi \leqslant x \leqslant 2\pi$ 写出该级数的和函数.

解　要将 $f(x) = \cos x$ 在 $(0, \pi)$ 内展开成以 2π 为周期的正弦级数,必须在 $(-\pi, \pi)$ 内对 $\cos x$ 进行奇延拓.

令

$$F(x) = \begin{cases} \cos x, & x \in (0, \pi), \\ 0, & x = 0, \\ -\cos x, & x \in (-\pi, 0), \end{cases}$$

则 $a_n = 0$, $b_1 = \dfrac{2}{\pi} \int_0^{\pi} \cos x \sin x \, dx = 0$,

$$n > 1 \text{ 时 } b_n = \frac{2}{\pi} \int_0^{\pi} \cos x \sin nx \, dx = \frac{1}{\pi} \int_0^{\pi} [\sin(n+1)x + \sin(n-1)x] \, dx$$

$$= \frac{1}{\pi} \left[\frac{1-(-1)^{n+1}}{n+1} + \frac{1-(-1)^{n-1}}{n-1} \right]$$

$$= \begin{cases} 0, & n = 2m-1, \\ \dfrac{4n}{\pi(n^2-1)}, & n = 2m. \end{cases}$$

所以

$$\cos x = \sum_{m=1}^{\infty} \frac{8m}{\pi(4m^2-1)} \sin 2mx \quad (0 < x < \pi).$$

在 $-2\pi \leqslant x \leqslant 2\pi$ 上级数的和函数为

$$s(x) = \begin{cases} \cos x, & x \in (0, \pi) \cup (-2\pi, -\pi), \\ 0, & x = 0, \pm\pi, \pm 2\pi, \\ -\cos x, & x \in (-\pi, 0) \cup (\pi, 2\pi). \end{cases}$$

复习题十二

一、选择题

1. 级数 $\sum\limits_{n=1}^{\infty} (u_{2n-1} + u_{2n})$ 是收敛的,则(　　).

(A) $\sum\limits_{n=1}^{\infty} u_n$ 必收敛;　　　　　　(B) $\sum\limits_{n=1}^{\infty} u_n$ 未必收敛;

(C) $\lim\limits_{n\to\infty}u_n = 0$；

(D) $\sum\limits_{n=1}^{\infty}u_n$ 发散.

2. 级数 $\sum\limits_{n=1}^{\infty}u_n$ 收敛,则可能不成立的是(　　).

(A) $\sum\limits_{n=1}^{\infty}(u_{2n-1}+u_{2n})$ 收敛；

(B) $\sum\limits_{n=1}^{\infty}ku_n$ 收敛$(k\neq 0)$；

(C) $\sum\limits_{n=1}^{\infty}|u_n|$ 收敛；

(D) $\lim\limits_{n\to 0}u_n = 0$.

3. 当(　　)成立时,级数 $\sum\limits_{n=1}^{\infty}\dfrac{a}{q^n}$ 收敛(a 为常数).

(A)$q < 1$；

(B)$|q| < 1$；

(C)$q < -1$；

(D)$|q| \geqslant 1$.

4. 若级数 $\sum\limits_{n=1}^{\infty}u_n$ 与 $\sum\limits_{n=1}^{\infty}v_n$ 分别收敛于 S_1 与 S_2,则式(　　)不成立.

(A) $\sum\limits_{n=1}^{\infty}(u_n \pm v_n) = S_1 + S_2$；

(B) $\sum\limits_{n=1}^{\infty}ku_n = kS_1$；

(C) $\sum\limits_{n=1}^{\infty}kv_n = kS_2$；

(D) $\sum\limits_{n=1}^{\infty}\dfrac{u_n}{v_n} = \dfrac{S_1}{S_2}$.

5. 下列级数条件收敛的有(　　).

(A) $\sum\limits_{n=1}^{\infty}\dfrac{(-1)^{n-1}}{\sqrt{n}}$；

(B) $\sum\limits_{n=1}^{\infty}(-1)^{n-1}\left(\dfrac{2}{3}\right)^n$；

(C) $\sum\limits_{n=1}^{\infty}(-1)^{n-1}\dfrac{n}{\sqrt{2n^2+1}}$；

(D) $\sum\limits_{n=1}^{\infty}(-1)^{n-1}\dfrac{1}{\sqrt{2n^3+4}}$.

6. 下列级数绝对收敛的有(　　).

(A) $\sum\limits_{n=1}^{\infty}\dfrac{(-1)^{n-1}}{n}$；

(B) $\sum\limits_{n=1}^{\infty}(-1)^{n-1}\dfrac{n}{2n-1}$；

(C) $\sum\limits_{n=1}^{\infty}\dfrac{(-1)^{n-1}}{3^n}$；

(D) $\sum\limits_{n=1}^{\infty}\dfrac{(-1)^{n-1}}{\sqrt{n}}$.

7. 下列级数发散的有(　　).

(A) $\sum\limits_{n=1}^{\infty}(-1)^{n-1}\dfrac{1}{\ln(n+1)}$；

(B) $\sum\limits_{n=1}^{\infty}\dfrac{n}{3n-1}$；

(C) $\sum\limits_{n=1}^{\infty}\dfrac{(-1)^{n-1}}{3^n}$；

(D) $\sum\limits_{n=1}^{\infty}\dfrac{n}{\sqrt{3^n}}$.

8. 幂级数 $\sum\limits_{n=1}^{\infty}\dfrac{x^n}{n}$ 的收敛区间是(　　).

(A)$[-1,1]$；

(B)$[-1,1)$；

$(C)(-1,1)$; $(D)(-1,1]$.

9. 函数 $f(x) = e^{-x^2}$ 展成 x 的幂级数为（　　）.

$(A)1 + x^2 + \dfrac{x^4}{2!} + \dfrac{x^6}{3!} + \cdots$;　　　　　$(B)1 - x^2 + \dfrac{x^4}{2!} - \dfrac{x^6}{3!} + \cdots$;

$(C)1 + x + \dfrac{x^2}{2!} + \dfrac{x^3}{3!} + \cdots$;　　　　　$(D)1 - x + \dfrac{x^2}{2!} - \dfrac{x^3}{3!} + \cdots$.

10. 对于级数 $\displaystyle\sum_{n=1}^{\infty} \left(\dfrac{na}{n+1}\right)^n (a > 0)$,下列结论中正确的是（　　）.

$(A)a > 1$ 时,级数收敛;　　　　　$(B)a < 1$ 时,级数发散;

$(C)a = 1$ 时,级数收敛;　　　　　$(D)a = 1$ 时,级数发散.

11. 设级数 $\displaystyle\sum_{n=1}^{\infty} (-1)^{n-1} \dfrac{(x-a)^n}{n}$ 在 $x > 0$ 时发散,而在 $x = 0$ 处收敛,则常数 $a = $（　　）.

$(A)1$; $(B) -1$;

$(C)2$; $(D) -2$.

12. 级数 $\displaystyle\sum_{n=1}^{\infty} \dfrac{(-1)^{n+1}}{n^p} (p > 0)$ 的敛散情况是（　　）.

$(A)p > 1$ 时绝对收敛,$p \leqslant 1$ 时条件收敛;

$(B)p < 1$ 时绝对收敛,$p \geqslant 1$ 时条件收敛;

$(C)p \leqslant 1$ 时发散,$p > 1$ 时收敛;

(D) 对任何 $p > 0$ 时,均为绝对收敛.

13. $\displaystyle\sum_{n=1}^{\infty} \dfrac{(x-3)^n}{\sqrt{n}}$ 的收敛域是（　　）.

$(A)(-1,1)$; $(B)(2,4)$;

$(C)[2,4)$; $(D)[2,4]$.

14. 若 $\displaystyle\lim_{n\to\infty} \left|\dfrac{C_{n+1}}{C_n}\right| = \dfrac{1}{4}$,幂级数 $\displaystyle\sum_{n=1}^{\infty} C_n x^{2n}$（　　）.

(A) 在 $|x| < 2$ 时绝对收敛;　　　　　(B) 在 $|x| > \dfrac{1}{4}$ 时发散;

(C) 在 $|x| < 4$ 时绝对收敛;　　　　　(D) 在 $|x| > \dfrac{1}{2}$ 时发散.

15. 在幂级数 $\displaystyle\sum_{n=0}^{\infty} C_n x^n$ 在 $x = -2$ 处收敛,在 $x = 3$ 处发散,则该级数（　　）.

(A) 必在 $x = -3$ 处发散;　　　　　(B) 必在 $x = 2$ 处收敛;

(C) 必在 $|x| > 3$ 时发散;　　　　　(D) 收敛区间为 $[-2,3)$.

16. $f(x) = \dfrac{1}{x}$ 展成 $x - 3$ 的幂级数时,其收敛区间为（　　）.

（A）$(-1,1)$；   （B）$(-6,0)$；

（C）$(-3,3)$；   （D）$(0,6)$.

17. 将函数 $f(x) = \begin{cases} \cos\dfrac{\pi x}{l}, 0 \leqslant x < \dfrac{l}{2}, \\ 0, \dfrac{l}{2} < x < l \end{cases}$ 展开成余弦级数时，应对 $f(x)$ 进行

（ ）.

（A）周期为 $2l$ 的延拓；   （B）偶延拓；

（C）周期为 l 的延拓；   （D）奇延拓.

二、综合练习 A

1. 设级数 $\sum\limits_{n=1}^{\infty}(u_{2n} + u_{2n-1})$ 收敛，且 $\lim\limits_{n\to\infty}u_n = 0$，证明 $\sum\limits_{n=1}^{\infty}u_n$ 收敛.

2. 证明 $\lim\limits_{n\to\infty}\dfrac{2 \cdot 5 \cdot 8 \cdot \cdots \cdot (3n-1)}{1 \cdot 5 \cdot 9 \cdot \cdots \cdot (4n-3)} = 0$.

3. 判别下列级数是绝对收敛，条件收敛，还是发散？

(1) $\sum\limits_{n=1}^{\infty}\dfrac{n!}{n^n}(-3)^n$;   (2) $\sum\limits_{n=1}^{\infty}(-1)^n\dfrac{\ln n}{n}$;   (3) $\sum\limits_{n=1}^{\infty}\dfrac{(-1)^{n-1}}{n!}2^{n^2}$.

4. 对于交错级数 $\sum\limits_{n=1}^{\infty}(-1)^n u_n$，如果莱布尼兹判别法中关于 u_n 单调减小这一

条件不满足，则能保证级数 $\sum\limits_{n=1}^{\infty}(-1)^n u_n$ 收敛吗？讨论例子 $\sum\limits_{n=2}^{\infty}\left(\dfrac{1}{\sqrt{n}-1} - \dfrac{1}{\sqrt{n}+1}\right)$.

5. 求幂级数 $x + x^4 + x^9 + \cdots + x^{n^2} + \cdots$ 的收敛域.

6. 说明如果幂级数 $\sum\limits_{n=1}^{\infty}a_n x^n$ 在 $x = x_0$ 时条件收敛，则幂级数 $\sum\limits_{n=1}^{\infty}a_n x^n$ 的收敛区

间是 $(-|x_0|, |x_0|)$.

7. 将定积分 $\int_0^1 \dfrac{\sin x}{x}\mathrm{d}x$ 展开成级数.

三、综合练习 B

1. 设 na_n 有界，证明 $\sum\limits_{n=1}^{\infty}a_n^2$ 收敛.

2. 讨论级数 $\sum\limits_{n=1}^{\infty}\left(\dfrac{n-1}{2n+1}\right)^n$ 的敛散性.

3. 讨论级数 $\sum\limits_{n=1}^{\infty}\dfrac{n!}{n^n}x^n$ 的收敛域.

4. 将 $f(x) = x\arctan x - \ln\sqrt{1+x^2}$ 展开成麦克劳林级数.

5. 求级数 $\sum\limits_{n=0}^{\infty}(n+1)(x-1)^n$ 的收敛域及和函数.

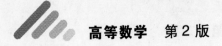

6. 求级数 $\displaystyle\sum_{n=1}^{\infty} \frac{n}{n+1} x^n$ 的收敛域及和函数.

7. 设 $f(x)$ 在 $x=0$ 的某一邻域有连续的二阶导数,且 $\displaystyle\lim_{x \to 0} \frac{f(x)}{x} = 0$,研究级数 $\displaystyle\sum_{n=1}^{\infty} f\left(\frac{1}{n}\right)$ 的敛散性.

8. 证明方程 $x^n + nx - 1 = 0$(n 为正整数)有唯一正实根 x_n 并估计根的范围;证明当 $\alpha > 1$ 时 $\displaystyle\sum_{n=1}^{\infty} x_n^{\alpha}$ 收敛.

9. 将函数 $f(x) = 2 + |x|$($-1 \leqslant x \leqslant 1$)展开成以 2 为周期的傅里叶级数,并由此求级数 $\displaystyle\sum_{n=1}^{\infty} \frac{1}{n^2}$ 的和.

附　　录

附录 A　　数学软件介绍

科学计算可分为两类,一类是复杂的大规模数值计算,目前很多工程技术需要通过大规模且复杂的计算来实现,如天气预报,油藏分布模拟与分析,航空、航天等领域.这类问题通常需要根据具体的问题,先设计算法,再进行程序设计与编程,才能解决;另一类计算是符号运算与简单的数值计算.更多的工程技术与应用需要的是简单的数值计算(如求函数的值,积分的近似计算,各种方程求解等等)以及从一个问题到另一个问题的转换,这种转换过程常常包含量与量的数学关系的演绎,即符号运算.对于一个工程师来说,大学里学习到的数学知识或数学公式在应用到实际问题时常常不会得心应手,并且应用中遇到的一些计算问题并不像数学课程做练习题那样有一个简洁的答案.因此,能够了解、掌握具有数值计算和符号运算的软件对于现代的大学生——未来的工程师将是至关重要的.

符号运算是一种智能化运算,符号可以代表各类实数,复数,向量,矩阵,多项式,函数等,还可以代表集合、群、环、域等数学结构.在符号运算中可以包含简单的四则运算,还可以包含求导、积分等分析运算.符号运算的结果常常是精确的解析形式.可以进行符号运算的软件系统称为计算机代数系统.通用的计算机代数系统大多同时具有符号运算,数值计算,图形显示和高效的编程功能.本节我们将介绍两个这样的软件:MATLAB 软件和 Mathematica 软件,限于篇幅,这里只能介绍最简单和最基本的内容.

Mathematica 是美国 Wolfram Research 公司于 1988 年开发的数学软件.它将符号演算,数值计算和绘图功能集为一体,可以用于解决各种领域所涉及的复杂的符号计算和数值计算问题.如果仅需要了解对函数(非矩阵函数)的符号运算与数值计算,建议了解 Mathematica 软件,它在符号处理方面很有特色.

MATLAB 是"Matrix Laboratory"的缩写,意为"矩阵实验室",是目前世界上最流行的、应用最广泛的工程计算和仿真软件,它主要应用于符号演算、数值计算、系统建模与仿真、数学分析与可视化、科学与工程绘图和用户界面设计等.如果要和矩阵打交道,特别是要进一步学习线性代数的读者,应了解 MATLAB 软件.

第一节　MATLAB 软件使用简介

MATLAB 的命令和数学中的符号、公式非常接近,可读性强,容易掌握,还可利用它所提供的编程语言进行编程,完成特定的工作.除基本部分外,MATLAB 还根据各专门领域中的特殊需要提供了许多可选的工具箱,在很多时候能够给予我们极大的帮助.MATLAB 的最大优点是不需指定向量和矩阵的维数,在输入向量和矩阵后对向量和矩阵的运算就像数的运算一样简练.但由于高等数学课程不涉及矩阵的内容,我们在这里不得不舍弃这部分内容的介绍(也是 MATLAB 中最精彩部分的介绍).

一、基本操作

1. 启动和退出

从 Windows 中双击 MATLAB 图标,会出现 MATLAB 命令窗口(Command Window),见图 A-1.

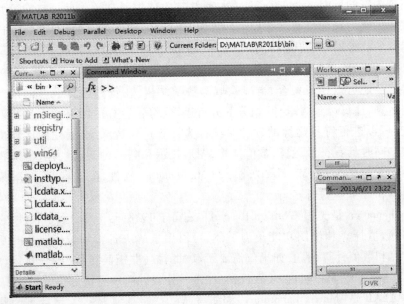

图　A-1

在这个窗口下,就可以输入命令了.MATLAB 是一个交互式的系统,输入命令后,系统会马上解释和执行输入的命令并输出结果.如果命令有语法错误,系统会给出提示信息.在当前提示符下,可以通过点击键盘上的上下箭头调出以前输入的命令.用滚动条可以查看以前的命令及其输入信息.

退出 MATLAB 和退出其他 Windows 程序一样,可以选择 File(文件)菜单中的 Exit(退出)命令,也可以使用 < Alt + F4 > 热键.还可以用鼠标直接单击关闭窗口按钮 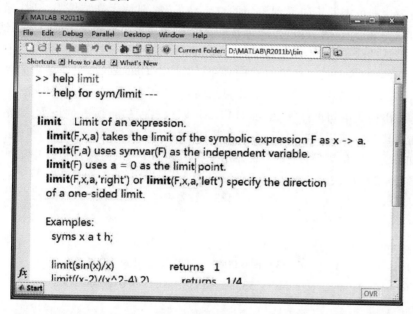 退出.

2. 语句命令查询

在 MATLAB 窗口(MATLAB Command Window)中输入 help 后面跟上要查询的函数或命令即可查询该语句的用法.如查询求极限的语句命令 limit,将列出计算

$$\lim_{x \to a} f(x), \quad \lim_{x \to a^+} f(x), \quad \lim_{x \to a^-} f(x), \quad \lim_{x \to \infty} f(x)$$

的输入格式和实例,参见图 A-2.

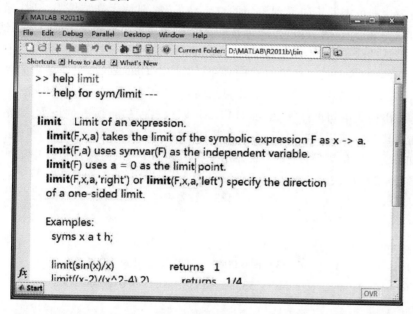

图　A-2

有了语句命令查询,我们就可以在 MATLAB 窗口下随时查找一些语句的用法,以及各参数的意义.这样就可以自助使用 MATLAB,来解决应用中的问题.为简洁起见,下面的语句使用介绍中,只列出一些最主要的语句格式,读者可自行在 MATLAB 窗口下查找其他的格式使用方法.

3. 输入与输出

MATLAB 输入的命令形式为:

变量 = 表达式

表达式由操作符或其他特殊字符,函数和变量名组成.MATLAB 执行表达式并将执行结果显示于命令后,同时存在变量中以留用.如果变量名和"="省略,即不指定返回变量,则名为 ans 的变量将自动建立.例如:输入命令:

$$>> A = \begin{bmatrix} 1.2 & 3.4 & 5.6 & \sin(2) \end{bmatrix}$$

回车,系统将产生 4 维向量 A 的输出结果:

$$A$$
$$= 1.2000 \quad 3.4000 \quad 5.6000 \quad 0.9093.$$

键入 $>> 1900/81$,回车,输出结果为:

$$ans$$
$$= 23.4568.$$

在下面,将 MATLAB 界面下的输出结果的屏幕显示形式略去,而直接给出输出结果.

有时用户可能并不想看到语句的输出结果,特别是运算结果很长时,输出时会长时间的翻屏.这时,可以在语句的最后加上";",表明不输出当前命令的结果.

在默认的状态下,MATLAB 以短格式(short 格式)显示计算结果.这在有些情况下是不够的.这时可以使用 MATLAB 命令窗口中 Option(选项)菜单中的 Numerical Format(数字格式)命令改变数字显示格式,也可直接在运算前输入命令 format long 等输出格式语句再计算.由于 MATLAB 以双精度执行所有的运算,显示格式的设置仅影响数或矩阵的显示,不影响数或矩阵的计算与存储.

如果输出变量为整数,则变量显示就没有小数,如果向量或矩阵中的元素全是整数,则输出形式全是整数,否则 MATLAB 根据指定格式输出结果.例如:

$$>> x = \begin{bmatrix} 4/3 & 1.2345e - 6 \end{bmatrix}$$

语句在不同显示格式下的输出为:

format short	1.3333	0.0000
format short e	1.3333e +000	1.2345e -006
format long	1.333333333333333	0.000001234500000

等等.

二、基本运算

1. 数、数组和算术表达式

MATLAB 中数的表示方法和一般的编程语言没有区别.如 $-99, 0.0001$, $1.3601e - 20, 6.02512e23$ 等等.数学运算符有 +(加)、-(减)、*(乘)、\(左除)、^(幂)等.

2. 数组输入的基本方法

输入一个数组最简单的方法是直接列出数组元素(包括二维数组,即矩阵).数组用方括号括起,元素之间用空格或逗号分隔.例如:

输入:$A = \begin{bmatrix} 1 & 2 & 3 & 4 & 5 & 6 \end{bmatrix}$,结果为:$A = 1 \quad 2 \quad 3 \quad 4 \quad 5 \quad 6.$

数组可以嵌套,如

输入:A = [1 2];B = [1 3 5];C = [A B],结果为:A = 1 2 1 3 5.

语句 linspace(a,b,N)在区间[a,b]产生一个等间距分布的 N 个元素的数组. 如

$$\gg x = \text{linspace}(0,1,11)$$

输出结果为:x = 0 0.1 0.2 0.3 0.4 0.5 0.6 0.7 0.8 0.9 1.0.

linspace(a,b)默认 N = 100.

3. 变量

MATLAB 变量名区分大小写,如 A 和 a 不是同一个变量;函数名必须用小写字母,如 inv(A)不能写成 INV(A),否则系统认为未定义函数. 在 MATLAB 中,一些特殊的变量用固定的字母表示,如 pi 表示 π;eps 表示计算机的最小正数,flops 表示浮点运算次数,用于统计计算量,i(或 j)表示虚数单位,例如,z1 = 3 + 4i 或 z1 = 3 + 4j 生成一个复数变量 z1;Inf 表示无穷大,如果你想计算 1/0,输入

$$\gg S = 1/0$$

结果会是   Warning:Divided by zero

     S = Inf.

NaN 表示不定值,由 Inf/Inf 或 0/0 运算产生. 例如输入

$$\gg a = \text{Inf}/\text{Inf}$$

结果为   a = NaN.

需要注意的是,Inf 和 NaN 能够安全地进行计算和传递. 即如果在初始值或中间结果中出现了 Inf 和 NaN,Inf 和 NaN 会遵循一定的计算规则进行正确的计算,并得到正确的结果. 例如无穷大加上一个有限实数的结果是无穷大.

4. 函数

MATLAB 支持所有的常用数学函数. 基本数学函数为:

基本三角函数	sin	cos	tan	cot	sec	csc
反三角函数	asin	acos	atan	acot	asec	acsc
双曲函数	sinh	cosh	tanh	coth	sech	csch
反双曲函数	asinh	acosh	atanh	acoth	asech	acsch
指数和对数	exp	log	log10	sqrt		
复数运算	abs	angle	conj	real	imag	
数值函数	fix	floor	ceil	round	rem	
整数函数	lcm	gcd				

这些函数和通常使用的初等函数符号基本相同,读者可在 MATLAB 查询窗口中进一步了解这些函数的用法.

5. 符号表达式的输入

符号表达式实际上是字符和字符串,是各种高级语言不可缺少的部分. 由于

在数学、物理学等方面的计算以及工程计算方面还经常大量用到符号运算,因此符号运算对于一个数学软件来说是不可缺少的.MATLAB 符号工具箱中大约提供了 150 多个符号功能函数,基本上可以实现常见的符号计算功能.

创建符号函数的方法是用 syms 命令.例如:

>> syms x

>> f = sin(x) + cos(x)

执行结果为 f = sin(x) + cos(x).

也可用下面的形式表示

>> f = 'sin(x) + cos(x)'.

三、函数作图

1. 二维图形

(1) 函数 plot

plot 函数用于绘制二维平面上的不同曲线,其基本调用格式为:

plot(x,y)或 plot(x,y,s),其中 x,y 为长度相同的向量,分别存储 x 坐标和 y 坐标数据, s 为选项.

MATLAB 提供了一些绘图选项,用于确定所绘曲线的线型、颜色和数据点的标记符号,这些参数可以组合使用,如用"r:"表示红色虚线,用"b—o"表示蓝色实线并用圆圈标记数据点等等.

(2) 符号函数的简易绘图函数 ezplot

符号函数的简易绘图命令是 ezplot,常用形式有:

ezplot(f,[xmin, xmax, ymin, ymax])或

ezplot(x, y, [tmin, tmax])

参数说明:f 为代表数学表达式的包含单个符号变量 x 的字符串或符号表达式 f(x),xmin, xmax 代替横坐标范围,如默认 x 轴的近似范围为[-2 * pi, 2 * pi];若 f = f(x,y),则 ezplot(f)作 f(x,y) = 0 的图形,x,y 轴的近似范围均为[-2 * pi, 2 * pi];对于 x,y:x = x(t),y = y(t),t 的默认范围为[0, 2 * pi].

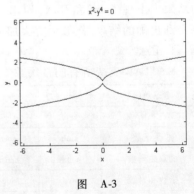

图　A-3

例1　画函数的 $x^2 - y^4 = 0$ 图形.

解　>> ezplot('x^2 - y^4')

运行结果如图 A-3

(3) 极坐标作图函数 polar

1）polar（theta，rho）：用角度 theta（弧度表示）和极半径 rho 作极坐标图；

2）polar（theta，rho，s）：用字符串 s 指定的线型画极坐标图，其中 s 的组成见 plot 函数.

例 2　画出极坐标 $\rho = \sin(3\theta)\cos(3\theta)$，$0 \leqslant \theta \leqslant 3\pi$ 表示的图形.

解　　>> theta = linspace(0,3 * pi); rho = sin(3 * theta). * cos(3 * theta);
　　　　>> polar(theta,rho,'k')

执行语句命令后画出的图形如图 A-4 所示.

2. 三维图形

为了显示三维图形，MATLAB 提供了各种各样的函数.有一些函数可以在三维空间中画三维曲线，而有些可以画曲面与线格框架.

（1）三维曲线

plot3 命令将绘制二维图形的函数 plot 的特性扩展到三维空间，函数格式除了包括第三维的信息（比如 z 方向）之外，与二维函数 plot 相同.plot3 的调用格式为：

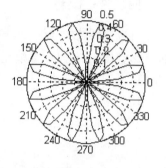

图　A-4

plot3（x_1,y_1,z_1,s_1,(x_2,y_2,z_2,s_2,…)）

参数说明：x_n,y_n,z_n：是待表现的数据点的 x_坐标,y_坐标,z_坐标,其中 x_n, y_n, z_n 可以是向量或者是矩阵；s_n：可选用的字符串，用来指定使用的颜色、标记符号或线形，这与 plot 中的形式完全相同.

例 3　画出用参数方程 $\begin{cases} x = \sin t \\ y = \cos t, 0 \leqslant t \leqslant 10\pi \\ z = t, \end{cases}$ 表示的螺旋线图形.

解　　>> t = 0:pi/50:10 * pi;
　　>> plot3(sin(t),cos(t),t); title('Helix Plot')
　　>> xlabel('sint'),ylabel('cost'),zlabel('t'); text(0,1,0,'Start Point')

执行语句命令后画出的图形如图 A-5.

（2）三维网格命令 mesh

mesh 命令的作用是在一矩形区域 [a，b] * [c，d] 内，用直线连接相邻点而得到曲面的网状图.使用格式有：mesh（x，y，z，c）或 mesh（x，y，z）或 mesh（z）.

参数说明：x，y，z：x，y 必须是向量，即用 $x = x_i$ 平面和 $y = y_j$ 平面划分 $z = 0$ 平面上的区域 [a，b] * [c，d].此时对应于点 (x_i, y_j)，z 的值为 z_{ij}，若没有 x，y，则将 (i,j) 作为 z(i,j) 的 x,y 轴的坐标值；c：颜色的缩放比例.若不指定 c，则取 c = z，即用不同的颜色表明 z 的高度值.

（3）三维曲面图命令 surf

曲面图,是在网格图的基础之上,在小网格之间用不同颜色填充,使图形更加美观. surf 的调用格式与 mesh 的调用格式完全相同,如:surf (x, y, z, c)或 surf (x, y, z)或 surf (z). 参数含义同上.

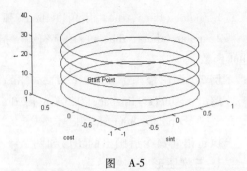

图 A-5

四、符号微积分

可以毫不夸张地说,高等数学中的大多数微积分问题,都能用 MATLAB 符号计算功能解决,手工笔算演绎的烦劳都可以由计算机完成.

1. 求极限

求极限的语句有:limit(f, x, a),limit(f),limit(f, x, a,' right ')和 limit(f, x, a,' left ') 等.

例4 求 $\lim\limits_{n \to \infty} \dfrac{6n^2 - n + 1}{n^3 + n^2 + 2}$;$\lim\limits_{x \to 0} \dfrac{(1 + mx)^n - (1 + nx)^m}{x^2}$ $(n, m \in \mathbf{N})$;$\lim\limits_{x \to 3^+} \dfrac{\sqrt{1 + x} - 2}{x - 3}$.

解 >> syms n m x

>> f = (6 ∗ n^2 − n + 1)/(n^3 − n^2 + 2);g = ((1 + m ∗ x)^n − (1 + n ∗ x)^m)/x^2;h = (sqrt(1 + x) − 2)/(x − 3);

>> lim_f = limit(f, n, inf)　　% 给出结果 lim_f = 0;

>> lim_g = limit(g, x, 0)　　% 或 lim_g = limit(g)　　　给出结果 lim_g = − 1/2 ∗ m^2 ∗ n + 1/2 ∗ n^2 ∗ m;

>> lim_h = limit(h, x, 3,'right')　　　% 给出结果 lim_h = 1/4.

2. 求函数的导数

数学上虽然有导数与偏导数之分,但它们在 MATLAB 中统一使用 diff. 其使用形式为:diff(f, v),diff(f, v, n),diff(f)和 diff(f, n). 如 diff(f, v, n)表示计算 $\dfrac{d^n f}{d v^n}$ 或 $\dfrac{\partial^n f}{\partial v^n}$.

说明:当 f 是矩阵时,求导数操作对元素逐个进行,但自变量定义在整个矩阵上.

例5 已知 $z = \ln(\sqrt{x} + \sqrt{y})$,证明 $x \dfrac{\partial z}{\partial x} + y \dfrac{\partial z}{\partial y} = \dfrac{1}{2}$.

解 >> x = sym('x');y = sym('y');z = log(sqrt(x) + sqrt(y));result = x ∗ diff(z, x) + y ∗ diff(z, y);

simple（result）

计算结果为：result = 1/2.

3. 求积分的语句

积分有不定积分、定积分、广义积分和重积分等几种. 一般说来,无论哪种积分都比微分更难求取. 与数值积分相比,符号积分指令简单,适应性强,但可能占用机器很长时间. 积分限非数值时,符号积分有可能给出相当冗长而生疏的符号表达式,也可能给不出符号表达式,但假若用户把积分限用具体数值替代,那么符号积分将能给出具有任意精度的定积分值. 求积分的具体使用格式为:

int（f）,int（f,var）,intf = int(f,a,b)和 intf = int(f,var,a,b)

参数说明：f 为被积函数；var 为积分变元；若没有指定,则对变量 v = findsym（f）积分；a,b 为积分上下限；a, b 可为无穷大 ∞；若无 a,b,则给出不定积分（无任意常数）,intf 为函数的积分值,有时为无穷大.

例 6　计算 $F1 = \int e^{xy+z}\,dx$；$F2 = \int_{-\infty}^{\infty}\dfrac{1}{x^2+2x+3}\,dx$.

解　>> syms x y z
　　　 >> f1 = exp(x * y + z); f2 = 1/(x^2 + 2 * x + 3);
　　　 >> F1 = int(f1) % 给出结果 F1 = 1/y * exp(x * y + z);
　　　 >> F2 = int(f2, – inf,inf) % 给出结果 F2 = 1/2 * pi * 2^(1/2).

例 7　计算 $I = \iint\limits_{D}\dfrac{1}{2}(2-x-y)\,dx\,dy$,其中 D 为直线 $y=x$ 和抛物线 $y=x^2$ 所围部分.

解　>> I = int(int('(2 – x – y)/2', 'y', 'x^2', 'x') ,0,1)

计算结果为 $I = 11/120$.

4. Taylor 展式

要将函数 $f(x)$ 表示成 x^n（n 从 0 到无穷）的和的形式,可以用 MATLAB 提供的命令 taylor 来完成展开工作,其常用的使用形式为:

taylor(f),taylor(f,n),taylor(f,v)和 taylor (f,n,a)

参数说明：f 为待展开的函数表达式,可以不用单引号生成；n 的含义为把函数展开到 n 阶,若不包含 n,则默认地展开到 6 阶；v 的含义为对函数 f 中的变量 v 展开,若不包含 v,则对变量 v = findsym (f)展开；a 为 Taylor 展式的扩充功能,对函数 f 在 x = a 点展开.

例 8　（1）把 $y = e^x$ 展开到 6 阶；（2）把 $y = \ln x$ 在 $x=1$ 点展开到 6 阶.

解　>> syms x t
　　　 >> y1 = taylor(exp(– x))　　 % 给出结果 y1 = 1 – x + 1/2 * x^2 – 1/6 * x^3 + 1/24 * x^4 – 1/120 * x^5,

>> y2 = taylor(log(x),6,1)　　　% 给出结果 y2 ＝ x－1－1/2＊(x－1)^2＋1/3＊(x－1)^3－1/4＊(x－1)^4＋1/5＊(x－1)^5.

5. 序列/级数的符号求和

对于级数求和,即求 $\sum\limits_{v=a}^{b} f(v)$ 问题(求通式 f 在指定变量 v 取遍 $[a,b]$ 中所有整数时的和),可用 MATLAB 的求和命令解决.具体格式为:s ＝ symsum(f,v,a,b),其中 f 是矩阵时,求和对元素通式逐个进行,但自变量定义在整个矩阵上;v 缺省时,f 中的自变量由 findsym 自动辨认;b 可以取有限整数,也可以取无穷大;a,b 可同时缺省,此时默认求和的区间为 $[0,v-1]$.

例 9 求级数 $\sum\limits_{k=1}^{\infty} \dfrac{1}{(2k-1)^2}$ 与 $\sum\limits_{k=1}^{\infty} \dfrac{(-1)^k}{k}$ 的和.

解　>> syms k

>> f ＝ [1/(2＊k－1)^2 (－1)^k/k];　% 向量函数求和

>> s ＝ simple(symsum(f,1,inf))

计算结果为 $[1/8 * pi^2 - log(2)]$.

6. 函数极值语句

(1) 一元函数的极值

函数 fminbnd 专门用于求单变量函数的最小值.使用形式为:

x ＝ fminbnd(fun,x1,x2),x ＝ fminbnd(fun,x1,x2,options)和 [x,fval,exitflag] ＝ fminbnd(...)

参数说明:fun 为目标函数的函数名字符串或是字符串的描述形式;x1,x2 表示求值的区间 x1＜x＜x2;x 为函数的最小值点;fval 为返回解 x 处目标函数的值.其余命令和参数参见 MATLAB 帮助文件.

注意:求函数 y 的最小值点用命令 fminbnd,求最大值点则没有直接的命令.但函数 y 的最大值点就是 －y 的最小值点,这样仍可用命令 fminbnd 求 >> f ＝ 'sin(x)＋cos(x)'的最大值点.

例 10　求函数 $y = x^5 - 5x^4 + 5x^3 + 1$ 在区间 $[-1,2]$ 上的最大与最小值.

解　>> y ＝ 'x^5－5＊x^4＋5＊x^3＋1'; y_ ＝ '－x^5＋5＊x^4－5＊x^3－1';

[p_min,y_min] ＝ fminbnd(y,－1,2)

[p_max,y_max] ＝ fminbnd(y_,－1,2)

运行结果为:p_min ＝ －1.0000,y_min ＝ －9.9985,p_max ＝ 1.0000,y_max ＝ －2.0000.

(2) 多元函数的最值

函数 fminsearch 用于求多元函数的最小值点.使用格式如下:

x ＝ fminsearch(fun,x0)和 [x,fval] ＝ fminsearch(fun,x0)

参数说明：fminsearch 求解多变量无约束函数的最小值. 该函数常用于无约束非线性最优化问题. fun 为目标函数；x0 为初值；x0 可以是标量、向量或矩阵. 其余命令和参数参见 MATLAB 帮助文件.

例 11　求函数 $f(x,y) = x^3 + 8y^3 - 6xy + 5$ 的最小值.

解　首先要把 x, y 转化成一个向量中的两个分量：$(x,y) = [x(1), x(2)]$.

$>> x0 = [0,0]; F = 'x(1)^3 + 8 * x(2)^3 - 6 * x(1) * x(2) + 5';$

$[P\_min, F\_min] = fminsearch(F, x0)$

运行结果为：$P\_min = 1.0000 \quad 0.5000$，$F\_min = 4.0000$.

7. 求微分方程符号解

求解符号微分方程最常用的指令格式为

$S = dsolve('eq1, eq2, \cdots, eqn', 'cond1, cond2, \cdots, condn', 'v')$

参数说明：输入量包括三部分：微分方程、初始条件、指定独立变量. 其中，微分方程是必不可少的输入内容，其余视需要而定，可有可无，输入量必须以字符串形式编写；若不对独立变量加以专门的定义，则默认小写字母 t 为独立变量. 关于初始条件或边界条件应写成 $y(a) = b, Dy(c) = d$ 等，a, b, c, d 可以是变量使用符以外的其他字符，当初始条件少于微分方程阶数时，在所得解中将出现任意常数符 $C1, C2, \cdots$，解中任意常数符的数目等于所缺少的初始条件数.

例 12　（1）求微分方程 $x' = -ax, x(0) = 1$ 的特解，自变量指定为 s；

（2）求微分方程 $x'' = -a^2 x, x(0) = 1$ 的解.

解　（1）输入 $>> x = dsolve('Dx = -a * x', 'x(0) = 1', 's')$，输出结果：$x = \exp(-a * s)$；

（2）输入 $>> x = dsolve('D2x = -a^2 * x', 'x(0) = 1')$，输出结果：$x = C1 * \sin(a * t) + \cos(a * t)$.

第二节　Mathematica 软件使用简介

一、基本操作

1. 启动 Mathematica

在 Windows 中双击 Mathematica 的图标❋或从"开始"菜单下的"程序"菜单中选中相应的程序.

Mathematica 启动后，会出现界面（见图 A-6）. 它包含两部分：左边是一个新的笔记本，是输入命令、显示计算结果的地方；右边是基本的数学辅助模块，在这个模块中含有计算器，基本的命令，排版，帮助和设置等各种功能，其中基本命令中包含有各种数学运算（如常见的微积分运算和矩阵运算）的模版，通过模版就可以

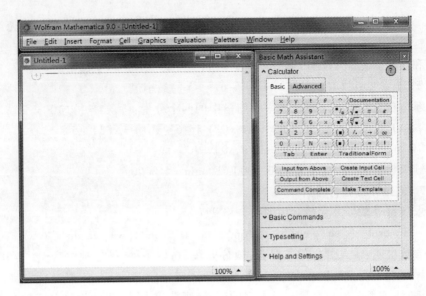

图 A-6

在笔记本上直接输入常用的数字符号和表达式,调用 Mathematica 的常用内部函数等.

退出 Mathematica,可以通过直接关闭其界面或通过 File 菜单中的 Exit 命令实现.

2. 用 Mathematica 进行计算

用 Mathematica 进行一些简单的计算或运算非常方便,只要把要运算的表达式在笔记本窗口中逐行输入,然后按下 < Shift + Enter > 键或仅按下数字小键盘中的 < Enter > 键,则 Mathematica 给出相应的计算结果.

例 1 用 Mathematica 计算 9.7^{200}.

方法一:直接在笔记本窗口中输入 9.7^200 并按下 < Shift + Enter > 键即可.结果如下:

In[1]: = 9.7^200

Out[1] = 2. 26124 × 10^{197}.

说明:In[n]表示第 n 个输入,上面的 In[1]表示第 1 个输入.相应的 Out[n]或%n 表示第 n 个输出.为了简洁起见,下面在介绍输入形式和输出结果时,我们把输入语句和输出结果列在一起,中间用逗号隔开,在实际操作时,是输入一个语句,按下数字小键盘中的 < Enter > 键,就给出一个输出结果.

方法二:点击基本输入模板(Basic Input Palette)中的■□按钮,则■□出现在当前的笔记本窗口中,通过 < Tab > 键来切换光标位置,并输入相应的内容,最后按下 < Shift + Enter > 键.输入形式为 In[2]: = 9.7^{200},执行结果和第一种方式相同.

说明:有时输入的指令可能需计算很长时间,或者由于不小心造成无限循环,那么为了中断计算,可以使用快键< Alt ＋. >,或者使用菜单命令:Kernel → Abort Evaluation.

二、基本运算

1. Mathematica 的一些规定

（1）Mathematica 区分字母的大小写

所有的 Mathematica 命令都是以大写字母开头的,而其中有些命令（如:FindRoot）要使用多个大写字母,为了避免冲突,用户定义的符号最好都用小写字母开头.

（2）不同的括号有不同的用途

方括号:用于函数参数指定. 如用 Mathematica 计算正弦函数在 x 处的值时,应输入为 Sin[x],而不是 Sin(x).

圆括号:表示组合. 如(2 ＋3) ＊4 不要输入为[2 ＋3] ＊4.

大括号:表示列表. 如{1, 2, 3, 4}表示一个数表.

（3）标点

逗号:用来分隔函数的参数.

分号:加在指令的后面来避免显示该命令的计算（运算）结果,但命令仍被执行.

（4）运算符号

符号 ＋、－、＊、/分别表示加、减、乘、除符号. 符号^表示乘方运算符号,如 2^3 表示 2 的 3 次方.

乘法运算还可以用符号×表示,也可省略符号. 需注意如下两点:

1）a＊b、a b、a(b＋1)均代表乘法,分别为 a×b、a×b、a×(b＋1).

2）2a、2×a、2＊a、2 a 均表示 2 与 a 相乘,而 ab 并不表示 a 与 b 相乘,它表示单个符号,这个符号以 a 开头 b 结尾.

2. 函数

（1）常用数学函数

Sin[x], Cos[x], Tan[x] , Cot[x], Sec[x], Csc[x], ArcSin[x], ArcCos[x], ArcTan[x], ArcCot[x], ArcSec[x] ,ArcCse[x] 为常见的三角函数和反三角函数,和通常使用的符号一致. 其他的函数有:Exp[x] 表示 e^x；Log[x]表示 $\ln x$；Log[a, x] 表示 $\log_a x$；Sqrt[x]表示 $\sqrt{x}$；Abs[x]求实数的绝对值或复数的模；Sign[x]符号函数；Max[$x_1, x_2, \cdots$]求一组数的最大值；Min[$x_1, x_2, \cdots$]求一组数的最小值等等. 读者可查阅 Mathematica 教程了解其他函数的使用方法.

（2）数学函数使用

如果输入 Sin[2],输出仍是准确值 Sin[2]. 当输入 Sin[2.0]时,或输入 N[Sin[2]]时,Mathematica 输出近似值. 如输入

$In[1]:=Sin[2],In[2]:=Sin[2.0],In[3]:=N[Sin[2]].$

则执行结果:$Out[1]=Sin[2],Out[2]=Out[3]=0.909297.$

(3) 自定义函数及使用

例 1 自定义一元函数 $f(x)=x^3+bx+c$ 和二元函数 $f(x,y)=x^2+y^2$.

解 输入 $In[1]:=f[x\_]:=x^3+b*x+c,In[2]:=f[1],In[3]:=f[t+1].$

执行结果:$Out[2]=1+b+c,Out[3]=c+b(1+t)+(1+t)^3.$

输入 $In[1]:=f[x\_,y\_]:=x^2+y^2,In[2]:=f[2,3],In[3]:=f[x-1,y-1].$

执行结果:$Out[2]=13,Out[3]=(-1+x)^2+(-1+y)^2.$

三、二维图形

在平面直角坐标系中绘制函数 $y=f(x)$ 图形的 Mathematica 函数是 Plot,其调用格式如下:

- $Plot[f[x],\{x,a,b\}]$ 绘制函数 $f(x)$ 在 $[a,b]$ 范围内的图形;
- $Plot[\{f_1[x],f_2[x],\cdots\},\{x,a,b\}]$ 同时绘制多个函数的图形.

例 2 在同一个坐标系中绘制 $\sin x,\cos x$ 在 $[0,2\pi]$ 上的图形.

解 输入 $In[1]:=Plot[\{Sin[x],Cos[x]\},\{x,0,2\pi\}]$

执行结果如图 A-7 所示.

Mathematica 的许多函数都有可选参数,绘图函数也一样有可选参数,如何选择这些参数以及如何画出二维图形及三维图形,读者可通过 Mathematica 的帮助功能来掌握各种绘图软件的用法. 这里仅举几例.

例 3 使用可选参数画出函数 $\tan x$ 在区间 $[-\pi,\pi]$ 上的图形.

解 输入 $In[1]:=Plot[Tan[x],\{x,-\pi,\pi\},PlotRange\rightarrow\{-10,10\}]$

执行结果如图 A-8 所示,注意本例中函数有无穷间断点.

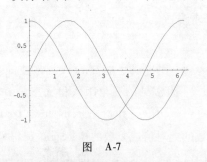
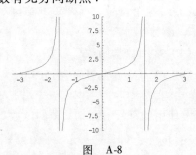

图 A-7 　　　　　　　　　　　　　　图 A-8

四、Mathematica 在微积分中的应用

1. 求极限

语句 $Limit[f[x],x\rightarrow x_0]$ 为求函数 $f(x)$ 当 $x\rightarrow x_0$ 时的极限,对于其他形式求极

限的语句仅用例子说明.

例 4　求下列极限:

(1) $\lim\limits_{x\to 0}\dfrac{\sin x}{x}$;　(2) $\lim\limits_{x\to\infty}\left(1+\dfrac{1}{2x}\right)^{x}$;　(3) $\lim\limits_{x\to 0^{-}}e^{\frac{1}{x}}$;　(4) $\lim\limits_{x\to 0^{+}}e^{\frac{1}{x}}$.

解　输入: $\mathrm{In}[1]:=\mathrm{Limit}\left[\dfrac{\sin[x]}{x},x\to 0\right]$, $\mathrm{In}[2]:=\mathrm{Limit}\left[(1+1/(2x))\hat{\ }x,x\to\infty\right]$,

$\mathrm{In}[3]:=\mathrm{Limit}\left[\mathrm{Exp}\left[\dfrac{1}{x}\right],x\to 0,\mathrm{Direction}\to 1\right]$, $\mathrm{In}[4]:=\mathrm{Limit}$

$\left[\mathrm{Exp}\left[\dfrac{1}{x}\right],x\to 0,\mathrm{Direction}\to -1\right]$.

执行结果为: $\mathrm{Out}[1]=1,\mathrm{Out}[2]=\sqrt{e},\mathrm{Out}[3]=0,\mathrm{Out}[4]=\infty$.

说明: $\mathrm{In}[3]$ 和 $\mathrm{In}[4]$ 中, Driection$\to 1$ 表示求左极限, Driection$\to -1$ 表示求右极限.

2. 求导数

语句 $\mathrm{D}[f,\mathrm{Var}]$ 为求函数 f 对自变量 Var 的偏导数.

语句 $\mathrm{D}[f,x_{1},x_{2},\cdots]$ 为求函数 f 对自变量 $x_{1},x_{2},\cdots$ 混合偏导数.

语句 $\mathrm{D}[f,\{x_{1},n_{1}\},\{x_{2},n_{2}\},\cdots]$ 为求函数 f 对自变量 $x_{1},x_{2},\cdots$ 的 $n_{1},n_{2},\cdots$ 阶的混合偏导数.

例 5　求下列函数的导数:

(1) $y=2x^{3}+3x+1$, 求 y';　(2) $u=f(x+y,xy)$, 求 $\dfrac{\partial^{2}u}{\partial x\partial y}$.

解　输入: $\mathrm{In}[1]:=\mathrm{D}[2x^{3}+3x+1,x]$, $\mathrm{In}[2]:=\mathrm{D}[f[x+y,x*y],x,y]$
执行结果为: $\mathrm{Out}[1]=3+6x^{2}$,

$\mathrm{Out}[2]=f^{(0,1)}[x+y,xy]+xf^{(1,1)}[x+y,xy]+y(xf^{(0,2)}[x+y,xy]+f^{(1,1)}[x+y,xy])+f^{(2,0)}[x+y,xy]$.

3. 求积分

求函数的积分可以通过下述函数或基本输入模板输入积分符号得到.

语句 $\mathrm{Integrate}[f[x],x]$ 用于求 $f(x)$ 的一个原函数.

语句 $\mathrm{Integrate}[f[x],\{x,a,b\}]$ 用于求 $\displaystyle\int_{a}^{b}f(x)\,\mathrm{d}x$.

语句 $\mathrm{Integrate}[f[x,y],\{x,a,b\},\{y,y_{1},y_{2}\}]$ 用于求 $\displaystyle\int_{a}^{b}\mathrm{d}x\int_{y_{1}(x)}^{y_{2}(x)}f(x,y)\,\mathrm{d}y$, 多重积分类似.

例 6　计算下列积分.

(1) $\displaystyle\int x\sin x\,\mathrm{d}x$;　(2) $\displaystyle\int f(x)f'(x)\,\mathrm{d}x$;　(3) $\displaystyle\int_{1}^{+\infty}e^{-2x}\,\mathrm{d}x$;

(4) $\int_0^R \mathrm{d}x \int_0^{\sqrt{R^2-x^2}} \sqrt{R^2-x^2}\,\mathrm{d}y$；(5) 求 $\int_0^{2\pi} \sin^2 x\,\mathrm{d}x$ 的近似值.

解 输入 $\text{In}[1]:=\text{Integrate}[x*\text{Sin}[x],x]$,

$\text{In}[2]:=\int f[x]*f'[x]\mathrm{d}x$,

$\text{In}[3]:=\text{Integrate}[\text{Exp}[-2x],\{x,1,+\infty\}]$,

$\text{In}[4]:=\text{Integrate}[\text{sqrt}[R\text{\textasciicircum}2-x\text{\textasciicircum}2],\{x,0,R\},\{y,0,\text{sqrt}[R\text{\textasciicircum}2-x\text{\textasciicircum}2]\}]$,

$\text{In}[5]:=\text{NIntegrate}[\text{Sin}[x]\text{\textasciicircum}2,\{x,0,2\text{Pi}\}]$.

执行结果：$\text{Out}[1]=-x\text{Cos}[x]+\text{Sin}[x]$，$\text{Out}[2]=\dfrac{f[x]^2}{2}$，$\text{Out}[3]=\dfrac{1}{2e^2}$，

$\text{Out}[4]=\dfrac{2R^3}{3}$，$\text{Out}[5]=3.14159$.

4. 无穷级数求和

语句 $\text{Sum}[f[i],\{i,\text{imin},\text{imax}\}]$ 表示求 $\displaystyle\sum_{i=\text{imin}}^{\text{imax}} f(i)$. 其中 imin 可以是 $-\infty$，imax 可以是 ∞（即 $+\infty$），但必须满足 imin $\leqslant$ imax. 此外，利用基本输入模板也可以求得上述和. 例如语句 $\text{In}[1]:=\text{Sum}[1/i\text{\textasciicircum}2,\{i,1,\infty\}]$ 表示求级数 $\displaystyle\sum_{i=1}^{\infty} \dfrac{1}{i}$ 的和.

5. 将函数展为幂级数

语句 $\text{Series}[f[x],\{x,x_0,n\}]$ 表示将 $f(x)$ 在 x_0 处展成幂级数直到 n 次为止. 如 $\text{In}[1]:=\text{Series}[\text{Sin}[x],\{x,0,10\}]$ 表示将 $\sin x$ 展成 x 的幂级数，展开到第 10 项.

6. 解常微分方程（组）

语句 $\text{DSolve}[equ,y[x],x]$ 为求方程 equ 的通解 $y(x)$，其中 x 为自变量；

语句 $\text{DSolve}[\{equ,y[x_0]==y_0\},y[x],x]$ 为求满足条件 $y(x_0)=y_0$ 的特解 $y(x)$；

语句 $\text{NDSolve}[\{equ,y[x_0]==y_0\},y[x],x]$ 为求满足条件 $y(x_0)=y_0$ 的特解 $y(x)$ 的近似解；

语句 $\text{DSolve}[\{equ1,equ2,\cdots\},\{y_1[x],y_2[x],\cdots\},x]$ 为求方程组的通解；

语句 $\text{DSolve}[\{equ1,\cdots,y_1[x_0]==y_{10},\cdots\},\{y_1[x],\cdots\},x]$ 为求方程组的特解.

输入微分方程时要注意：

（1）未知函数总带自变量；

（2）等号用连续输入" $==$ "表示；

（3）导数符号用键盘上的撇号，连续两撇表示二阶导数. 类似地可以输入三阶导数等. 当求微分方程的数值解时，输出的结果为两个数组 x,y 的对应值，可通

过绘图语句了解解的曲线的形状.

例 7 求下列微分方程的通解或特解.

（1）$y' + 2xy = x$，求通解；（2）$y'' + 2y' + y = x$，求通解；

（3）$y' = 2xy, y(0) = 1$，求特解.

解 输入：$\text{In}[1] := \text{DSolve}[y'[x] + 2x * y[x] == x, y[x], x]$，

结果为 $\left\{ \left\{ y[x] \rightarrow \dfrac{1}{2} + e^{-x^2} c[1] \right\} \right\}$.

$\text{In}[2] := \text{DSolve}[y''[x] + 2 * y'[x] + y[x] == x, y[x], x]$，

结果为 $\{\{ y[x] \rightarrow e^{-x}(e^x(-2 + x) + c[1] + xc[2]) \}\}$，

$\text{In}[3] := \text{DSolve}[\{y'[x] == 2x * y, y[0] == 1\}, y[x], x]$，

结果为 $\{\{ y[x] \rightarrow 1 + x^2 y \}\}$.

说明：结果中的 $c[1], c[2]$ 代表积分常数.

附录 B　二阶和三阶行列式简介

行列式是线性代数中最基本的概念,这里仅作简单介绍.

设已知四个数排成正方形表

$$\begin{pmatrix} a_{11} & a_{12} \\ a_{21} & a_{22} \end{pmatrix},$$

则数 $a_{11}a_{22} - a_{12}a_{21}$ 称为对应于这个表的二阶行列式,用记号

$$\begin{vmatrix} a_{11} & a_{12} \\ a_{21} & a_{22} \end{vmatrix} \tag{1}$$

表示,即

$$\begin{vmatrix} a_{11} & a_{12} \\ a_{21} & a_{22} \end{vmatrix} = a_{11}a_{22} - a_{12}a_{21}.$$

数 $a_{11}, a_{12}, a_{21}, a_{22}$ 叫做行列式(1)的元素,横排叫做行,竖排叫做列. 元素 a_{ij} 中的第一个指标 i 和第二个指标 j,依次表示行数和列数. 例如,元素 a_{21} 在行列式 (1)中位于第二行和第一列.

利用行列式,可将方程组

$$\begin{cases} a_{11}x_1 + a_{12}x_2 = b_1, \\ a_{21}x_1 + a_{22}x_2 = b_2 \end{cases} \tag{2}$$

的解非常简洁地表示出来.

设　$D = \begin{vmatrix} a_{11} & a_{12} \\ a_{21} & a_{22} \end{vmatrix} = a_{11}a_{22} - a_{12}a_{21},$

$$D_1 = \begin{vmatrix} b_1 & a_{12} \\ b_2 & a_{22} \end{vmatrix} = b_1 a_{22} - a_{12} b_2,$$

$$D_2 = \begin{vmatrix} a_{11} & b_1 \\ a_{21} & b_2 \end{vmatrix} = a_{11} b_2 - b_1 a_{21},$$

用消去法容易看到若 $D \neq 0$,则方程组(2)唯一的解为

$$x_1 = \frac{D_1}{D}, x_2 = \frac{D_2}{D}. \tag{3}$$

例 1　解方程组 $\begin{cases} x + y = 1, \\ 2x - y = 2. \end{cases}$

解　$D = \begin{vmatrix} 1 & 1 \\ 2 & -1 \end{vmatrix} = -3, D_1 = \begin{vmatrix} 1 & 1 \\ 2 & -1 \end{vmatrix} = -3, D_2 = \begin{vmatrix} 1 & 1 \\ 2 & 2 \end{vmatrix} = 0.$

因 $D = -3 \neq 0$,故所给方程组有唯一解

$$x = \frac{D_1}{D} = \frac{-3}{-3} = 1, y = \frac{D_2}{D} = \frac{0}{-3} = 0.$$

下面介绍三阶行列式的概念.

设已知 9 个数排成正方形表

$$\begin{pmatrix} a_{11} & a_{12} & a_{13} \\ a_{21} & a_{22} & a_{23} \\ a_{31} & a_{32} & a_{33} \end{pmatrix},$$

则 $a_{11}a_{22}a_{33} + a_{12}a_{23}a_{31} + a_{13}a_{21}a_{32} - a_{13}a_{22}a_{31} - a_{12}a_{21}a_{33} - a_{11}a_{23}a_{32}$ 称为对应于这个表的三阶行列式,用记号

$$\begin{vmatrix} a_{11} & a_{12} & a_{13} \\ a_{21} & a_{22} & a_{23} \\ a_{31} & a_{32} & a_{33} \end{vmatrix}$$

表示,因此

$$\begin{vmatrix} a_{11} & a_{12} & a_{13} \\ a_{21} & a_{22} & a_{23} \\ a_{31} & a_{32} & a_{33} \end{vmatrix} = a_{11}a_{22}a_{33} + a_{12}a_{23}a_{31} + a_{13}a_{21}a_{32} - a_{13}a_{22}a_{31} - a_{12}a_{21}a_{33} - a_{11}a_{23}a_{32}.$$

$$(4)$$

关于三阶行列式的元素、行、列等概念,与二阶行列式的相应概念类似,不再重复.

利用交换律及结合律,可把式(4)改写如下:

$$\begin{vmatrix} a_{11} & a_{12} & a_{13} \\ a_{21} & a_{22} & a_{23} \\ a_{31} & a_{32} & a_{33} \end{vmatrix} = a_{11}(a_{22}a_{33} - a_{23}a_{32}) - a_{12}(a_{21}a_{33} - a_{23}a_{31}) + a_{13}(a_{21}a_{32} - a_{22}a_{31}).$$

在上式右端三个括号中的式子表示为二阶行列式,则有

$$\begin{vmatrix} a_{11} & a_{12} & a_{13} \\ a_{21} & a_{22} & a_{23} \\ a_{31} & a_{32} & a_{33} \end{vmatrix} = a_{11}\begin{vmatrix} a_{22} & a_{23} \\ a_{32} & a_{33} \end{vmatrix} - a_{12}\begin{vmatrix} a_{21} & a_{23} \\ a_{31} & a_{33} \end{vmatrix} + a_{13}\begin{vmatrix} a_{21} & a_{22} \\ a_{31} & a_{32} \end{vmatrix}.$$

上式称为三阶行列式按第一行的展开式.需要注意的是,第二项为负的,这些二阶行列式可以通过去掉三阶行列式中第一行各元素所在的行与列得到.

例 2 $\begin{vmatrix} 2 & 1 & 2 \\ -4 & 3 & 1 \\ 2 & 3 & 5 \end{vmatrix} = 2 \times \begin{vmatrix} 3 & 1 \\ 3 & 5 \end{vmatrix} - 1 \times \begin{vmatrix} -4 & 1 \\ 2 & 5 \end{vmatrix} + 2 \times \begin{vmatrix} -4 & 3 \\ 2 & 3 \end{vmatrix} = 2 \times 12 -$

$1 \times (-22) + 2 \times (-18) = 10.$

附录 C 极坐标简介

1. 极坐标系

直角坐标系是最常用的一种坐标系,但它并不是用数来描写点的位置的唯一方法. 例如,炮兵射击目标时常常指出目标的方位和距离,用方向和距离描写点的位置,这是另一坐标系——极坐标系的基本思想.

在平面上取一个定点 O、由 O 点出发的一条射线 Ox,一个长度单位,及一个计算角度的正方向(反时针方向或顺时针方向,通常取反时针方向),合称为一个极坐标系. 平面上任一点 M 的位置可以由 OM 的长度 r 和从 Ox 到 OM 的角度 φ 来刻画(图 C-1). 这两个数 (r,φ) 合称为点 M 在该极坐标系中的极坐标,O 点称为极坐标系的极点,Ox 称为极轴.

例 1 在极坐标系中,画出点 $A\left(4,\dfrac{3\pi}{2}\right)$,$B\left(3,-\dfrac{\pi}{4}\right)$,$C\left(2,\dfrac{7\pi}{4}\right)$ 的位置.

解 如图 C-2 所示.

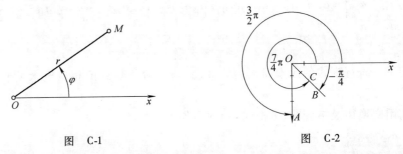

图 C-1　　　　　　　　　图 C-2

点 M 的第一个极坐标 r 一般不取负值,当 $r=0$ 时,点 M 就与极点重合. 所以极点的特征是 $r=0$,φ 不定. 由于绕 O 点转一圈的角度是 2π,所以在极坐标中 (r,φ) 与 $(r,\varphi+2k\pi)$ 代表同一个点,(k 为整数). 由此可见,点与它的极坐标的关系不是一对一的,这是极坐标与直角坐标不同的地方,应该注意.

如果限定 $r\geqslant 0$,$-\pi<\varphi\leqslant\pi$(或 $0\leqslant\varphi<2\pi$)那么 φ,r 就被点 M 唯一确定了($M=0$ 时除外).

极坐标的应用范围极为广泛,如机械中凸轮的设计,力学中行星的运动,及物理、力学中关于圆形物体的形变,温度分布,波的传播等各种问题常借助于极坐标来研究.

2. 极坐标与直角坐标的关系

设在平面上取定了一个极坐标系,以极轴为 x 轴,$\varphi=\dfrac{\pi}{2}$ 的射线为 y 轴,得到一个直角坐标系(如图 C-3 所示).

于是平面上任一点 M 的直角坐标 (x,y) 与极坐标之间有下列关系：

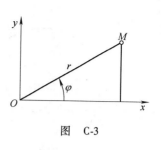

图 C-3

$$\begin{cases} x = r\cos\varphi, \\ y = r\sin\varphi. \end{cases} \quad (1)$$

所以

$$\begin{cases} r = \sqrt{x^2 + y^2}, \\ \cos\varphi = \dfrac{x}{\sqrt{x^2 + y^2}}, \\ \sin\varphi = \dfrac{y}{\sqrt{x^2 + y^2}}, \\ \tan\varphi = \dfrac{y}{x}(如果 M 不在 y 轴上). \end{cases} \quad (2)$$

3. 曲线的极坐标方程

极坐标也是用一对实数来描写点的位置的一种方法，因而也建立了方程和图形之间的一种对应关系．

定义 设取定了平面上的一个极坐标系，方程

$$F(r,\varphi) = 0$$

称为一条曲线的极坐标方程，如果该曲线是由极坐标 (r,φ) 满足方程的那些点所组成的．

曲线的极坐标方程反映了曲线上点的极坐标 r 与 φ 之间的相互制约关系，如方程 $r = r_0 > 0$ 表示以极点为圆心，r_0 为半径的圆周，方程 $\varphi = \varphi_0$ 表示以极点为端点，另一端无限伸展并和极轴成 φ_0 角的射线．

例 2 方程 $r = 2a\cos\varphi,(a > 0)$ 表示什么样的图形？

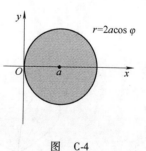

图 C-4

解 由极坐标与直角坐标之间的关系式(1)，式(2)有

$$x^2 + y^2 = r^2 = 2ar\cos\varphi = 2ax.$$

配方得

$$(x - a)^2 + y^2 = a^2.$$

因此，方程 $r = 2a\cos\varphi$ 表示以点 $(a,0)$ 为圆心半径为 a 的圆周，如图 C-4 所示．

例 3 求直线 $x + y = 1$ 的极坐标方程．

解 由关系式(1)有 $r(\cos\varphi + \sin\varphi) = 1$，故直线方程为 $r = \dfrac{1}{\cos\varphi + \sin\varphi}$．

4. 常见的曲线与极坐标方程

我们列出常见的极坐标系下的曲线形状与方程．

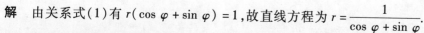

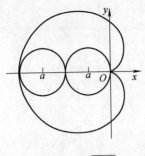

$$x^2+y^2+ax=a\sqrt{x^2+y^2}$$
$$\rho=a(1-\cos\theta)$$

图 C-5　心形线

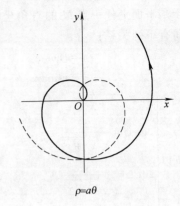

$$\rho=a\theta$$

图 C-6　阿基米德螺线

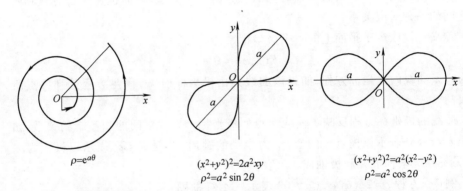

$$\rho=\mathrm{e}^{a\theta}$$

图 C-7　对数螺线

$$(x^2+y^2)^2=2a^2xy$$
$$\rho^2=a^2\sin 2\theta$$

$$(x^2+y^2)^2=a^2(x^2-y^2)$$
$$\rho^2=a^2\cos 2\theta$$

图 C-8　伯努利双纽线

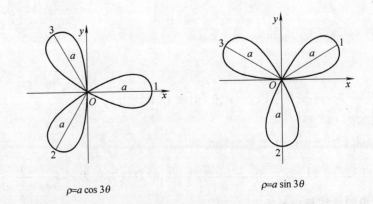

$$\rho=a\cos 3\theta$$

$$\rho=a\sin 3\theta$$

图 C-9　三叶玫瑰线

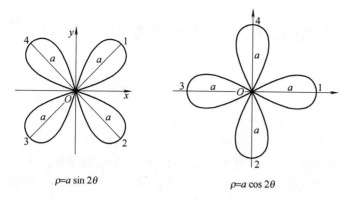

$$\rho=a\sin 2\theta \qquad\qquad \rho=a\cos 2\theta$$

图 C-10　四叶玫瑰线

附录 D 部分习题参考答案与提示

习题 1-1

1. （1）$x > -1$；（2）$x \neq 0$ 且 $-1 \leqslant x \leqslant 1$.

2. （1）不相同；（2）不相同；（3）不相同；（4）相同.

3. （1）偶函数；（2）非奇函数,也非偶函数；（3）偶函数；（4）奇函数；
   （5）非奇函数,也非偶函数；（6）偶函数；（7）奇函数；（8）奇函数.

4. 略.

5. $f(-1) = 2$，$f(1) = 1$.

6. 略

7. （1）$y = x^2 - 1$；（2）$y = \dfrac{1-x}{1+x}$；（3）$y = \begin{cases} x + 1, & x < -1; \\ \sqrt[3]{x}, & x \geqslant 0. \end{cases}$

习题 1-2

1. （1）$[-2, 4]$；（2）$(-\infty, -1) \cup (1, 3)$；（3）$[-4, -\pi] \cup [0, \pi]$；
   （4）$D = [1, 4]$；（5）$\left(2k\pi + \dfrac{\pi}{3}, 2k\pi + \dfrac{5\pi}{3}\right), k = 0, \pm 1, \pm 2, \cdots$.

2. （1）$[1, 2]$ （2）$[0, +\infty)$ （3）$[2n\pi, (2n+1)\pi], (n = 0, \pm 1, \cdots)$
   （4）若 $0 < a \leqslant \dfrac{1}{2}$，则 $a \leqslant x \leqslant 1 - a$；若 $a > \dfrac{1}{2}$ 则函数无处有定义.

3. $\varphi(x) = \dfrac{x}{x+4}$；$\varphi(x-1) = \dfrac{x-1}{x+3}$.

4. $f[g(x)] = \begin{cases} e^{2x}, & x \leqslant 0; \\ 3e^x, & 0 < x \leqslant \ln 2. \end{cases}$

5. $f[f(x)] = 1, x \in (-\infty, +\infty)$.

6 ~ 8 略.

习题 1-3

1. 略.

2. （1）0；（2）1；（3）1；（4）2；（5）发散；（6）$|q| < 1$ 时,$\lim\limits_{n \to \infty} q^n = 0$；$q = 1$ 时,$\lim\limits_{n \to \infty} q^n = 1$；$q = -1$ 时,$\lim\limits_{n \to \infty} q^n$ 不存在.

3. 略.

习题 1-4

1. （1）0，$y=0$；（2）0，$y=0$；（3）1，$y=1$.
2. （1）2；（2）1；（3）5；（4）1.
3. $f(0^+)=2$，$f(0^-)=-1$，$\lim\limits_{x\to 0}f(x)$ 不存在.

习题 1-5

1. 略.
2. （1）无穷小量；（2）无穷大量；（3）无穷大量；（4）无穷小量.
3. （1）$+\infty$，$x=0$；（2）$-\infty$，$x=0$；（3）$+\infty$，$x=-\dfrac{\pi}{2}$.

4. （1）0；（2）$\dfrac{\pi}{2}$.

5. $x_n=\dfrac{1}{2n\pi+\dfrac{\pi}{2}}$ 时，$f(x_n)=2n\pi+\dfrac{\pi}{2}\to\infty\,(n\to\infty)$，$y_n=\dfrac{1}{2n\pi}$ 时，$f(y_n)=0$ 为无

穷小. 由此 $f(x)$ 在区间 $(0,1]$ 上既不是无穷大也不是无穷小.

6. 提示：类似于题 4，取 $x_n=2n\pi$ 及 $y_n=2n\pi+\dfrac{\pi}{2}$.

习题 1-6

1. （1）-1；（2）0；（3）$-\dfrac{1}{2}$；（4）0；（5）$\dfrac{1}{2}$；（6）n；（7）$\dfrac{n(n+1)}{2}$；（8）

$\dfrac{1}{2}$；（9）$3x^2$；（10）1；（11）-2；（12）0；（13）$\dfrac{1}{6}$；（14）64；（15）-1；

（16）1；（17）$\dfrac{1}{2}$；（18）2.

2. （1）∞；（2）∞.
3. （1）0；（2）1.
4. （1）不一定；（2）一定不存在；（3）不一定；

（4）不一定，如取 $f(x)=1$，$g(x)$ 在点 x_0 处极限不存在，则 $\lim f(x)g(x)=$
$\lim g(x)$ 极限不存在，而取 $f(x)=\sin\dfrac{1}{x}$，$g(x)=x$，则 $\lim\limits_{x\to 0}f(x)g(x)=\lim\limits_{x\to 0}x\sin\dfrac{1}{x}=0$
极限存在. 如 $g(x)$ 为有界函数，而 $\lim f(x)=0$. 则一定有 $\lim f(x)g(x)=0$.

5. $a=1$，$b=-1$.

习题 1-7

1. (1) π; (2) 1; (3) $\dfrac{3}{2}$; (4) x; (5) π; (6) 2; (7) $\dfrac{1}{e}$; (8) e^4; (9) e^{-x};

 (10) 1; (11) e^{-1}; (12) e.

2. $k = 2$.

习题 1-8

1. $x^2 - x^3$ 是高阶无穷小

2. 当 $x \to 1$ 时,无穷小 $1 - x$ 与 $1 - x^3$ 同阶,与 $\dfrac{1}{2}(1 - x^2)$ 等价.

3. 略.

4. (1) $\dfrac{1}{2}$; (2) 2; (3) $-\dfrac{1}{4}$.

5. (1) $\dfrac{3}{2}$ 阶; (2) 4 阶. 提示 $\sin^2 x - \tan^2 x = (\sin x - \tan x)(\sin x + \tan x)$, $\sin x - \tan x$ 是 x 是 3 阶无穷小.

习题 1-9*

1 ~ 4. 略.

5. 对给定 $\varepsilon = 0.001$,取 $\delta = \dfrac{1}{5}\varepsilon = 0.0002$. 提示:因为 $x \to 2$,所以不妨设 $|x - 2| < 1$,即不妨设 $1 < x < 3$. 于是, $|x^2 - 4| = |x + 2||x - 2| < 5|x - 2|$.

习题 1-10

1. (1) $f(x)$ 在 $[0,2]$ 上连续;

 (2) $f(x)$ 在 $(-\infty, -1)$ 与 $(-1, +\infty)$ 上连续,$x = -1$ 为跳跃间断点.

2. (1) $x = 1$ 是函数的第二类无穷间断点;

 (2) $x = -1$ 是函数的第一类可去间断点;$x = 2$ 为第二类间断点;

 (3) $x = 0$ 和 $x = k\pi + \dfrac{\pi}{2}$ 为可去间断点,$x = k\pi(k \neq 0)$ 为第二类间断点;

 (4) $x = 0$ 是第一类间断点;

 (5) $x = -4$ 是第一类间断点;

 (6) $x = 0$ 是第一类间断点.

3. $a = -1$.

4. （1）在 x_0 点处不连续；（2）在 x_0 点处不连续．

5. $f(x) = \begin{cases} x, & |x| < 1, \\ 0, & |x| = 1, x = \pm 1 \ 为第一类间断点． \\ -x, & |x| > 1. \end{cases}$

习题 1-11

1. （1）$\dfrac{\ln 3}{3}$；（2）0；（3）$\ln 8$；（4）π；（5）a；（6）$\dfrac{1}{2^{\sqrt{2}}}$.

2. 略．

3. （1）$\dfrac{2}{3}$；（2）1；（3）$\dfrac{1}{4}$. 提示 $: \lim_{x \to 0} \dfrac{\arctan^2(\sqrt{1+x^2}-1)}{\sin x \ln(1+x^3)} = \lim_{x \to 0} \dfrac{(\sqrt{1+x^2}-1)^2}{x^4}$

$= \dfrac{1}{4}$.

习题 1-12

1 ~ 4. 略．

复习题一

一、选择题

1 ~ 5：BCACC； 6 ~ 10：ADDBB； 11 ~ 15：CABBB.

二、综合练习 A

1. $\varphi(x) = 2x^2 - 3$ 是偶函数，$\psi(x) = 6x$ 是奇函数．

2. 略．

3. （1）0；（2）不存在；（3）3；（4）$\dfrac{1}{2}$.

4. 略．

5. $\dfrac{1}{2\sqrt{x}}$.

6. $k = -3$.

7. $\dfrac{3}{4}$.

三、综合练习 B

1. $f(x) = \dfrac{1}{a^2 - b^2}\left(a\sin x + b\sin \dfrac{1}{x}\right)$.

2. $f[f(x)] = f(x)$；$f[g(x)] = 0$；$g[f(x)] = g(x)$；$g[g(x)] = 0$.

3. $q = 0, p = -5$ 时，$f(x)$ 为无穷小量；$q \neq 0$ 时 $f(x)$ 为无穷大量．

4. 连续．

5. $a = 0$, $b = e$.

6. 略

7. 1.

8. 3.

9. 0.

10. $(1) -\dfrac{1}{2}$, 提示:将 x^4 用 $\sin^4 x$ 代替,再令 $t = \sin x$;$(2) 0$;$(3) 0$,提示 $\sin(2\sqrt{n^2+1}\pi) = \sin(2\sqrt{n^2+1}\pi) - \sin 2n\pi$.

习题 2-1

1. $(1) \ 3x^2$;$(2) \ \cos(x-1)$.

2. $f'(x) = 2ax + b$;$f'(0) = b$;$f'\left(\dfrac{1}{2}\right) = 2a \cdot \dfrac{1}{2} + b = a + b$.

3. 27.

4. 切线方程 $y = \dfrac{x}{3} + \dfrac{2}{3}$;法线方程 $y = -3x + 4$.

5. 切线方程 $y = 4x$;法线方程 $y = -\dfrac{x}{4} + \dfrac{17}{4}$.

6. $(1) \ -6x^{-7}$;$(2) \ \dfrac{3}{4}\dfrac{1}{\sqrt[4]{x}}$;$(3) \ \dfrac{16}{5}x^{\frac{11}{5}}$.

7. (1) 在 $x = 0$ 点连续但不可导 $\quad (2)$ 在 $x = 0$ 点连续但不可导.

8 ~ 9. 略.

10. $\dfrac{\mathrm{d}T}{\mathrm{d}t}$.

习题 2-2

1. $(1) \ 12x^2 + \dfrac{1}{3\sqrt[3]{x^2}} + 2$;$(2) \ 30x^2 + 30x - 2$;$(3) \ 2x\tan x + \dfrac{x^2-1}{\cos^2 x}$;

$(4) \ 5x^4 + 12x^3 + 12x^2 + 8x + 3$;$(5) \ x - \dfrac{4}{x^3}$;$(6) \ -\dfrac{1}{2\sqrt{x}}\left(1 + \dfrac{1}{x}\right)$;

$(7) \ \dfrac{2v^7 - 10v^4}{(v^3-2)^2}$;$(8) \ -\dfrac{6x^2}{(x^3-1)^2}$;$(9) \ ab\left[x^{a-1} + x^{b-1} + (a+b)x^{a+b-1}\right]$;

$(10) \ \sec x(x\tan x + 1)$;$(11) \ e^x \csc x(1 - \cot x)$;

$(12) \ \dfrac{x\cos x - \sin x}{x^2} + \dfrac{\sin x - x\cos x}{\sin^2 x}$;

（13）$-\dfrac{2}{x(1+\ln x)^2}$；（14）$\dfrac{5-5x^2}{(1+x^2)^2}$；（15）$\dfrac{1+2\theta}{2\theta\sqrt{2\theta}}$；

（16）$\dfrac{1}{\sqrt[3]{x^2}}\left(\sec^2 x-\dfrac{2\tan x}{3x}\right)$；（17）$-\dfrac{(1+t^2)\csc^2 t+2t\cot t}{(t^2+1)^2}$；

（18）$12(x^2-2x+1)^5(x-1)$；

（19）$\dfrac{45x^3+16x}{\sqrt{1+5x^2}}$；（20）$\dfrac{-2}{1-x^2}$；（21）$\dfrac{x}{(a^2-x^2)\sqrt{a^2-x^2}}$；

（22）$\dfrac{1}{\sqrt{(1-x^2)^3}}$；（23）$3\cos 3x-2\sin 2x$；（24）$\dfrac{x\sec^2\sqrt{x^2+1}}{\sqrt{x^2+1}}$；

（25）$\dfrac{1}{3}\sec\left(\dfrac{x+1}{3}\right)\cdot\tan\left(\dfrac{x+1}{3}\right)$；（26）$\dfrac{1}{\sqrt{x}(1-x)}$；（27）$3\sin^2 x\cdot\cos 4x$；

（28）$\dfrac{x^2}{(\cos x+x\sin x)^2}$；（29）$\tan^4\theta$；（30）$\dfrac{1}{\sin x}$；（31）$\dfrac{1}{x\ln x}$.

2.（1）$\dfrac{1}{\sqrt{4-x^2}}$；（2）$\dfrac{1}{1+x^2}$；（3）$\dfrac{2x}{1+x^4}$；

（4）$\dfrac{1}{2\sqrt{1-x^2}}$；（5）$-\dfrac{1}{1-x^2}+\dfrac{x\arccos x}{(1-x^2)\sqrt{1-x^2}}$；

（6）$2\arcsin\dfrac{x}{2}\cdot\dfrac{1}{\sqrt{4-x^2}}$；

（7）$\dfrac{x^2}{1+x^2}\arctan x$；（8）$\dfrac{y}{2\sqrt{x}(1+x)}$.

3.（1）$\dfrac{\sqrt{2}}{4}\left(1+\dfrac{\pi}{2}\right)$；（2）$-\dfrac{1}{18}$.

4. 曲线在 A 点处的切线方程为$\sqrt[3]{4}x-y+\sqrt[3]{4}=0$；在 B 点处的切线方程为 $y-3=0$.

5.（1）$2xf'(x^2)$；（2）$\sin 2x[f'(\sin^2 x)-f'(\cos^2 x)]$.

6.（1）$A'x=\dfrac{P'(x)x-P(x)}{x^2}$. $A'(x)$ 表示单位员工平均产量关于员工人数的变化率（变化速度）. $A'(x)>0$ 时说明随着员工的增加，单位员工平均产量是不断增加的；

（2）根据 $x>0$ 和 $A'(x)=\dfrac{P'(x)x-P(x)}{x^2}=\dfrac{P'(x)-A(x)}{x}$即得.

7. $f(t)=100\mathrm{e}^{(\ln 4.2)t}=100\cdot 4.2^t$.

8.（1）$f(t)=100\mathrm{e}^{-\frac{\ln 2}{30}t}=100\cdot 2^{-\frac{t}{30}}$（mg）；（2）约 9.92（mg）；（3）约 199.3 年.

9.（1）设介质的 X 射线衰减系数为 $\mu,I=I(x)$ 为 X 射线的强度，则实验定律可描述为$\dfrac{\mathrm{d}I}{\mathrm{d}x}=-\mu I$,因此$I(x)=I(0)\mathrm{e}^{-\mu x}$或$\ln\dfrac{I(0)}{I(x)}=\mu x$;

（2）将起点为A,终点为B间的X射线分为两种情况:测量的数据满足条件$\ln\dfrac{I_B}{I_A}=\mu x\left(\left|\ln\dfrac{I_B}{I_A}-\mu x\right|$小于某一误差限$\right)$的在平面上画出该线段,不满足条件$\ln\dfrac{I_B}{I_A}=\mu x\left(\left|\ln\dfrac{I_B}{I_A}-\mu x\right|$大于某一误差限$\right)$的剔除．画出的线段经过的地方都不会有空穴,这些线段形成密集的射线网,射线网未覆盖的区域就含有异常的空穴．

习题 2-3

1. （1）$\dfrac{-a^2}{\sqrt{(a^2-x^2)^3}}$;（2）$-\dfrac{1}{2x^2}-2\cos 2x\ln x-\dfrac{2\sin 2x}{x}-\dfrac{\cos 2x}{2x^3}$;

（3）$2x\mathrm{e}^{x^2}(3+2x^2)$;（4）$-\dfrac{x}{(1+x^2)^{3/2}}$.

2. （1）略;（2）$A=\sqrt{c_1^2+c_2^2}$,$\sin\varphi_0=\dfrac{c_1}{\sqrt{c_1^2+c_2^2}}$;（3）$x(t)$是周期函数,$T=$

$2\pi\sqrt{\dfrac{m}{k}}$是其周期,通过观察记录函数$x=x(t)$的振动周期T即可得到质量m.

3. λ满足二次方程$\lambda^2+p\lambda+qy=0$.

4. $\dfrac{2-\ln x}{x\ln^3 x}$.

5*. （1）$a_0 n!$;（2）$-2^{n-1}\sin\left[2x+(n-1)\dfrac{\pi}{2}\right]$;（3）$(-1)^n\mathrm{e}^{-x}(x-n)$;

（4）$\sqrt{8}^n\mathrm{e}^x\sin\left(2x+\dfrac{n\pi}{4}\right)$;（5）$(-1)^n n!\left[\dfrac{1}{(x-2)^{n+1}}-\dfrac{1}{(x-1)^{n+1}}\right]$.

6. （1）$x\sinh x+100\cosh x$;（2）$2^{50}\left(-x^2\sin 2x+50x\cos 2x+\dfrac{1225}{2}\sin 2x\right)$.

习题 2-4

1. （1）$\dfrac{a-x}{y-b}$;（2）$-\sqrt{\dfrac{y}{x}}$;（3）$y'=\dfrac{y}{y-1}$;（4）$y'=\dfrac{\mathrm{e}^y}{1-x\mathrm{e}^y}$;（5）$\dfrac{ay-x^2}{y^2-ax}$.

2. 切线方程　$y=-\dfrac{1}{4}x-\dfrac{1}{2}$;法线方程　$y=4x-9$.

3. $\dfrac{x_1 x}{a^2}+\dfrac{y_1 y}{b^2}=1$.

4. （1）$\dfrac{x^2}{1-x}\cdot\sqrt[3]{\dfrac{3-x}{(3+x)^2}}\left[\dfrac{2}{x}-\dfrac{1}{1-x}-\dfrac{1}{3(3-x)}-\dfrac{2}{3(3+x)}\right]$;

（2）$x^{\sin x}\left(\dfrac{\sin x}{x}+\cos x\cdot\ln x\right)$；

（3）$n(x+\sqrt{1+x^2})^n\cdot\dfrac{1}{\sqrt{1+x^2}}$；

（4）$y\left[\dfrac{1}{x-1}+\dfrac{2}{3x+1}-\dfrac{1}{3(2-x)}\right]$；

（5）$e^x(1+e^{e^x})$.

5.（1）$\dfrac{3(1+t)}{2}$；（2）$\tan t$；（3）$\dfrac{1}{t}$；（4）$-t(t+2)$.

6.（1）$-2(y^2+1)y^{-5}$；（2）$\dfrac{e^{2y}(3-y)}{(2-y)^3}$.

7. $\dfrac{4}{9}e^{3t}$.

8. 1.

9.（1）$0.875\mathrm{m\cdot s^{-1}}$；（2）下端离墙 $\dfrac{5}{\sqrt{2}}\mathrm{m}$ 时；（3）下端离墙 $4\mathrm{m}$ 时.

10. $\dfrac{16}{25\pi}\approx0.204(\mathrm{m\cdot min^{-1}})$.

11. 长方形面积的变化速度为 $0.25\mathrm{m^2\cdot s^{-1}}$，对角线的变化速度为 $0.004\mathrm{m\cdot s^{-1}}$.

12. 两船间的距离增加的速度为 $50\mathrm{km\cdot h^{-1}}$.

习题 2-5

1.（1）$\dfrac{1+x^2}{(1-x^2)^2}\mathrm{d}x$；（2）$-2x\sin x^2\mathrm{d}x$；（3）$\dfrac{2\ln(1-x)}{x-1}\mathrm{d}x$；（4）$\dfrac{1}{2\sqrt{x-x^2}}\mathrm{d}x$；

（5）$\csc x\cdot\sec x\mathrm{d}x$；（6）$\dfrac{1}{\sqrt{x^2+a^2}}\mathrm{d}x$；（7）$-\dfrac{b^2}{a^2}\dfrac{x}{y}\mathrm{d}x$.

2. 当 $\Delta x=1$ 时，$\Delta y=18$，$\mathrm{d}y=11$；当 $\Delta x=0.1$ 时，$\Delta y=1.161$，$\mathrm{d}y=1.1$；当 $\Delta x=0.01$ 时，$\Delta y=0.110601$，$\mathrm{d}y=0.11$.

3.（a）$\Delta y>0$，$\mathrm{d}y>0$，$\Delta y-\mathrm{d}y>0$；（b）$\Delta y>0$，$\mathrm{d}y>0$，$\Delta y-\mathrm{d}y<0$；

（c）$\Delta y>0$，$\mathrm{d}y<0$，$\Delta y-\mathrm{d}y<0$；（d）$\Delta y<0$，$\mathrm{d}y<0$，$\Delta y-\mathrm{d}y>0$.

4. 略.

5. 正立方体体积增加的精确值为 $30.301\mathrm{m^3}$，近似值为 $30\mathrm{m^3}$.

6. 绝对误差不超过 $1.04\mathrm{m}$；相对误差不超过 3.84615%.

7.（1）1.01；（2）2.0017；（3）0.01.

复习题二

一、选择题

1~5：BDBAB；6~10：CBBBA；11~13：DCC.

二、综合练习 A

1. $f'(x) = \begin{cases} 3x^2, & x \geqslant 0, \\ -3x^2, & x < 0. \end{cases}$

2. $\mathrm{d}y = \dfrac{-2x}{|x|(1+x^2)}\mathrm{d}x.$

3. $y' = \dfrac{1}{x^2}\ln 2 \cdot \sin\dfrac{2}{x} \cdot 2^{\cos^2\frac{1}{2}}.$

4. $\mathrm{d}y = \cot(u^2 + v)(2u\mathrm{d}u + \mathrm{d}v).$

5. $f'(0) = 1.$

6. $y' = \dfrac{1}{1+\ln(1+x)} \cdot \dfrac{1}{1+x}.$

7. $y' = (1+x^2)^{\sin x}\left[\dfrac{2x\sin x}{1+x^2} + \cos x \cdot \ln(1+x^2)\right].$

8. $y^{(n)} = (-1)^{n+1} \cdot 2^n \cdot n! \ (1+2x)^{-(n+1)}.$

9. $y'(0) = 2.$

10. $-1, -\dfrac{8\sqrt{2}}{3\pi a}.$

11. (1) $2[f'^2(x) + f(x)f''(x)]$; (2) $4x^2 f''(x^2 + b^2) + 2f'(x^2 + b^2)$;
    (3) $\dfrac{f''(x)f(x) - [f'(x)]^2}{f^2(x)}.$

12. $\dfrac{1 - (n+1)x^n + nx^{n+1}}{(1-x)^2}\ (x \neq 1).$

13. 略.

三、综合练习 B

1. $g(a).$

2. $-1.$

3. 6.

4. $g'(x) = \begin{cases} 3x^2 - 2x, x \geqslant 1, \\ 1, & x < 1. \end{cases}$

5. $a = 1, b = 0, f'(1) = f'_-(1) = f'_+(1) = 1.$

6. $a = 2, b = -1.$

7. (1) $\varphi'(0) = a^2$; (2) $\mathrm{e}^{\frac{f'(a)}{f(a)}}.$

8. (1) $c > 0$; (2) $c > 1$; (3) $c > 2.$

9. 略.

习题 3-1

1 ~ 3. 略.

4. 方程 $f'(x)=0$ 有且仅有两个实根,分别在区间 $(2,3)(3,4)$ 内,方程 $f''(x)$ $=0$ 有且仅有一个实根. 提示:方程 $f'(x)=0$ 仅有两个实根是因为 $f'(x)$ 是二次多项式,最多只能有两个实根.

5. 提示:证明函数 $f(x)=\arcsin x+\arccos x$ 的导数为零,再确定任意常数.

6 ~ 7. 略.

习题 3-2

1. (1) $-\dfrac{1}{2}$;(2) 2;(3) $\dfrac{1}{1+a^2}$;(4) $-\dfrac{3}{5}$;(5) $\dfrac{1}{6}$;(6) $\dfrac{m}{n}a^{m-n}$;(7) 1;

(8) 3;(9) $\dfrac{4}{\mathrm{e}}$;(10) $\dfrac{m}{n}$;(11) $\dfrac{1}{2}$;(12) $\dfrac{1}{2}$;(13) 1;(14) $\sqrt{6}$.

2. 极限为零,不能用罗必塔法则求得.

习题 3-3

1. $f(x)=-56+21(x-4)+37(x-4)^2+11(x-4)^3+(x-4)^4$.

2. $\tan x=x+\dfrac{1+2\sin^2\xi}{3\cos^4\xi}x^3$,$\xi$ 位于 0 与 x 之间.

3. $1+x\ln a+\dfrac{\ln^2 a}{2!}x^2+\cdots+\dfrac{\ln^n a}{n!}x^n+\dfrac{\ln^{n+1}a}{(n+1)!}a^\xi x^{n+1}$,$\xi$ 位于 0 与 x 之间.

4. $x\mathrm{e}^x=x+x^2+\cdots+\dfrac{1}{(n-1)!}x^n+o(x^n)$.

5. $\dfrac{1}{x}=-[1+(x+1)+(x+1)^2+\cdots+(x+1)^n]+(-1)^{n+1}\dfrac{(x+1)^{n+1}}{\xi^{n+2}}$,$\xi$ 位于 -1 与 x 之间.

6. $x+\dfrac{1}{1\times 2}x^2-\dfrac{1}{2\times 3}x^3\cdots+\dfrac{(-1)^n}{(n-1)\times n}x^n+\dfrac{(-1)^{n+1}}{n\times(n+1)}\dfrac{1}{(1+\xi)^n}x^{n+1}$,$\xi$ 位于 0 与 x 之间.

7. $\sqrt{\mathrm{e}}\approx 1.645$.

习题 3-4

1. 单调减少.

2. (1) 单增区间 $(-\infty,-1),(3,+\infty)$,单减区间 $[-1,3]$;

(2) 单增区间 $(-\infty,-2],[2,+\infty)$,单减区间 $[-2,0),(0,2]$;

(3) 单增区间 $(-\infty,+\infty)$;

(4) 单增区间 $\left[\dfrac{1}{2},+\infty\right)$,单减区间 $\left(-\infty,\dfrac{1}{2}\right]$;

(5) 单增区间为 $[-1,1]$,单减区间 $(-\infty,-1]$ 与 $[1,+\infty)$;

(6) 单增区间 $[0,2]$,单减区间 $(-\infty,0],[2,+\infty)$;

(7) 单增区间 $\left[\dfrac{1}{2},+\infty\right)$,单减区间 $\left(0,\dfrac{1}{2}\right]$.

(8) 单增区间 $(-\infty,0),(1,+\infty)$ 内单调增加;单减区间 $[0,1]$.

3 ~ 4. 略.

习题 3-5

1. (1) 极大值 $y(-1)=6$,极小值 $y(3)=-26$;

(2) 极小值 $y(0)=0$;

(3) 极小值 $y(1)=2-4\ln 2$;

(4) 极小值 $y\left(-\dfrac{1}{2}\ln 2\right)=2\sqrt{2}$;

(5) 极小值 $y(1)=0$,极大值 $y(e^2)=\dfrac{4}{e^2}$.

2. $a=2$,$f\left(\dfrac{\pi}{3}\right)=\sqrt{3}$ 为极大值.

3. (1) 最大值 $y(4)=142$,最小值 $y(1)=7$;

(2) 最大值 $y(1)=0$,最小值 $y\left(\dfrac{1}{2}\right)=-\dfrac{1}{\sqrt{2}}\ln 2$;

(3) 无最大值,最小值 $y(-3)=27$;

(4) 最大值 $y(1)=\dfrac{1}{2}$,最小值 $y(0)=0$.

4. 当 n 为奇数时,$x=0$ 是极大值点(唯一的). 也是最大值点,最大值为 1;当 n 为偶数时,无最值点.

5. $\dfrac{a}{3}$.

6. 当剪去扇形的圆心角为 $2\pi\left(1-\sqrt{\dfrac{2}{3}}\right)$ 时,所围成的圆锥形漏斗的容积最大.

提示:设剪后剩余部分的圆心角为 x,$x\in(0,2\pi)$,圆锥形漏斗的斜高为 R,圆锥的底半径为 r,则有 $2\pi r=Rx$,圆锥高 $h=\sqrt{R^2-r^2}=\dfrac{R}{2\pi}\sqrt{4\pi^2-x^2}$,所以圆锥的体积 $V(x)=\dfrac{R^3}{24\pi^2}x^2\sqrt{4\pi^2-x^2}$. 作 $V^*(x)=x^4(4\pi^2-x^2)$,求 $V^*(x)$ 的极值点得到.

习题 3-6

1. 是凸的

2. （1）$[1, +\infty)$ 是凸的，$(-\infty, 1)$ 是凹的，拐点 $(1,2)$；

（2）$(-\infty, +\infty)$ 是凹的，无拐点；

（3）$[0, +\infty)$ 是凸的，$(-\infty, 0]$ 是凹的，拐点 $(0,0)$.

（4）$\left(-\infty, -\dfrac{1}{2}\right]$ 是凸的，$\left[-\dfrac{1}{2}, 0\right)$ 和 $(0, +\infty)$ 内是凹的；拐点 $\left(-\dfrac{1}{2}, f\left(-\dfrac{1}{2}\right)\right)$.

（5）$(-\infty, -1]$ 及 $[1, +\infty)$ 是凸的，$[-1, 1]$ 是凹的；拐点 $(-1, \ln 2)$ 与 $(1, \ln 2)$；

（6）$[-6, 0]$ 及 $[6, +\infty)$ 是凸的，$(-\infty, -6]$，$[0, 6]$ 是凹的；拐点 $\left(-6, -\dfrac{9}{2}\right)$，$(0,0)$ 与 $\left(6, \dfrac{9}{2}\right)$；

（7）$[-3, -1]$ 是凸的，$(-\infty, -3]$ 及 $[-1, +\infty)$ 是凹的；拐点 $(-3, 10\mathrm{e}^{-3})$ 与 $(-1, 2\mathrm{e}^{-1})$；

（8）$(-\infty, 2]$ 是凸的，$[2, +\infty)$ 是凹的；拐点 $\left(2, \dfrac{2}{\mathrm{e}^2}\right)$；

3. $a = -\dfrac{2}{3}, b = \dfrac{9}{2}$. $(-\infty, 1]$ 是凹的，$[1, +\infty)$ 是凸的.

4. $k = \pm\dfrac{1}{4\sqrt{2}}$.

习题 3-7

1. （1）$y = 1, x = 0$；　（2）$y = 0, x = -1$；　（3）$y = 0$　（4）$y = 0; x = \pm 1$.

2. 略.

习题 3-8

1. （1）$k = \dfrac{\sqrt{2}}{2}, R = \sqrt{2}$；（2）$k = \dfrac{1}{4}, R = 4$.

2. 在抛物线顶点 $x = -\dfrac{b}{2a}$ 处的曲率最大.

3. 略.

4. $\left(\xi - \dfrac{\pi - 10}{4}\right)^2 + \left(\eta - \dfrac{9}{4}\right)^2 = \dfrac{125}{16}$.

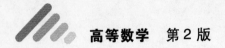

5. 约为 45409N.

习题 3-9*

1. $-0.20 < \xi < -0.19$.

复 习 题 三

一、选择题

1~5: CCBBA;　　　　　　　6~10: CABBC;　　　　　　　11~14: DBCD.

二、综合练习 A

1. 提示: $e^x > ex$ 相当于 $e^x - e^1 > e(x-1)$.

2. 提示: 作 $f(x) = x^{\alpha} - 1 - \alpha - \alpha x, x \in (0, +\infty), 0 < \alpha < 1$, 求得 $f(1)$ 为极大值, 也是最大值, 从而原不等式可证.

3. (1) $\dfrac{2}{3}$;　　　(2) 0;　　　(3) $\dfrac{1}{2}$;　　　(4) 1.

4. 单增区间 $(-\infty, +\infty)$.

5. 略.

6. 不一定. 如 $f(x) = x^2$ 在 $(-1,1)$ 上非单调, 但其导函数 $f'(x) = 2x$ 为单调的. $f(x) = x + \sin x$ 是单调的, 但其导函数 $f'(x) = 1 + \cos x$ 不是单调的.

7. 最大值 $y(e) = e^{\frac{1}{e}}$, 无最小值.

三、综合练习 B

1. (1) $\dfrac{1}{2}$; (2) 2; (3) $\dfrac{2}{3}$; (4) 0; (5) $\dfrac{1}{6}$; (6) $(a_1 a_2 \cdots a_n)^{\frac{1}{n}}$.

2. (1) ~ (5) 略;

(6) 提示: 为证左边不等式, 令 $f(x) = \sin x - \dfrac{2}{\pi} x$, 则 $f(0) = f\left(\dfrac{\pi}{2}\right) = 0$, 它是非单调函数. 令 $f'(x) = 0$ 求得唯一驻点 $x_0 = \arccos \dfrac{2}{\pi}$, 且由 $\cos x$ 单调减, 对 $f'(x)$ 讨论可证.

3. 提示: 设 $f(x) = a_0 x^n + a_1 x^{n+1} + \cdots + a_{n-1} x$. 验证 $f(x)$ 在 $[0, x_0]$ 上满足罗尔定理的条件, 用罗尔定理证明.

4 ~ 6. 略.

7. 提示: 将 b 改为 x.

8. $f(x) = \sin x$ 为有界可导函数, $\lim\limits_{x \to +\infty} f'(x)$ 不存在.

9. 略.

10. $a = \dfrac{4}{3}, b = -\dfrac{1}{3}$.

11. x_0 不是极值点,利用 $f(x)-f(x_0)=\dfrac{f'''(\xi)}{3!}(x-x_0)^3$ 可说明;$(x_0,f(x_0))$ 是拐点,由 $f''(x)=f'''(\xi_1)^3(x-x_0)$,可说明在 x_0 的左、右去心邻域内,$f''(x)$ 变号.

习题 4-1

1. (1) $-\dfrac{1}{2x^2}+C$;　　　　　　(2) $\dfrac{2}{9}x^{\frac{9}{2}}+C$;

(3) $-3\cos x+\dfrac{2}{5}\sqrt{x}+C$;　(4) $\dfrac{1}{5}x^5+\dfrac{2}{3}x^3+x+C$;

(5) $\dfrac{1}{3}x^3+\dfrac{2}{5}x^{\frac{5}{2}}-\dfrac{2}{3}x^{\frac{3}{2}}-x+C$;　(6) $x-\ln|x|+\dfrac{2}{x}+C$;

(7) $x-\arctan x+C$;　　　　　(8) $-\dfrac{1}{x}-\arctan x+C$

(9) $\dfrac{1}{3}x^3-x+\arctan x+C$;　(10) $3\arctan x-2\arcsin x+C$;

(11) $\dfrac{3^x e^x}{\ln 3+1}+C$;　　　　(12) e^t-t+C;

(13) $-\cot x-x+C$;　　　　(14) $\tan x-\sec x+C$;

(15) $\dfrac{1}{2}(x-\sin x)+C$;　　(16) $\dfrac{1}{2}\tan x+C$;

(17) $-(\cot x+\tan x)+C$;　　(18) $\dfrac{1}{2}(\tan x-x)+C$.

2. $y=1+\ln x$.

3. (1) $27\mathrm{m}$;　　(2) $7.11\mathrm{s}$.

习题 4-2

(1) $-\dfrac{1}{16}(5-4x)^4+C$;　　(2) $-\dfrac{1}{5}\ln|1-5x|+C$;

(3) $-\dfrac{1}{2}(2-3x)^{\frac{2}{3}}+C$;　　(4) $-\left(\dfrac{1}{a}\right)\cos ax-be^{\frac{x}{b}}+C$;

(5) $a\arcsin\dfrac{x}{a}-\sqrt{a^2-x^2}+C$;　(6) $-2\cos\sqrt{x}+C$;

(7) $\left(\dfrac{1}{11}\right)\tan^{11}x+C$;　　(8) $\ln|\ln\ln x|+C$;

(9) $\arctan e^x+C$;　　　　(10) $-\dfrac{1}{2}e^{-x^2}+C$;

(11) $-\dfrac{1}{3}(2-3x^2)^{\frac{1}{2}}+C$;　(12) $\dfrac{1}{2}\ln|x^2-2x+11|+C$;

(13) $-\dfrac{3}{4}\ln|1-x^4|+C$;

(14) $\dfrac{1}{5}\cos^5 x-\dfrac{1}{3}\cos^3 x+C$;

(15) $\sin x-\dfrac{1}{3}\sin^3 x+C$;

(16) $\dfrac{1}{8}\left(3x+2\sin 2x+\dfrac{1}{4}\sin 4x\right)+C$;

(17) $\tan x+\dfrac{1}{3}\tan^3 x+C$;

(18) $\dfrac{1}{2}\arcsin\dfrac{2}{3}x+\dfrac{1}{4}\sqrt{9-4x^2}+C$;

(19) $\dfrac{1}{2}\arctan(2x+1)+C$;

(20) $\dfrac{1}{2}\left[x^2-\ln(1+x^2)\right]+C$;

(21) $\dfrac{1}{3}\ln\left|\dfrac{x-2}{x+1}\right|+C$;

(22) $\dfrac{3}{2}(\sin x-\cos x)^{\frac{2}{3}}+C$;

(23) $\dfrac{1}{3}\sec^3 x-\sec x+C$;

(24) $\dfrac{1}{2\sqrt{2}}\ln\left|\dfrac{\sqrt{2}x-1}{\sqrt{2}x+1}\right|+C$;

(25) $\arctan e^x+C$;

(26) $-\dfrac{1}{2\ln 10}10^{2\arccos x}+C$;

(27) $(\arctan\sqrt{x})^2+C$;

(28) $2\sqrt{x}-2\ln(1+\sqrt{x})+C$;

(29) $\dfrac{1}{2}\left(a^2\arcsin\dfrac{x}{a}-x\sqrt{a^2-x^2}\right)+C$;

(30) $\dfrac{x}{a^2\sqrt{x^2+a^2}}+C$;

(31) $-\dfrac{x}{a^2\sqrt{x^2-a^2}}+C$.

习题 4-3

1. (1) $\dfrac{x^2}{2}\left(\ln x-\dfrac{1}{2}\right)+C$;

(2) $-e^{-x}(x+1)+C$;

(3) $\dfrac{1}{2}(x^2+1)\arctan x-\dfrac{1}{2}x+C$;

(4) $\dfrac{1}{(1-n)x^{n-1}}\left(\ln x-\dfrac{1}{1-n}\right)+C$;

(5) $\dfrac{1}{3}x^3\ln x-\dfrac{1}{9}x^3+C$;

(6) $\dfrac{1}{2}(x^2-1)\ln(x-1)-\dfrac{x^2}{4}-\dfrac{x}{2}+C$;

(7) $x\left(\ln\dfrac{x}{2}-1\right)+C$;

(8) $2x\sin\dfrac{x}{2}+4\cos\dfrac{x}{2}+C$;

(9) $x(\ln x)^2-2x\ln x+2x+C$;

(10) $-\dfrac{1}{2}\left(x^2-\dfrac{3}{2}\right)\cos 2x+\dfrac{x}{2}\sin 2x+C$;

(11) $-\dfrac{1}{4}x\cos 2x+\dfrac{1}{8}\sin 2x+C$;

(12) $x\tan x+\ln|\cos x|+C$;

(13) $x\arcsin x+\sqrt{1-x^2}+C$;

(14) $(x+1)\arctan\sqrt{x}-\sqrt{x}+C$;

(15) $3e^{\sqrt[3]{x}}(\sqrt[3]{x^2}-2\sqrt[3]{x}+2)+C$;

(16) $-\dfrac{2}{17}e^{-2x}\left(\cos\dfrac{x}{2}+4\sin\dfrac{x}{2}\right)+C$.

2. $f(x)=x\ln|x|+C$.

习题 4-4

（1） $-\dfrac{1}{2}\ln|x+1|+2\ln|x+2|-\dfrac{3}{2}\ln|x+3|+C.$ 提示：

$$\dfrac{x}{(x+1)(x+2)(x+3)}=\dfrac{A}{x+1}+\dfrac{B}{x+2}+\dfrac{C}{x+3}.$$

解得 $A=-\dfrac{1}{2}, B=2, C=-\dfrac{3}{2}.$

（2） $\ln|x|-\ln|x-1|-\dfrac{1}{x-1}+C.$ 提示 $\dfrac{1}{x(x-1)^2}=\dfrac{A}{x}+\dfrac{B_1}{x-1}+\dfrac{B_2}{(x-1)^2},$

解得 $A=1, B_1=-1, B_2=1.$

（3） $\ln|x+1|-\dfrac{1}{2}\ln(x^2-x+1)+\sqrt{3}\arctan\dfrac{2x-1}{\sqrt{3}}+C.$

（4） $\ln|x-1|-\dfrac{1}{2}\ln(x^2+x+3)-\dfrac{1}{\sqrt{11}}\arctan\dfrac{2x+1}{\sqrt{11}}+C.$

提示：$\dfrac{x+4}{(x-1)(x^2+x+3)}=\dfrac{A}{x-1}+\dfrac{Bx+C}{x^2+x+3},$ 解得 $A=1, B=-1, C=-1.$

（5） $\dfrac{2}{\sqrt{3}}\arctan\dfrac{2\tan\dfrac{x}{2}+1}{\sqrt{3}}+C.$

（6） $x-4\sqrt{x+1}+4\ln|1+\sqrt{x+1}|+C.$

复习题四

一、选择题

1~5：BBCAC；　　　　　　　6~10：DDDCC；　　　　　　11~12：CA.

二、综合练习 A

1. $s=\dfrac{3}{2}t^2-2t+5.$

2.（1） $-\left|\arcsin\dfrac{1}{x}\right|+C;$　　　　　（2） $-2\sqrt{1-x^2}-\arcsin x+C;$

（3） $2(\sqrt{x}\sin\sqrt{x}+\cos\sqrt{x})+C;$　　　（4） $\arctan(x\ln x)+C;$

（5） $\dfrac{1}{4}\left[\dfrac{1}{52}(2x+1)^{52}-\dfrac{1}{51}(2x+1)^{51}\right]+C;$ （6） $\sqrt{x^2-9}-3\arccos\dfrac{3}{|x|}+C;$

（7） $\dfrac{x}{a^2\sqrt{a^2-x^2}}+C;$

（8） $\sqrt{1+x^2}\arctan x-\ln(x+\sqrt{1+x^2})+C.$

3. 略.

4. $\int xf'(x)\,\mathrm{d}x = \cos x - \dfrac{2\sin x}{x} + C$.

提示：$\int xf'(x)\,\mathrm{d}x = xf(x) - \int f(x)\,\mathrm{d}x$，而 $f(x) = \left(\dfrac{\sin x}{x}\right)' = \dfrac{x\cos x - \sin x}{x^2}$，由此即得.

5. $f(x) = x + \dfrac{x^3}{3} + 1$.

三、综合练习 B

1. （1） $\arcsin x - \left(\dfrac{1 - \sqrt{1-x^2}}{x}\right) + C$;

（2） $\dfrac{1}{2}\left(\arcsin x + \ln|x + \sqrt{1-x^2}|\right) + C$;

（3） $\dfrac{x}{2}\left(\sin(\ln x) + \cos(\ln x)\right) + C$;

（4） $x\ln^2(x + \sqrt{1+x^2}) - 2\sqrt{1+x^2}\ln(x + \sqrt{1+x^2}) + 2x + C$;

（5） $\dfrac{1}{a^2 + b^2}(a\cos bx + b\sin bx)\mathrm{e}^{ax} + C$;

（6） $\dfrac{x}{x - \sin x} + C$，提示：$\int\dfrac{x\cos x - \sin x}{(x - \sin x)^2}\mathrm{d}x = \int\dfrac{x(\cos x - 1) + x - \sin x}{(x - \sin x)^2}\mathrm{d}x = \int x\left(\dfrac{1}{x - \sin x}\right)'\mathrm{d}x + \int\dfrac{1}{x - \sin x}\mathrm{d}x$;

（7） $\mathrm{e}^{\sin x}(x - \sec x) + C$，提示：$\int\mathrm{e}^{\sin x}\dfrac{x\cos^3 x - \sin x}{\cos^2 x}\mathrm{d}x = \int x(\mathrm{e}^{\sin x})'\mathrm{d}x - \int\mathrm{e}^{\sin x}\left(\dfrac{1}{\cos x}\right)'\mathrm{d}x$.

2. $\dfrac{1}{2}\ln(1 + x^2) + x - \arctan x + C$，提示：将 $-x$ 取代 x 得另一方程 $f'(-x) - xf'(x) = -x$，由此解得 $f'(x) = \dfrac{x + x^2}{1 + x^2}\mathrm{d}x$.

3. $\dfrac{1}{(\mathrm{e}^x + \mathrm{e}^{-x})\sqrt{2\arctan\mathrm{e}^x}}$. 提示：由 $\int f(x)F(x)\,\mathrm{d}x = \int F(x)\mathrm{d}F(x) = \int\dfrac{1}{\mathrm{e}^x + \mathrm{e}^{-x}}\mathrm{d}x$ 得到

$\dfrac{1}{2}F^2(x) = \int\dfrac{\mathrm{e}^x}{1 + (\mathrm{e}^x)^2}\mathrm{d}x = \arctan\mathrm{e}^x + C$.

4. $\int f(x)\,\mathrm{d}x = \begin{cases} -2\cos\dfrac{x}{2} + C_1, & x \leqslant 0, \\ x\arctan 2x - \dfrac{1}{4}\ln(1 + 4x^2) - 2 + C_1, & x > 0. \end{cases}$

习题 5-1

1. $(1) k(b-a)$；　　　　$(2) \dfrac{1}{2}(b^2 - a^2)$　　　$(3)\ e-1$.

2. (1) 圆面积的 $\dfrac{1}{4}$；　　(2) 对称区间上的偶函数.

习题 5-2

1. $(1) \displaystyle\int_0^1 x\,\mathrm{d}x$ 较大；　　$(2)\displaystyle\int_1^2 x^3\,\mathrm{d}x$ 较大；　　$(3)\displaystyle\int_1^{1.5} \ln(1+x)\,\mathrm{d}x$ 较大；

　$(4)\displaystyle\int_0^1 x\,\mathrm{d}x$ 较大；　　$(5)\displaystyle\int_0^1 x(\mathrm{e}^x - 1)\,\mathrm{d}x$ 较大.

2. $(1) 6 \leqslant \displaystyle\int_1^4 (x^2 + 1)\,\mathrm{d}x \leqslant 51$；　　　　$(2) 2\mathrm{e}^{-\frac{1}{4}} \leqslant \displaystyle\int_0^2 \mathrm{e}^{x^2 - x}\,\mathrm{d}x \leqslant 2\mathrm{e}^2$.

3. $\dfrac{1}{4}\displaystyle\int_0^4 \sin \omega x\,\mathrm{d}x$.

4. 略.

习题 5-3

1. $(1)\ 2\ln(1 + 4x^2) - \ln(1 + x^2)$；　　　$(2)\ \mathrm{e}^{x^2} + \dfrac{1}{x^2}\mathrm{e}^{\frac{1}{x^2}}$；

　$(3)\ \dfrac{\cos x}{2\sqrt{x}}$；　　　　　　　　　　　　$(4)\ -\dfrac{\sin(\cos x)}{1 + \cos^2 x}\sin x$.

2. 最大值为 $F(0) = 0$，最小值为 $F(4) = -\dfrac{32}{3}$.

3. $(1)\ \dfrac{1}{3}$；　　　　　　　　　　　　$(2)\ 1$；

　$(3)\ \dfrac{\cos 1}{2}$；　　　　　　　　　　　$(4)\ 1$.

4.

　$(1)\ 2\dfrac{5}{8}$；　　　　　　　　　　　$(2)\ 45\dfrac{1}{6}$；

　$(3)\ 1 + \dfrac{\pi}{4}$；　　　　　　　　　　$(4)\ 1 - \dfrac{\pi}{4}$；

　$(5)\ 1 - \ln(1 + \mathrm{e}) + \ln 2$；　　　　$(6)\ \ln(1 + \sqrt{5}) - \ln 2$；

　$(7)\ \dfrac{\pi}{2}$；　　　　　　　　　　　$(8)\ 5$；

　$(9)\ 1$；　　　　　　　　　　　　$(10)\ 2\dfrac{2}{3}$.

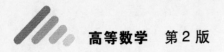

5. 略.

习题 5-4

1. (1) $2(2 - \arctan 2)$；　　　　(2) $4 - 2\ln 3$；　　　　(3) $\dfrac{3}{16}$；　　　(4) $\dfrac{\pi}{6}$；

(5) $\dfrac{1}{4}\ln\dfrac{32}{17}$，提示：原式 $= \displaystyle\int_1^2 \dfrac{x^3}{x^4(1 + x^4)}\mathrm{d}x$；

(6) $\dfrac{\pi}{16}a^4$，提示：利用本节例 8 的结果；　　　　(7) $\mathrm{e} - \sqrt{\mathrm{e}}$；

(8) $2(\sqrt{3} - 1)$；　　　　(9) $\dfrac{65}{4}$；　　　　(10) $\arctan \mathrm{e} - \dfrac{\pi}{4}$；

(11) $1 - \dfrac{\pi}{4}$；　　　(12) $1 - 2\ln 2$；　　(13) $\dfrac{\pi}{2}$；　　(14) $\dfrac{4}{5}$.

2. (1) 0；　　　　　　(2) $\dfrac{2}{3}\left(\dfrac{\pi}{6}\right)^3$；　　(3) $8I_4 = \dfrac{3}{2}\pi$；(4) 0.

3. (1) $\dfrac{3}{\mathrm{e}^2} - \dfrac{4}{\mathrm{e}^3}$；　　　　(2) $\pi - 2$；　　　　　(3) $\dfrac{2}{3}\pi - \dfrac{\sqrt{3}}{2}$；

(4) $\ln 2 - \dfrac{1}{2}$；　　(5) $\left(\dfrac{\sqrt{3}}{3} - \dfrac{1}{4}\right)\pi - \dfrac{1}{2}\ln 2$；　(6) $4(2\ln 2 - 1)$；

(7) 1；　　　　(8) $2\left(1 - \dfrac{1}{\mathrm{e}}\right)$.

4. 略.

习题 5-5

(1) 1；　　(2) $\dfrac{1}{k-1}(\ln 2)^{1-k}$；　　(3) 2；　　(4) $\dfrac{2}{3}\ln 2$；

(5) 发散；　　(6) $\dfrac{1}{a}$；　　　　(7) 1；　　(8) 发散；

(9) 2；　　(10) $\dfrac{\pi^2}{8}$.

复习题五

一、选择题

1～5：AACCB；　　6～10：DBDAC；　　11～15：ABBBD；　　16～18：CDD.

二、综合练习 A

1. $\dfrac{1}{3}$.

2. $-\dfrac{\cos x}{\mathrm{e}^y}$ 或 $\dfrac{\cos x}{\sin x - 1}$.

3. 2.

4. (1) $\dfrac{\pi}{2}$;　(2) $\dfrac{1}{2}(\mathrm{esin}\,1 - \mathrm{ecos}\,1 + 1)$;　(3) $\dfrac{1}{3}\ln 2$;　(4) 0;　(5) $\ln 3$.

5. $f(x) = x - \dfrac{1}{3}$.

6. $y' = \displaystyle\int_0^x f(t)\,\mathrm{d}t, y'' = f(x)$.

7. 略.

8. 3, 提示: 对积分 $\displaystyle\int_0^{\pi} f''(x)\sin x\,\mathrm{d}x$ 用两次分部积分.

9. 提示: 利用公式 $\displaystyle\int_a^{a+l} f(x)\,\mathrm{d}x = \int_a^0 f(x)\,\mathrm{d}x + \int_0^l f(x)\,\mathrm{d}x + \int_a^{a+l} f(x)\,\mathrm{d}x$, 对第三项作换元 $x = t + l$ 即可证明.

10. 略.

三、综合练习 B

1. (1) 0;　　　　(2) $\dfrac{1}{p+1}$;　　　　(3) $\dfrac{16}{\mathrm{e}^2}$.

2. $\dfrac{1}{2}$.

3. $\dfrac{3}{4}$.

4. $\begin{cases} \dfrac{1}{2}x^2 - x - \dfrac{3}{2}, & -1 \leqslant x < 0, \\[2mm] \dfrac{1}{2}x^2 + x - \dfrac{3}{2}, & 0 \leqslant x \leqslant 1. \end{cases}$

5. $6\sin 1 - 6\cos 1 - 1$.　6. -2.　　　7. $\dfrac{\sqrt{\pi}}{2}$.　8 ～ 10. 略.

习题 6-1

1. (1) $\dfrac{3}{2} - \ln 2$;　(2) 2;　(3) $\dfrac{7}{6}$;　(4) ≈ 6.38;　(5) $\dfrac{4}{3}\sqrt{2}$.

2. $\dfrac{9}{4}$.

3. (1) π;　(2) $\dfrac{9}{2}\pi$;　(3) $\dfrac{3}{8}\pi a^2$.

4. $\dfrac{1}{2}$.

5. $\dfrac{5}{4}\pi$.

习题 6-2

1. (1) $\dfrac{\pi}{5}, \dfrac{\pi}{2}$；(2) $7.5\pi, 24.8\pi$ 或 $\dfrac{15\pi}{2}, \dfrac{124\pi}{5}$，提示：绕 y 轴旋转所产生的旋转体的体积可参照综合练习 A 第 1 题的公式；(3) $\dfrac{128}{7}\pi, \dfrac{64}{5}\pi$；(4) $\dfrac{19}{48}\pi, \dfrac{7}{10}\sqrt{3}\pi$；(5) $\dfrac{32}{105}\pi a^3$.

2. $\dfrac{2R^3 \tan \alpha}{3}$.

习题 6-3

1. (1) $\dfrac{1}{2}\pi^2 a$； (2) $1 + \dfrac{1}{2}\ln\dfrac{3}{2}$； (3) $\dfrac{14}{3}$； (4) $\ln\dfrac{3}{2} + \dfrac{5}{12}$；

2. $\dfrac{8}{9}\left[\left(\dfrac{5}{2}\right)^{\frac{3}{2}} - 1\right]$.

习题 6-4

1. 4.9 J.

2. $\dfrac{kq_0 q}{a}$.

3. 5.77×10^5 kJ.

4. 2.1×98 kN.

5. 0.168×9.8 N.

6. $P = \dfrac{1}{2}U_m I_m \cos \varphi_0$.

复习题六

一、选择题

1 ~ 6：DCADBD.

二、综合练习 A

1. 略.

2. $\dfrac{1}{2}\pi R^2 h$.

三、综合练习 B

1. $A(1,1)$，$\dfrac{\pi}{6}$.

2.（1）$a=0$；（2）$\dfrac{\pi}{30}(\sqrt{2}+1)$.

3. 4.

4. $2\pi^2 bR^2$.

5. $\dfrac{kmM}{a(l+a)}$.

习题 7-1

1.（1）是，且为特解；　（2）不是；　（3）是，且为通解；　（4）不是.

2. $y=(4+2x)\mathrm{e}^{-x}$.

3.（1）$s=(t-1)\mathrm{e}^t+C$；　　　（2）$y=-\dfrac{1}{\omega^2}\sin\omega x+\dfrac{3}{\omega}x$.

4.（1）$y'=x^2$；　（2）$yy'+2x=0$.

习题 7-2

1.（1）$10^{-y}+10^{-x}=C$；　（2）$\tan x\tan y=C$；　（3）$y=C\mathrm{e}^{\sqrt{1-x^2}}$；

（4）$(1+y)(1-x)=C$；　（5）$y=\mathrm{e}^{\frac{x}{C}}$；　（6）$3x^4+4(y+1)^3=C$；

（7）$y=-\dfrac{1}{\sin x+C}$；　（8）$\dfrac{1+y^2}{1-x^2}=C$.

2.（1）$2y^3+3y^2-2x^3-3x^2=5$；　（2）$y=-\dfrac{1}{4}(x^2-4)$；　（3）$y=\sin x$.

3. $xy=6$.

习题 7-3

1.（1）$y^3=x^3\ln cx^3$；　　（2）$y=2x\arctan(Cx)$；

（3）$x+2y\mathrm{e}^{\frac{x}{y}}=C$.

2.（1）$x^2-y^2+y^3=0$；　　（2）$x^2=\mathrm{e}^{\frac{y^2}{x^2}}$.

3. $y=1+5x-6x^2$.

习题 7-4

1.（1）$y=x^n(\mathrm{e}^x+C)$；　　（2）$y=(x+C)\mathrm{e}^{-\sin x}$；

（3）$y=\dfrac{4x^3+3C}{3(x^2+1)}$；　　（4）$y=-\dfrac{1}{4}\mathrm{e}^{-x^2}+C\mathrm{e}^{x^2}$；

（5）$y=\dfrac{C+x}{\cos x}$；　　（6）$y=(x^2+C)\sin x$；

(7) $y = Ce^{-\tan x} + \tan x - 1$；　　　　(8) $(x-2)[2\ln|x-2| + C]$；

(9) $x = Cy + \dfrac{1}{2}y^3$ 或 $y = 0$；　　　　(10) $x = \dfrac{1}{2}y^2 + Cy^3$.

2. (1) $y = x^2(e^x - e)$；　　　　(2) $2y = x^3 - x^3 e^{\frac{1}{x^2} - 1}$；

　　(3) $y = 3\left(1 - \dfrac{1}{x}\right)$；　　　　(4) $y = \dfrac{1}{x}(\pi - 1 - \cos x)$.

3. $y = 2(e^x - x - 1)$.

4*. (1) $\dfrac{3}{2}x^2 + \ln\left|1 + \dfrac{3}{y}\right| = C$；　　　　(2) $\dfrac{1}{y} = \dfrac{C}{1+x} + \dfrac{1}{2}(1+x)$；

　　(3) $y^{-5} = \dfrac{5}{2}x^{-2} + Cx^5$；　　　　(4) $\dfrac{1}{y} = Ce^x - \sin x$.

习题 7-5

1. (1) $y = xe^x - 3e^x + C_1 x^2 + C_2 x + C_3$；　　(2) $C_1 y^2 - 1 = (C_1 x + C_2)^2$；

　　(3) $4(C_1 y - 1) = C_1^2(x + C_2)^2$；　　　　(4) $y = -\ln|\cos(x + C_1)| + C_2$；

　　(5) $y = (1 + C_1^2)\ln\left(1 + \dfrac{x}{C_1}\right) - C_1 x + C_2$；　(6) $y = C_1 + \arcsin(C_2 e^x)$.

2. (1) $y = \sqrt{2x - x^2}$；　　　　(2) $y = -\dfrac{1}{a}\ln(ax + 1)$；　　　　(3) $y = \sin x$.

习题 7-6

1. (1) 线性无关；　(2) 线性无关；　(3) 线性相关；　(4) 线性相关.

2. $y = c_1 \cos \omega x + c_2 \sin \omega x$.

3～4. 略.

习题 7-7

1. (1) $y = C_1 e^{2x} + C_2 e^{3x}$；　　　　(2) $y = (C_1 + C_2 x)e^{-4x}$；

　　(3) $y = e^{-x}(C_1 \cos \sqrt{3}x + C_2 \sin \sqrt{3}x)$；　(4) $y = e^x\left(C_1 \cos \dfrac{x}{2} + C_2 \sin \dfrac{x}{2}\right)$；

　　(5) $y = C_1 e^{2x} + C_2 e^{-\frac{4}{3}x}$；

　　(6) $y = C_1 e^{2x} + C_2 e^{-2x} + (C_3 \cos 3x + C_4 \sin 3x)$.

2. (1) $y = (1 + 2x)e^{-2x}$；　　　　(2) $y = 4e^x + 2e^{3x}$；

　　(3) $y = \dfrac{2}{3}\sqrt{3}e^{-\frac{x}{2}}\sin\dfrac{\sqrt{3}}{2}x$；　　　　(4) $y = 3 + e^{-x}$.

习题 7-8

1. （1）$y = C_1 \mathrm{e}^{-x} + C_2 \mathrm{e}^{-4x} - \dfrac{x}{2} + \dfrac{11}{8}$；　　　（2）$y = C_1 + C_2 \mathrm{e}^{3x} + x^2$；

（3）$y = C_1 \cos 3x + C_2 \sin 3x + \dfrac{\mathrm{e}^x}{10}$；　　　（4）$y = \left(C_1 + C_2 x + \dfrac{1}{2} x^2 + \dfrac{1}{6} x^3 \right) \mathrm{e}^{3x}$；

（5）$y = C_1 \cos x + C_2 \sin x - \dfrac{1}{3} \cos 2x$；　（6）$y = C_1 \cos x + C_2 \sin x - \dfrac{1}{2} x \cos x$；

（7）$y = C_1 \cos x + C_2 \sin x + \dfrac{1}{2} \mathrm{e}^x + \dfrac{1}{2} x \sin x$；

（8）$y = \mathrm{e}^x (C_1 \sin 2x + C_2 \cos 2x) + \dfrac{\cos 2x}{17} - \dfrac{4 \sin 2x}{17}$.

2. （1）$y = \mathrm{e}^x - \mathrm{e}^{-x} + \mathrm{e}^x (x^2 - x)$；　　　（2）$y = \dfrac{11}{16} + \dfrac{5}{16} \mathrm{e}^{4x} - \dfrac{5}{4} x$.

习题 7-9 *

1. （1）$C_1 + C_2 x^2 + \dfrac{1}{3} x^3$；　　　（2）$y = C_1 x^{-2} + C_2 x^{\frac{1}{2}}$.

2. $C_1 (x + 1) + C_2 (x + 1)^2$.

习题 7-10 *

1. （1）$\begin{cases} x = C_1 \cos t + C_2 \sin t + \dfrac{1}{2} \mathrm{e}^t + t, \\ y = C_1 \sin t - C_2 \cos t + \dfrac{1}{2} \mathrm{e}^t - 1; \end{cases}$　　　（2）$\begin{cases} x = 3 + C_1 \cos t + C_2 \sin t, \\ y = -C_1 \sin t + C_2 \cos t. \end{cases}$

2. $\begin{cases} x = \cos t + \dfrac{1}{2} t \sin t + t^2 - 2, \\ y = \dfrac{1}{2} t \cos t - \dfrac{1}{2} \sin t + 2t. \end{cases}$

习题 7-11 *

1. $u = 20 + 80 \left(\dfrac{1}{2} \right)^{\frac{t}{5}}$　　　$(t \geqslant 0)$.

2. $269.3 \ \mathrm{cm \cdot s^{-1}}$.

3. $x = 40 (3 - \mathrm{e}^{-\frac{t}{10}}) \ \mathrm{kg}$.

4. （1）微分方程 $\dfrac{\mathrm{d}y}{\mathrm{d}t} = ky (1000 - y)$；　　　（2）6 个月后鱼的尾数为 500 尾.

5. $x = \dfrac{Nx_0 e^{kNt}}{N - x_0 + x_0 e^{kNt}}$.

6. $x = \dfrac{mg}{k}t - \dfrac{m^2 g}{k^2}(1 - e^{-\frac{k}{m}t})$.

7. $v = \dfrac{p}{k}(1 - e^{-\frac{k}{m}t})$.

复习题七

一、选择题

1 ~ 5：CBACB；　　6 ~ 10：CDDBA；　　11 ~ 15：BCACD.

二、综合练习 A

1. $\ln x + \displaystyle\int \dfrac{g(v)\,dv}{v(f(v) - g(v))} = C$，积分后代入 $v = xy$，可得通解.

2. $u(x) = x + \dfrac{x^2}{2} + C$.

3 ~ 4. 略.

5. $y = C_1 e^x + C_2 x$.

6. 微分方程 $y'' - y' - 2y = (1 - 2x)e^x$，通解为 $y = C_1 e^{-x} + C_2 e^{2x} + xe^x$.

三、综合练习 B

1. （1）$x = Ce^y - y - 1$；　（2）$(x - y)^2 = -2x + C$；　（3）$xy = e^{Cx}$.

2 ~ 3 略.

4. $C_1\left(\cos x + \dfrac{\cos 1}{1 - \sin 1}\sin x\right)$.

提示：用 $1 - x$ 替换 x 并对方程求导可得 $f''(x) + f(x) = 0$，注意这个方程的通解有两个任意常数，但原方程是一阶方程，必须消去一个常数.

5. $f(x) = \dfrac{1}{2}(\sin x + \cos x + e^x)$.

6. 新的方程为 $\dfrac{d^2 x}{dy^2} - x = e^{2y}$ 其中 y 为自变量. 提示：利用反函数的二阶求导公式.

7. $v = \dfrac{mg}{k}(1 - e^{-\frac{k}{m}t})$　　$(0 \leq t \leq T)$.

8. $\sqrt{\dfrac{10}{g}}\ln(5 + 2\sqrt{6})\,\text{s}$.

习题 8-1

1. $\sqrt{34}, \sqrt{41}, 5$.

2. $(0, 1, -2)$.

习题 8-2

1. $D = (1, 0, 1)$.

2. $2\sqrt{19}$.

3. $\{3, 0, 6\}; \{-1, 4, 0\}; \{-4, 10, -3\}$.

4. 向量$\overrightarrow{AB}$的模为 2, 方向余弦 $\cos\alpha = -\dfrac{1}{2}$, $\cos\beta = \dfrac{1}{2}$, $\cos\gamma = -\dfrac{\sqrt{2}}{2}$, 方向角
$\alpha = \dfrac{2\pi}{3}, \beta = \dfrac{\pi}{3}, \gamma = \dfrac{3\pi}{4}$.

5. $\{2, -4, 6\}$.

6. (1) -1; (2) 4; (3) 1.

7. 略.

8. (1) -4;　(2) $-7i - 9j - 4k$; (3) $-\dfrac{4}{\sqrt{18}}$　(4) $-\dfrac{7}{\sqrt{146}}i - \dfrac{9}{\sqrt{146}}j - \dfrac{9}{\sqrt{146}}k$;

(5) $c = \{10, -6, -4\}$;　　(6) 101.

9. 略.

10. $\sqrt{14}$.

11. 4.

习题 8-3

1. $x + y - 3z - 4 = 0$.

2. $14x + 9y - z - 15 = 0$.

3. 略.

4. $2y + z + 3 = 0$.

5. (1) $y - 3z = 0$;　　(2) $9y - z - 2 = 0$;　　(3) $47x + 13y + z = 0$.

6. $x + 2y + 2z - 2 = 0$.

7. $6x + 3y - 10z - 7 = 0$.

8. $\dfrac{1}{3}, \dfrac{2}{3}, \dfrac{2}{3}$.

习题 8-4

1. $\dfrac{x-1}{2} = \dfrac{y-1}{-3} = \dfrac{z}{1}$.

2. $\dfrac{x}{-2} = \dfrac{y-2}{3} = \dfrac{z-4}{1}$.

3. $\dfrac{x}{1} = \dfrac{y}{2} = \dfrac{z+1}{1}$.

4. $-6x + 3y + z = 0$.

5. $\cos \varphi = 0$.

6. $(1)\, 2x - z - 5 = 0$; $\quad (2)\, 3x + 3y - z + 2 = 0$; $\quad (3)\, x - y + z = 0$.

7. $\varphi = 0$.

8. 略.

9. （1）平行；　　（2）垂直；　　（3）直线在平面上.

10. $\left(-\dfrac{5}{3}, \dfrac{2}{3}, \dfrac{2}{3} \right)$

11. $\dfrac{x-1}{-1} = \dfrac{y-2}{-1} = \dfrac{z+1}{1}$.

习题 8-5

1~2. 略

3. $4x + 4y + 10z - 63 = 0$.

4. 以点 $(1, -2, -1)$ 为球心，半径为 $\sqrt{6}$ 的球面.

5. $y^2 + z^2 = 5x$.

6. $x^2 + y^2 + z^2 = 9$.

7. （1）Oxy 平面上椭圆 $\dfrac{x^2}{16} + \dfrac{y^2}{9} = 1$ 绕 x 轴旋转而成；

　　（2）Oxy 平面上双曲线 $x^2 - \dfrac{1}{9}y^2 = 1$ 绕 y 轴旋转而成；

　　（3）Oxy 平面上双曲线 $x^2 - y^2 = 1$ 绕 x 轴旋转而成；

　　（4）Oyz 平面上直线 $z = y + 1$ 绕 z 轴旋转而成.

8. $z = \dfrac{2}{3}x^2 + \dfrac{1}{3}y^2$.

习题 8-6

1. 略.

2. $3y^2 - z^2 = 16, \; 3x^2 + 2z^2 = 16$.

3. $4x^2 - 9y^2 = 36$.

4. $\begin{cases} 2x^2 - 2x + y^2 = 8 \\ z = 0 \end{cases}$

5. $\begin{cases} y^2 = 2x - 9, \\ z = 0, \end{cases}$ 原曲线是位于平面 $z = 3$ 上的抛物线.

6. $z = 0, x^2 + y^2 = x + y; x = 0, 2y^2 + 2yz + z^2 - 4y - 3z + 2 = 0;$
   $y = 0, 2x^2 + 2xz + z^2 - 4x - 3z + 2 = 0.$

7. $z = 0, (x-1)^2 + y^2 \leqslant 1; x = 0, \left(\dfrac{z^2}{2} - 1\right)^2 + y^2 \leqslant 1, z \geqslant 0; y = 0, 0 \leqslant x \leqslant 2.$

8. $\begin{cases} x^2 + 2y^2 - 2y = 0, \\ z = 0. \end{cases}$

9. (1) $\begin{cases} x = \dfrac{3}{\sqrt{2}} \cos t, 0 \leqslant t \leqslant 2\pi; \\ y = \dfrac{3}{\sqrt{2}} \cos t, \\ z = 3 \sin t \end{cases}$ (2) $\begin{cases} x = 1 + \sqrt{3} \cos t, \\ y = \sqrt{3} \sin t, 0 \leqslant t \leqslant 2\pi. \\ z = 0 \end{cases}$

复习题八

一、选择题

1 ~ 5: BAABD；   6 ~ 10: BCBBC；   11 ~ 15: DCCAD.

二、综合练习 A

1. $\dfrac{6}{7}$.

2. $-\dfrac{3}{2}$.

3. 略.

4. $\dfrac{\pi}{3}$.

5. $x - y + z = 0$.

6. $D = 3$.

7. $21x + 14z - 3 = 0$.

8. $\dfrac{x+1}{3} = \dfrac{y-2}{-1} = \dfrac{z-1}{1}$.

三、综合练习 B

1. 略.

2. $\pm \left\{ \dfrac{2}{\sqrt{16}}, \dfrac{1}{\sqrt{16}}, \dfrac{1}{\sqrt{16}} \right\}$.

3. 略.

4. $y - z - 1 = 0$.

5. $\begin{cases} 17x + 31y - 37z - 117 = 0 \\ 4x - y + z - 1 = 0 \end{cases}$

6. $z = 2$ 或 $132x + 176y - 21z - 442 = 0$.

7. $L: \dfrac{x}{1} = \dfrac{y+1}{0} = \dfrac{z-1}{2}, d = \sqrt{5}$.

8. $\dfrac{x-2}{-1} = \dfrac{y-1}{-2} = \dfrac{z+1}{1}$.

9. $x^2 + y^2 + z^2 - 4yz - 4zx - 4xy = 0$. 这是半顶角为 $\dfrac{\pi}{4}$，以 OM 为对称轴的正圆锥面.

习题 9-1

1. (1) $\{(x,y) \mid y^2 - 2x + 1 > 0\}$;　　(2) $\{(x,y) \mid x + y > 0, x - y > 0\}$;

(3) $\{(x,y) \mid \mid x \mid \leqslant \mid y \mid, y \neq 0\}$;　　(4) $\{(x,y,z) \mid r < x^2 + y^2 + z^2 \leqslant R\}$;

(5) $\{(x,y) \mid \mid x \mid + \mid y \mid < 1\}$.

2. $f(2,1) = 0, f(3,-1) = \dfrac{5}{7}$.

3. $f(x,y) = \dfrac{x^2(1-y)}{1+y}, y \neq -1$.

4. 略.

5. (1) 2;　(2) $\ln 2$;　(3) 2;　(4) e^{y_0};　(5) 2;　(6) e.

6 ~ 7. 略.

习题 9-2

1. (1) $z_x = y + \dfrac{1}{y}, z_y = x - \dfrac{x}{y^2}$;

(2) $\dfrac{\partial z}{\partial x} = y[\cos(xy) - \sin(2xy)], \dfrac{\partial z}{\partial y} = x[\cos(xy) - \sin(2xy)]$;

(3) $\dfrac{\partial z}{\partial x} = e^{-xy}(1 - xy), \dfrac{\partial z}{\partial y} = -x^2 e^{-xy}$;　　(4) $\dfrac{\partial z}{\partial x} = ye^{-x^2y^2}, \dfrac{\partial z}{\partial y} = xe^{-x^2y^2}$;

(5) $\dfrac{\partial z}{\partial x} = \dfrac{2}{y}\csc\dfrac{2x}{y}, \dfrac{\partial z}{\partial y} = -\dfrac{2x}{y^2}\csc\dfrac{2x}{y}$;

(6) $\dfrac{\partial z}{\partial x} = y^2(1 + xy)^{y-1}, \dfrac{\partial z}{\partial y} = (1 + xy)^y\left[\ln(1 + xy) + \dfrac{xy}{1 + xy}\right]$;

(7) $\dfrac{\partial z}{\partial x} = \dfrac{1}{2x\sqrt{\ln(xy)}}, \dfrac{\partial z}{\partial y} = \dfrac{1}{2y\sqrt{\ln(xy)}}$;

(8) $\dfrac{\partial u}{\partial x} = \dfrac{y}{z}x^{\frac{y}{z}-1}, \dfrac{\partial u}{\partial y} = \dfrac{1}{z}x^{\frac{y}{z}}\ln x, \dfrac{\partial u}{\partial z} = -\dfrac{y}{z^2}x^{\frac{y}{z}}\ln x$.

2. $f_x(x,1) = 2x$.

3. 0,0.

4. 略.

5. (1) $z_{xx} = 12x^2 - 8y^2, z_{xy} = -16xy, z_{yy} = 12y^2 - 8x^2.$

   (2) $z_{xx} = (2-y)\cos(x+y) - x\sin(x+y), z_{yy} = -(2+x)\sin(x+y) - y\cos(x+y)$

       $z_{xy} = (1-y)\cos(x+y) - (1+x)\sin(x+y) = z_{yx}.$

   (3) $z_{xx} = 2a^2\cos 2(ax+by), z_{xy} = 2ab\cos 2(ax+by), z_{yy} = 2b^2\cos 2(ax+by).$

   (4) $z_{xx} = \dfrac{x+2y}{(x+y)^2}, z_{xy} = \dfrac{y}{(x+y)^2}, z_{yy} = -\dfrac{x}{(x+y)^2}.$

6 ~ 7. 略.

习题 9-3

1. (1) $\left(y + \dfrac{1}{y}\right)dx + x\left(1 - \dfrac{1}{y^2}\right)dy;$

   (2) $2x\cos(x^2+y)dx + \cos(x^2+y)dy;$

   (3) $\dfrac{ab}{\sqrt{(ax+by)(ax-by)^3}}(-ydx + xdy);$

   (4) $y^2x^{y^2-1}dx + 2yx^{y^2}(\ln x)dy;$

   (5) $\dfrac{1}{1+x^2y^2}(ydx + xdy);$

   (6) $\left(\dfrac{x}{y}\right)^z\left[\dfrac{z}{x}dx - \dfrac{z}{y}dy + \ln\dfrac{x}{y}dz\right].$

2. $\dfrac{1}{3}dx + \dfrac{2}{3}dy.$

3. $dz = 0.20.$

习题 9-4

1. (1) $z_x = \dfrac{2y^2}{x^3}\left[\dfrac{x^2}{x^2+y^2} - \ln(x^2+y^2)\right], z_y = \dfrac{2y}{x^2}\left[\dfrac{y^2}{x^2+y^2} + \ln(x^2+y^2)\right];$

   (2) $\dfrac{\partial z}{\partial x} = 3u^2y^x\ln y = 3u^3\ln y; \dfrac{\partial z}{\partial y} = 3u^2xy^{x-1} = \dfrac{3u^3x}{y};$

   (3) $\dfrac{dz}{dx} = \dfrac{y(1+x)}{1+x^2y^2};$

   (4) $u_x = 2xe^{x^2+y^2+z^2} + 2ze^{x^2+y^2+z^2}\cdot 2x\sin y = 2xe^{x^2+y^2+z^2}(1+2z\sin y);$

     $u_y = 2ye^{x^2+y^2+z^2} + 2ze^{x^2+y^2+z^2}\cdot x^2\cos y = 2e^{x^2+y^2+z^2}(y+zx^2\cos y);$

   (5) $\dfrac{dz}{dt} = \dfrac{1}{y}\cdot c + \left(-\dfrac{x}{y^2}\cdot\dfrac{1}{t}\right) = \dfrac{c}{\ln t} - \dfrac{c}{(\ln t)^2}.$

2 ~ 3. 略.

4. (1) $\dfrac{\partial w}{\partial x} = 2xf_1' + ye^{xy}f_2'$, $\dfrac{\partial w}{\partial y} = -2yf_1' + xe^{xy}f_2'$;

   (2) $\dfrac{\partial u}{\partial x} = \dfrac{1}{y}f_1'$, $\dfrac{\partial u}{\partial y} = -\dfrac{x}{y^2}f_1' + \dfrac{1}{z}f_2'$, $\dfrac{\partial u}{\partial z} = -\dfrac{y}{z^2}f_2'$;

   (3) $z_x = f'\left(y - \dfrac{y}{x^2}\right)$, $z_y = f'\left(x + \dfrac{1}{x}\right)$.

5. $\dfrac{\partial z}{\partial x} = z + 3x^2 e^x f_u + e^{x+y} f_v$; $\dfrac{\partial z}{\partial y} = 3y^2 e^x f_u + v e^x f_v$.

6. $z_{xx} = y^2 f_{11}''$, $z_{xy} = f_1' + y(xf_{11}'' + f_{12}'')$, $z_{yy} = x^2 f_{11}'' + 2xf_{12}'' + f_{22}''$.

7. 压力以 0.042kPa/s 的速率减少.

8. (1) 分别表示小麦年产量关于年平均气温的变化率和年降雨量的变化率;
   (2) 0.5

习题 9-5

1. $\dfrac{\partial z}{\partial x} = \dfrac{e^{x-z}}{e^{x-z} + \cos(y-z)}$; $\qquad$ $\dfrac{\partial z}{\partial y} = \dfrac{\cos(y-z)}{e^{x-z} + \cos(y-z)}$.

2. $\dfrac{\partial y}{\partial x} = -\dfrac{e^x - 3yz}{e^y - 3xz}$; $\qquad$ $\dfrac{\partial y}{\partial z} = -\dfrac{e^z - 3xy}{e^y - 3xz}$.

3. $\dfrac{\partial z}{\partial x} = -\dfrac{1-y}{3z^2-2} = \dfrac{y-1}{3z^2-2}$; $\qquad$ $\dfrac{\partial z}{\partial y} = -\dfrac{2y-x}{3z^2-2} = \dfrac{x-2y}{3z^2-2}$.

4. $dz = \dfrac{dx - ze^{yz}dy}{2z + ye^{yz}}$.

5. $\dfrac{dy}{dx} = \dfrac{x+y}{x-y}$.

6. $z_x\big|_{(1,1,0)} = 0$, $\qquad$ $z_y\big|_{(1,1,0)} = 0$.

7. 略.

8. (1) $\dfrac{dy}{dx} = -\dfrac{x(6z+1)}{2y(3z+1)}$, $\dfrac{dz}{dx} = \dfrac{x}{3z+1}$;

   (2) $\dfrac{\partial u}{\partial x} = \dfrac{\sin v}{e^u(\sin v - \cos v) + 1}$, $\dfrac{\partial u}{\partial y} = \dfrac{-\cos v}{e^u(\sin v - \cos v) + 1}$;

   $\dfrac{\partial v}{\partial x} = \dfrac{\cos v - e^u}{u[e^u(\sin v - \cos v) + 1]}$, $\dfrac{\partial v}{\partial y} = \dfrac{\sin v + e^u}{u[e^u(\sin v - \cos v) + 1]}$;

   (3) $\dfrac{\partial x}{\partial u} = -\dfrac{2xu+1}{2x^2-y}$, $\dfrac{\partial y}{\partial u} = -\dfrac{2x+2yu}{2x^2-y}$.

9. 略.

习题 9-6

1. $\dfrac{3}{4}\pi$.

2. 切线方程 $\dfrac{x+1}{3}=\dfrac{y+1}{-6}=\dfrac{z-3}{4}$；法平面方程 $3x-6y+4z=15$.

3. $\dfrac{x-\dfrac{\pi}{2}+1}{1}=\dfrac{y-1}{1}=\dfrac{z-2\sqrt{2}}{\sqrt{2}}$；法平面 $x+y+\sqrt{2}z=\dfrac{\pi}{2}+4$.

4. 切线方程 $\begin{cases}\dfrac{x-\dfrac{\sqrt{3}}{2}a}{a}=\dfrac{y-\dfrac{b}{2}}{-\sqrt{3}b}\\ z=c\end{cases}$；法平面方程 $ax-\sqrt{3}by=\dfrac{\sqrt{3}}{2}(a^2-b^2)$.

5. 切线 $\dfrac{x-3}{1}=\dfrac{y-2}{-4}=\dfrac{z-1}{5}$，法平面 $x-4y+5z=0$.

6. 切平面方程 $4x-2y+z+\dfrac{5}{2}=0$；法线方程 $\dfrac{x+1}{4}=\dfrac{y-\dfrac{1}{2}}{-2}=z-\dfrac{5}{2}$.

7. 切平面方程 $x-3z=5$；法线方程 $\dfrac{x-2}{1}=\dfrac{y}{0}=\dfrac{z+1}{-3}$ 或 $\begin{cases}x-2=-\dfrac{1}{3}(z+1)\\ y=0\end{cases}$.

8. 切平面方程 $\dfrac{x_0}{a^2}x+\dfrac{y_0}{b^2}y-\dfrac{z_0}{c^2}z=1$.

9. 略.

习题 9-7

1. $\dfrac{\sqrt{2}}{2}$.

2. $\dfrac{98}{13}$.

3. 5.

4. 1.

5. $3i-2j-6k,6i+3j$.

6. 沿方向 $\mathbf{grad}u=\{2,-4,1\}$ 的方向导数最大，最大值 $\sqrt{21}$.

7. $\dfrac{1}{ab}\sqrt{2(a^2+b^2)}$. 提示：可将椭圆看作空间坐标系中的椭圆柱面 $\dfrac{x^2}{a^2}+\dfrac{y^2}{b^2}=1$

与 Oxy 平面的交线,其上任一点处的法线向量为 $\left\{\dfrac{2x}{a^2},\dfrac{2y}{b^2}\right\}$,因此在点 $\left(\dfrac{a}{\sqrt{2}},\dfrac{b}{\sqrt{2}}\right)$ 处的法线向量为 $\left\{\dfrac{a}{\sqrt{2}},\dfrac{b}{\sqrt{2}}\right\}$,内法线方向单位向量为 $\left\{-\dfrac{b}{\sqrt{a^2+b^2}},-\dfrac{a}{\sqrt{a^2+b^2}}\right\}$,由此求得方向导数为 $\dfrac{1}{ab}\sqrt{2(a^2+b^2)}$.

习题 9-8

1. (1) $\left[\dfrac{1}{2},1\right)\cup(1,+\infty)$;(2) $(1,4]$.

2. (1) $r'(t)=\dfrac{-t}{\sqrt{1-t^2}}\boldsymbol{i}+\sin2t\boldsymbol{j}$; (2) $r'(t)=(2t+1)\mathrm{e}^{2t}\boldsymbol{i}+\dfrac{2t}{1+t^2}\boldsymbol{k}$.

3. (1) $-\boldsymbol{i}$; (2) $\dfrac{1}{3}\boldsymbol{i}+\dfrac{2\sqrt{2}}{3}\boldsymbol{j}$.

4. 略

习题 9-9

1. (1) 极小点 $(-4,1)$,极小值 -1;

   (2) 极小点 $\left(\dfrac{1}{2},-1\right)$,极小值为 $-\dfrac{e}{2}$; (3) 极大点 $(3,2)$,极大值为 36.

   (4) 极大点 $\left(\dfrac{1}{2},-1\right)$ 和 $\left(-\dfrac{1}{2},1\right)$,极大值 $\dfrac{1}{2}$.

2. 最大值 $z(0,3)=z(3,0)=6$,最小值 $z(1,1)=-1$.

3. 当长和宽都是 $\dfrac{\sqrt{2}}{3}r$,而高为 $\dfrac{1}{3}h$ 时内接长方体的体积最大.

4. 长、宽、高都为 $\dfrac{2a}{\sqrt{3}}$.

5. 正面长为 $2\sqrt{10}$m、侧面长为 $3\sqrt{10}$m 时,所用材料费最少.

6. 当长为 $\dfrac{4}{17}\sqrt{\dfrac{5a}{k}}$,宽(深)为 $\dfrac{1}{6}\sqrt{\dfrac{5a}{k}}$ 时可使容积最大.

复习题 九

一、选择题

1~5:AAABD; 6~10:CDCCB; 11~14:BBDD.

二、综合练习 A

1. $\dfrac{3\pi}{4}$.

2. $\dfrac{\partial z}{\partial x} = \dfrac{\cos(z+y-x)^2}{\cos(z+y-x)^2 - 2}$.

3. $\dfrac{\mathrm{d}y}{\mathrm{d}x} = -\dfrac{x(1+6z)}{2y(1+3z)}, \dfrac{\mathrm{d}z}{\mathrm{d}x} = \dfrac{x}{1+3z}$.

4. $\mathrm{d}z = \dfrac{z}{z-1}\left(\dfrac{1}{x}\mathrm{d}x + \dfrac{1}{y}\mathrm{d}y\right), \dfrac{\partial^2 z}{\partial x^2} = \dfrac{2y^2 z\mathrm{e}^z - 2xy^3 z - y^2 z^2 \mathrm{e}^z}{(\mathrm{e}^z - xy)^3}$.

5 ~ 6. 略.

7. 切平面方程:$2x + y - 3z + 6 = 0$ 和 $2x + y - 3z - 6 = 0$.

8. 最大值 8,最小值 0.

9. $(1,2)$

三、综合练习 B

1 ~ 3. 略.

4. 1,　$a + ab + ab^2 + b^3$.

5. $z_{xx} = 2f - \dfrac{2y}{x}f' + \dfrac{y^2}{x^2}f''$, $z_{xy} = f' - \dfrac{y}{x}f''$, $z_{yy} = f''$.

6. 略.

7. $J = \begin{vmatrix} 1 - f'_y & -f_z \\ -g_y & 1 - g_z \end{vmatrix} \neq 0$ 时,$\dfrac{\mathrm{d}z}{\mathrm{d}x} = \dfrac{1}{J}\begin{vmatrix} 1 - f'_y & f_x \\ -g'_y & g_x \end{vmatrix}$.

8 ~ 9. 略.

习题 10-1

1. (1)大于零;　　　(2)小于零;　　　(3)小于零;　　　(4)大于零.

2. (1)$I_1 \geqslant I_2$;　　　(2)$I_1 \leqslant I_2$;　　　(3)$I_1 \geqslant I_2$;　　　(4)$I_1 \leqslant I_2$.

3. (1)$\dfrac{\pi}{4} \leqslant I \leqslant \dfrac{\pi}{4}\mathrm{e}^{\frac{1}{4}}$;　(2)$2 \leqslant I \leqslant 8$;　　　(3)$36\pi \leqslant I \leqslant 100\pi$.

4. (1)$I = 2I_1$;　　　(2)$I = 4I_1$;　　　(3)$I = I_1 = 0$.

习题 10-2

1. (1)$I = \displaystyle\int_0^1 \mathrm{d}x \int_{x-1}^{1-x} f(x,y)\mathrm{d}y = \int_0^1 \mathrm{d}y \int_0^{1-y} f(x,y)\mathrm{d}x + \int_{-1}^0 \mathrm{d}y \int_0^{1+y} f(x,y)\mathrm{d}x$;

(2)$I = \displaystyle\int_{-1}^1 \mathrm{d}x \int_{x^2}^1 f(x,y)\mathrm{d}y = \int_0^1 \mathrm{d}y \int_{-\sqrt{y}}^{\sqrt{y}} f(x,y)\mathrm{d}x$;

(3)$I = \displaystyle\int_a^b \mathrm{d}x \int_a^x f(x,y)\mathrm{d}y = \int_a^b \mathrm{d}y \int_y^b f(x,y)\mathrm{d}x$;

(4)$I = \displaystyle\int_0^a \mathrm{d}x \int_{a-x}^{\sqrt{a^2-x^2}} f(x,y)\mathrm{d}y = \int_0^a \mathrm{d}y \int_{a-y}^{\sqrt{a^2-y^2}} f(x,y)\mathrm{d}x$.

2. (1) $\dfrac{8}{3}$;　　　　　(2) $\ln\dfrac{4}{3}$;　　　　(3) 9;　　　　(4) $-\dfrac{\pi}{16}$;

(5) $\dfrac{2}{3}\ln 2$;　　　　(6) $\dfrac{\sqrt{10}}{6}+\dfrac{\pi}{9}$;　　(7) $-\dfrac{3}{2}\pi$;　　(8) $\dfrac{12}{5}$.

3. (1) $\displaystyle\int_0^1 \mathrm{d}x\int_{x^2}^x f(x,y)\,\mathrm{d}y$;　　　　　　　　(2) $\displaystyle\int_0^1 \mathrm{d}y\int_{\mathrm{e}^y}^{\mathrm{e}} f(x,y)\,\mathrm{d}x$;

(3) $\displaystyle\int_{-1}^1 \mathrm{d}x\int_0^{\sqrt{1-x^2}} f(x,y)\,\mathrm{d}y$;　　　　(4) $\displaystyle\int_0^1 \mathrm{d}y\int_{2-y}^{1+\sqrt{1-y^2}} f(x,y)\,\mathrm{d}x$;

(5) $\displaystyle\int_0^1 \mathrm{d}y\int_0^y f(x,y)\,\mathrm{d}x + \int_1^2 \mathrm{d}y\int_0^{2-y} f(x,y)\,\mathrm{d}x$;　　(6) $\displaystyle\int_0^1 \mathrm{d}y\int_{\sqrt{y}}^{3-2y} f(x,y)\,\mathrm{d}x$;

(7) $\displaystyle\int_0^1 \mathrm{d}x\int_{x^2}^{\sqrt{x}} f(x,y)\,\mathrm{d}y$;　　　　　　　(8) $\displaystyle\int_1^2 \mathrm{d}x\int_{1/x}^{\sqrt{x}} f(x,y)\,\mathrm{d}y$.

4. (1) $\displaystyle\int_0^{\pi/2} \mathrm{d}\theta\int_0^R f(r^2)r\,\mathrm{d}r$;　　　　(2) $\displaystyle\int_0^{\pi/2} \mathrm{d}\theta\int_0^{2R\sin\theta} f(r\cos\theta,r\sin\theta)r\,\mathrm{d}r$.

5. (1) $\dfrac{1}{3}a^3$;　(2) $\dfrac{32}{9}$;　(3) 3π;　(4) $\dfrac{\pi}{4}(2\ln 2 -1)$;　(5) $\dfrac{\pi}{2}(\pi -2)$.

6. $\dfrac{560}{3}$.

习题 10-3

1. $\sqrt{61}$;　　　　　　2. $\sqrt{3}\,\pi$

3. $\dfrac{2}{3}(5\sqrt{5}-1)\pi$.　　4. $\overline{x}=\dfrac{2}{5}a$, $\overline{y}=\dfrac{2}{5}a$.

5. $\left(0,\dfrac{8\ln 2 -3}{8\ln 2 -4}\right)$;　　6. $\left(\dfrac{7}{3},0\right)$;

7. $\dfrac{1}{3}ab^3$, $\dfrac{1}{3}a^3b$.

习题 10-4

1. (1) $\displaystyle\iint\limits_{D} \mathrm{d}\sigma\int_{x^2+y^2}^1 f(x,y,z)\,\mathrm{d}z$, $D=\{(x,y)\mid x^2+y^2 \leqslant 1\}$;

(2) $\displaystyle\iint\limits_{D} \mathrm{d}\sigma\int_0^{x^2+y^2} f(x,y,z)\,\mathrm{d}z$, $D=\{(x,y)\mid -1\leqslant x\leqslant 1, x^2\leqslant y\leqslant 1\}$;

(3) $\displaystyle\iint\limits_{D} \mathrm{d}\sigma\int_0^{\frac{\pi}{2}-x} f(x,y,z)\,\mathrm{d}z$, $D=\left\{(x,y)\mid 0\leqslant x\leqslant \dfrac{\pi}{2}, 0\leqslant y\leqslant\sqrt{x}\right\}$;

(4) $\displaystyle\iint\limits_{D} \mathrm{d}\sigma\int_{x^2+2y^2}^{2-x^2} f(x,y,z)\,\mathrm{d}z$, $D=\{(x,y)\mid x^2+y^2\leqslant 1\}$.

2. （1）2；

（2）$\dfrac{1}{2}\left(\ln 2 - \dfrac{5}{8}\right)$；

（3）$\dfrac{1}{2}\ln 2$；

（4）$\dfrac{\pi}{4}h^2 R^2$；

（5）* $\dfrac{4}{15}\pi abc^3$，提示用先二后一法；

（6）$\dfrac{\pi}{8}R^4$；

（7）$\dfrac{208}{15}\pi$；

（8）$\dfrac{16}{3}\pi$；

（9）* πR^4；

（10）* $\dfrac{\pi}{10}$.

3*. $k\pi R^4$.

4. （1）$\left(0,0,\dfrac{3}{4}\right)$；

（2）$\left(\dfrac{2}{5}a,\dfrac{2}{5}a,\dfrac{7}{30}a^2\right)$；

（3）* $\left(0,0,\dfrac{3(A^4-a^4)}{8(A^3-a^3)}\right)$.

5. $\dfrac{1}{2}a^2 M$（$M = \pi a^2 h$ 为圆柱体的质量）.

6. $\dfrac{\pi}{6}$.

复习题十

一、选择题

1～5：BBBAD；   6～10：ADDBC；   11～15：CABDB.

二、综合练习 A

1. $\dfrac{2}{3}$.

2. $\dfrac{2}{5}$.

3. $\left(\dfrac{1}{a^2}+\dfrac{1}{b^2}\right)\dfrac{\pi}{4}R^4$.

4. 略.

5. $\dfrac{1}{2}\left(1-\dfrac{1}{e}\right)$.

6. 略.

7. $\dfrac{4}{3}a^3\left(\dfrac{\pi}{2}-\dfrac{2}{3}\right)$.

8. $\dfrac{2}{3}(5\sqrt{5}-2\sqrt{2})\pi$.

三、综合练习 B

1. $\dfrac{49}{32}\pi\mu a^4$.

2. $\dfrac{\pi}{2}-1$.

3 ~ 4. 略.

5. $\dfrac{256}{3}\pi$.

6. $\dfrac{44}{15}\pi a^5$.

7. $\dfrac{4\pi}{3a}R^3$.

习题 11-1

1. (1) $2\pi a^7$;　　(2) $2\pi^2 a^3(1+2\pi^2)$;　　(3) $\dfrac{1}{12}(5\sqrt{5}-1)$;　　(4) $\sqrt{5}\ln 2$;

(5) $\dfrac{ab(a^2+ab+b^2)}{3(a+b)}$;　　　　　(6) 24;　　　　(7) $\dfrac{7}{2}\sqrt{21}$.

2. 8.

习题 11-2

1. (1) $\dfrac{4}{3}ab^2$; (2) 1)　$-\dfrac{4}{3}a^3$; 2) 0; (3) -8; (4) $-\dfrac{4}{3}$; (5) 13;

(6) $\dfrac{\sqrt{2}}{16}\pi$, 提示:将曲线表示为参数方程 $x=\cos t, y=z=\dfrac{\sqrt{2}}{2}\sin t$.

2. $-|F|R$.

习题 11-3

1. (1) $\dfrac{3}{8}\pi a^2$;　　　　(2) πa^2.

2. (1) $\dfrac{1}{2}\pi a^4$;　　　(2) -8;　　　(3) 0;　　　(4) $\dfrac{1}{2}\pi^2-\dfrac{1}{3}\pi^3$.

3. (1) 8; (2) $e^2\cos 1 - 1$.

4. 62.

5. (1) $\dfrac{1}{2}x^2+2xy+\dfrac{1}{2}y^2$;　　　　(2) $x^2 y$;

(3) $x^3 y+4x^2 y^2-12e^y+12ye^y$; (4) $e^y\sin x-2xy$.

习题 11-4

1. （1）$-\dfrac{27}{4}$；　（2）$\dfrac{3-\sqrt{3}}{2}+(\sqrt{3}-1)\ln 2$；　（3）$\pi R^{3}$；

　　（4）$2\pi a\ln\dfrac{a}{h}$；　（5）$\dfrac{\sqrt{3}}{120}$；　（6）$\dfrac{32}{9}\sqrt{2}$.

2. $\dfrac{2\pi}{15}(6\sqrt{3}+1)$.

3. $\dfrac{\sqrt{2}}{2}\pi h^{4}$.

习题 11-5

1. $\displaystyle\iint_{\Sigma}\left(\dfrac{3}{5}P+\dfrac{2}{5}Q+\dfrac{2\sqrt{3}}{5}R\right)\mathrm{d}S$.

2. （1）$\dfrac{4}{15}\pi a^{5}$；　　　（2）$3a^{3}$；　　　（3）$\dfrac{3}{2}\pi$；　　　（4）-8π.

习题 11-6

1. （1）$-\dfrac{9}{2}\pi$；　（2）$-\dfrac{12\pi}{5}R$；　（3）$\dfrac{1}{8}$；　（4）$\dfrac{1}{2}\pi$；　（5）$-\dfrac{1}{2}\pi h^{4}$.

2*. $\dfrac{\pi}{2}$.

3*. 108π.

4*. （1）$2(x+y+z)$；　　　（2）$\mathrm{e}^{y}+z\mathrm{e}^{-y}+\dfrac{y}{z}$.

习题 11-7*

1. （1）$-\sqrt{3}\pi a^{2}$；　　　（2）-1.
2. （1）$2\boldsymbol{i}+\boldsymbol{j}+\boldsymbol{k}$；　　　（2）$\boldsymbol{i}+\boldsymbol{j}$.
3. 12π.

复 习 题 十 一

一、选择题

1~5：BDBAC；　　　6~10：BDDDC；　　　11~12：DA.

二、综合练习 A

1. $\ln\dfrac{\sqrt{5}+3}{2}$.

2. 16.

3. $u = x^3 - x^2 y + xy^2 - y^3 + C.$

4. $-\pi.$

5. $\dfrac{3}{2} \pi a^4.$

6. $-4\pi.$

7. $\dfrac{1}{3} h^2 R^3.$

8. $3 + \sin 1.$

9. (1) 0;   (2) $\pi R^3.$

10. $\dfrac{1}{2} \pi R^4.$

11. （1）$I_{OR} = \sqrt{1 + \tan^2 \alpha} \displaystyle\int_0^{x_0} \mu(x, \tan \alpha x)\, \mathrm{d}x, I_{OR} = \sqrt{1 + \cot^2 \alpha} \displaystyle\int_0^b \mu(\cot \alpha y,$ $y)\mathrm{d}y, \tan \alpha$ 为直线 OR 的斜率;

（2）由于 $I_{OR} = \sqrt{1 + \cot^2 \alpha} \displaystyle\int_0^b \mu(y)\, \mathrm{d}y$,不同的直线得到的数据仅相差一个比例因子,因此,只能求得 $\displaystyle\int_0^b \mu(y)\, \mathrm{d}y$.

（3）根据 $I_{OR} = I_{OR}(x_0) = \sqrt{1 + \tan^2 \alpha} \displaystyle\int_0^{x_0} \mu(x)\, \mathrm{d}x = \dfrac{\sqrt{x_0^2 + b^2}}{x_0} \displaystyle\int_0^{x_0} \mu(x)\, \mathrm{d}x$ 可得

$$\frac{\mathrm{d}}{\mathrm{d}x_0} \left[I_{OR}(x_0)\, \frac{x_0}{\sqrt{x_0^2 + b^2}} \right] = \frac{\mathrm{d}}{\mathrm{d}x_0} \int_0^{x_0} \mu(x)\, \mathrm{d}x = \mu(x_0).$$

三、综合练习 B

1. $\dfrac{\pi}{2} m a^2.$

2. -4 ,提示:积分与路径无关,选择路径 $xy = 2.$

3. $\sin 1 + e - 1.$

4. $\dfrac{3}{8} \pi a^2.$

5. $\dfrac{3}{4} \pi.$

6. $\varphi(t) = t^{-2} \mathrm{e}^t.$

7. $\dfrac{2\pi a^4}{\sqrt{1 + a^2}}.$

8. $(\xi, \eta, \zeta) = \left(\dfrac{\sqrt{3}}{3} a, \dfrac{\sqrt{3}}{3} b, \dfrac{\sqrt{3}}{3} c \right)$ 时 $W_{\max} = \dfrac{\sqrt{3}}{9} abc.$

9. 略.

习题 12-1

1. (1) $u_n = (-1)^{n-1}\dfrac{1}{2n-1}(n=1,2,3,\cdots)$　　(2) $u_n = (-1)^{n-1}\dfrac{n^2}{(n+1)^2}(n=1,2,3,\cdots)$

2. $u_1 = s_1 = 1, u_2 = s_2 - s_1 = \dfrac{1}{3}, u_n = \begin{cases} 1, n=1, \\ \dfrac{2}{n(n+1)}, & n \geqslant 2. \end{cases}$

3. (1) 发散; (2) 收敛; (3) 收敛.

4. (1) 收敛; (2) 发散; (3) 发散; (4) 发散.

习题 12-2

1. (1) 发散; (2) 发散; (3) 收敛; (4) $a > 1$ 收敛, $0 < a \leqslant 1$ 发散; (5) 发散; (6) 发散; (7) 发散; (8) 收敛.

2. (1) 发散; (2) 收敛; (3) 收敛; (4) 发散; (5) 收敛; (6) 发散; (7) 收敛; (8) 收敛; (9) 收敛; (10) $0 < q < 1$ 时, 级数收敛, $q > 1$ 时, 级数发散, $q = 1$ 时, 当 $r > 1$ 时, 级数收敛, $r \leqslant 1$ 时, 级数发散.

3. (1) 条件收敛; (2) 条件收敛; 提示: 讨论 $n - \sqrt{n}$ 的单调性可考虑函数 $f(x) = x - \sqrt{x}$ 的单调性. (3) 发散; (4) 条件收敛; (5) 条件收敛; (6) 绝对收敛; (7) 绝对收敛; (8) 条件收敛.

习题 12-3

1. (1) $R = 1, (-1,1)$; (2) $R = +\infty, (-\infty, +\infty)$; (3) $R = 1, (-1,1)$; (4) $R = 1, [-1,1)$; (5) $R = 1, [-1,1]$; (6) $R = \dfrac{1}{3}, \left[-\dfrac{1}{3}, \dfrac{1}{3}\right]$; (7) $R = 1, [-1,1]$; (8) $R = 1, (0,2]$; (9) $R = \dfrac{\sqrt{2}}{2}, \left(-\dfrac{\sqrt{2}}{2}, \dfrac{\sqrt{2}}{2}\right)$; (10) $R = 1, (-1,1]$; (11) $R = \dfrac{1}{5}, \left(-\dfrac{1}{5}, \dfrac{1}{5}\right)$, 提示: 把级数看成两个幂级数的和, 收敛域取其公共部分; (12) $\left(\dfrac{1}{10}, 10\right)$.

2. (1) $\dfrac{1}{(1-x)^2}, -1 < x < 1$.

(2) $-x + \dfrac{1}{2}\arctan x - \dfrac{1}{4}\ln\left|\dfrac{x-1}{x+1}\right|, (-1 < x < 1)$.

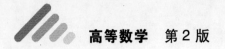

习题 12-4

1. (1) $\dfrac{1}{2}\displaystyle\sum_{n=0}^{\infty}\dfrac{(-1)^n}{2^n}x^n,(-2,2)$；　　(2) $x+\displaystyle\sum_{n=2}^{\infty}\dfrac{(-1)^n x^n}{n(n-1)},(-1,1)$；

(3) $\displaystyle\sum_{n=0}^{\infty}(-1)^n\dfrac{x^{2n}}{n!},(-\infty,\infty)$；　　(4) $\ln 3+\displaystyle\sum_{n=1}^{\infty}(-1)^{n-1}\dfrac{1}{n3^n}x^n,(-3,3]$；

(5) $\displaystyle\sum_{n=1}^{\infty}(-1)^{n-1}\dfrac{2^{2n-1}}{(2n)!}x^{2n},(-\infty,+\infty)$；

(6) $\displaystyle\sum_{n=1}^{\infty}\dfrac{nx^{n-1}}{(n+1)!},(-\infty,\infty)$.

2. $\ln 2+\displaystyle\sum_{n=1}^{\infty}(-1)^{n-1}\dfrac{(x-2)^n}{n\cdot 2^n},(0,4]$.

3. $\dfrac{1}{3}\displaystyle\sum_{n=0}^{\infty}(-1)^n\dfrac{(x-3)^n}{3^n},(0,6)$.

4. $\displaystyle\sum_{n=0}^{\infty}\dfrac{1}{3}\Big[1+\dfrac{(-1)^n}{2^{n+1}}\Big]x^{n+1},x\in(-1,1)$.

5. $\dfrac{1}{2}\displaystyle\sum_{n=0}^{\infty}\Big[(-1)^n-\dfrac{(-1)^n}{3^{n+1}}\Big]x^n=\displaystyle\sum_{n=0}^{\infty}\dfrac{(-1)^n}{2}\dfrac{3^{n+1}-1}{3^{n+1}}x^n,(-1<x<1)$.

6. $\displaystyle\sum_{n=0}^{\infty}\Big(\dfrac{1}{2^{n+1}}-\dfrac{1}{3^{n+1}}\Big)(x+4)^n,(-6<x<-2)$.

习题 12-5

1. 略.

2. 1.098 6.

3. 0.199 6.

4. 0.946 1.

5. (1) $y=x+\dfrac{1}{1\cdot 2}x^2+\dfrac{1}{2\cdot 3}x^3+\cdots$；

(2) $x=a\Big(1-\dfrac{1}{2!}t^2+\dfrac{2}{4!}t^4-\dfrac{9}{6!}t^6+\dfrac{55}{8!}t^8-\cdots\Big)$.

习题 12-6

1. (1) $f(x)=-\dfrac{\pi}{4}+\Big(\dfrac{2}{\pi}\cos x+\sin x\Big)-\dfrac{1}{2}\sin 2x+$

$\Big(\dfrac{2}{3^2\pi}\cos 3x+\dfrac{1}{3}\sin 3x\Big)-\dfrac{1}{4}\sin 4x+$

$$\left(\frac{2}{5^2\pi}\cos 5x + \frac{1}{5}\sin 5x\right) - \cdots$$

$$(-\infty < x < +\infty, x \neq \pm\pi, \pm 3\pi, \cdots);$$

(2) $f(x) = \frac{1}{2} + \frac{2}{\pi}\sum_{k=1}^{\infty}\frac{\sin(2k-1)x}{2k-1}(-\infty < x < +\infty, x \neq 0, \pm\pi, \pm 2\pi, \cdots)$

(3) $f(x) = -\frac{\pi}{4} + \frac{2}{\pi}\sum_{n=1}^{\infty}\frac{\cos(2n-1)x}{(2n-1)^2} + \sum_{n=1}^{\infty}\frac{(-1)^{n+1}}{n}\sin nx(-\infty < x < +$

$\infty, x \neq \pm\pi, \pm 3\pi, \cdots)$.

(4) $f(x) = \frac{4}{\pi}\left[\sin x + \frac{1}{3}\sin 3x + \cdots + \frac{1}{2k-1}\sin(2k-1)x + \cdots\right]$

$$(-\infty < x < +\infty; x \neq k\pi, k = 0, \pm 1, \pm 2, \cdots).$$

2. $f(x)$ 的展开式见 1.(4), $0 \leqslant x < \pi$.

3. $f(x) = \sum_{n=1}^{\infty}\frac{1}{n}\sin nx \ (0 < x \leqslant \pi)$

4. $f(x) = \pi + 1 - \frac{8}{\pi}\sum_{n=1}^{\infty}\frac{1}{(2n-1)^2}\cos(2n-1)x \ (0 \leqslant x \leqslant \pi)$.

5. $\frac{\pi^3}{8}, 0$.

6. 略

习题 12-7

1. $f(x) = \frac{11}{12} + \frac{1}{\pi^2}\sum_{n=1}^{\infty}\frac{(-1)^{n+1}}{n^2}\cos 2n\pi x(-\infty < x < +\infty)$.

2. $\frac{4}{3} + \frac{16}{\pi^2}\sum_{n=1}^{\infty}\frac{(-1)^n}{n^2}\cos\frac{n\pi}{2}x + \frac{4}{\pi}\sum_{n=1}^{\infty}\frac{(-1)^n}{n}\sin\frac{n\pi}{2}x$.

3. $f(x) = \frac{8}{\pi}\left[\frac{1}{3}\sin \pi x + \frac{2}{15}\sin 2\pi x + \frac{3}{35}\sin 3\pi x + \cdots\right](0 < x \leqslant 1)$.

4. $f(x) = \frac{pa}{8} - \frac{pa}{\pi^2}\left[\cos\frac{2\pi x}{a} + \frac{1}{3^2}\cos\frac{6\pi x}{a} + \frac{1}{5^2}\cos\frac{10\pi x}{a} + \cdots\right](0 \leqslant x \leqslant a)$.

5. 正弦级数: $f(x) = \frac{8}{\pi^2}\sum_{n=1}^{\infty}(-1)^{n-1}\frac{1}{(2n-1)^2}\sin\frac{(2n-1)\pi x}{2}(0 \leqslant x \leqslant 2)$.

余弦级数: $f(x) = \frac{1}{2} - \frac{4}{\pi^2}\sum_{n=1}^{\infty}(-1)^{n-1}\frac{1}{(2n-1)^2}\cos(2n-1)\pi x \ (0 \leqslant x \leqslant 2)$.

复习题十二

一、选择题

1 ~ 5 : BCCDA ;   6 ~ 10 : CBBBB ;   11 ~ 17 : BACACDB.

二、综合练习 A

1. 提示:利用两级数部分和的关系证明.

2. 提示:利用级数收敛的必要条件.

3. (1) 发散;(2) 条件收敛;(3) 发散.

4. 如果莱布尼茨判别法中关于 u_n 单调减小这一条件不满足,则不能保证级数 $\sum\limits_{n=1}^{\infty}(-1)^n u_n$ 收敛. 所给例子是发散的级数.

5. 收敛域为 $(-1,1)$. 提示:利用比值法可求得 $R=1$.

6. 略.

7. $1 - \dfrac{1}{3 \cdot 3!} + \dfrac{1}{5 \cdot 5!} - \dfrac{1}{7 \cdot 7!} + \cdots.$

三、综合练习 B

1. 略.

2. 收敛.

3. $(-e,e).$

4. $f(x) = \sum\limits_{n=0}^{\infty} \dfrac{(-1)^n}{2n+1} x^{2n+2} - \dfrac{1}{2} \sum\limits_{n=0}^{\infty} \dfrac{(-1)^n}{n+1} x^{2n+2}$

$\qquad = \sum\limits_{n=0}^{\infty} \dfrac{(-1)^n}{(2n+1)(2n+2)} x^{2n+2} \quad (-1 \leqslant x \leqslant 1).$

5. $s(x) = \dfrac{1}{(2-x)^2}, \ -1 < x-1 < 1.$

6. $s(x) = \dfrac{x}{1-x} + \dfrac{1}{x} \ln(1-x), \ -1 < x < 1, x \neq 0; s(0) = 0.$

7. 绝对收敛.

8. $0 < x_n < \dfrac{1}{n}.$

9. $f(x) = \dfrac{5}{2} - \dfrac{4}{\pi^2} \sum\limits_{k=1}^{\infty} \dfrac{1}{(2k-1)^2} \cos(2k-1)\pi x, (-1 \leqslant x \leqslant 1), \dfrac{\pi^2}{6}.$

参 考 文 献

［1］　L Grading. Encounter with mathematics［M］. Berlin：Springer-Verlag，1977.

［2］　高希尧.世界数学史略［M］.西安：陕西科学技术出版社，1992.

［3］　张顺燕.数学的源与流［M］.北京：高等教育出版社，2000.

［4］　李忠，周建莹.高等数学［M］.北京：北京大学出版社，2004.